普通高等教育“十五”国家级规划教材

Electronic Circuit Design & Experiment & Measure

电子线路设计·实验·测试

（第三版）

主编 谢自美
编著 谢自美 罗 杰 赵云娣 杨小献

华中科技大学出版社

图书在版编目(CIP)数据

电子线路设计·实验·测试(第三版)/谢自美 主编.—武汉:华中科技大学出版社,2006年8月
ISBN 978-7-5609-3782-3

Ⅰ.电… Ⅱ.谢… Ⅲ.电子电路-电路设计-高等学校-教材 Ⅳ.TN702

中国版本图书馆CIP数据核字(2006)第130074号

电子线路设计·实验·测试(第三版) 谢自美 主编

责任编辑:沈旭日 封面设计:潘 群
责任校对:陈 骏 责任监印:周治超

出版发行:华中科技大学出版社(中国·武汉)
武昌喻家山 邮编:430074 电话:(027)81321913

录 排:华中科技大学惠友文印中心
印 刷:仙桃市新华印务有限责任公司

开本:787mm×1092mm 1/16 印张:27.75 字数:625 000
版次:2006年8月第3版 印次:2017年7月第29次印刷 定价:49.80元
ISBN 978-7-5609-3782-3/TN·101

(本书若有印装质量问题,请向出版社发行部调换)

内容简介

本书是普通高等教育“十五”国家级规划教材，是在第二版的基础上修订完成的。第二版是“九五”国家级重点教材，并于2002年获全国普通高等学校优秀教材二等奖。

全书共11章。第1～4章为基础性实验。第1章介绍了测量误差的基本理论和实验数据处理的基本方法；第2章介绍了晶体二极管、三极管、MOS场效应管及集成运算放大器等器件的性能参数的测试方法和基本应用电路；第3章介绍了集成逻辑门、集成触发器、集成电路555及中小规模的组合逻辑电路和时序逻辑电路等的性能参数、逻辑功能测试与基本应用电路的设计方法。第4章介绍了OrCAD9.2版教学软件的操作方法及12个低频电路、数字逻辑电路、高频电路、模/数混合电路等的仿真示例。第5～7章分别为低频电路、高频电路、数字逻辑电路等的设计性实验，其中低频、高频电路的设计课题15个，数字电路设计课题7个。这些设计课题中，介绍了以定量估算和实验为基础的电子线路的传统设计方法与测试技术，旨在加强对学生进行工程设计的基础训练。第8章硬件描述语言，介绍了Verilog HDL的基本语法规则、程序的基本结构、和门级、行为级建模的方式，给出了12个程序设计示例。第9章介绍了两种可编程逻辑器件，即CPLD和FPGA的基本结构和编程方法，给出了在开发MAX＋PLUSⅡ下实现工程项目设计的操作流程和芯片下载的示例。通过这两章的学习，可掌握可编程逻辑器件的EDA设计方法和芯片下载。第10章介绍了4个综合性电子线路系统设计的示例。第11章介绍了通用电子仪器的应用技术。

本书可作为高等学校电工、电子、通信类专业本、专科学生电子技术与电子线路实验课或课程设计教材，亦可供从事电子设计工作的工程技术人员参考。

第三版前言

本书是一本实验课教材，自第一版于 1994 年问世以来，已经历了 11 年。本书的宗旨是，紧跟时代的步伐，反映电子技术领域的新技术、新方法和教学改革的新成果。第一版于 1996 年获得第三届全国工科电子类专业优秀教材电子工业部一等奖。第二版于 2002 年获得全国普通高等学校优秀教材二等奖。第三版是普通高等教育"十五"国家级规划教材，在第二版教材的基础上，进行了较大调整和修订。调整内容如下。

1. 将第二版的内容调整为《电子线路设计·实验·测试》(第三版)与《电子线路综合设计》两本教材。其中，《电子线路综合设计》主要以电子设计大赛的赛题为背景，介绍电子线路综合性课题的设计与实现方法，并将第二版的部分综合性设计课题移至该书。因此，《电子线路综合设计》可作为学生课程设计、毕业设计及电子设计大赛等的培训教材。

2. 本书(第三版)加强了基础性实验教学内容，将晶体管、运算放大器、中小规模数字逻辑电路等基本器件的性能测试和基本应用的实验电路独立为三章：模拟电子线路基础实验、数字逻辑电路基础实验、电子线路计算机辅助分析与设计。这些内容为后面的设计性实验奠定了基础。

3. 本书(第三版)加强了电子设计自动化(EDA)部分的教学内容，将硬件描述语言、可编程逻辑器件的开发与应用独立为两章，并运用了目前较新的教学软件，如硬件描述语言 Verilog HDL、FPGA 器件及其开发软件 MAX+PLUSⅡ。

4. 增加了性价比较高的器件的应用，如运算放大器 NE5532、集成功率放大器 LM386、集成电路数字混响延时器 M65831、集成电路 MC3361 调频接收机等组成的电路设计与实验课题。

参加本书编写修订工作的有谢自美、罗杰、杨小献等。谢自美编写了第 1、2、3、5、6(6.1～6.6)、7(7.2、7.4、7.5、7.7)、10(10.1、10.3、10.4)章，罗杰编写了第 7(7.1)、8、9、10(10.2)章，杨小献编写了第 4 章，阎树兰编写了第 7(7.3、7.6)、11 章，赵云娣编写了第 6(6.7、6.8)章，朱如琪参加了第 3 章的编写工作，郑汉麟、曾喻江参加了本书的实验研究工作。谢自美任本书主编，负责全书的统稿与定稿工作。

本书第三版编写修订工作得到了华中科技大学教务处的关怀和大力支持。国家级精品课程"电子线路设计与测试"课程组的各位老师十分关心本版修订工作，给予了热情支持并提出了许多修改意见。在本书出版之际，谨向他们致以最诚挚的谢意。

感谢读者多年来对本书的关心与支持。本书的实践性很强，我们尽量为读者提供有一定参考价值的电路图与实验参数。为此，我们做了大量实验研究工作。在使用本书时，如果因实验条件不同，出现实验参数有些偏差，这是正常现象。如果差距很大，或者发现电路图中有错误，恳请读者给予批评指正。

编　者

2005 年 9 月于华中科技大学

第二版序

当今，回顾百年来电子技术和电子工业发展的成就，举世瞩目。可以看到，从国民经济到日常生活中的各个方面，电子产品无所不在，具体事例毋庸枚举，其发展前景未可限量。

高等学校是培养人才的学府，电子技术人才也不例外。作为高技术龙头的电子技术，需要大量的高素质的电子技术人才来进行研究与开发，要求他们既精通电子技术理论，更要掌握电子电路设计、实验研究和调试技术。谢自美教授所主编的《电子线路设计·实验·测试》(第二版)一书，是针对上述培养目标，在第一版的基础上修订而成的。该教材在以下几个方面具有明显的特色：

●**内容先进**　本书取材充分考虑了内容的先进性。在模拟电路设计方面，广泛地采用模拟集成电路，特别是集成运算放大器和若干专用芯片，例如模拟乘法器、锁相环等；而在数字电路设计方面，则大量地采用中、大规模集成电路，特别是可编程逻辑器件进行设计，如使用 GAL 和 CPLD 器件，借助 ABEL-HDL 硬件描述语言和相关的软件进行仿真分析和设计，反映了当代数字系统设计的新方向。

●**适应教学**　本书的读者对象是高校电子类专业的学生，因而内容的组织注意到了适应当前的教学实际。将低频电路、高频电路、数字电路和电子测量等几部分融合于一体，用理论指导实践，解释实验现象，实验内容由浅入深、由单一到综合，每一实验有原理、设计举例、设计任务、实验与思考题，便于学生阅读以达到预期的训练目的。

●**实践性强**　全书按实验教学的体系来安排，将全部实验划分为四个层次，即基础性实验、设计性实验、综合性实验和设计研究性实验。实验内容以工程设计训练为主，系统地、科学地培养学生的实际动手能力、工程设计能力、分析问题和解决实际问题的能力。

●**启发创新**　在前述四个层次的实验教学模式中，特别是后二种模式，为学生发挥创造思维能力解决实际问题提供了舞台。有的实验课题让学生真刀真枪地干出来，成为一个电子小产品的为数不少。特别是在 EDA 实验中，舞台空间广阔，在教师的启发指导下，充分发挥学生的创造能力，大有作为。在历届全国大学生电子设计竞赛中，从本实验室冲出去夺得较好名次的不乏其人。

综观全书，内容丰富、主题新颖、思路清晰、文字流畅、便于自学、图形符号规范。该教材从整体上具有内容先进、适应教学、实践性强、启发创新等特色；它的再版发行无疑将更加受到广大师生的欢迎，并将为培养 21 世纪电子技术人才发挥积极的作用。应作者之嘱托，谨作此序。

康华光

2002 年 5 月 31 日干

华中科技大学

第二版前言

本书是在全国高校电子工程专业教学指导委员会，于1996年7月召开的第一次全体委员会议上审议通过，并报请国家教委批准(教高[1997]16号文件)列入“九五”国家级重点教材的。根据国家教委与专业教学指导委员会对教材的要求，为培养适应我国21世纪国民经济发展需要的电子设计人才，本书及时吸收了我校承担的国家教委面向21世纪电工电子课程体系改革和电工电子工科教学基地建设两项教学改革研究成果；反映了我国当前在电子电路实验教学体系、内容和方法上的改革思路和教学水平，这就是在加强以传统电子设计方法为基础的工程设计训练的同时，力求使学生尽快掌握现代电子设计自动化(Electronic Design Automation，即EDA)技术的新方法、新工具和新手段，使电子电路实验教学的目标定位在系统地、科学地培养学生的实际动手能力、理论联系实际的能力、工程设计能力与创新设计能力上。为此，我们在第一版的基础上，对其内容作了较大的调整和修改。主要有以下几点：

1. 加强了数字电路基础实验的设计，将验证性的基础实验改为设计性实验。通过设计举例来介绍设计方法。如在小规模时序电路设计中，介绍了已知状态转换表、状态转换图和波形图等三种方式来设计典型实用的时序逻辑电路的方法。在布置设计任务时，要求学生安装电路、测试性能指标。力求理论与实际紧密联系，提高学生对基础实验的兴趣。

2. 增加了第六章“综合性电子线路系统设计”。介绍了如集成电路数字锁相环、高频锁相环、低频锁相环的应用电路设计，无线多路遥控发射/接收系统设计，电子琴音乐的产生与演奏电路设计，步进电机驱动控制系统设计等7个综合性课题。这些将模拟与数字电路混合、硬件与软件相结合的电子系统的设计课题，将有利于学生拓宽知识面，提高综合性应用电路设计的能力。

3. 增加了第七章“全国大学生电子设计竞赛作品评析”。对优秀作品进行画龙点睛的评析，有利于启发学生的思维与创新设计思想。

4. 增加了第三篇“电子线路设计自动化”。该篇包括电子线路PSpice辅助分析与设计、Protel for Windows印刷电路板自动设计、通用阵列逻辑器件GAL的应用设计、用ABEL-HDL硬件描述语言设计典型数字逻辑电路的方法、Altera公司生产的MAX7000S系列和FLEX10K系列的内部结构及其开发环境MAX+plusII的使用方法。通过简捷的操作训练，使学生尽快掌握现代电子设计的新工具、新方法。

5. 对常用电子仪器的应用部分作了较大的改动，结合本书相关课题来介绍仪器的使用方法与测试技术。增加了TDS210数字示波器、HP8640高频信号发生器、EE5113无线电综合测试仪等，这是我校电工电子工科教学基地的新设备。

本版全书分为四篇共11章。每章有内容提要，每节有学习目的与教学要求。可按照基础性实验—设计性实验—综合设计性实验—设计研究性实验等四层次的教学模式，选择相关内容组织教学。其中第三篇电子线路设计自动化的部分内容，如PSpice辅助分析，Protel for Windows印刷电路板自动设计以及通用阵列逻辑器件GAL等可在基础实验—设计性实验阶段进行，使学生在掌握以定量估算和电路实验为基础的传统设计方法的同时，了解现代电子设计的新方法、新手段。经教学实践证明,采用这种四层次的实验教学模式,并将传统电子设计方法与现代电子设计方法相结合,能调动学生学习的积极性,有利于系统地、科学地培养学生的实际动手能力、工程设计能力及创新设计能力。

本书可与康华光主编的《电子技术基础》(第四版)、张肃文主编的《高频电子线路》(第三版)教材配套使用。也可以作为电子线路实验独立设课或课程设计的教材,面向电工、电子类专业本、专科学生开课。

参加本版修订工作的有谢自美、阎树兰、赵云娣、朱如琪、罗杰。谢自美撰写了第一、二、三章及第四章的第一至第六节,第五章的第五、七、八、十节,第六章的第一、五、六节,第七章,第八章;赵云娣撰写了第四章的第七、八节,第六章的第三、四节,第十一章的第一、三、四节;朱如琪撰写了第五章的第一至第三节,第九章的第一节;罗杰撰写了第五章的第四节,第六章的第二、七节,第九章的第二至第四节;阎树兰撰写了第五章的第六、九节,第十章及第十一章的第二节,附录。谢自美同志任主编,负责全书的统稿与定稿工作。杨小献同志参加了第八章的文档整理工作。郑汉麟、杨小献同志参加了实验的研究工作。

华中科技大学电子与信息工程系姚天任教授担任本书责任编委,对全书的体系结构、内容等方面给予了悉心指导并把关。武汉大学张肃文教授担任本书主审,仔细认真地审阅了全部书稿并提出了许多宝贵意见。本版修订工作一直得到了华中科技大学康华光教授、邹寿彬教授的热情支持和指导,承蒙康华光教授亲自为本书作序。在此谨致衷心的感谢。

本版修订工作得到了华中科技大学教务处、设备处及电子与信息工程系的关怀和大力支持。电子技术教研中心的各位老师十分关心本版修订工作,给予了热情支持并提出了许多修改意见。在本书出版之际,谨向他们致以最诚挚的谢意。

本书的实践性很强,我们尽量为读者提供有一定参考价值的电路图与实验参数。为此,我们做了大量实验研究工作。在使用本书时,如果因实验条件不同,出现实验参数有些偏差,这是正常现象。如果差距很大,或者发现电路图中有错误,恳请读者给予批评指正。

编　者
2002 年 7 月于华中科技大学

第一版前言

本书是一本设计性的实验课教材，目的在于将低频电子线路、高频电子线路、数字逻辑电路等课程的理论与实际有机地联系起来，旨在加强学生实验基本技能的综合训练，培养和提高学生的工程设计能力与实际动手能力。

本书着重介绍低频电子线路、高频电子线路、数字逻辑电路的工程设计方法与测试技术。书中的每个设计课题，均以电路的基本理论为基础，介绍电路的设计、装调及性能参数的测试方法。每个课题中都有设计举例及设计任务。学生通过自学或给予适当的指导，均可以独立完成。这种集低频电子线路、高频电子线路、数字逻辑电路及电子测量技术等课程的基本理论和实践于一体的设计性实验教材，具有体系结构新颖、知识综合运用性强、理论紧密联系实际、能启发思考、易于自学等特点。经过对多届学生的教学实践证明：教材的内容既有利于加强每门课程理论与实际的联系，又能系统地培养学生对多门课程的知识综合运用的能力，逐步提高实际动手能力与工程设计能力，以适应当前电子技术迅速发展与广泛应用的需要。此外本教材还避免了几门课程的有些实验内容多次重复，解决了实验课学时数不够的问题。本书是编者从事上述多门课程的教学、科研与实践经验的总结，是在几轮讲义及多届学生教学实践的基础上修改、补充与完善而写成的。

全书共分成三篇：

第一篇　电子线路实验基础。介绍电子线路测试中的测量误差分析与实验数据处理、常用电子器件的测试与应用，基本电路的功能与应用。本篇内容是进行电子线路设计的基础。

第二篇　电子线路设计课题。该篇是全书的重点，共有 23 个设计性课题，分成三个部分：低频电子线路设计课题 8 个，高频电子线路设计课题 6 个，数字逻辑电路设计课题 9 个。

每个部分都是从最基本最典型的单元电路的设计开始，逐步加深与扩展，直到较为复杂的小型电子线路系统的设计与装调。如同堆积木一样，可以对一个设计课题单独进行设计装调与实验研究，还可以将几个相关课题组合，进行电子线路的系统设计。如低频电子线路部分的音响放大器设计课题就是由场效应管源极跟随器设计课题，RC 有源滤波器的快速设计课题及第一篇的集成运算放大器的基本应用电路组成的。高频电子线路部分的小功率调频发射机设计课题就是由 LC 调频振荡器设计课题与高频功率放大器设计课题组成的。数字逻辑电路部分的多功能数字钟电路设计课题则是由 M 进制计数器设计课题和中规模集成电路组成的，……有些课题还具有一定的综合性，如数字频率计、数字电压表、通用示波器的字符显示电路等设计课题，则将低频电路、高频电路、数字逻辑电路中的一些功能电路，进行了组合与应用。这种实验模块化的结构特点，既符合由简到繁、循序渐进的教学规律，又能引起学生对电子线路设计的兴趣。

实现上述设计课题所采用的元器件，以分立器件为基础，集成电路（数字电路以中大规模集成电路）为主干，突出地使用了目前较为流行的一些集成电路的新器件，如模拟延时集成电路 MN3207 及其配套的时钟电路 MN3102，集成电路模拟乘法器 MC1496、集成电路定时器 555/556，大规模集成电路 ADC CC7106/CC7107、CC14433、DAC0832 及单片机 8031、可编程只读存储器 EPROM、随机存储器 RAM 及可编程逻辑器件 GAL16V8 等等。

利用计算机进行电子线路辅助设计可以缩短设计周期，提高设计的可靠性、经济性。计算机将成为电子线路设计者们进行电路设计、调试等工作时不可缺少的常规工具。为此，本书第一篇介绍了计算机辅助分析测量误差及实验数据的处理方法，并提供了在IBM-PC机上通过的参考程序。第二篇介绍了电子线路原理图、印刷电路板的计算机辅助设计软件及可编程逻辑器件GAL16V8的计算机开发软件和多功能编程器的编程操作。这些，无疑会给电子线路设计工作带来极大的方便。第三篇介绍了十多种电子线路测试中的常用仪器。简述了这些仪器的主要特性、工作原理及使用方法，既可以满足本书23个设计课题进行电路测试的需要，也可以作为学生使用仪器时的操作指南。

本书每个设计课题的后面均安排了一定数量的实验与思考题，以帮助学生分析、思考实验中的问题，深化和拓宽知识，进一步提高实际动手能力。

编写本书时参照了高等院校工科无线电、电子类专业对"低频电子线路"、"高频电子线路"及"脉冲数字电路"三门课程及其实验课的教学大纲，因此本书的使用对象与使用方法如下

1. 可供无线电工程、电子工程、计算机工程、自动化工程、信息工程等专业的本、专科学生及工程技术人员使用。

2. 可作为"低频电子线路"、"高频电子线路"及"脉冲数字电路"等课程实验独立设课的实验课教材，亦可作为这三门课的实验课指导书和课程设计参考书。

3. 使用方法如下。

(1) 作为本科实验独立设课教材时，总学时约120，其中20学时讲授设计课题的难点，进行课题总结与讨论，100学时用于电路设计、测试与实验研究。平均每人可完成15个设计课题。为与低频电路、高频电路及数字逻辑电路的理论课衔接与联系，设计课题的内容应稍滞后理论课相应的内容。可以将基本元器件、实验面包板及安装的电路工具发给学生，电路的设计计算、元器件的安装等工作可在课外进行。提倡并鼓励学生广开思路，拓宽知识，充分发挥他们的主动性和创造性，不受教材的限制，设计出更优化的电路。采取以实践为主的考核方式。

(2) 作为专科学生或三门课的实验课教材时，总学时约100，实验电路可以选用每个设计课题中的设计举例电路。

(3) 需要说明的是：书中所用图形符号，系我国国家标准局于1986年颁布的国家标准图形符号。附录三提供了新旧常用电气图形符号对照表，供读者查阅和参考。学习本教材之前，学生应进行电工实习，掌握电子元器件的基本焊接技术。

本书由谢自美同志主编。第一篇、第二篇由谢自美执笔，第三篇及附录由阎树兰执笔。

参加本书各章节中的实验研究工作的同志如下。阎树兰：第三章二、五节，第五章三、五、九节及第三篇仪器操作实验。丑洁文：第三章一、三、四节，第五章四、七节。冯雷：第三章六、七节，第四章一、二、五节。苏利：第四章三、四节。林卫：第四章第六节。蔡梅英：第五章第八节。谢自美：第三章第八节，第五章第二、六、十、十一节。阎树兰、丑洁文对全书的电路图进行加工与整理。

在本书的编写过程中，得到了华中理工大学电子与信息工程系领导的关心与支持，系中心实验室同志对本书的编写给予了大力支持和帮助。在此一并表示感谢。

因时间仓促，书中错误在所难免，恳请广大师生及读者不吝指正。

编　者
1992年12月15日

目　录

第 1 章　测量误差分析与实验数据处理

第 2 章　模拟电子线路基础实验

第3章 数字逻辑电路基础实验

第4章 电子线路计算机辅助分析与设计

第5章 低频电子线路应用设计

第 6 章 高频电子线路应用设计

第7章 数字逻辑电路应用设计

第 8 章　硬件描述语言及其应用

第9章 可编程逻辑器件的开发与应用

第 10 章　综合性电子线路系统设计

第 11 章　通用电子仪器及其应用

第 1 章

测量误差分析与实验数据处理

内容提要　本章介绍了测量误差的定义、分类以及计算机辅助分析测量误差与处理实验数据的方法。这些是电子线路实验技术的理论基础。

1.1　测量误差分析

学习要求　熟练运用绝对误差、相对误差、满度相对误差、分贝误差等正确表示电子电路参数的测量结果;掌握计算机辅助分析系统误差、随机误差和粗大误差的方法。

1.1.1　测量误差的定义

1. 绝对误差

测量值 x 与被测量的真值 x_0 间的偏差称为绝对误差(Δx),即

$$\Delta x = x - x_0 \tag{1-1-1}$$

2. 相对误差

测量的绝对误差 Δx 与真值 x_0 的比值称为相对误差(γ),常用百分数表示,即

$$\gamma = \frac{\Delta x}{x_0} \cdot 100\% \tag{1-1-2}$$

3. 满度相对误差

测量的绝对误差 Δx 与测量仪表的满度值 x_n 的比值称为满度相对误差(γ_n),常用百分数表示,即

$$\gamma_n = \frac{\Delta x}{x_n} \cdot 100\% \tag{1-1-3}$$

测量中的满度相对误差 γ_n 不能超过测量仪表的准确度等级 S 的百分值 $S\%$(S 分为 0.1, 0.2, 0.5, 1.0, 1.5, 2.5 和 5.0 等 7 级),即

$$\gamma_n = \frac{\Delta x}{x_n} \cdot 100\% \leqslant S\% \tag{1-1-4}$$

如果仪表的等级为 S,被测量的真值为 x_0,选满度值为 x_n,则测量的相对误差为

$$\gamma = \frac{\Delta x}{x_0} \leqslant \frac{x_n \cdot S\%}{x_0} \tag{1-1-5}$$

上式表明,当仪表的等级 S 选定后,x_n 越接近 x_0,测量的相对误差就越小。使用这类仪表时,要尽可能使仪表的满量程接近被测量的真值。或者说,测量时仪表的指针落在满量程的 2/3 以上区间内,测量误差较小。

4. 分贝误差

电压增益或功率增益的相对误差用分贝表示时称为分贝误差,即

$$\gamma_{dB} = 20\lg\left(1 + \frac{\Delta A}{A_0}\right)\text{dB} \tag{1-1-6}$$

或
$$\gamma_{dB}=10\lg\left(1+\frac{\Delta P}{P_0}\right)\text{dB} \tag{1-1-7}$$

式中,$\Delta A/A_0$为电压增益的相对误差;$\Delta P/P_0$为功率增益的相对误差。

分贝误差与相对误差的直接关系为

$$\gamma_{dB}=8.69\frac{\Delta A}{A_0}\quad\text{或}\quad\frac{\Delta A}{A_0}\approx 0.115\gamma_{dB} \tag{1-1-8}$$

1.1.2 测量误差的分类

根据测量误差的性质、特点及产生原因,可将其分为系统误差、随机误差及粗大误差三类。

1. 系统误差

在相同条件下多次测量同一量时,误差的大小和方向均保持不变,或在条件变化时按照某种确定规律变化的误差称为系统误差(简称系差)。较常见的系差有恒值系差、累进性变化系差和周期性变化系差等。

(1) 累进性变化系差判据

将 n 次等精度测量的残差 υ 按测量条件 θ 的变化顺序(如按时间的先后顺序)排列为 υ_1, υ_2, …,υ_i,…, υ_n, 然后把 n 个残差分成两部分并求其差值 Δ。当 n 为偶数时,

$$\Delta=\sum_{i=1}^{n/2}\upsilon_i-\sum_{i=(n/2)+1}^{n}\upsilon_i \tag{1-1-9}$$

当 n 为奇数时,
$$\Delta=\sum_{i=1}^{(n-1)/2}\upsilon_i-\sum_{i=(n+3)/2}^{n}\upsilon_i \tag{1-1-10}$$

式中,υ_i为残差,$\upsilon_i=x_i-\overline{x}$($\overline{x}$ 为算术平均值,$\overline{x}=\frac{1}{n}\sum\limits_{i=1}^{n}x_i$)。

若测量中含有累进性变化系差,则前后两部分的 υ_i值的和明显不同,因而 Δ 值明显不为零,通常$|\Delta|\geqslant|\upsilon_{max}|$。

(2) 周期性变化系差判据

按照一定顺序把残差两两相乘,然后取乘积项的和的绝对值,若满足关系式(1-1-11),则可认为测量中存在周期性变化系差。

$$\left|\sum_{i=1}^{n-1}\upsilon_i\cdot\upsilon_{i+1}\right|>\sqrt{n-1}\hat{\sigma}^2(x) \tag{1-1-11}$$

式中,$\hat{\sigma}^2(x)$为测量数据的方差的估计值,其计算式见式(1-1-13)。

引起系统误差的因素很多,常见的有测量仪器不准确、测量方法不完善、测量条件变化及测量人员不正确的操作等。系统误差是可以根据产生的原因,采取一定措施减小或消除的。

2. 随机误差

在相同条件下多次测量同一量时,误差的大小和方向均发生变化但无确定的变化规律,称这种误差为随机误差。

少数几次测量的随机误差没有规律,但是,从统计观点来看,大量测量的随机误差的分布接近正态分布,只有少数服从均匀分布或其他分布。因此,可以采用数理统计的方法来分析随机误差;可以用有限个测量数据来估计总体的数字特征。

(1) 数学期望的估计期

在实际测量中,可将有限次测量数据的算术平均值 $\overline{x}$ 作为被测量真值 x_0的估计值,或作为测量值的数学期望 $M(x)$的估计值 $\hat{M}(x)$,即

$$\bar{x}=\frac{1}{n}\sum_{i=1}^{n}x_i=\hat{M}(x) \tag{1-1-12}$$

(2) 均方差的估计值——贝赛尔(Bessel)公式

在实际测量中,常用有限次测量数据的均方差作为测量精度的估计值或作为测量值均方差 $\sigma(x)$ 的估计值 $\hat{\sigma}(x)$,即

$$\hat{\sigma}(x)=\sqrt{\frac{\sum_{i=1}^{n}v_i^2}{n-1}} \quad 或 \quad \hat{\sigma}^2(x)=\frac{\sum_{i=1}^{n}v_i^2}{n-1} \tag{1-1-13}$$

$$\hat{\sigma}(x)=\sqrt{\frac{\sum_{i=1}^{n}x_i^2-n\bar{x}^2}{n-1}} \quad 或 \quad \hat{\sigma}^2(x)=\frac{\sum_{i=1}^{n}x_i^2-n\bar{x}^2}{n-1} \tag{1-1-14}$$

$\hat{\sigma}(x)$ 值越小,说明测量精度越高。

单次测量的均方差可按下式估算:

$$\hat{\sigma}(x)=\frac{\Delta_{\min}}{\sqrt{3}} \tag{1-1-15}$$

式中,$\Delta_{\min}$ 为测量仪器的最小分度。

(3) 估计被测量真值所处的区间

若测量中只存在随机误差(或系统误差可忽略),则可以用有限次测量数据来估计被测量真值 x_0,x_0 满足关系式(1-1-16)。称 x_0 所处的区间为 $[\bar{x}-t_\alpha\hat{\sigma}(\bar{x}),\bar{x}+t_\alpha\hat{\sigma}(\bar{x})]$。

$$x_0=\bar{x}\pm t_\alpha\hat{\sigma}(\bar{x}) \tag{1-1-16}$$

式中,$\hat{\sigma}(\bar{x})$ 为平均值的均方差的估计值,即 $\hat{\sigma}(\bar{x})=\hat{\sigma}(x)/\sqrt{n}$;$t_\alpha$ 为有限次测量的 t 分布系数,与测量次数 n 及指定的置信概率 P 有关,其关系如表 1.1.1 所示。

随机误差主要是由那些对测量值影响较微小,又互不相关的多种因素共同造成的,如热骚动、电磁场的微变、各种无规律的微小干扰等。用增加测量次数、取平均值的办法可减小随机误差对测量结果的影响。

表 1.1.1 有限次测量的 t 分布(t_α 值表)

k \ P	0.5	0.6	0.7	0.8	0.9	0.95	0.98	0.99	0.999
1	1.000	1.376	1.963	3.078	6.314	12.706	31.821	63.657	636.619
2	0.816	1.061	1.386	1.886	2.920	4.303	6.965	9.925	31.598
3	0.765	0.978	1.250	1.638	2.353	3.182	4.541	5.841	12.924
4	0.741	0.941	1.190	1.553	2.132	2.776	3.747	4.604	8.610
5	0.727	0.920	1.156	1.476	2.015	2.571	3.365	4.032	6.859
6	0.718	0.906	1.134	1.440	1.943	2.447	3.143	3.707	5.959
7	0.711	0.896	1.119	1.415	1.895	2.365	2.998	3.499	5.405
8	0.706	0.889	1.108	1.397	1.860	2.306	2.896	3.355	5.041
9	0.703	0.883	1.100	1.383	1.833	2.262	2.821	3.250	4.781
10	0.700	0.879	1.093	1.372	1.812	2.228	2.764	3.169	4.587
15	0.691	0.866	1.074	1.341	1.753	2.131	2.602	2.947	4.073
20	0.687	0.860	1.064	1.325	1.725	2.086	2.528	2.845	3.850

注:$k=n-1$

3. 粗大误差与可疑数据

粗大误差通常是由测量人员的不正确操作或疏忽等原因引起的。粗大误差明显地超过正常条件下的系统误差和随机误差。凡被确认含有粗大误差的测量数据均称为坏值,应该剔除不用。可疑数据是指那些使误差的绝对值超过给定范围的测量值(x_k),即

$$|x_k-\bar{x}|>ch\hat{\sigma}(x) \tag{1-1-17}$$

式中,ch 为给定的系数,与测量次数 n 有关,如表 1.1.2 所示。

表 1.1.2 肖维纳准则表

n	ch	n	ch	n	ch	n	ch
5	1.65	11	2.00	17	2.18	23	2.30
6	1.73	12	2.04	18	2.20	24	2.32
7	1.79	13	2.07	19	2.22	25	2.33
8	1.86	14	2.10	20	2.24	26	2.34
9	1.92	15	2.13	21	2.26		
10	1.96	16	2.16	22	2.28		

剔除可疑数据的步骤如下。

① 计算算术平均值 $\bar{x}$,均方差的估计值 $\hat{\sigma}(x)$ 及残差 $\upsilon_i(i=1, 2, 3, \cdots, n)$。

② 判断有无可疑数据。先由表 1.1.2 查出测量次数 n 对应的系数 ch,然后用式(1-1-17)判断可疑数据。若存在可疑数据,则应指出其对应的测量值 x_k 和序号 k。

③ 剔除 x_k,不改变原测量值的顺序,令 $n=n-1$(设剔除了一个可疑数据)。

重复步骤①、②、③直到无可疑数据为止。

注意 可疑数据是否一定要剔除不用,应慎重考虑。对那些因仪器不正常或测量人员的疏忽造成的可疑数据(又称为坏值)应剔除不用;但对那些由某种特殊原因(如电路工作不稳定)导致的可疑数据不能轻易剔除,需要进一步测量分析。

1.1.3 测量误差的计算机辅助分析

人工分析与判断测量误差,工作量较大且可靠性较低,但如果利用计算机辅助分析,则变得简单可靠。下面举例说明。

例 用数字频率计测量某信号源的输出频率 f,每隔 1 分钟读取 1 个测量值。连续读取了 11 次,测量值如下:

序号	1	2	3	4	5	6	7	8	9	10	11
f/kHz	99.72	99.75	99.65	99.71	99.62	99.45	99.62	99.70	99.67	99.73	99.74

试问:这些测量值中有无可疑数据?有无系统误差?设置信概率 $P=95\%$,试估计信号源输出频率的真值 f_0 所处的范围。

解 (1) 程序流程图

程序流程图如图 1.1.1 所示。

(2) 程序设计

C 语言程序略。

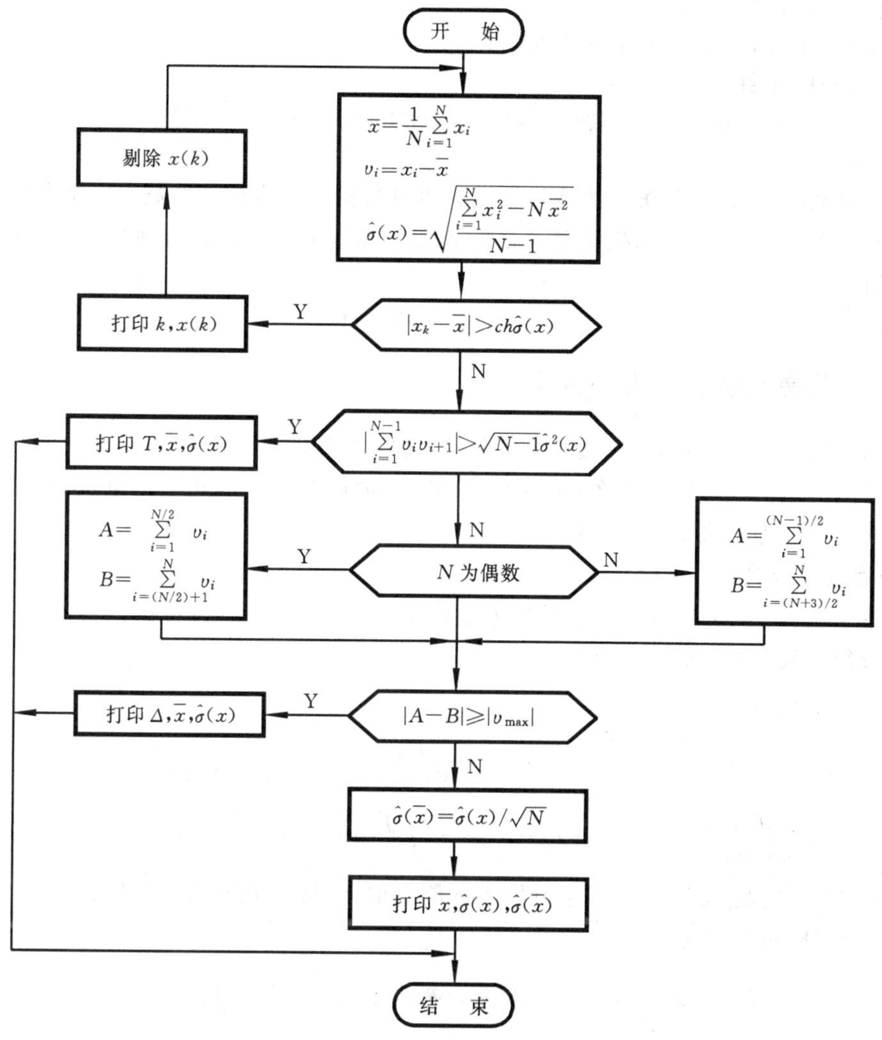

图 1.1.1　误差分析程序框图

T——周期性系差的标志符　Δ——累进性系差的标志符

(3) 程序运行结果

```
How many are the figures:
11
Please input x[1]:99.72
Please input x[2]:99.75
Please input x[3]:99.65
Please input x[4]:99.71
Please input x[5]:99.62
Please input x[6]:99.45
Please input x[7]:99.62
Please input x[8]:99.70
Please input x[9]:99.67
Please input x[10]:99.73
```

Please input x[11]:99.74

This figure is unbelievable:x[6]=99.449997

N=10 ch=1.960000

$\bar{x}$=99.690994 $\hat{\sigma}$(x)=0.060729 $\hat{\sigma}(\bar{x})$=0.019204 tα * $\hat{\sigma}(\bar{x})$=0.043440

f_0=99.690994±0.043440

用肖维纳准则分析可知,第6个测量数据为可疑数据。剔除该可疑数据后剩下的10个测量值中无明显系统误差,只有随机误差。根据有限次测量的 t 分布表得到被测频率的真值 f_0 所处的区间为

$$[99.65\text{kHz},99.73\text{kHz}]$$

1.1.4 误差传递公式及其应用

有些物理量如电流、功率等不便于直接测量,通常采用间接测量方法,如通过测量电压、电阻计算出待测的电流或功率。那么,如何根据直接测量量的误差求间接测量量的误差呢?误差传递公式能较好地解决了这类问题。

1. 误差传递公式

设某量 y 由两个分量 x_1、x_2 按照函数关系式 $y=f(x_1,x_2)$ 合成,若在 $y_0=f(x_{10},x_{20})$ 处附近的各阶偏导数存在,则

$$\begin{aligned} y &= f(x_1,x_2) \\ &= f(x_{10},x_{20})+\left[\frac{\partial f}{\partial x_1}(x_1-x_{10})+\frac{\partial f}{\partial x_2}(x_2-x_{20})\right]+\frac{1}{2!}\left[\frac{\partial^2 f}{\partial x_1^2}(x_1-x_{10})^2\right. \\ &\quad \left.+2\frac{\partial^2 f}{\partial x_1\partial x_2}(x_1-x_{10})(x_2-x_{20})+\frac{\partial^2 f}{\partial x_2^2}(x_2-x_{20})^2\right]+\cdots \end{aligned} \tag{1-1-18}$$

若用 $\Delta x_1=x_1-x_{10}$ 及 $\Delta x_2=x_2-x_{20}$ 分别表示测量值 x_1 及 x_2 的误差,由于 $\Delta x_1 \ll x_1$,$\Delta x_2 \ll x_2$,则式(1-1-18)可近似为

$$\Delta y = y-y_0 = y-f(x_{10},x_{20}) = \frac{\partial f}{\partial x_1}\Delta x_1+\frac{\partial f}{\partial x_2}\Delta x_2 \tag{1-1-19}$$

若 y 由 m 个分量合成,则

$$\Delta y = \frac{\partial f}{\partial x_1}\Delta x_1+\frac{\partial f}{\partial x_2}\Delta x_2+\cdots+\frac{\partial f}{\partial x_m}\Delta x_m = \sum_{i=1}^{m}\frac{\partial f}{\partial x_i}\Delta x_i \tag{1-1-20}$$

式中,Δy 为总量的绝对误差;Δx_i 为分量的绝对误差;$\frac{\partial f}{\partial x_i}$ 为函数 $f(x_1,x_2,\cdots,x_m)$ 关于第 i 个分量 x_i 的偏导数。

若用相对误差,则式(1-1-20)可表示为

$$\gamma_y = \frac{\Delta y}{y} = \frac{1}{y}\sum_{i=1}^{m}\frac{\partial f}{\partial x_i}\Delta x_i = \sum_{i=1}^{m}\frac{\partial \ln f}{\partial x_i}\Delta x_i \tag{1-1-21}$$

式中,$\frac{\partial \ln f}{\partial x_i}$ 为总量取自然对数后再对各分量求偏导数。

称式(1-1-20)、式(1-1-21)为误差传递公式。当总量的表达式为和、差关系时,采用式(1-1-20)计算总量的绝对误差较方便;为积、商或乘方、开方关系时,采用式(1-1-21)计算总量的相对误差较方便。

2. 误差传递公式应用举例

例1 已知电阻 R_1 的误差为 ΔR_1,R_2 的误差为 ΔR_2。求两电阻并联后的电阻 R 的绝对误

差 ΔR 及相对误差 γ_R。

解 并联后的电阻

$$R = R_1 /\!/ R_2 = \frac{R_1 R_2}{R_1 + R_2}$$

由式(1-1-20)得绝对误差

$$\Delta R = \frac{\partial R}{\partial R_1}\Delta R_1 + \frac{\partial R}{\partial R_2}\Delta R_2 = \left(\frac{R_2}{R_1+R_2}\right)^2 \Delta R_1 + \left(\frac{R_1}{R_1+R_2}\right)^2 \Delta R_2$$

则相对误差

$$\gamma_R = \frac{\Delta R}{R} = \frac{R_2}{R_1+R_2}\cdot\frac{\Delta R_1}{R_1} + \frac{R_1}{R_1+R_2}\cdot\frac{\Delta R_2}{R_2} = \frac{R_2}{R_1+R_2}\gamma_{R_1} + \frac{R_1}{R_1+R_2}\gamma_{R_2}$$

例 2 已知某二阶 RC 有源带阻滤波器的中心角频率 ω_0 的表达式为 $\omega_0 = 1/(RC)$，试求电阻 R 及电容 C 的稳定性对中心角频率 ω_0 的稳定性的影响。

解 电阻 R 的稳定性可用相对误差 $\Delta R/R$ 表示，电容 C 的稳定性可以用 $\Delta C/C$ 表示，由于 R、C 的不稳定引起了中心角频率 ω_0 的不稳定，ω_0 的稳定性用 $\Delta\omega_0/\omega_0$ 表示。由式(1-1-21)得

$$\frac{\Delta\omega_0}{\omega_0} = \frac{\partial \ln\omega_0}{\partial R}\Delta R + \frac{\partial \ln\omega_0}{\partial C}\Delta C$$

因为 $\ln\omega_0 = \ln 1/(RC) = -(\ln R + \ln C)$，所以

$$\frac{\Delta\omega_0}{\omega_0} = \frac{\partial[-(\ln R + \ln C)]}{\partial R}\Delta R + \frac{\partial[-(\ln R + \ln C)]}{\partial C}\Delta C = -\frac{\Delta R}{R} - \frac{\Delta C}{C}$$

例 3 用数字频率计测量信号的频率时，既可以采用测频法，其测频表达式为 $f_x = N_s/T_s$，也可以采用测周法，其测周表达式为 $T_x = N_c T_c$。求这两种方法的测量误差。

解 用测频法测量频率的表达式为

$$f_x = \frac{N_s}{T_s}$$

式中，N_s 为闸门时间 T_s 内的脉冲数。

由式(1-1-21)得

$$\frac{\Delta f_x}{f_x} = \frac{\Delta N_s}{N_s} - \frac{\Delta T_s}{T_s} = \frac{\pm 1}{T_s f_x} - \frac{\Delta T_s}{T_s}$$

式中，$\frac{\Delta N_s}{N_s}$ 为量化误差；$\frac{\Delta T_s}{T_s}$ 为闸门时间的相对误差，它由石英晶振的频率准确度决定。通常 $\frac{\Delta T_s}{T_s} \ll \frac{\Delta N_s}{N_s}$，所以用测频法产生的测量误差为

$$\frac{\Delta f}{f_x} \approx \frac{\pm 1}{T_s f_x}$$

可见，被测信号的频率 f_x 越高，闸门时间 T_s 越长，测频法的测频误差就越小。

用测周法测量周期的表达式为

$$T_x = N_c T_c = N_c K T_0$$

式中，N_c 为被测信号的周期 T_x 内的脉冲数；T_c 为计数脉冲的周期，$T_c = K T_0$；K 为石英晶振的周期 T_0 的倍乘系数。

由式(1-1-21)得

$$\frac{\Delta T_x}{T_x} = \frac{\Delta N_c}{N_c} + \frac{\Delta T_c}{T_c} = \frac{\pm K}{T_x f_0} - \frac{\Delta f_0}{f_0}$$

通常石英晶振的频率准确度$\frac{\Delta f_0}{f_0} \ll \frac{\pm K}{T_x f_0}$,所以测周法产生的测量误差为

$$\frac{\Delta T_x}{T_x} = \frac{\pm K}{T_x f_0}$$

可见,被测信号的频率 f_x越低,测周法的测量误差就越小。

实验与思考题

1.1.1 现有两块电压表,一块表的量程为 150V,其精度等级为 0.5级;另一块表的量程为 15V,精度等级为 2.5 级。欲测量 10V 左右的电压,问选用哪块电压表测量更准确?为什么(通过分析计算回答)?

1.1.2 如题 1.1.2 图所示,该电路为一电阻分压电路。根据电阻分压原理 $V_{AB}=V_0/2=6V$ 用一内阻 $R_i=20k\Omega$ 的直流电压表测量,结果并不等于 6V,为什么?求电压表的测量值 V_x及测量的相对误差 γ_x。

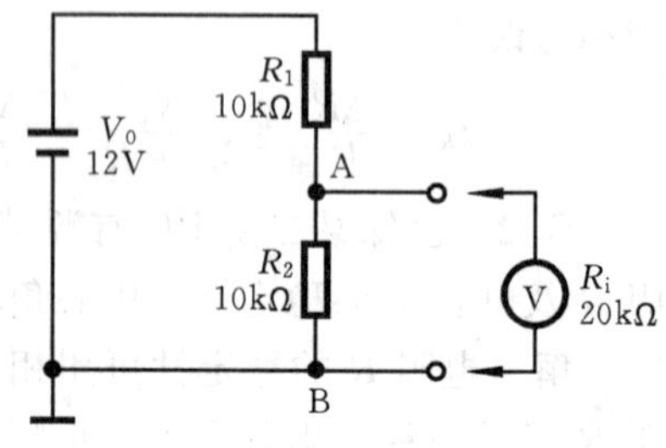

题 1.1.2 图

1.1.3 对某信号源的输出频率 f 进行 8 次测量,数据如下:

序号	1	2	3	4	5	6	7	8
f/Hz	1000.82	1000.79	1000.85	1000.84	1000.78	1000.91	1000.76	1000.82

求有限次测量的数学期望的估计值 $\hat{M}(x)$、均方差的估计值 $\hat{\sigma}(x)$。设置信概率 $P=95\%$,试估计被测频率的真值 f_0所处的范围。

1.1.4 用数字电压表测量某直流电压 V_0,测量数据如下:

序号	1	2	3	4	5	6	7	8	9	10
V/V	10.12	10.17	10.13	10.10	10.15	10.13	10.12	10.14	10.13	10.14

试问:测量中有无可疑数据?有无变值系差?设置信概率 $P=90\%$,求被测电压的真值V_0所处的区间(用计算机解题)。

1.2 实验数据处理

学习要求 掌握实验数据的正确整理与曲线的绘制方法。了解最小二乘法、回归分析、拉格朗日插值等基本理论在实验数据处理中的应用。

1.2.1 实验数据的整理

凡测量得到的实验数据,都要先经过整理再进行处理。整理实验数据的方法通常有误差位对齐法及有效数字表示法。

1. 误差位对齐法

测量误差的小数点后面有几位,则测量数据的小数点后面也取几位。

例 用一块 0.5 级的电压表测量电压,当量程为 10V 时,指针落在大于 8.5V 的附近区域。这时测量数据应取几位?

解 由式(1-1-4)得该表在 10V 量程内的最大绝对误差为

$$\Delta V_{max} = x_n \cdot S\% = 10V \times 0.5\% = 0.05V$$

则测量值应为 8.53V 或 8.52V 等,即小数点后面取两位。

2. 有效数字表示法

为减小测量误差的积累，通常采用近似舍入规则来保留有效数字的位数。其规定为：以保留数字的末位为单位，它后面的数大于 0.5 者，末位进 1；小于 0.5 者，末位不变；恰为 0.5 者，末位为奇数时进 1，为偶数时不变。可见近似舍入规则克服了古典四舍五入规则中，保留数字末位后面的数为 0.5 时，只入不舍的缺点。

例　将数据 6.738501，2.71829，4.5105，5.62350 保留 4 位有效数字。

解　6.738501→6.739　2.71829→2.718　4.5105→4.510　5.62350→5.624

1.2.2 实验曲线的绘制

实验曲线的绘制是指，将测量的离散实验数据，绘制成一条连续光滑的曲线并使其误差最小。通常采用平滑法和分组平均法。无论采用哪种方法，绘制曲线前都要将整理好的实验数据按照坐标关系列表，适当选择横坐标与纵坐标的比例关系与分度，使得曲线的变化规律比较明显。

1. 平滑法

如图 1.2.1 所示，先将实验数据(x_i, y_i)标在直角坐标上，再将各点(x_i, y_i)先用折线相连，然后作一条平滑曲线，使其满足以下等量关系：

$$\sum S_i = \sum S_i' \tag{1-2-1}$$

式中，$\sum S_i$为曲线以下的面积和；$\sum S_i'$为曲线以上的面积和。

2. 分组平均法

如图 1.2.2 所示，将数据(x_i, y_i)标在坐标上。先取相邻两个数据点连线的中点(或 3 个数据点连线的重心点)，再将所有中点连成一条光滑的曲线。由于取中点(或重心点)的过程就是取平均值的过程，所以减小了随机误差的影响。

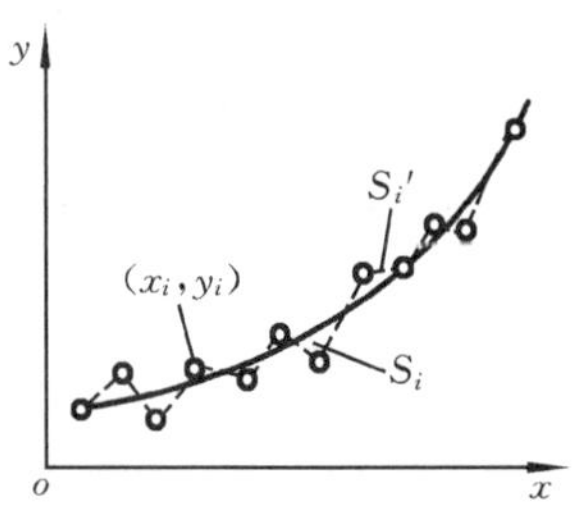

图 1.2.1　曲线平滑法

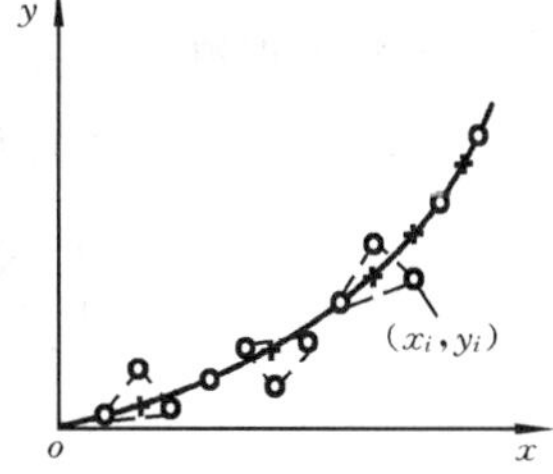

图 1.2.2　分组平均法

1.2.3 实验数据的函数表示

用函数关系式来描述被测量的各物理量之间的相互关系，称为实验数据的函数表示或回归分析。

1. 最小二乘法

设对某量 x 进行了 m 次等精度的测量，第 i 次测量的随机误差为 δ_i，且 δ_i服从正态分布。由最大似然估计原则，满足关系式

$$\sum_{i=1}^{m} \delta_i^2 = \min \tag{1-2-2}$$

的估计值就是最佳估计值,称式(1-2-2)为最小二乘式。

在实际测量中,常用残差 υ_i 来代替随机误差,则式(1-2-2)可以表示为

$$\sum_{i=1}^{m}\upsilon_i^2 = \min \tag{1-2-3}$$

式中,υ_i 为第 i 次测量的残差,$\upsilon_i = x_i - \bar{x}$。

若被测量为间接测量量,则残差可以表示为

$$\upsilon_i = y - f(x_i;\alpha,\beta) \tag{1-2-4}$$

式中,α,β 为函数关系式 $f(x_i;\alpha,\beta)$ 中待估计的参数。

2. 回归分析法

先将实验数据标在坐标上,根据经验观察该列实验数据的变化规律符合哪种类型的函数的变化规律,从而确定函数的类型,再通过实验数据求函数式中的常系数及常量的方法称为回归分析法。

设有 m 组实验数据(x_i, y_i),选定的函数式为 $y=f(x;\alpha,\beta)$,其中 α、β 分别为待定系数和常量。根据最小二乘原理,由式(1-2-3)求出的 $\hat{\alpha}$ 及 $\hat{\beta}$ 值就是 α 及 β 的最佳估计值,即

$$\sum_{i=1}^{m}[y_i - f(x_i;\alpha,\beta)]^2 = \min \tag{1-2-5}$$

若待定系数及常量 α, β, …共有 n 个,则应建立起 n 个联立方程组:

$$\begin{cases} \dfrac{\partial \sum\limits_{i=1}^{m}[y_i - f(x_i;\alpha,\beta,\cdots)]^2}{\partial\alpha} = 0 \\ \dfrac{\partial \sum\limits_{i=1}^{m}[y_i - f(x_i;\alpha,\beta,\cdots)]^2}{\partial\beta} = 0 \\ \vdots \end{cases} \tag{1-2-6}$$

称式(1-2-6)为回归方程组。解式(1-2-6),可以求出 α,β,…的估计值 $\hat{\alpha}$,$\hat{\beta}$,…

如果函数 $f(x_i;\alpha,\beta)$ 为直线方程,如 $y=ax+b$,则 a 与 b 的估计值 $\hat{a}$、$\hat{b}$ 可由下式求解

$$\begin{cases} \dfrac{\partial \sum\limits_{i=1}^{m}[y_i - (ax_i + b)]^2}{\partial a} = 0 \\ \dfrac{\partial \sum\limits_{i=1}^{m}[y_i - (ax_i + b)]^2}{\partial b} = 0 \end{cases} \tag{1-2-7}$$

得

$$\begin{cases} \hat{a} = \dfrac{m\sum\limits_{i=1}^{m}x_iy_i - \sum\limits_{i=1}^{m}x_i\sum\limits_{i=1}^{m}y_i}{m\sum\limits_{i=1}^{m}x_i^2 - \left(\sum\limits_{i=1}^{m}x_i\right)^2} \\ \hat{b} = \left(\sum\limits_{i=1}^{m}y_i/m\right) - \left(\sum\limits_{i=1}^{m}x_i/m\right)\hat{a} = \bar{y} - \bar{x}\hat{a} \end{cases} \tag{1-2-8}$$

例 在不同温度 t/℃下,测量三极管 3DG 130 的电流放大系数 β,测量数据如下:

t/℃	0	30	60	90	120
β	20.0	28.0	37.5	51.0	68.0

用回归分析法求 β 与 t 的函数关系式。

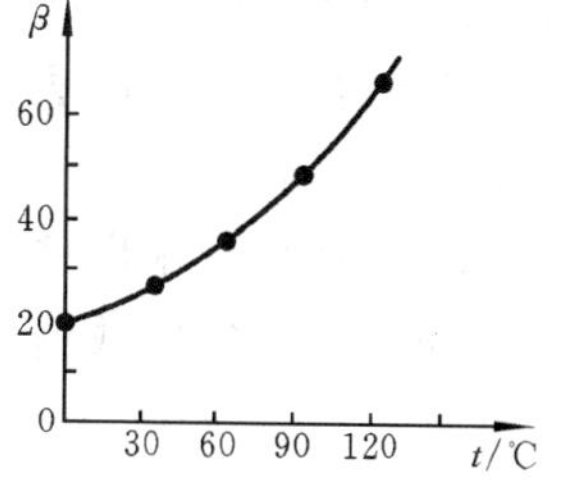

图 1.2.3 回归分析法

解 将实验数据标于坐标上,如图 1.2.3 所示。由图可见,β 与 t 近似于指数关系,故选指数型函数式,即

$$\beta = b\mathrm{e}^{at}$$

式中,a, b 为待定系数。将上式两边取自然对数得

$$\ln\beta = \ln b + at$$

令 $\ln\beta = y$, $\ln b = B$,从而可将上式转换为直线方程

$$y = at + B$$

由式(1-2-8)可得

$$\begin{cases} \hat{a} = \dfrac{m\sum\limits_{i=1}^{m} x_i y_i - \sum\limits_{i=1}^{m} x_i \sum\limits_{i=1}^{m} y_i}{m\sum\limits_{i=1}^{m} x_i^2 - \left(\sum\limits_{i=1}^{m} x_i\right)^2} = 0.01 \\ \hat{B} = \bar{y} - \bar{x}\hat{a} = 3.02 \end{cases}$$

又因为 $\ln\hat{b} = \hat{B}$,则 $\hat{b} = 20.5$,故 β 与 t 的近似关系式为

$$\beta = \hat{b}\mathrm{e}^{\hat{a}t} = 20.5\mathrm{e}^{0.01t}$$

1.2.4 实验数据的插值法

在一列实验数据中插进一些需要的值称为实验数据插值。较常用的插值方法有拉格朗日(Lagrange)插值法。

实验中经常见到的一些函数式,均可以由测量得到的实验数据构成的1个多项式去逼近。如一次函数式(直线方程)$y(x) = a_0 + a_1 x$ 可由两组实验数据(x_0, y_0)与(x_1, y_1)构成的多项式逼近,即

$$y(x) = \frac{x - x_1}{x_0 - x_1} y_0 + \frac{x - x_0}{x_1 - x_0} y_1 \tag{1-2-9}$$

二次函数式(抛物线)$y(x) = a_0 + a_1 x + a_2 x^2$ 可以由3组实验数据(x_0, y_0), (x_1, y_1)与(x_2, y_2)构成的多项式逼近,即

$$y(x) = \frac{(x - x_1)(x - x_2)}{(x_0 - x_1)(x_0 - x_2)} y_0 + \frac{(x - x_0)(x - x_2)}{(x_1 - x_0)(x_1 - x_2)} y_1 + \frac{(x - x_0)(x - x_1)}{(x_2 - x_0)(x_2 - x_1)} y_2 \tag{1-2-10}$$

n 次函数式 $y(x) = a_0 + a_1 x + a_2 x^2 + \cdots + a_n x^n$ 可由$(n+1)$组实验数据(x_0, y_0), (x_1, y_1), $\cdots$, (x_n, y_n)构成的多项式逼近,即

$$\begin{aligned} y_n(x) &= \sum_{k=0}^{n} \frac{(x - x_0)(x - x_1)\cdots(x - x_{k-1})(x - x_{k+1})\cdots(x - x_n)}{(x_k - x_0)(x_k - x_1)\cdots(x_k - x_{k-1})(x_k - x_{k+1})\cdots(x_k - x_n)} y_k \\ &= \sum_{k=0}^{n} \left(\prod_{\substack{j=0 \\ i \neq k}}^{n} \frac{x - x_j}{x_k - x_j}\right) y_k \end{aligned} \tag{1-2-11}$$

式中,n 为插值多项式的次数,称为插值的阶;x_0, x_1, $\cdots$, x_n为插值多项式的结点(实验数据);y_0, y_1, $\cdots$, y_n为结点对应的函数值(实验数据);x 为插值点;$y_n(x)$为插值点对应的函数值。

称式(1-2-11)为拉格朗日插值公式,求 $y_n(x)$的过程称为插值。该式表明:对于给定的插

值点 x,可以由$(n+1)$组实验数据求 n 次函数式在 x 点处的近似值 $y_n(x)$。

实验数据的插值法在实验研究中获得广泛应用。如因实验条件有限,不能测量出某些实验数据,或由于疏忽丢失了某些数据,而在实验分析或绘制曲线时又需要这些数据的情况下,可以采用插值法求出这些数据。

例 已知实验数据如下,求插值点 $x=4.0$ 所对应的函数值 $y(4.0)$。

x	0.0	1.0	2.0	3.0	5.0	6.0
$y(x)$	0.01	1.11	4.21	9.31	25.51	36.61

解 将实验数据标于坐标上,如图 1.2.4 所示。观察 $y(x)$ 的变化规律近似于二次函数式 $y=a_0+a_1x+a_2x^2$,因此,需要 3 组实验数据求插值。对于插值点 $x=4.0$ 可以取$x_0=2.0$, $y_0=4.21$;$x_1=3.0$,$y_1=9.31$ 及$x_2=5.0$,$y_2=25.51$ 这 3 组实验数据,也可以取另外 3 组实验数据,即$x_0=3.0$, $y_0=9.31$;$x_1=5.0$, $y_1=25.51$ 及$x_2=6.0$,$y_2=36.61$,现取前面 3 组实验数据,由拉格朗日插值公式(1-2-11)得

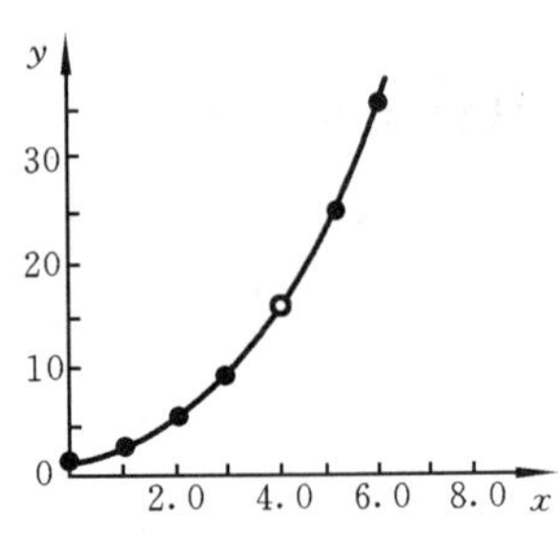

图 1.2.4 实验数据的插值

$$y_n(x)=\sum_{k=0}^{n}\left(\prod_{\substack{j=0\\j\neq k}}^{n}\frac{x-x_j}{x_k-x_j}\right)y_k$$

$$y_2=\sum_{k=0}^{2}\left(\prod_{\substack{j=0\\j\neq k}}^{n}\frac{x-x_j}{x_k-x_j}\right)y_k$$

$$=\frac{(x-x_1)(x-x_2)}{(x_0-x_1)(x_0-x_2)}y_0+\frac{(x-x_0)(x-x_2)}{(x_1-x_0)(x_1-x_2)}y_1+\frac{(x-x_0)(x-x_1)}{(x_2-x_0)(x_2-x_1)}y_2$$

将 $x=4.0$,$x_0=2.0$,$y_0=4.21$;$x_1=3.0$,$y_1=9.31$ 及 $x_2=5.0$,$y_2=25.51$ 代入上式得

$$y(4.0)=16.41$$

插入的实验数据(4.0, 16.41)如图 1.2.4 中空心圆点所示。

随着函数式阶数 n 的增加,式(1-2-11)的计算将变得十分繁琐。若将式(1-2-11)编程,再用计算机进行插值计算则方便多了。

提示 式(1-2-11)的逻辑结构为二重循环,其内循环可由变量 j 控制求累乘,外循环可由变量 k 控制求累加。

实验与思考题

1.2.1 测量晶体二极管 2AP9 的伏安特性,其测量数据如下:

V_D/V	0.0	0.1	0.2	0.3	0.4	0.5
I_D/μA	100	222	496	1100	2455	5456

求该二极管的伏安特性曲线及其函数表达式(用计算机解题)。

1.2.2 已知某四次函数式的实验数据如下:

x	−2.0	−0.4	0.2	1.0	4.0
y	24.000	−0.269	−0.077	0.000	480.000

求插值点 $x=-1.5$,-1.0,-0.2, 0.0, 0.4, 0.8, 1.5, 2.0 对应的函数值 $y(x)$,并根据插值后的实验数据绘制实验曲线(用计算机解题)。

第 2 章

模拟电子线路基础实验

内容提要 本章介绍了由二极管、三极管、场效应管、集成运算放大器、集成逻辑门、触发器、555 定时器等构成的简单实验电路，供学生自行安装与测试。这些电路有一定的功能和趣味性，能对学生进行电子线路实验的基础训练，使初学者对电子线路基础实验产生兴趣。

2.1 二极管的参数测试与基本应用

学习要求 掌握二极管的主要参数的测试方法；自行安装本节中的基本实验电路、理解其工作原理；熟练运用电子测量仪器进行电路参数的测试并进行误差分析；学会根据电路的功能要求合理选择二极管。

2.1.1 二极管的主要参数及其测试

● 最大整流电流 I_{FM} 二极管在长期稳定工作时，允许流过的最大正向平均电流。在实际应用时工作电流必须小于 I_{FM}。

● 最大反向工作电压 V_{RM} 在实际应用时所允许加在二极管上的最大反向电压。V_{RM}应小于反向击穿电压。

● 反向电流 I_R 二极管反向击穿以前的反向电流。I_R越小，二极管单向导电性能越好。

● 交流电阻 r 二极管特性曲线静态工作点 Q 附近电压的变化量与相应电流的变化量之比。

I_{FM}、V_{RM}通常由器件手册查得。I_R、r 可以用晶体管特性图示仪进行测量。

2.1.2 二极管的基本应用

1. 普通二极管的应用

普通二极管具有单向导电特性，是整流、检波、限幅、钳位等应用中的主要器件。实际应用时，应根据功能要求选择合适的二极管。图 2.1.1 所示的为几种常见的应用电路，由于功能不同，对二极管的性能参数要求亦不相同，因此，所选二极管的型号也就不同。

(1) 整流与极性变换

如图 2.1.1(a)所示，输入的交流电压 $\dot{V}_i$先经 4 只二极管全波整流，再经电容 C 滤除纹波，则负载 R_L两端输出的就是直流电压 V_o。要求二极管的反向峰值电压 $V_{RM}>\sqrt{2}V_i$(有效值)，整流电流 I_F大于负载 R_L的额定电流的最大值 I_{max}。该电路也可用于电子电话机的电源极性保护，即无论输入电压 $\dot{V}_i$的极性如何，负载 R_L(电话机)上的电压总是为正电压。

(2) 限幅钳位

在图 2.1.1(b)所示电路中，两只反向并联的二极管 D_1、D_2起限幅保护作用，用于限制运算放大器反相端输入电压的峰值，使之不超过二极管的正向导通电压 V_F。若选用锗二极管，其正向导通电压 $V_F\geqslant0.2V$。在图 2.1.1(c)所示电路中，两只二极管 D_1、D_2给互补对称三极

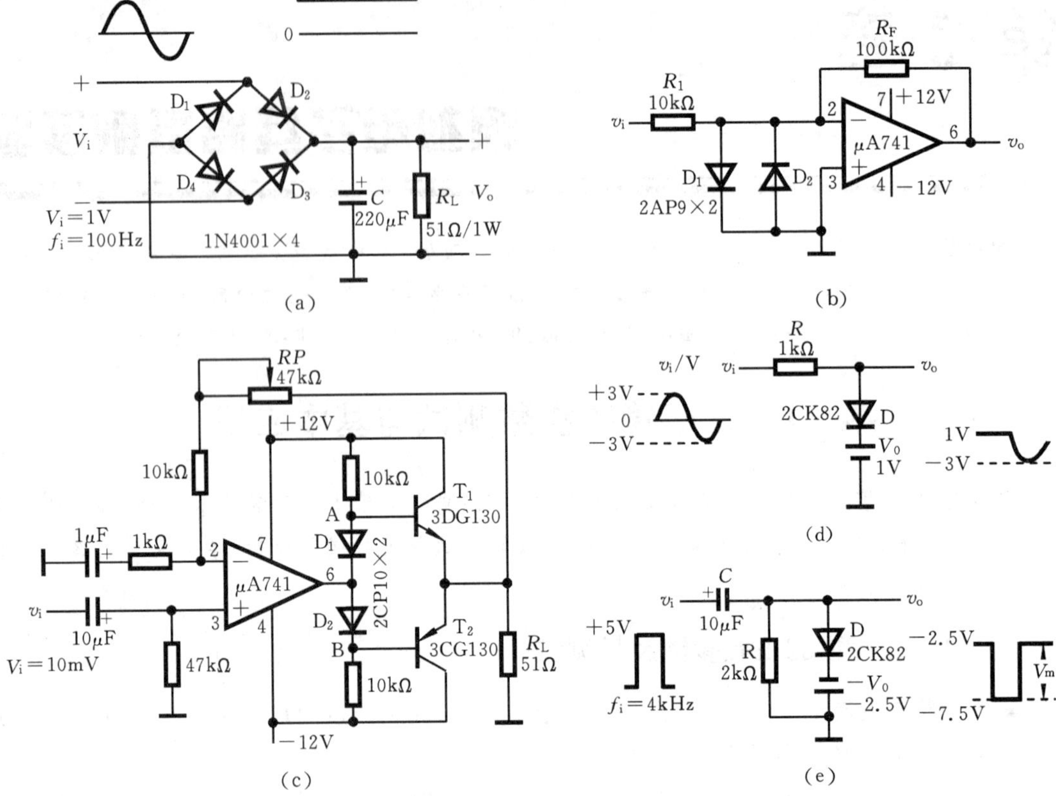

图 2.1.1 几种常见二极管的应用电路

(a) 整流 (b) 输入保护 (c) 克服交越失真 (d) 限幅 (e) 钳位

管提供静态偏置电压,使静态时的三极管 T_1、T_2处于微导通状态,即 $V_{BE1}+V_{BE2}=V_{D1}+V_{D2}$,三极管 T_2选硅型 PNP 管,所以二极管 D_1、D_2应选硅型二极管,如 2CP10。由于静态时,A、B间的电压 $V_{AB}=V_{D1}+V_{D2}\approx1.0V$,故可克服输出波形的交越失真。

图 2.1.1(d)与(e)所示为波形变换电路。其中,图(d)所示电路中的二极管起限幅作用,将输入信号中高于直流电平 V_0的部分去掉;图(e)所示电路中的二极管起钳位作用,将输入脉冲信号的顶部钳位于直流电平$-V_0$。由于脉冲信号要求器件的响应速度快,所以选用开关二极管,型号为 2CK××类。

2. 发光二极管的应用

发光二极管与普通二极管相比都具有单向导电特性,但发光二极管在正向导通时会发光,光的亮度随导通电流增大而增强,光的颜色与发光波长 λ 有关,如表 2.1.1 所示。常见颜色有红、绿、黄等。红外发光二极管发出的红外光为不可见光。

表 2.1.1 发光二极管光的颜色与波长的关系

颜色	红外	红	黄	绿
λ/nm	900	655	583	565
V_F(10mA)/V	1.3~1.5	1.6~1.8	2.0~2.2	2.2~2.4

发光二极管的导通电流不能太大(小于 20mA),否则会损坏。使用时应在 LED 电路中串接限流电阻 R_0,其阻值由下式计算:

$$R_0 = \frac{V_{CC} - V_F}{I_F} \tag{2-1-1}$$

式中,V_F为正向导通电压(1～2V);I_F为导通电流,一般为 2mA～10mA。

(1) 逻辑电平显示电路

图 2.1.2(a)、(b)、(c)所示电路均采用发光二极管来显示输出电平的高低。其中,图(a)为晶体管控制电路,在晶体管输出为低电平时,发光二极管亮;图(b)所示的为逻辑门驱动电路,当其输出为高电平时,发光二极管亮;图(c)所示的为逻辑门驱动电路,当其输出低电平时,发光二极管亮。

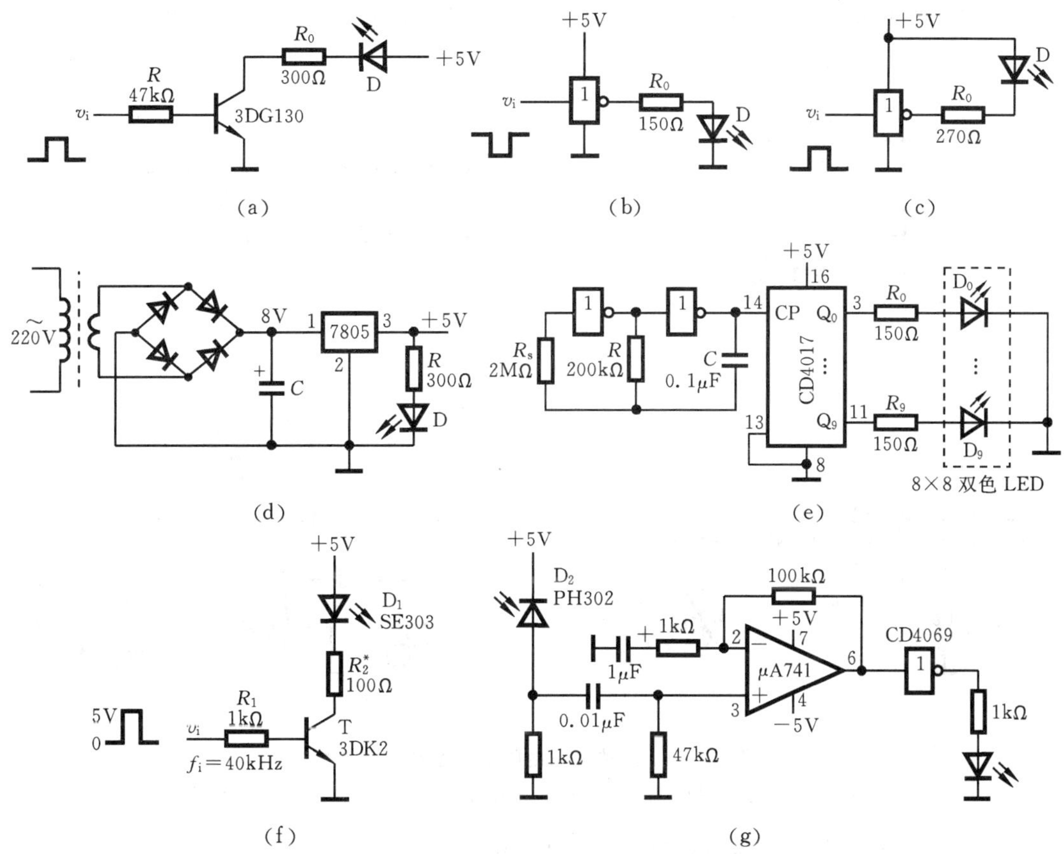

图 2.1.2　几种常见发光二极管的应用电路

(a) 晶体管驱动电路　(b)、(c) 逻辑门驱动电路　(d) 电源指示电路

(e) 图案显示器　(f)、(g) 红外发光二极管发送/接收

(2) 指示电路

图 2.1.2(d)所示的为测量仪器的电源指示电路。在稳压电源工作正常时,发光二极管亮。

(3) 点阵显示器

图 2.1.2(c)所示电路为由发光一极管组成的图案显示电路,当 CD4017 输入计数脉冲时,输出端 Q_0～Q_9轮流输出高电平脉冲,10 只发光二极管轮流导通发光。改变计数脉冲的频率,可改变二极管的导通时间,频率由 R、C 决定。

(4) 红外发射/接收器

图 2.1.2(f)、(g)所示电路是由红外发光二极管 D_1、D_2构成的红外发射/接收器电路,光

脉冲信号的频率和脉宽由输入信号 v_i决定。红外发光二极管一般是配对使用的。如与红外发射管 SE303 配对的红外接收管是 PH302。发射管的导通电流为 30mA～50mA,发射功率为 1mW～2.5 mW。接收管的导通电流为 5mA～10mA。发射/接收距离一般为 5m 左右。

3. 稳压二极管的应用

当稳压二极管的 PN 结的反向电压大到一定数值后,PN 结击穿,反向电流突然增加很多,而反向电压基本不变,从而实现稳压功能。在稳压二极管的应用中,需要注意的是,不同型号的稳压管具有不同的稳压范围,同一型号的稳压管的稳压值也不完全相同。使用时,一定要测量稳压管的实际稳压值。如型号为 2CW11 的稳压管,其稳压值范围为 3.2V～4.5V,对某只 2CW11,其稳压值可能是 3.5V,换另一只 2CW11,其稳压值有可能是 3.7V。图 2.1.3 中列举了稳压二极管的几种应用实例。

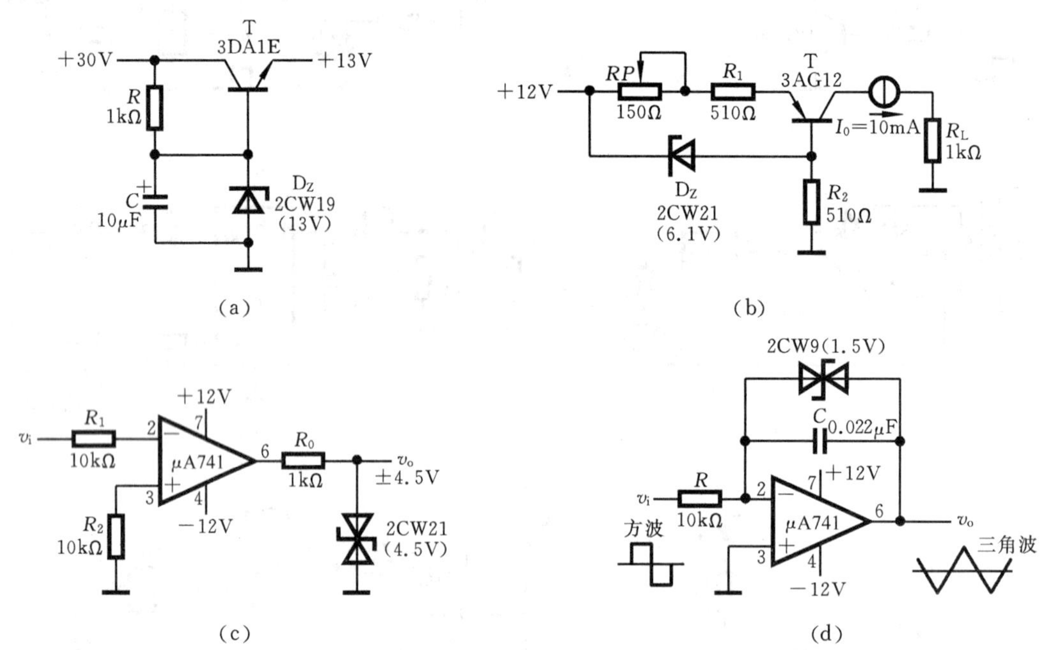

图 2.1.3 几种常见稳压二极管的应用电路

(a) 高电压到低电压转换 (b) 恒流源 (c) 比较器输出限幅 (d) 积分器输出限幅

(1) 实现高电压到低电压转换的直流稳压电路

图 2.1.3(a)所示电路能将直流高电压(+30V)转换成直流低电压(+13V)。稳压二极管 2CW19(13V)与调整管 3DA1E 组成直流稳压输出电路。稳压管 D_Z还可以保护三极管 T 不会因输出电流过大而损坏。

(2) 恒流源

图 2.1.3(b)所示电路能向负载提供恒定电流 I_0。由于稳压管 D_Z的反向击穿电压稳定不变,三极管发射结正向导通电压也基本不变,即使电源电压变化,三极管的集电极电流 I_0也不会变。调整电位器 *RP* 可以确定 I_0的值。

(3) 限幅

图 2.1.3(c)、(d)所示电路均利用稳压二极管反向击穿后的电压不变来稳定输出电压的幅度。其中图 2.1.3(c)所示电路用于限制比较器的输出幅度,因为一只的稳定电压为 4.5V,两只背靠背连接时输出电压约为±5V。图 2.1.3(d)所示电路用于限制积分器的输出幅度,若

输入为1kHz的方波，则输出为幅度不会超过±2.0V的三角波。

4. 变容二极管的应用

变容二极管也是由PN结构成的，与普通二极管不同的是，变容二极管的PN结的势垒电容的电容量能够灵敏地随着变容二极管两端反向偏置电压的变化而改变。因此，在高频情况下，恰好可利用PN结的势垒电容作为一个电容器件。图2.1.4所示的电路为一变容二极管调频电路。在低频调制信号v_Ω的作用下，变容二极管D_C的结电容发生变化，LC振荡回路的谐振频率也随之改变。

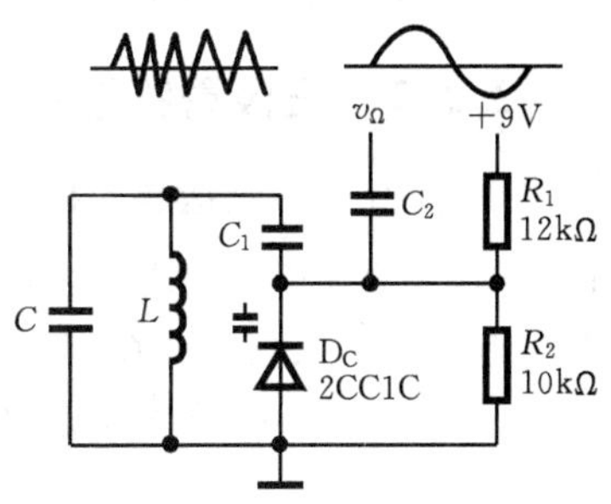

图2.1.4　变容二极管调频电路

顺便指出，由于稳压二极管也是在反向偏置电压下工作的，其PN结的势垒电容也比较灵敏，在要求不高的情况下，可以代替变容二极管。

实验与思考题

2.1.1　用万用表判别普通二极管、稳压二极管、变容二极管的极性。

2.1.2　用晶体管特性图示仪测量普通二极管、稳压二极管的伏安特性及主要性能参数I_R、r，要求在坐标纸上绘制特性曲线并标注I_R、r的值。

2.1.3　在实际应用中，如何选择普通晶体二极管？试结合图2.1.1进行说明。

2.1.4　用稳压电源或干电池测发光二极管的极性。与发光二极管相串联的电阻应如何选取？

2.1.5　发光二极管的限流电阻有何作用？若将1只红色与1只绿色的发光二极管并联后使用，并用一乳白色罩盖上会呈什么颜色？请进行实验观察。

2.1.6　在图2.1.3(c)所示电路中，若比较器的输出端不接两只背靠背的稳压二极管，输出电压的幅度为多少？若只接1只(或正向或反向接法)，输出电压的幅度又为多少？

2.2　三极管的参数测试与基本应用

学习要求　掌握三极管的主要参数的测试方法；自行安装本节中的基本实验电路，理解其工作原理；熟练运用电子测量仪器进行三极管的参数测试。

2.2.1　三极管的主要参数及其测试

● 直流电流放大系数$\bar{\beta}(h_{FE})$　集电极直流电流I_{CQ}与基极直流电流I_{BQ}之比，即

$$\bar{\beta}=I_{CQ}/I_{BQ} \tag{2-2-1}$$

● 交流电流放大系数$\beta(h_{fe})$　三极管在有信号输入时，集电极电流的变化量ΔI_C与基极电流的变化量ΔI_B之比，即

$$\beta=\Delta I_C/\Delta I_B \tag{2-2-2}$$

● 穿透电流I_{CEO}　基极b开路，集电极c与发射极e间加反向电压时的集电极电流。硅管的I_{CEO}在几微安以下。

● 反向击穿电压$V_{(BR)CEO}$　基极b开路，集电极c与发射极e间的反向击穿(I_{CEO}开始上升时)电压。

● 集电极最大允许电流I_{CM}　β值下降到额定值的1/3时所允许的最大集电极电流。

● 集电极最大允许功耗 P_{CM}　集电结上允许损耗功率的最大值。

$V_{(BR)CEO}$、I_{CM}、P_{CM}通常由器件手册查得。$\bar{\beta}$、β、I_{CEO}可以用晶体管特性图示仪进行测量。

2.2.2　三极管的基本应用

三极管(又称晶体管)具有电流放大作用。构成放大器时,晶体管工作在放大区,以 NPN 管为例,其极间电压为 $V_{BE}>0$(正向偏置),$V_{BC}<0$(反向偏置),$I_C=\beta I_B$。构成开关电路时,工作在饱和区和截止区。在饱和区时,$I_B>I_C/\beta$,在截止区时,$V_{BE}<0$(反向偏置),$V_{BC}<0$(反向偏置)。图 2.2.1 中列举了晶体管的几种应用电路。可以看到,不同功能的电路,对晶体管的

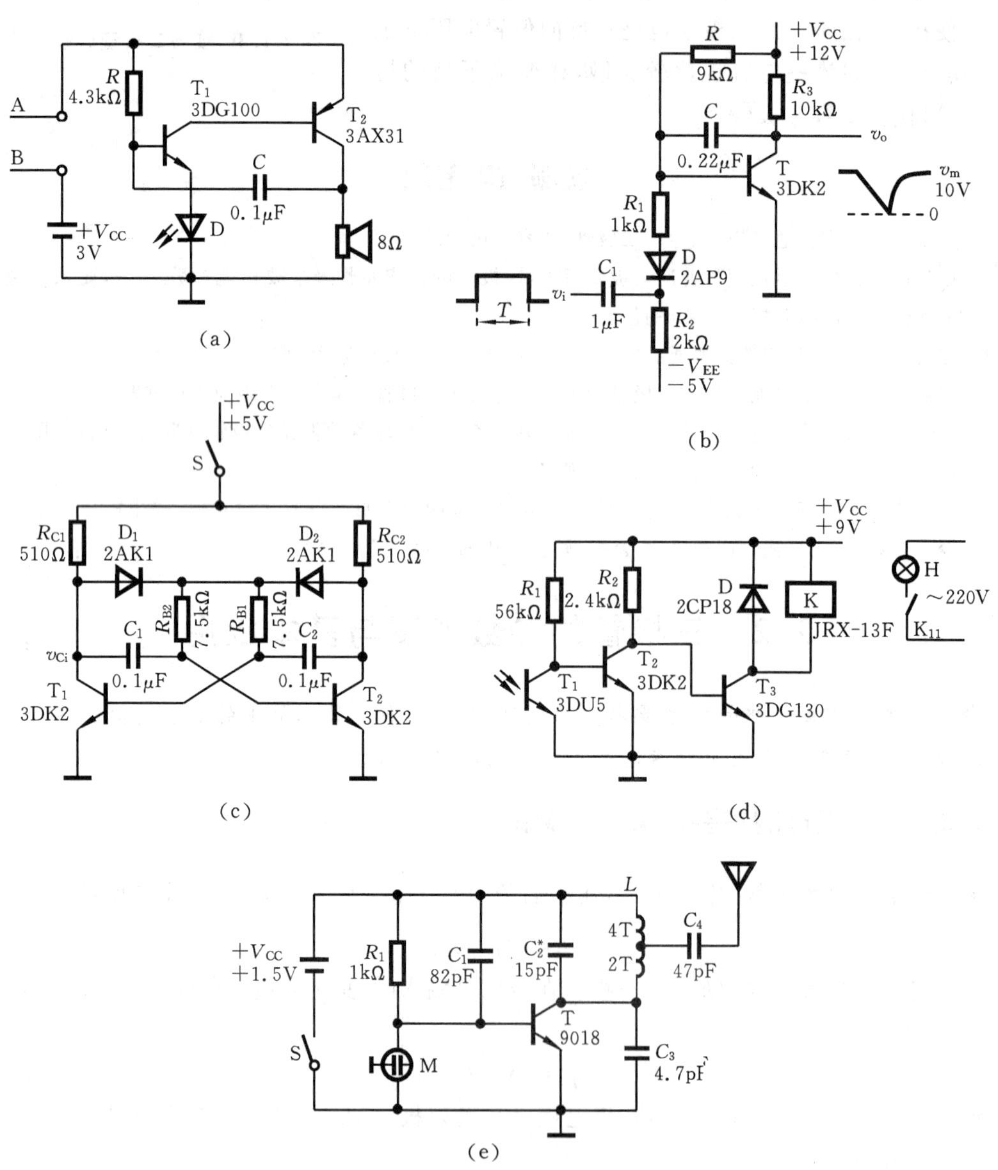

图 2.2.1　晶体三极管的应用举例

(a) 简易声光欧姆表　(b) 锯齿波发生器　(c) 自激多谐振荡器　(d) 光控路灯　(e) 调频无线话筒

型号及性能参数有不同要求。

1. 晶体管低频电路

图 2.2.1(a)所示的为一简易声光欧姆表电路，可用来检测线路是否通断。测试棒 A、B 分别接被测电路中的两点，如果这两点之间接通，则三极管 T_1、T_2导通，发光二极管 D 亮，电容 C 构成的电压正反馈电路产生振荡，8Ω 扬声器发声。如果这两点不通，则晶体管 T_1、T_2不工作。发光二极管不亮，扬声器无声。

2. 晶体管开关电路

晶体管构成的开关电路如图 2.2.1(b)、(c)、(d)所示。由于晶体管工作在开关状态，对信号的响应速度要快，因此，选用了开关晶体管 3DK2。其中，图 2.2.1(b)为锯齿波发生器电路，它可将方波变成锯齿波。当输入方波 v_i为低电平时，二极管 D 导通。如果参数选择合适，使三极管的 $V_{BE}\leqslant 0$、$V_{BC}<0$，则 T 截止。电容 C 经 R_3、R_1，二极管 D、R_2充电，v_o很快上升至 V_m。当方波上跳至高电平时，二极管 D 截止，三极管 T 导通，电容 C 经 R、T 放电。由于电容 C 跨接在集电极和基极之间，实现电压负反馈，C 的放电电流基本恒定，则输出 v_o为线性下降的锯齿波，其中输入方波的高电平持续时间 t 应大于(3～5)RC。

图 2.2.1(c)所示的为晶体管构成的自激多谐振荡器，其中的 T_1、T_2轮流导通与截止。因此，两个集电极输出相位相反的方波。若对电源的开关 S 进行控制，改变 R_B或电容 C 的值，则可用作不同频率的报警电路或闪光灯指示电路。

图 2.2.1(d)所示的为一光控路灯电路。白天受光照射时，光敏三极管 T_1导通，输出为低阻，晶体管T_2截止，T_3导通，继电器 JRX-13F 吸合，其常闭触点 K_{11}断开，路灯 H 不亮。夜间无光照射 T_1，其输出为高阻，T_2导通，T_3截止，继电器的 K_{11}触点为闭合状态，路灯亮。T_1选用 3DU5 光敏三极管。T_2选用开关管 3DK2。T_3导通时要提供驱动电流，因此，采用小功率三极管 3DG130。二极管 D 用来保护继电器线圈不会因 T_3截止时产生的感应电流所损坏。

3. 晶体管高频电路

图 2.2.1(e)所示的为一调频无线话筒电路，发射频率为 88MHz～108MHz 范围内的任一频率。三极管 T 和 L、C_2、C_3组成高频振荡器，主振频率由 L、C_2、C_3所决定。M 为驻极体话筒，将声音转换成音频信号后加到三极管的基极。由于三极管 T 的结电容 C_{bc}会随声音的强弱而变化，因此，主振频率亦随之变化，从而实现调频发射。可用调频收音机接收，接收距离约 40m。T 应选用高频三极管，其特征频率 f_T应比工作频率 f_0高 5 倍～10 倍。高频三极管 9018 的特征频率 $f_T=600$MHz。

实验与思考题

2.2.1　用万用表判别晶体三极管(PNP 与 NPN)的极性。

2.2.2　在晶体管图示仪上测量晶体三极管 3DG6、3AX31 的输入、输出特性，主要性能参数 $\bar{\beta}$、β、I_{CEO}、$V_{(BR)CEO}$。要求在坐标纸上绘出所测的特性曲线并标出主要性能参数的值。

2.2.3　根据图 2.2.1 所示的几种晶体管功能电路，选择一种你感兴趣的电路进行安装与实验。调整后的实验参数与图中参数有可能不同，为什么？

2.2.4　在图 2.2.1 所示的几种电路中，用到了哪些晶体管？这些晶体管各有什么特点？在电路中的作用为何？

2.3 场效应管主要参数测试与基本应用

学习要求 掌握场效应管的主要参数测试方法和基本应用电路的工作原理。

2.3.1 场效应管的主要参数及其测试

- 饱和漏电流 I_{DSS} 当漏源电压 V_{DS} 一定(10V),栅源电压 $V_{GS}=0$ 时的漏极电流 I_D,即为 I_{DSS}。
- 夹断电压 V_P V_{DS} 一定(10V)时,改变 V_{GS} 使 I_D 等于一个微小电流(50μA),这时的 $V_{GS}=V_P$。
- 低频跨导 g_m 表征场效应管放大能力的重要参数,即

$$g_m = \Delta I_{DS}/\Delta V_{GS}(\text{当} V_{DS}=10\text{V 时}) \tag{2-3-1}$$

饱和漏电流 I_{DSS},夹断电压 V_P 可以用电流表和电压表测得。低频跨导 g_m 可以用晶体管特性图示仪测得。

2.3.2 场效应管的基本应用

场效应管是电压控制元件。在只允许从信号源取极少量电流的情况下,应选用场效应管。场效应管的噪声系数比晶体管要小,故常用于低噪声放大器中。场效应管的输入阻抗极高,N沟道结型场效应管的源极和漏极可以互换,栅极电压可正可负,所以,灵活性比晶体管更好。图 2.3.1 中列出了场效应管的几种应用电路。

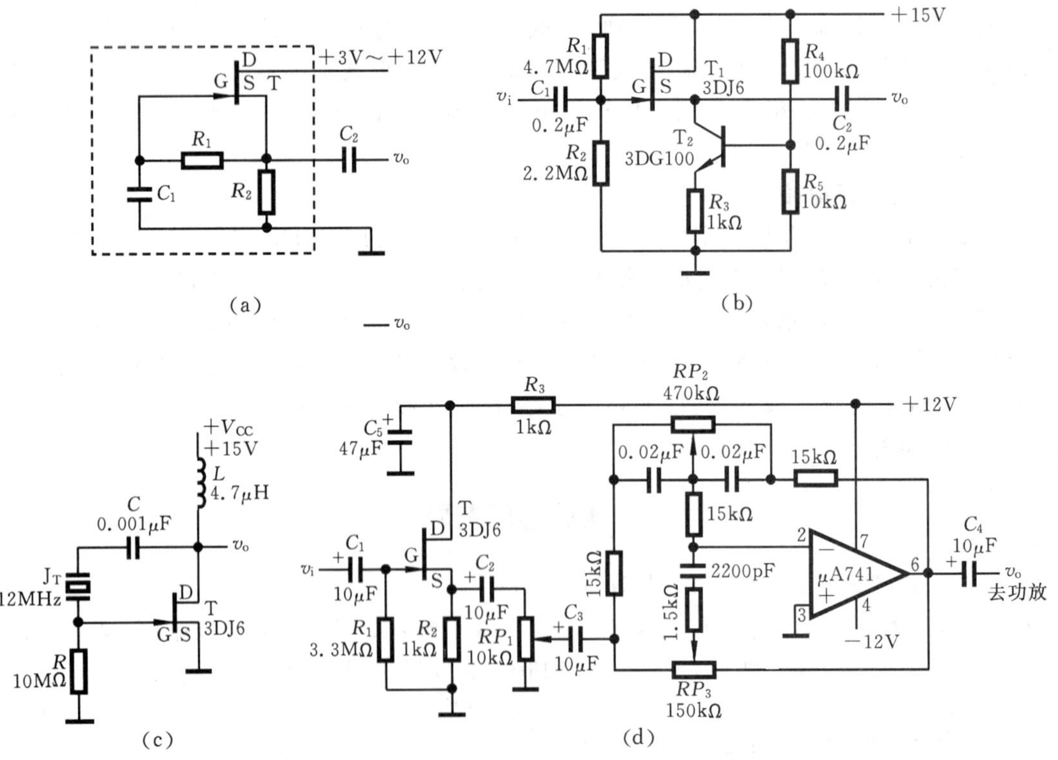

图 2.3.1 场效应管的应用举例

(a) 驻极体话筒电路 (b) 场效应管源极跟随器

(c) 高稳定石英晶体振荡器 (d) 扩音机与电唱机相接的拾音电路

图(a)所示的是驻极体电容式话筒的内部电路，其中电容 C_1 由膜片经高压电场驻极后产生异性电荷。当膜片受声波振动时，电容两端的电压发生变化。由于该电压极其微弱，而且电容 C_1 两端的阻抗很高，所以，场效应管 T 与电容 C_1 配接可以实现阻抗变换并放大微弱信号。将场效应管及其偏置电阻 R_1、R_2 连同电容 C_1 一起装在话筒内，使用时只需要外加 3V～12V 的直流电压。驻极体话筒体积小，使用方便，被广泛用于盒式录音机、无线话筒等。

图(b)所示的为场效应管与晶体管组成的源极跟随器。其中，晶体管 T_2 为场效应管 T_1 提供恒流源。因此，该源极跟随器具有很高的输出电压摆幅(电压增益接近 1)，极高的输入阻抗。

图(c)所示的为结型场效应管组成的高稳定石英晶体振荡器电路。石英晶体 J_T 与电容 C 组成串联谐振回路，振荡频率由 J_T 决定。J_T 的选用范围很宽，即使将栅极电阻 R 的值取得很大，也不会给晶体 J_T 增加负载。晶体的 Q 值可以保持很高，所以，振荡器的频率稳定度很高。电感 L 为场效应管的漏极负载。输出电压 v_o 的波形为正弦波。

图(d)所示的为某扩音机与电唱机相接的拾音电路。因为电唱机的晶体唱头输出阻抗较高(几百千欧)，故要求扩音机拾音电路的输入阻抗很高才能实现阻抗匹配。实验证明，拾音器的输入阻抗要大于 500kΩ 才行。因此，图(d)所示的是用场效应管接成的源极输出器，其输入阻抗可达到 1MΩ，而输出阻抗又较低，可与后级集成运算放大器 μA741 构成的音调控制电路实现阻抗匹配。场效应管的噪声系数小，用来拾取晶体唱头输出的微弱信号也十分有利。

实验与思考题

2.3.1 在晶体管图示仪上测量场效应管 3DJ6 的转移特性曲线，输出特性曲线及主要性能参数 I_{DSS}、V_P 及 g_m。要求在坐标纸上绘出所测的特性曲线并标出主要性能参数的值。

2.3.2 与晶体三极管相比，场效应管有何优越性？根据图 2.3.1 所举的几种电路加以说明。

2.3.3 根据场效应管的主要参数饱和漏电流 I_{DSS}、夹断电压 V_P、低频跨导 g_m 等的定义，自行设计测试电路，测试上述参数。

2.4 集成运算放大器及其基本应用

学习要求 掌握运算放大器的主要直流参数与交流参数的测试方法；正确运用调零技术、相位补偿技术及保护电路；熟练装调本节介绍的基本实验电路，掌握其工作原理。

2.4.1 集成运算放大器的内部结构

集成运算放大器(简称运放)是一种高增益多级直接耦合放大器，其内部结构如图 2.4.1 所示。

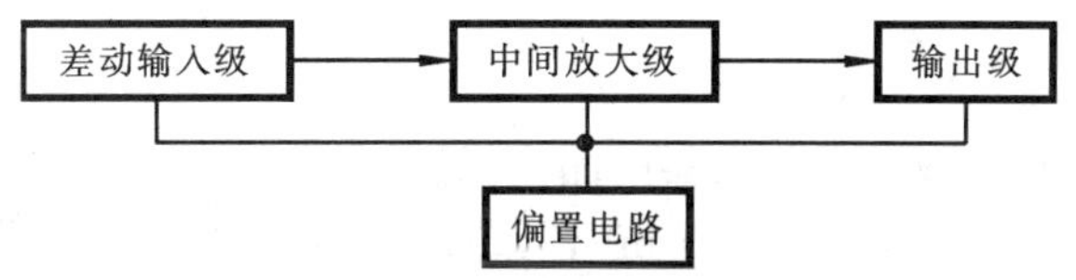

图 2.4.1 运放的组成框图

各部分的作用如下：

- 差动输入级 使运放具有尽可能高的输入电阻及共模抑制比。

● 中间放大级　由多级直接耦合放大器组成，以获得足够高的电压增益。

● 输出级　可使运放具有一定幅度的输出电压、输出电流和尽可能小的输出电阻。在输出过载时有自动保护作用以免损坏集成块。输出级一般为互补对称推挽电路。

● 偏置电路　为各级电路提供合适的静态工作点。为使静态工作点稳定，一般采用恒流源偏置电路。

图 2.4.2 所示的为运放 μA741 的内部电路图。其中，T_1、T_3与 T_2、T_4组成差动输入级电路；T_5、T_6、T_7组成差动放大器的恒流源电路；T_8、T_9是差动放大器的有源负载电路；T_{14}与T_{15}组成中间电压放大级，其中 T_{14}接成射极跟随器，在输入级与中间级之间起缓冲隔离作用，T_{15}是电压放大器，其集电极负载是由 T_{12}与 T_{13}构成的恒流源电路，故电压放大倍数很高；T_{16}与T_{17}组成互补对称推挽输出电路；T_{18}组成推挽电路的静态偏置电路并消除交越失真；T_{19}、T_{20}起过流保护作用。

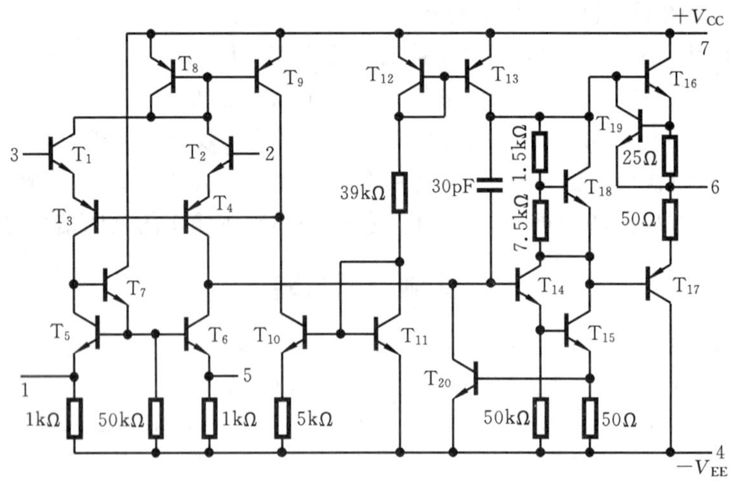

图 2.4.2　μA741 的内部电路图

2.4.2　主要性能参数的测试方法

● 输入失调电压　一个理想的运放是，当两个输入端加相同的电压或直接接地时，其输出电压应为零，但实际上不为零。为使输出直流电压为零，在两输入端间加有补偿直流电压V_{IO}，该V_{IO}称为输入失调电压。

输入失调电压的测试电路如图 2.4.3 所示。用毫伏表或数字电压表测量其输出直流电压 V_o，由下式计算输入失调电压：

$$V_{IO}=\frac{R_1}{R_1+R_F}V_o \qquad (2\text{-}4\text{-}1)$$

输入失调电压主要是由输入级差动放大器的晶体三极管的特性不一致造成的。V_{IO}一般为±(1～10)mV，其值越小越好。

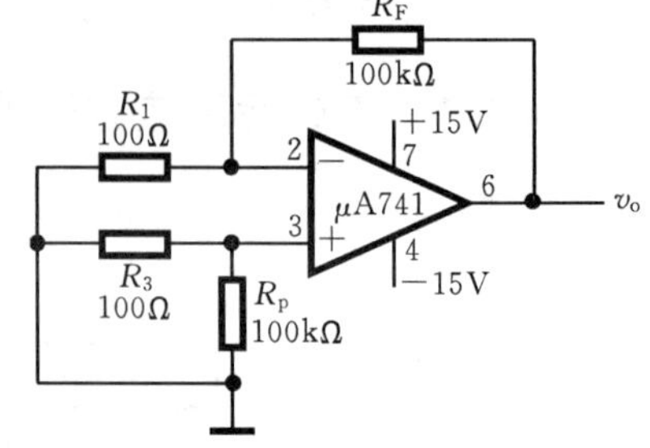

图 2.4.3　输入失调电压测试电路

说明　*本书用 v 表示交流电压信号，用 V 表示电压的测量值或直流电压信号。*

● 输入失调电流　当运放的输出电压为零时，将两输入端偏置电流的差称为输入失调电

流，即
$$I_{IO}=I_{B+}-I_{B-}$$
式中，I_{B+}为同相输入端基极电流；I_{B-}为反相输入端基极电流。

输入失调电流的测试电路与图2.4.3所示的相同。用毫伏表分别测量同相端③对地的电压V_3及反相端②对地的电压V_2，则输入失调电流I_{IO}可由下式计算：

$$I_{IO}=I_{B+}-I_{B-}\approx\frac{V_3}{R_3}-\frac{V_2}{R_1} \tag{2-4-2}$$

输入失调电流主要是由构成差动输入级的差动放大器的两个三极管的β值不一致引起的。I_{IO}一般为1nA～10μA，其值越小越好。

● **差模开环直流电压增益**　这是指运放没有反馈时的直流差模电压增益。因开环电压增益通常很高，故要求输入电压很小（几百微伏）才能保证对输入信号线性放大。但在小信号输入条件下测试时，易引入各种干扰，所以，采用如图2.4.4所示的交流闭环测量方法较好。选择电阻$(R_1+R_2)\gg R_3$，则开环电压增益

$$A_{VO}=\frac{V_o}{V_i'}=\frac{V_o}{V_i}\cdot\frac{V_i}{V_i'}=\frac{V_o}{V_i}\cdot\frac{R_1+R_2}{R_2} \tag{2-4-3}$$

用交流电压表分别测量v_o及v_i，由上式可以计算差模开环直流电压增益A_{VO}，增益单位通常用dB（分贝）表示，即$20\lg A_{VO}$dB。测量时，交流信号源的输出频率尽量选低（小于100Hz），并用示波器监视输出波形，若有自激振荡，则应在反馈支路和输出端并接小电容进行相位补偿，待消除振荡后才能进行测量。v_i的幅度不能太大，一般取几十毫伏。

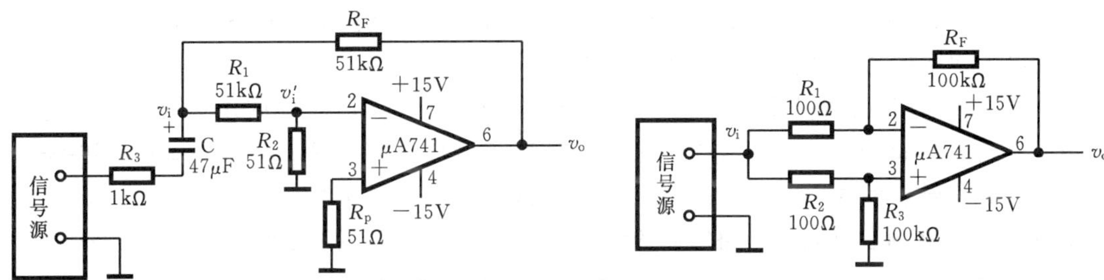

图2.4.4　测差模开环直流电压增益

图2.4.5　测共模抑制比

● **共模抑制比**　将运放的差模电压放大倍数A_{VD}与共模电压放大倍数A_{VC}之比称为共模抑制比，用K_{CMR}表示，单位一般用dB：

$$K_{CMR}=20\lg\frac{A_{VD}}{A_{VC}}\text{dB} \tag{2-4-4}$$

共模抑制比的测试电路如图2.4.5所示。其中，信号源是输出电压$V_i=1$V（有效值）、频率为100Hz的正弦波。用交流电压表测量输出电压V_o，放大器的差模电压增益

$$A_{VD}=R_F/R_1$$

共模电压增益
$$A_{VC}=V_o/V_i$$

将A_{VD}、A_{VC}的值代入式(2-4-4)可算出共模抑制比K_{CMR}。K_{CMR}愈大，表示放大器对共模信号（温度漂移，零点漂移等）的抑制能力愈强。

以上输入失调电压V_{IO}、输入失调电流I_{IO}及差模开环直流电压增益A_{VO}与共模抑制比K_{CMR}称为运放的直流参数。

● **增益带宽积**　运放的带宽BW通常等于截止频率f_c。增益越高，带宽越窄，增益带宽积为常数，即

$$A_V \cdot BW = 常数 \tag{2-4-5}$$

将放大倍数等于1时的带宽称为单位增益带宽。增益带宽积的测试电路如图2.4.6所示。其中,信号源的输出为电压 $V_i=100\text{mV}$ 的正弦波;示波器用来同时观测放大器的输入、输出波形。首先取表2.4.1中第1组阻值 $R_F=R_1=10\text{k}\Omega$。当信号源的输出频率由低逐渐增高时,电压增益 $A_V=V_o/V_i=1$ 应保持不变。继续增高频率直到 $A_V=0.707$ 时所对应的频率就是运放放大倍数等于1时的带宽,即单位增益带宽。再取表2.4.1中第2组、第3组数据,分别测出不同电压增益 A_V 时的带宽 BW,通过计算求出增益带宽积 $A_V \cdot BW$,将其填入表中。实验结果表明:增益增加时,带宽减小,但增益带宽积不变(可能存在测量误差)。因此,在给定电压增益下,运放的最高工作频率受到增益带宽积的限制,应用时要特别注意这一点。

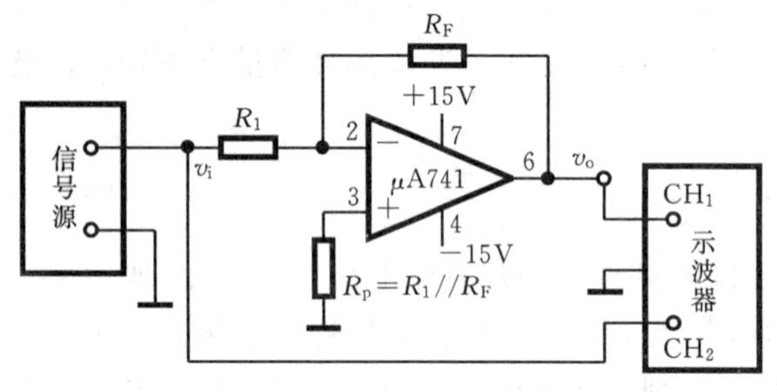

图2.4.6 测增益带宽积

表2.4.1 增益带宽积测量值

	R_F	R_1	A_V	BW	$A_V \cdot BW$
1	10kΩ	10kΩ			
2	100kΩ	10kΩ			
3	1MΩ	10kΩ			

● **转换速率(摆动率)** 运放在大幅度阶跃信号作用下,输出信号所能达到的最大变化率称为转换速率或摆动率,用 S_R 表示,其单位为 V/μs。

转换速率的测试电路如图2.4.7(a)所示。其中信号源由TTL端输出为10kHz的方波,电压 v_i 的峰-峰值为5V。双踪示波器观测到的输入、输出波形如图2.4.7(b)所示。转换速率 $\Delta V/\Delta t$ 可由示波器的"Cursor"光标,设置"时间"或"电压"分别测量 Δt 或 ΔV。其中,Δt 为输出电压 v_o 从最小值上升到最大值所需的时间。转换速度越高,说明运放对输入信号的瞬时变化响应越好。影响运放转换速率的主要因素是运放的高频特性和相位补偿电容。

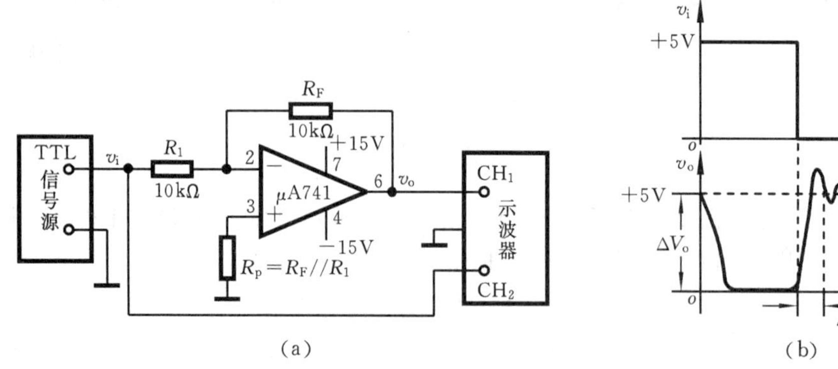

图2.4.7 测转换速率

(a) 转换速率的测试电路 (b) 输入、输出波形

以上增益带宽积 $A_V \cdot BW$、转换速率 S_R 称为运放的交流参数。

表2.4.2和表2.4.3分别为一般运放μA741和高精度、低噪声运放NE5532性能参数的典型值。

表 2.4.2　μA741 的性能参数

电源电压 $+V_{CC}$ $-V_{EE}$	+3V～+18V，典型值+15V -3V～-18V，典型值-15V	工作频率	10kHz
输入失调电压 V_{IO}	2mV	单位增益带宽 BW	1MHz
输入失调电流 I_{IO}	20nA	转换速率 S_R	0.5V/μs
开环电压增益 A_{VO}	106dB	共模抑制比 K_{CMR}	90dB
输入电阻 R_i	1MΩ	功率消耗	50mW
输出电阻 R_o	75Ω	输入电压范围	±13V

表 2.4.3　NE5532 的性能参数

电源电压 $+V_{CC}$ $-V_{EE}$	+3V～+20V -3V～-20V	工作频率	140kHz
输入失调电压 V_{IO}	0.5mV	单位增益带宽 BW	10MHz （并 C_L=100pF，R_L=600Ω）
输入失调电流 I_{IO}	10nA	转换速率 S_R	9V/μs
开环电压增益 A_{VO}	50×10^3（R_L=600Ω）	共模抑制比 K_{CMR}	100dB
输入电阻 R_i	1MΩ	功率消耗	780mW
输出电阻 R_o	75Ω	输入电压范围	±电源电压

2.4.3　使用集成运算放大器时的注意事项

1. 粗测运放好坏

用万用表的电阻挡可以粗测运放好坏，测量方法是，根据运放的内部电路结构，找出测试脚。首先测试正、负电源端与其他各引脚之间是否有短路（欧姆挡置“×1k”）。如果运放是好的，则各引脚与正、负电源端无短路现象。再测试运放各级电路中主要晶体管的 PN 结电阻值是否正常，一般情况下正向电阻小，反向电阻大。例如，检查 μA741 输入级差动放大器的对管是否被损坏，可以测量③脚（同相端）与⑦脚（正电源端）之间的正向电阻（③脚接黑表笔，⑦脚接红表笔）与反向电阻（③脚接红表笔，⑦脚接黑表笔）及②脚（反相端）与⑦脚间的正、反向电阻，如果正向电阻小反向电阻大，说明输入级差分对管是好的。同理可以检查输出级的互补对称推挽管是否损坏，如果⑥脚（输出端）与⑦脚之间的正向电阻小，反向电阻大及④脚（负电源端）与⑥脚之间的正向电阻小，反向电阻大，说明推挽管是好的。

测试时应注意，不要用小电阻挡（如“×1”挡），以免测试电流过大；也不要用大电阻挡（如“×10k”挡），以免电压过高损坏运放。

2. 调零消除失调误差

使用运放时必须掌握“调零”技术。特别是在运放作直流放大器用时，受输入失调电压和失调电流的影响，当运放的输入为零时，输出不为零，将影响运放的精度，严重时会使运放不能正常工作。调零的原理是，在运放的输入端外加一个补偿电压，以抵消运放本身的失调电压，达到调零的目的。有些运放已经引出调零端，只需要按照器件的规定，接入调零电路进行调零，如 μA741 或 μA747 均有调零引出端，其调零电路如图 2.4.8(a)所示，调节电位器 RP，可使运放输出电压为零。调零时必须细心，切记不要使电位器 RP 的滑动端与地线或正电源线相碰,否则会损坏运放。对于没有调零端的运放,可以参考图 2.4.8(b)、(c)所示的调零电路进行调零。

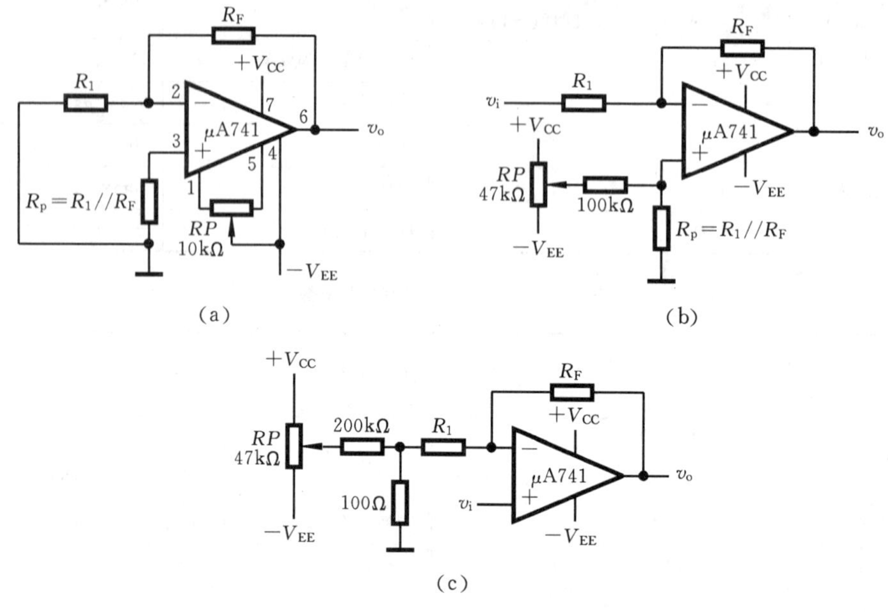

图 2.4.8 运放的调零电路

(a) μA741 或 μA747 调零电路 (b) 反相放大器调零电路 (c) 同相放大器调零电路

3. 相位补偿消除高频自激

运放是一个高增益的多级放大器组件，在应用时一般接成闭环负反馈电路。当工作频率升高时，放大器会产生附加相移，可能会使负反馈变成正反馈而引起自激。相位补偿可以消除高频自激。相位补偿的原理是,在具有高放大倍数的中间级,利用电容 C_B(几十皮法至几百皮法)构成电压并联负反馈电路。有些运放已经在内部进行了补偿,如 μA741。有些运放引出了补偿端,如 5G24,需要在⑧脚与⑨脚之间接入电容 C_B进行相位补偿,如图 2.4.9 所示,C_B 的值可以根据自激振荡的频率进行调整。

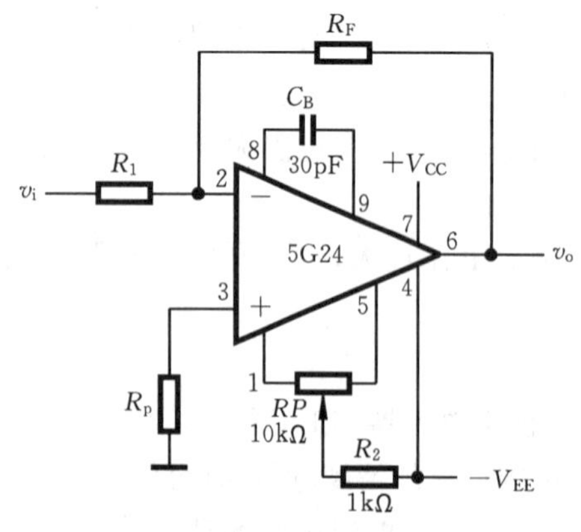

图 2.4.9 相位补偿

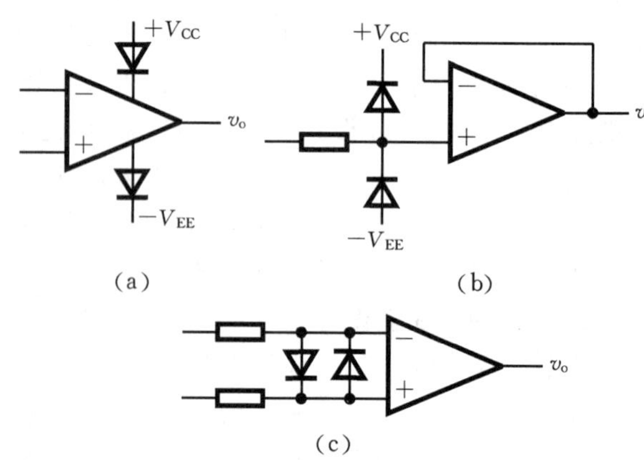

图 2.4.10 过载保护电路

(a) 防止电源反接 (b) 防止共模输入电压过大

(c) 防止差模输入电压过大

4. 过载保护措施

使用运放时要注意，不能超过其性能参数的极限值，如电源电压范围，最大输入电压范围等。为防止超过极限值或使用时的疏忽等原因损坏运放，可以采取保护措施，如图2.4.10所示。

2.4.4 集成运算放大器的基本应用

集成运算放大器可以作为一个器件，构成各种基本电路。这些基本电路又可以作为单元电路组成多级电子电路。

1. 反相放大器

反相放大器是最基本的电路，如图 2.4.11 所示。其闭环电压增益

$$A_{VF}=-\frac{R_F}{R_1} \tag{2-4-6}$$

输入电阻　$R_i=R_1$

输出电阻　$R_o\approx 0$

平衡电阻　$R_p=R_1/\!/R_F$

其中，反馈电阻 R_F 值不能太大，否则会产生较大的噪声及漂移，一般为几十千欧至几百千欧。R_1 的取值应远大于信号源 v_i 的内阻。若 $R_F=R_1$，则为倒相器，可作为信号的极性转换电路。

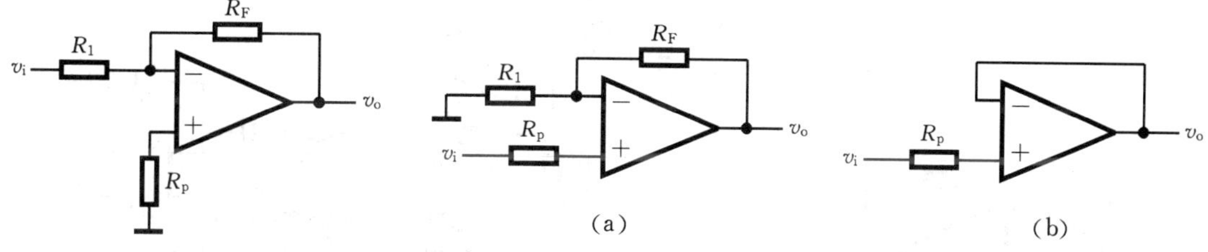

图 2.4.11　反相放大器

图 2.4.12　同相放大器和电压跟随器

(a) 同相放大器　(b) 电压跟随器

2. 同相放大器和电压跟随器

同相放大器和电压跟随器电路如图 2.4.12 所示。其中图 2.4.12(a)所示的为同相放大器，其闭环电压增益

$$A_{VF}=1+\frac{R_F}{R_1} \tag{2-4-7}$$

输入电阻　$R_i=r_{ic}$

输出电阻　$R_o\approx 0$

平衡电阻　$R_p=R_1/\!/R_F$

式中，r_{ic} 为运放本身同相端对地的共模输入电阻，一般为 $10^8\,\Omega$。

同相放大器具有输入阻抗非常高，输出阻抗很低的特点，广泛用于前置放大级。

若 $R_F\approx 0$，$R_1=\infty$(开路)，则为电压跟随器，如图 2.4.12(b)所示。与晶体管电压跟随器(又称射极输出器)相比，运放的电压跟随器的输入阻抗更高，几乎不从信号源吸取电流；输出阻抗更小，可视作电压源，是较理想的阻抗变换器。

3. 差动放大器

如图 2.4.13(a)所示,当运放的反相端和同相端分别输入信号 v_1 和 v_2 时,输出电压

$$V_o=-\frac{R_F}{R_1}V_1+\left(1+\frac{R_F}{R_1}\right)\left(\frac{R_3}{R_2+R_3}\right)V_2 \tag{2-4-8}$$

当 $R_1=R_2$,$R_F=R_3$ 时为差动放大器,其差模电压增益

$$A_{VD}=\frac{V_o}{V_2-V_1}=\frac{R_F}{R_1}=\frac{R_3}{R_2} \tag{2-4-9}$$

输入电阻

$$R_{id}=R_1+R_2=2R_1 \tag{2-4-10}$$

当 $R_1=R_2=R_F=R_3$ 时为减法器,输出电压

$$V_o=V_2-V_1 \tag{2-4-11}$$

由于差动放大器具有双端输入-单端输出,共模抑制比较高($R_1=R_2$,$R_F=R_3$)的特点,通常用作传感放大器或测量仪器的前端放大器,图 2.4.13(b)所示电路的功能是将来自两个传感器 S_L 与 S_R 的微弱电信号放大至 1 千或数千倍。前级采用同相放大器,可获得很高的输入阻抗,后级采用差动放大器可获得较高的共模抑制比,增强电路的抗干扰能力。根据式(2-4-8)的应用条件选择 $R_1=R_2$,$R_3=R_4$,$R_5=R_6$,$R_F=R_7$,则电路的电压放大倍数可达到数千倍,即

$$A_{VD}=\frac{V_o}{V_2-V_1}=\left(1+\frac{R_3+R_4}{R}\right)\frac{R_F}{R_5}=4641$$

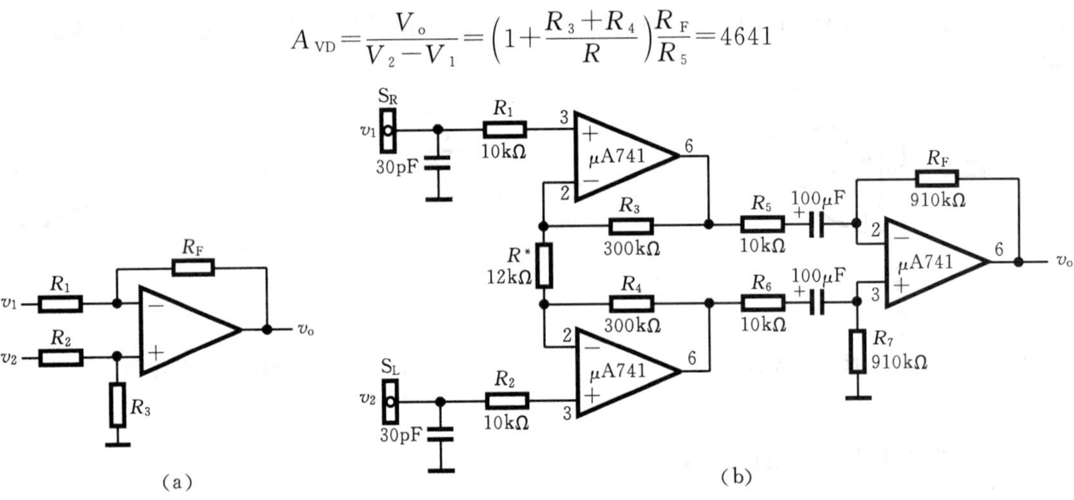

图 2.4.13 差动放大器应用

(a) 差动放大器 (b) 弱信号检测放大器

4. 加(减)法器

基本的加法器电路如图 2.4.14(a)所示。其输出电压为

$$V_o=-\left(\frac{R_F}{R_1}V_1+\frac{R_F}{R_2}V_2\right) \tag{2-4-12}$$

式中,负号表示反相加法器。若取 $R_1=R_2=R_F$,并使其中一个输入信号 v_1 经过一级反相放大器,则加法器可以变为减法器,其输出电压为 $V_o=-(V_2-V_1)$。图 2.4.14(b)所示电路为卡拉 OK 伴唱机的混合前置放大器电路。其功能是将伴唱的声音信号(话音放大器输出)与卡拉 OK 磁带的音乐信号(录音机输出)进行混合放大。其中,A_1 为射极跟随器,实现阻抗变换与隔离,A_2 为基本的加法器,输出电压为

$$V_o=-\left(\frac{R_F}{R_1}V_1+\frac{R_F}{R_2}V_2\right)=-\frac{R_F}{R_1}(V_1+V_2)=-10(V_1+V_2)$$

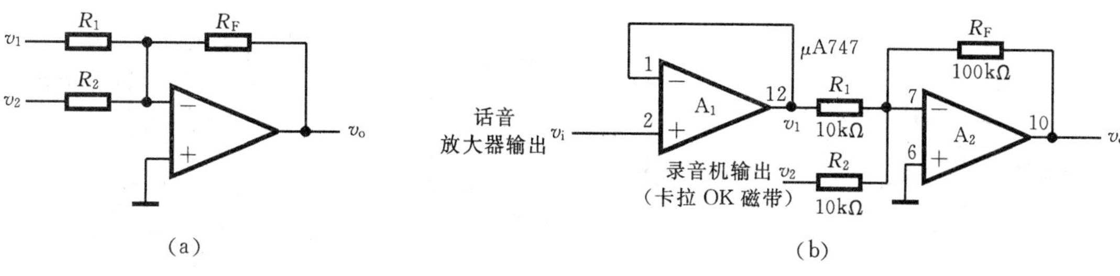

图 2.4.14 加法器应用

(a) 加法器 (b) 混合前置放大器

5. 微分器

微分器的基本电路如图 2.4.15(a)所示。输出电压为

$$v_o=-R_FC\frac{dv_i}{dt} \tag{2-4-13}$$

式中，R_FC 为微分时间常数。

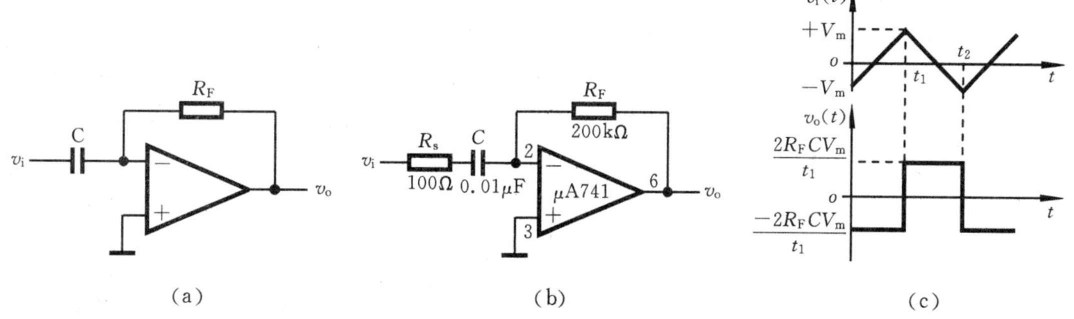

图 2.4.15 微分器应用

(a) 微分器 (b) 三角波—方波变换电路 (c) 三角波—方波变换波形

由于电容 C 的容抗随输入信号的频率升高而减小，结果是，输出电压随频率升高而增加。为限制电路的高频电压增益，在输入端与电容 C 之间接入一小电阻 R_s，当输入频率低于

$$f_o=\frac{1}{2\pi R_sC} \tag{2-4-14}$$

时，电路起微分作用；若输入频率远高于 f_o，则电路近似一个反相放大器，高频电压增益为

$$A_{VF}=-R_F/R_s \tag{2-4-15}$$

实际的微分器电路如图 2.4.15(b)所示。若输入电压为一对称三角波，则输出电压为一对称方波，其波形关系如图 2.4.15(c)所示。

6. 积分器

积分器的基本电路如图 2.4.16(a)所示。输出电压为

$$v_o=-\frac{1}{R_1C}\int_0^t v_i\mathrm{d}t \tag{2-4-16}$$

式中，R_1C 为积分时间常数。

为限制电路的低频电压增益，可将反馈电容 C 与一电阻 R_F 并联。当输入频率大于 $f_o=\frac{1}{2\pi R_FC}$ 时，电路为积分器；若输入频率远低于 f_o，则电路近似一个反相器，低频电压增益为

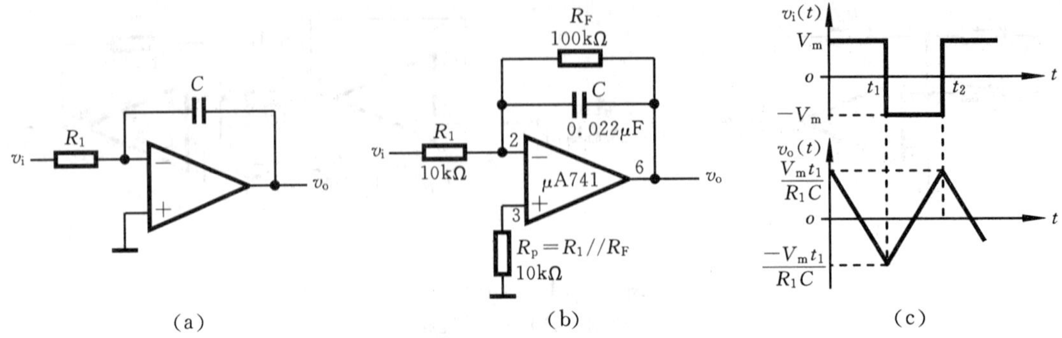

图 2.4.16 积分器应用

(a) 积分器 (b) 方波-三角波变换电路 (c) 方波-三角波变换波形

$$A_{VF}=-R_F/R_1 \tag{2-4-17}$$

实际的积分器电路如图 2.4.16(b)所示。若输入为一对称方波,则积分器的输出为一对称三角波,其波形关系如图 2.4.16(c)所示。

7. 窗比较器

由运放构成的电压比较器电路如图 2.4.17(a)所示。此电路为反相比较器,即当输入信号的值 V_i 大于参考电压的值 V_{REF} 时,运放的输出接近于负电源电压 $-V_{EE}$,当 V_i 小于参考电压 V_{REF} 时,运放的输出接近于正电源电压 $+V_{CC}$。其中,限流电阻 R 与稳压二极管 D_Z 组成限幅电路,可使输出 V_o 为所需要的电压值。

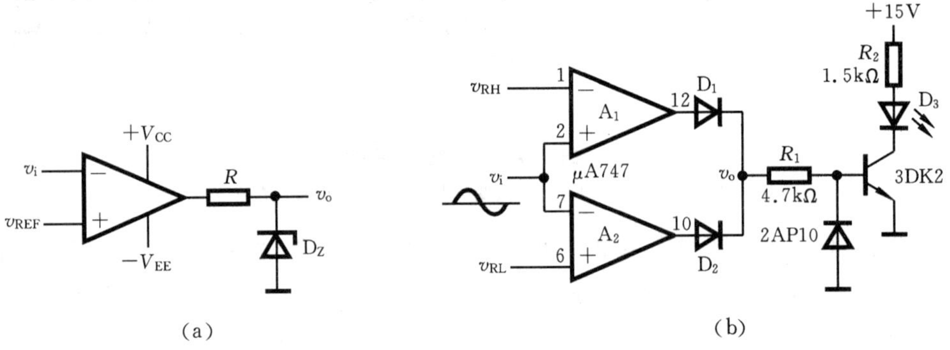

图 2.4.17 比较器应用

(a) 比较器 (b) 窗比较器

图 2.4.17(b)所示电路为窗比较器电路,它由同相比较器 A_1、反相比较器 A_2 及二极管 D_1、D_2 组成。该电路的功能是,可以判别输入电压的值 V_i 是否介于下参考电压 V_{RL} 与上参考电压 V_{RH} 之间(所谓的窗)。如果 $V_{RL}<V_i<V_{RH}$,窗比较器的输出电压的值 V_o 为零,如果输入电压 $V_i<V_{RL}$ 或 $V_i>V_{RH}$,则输出电压 V_o 将等于运放的饱和输出电压 $+V_{SAT}$($+V_{SAT}$ 比 $+V_{CC}$ 小 1.4V 左右)。可以用发光二极管判别窗比较器的输出电平。窗比较器广泛用于信号的电平监测与报警。

8. RC 正弦波振荡器

由运放构成的 RC 正弦波振荡器如图 2.4.18(a)所示,其中,R_1C_1 与 R_2C_2 形成正反馈支路,若取 $R_1=R_2=R$,$C_1=C_2=C$,则振荡频率

$$f_o=\frac{1}{2\pi RC} \tag{2-4-18}$$

为满足电路起振条件，放大器的电压放大倍数 $A_{VF} \geqslant 3$，即

$$A_{VF} = 1 + \frac{R_F}{R_1} \geqslant 3 \tag{2-4-19}$$

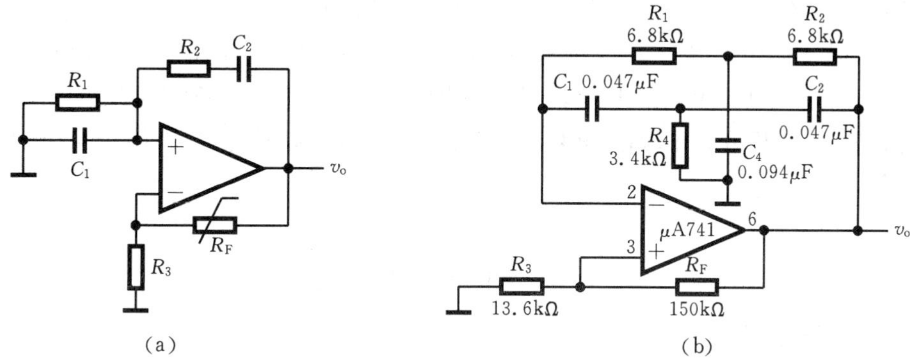

图 2.4.18 正弦波振荡器

(a) 文氏电桥振荡器 (b) 500Hz 双 T 正弦波振荡器

R_F一般采用热敏电阻以稳定输出电压。因受运放本身高频特性限制，电路的振荡频率不可能很高，通常用于低频振荡器(或称文氏电桥振荡器)。

图 2.4.18(b)所示电路为双 T 型 RC 正弦波振荡器，其双 T 网络接在负反馈回路中。要求 $R_1=R_2=R, C_1=C_2=C, R_4=R/2, C_4=2C$，使其对频率为 $f_o=1/(2\pi RC)$的信号呈现的负反馈最弱，因此，在由 R_F与 R_3组成的正反馈回路作用下，电路产生振荡。其振荡频率为

$$f_o = \frac{1}{2\pi RC} \tag{2-4-20}$$

改变 R 或 C 可得到不同的振荡频率。正反馈量要适当，过弱不易起振，过强将使输出波形失真。经验表明，取

$$\left.\begin{aligned} R_F &= 10R_3 \\ R_3 &= 2R \end{aligned}\right\} \tag{2-4-21}$$

时电路容易起振，且输出波形较好。按图中所示参数设置，可得到 500Hz 正弦波输出。

9. 方波发生器

方波发生器的电路如图 2.4.19(a)所示。

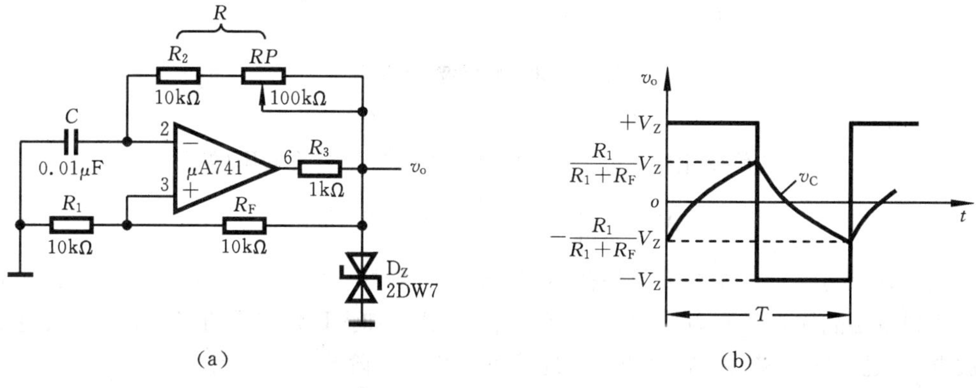

图 2.4.19 方波发生器

(a) 方波发生器 (b) v_C与 v_o的波形关系

其中,R_1与R_F组成正反馈支路,运放同相端电压为

$$V_+ = \frac{R_1}{R_1 + R_F} V_o \tag{2-4-22}$$

电阻R、电容C组成运放的负反馈支路。当电容C的端电压V_C(等于运放的反相端电压V_-)大于V_+时,输出电压$V_o = -V_Z$(双向稳压管D_Z的限幅电压),则电容C经电阻R放电,V_C下降。当V_C下降到比V_+小时,比较器的输出电压$V_o = +V_Z$,电容C又经过电阻R充电,电容的端电压V_C又开始上升,如此重复,则输出电压v_o为周期性方波,如图 2.4.19(b)所示。方波的频率可用式(2-4-25)表示,调节电位器RP可改变频率:

$$f_o = \frac{1}{T} = \frac{1}{2RC \cdot \ln\left(1 + 2\frac{R_1}{R_F}\right)} \tag{2-4-23}$$

10. 阶梯波发生器

阶梯波发生器的电路如图 2.4.20(a)所示。其中,运放A_1构成方波发生器,二极管D_1、D_2起引导作用,当$V_i = -V_Z$时,D_1导通、D_2截止,C_2通过D_1放电,直到$V_{C2} = -(V_Z - 0.7\text{V})$。当$V_i = +V_Z$时,$D_1$截止,$D_2$导通,$C_2$通过$D_2$和$C_3$充电,直到$V_{C2} = +(V_Z - 0.7\text{V})$。在一周期中,电容$C_2$上的电荷变化量

$$\Delta Q_2 = C_2 \Delta V_{C2} = 2C_2(V_Z - 0.7\text{V}) \tag{2-4-24}$$

式中,ΔV_{C2}为C_2两端电压的变化量。

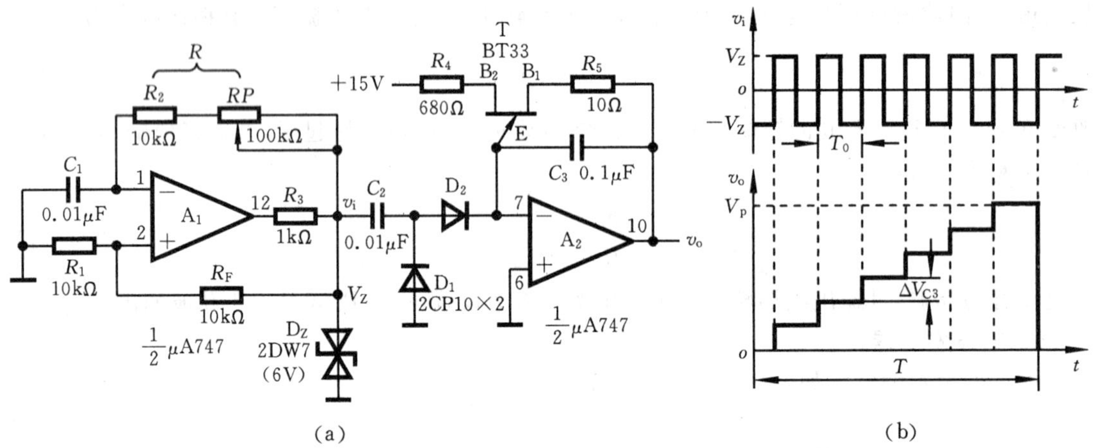

图 2.4.20 阶梯波发生器

(a) 阶梯波发生器 (b) 输出波形

由于电容C_3上的电荷变化量ΔQ_3与ΔQ_2相等,故C_3两端的电压增量

$$\Delta V_{C3} = \frac{\Delta Q_3}{C_3} = \frac{2C_2}{C_3}(V_Z - 0.7\text{V}) \tag{2-4-25}$$

C_3两端的电压在方波的一个周期内保持不变,而且每经过一个周期,均增加ΔV_{C3}。当C_3两端的电压达到单结晶体管 T 的峰点电压值V_p($V_p = n\Delta V_{C3}$)时,EB_1结导通,C_3经EB_1及电阻R_5快速放电,v_o迅速降为零,则A_2输出一个完整的阶梯波。阶梯波的周期

$$T = nT_0 = \frac{V_p}{\Delta V_{C3} T_0} = \frac{C_3 V_p}{2C_2(V_Z - 0.7\text{V})} T_0 \tag{2-4-26}$$

式中,T_0为方波的周期。上式表明:因V_p和V_Z由器件决定,故阶梯波的级数主要由电容C_3和

C_2的比值决定。一般取5～10级。

阶梯波发生器的输出波形如图2.4.20(b)所示。

11. 自举式交流电压放大器

若只放大交流信号，则可采用如图2.4.21(a)所示的运放同相交流电压放大器（或反相交流电压放大器）。图中，电容C_1、C_2及C_3为隔直电容，其交流电压放大倍数

$$A_{VF}=1+\frac{R_F}{R_2} \tag{2-4-27}$$

电阻R_1接地是为了保证输入为零时，放大器的输出直流电位为零。交流放大器的输入电阻为

$$R_i=R_1 \tag{2-4-28}$$

故R_1不能太大，否则会引入噪声电压，影响输出。但也不能太小，否则放大器的输入阻抗太低，将影响前级信号源输出。R_1一般取几十千欧。

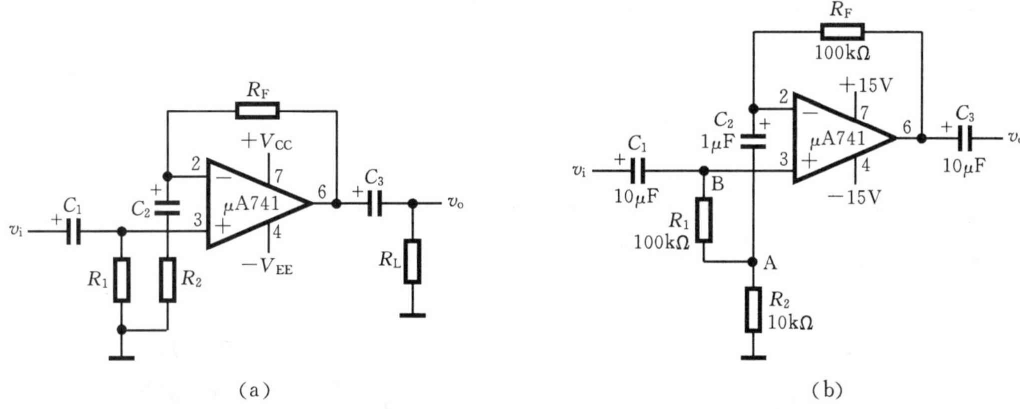

图2.4.21　交流电压放大器

(a) 同相交流电压放大器　(b) 自举式交流电压放大器

耦合电容C_1、C_3可根据交流放大器的下限频率f_L来确定，一般取

$$C_1=C_3=(3\sim10)\frac{1}{2\pi R_L f_L} \tag{2-4-29}$$

反馈支路的隔直电容C_2一般取几微法。

为提高交流放大器的输入阻抗，可以采用如图2.4.21(b)所示的自举式同相交流电压放大器。交流信号自同相端B点输入，输出信号经R_F反馈至A点，则反馈电压

$$V_A=\frac{R_2}{R_2+R_F V_o} \tag{2-4-30}$$

因为放大器的电压放大倍数$A_{VF}=1+(R_F/R_2)$，故

$$V_o=\left(1+\frac{R_F}{R_2}\right)V_i=\frac{R_2+R_F}{R_2}V_B \tag{2-4-31}$$

由式(2-4-30)、(2-4-31)可得反馈电压V_A与输入电压V_B相等，因此，电阻R_1两端的电压相等，且相位相同，故称R_1为自举电阻。流经R_1的电流可视为零，从而大大提高了交流放大器的输入电阻。输入电阻

$$R_i=(R_1 /\!/ r_{ic})(1+A_{VF}F) \tag{2-4-32}$$

式中，F为反馈系数，$F=R_2/(R_2+R_F)$。

对于图(b)所示电路参数,由式(2-4-34)可得输入电阻

$$R_i = (R_1 // r_{ic})(1 + A_{VF}F) \approx 200\text{k}\Omega$$

12. 单电源供电的交流电压放大器

为简化电路,在放大交流信号的应用中,可以采用单电源(正电源或负电源)供电,因此,要求将由运放组成的交流放大器设计成单电源供电方式。图 2.4.22(a)所示电路为 μA741 构成的单电源供电的反相交流电压放大器,其中,电阻 R_2、R_3 称为偏置电阻,用来设置放大器的静态工作点。为获得最大动态范围,通常使同相端的静态(输入电压为零时)工作点 $V_+ = V_{CC}/2$,即

$$V_+ = \frac{R_3}{R_2 + R_3} V_{CC} = \frac{1}{2} V_{CC} \tag{2-4-33}$$

所以取 $R_2 = R_3$。

静态时,放大器的输出端的电压应等于同相端的直流电压,即

$$V_6 = V_+ = \frac{1}{2} V_{CC} \tag{2-4-34}$$

电容 C_1、C_2 为放大器的交流耦合隔直电容,因此,反向交流放大器的电压放大倍数

$$A_{VF} = R_F / R_1 \tag{2-4-35}$$

图 2.4.22(b)所示的为单电源供电的自举式同相交流电压放大器。该电路也能大大提高单电源供电的交流放大器的输入电阻。

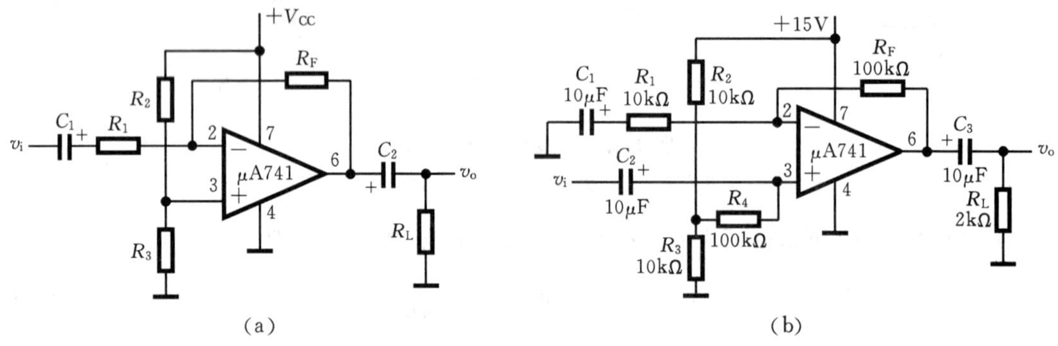

图 2.4.22 单电源供电交流电压放大器

(a) 反相交流电压放大器 (b) 自举式同相交流电压放大器

运放交流电压放大器只放大交流信号,输出信号受运放本身的失调影响较小。因此,不需要调零。

2.4.5 实验任务

1. 实验内容

测试运放 μA741 的性能参数 V_{IO}、I_{IO}、A_{VO}、$A_V \cdot BW$、S_R 及 K_{CMR},并与表 2.1.1 所示的典型值相比较。

2. 实验要求

以表 2.4.4 为例,将各参数的测量数据和计算数据列表,并画输入/输出波形。

表 2.4.4　共模抑制比 K_{CMR} 的测量

差模输入电压 V_i=	差模电压放大倍数 $A_{VD}=\frac{V_o}{V_i}=$
差模输出电压 V_o=	
共模输入电压 V_i=	共模电压放大倍数 $A_{VC}=\frac{V_o}{V_i}=$
共模输出电压 V_o=	
共模抑制比 $K_{CMR}=20\lg\frac{A_{VD}}{A_{VC}}=$	

实验与思考题

2.4.1　为什么测量运放的开环电压增益 A_{VO} 时，信号源的输出频率应尽量选低？

2.4.2　用万用表粗测 μA741、μA747 器件，如何判断其是否损坏？

2.4.3　对 μA741 运放如何实现调零？调零结果如何？为什么交流电压放大器不需要调零？

2.4.4　对于图 2.4.15(b)所示电路参数，若三角波的幅度 $V_m=1V$，$t_1=t_2=5ms$(三角波的频率 $f_\triangle=100Hz$)，试计算方波的幅度、所限制的高频电压增益 A_{VF} 及频率 f_o，并用实验证明计算结果。

2.4.5　按照图 2.4.18(b)所示电路，设计振荡频率 $f_o=1kHz$ 的双 T 型正弦波振荡器，并进行实验，说明影响电路起振、波形失真及稳定性的主要因素。若将此电路作为电子门铃电路，哪些参数应进行调整？并制作一电子门铃。

2.4.6　设计一宽度可调的矩形波发生器(**提示**：在图 2.4.19(a)所示电路中，接入两只二极管)，画出设计的电路图，并进行实验。

2.4.7　设计一解下列二元一次方程组的运算电路：

$$\begin{cases} y=2x+4 \\ 2y=2-x \end{cases}$$

已知直流电压 $V_{i1}=-0.2V$，$V_{i2}=-0.4V$(**提示**：采用运放构成的加、减运算电路，式中常数项为已知电压V_{i1}或 V_{i2}与反馈支路的电阻运算的结果)。对所设计的电路进行实验(注意调零)，测出 x、y 的电压值，并与理论值进行比较，分析误差产生的原因。

2.4.8　设计一方波—三角波发生器，要求方波的频率 $f_o=1kHz$，幅度 $+V_{m1}=+V_{SAT}$(运放的正向饱和电压)，三角波的幅度 $V_{m2}=\frac{2}{3}V_{m1}$。并说明三角波的输出幅度与哪些参数有关？为什么？

2.4.9　图 2.4.20 所示的阶梯波发生器电路中，单结晶体管 T 的作用为何？可否由晶体三极管来完成？

2.4.10　根据晶体管特性图示仪测晶体管特性曲线的原理，设计一可在示波器上显示晶体管输出特性曲线的电路(**提示**：该电路由矩形波发生器，锯齿波发生器，阶梯波发生器等电路组成)。

2.4.11　题 2.4.11 图所示的为一“精密”全波整流电路，它可以克服只有当二极管的正向压降大于 0.3V(锗管)或者 0.7V(硅管)时才开始导通的缺点。试分析该电路的工作原理，按照图中给出的参数进行实验，观测输入、输出电压的波形。

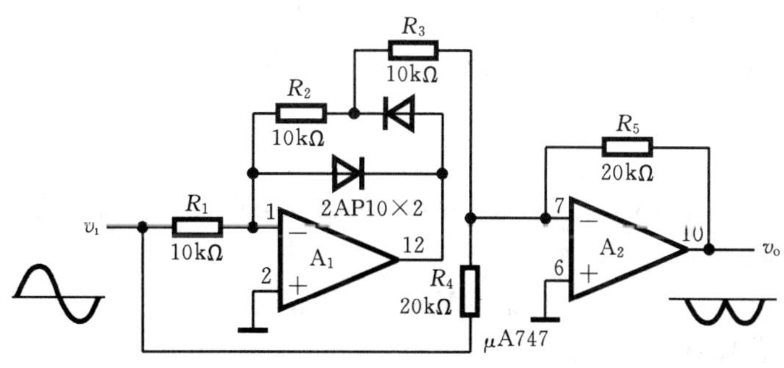

题 2.4.11 图

第 3 章

数字逻辑电路基础实验

内容提要　本章介绍了集成逻辑门、集成触发器、集成电路定时器 555 等的基本应用电路的原理与实验；介绍了中规模组合逻辑电路与中小规模时序逻辑电路的基本功能及其构成应用电路的设计方法与设计举例。本章内容是数字逻辑电路的基础实验。

3.1　集成逻辑门及其基本应用

学习要求　掌握 TTL、CMOS 与非门电路主要参数的测试方法及 OC 门、TS 门的“线与”功能；设计与安装测试逻辑门参数的实验电路，并进行参数测试；学会运用集成逻辑门设计报警、延时等功能电路。

3.1.1　TTL 门电路的主要参数及使用规则

1. TTL 与非门电路的主要参数

● 静态功耗 P_D　与非门空载时电源总电流 I_{CC} 与电源电压 V_{CC} 的乘积，即

$$P_D = I_{CC}V_{CC} \tag{3-1-1}$$

式中，I_{CC} 为与非门的所有输入端悬空、输出端空载时，电源提供的电流。一般 $I_{CC} \leqslant 10\text{mA}$，$P_D \leqslant 50\text{mW}$。

● 输出高电平 V_{OH}　有一个以上的输入端接地时的输出电平值。一般 $V_{OH} \geqslant 3.5\text{V}$，称为逻辑“1”。

● 输出低电平 V_{OL}　全部输入端为高电平时的输出电平值。一般 $V_{OL} \leqslant 0.4\text{V}$，称为逻辑“0”。

● 扇出系数 N_O　与非门在输出为低电平 V_{OL} 时，能驱动同类门的最大数目。测试时，

$$N_O = I_{OL}/I_{IS} \tag{3-1-2}$$

式中，I_{IS} 为输入短路电流，是指一个输入端接地，其余输入端悬空、输出端空载时，从接地输入端流出的电流。一般 $I_{IS} \leqslant 1.6\text{mA}$；$I_{OL}$ 为输出端为低电平时允许灌入的最大电流，一般 $I_{OL} \leqslant 16\text{mA}$。$I_{IS}$ 和 I_{OL} 的测试电路如图 3.1.1 所示。

● 平均传输延迟时间 t_{pd}　表征门电路开关速度的参数。当与非门的输入为一方波时，其输出波形的上升沿和下降沿均有一定的延迟时间，如图 3.1.2 所示。设上升沿延迟时间为 t_{PLH}，下降沿延迟时间为 t_{PHL}，则平均传输延迟时间 t_{pd} 可用式(3-1-3)表示。t_{pd} 的数值很小，一般为几纳秒至几十纳秒：

$$t_{pd} = (t_{PLH} + t_{PHL})/2 \tag{3-1-3}$$

● 直流噪声容限 V_{NH} 和 V_{NL}　输入端所允许的输入电压变化的极限范围。输入端为高电平状态时的噪声容限

$$V_{NH} = V_{OH\,min} - V_{IH\,min} \tag{3-1-4}$$

输入端为低电平状态时的噪声容限

$$V_{NL} = V_{IL\,max} - V_{OL\,max} \tag{3-1-5}$$

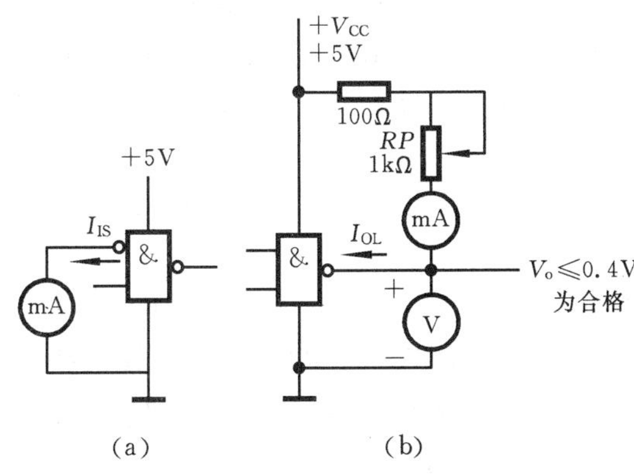

图 3.1.1 I_{IS}和I_{OL}的测试电路

(a) I_{IS}测试电路 (b) I_{OL}测试电路

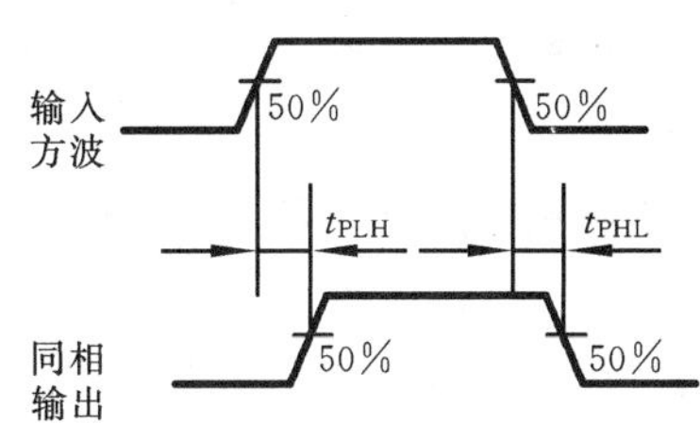

图 3.1.2 平均传输延迟时间的波形观测

通常 $V_{OH\,min}=2.4V$,$V_{IH\,min}=2.0V$,$V_{IL\,max}=0.8V$,$V_{OL\,max}=0.4V$,所以 V_{NH}和 V_{NL}一般约为 400mV。

请读者根据以上参数的定义,设计测试电路,对各参数进行测量。

2. TTL 器件的使用规则

● 电源电压$+V_{CC}$ 只允许在+5V±10%范围内,超过该范围可能会损坏器件或使逻辑功能混乱。

● 电源滤波 TTL 器件的高速切换,会产生电流跳变,其幅度约 4mA~5mA。该电流在公共走线上的压降会引起噪声干扰,因此,要尽量缩短地线以减小干扰。可在电源端并接 1 个 100μF 的电容作为低频滤波及 1 个 0.01μF~0.1μF 的电容作为高频滤波。

● 输出端的连接 不允许输出端直接接+5V 或接地。对于 100pF 以上的容性负载,应串接几百欧姆的限流电阻,否则会导致器件损坏。除集电极开路(OC)门和三态(TS)门外,其他门电路的输出端不允许并联使用,否则,会引起逻辑混乱或损坏器件。

● 输入端的连接 输入端可串入 1 只 1kΩ~10kΩ 电阻,与电源连接或直接接电源电压$+V_{CC}$来获得高电平输入。直接接地为低电平输入。或门、或非门等 TTL 电路的多余的输入端不能悬空,只能接地,与门、与非门等 TTL 电路的多余输入端可以悬空(相当于接高电平),但因悬空时对地呈现的阻抗很高,容易受外界干扰,故可将它们直接接电源电压$+V_{CC}$或与其他输入端并联使用,以增加电路的可靠性,但与其他输入端并联时,从信号获取的电流将增加。

3.1.2 CMOS 门电路的主要参数及使用规则

1. CMOS 与非门电路的主要参数

● 电源电压$+V_{DD}$ CMOS 门电路的电源电压$+V_{DD}$的范围较宽,一般在+5V~+15V 范围内均可正常工作,并允许波动±10%。

● 静态功耗 P_D CMOS 的 P_D与工作电源电压$+V_{DD}$的高低有关,但与 TTL 器件相比,P_D的大小则显得微不足道(约在微瓦级)。

● 输出高电平 V_{OH} $V_{OH}≥V_{DD}-0.5V$ 为逻辑"1"。

● 输出低电平 V_{OL} $V_{OL}≤V_{SS}+0.5V$ 为逻辑"0"($V_{SS}=0V$)。

● 扇出系数 N_O CMOS 电路具有极高的输入阻抗,极小的输入短路电流 I_{IS},一般 $I_{IS}≤$

0.1μA。输出端灌入电流 I_{OL} 比 TTL 电路的小很多,在+5V 电源电压下,一般 $I_{OL} \leqslant 500\mu$A。但是,如果以这个电流来驱动同类门电路,其扇出系数将非常大。因此,在工作频率较低时,扇出系数不受限制。但在高频工作时,由于后级门的输入电容成为主要负载,扇出系数将受到限制,一般 $N_O = 10 \sim 20$。

● 平均传输延迟时间 t_{pd}　CMOS 电路的平均传输延迟时间比 TTL 电路的长得多,通常 $t_{pd} \approx 200$ns。

● 直流噪声容限 V_{NH} 和 V_{NL}　CMOS 器件的噪声容限通常以电源电压 $+V_{DD}$ 的 30%来估算,当 $+V_{DD} = +5$V 时,$V_{NH} \approx V_{NL} = 1.5$V,可见 CMOS 器件的噪声容限比 TTL 电路的要大得多,因此,抗干扰能力也强得多。提高 $+V_{DD}$ 是提高 CMOS 器件抗干扰能力的有效措施。

请读者根据以上参数的定义设计测试电路,并对各参数进行测量。

2. CMOS 器件的使用规则

● 电源电压　电源电压不能接反,规定 $+V_{DD}$ 接电源正极,V_{SS} 接电源负极(通常接地)。

● 输出端的连接　输出端不允许直接接 $+V_{DD}$ 或地,除三态门外,不允许两个器件的输出端并联使用。

● 输入端的连接　输入端的信号电压 V_i 应为 $V_{SS} \leqslant V_i \leqslant V_{DD}$,超出该范围会损坏器件内部的保护二极管或绝缘栅极,可在输入端串接一只限流电阻(10kΩ~100kΩ)。所有多余的输入端不能悬空,应按逻辑要求直接接 $+V_{DD}$ 或 V_{SS}(地)。工作速度不高时允许输入端并联使用。

● 其他　①测试 CMOS 电路时,应先加 $+V_{DD}$,后加输入信号;关机时应先切断输入信号,后断开 $+V_{DD}$;所有测试仪器的外壳必须良好接地。②CMOS 电路具有很高的输入阻抗,易受外界干扰、冲击和出现静态击穿,故应存放在导电容器内;焊接时电烙铁外壳必须接地良好,必要时可以拔下电烙铁电源,利用余热焊接。

3.1.3 集成逻辑门的基本应用

按照逻辑功能可将集成逻辑门分为反相器、与非门、集电极开路(简称 OC)与非门、或非门、缓冲/驱动器、组合逻辑门及具有三态输出的逻辑门等。下面举例说明这些逻辑门的应用。

1. 门电路构成的时钟源

利用反相器或与非门可以构成时钟脉冲源,如图 3.1.3 所示。其中,图(a)所示的为 TTL 门电路构成的时钟源,晶体管 T 接成射极跟随器,可使输出级与前级隔离,电位器电阻 RP 变化几十千欧也不会影响电路的工作状态。因此,该电路具有输出频率范围宽、输出波形好、带负载能力强的优点。电路的输出频率可由下式计算:

$$f_o = \frac{1}{T} = \frac{1}{2(R_0 + RP)C} \tag{3-1-6}$$

式中,R_0 为门电路内部等效电阻,一般为几百欧姆。输出频率可从几赫兹至几兆赫兹变化,改变电容 C 实现频率粗调,调节 RP 实现频率细调。输出的矩形脉冲如图(a)所示。在要求频率稳定性较高的情况下,如提供基准频率,则可采用图(b)所示电路,输出频率由晶振 J_T 的频率决定。

图(c)所示的为 CMOS 门电路构成的简易时钟源。由于门电路的输入阻抗很高,定时电容 C_t 的值不是很大就能获得较大的时间常数,尤其适于对频率准确性要求不太高的低频时钟源(小于 100kHz)。常取补偿电阻 $R_s \gg R_t$(定时电阻),即 $R_s = 10\ R_t$。输出频率

$$f_o = \frac{1}{T} = \frac{1}{2.2R_tC_t} \tag{3-1-7}$$

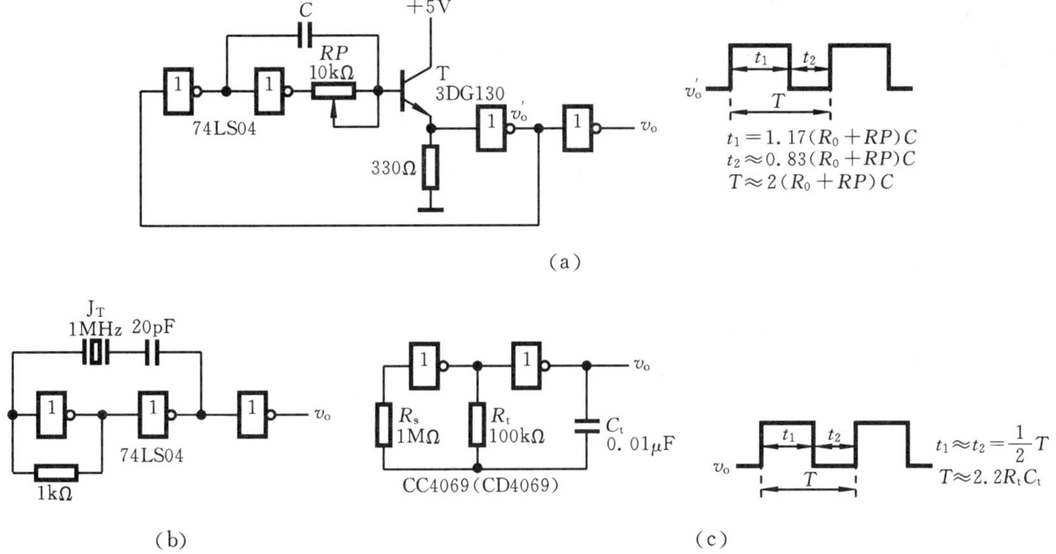

图 3.1.3 门电路构成的时钟源及其波形

(a) TTL 门电路构成的脉冲时钟源 (b) 门电路构成的晶体振荡器 (c) CMOS 门电路构成的脉冲时钟源

2. 脉冲调制/解调器

由与非门构成的低频脉冲调制器如图 3.1.4(a)所示。设调制信号为 $f_i=500$Hz 的方波，由 A 端输入。当 A 为“1”电平时，与非门组成的时钟源电路产生振荡，A 为“0”电平时停振，工作波形如图(a)所示。要求调制方波的频率远低于振荡频率。

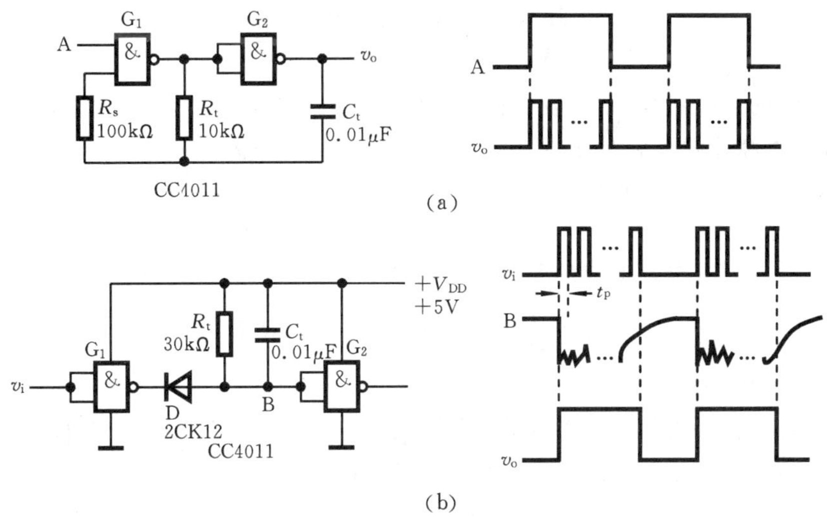

图 3.1.4 脉冲调制/解调器

(a) 脉冲调制器及波形 (b) 脉冲解调器及波形

由与非门组成的脉冲解调器如图 3.1.4(b)所示，它与图(a)所示电路功能相反，用来对脉冲调制信号解调。当 v_i的第一个脉冲来到时，与非门 G_1输出为“0”，二极管 D 导通，电容 C_t经 D 及 G_1充电，充电时间常数远小于载波脉冲宽度 t_p，故输出 v_o很快变为高电平。第一个载波脉冲结束后，G_1输出为“1”，D 截止，C_t经 R_t放电，由于放电时间常数 R_tC_t远大于载波脉冲的周期 T，G_2的输入端将一直保持为低电平，直到调制脉冲持续为低电平时，G_2的输出才变为高电平。各点的波形如图(b)所示。

3. 门电路构成的触发器

用门电路可以构成 RS 触发器、单稳态触发器等,其电路如图 3.1.5 所示。图(a)所示的为基本 RS 触发器。它具有复位(清“0”)和置位(置“1”)的功能,开关 S 置于 1 时 Q=0,S 置于 2 时 Q=1,而且开关 S 的切换不会引起 Q 端的抖动,因此,该电路常用作去抖动开关电路。

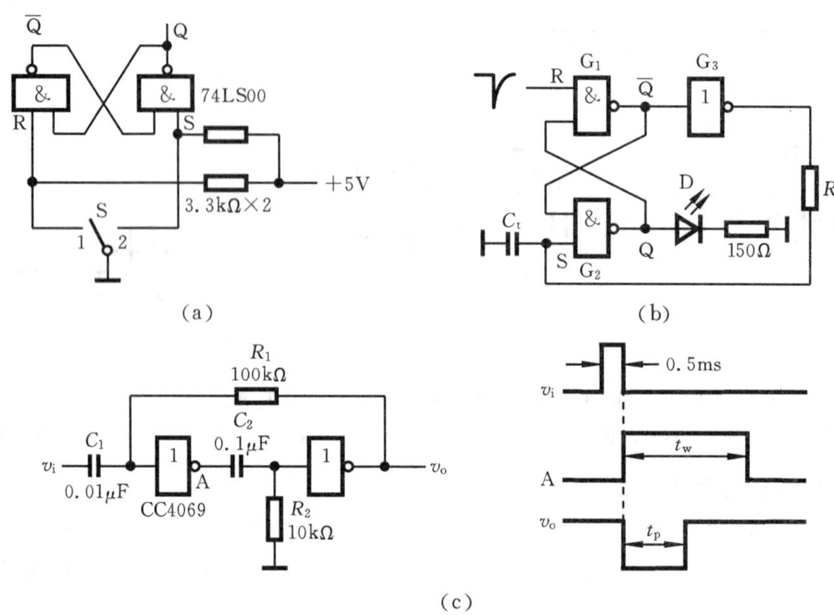

图 3.1.5 门电路构成的触发器

(a) 去抖动开关电路 (b) 长明灯电路 (c) 单稳态触发器及波形

图(b)所示的为由基本 RS 触发器构成的单稳态触发电路,可用作长明灯的控制电路或报警电路。在触发脉冲没有来到时,R=1,S=0,Q=1,发光二极管 D 亮,电容 C_t 经 R_t 充电,直到 S=1。Q 仍维持 1 不变,D 始终保持亮,所以称为长明灯。如果负脉冲来到,R=0,S=1,则 D 灭,电容 C_t 放电,直到 S=0。当 R=1,S=0 时,D 又恢复亮状态。灯灭的时间 $t=0.7R_tC_t$。

图(c)所示的为门电路构成的单稳态触发器。若 $R_1C_1=R_2C_2$,则输出脉冲的延迟时间

$$t_p=\frac{1}{2}t_w=0.7R_1C_1=0.7R_2C_2$$

请读者分析其工作原理。

4. 集电极开路(OC)门和三态(TS)门的应用

集电极开路(OC)与非门和三态(TS)输出门都具有“线与”的功能,即它们的输出端可以直接相连。

对于集电极开路的与非门,因其集电极是悬空的,如图 3.1.6 所示。使用时一定要在输出端与电源之间接一电阻 R_L,其值根据应用条件决定。图 3.1.7 所示的为 n 个 OC 门“线与”驱动 m 个 TTL 门电路的情况。其中 m' 为被驱动门(负载门)输入端的个数。

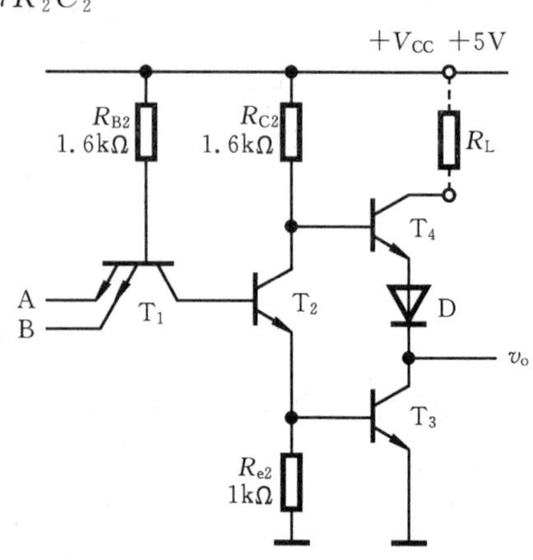

图 3.1.6 OC 门的内部结构

当 OC 门输出为高电平时,如图 3.1.7(a)所示,外接电阻 R_L 的最大值

$$R_{L\max}=\frac{V_{CC}-V_{OH\min}}{nI_{OH}+mI_{IH}} \tag{3-1-8}$$

当 OC 门输出为低电平时，如图 3.1.7(b)所示，外接电阻 R_L 最小值

$$R_{L\min}=\frac{V_{CC}-V_{OL\max}}{I_{OL}-mI_{IL}} \tag{3-1-9}$$

式中，OC 门输出高电平时的最低电压 $V_{OH\min}=2.4V$；OC 门输出低电平时的最高电压 $V_{OL\max}=0.4V$；OC 门输出高电平，晶体管截止时的漏电流 $I_{OH}=100\mu A$；OC 门输出低电平时允许灌入的最大电流 $I_{OL}=8mA$；每个负载门的低电平输入电流 $I_{IL}=0.4mA$；负载门每个输入端的高电平输入电流 $I_{IH}=50\mu A$。

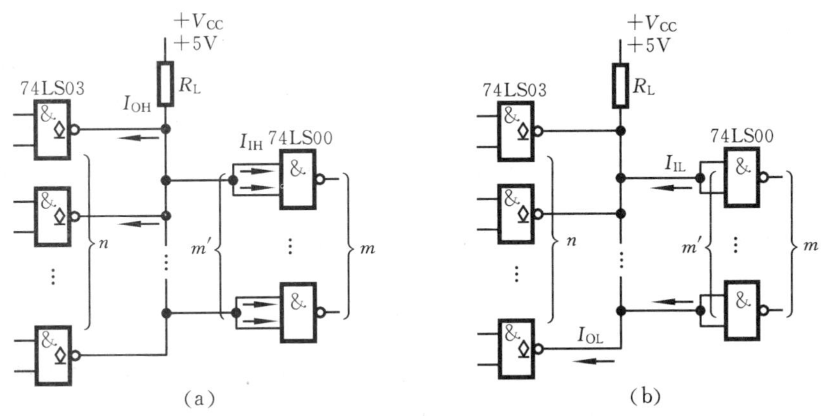

图 3.1.7 n 个 OC 门线与驱动 m 个与非门

(a) OC 门输出为高电平 (b) OC 门输出为低电平

用 OC 与非门实现"与或非"逻辑功能比采用普通与非门要经济得多，如图 3.1.8 所示。用一级 OC 门可代替三级与非门，不仅器件少而且速度大大提高。R_L 的值由式(3-1-8)、式(3-1-9)计算，一般取 $R_{L\min}<R_L<R_{L\max}$。

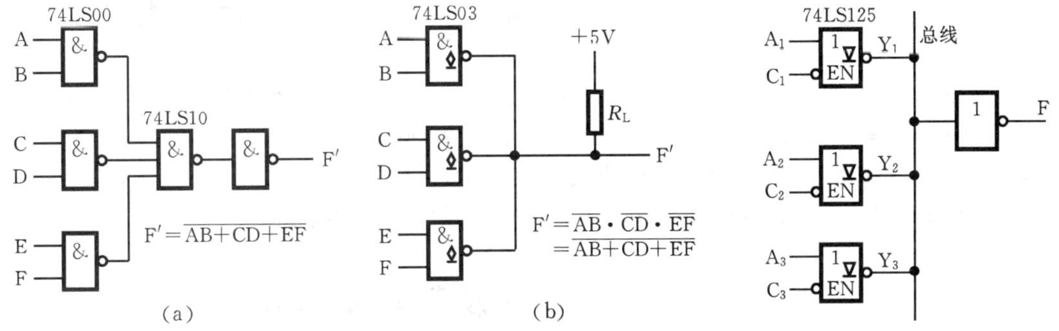

图 3.1.8 一级 OC 门代替三级"与非门"

(a) 三级"与非门" (b) 一级 OC 门

图 3.1.9 三态门用于数据传输

三态(TS)输出与非门与普通与非门电路不同之处在于多了一个控制端(又称禁止端或使能端 EN)，如图 3.1.9 所示。当控制端为高电平时，输出端断开，呈现高阻状态，或称"悬挂"。当控制端为低电平时，输出等于输入。将三态缓冲驱动器的输出端直接并联到一条公共总线上，当它们的控制端 C 轮流为低电平时，可将各组数据轮流地传送到总线上。

3.1.4 实验任务

1. 实验内容

如图 3.1.10 所示,用 74LS03 驱动一只发光二极管 D 和 74LS00 的两个门,为使电路正常工作,负载电阻 R_L及发光二极管 D(取正向导通电压 $V_F=1.5V$,导通电流 $I_F=2mA$)的限流电阻 R_D应取多大值? 设输入脉冲频率为 1kHz,观测 v_i,v_o,v_{o1}及v_{o2}的波形。

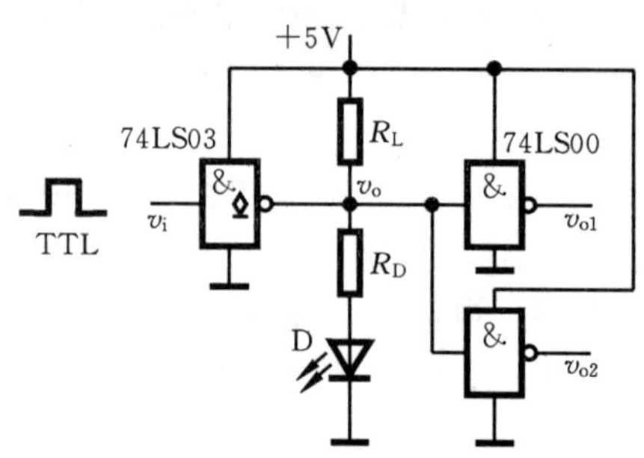

图 3.1.10 OC 门 74LS03 驱动负载的实验电路

2. 实验要求

① 通过计算负载电阻 $R_{L\,max}$、$R_{L\,min}$和二极管限流电阻 $R_{D\,max}$、$R_{D\,min}$决定R_L和 R_D的取值。

② 用示波器的"直流耦合"方式观测波形,在坐标纸上画出 v_i、v_o及 v_{o1}、v_{o2}的波形,并标 V_{OH}、V_{OL}的电平值。

③ 画出实验电路原理图,标器件引脚号。

实验与思考题

3.1.1 根据 TTL、CMOS 门电路的主要参数定义,设计测试电路对 74LS00,CC4011 的参数进行测试。

3.1.2 用 74LS04 或 CC4069 六反相器设计一个时钟脉冲源,要求输出频率 $f_o=1kHz$。

3.1.3 在图 3.1.5(a)所示的去抖动开关电路中,当开关 S 从 1 转到 2 时,输出端 Q 的波形如何变化? 当 S 从 2 转到 1 时,Q 的波形又如何变化? 分别画出其波形。

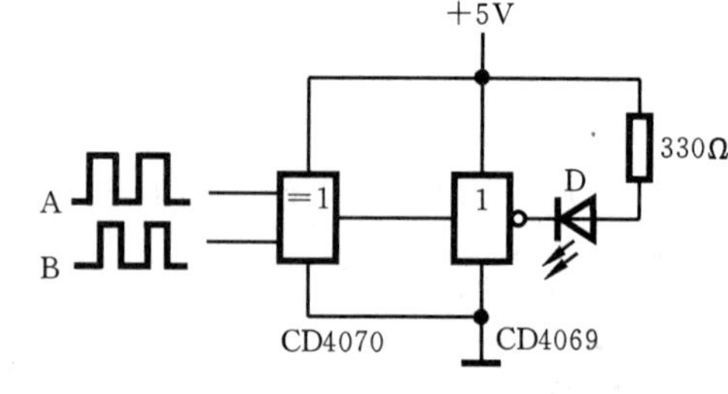

题 3.1.4 图

3.1.4 题 3.1.4 图所示电路为采用 CMOS 门电路构成的脉冲相位检测器,试分析电路的工作原理,并用实验证明。

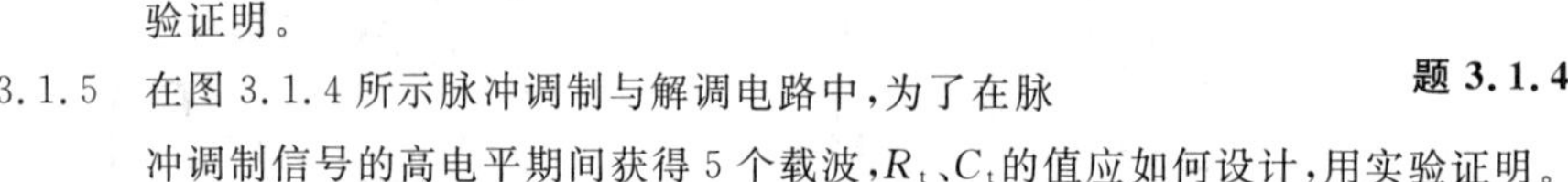

3.1.5 在图 3.1.4 所示脉冲调制与解调电路中,为了在脉冲调制信号的高电平期间获得 5 个载波,R_t、C_t的值应如何设计,用实验证明。

3.1.6 用 TTL 或 CMOS 门电路设计一单稳触发延时电路,要求延迟时间 $t_p=1s$,用 LED 指示。

3.1.7 为什么普通与非门的输出端不能"线与",而 OC 门的输出端可以"线与"?

3.2 集成触发器及其基本应用

学习要求 掌握 D 触发器、JK 触发器及集成单稳态触发器等的触发方式与选用规则;设计与安装测试各触发器逻辑功能的实验电路,并进行逻辑功能测试;学会运用 74LS74、74LS107、74LS121 或 74LS221、74LS123 及对应的 CMOS 器件设计功能电路。

3.2.1 集成触发器的触发方式与选用规则

1. 触发方式

常见集成触发器有 D 触发器和 JK 触发器。根据电路结构及触发器受时钟脉冲触发的方式不同，触发方式分为维持阻塞型和主从型。其中，维持阻塞型触发方式又称边沿型触发方式，对时钟脉冲的边沿要求较高。因触发器状态的转换发生在时钟脉冲的上升沿或下降沿，故触发器的输出状态仅与转换时的存入数据有关。而主从型触发方式对时钟脉冲的边沿要求不及边沿触发型触发方式苛刻。因触发器状态的转换分为两个阶段，即在 CP=1 的期间内完成数据存入，在 CP 从 1 变为 0 时完成状态转换。图 3.2.1 画出了上述触发方式的数据存入与数据输出的时间关系。D 触发器大多采用维持阻塞型触发方式且上升沿触发的较多。JK 触发器有维持阻塞型触发方式(但以下降沿触发的较多)和主从型触发方式。

2. 选用规则

① 通常根据数字系统的时序配合关系选用触发器，一般在同一系统中选择具有相同触发方式的同类型触发器较好。

② 在工作速度要求较高的情况下采用边沿触发方式的触发器较好，但速度越高，就越易受外界干扰。上升沿触发还是下降沿触发，原则上没有优劣之分。如果是 TTL 电路的触发器，则输出为“0”时的驱动能力远强于输出为“1”时的驱动能力，尤其是当集电极开路输出时上升边沿更差，所以选用下降沿触发更好些。

③ 触发器在使用前必须经过全面测试才能保证可靠性。使用时必须注意置“1”和复“0”脉冲的最小宽度及恢复时间。

④ 触发器翻转时的动态功耗远大于静态功耗，为此，系统中应尽量避免同一封装内的触发器同时翻转。

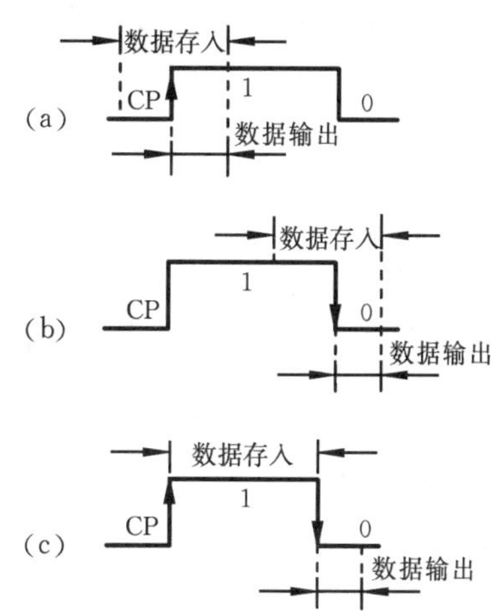

图 3.2.1　三种触发方式

(a) 维持阻塞型(上升沿触发)　(b) 维持阻塞型(下降沿触发)　(c) 主从型触发

⑤ CMOS 与 TTL 集成触发器触发方式基本相同。使用时不宜将这两种器件混合使用，因 CMOS 触发器内部电路结构及对触发时钟脉冲的要求与 TTL 有较大差别。

3.2.2　D 触发器的基本应用

D 触发器最常见的触发方式是上升沿触发方式，即触发器状态翻转发生在时钟脉冲的上升沿，可以有效地克服“空翻”现象。D 触发器的特征方程为

$$D_{n+1} = D \tag{3-2-1}$$

常见的 D 触发器有双 D(74LS74)、4D(74LS175)、8D(74LS273)触发器等。表 3.2.1 所示的为 74LS74 的逻辑功能表。

表 3.2.1　74LS74 功能表

输入				输出	
预置 $\overline{S}_D$	消除 $\overline{R}_D$	时钟 CP	D	Q	$\overline{Q}$
0	1	×	×	1	0
1	0	×	×	0	1
0	0	×	×	不定	
1	1	↑	1	1	0
1	1	↑	0	0	1
1	1	0	×	Q	$\overline{Q}_0$

D 触发器除用来组成计数器、锁存器、移位寄存器等时序逻辑电路外，还可用来实现某些特定功能。现举例如下。

1. 同步单脉冲产生电路

在图 3.2.2(a)所示电路中，触发开关 S 一次(即 S 合上与断开)，可获得一个与时钟脉冲同步的单次脉冲。该电路的工作原理如下。

开关S合上时(假设有抖动),如果时钟脉冲CP的上升沿不来,则1Q、2Q将一直保持为初始状态,设初始状态为1Q=2Q=1,输出 $Y=\overline{1Q\cdot 2Q}=1$。这时即使S有抖动也不会影响输出,如图(b)所示。当第 n 个时钟脉冲 CP_n 的上升沿来到时,触发器 FF_1 翻转,1Q=0;FF_2 不变,则Y=0。在 CP_{n+1} 来到时,由于S仍合上,FF_1 的状态不变,FF_2 翻转,2Q=0,则Y=1。在 CP_{n+2} 来到时,触发器 FF_1、FF_2 的状态维持不变。当开关S断开(假设有抖动)时1D=1,如果第 m 个时钟脉冲 CP_m 上升沿来到,1Q=1,2Q=0,则Y=1。CP_{m+1} 的上升沿来到,1Q=1,2Q=1,则Y=1。所以,只要S断开,即使有时钟脉冲触发,输出Y仍保持不变。可见开关S触发一次,Y端将获得一个与时钟脉冲同步的单次脉冲。

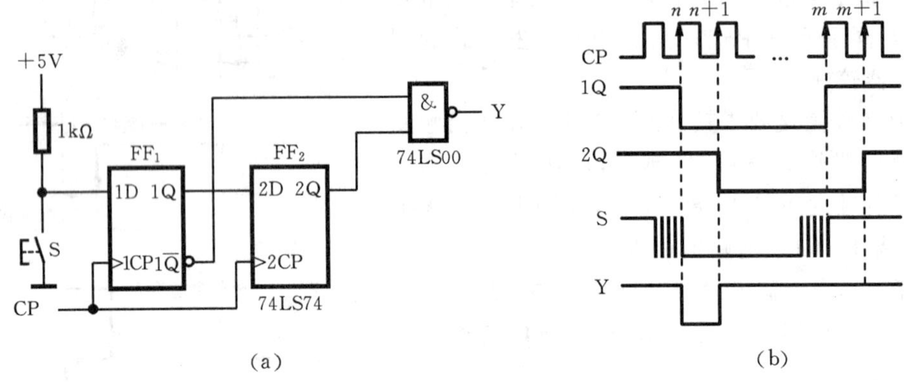

图 3.2.2 同步单脉冲产生电路

(a) 同步单脉冲产生电路 (b) 产生单脉冲的波形图

2. $\div\left(N\frac{1}{2}\right)$分频电路

通常将分频系数为 N(整数)的电路称为 $\div N$ 分频电路。但是,某些应用场合并不要求整数倍分频,而希望得到 $\div\left(N\frac{1}{2}\right)$ 分频,这时采用D触发器比较简便。图3.2.3所示的为 $\div\left(1\frac{1}{2}\right)$ 分频电路。它由两个D触发器 FF_1、FF_2 及反相器 G_1、或非门 G_2 所组成。电路的工作原理如下。

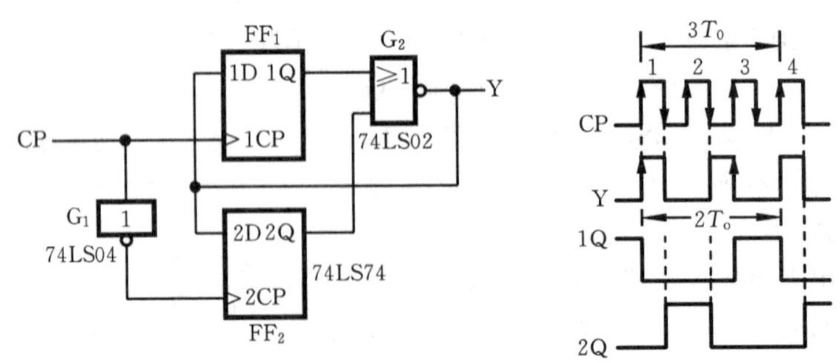

图 3.2.3 D触发器构成的 $\div\left(1\frac{1}{2}\right)$ 分频器

设电路初始状态1Q=1,2Q=0,输出 $Y=\overline{1Q+2Q}=0$,当时钟脉冲 CP_1 的上升沿来到时,触发器 FF_1 翻转,1Q=0,CP_1 的上升沿经反相器 G_1 后对触发器 FF_2 不起作用,其输出不变,2Q

仍为 0，故输出 Y=1。CP_1 的下降沿来到，FF_1 不变，FF_2 翻转，2Q=1，则输出 Y=0。在 CP_2 的上升沿来到时，因 1D=0，则 1Q 仍为 0，FF_2 不变，故输出 Y 仍为 0。在 CP_2 的下降沿来到时，FF_2 翻转，FF_1 维持不变，输出 Y=1。在 CP_3 的上升沿来到时，FF_1 翻转，FF_2 维持不变，输出 Y=0。CP_3 的下降沿来到，FF_1 维持不变，FF_2 翻转，输出 Y 仍为 0。这时电路的状态已经恢复到初始状态，即完成了一次分频。由此可见，每经过 3 个时钟脉冲，电路的输出可获得两个脉冲，故称为 $\div\left(1\frac{1}{2}\right)$ 或 $\div\frac{3}{2}$ 分频电路。

3.2.3　JK 触发器的基本应用

JK 触发器除维持阻塞型触发方式（边沿触发）外，还有主从型触发方式，即触发器的状态转换需要一个完整的时钟脉冲。当 CP 从 0 变 1 时，触发器只接收输入信号，输出状态不变；当 CP 由 1 变 0 时，触发器翻转，输出状态改变。如 74LS107 双 JK 触发器，其逻辑功能表如表 3.2.2 所示。使用这类触发器时应格外注意，在 CP=1 的期间内，J、K 端应保持不变，以免引入干扰，否则会引起误动作。

边沿触发方式的 JK 触发器应用较多，它具有很强的抗干扰能力。如 74LS76（下降沿触发），其逻辑功能如表 3.2.3 所示。使用这类触发器时应注意与其他电路的时序配合，否则会引起逻辑混乱。

表 3.2.2　74LS107 功能表

清除 CLR	输入			输出	
	CP	J	K	Q	$\overline{Q}$
0	×	×	×	0	1
1	⎍	0	0	Q_0	$\overline{Q}_0$
1	⎍	1	0	1	0
1	⎍	0	1	0	1
1	⎍	1	1	翻	转

表 3.2.3　74LS76 功能表

预置 PR	清除 CLR	输入			输出	
		CP	J	K	Q	$\overline{Q}$
0	1	×	×	×	1	0
1	0	×	×	×	0	1
0	0	×	×	×	1*	1*
1	1	↓	0	0	Q_0	$\overline{Q}_0$
1	1	↓	1	0	1	0
1	1	↓	0	1	0	1
1	1	↓	1	1	翻	转
1	1	1	×	×	Q_0	$\overline{Q}_0$

注：* 状态不定。

JK 触发器的特征方程为

$$Q_{n+1}=J\overline{Q}_n+\overline{K}Q_n \tag{3-2-2}$$

JK 触发器有 J、K 两个控制端，与其他触发器相比，其逻辑功能更强，使用更灵活。除了广泛用来组成计数器、移位寄存器等时序逻辑电路外，采用 JK 触发器组成实现某些特定功能的电路也十分方便，现举例如下。

1. “1”检出电路

当需要检查数字系统在规定的时间间隔内是否出现过“1”状态时，采用主从型 JK 触发器 74LS107 十分简便，其电路与波形如图 3.2.4 所示。设 CP 为规定时间间隔内发出的负脉冲，1J 为检测点的输入信号。电路的工作原理如下。

在 CP=1 的期间内，只要 1J 端出现过“1”，触发器就会将“1”存储，即 1Q=0，直到 CP 的负脉冲来到，触发器的状态才发生翻转，即 1Q=1。因此，输出脉冲与时钟负脉冲同步，可用一发光二极管指示。若 1J 端为“0”，由表 3.2.2 可得，1J=0，1K=1 时，在 CP 脉冲作用下，触发器输出端 1Q=0,发光二极管不亮。如果发光二极管亮,说明在 CP=1 的期间内 1J 端出现过"1"。需要注意的是,1K 端的逻辑电平"1"应通过一电阻(3.3kΩ)接+5V 电源来提供,切不可悬空,否则会引入干扰,导致逻辑混乱。

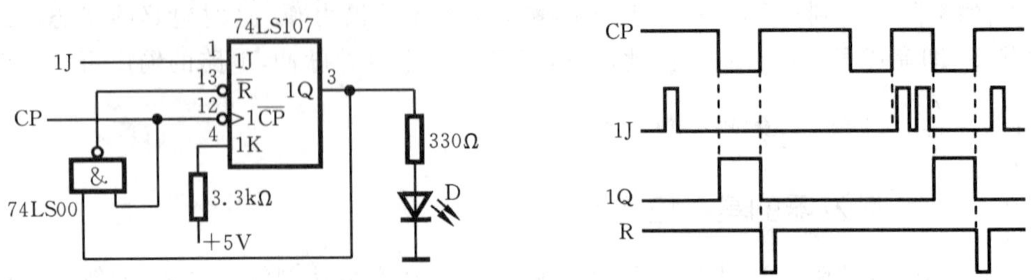

图 3.2.4 "1"检出电路及其波形图

2. 八度音产生器

八度音产生器可以模拟乐器的声音,每经过一次 2 分频,音频频率就降低一半,也就是下降一个八度音。

图 3.2.5 所示的为采用 CMOS 器件构成的八度音产生器电路。其中,反相器 G_1、G_2组成音频振荡器电路,G_3用来提高电路的驱动能力。CMOS 双 JK 触发器 CC4027 组成一个÷4 分频器(或称异步 4 进制计数器),$1\overline{Q}$ 对音频时钟信号÷2 分频,$2\overline{Q}$ 对音频时钟信号÷4分频,开关 S 每改变一次,输出的音频声音就下降(或上升)八度。三极管 3DG130 用来放大音频信号。

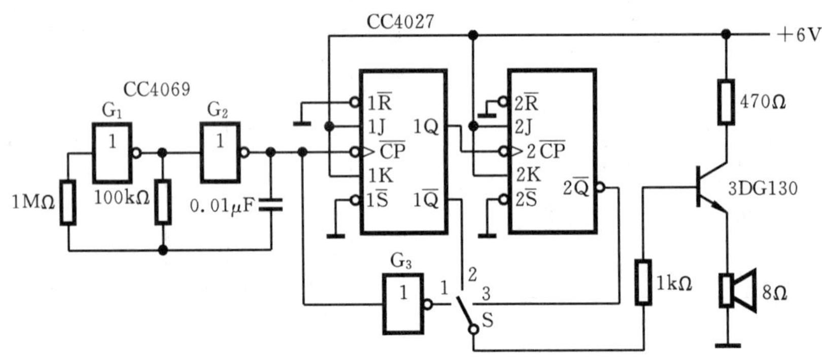

图 3.2.5 八度音产生器

3.2.4 单稳态触发器的基本应用

根据电路内部结构,集成单稳态触发器分为非重触发单稳态触发器与可重触发单稳态触发器。

非重触发单稳态触发器的常见产品有 74LS121,其功能如表 3.2.4 所示,它有两个负跳变触发输入端 1A 与 2A 及一个正跳变触发输入端 B。其中,B 端具有施密特电路的功能,它对触发脉冲的边沿要求不苛刻,而对触发脉冲的电平有一定要求,典型值为 1.2V。图 3.2.6 所示的表明了非重触发单稳态触发器的输入、输出波形关系。B 为一列输入脉冲,Q 为输出脉冲。在触发脉冲 B_1的上升沿(正跳变)作用下,输出 Q 变为高电平,并"停留"一段时间 t_w后自动返回低电平,称此"停留"时间 t_w为单稳态触发器的"延迟"时间。在这段时间内,输入脉冲

B_2…不会改变Q的高电平状态，只有等触发器延迟时间 t_w 完成后，Q才返回为低电平，故称为非重触发。

表3.2.4 74LS121功能表

输入			输出	
1A	2A	B	Q	$\overline{Q}$
0	×	1	0	1
×	0	1	0	1
×	×	0	0	1
1	1	×	0	1
1	↓	1	⎍	⊔
↓	1	1	⎍	⊔
↓	↓	1	⎍	⊔
0	×	↑	⎍	⊔
×	0	↑	⎍	⊔

表3.2.5 74LS123功能表

输入			输出	
CLR	A	B	Q	$\overline{Q}$
0	×	×	0	1
×	1	×	0	1
×	×	0	0	1
1	0	↑	⎍	⊔
1	↓	1	⎍	⊔
↑	0	1	⎍	⊔

可重触发单稳态触发器的常见产品有74LS123或74LS221。这是一个双单稳态触发器，每个触发器的功能如表3.2.5所示。触发器的输入、输出波形关系如图3.2.7所示。输入脉冲 B_1 触发后还可以借助 B_2 再触发，使输出脉冲展宽，故称为可重触发。由图可见，未加重触发脉冲时的输出端Q的脉宽为 t_{w1}，加重触发脉冲后的脉宽变为 t_{w2}，即

$$t_{w2} = T + t_{w1}$$

对于74LS123，

$$t_{w1} = 0.45R_{ext}C_{ext} \tag{3-2-3}$$

式中，R_{ext} 为其外接定时电阻；C_{ext} 为其外接定时电容。

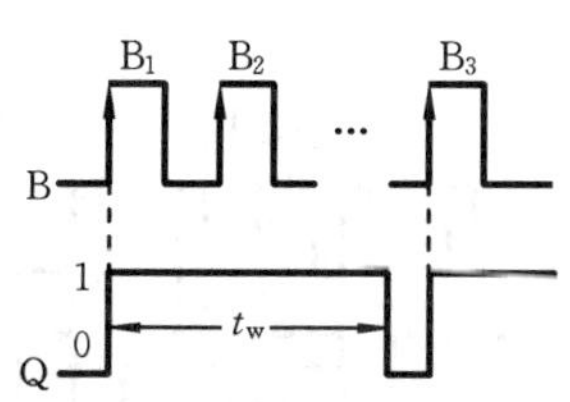

图3.2.6 非重触发单稳态触发器的输入、输出波形

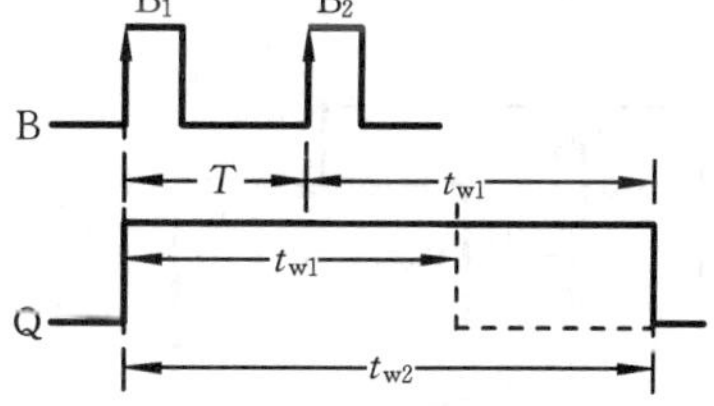

图3.2.7 可重触发单稳态触发器的输入、输出波形

可重触发的单稳态触发器一般都带有复位端或清除端CLR。在清除端CLR变为低电平时，由表3.2.5可得，不论这时触发器的输入端A、B为何值，触发器的输出Q=0。

下面举例说明集成单稳态触发器的基本应用。

1. 精密延时电路

图3.2.8(a)所示的为用非重触发单稳态触发器74LS121组成的单稳延时电路。输出脉冲E对输入脉冲B的延迟时间 t_w 可由下式计算：

$$t_w = 0.7R_{ext}C_{ext} \tag{3-2-4}$$

输出脉冲E的宽度 t_p 则由微分电路 RC 的时间常数决定。电路各点的波形如图(b)所示。

该电路的延迟时间比较精确，外接电容 C_{ext} 的取值范围为10pF～10μF，外接电阻 R_{ext} 的范围为2kΩ～30kΩ，因此延迟时间可以达到 t_w=200ms。

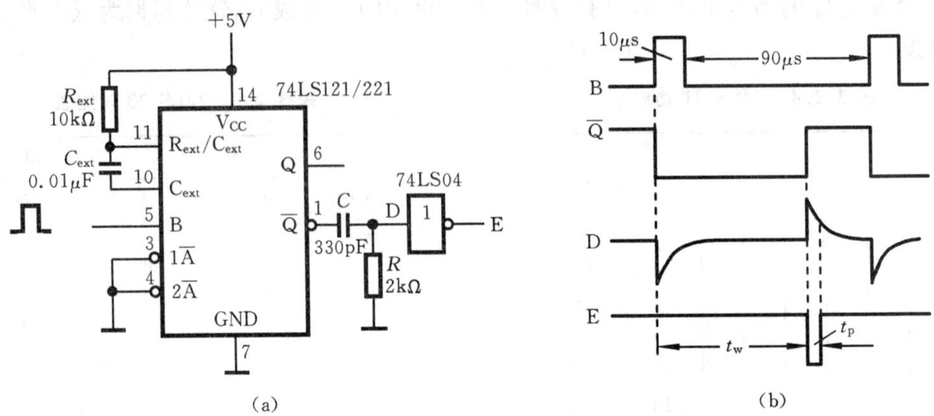

图 3.2.8　非重触发单稳态触发器构成的延时电路

(a)　延时电路　　(b)　各点波形

2. 高通/低通滤波器

图 3.2.9(a)所示的为采用可重触发单稳态触发器 74LS123 构成的高通/低通滤波器电路。设输入信号 v_i含有不同频率成分,其中高频信号的周期为 T_H,低频信号的周期为 T_L。如果满足$T_H<0.45R_{ext}C_{ext}<T_L$,则当 v_i为低频时,触发器工作在非重触发方式,输出脉宽为 t_{w1}。当v_i为高频时,触发器工作在可重触发方式,输出脉宽为 t_{w2}。输出端 Q 的波形如图(b)所示。将 Q、$\overline{Q}$ 及输入脉冲 v_i分别经过由两个与门组成的组合逻辑电路,这时输出 $V_{o1}=Q\cdot V_i$和输出 $V_{o2}=\overline{Q}\cdot V_i$,则 v_{o1}为 v_i中的高频信号,v_{o2}为 v_i中的低频信号,其波形如图 3.2.9(b)所示。

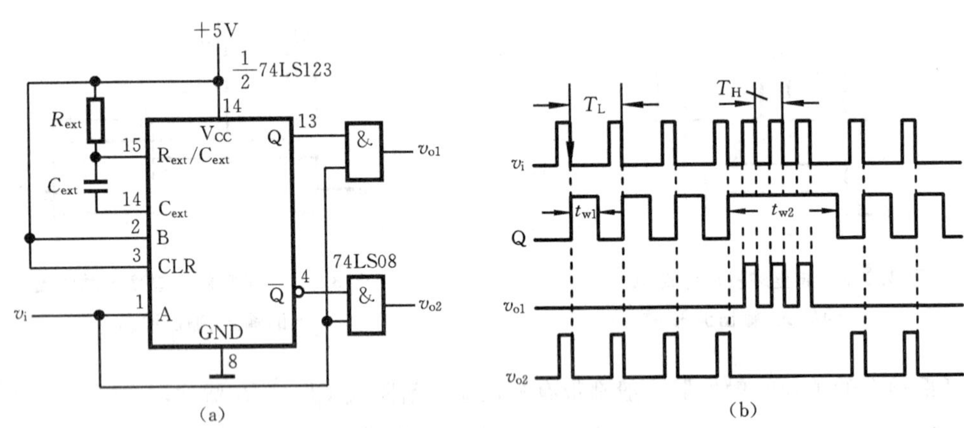

图 3.2.9　可重触发单稳态构成的高通/低通滤波器

(a) 高通/低通滤波器电路　(b) 各点波形

3. 占空比可调的脉冲发生器

利用两个单稳态触发器的串接与反馈可构成占空比可调的脉冲发生器。如图 3.2.10 所示,第一个单稳态触发器为上升沿触发,触发脉冲由 2$\overline{Q}$ 提供,即 1B=2$\overline{Q}$;第二个单稳态触发器为下降沿触发,触发脉冲由 1Q 提供,即 2A=1Q。电路的工作原理如下。

接通电源,若第一个单稳的输出端 1Q 为低电平,则第二个单稳被触发,输出端 2Q 上跳为高电平,经延迟时间 $t_{w2}=0.45R_2C_2$后自动返回低电平,这时 2$\overline{Q}$ 输出变为高电平,其上升沿触发 1B,使第一个单稳的输出端 1Q 变为高电平,经延迟时间 $t_{w1}=0.45R_1C_1$后自动返回低电

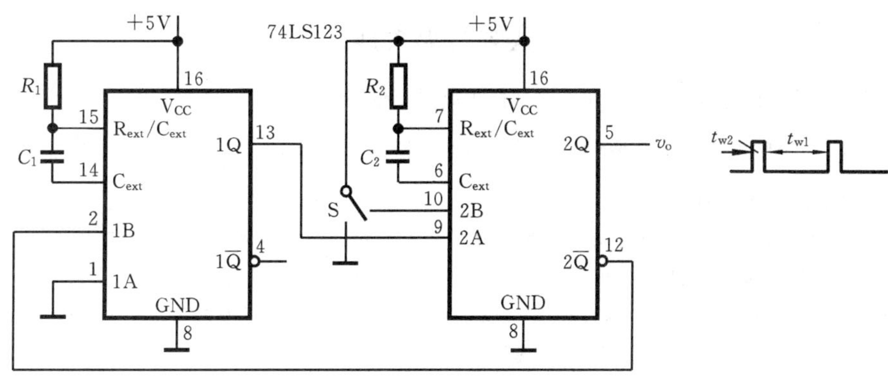

图 3.2.10　占空比可调的脉冲发生器

平，这时 1Q 的下降沿又触发 2A，2Q 又输出高电平，如此重复，2Q 的输出就为一占空比可调的脉冲波，其频率

$$f_o=\frac{1}{t_{w1}+t_{w2}}=\frac{1}{0.45(R_1C_1+R_2C_2)} \tag{3-2-5}$$

改变 R_1和 R_2的比值可得到不同的占空比。若取 $C_1=C_2$为数百微法，则输出频率可以低于 1Hz。如果接通电源后无脉冲输出，则将 2B 瞬时接地，可使电路起振。这种脉冲发生器输出波形好、调节方便、对温度和电源的变化不很敏感。如果精心挑选精度高的电阻和电容，则可获得频率精度和稳定度较为理想的脉冲波。

集成电路 CMOS 单稳态触发器如 CC4098(双单稳)、CC14528(双单稳)、CC4047(单稳)与集成电路 TTL 单稳态触发器具有相同的功能。

3.2.5　实验任务

1. 实验内容

用 D 触发器 74LS74 和逻辑门设计并安装一个模 4 的计数—译码—显示电路。其中，D 触发器用作计数器，逻辑门用作译码器。真值表如表 3.2.6 所示。显示电路用发光二极管组成，每次只允许一只发光管亮，轮流发光，如图 3.2.11 所示。其中，CP 为 1Hz 的脉冲。

表 3.2.6　2-4 线译码器真值表

Q_1	Q_0	Y_3	Y_2	Y_1	Y_0
0	0	1	1	1	0
0	1	1	1	0	1
1	0	1	0	1	1
1	1	0	1	1	1
×	×	1	1	1	1

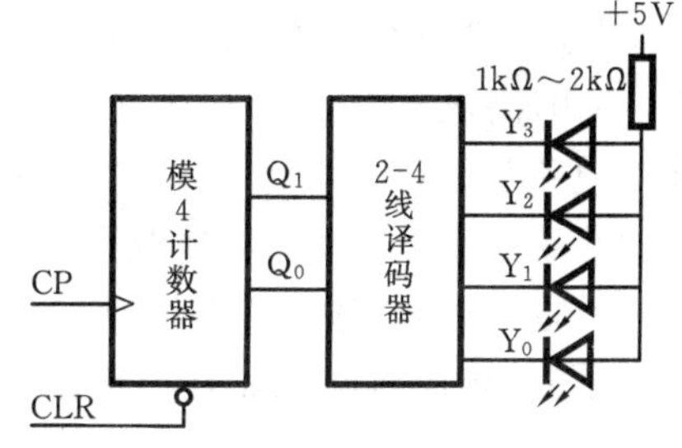

图 3.2.11　模 4 计数器译码显示电路

2. 实验要求

① 画出实验电路的原理图，简述其工作原理。

② CP 改为 1kHz，示波器用“直流耦合”方式输入，在坐标纸上画出 CP、Q_1、Q_0及译码器输出的时序波形，并总结观测多个相关信号时序关系的测试方法。

实验与思考题

3.2.1 分频器与计数器有何异同？举出几个实际电路进行说明。

3.2.2 $\div\left(N\frac{1}{2}\right)$分频电路的含义是什么？试用D触发器设计一个$\div\left(3\frac{1}{2}\right)$分频电路，安装该电路并测试电路各点的输出波形。

3.2.3 用JK触发器设计一个同步单脉冲产生电路。要求消除开关的抖动现象并观察输出波形。

3.2.4 图3.2.4所示的“1”检出电路可否用74LS76代替74LS107？为什么？

3.2.5 图3.2.5所示的八度音产生器可否用74LS04代替CC4069构成音频振荡器？为什么？

3.2.6 非重触发单稳态触发器与可重触发单稳态触发器有何区别？举例说明。

3.2.7 用集成单稳态触发器74LS121/221或74LS123或CC4098等设计一脉冲发生器，要求输出频率f_o=0.1Hz～10kHz，占空比为50%～90%可调节。

3.2.8 用集成单稳态触发器设计一脉冲丢失检测电路，设正常工作时的脉冲频率为1kHz的方波。若有脉冲丢失，则用发光二极管或蜂鸣器报警。

3.2.9 用集成单稳态触发器设计一个任意分频系数N的分频器。

3.2.10 安装如图3.2.8所示的电路。观测各点波形，计算t_w、t_p的值并与测量值比较，分析测量误差。

3.3 集成电路定时器555及其基本应用

学习要求 掌握集成电路定时器555构成的单稳态触发器。自激多谐振荡器及施密特触发器的工作原理与应用电路的设计方法。熟练安装与测试各实验电路，独立完成所布置的实验设计与制作任务。

3.3.1 555的内部结构及性能特点

555的内部结构如图3.3.1所示。其中，三极管T起开关控制作用，A_1为反相比较器，A_2为同相比较器，比较器的基准电压由电源电压$+V_{CC}$及内部电阻的分压比决定。RS触发器具有复位控制功能，可控制T的导通与截止。

555定时器的电压范围较宽，在+3V～+18V范围内均能正常工作，其输出电压的低电平$V_{OL}\approx 0$，高电平$V_{OH}\approx +V_{CC}$，可与其他数字集成电路(CMOS、TTL等)兼容，而且其输出电流可达到100mA，能直接驱动继电器。555的输入阻抗极高，输入电流仅为0.1μA，用作定时器时，定时时间长而且稳定。555的静态电流较小，一般为80μA左右。

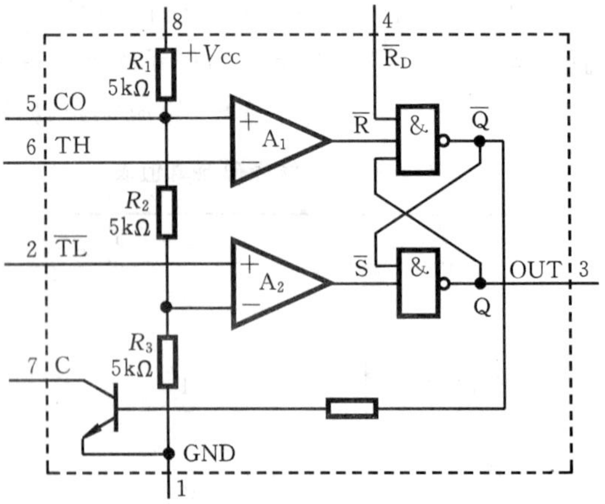

图3.3.1 555的内部电路

3.3.2 555组成的基本电路及应用

1. 单稳态触发器及其应用

由555组成的单稳态触发器如图3.3.2(a)所示。电路工作原理是，接通电源，设T截止，$+V_{CC}$通过R向C充电，当v_C上升到$2V_{CC}/3$时反相比较器A_1翻转，输出低电平，$\overline{R}=0$，RS触发器复位，输出端 v_o 为“0”，则三极管 T 导通，C 经 T 迅速放电，输出端为零保持不变；如果负跳变触发脉冲 v_i 由②端输入，当 v_i 下降到 $V_{CC}/3$ 时同相比较器 A_2 翻转，输出低电平，$\bar{S}=0$，RS 触发器置位，输出端 v_o 为“1”，则三极管 T 截止，电源 $+V_{CC}$ 经 R 再次向 C 充电，以后重复上述过程。工作波形如图 3.3.2(b)所示，其中，v_i 为输入触发脉冲，v_C 为电容 C 两端的电压，v_o 为输出脉冲，t_p 为延时脉冲的宽度(或延时时间)，分析表明：

$$t_p = RC\ln 3 \approx 1.1RC \tag{3-3-1}$$

触发脉冲的周期 T 应大于 t_p 才能保证每个负脉冲起作用。

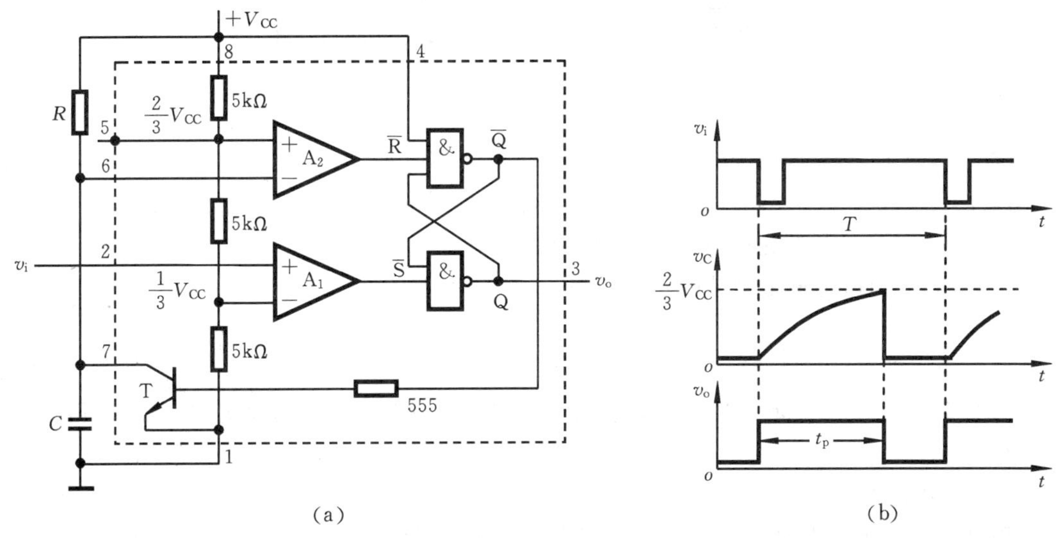

图 3.3.2　555 组成的单稳态触发器

(a) 单稳态触发器　(b) 工作波形

555 组成的单稳态触发器的应用十分广泛，以下为几种典型应用实例。

(1) 触摸开关电路

555 组成的单稳态触发器可以用作触摸开关，电路如图 3.3.3 所示，其中 M 为触摸金属片(或导线)。无触发脉冲输入时，555 的输出 v_o 为“0”，发光二极管 D 不亮。当用手触摸金属片 M 时，相当于②端输入一负脉冲，555 的内部比较器 A_2 翻转，使输出 v_o 变为高电平“1”，发光二极管亮，直至电容 C 上的电压充到 $v_C=2V_{CC}/3$ 为止。由式(3-3-1)可得发光二极管亮的时间

$$t_p = 1.1RC = 1.1\text{s}$$

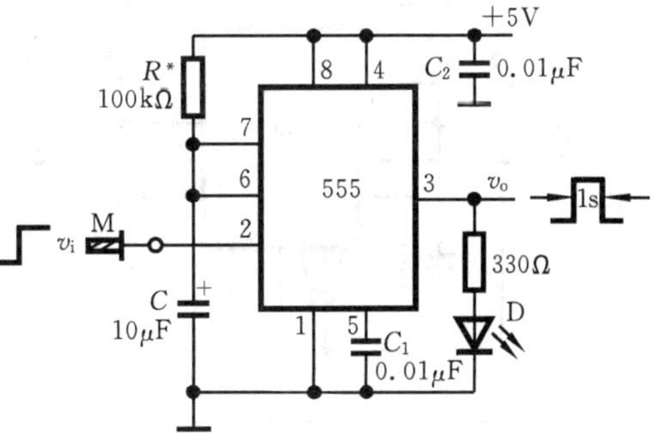

图 3.3.3　触摸开关电路

图 3.3.3 所示的触摸开关电路可以用于触摸报警、触摸报时、触摸控制等。电路输出信号的高低电平与数字逻辑电平兼容。图中，C_1 为高频滤波电容，以保持 $2V_{CC}/3$ 的基准电压稳定，一般取 0.01μF。C_2 用来滤除电源电流跳变引入的高频干扰，一般取 0.01μF～0.1μF。

(2) 分频电路

由 555 组成的单稳态触发器可以构成分频系数很大的分频电路，如图 3.3.4 所示。设输入信号 v_i 为一列脉冲串，第一个负脉冲触发 2 端后，输出 v_o 变为高电平，电容 C 开始充电，如

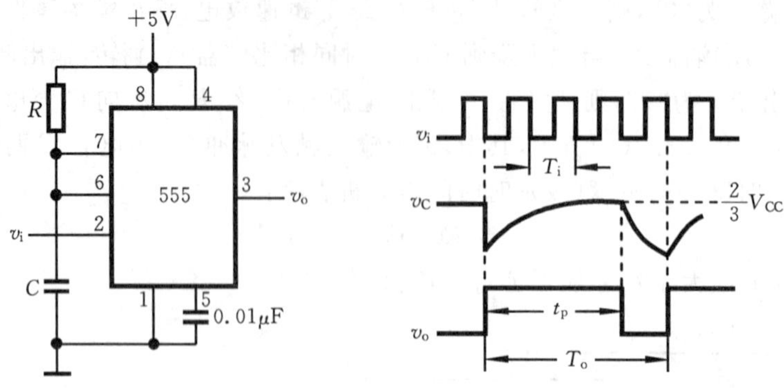

图 3.3.4 分频电路

果 $RC \gg T_i$,由于 v_C未达到 $2V_{CC}/3$,v_o将一直保持为高电平,T 截止。这段时间内,输入负脉冲不起作用。当 v_C达到 $2V_{CC}/3$ 时,输出 v_o很快变为低电平,下一个负脉冲来到,输出又上跳为高电平,电容 C 又开始充电,如此周而复始。

由式(3-3-1)可得输出脉冲的延迟时间

$$t_p = 1.1RC$$

输出脉冲的周期

$$T_o = N T_i \tag{3-3-2}$$

分频系数 N 主要由延迟时间 t_p决定,由于 RC 时间常数可以取得很大,故可获得很大的分频系数。

(3) 两级定时器

图 3.3.5 所示的电路为由一片 556(双 555)组成的两级定时器电路。第一级定时器被开关 S 触发时产生的延时脉冲 A 驱动继电器 K_1,A 的延迟时间

$$t_1 \approx 1.1R_1C_1 \tag{3-3-3a}$$

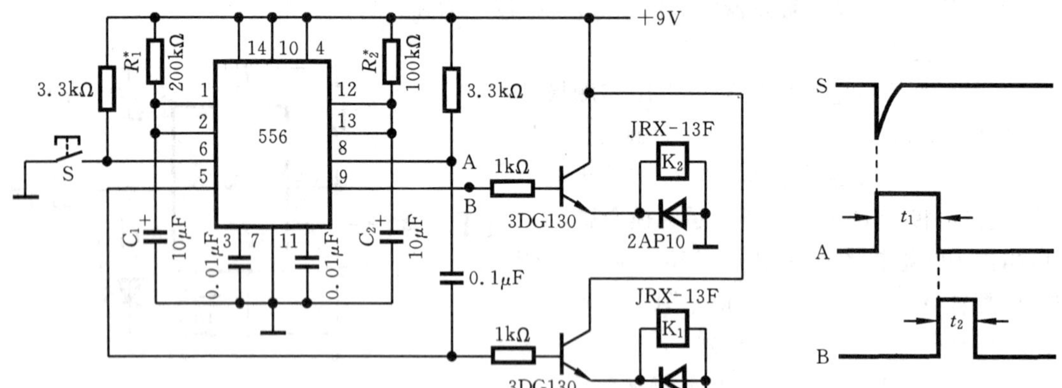

图 3.3.5 556 组成的两级定时器电路

A 脉冲结束时产生的负跳变又触发第二级定时器,产生延时脉冲 B,驱动继电器 K_2,B 的延迟时间

$$t_2 \approx 1.1R_2C_2 \tag{3-3-3b}$$

这样,每触发一次开关 S,可自动完成继电器 K_1和 K_2的启动与复位,因此该电路可以实现时序操作及控制。

2. 多谐振荡器及其应用

555组成的多谐振荡器如图3.3.6(a)所示。电路的工作原理是:接通电源,设三极管T截止,$+V_{CC}$经外接电阻R_1、R_2向电容C充电,当C上的电压v_C上升到$2V_{CC}/3$时,比较器A_1翻转输出低电平,$\bar{R}=0$,RS触发器复位,输出v_o为"0",则三极管T导通,C经R_2和T放电,当v_C下降到$V_{CC}/3$时,比较器A_2翻转输出低电平,即$\bar{S}=0$,RS触发器置位,输出v_o变为"1",T又截止,C又开始充电,如此周而复始,输出端便可获得周期性的矩形脉冲波。电路的工作波形如图3.3.6(b)所示。分析表明:电容C的放电时间t_1与充电时间t_2分别为

$$t_1=R_2C\ln 2\approx 0.7R_2C \tag{3-3-4}$$

$$t_2=(R_1+R_2)C\ln 2\approx 0.7(R_1+R_2)C \tag{3-3-5}$$

由式(3-3-4)、式(3-3-5)可得输出脉冲的频率

$$f_o=\frac{1}{t_1+t_2}\approx\frac{1.43}{(R_1+2R_2)C} \tag{3-3-6}$$

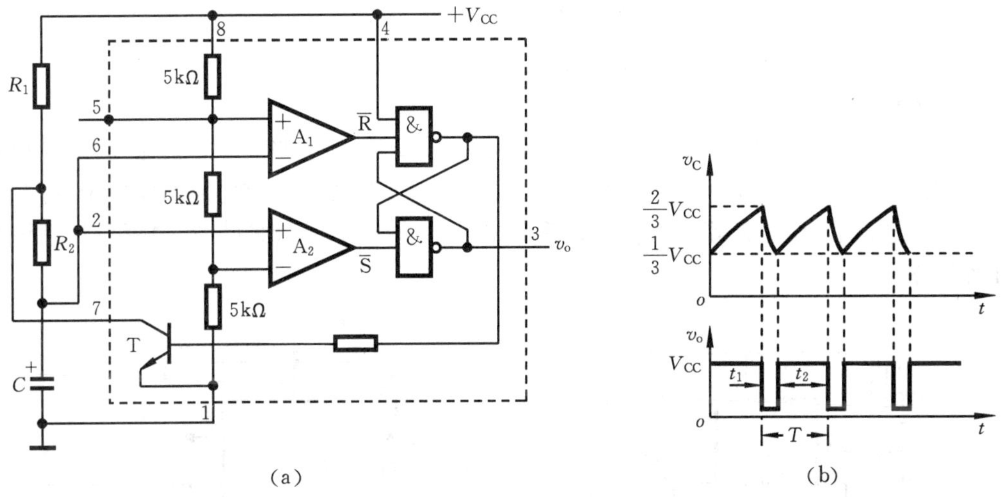

图3.3.6 555组成的多谐振荡器

(a) 多谐振荡器 (b) 工作波形

555组成的多谐振荡器的应用十分广泛,以下为几种典型应用实例。

(1) 时钟脉冲发生器

555组成的多谐振荡器可以用作各种时钟脉冲发生器,如图3.3.7所示。其中,图(a)所示的为脉冲频率可调的矩形脉冲发生器,改变电容C可获得超长时间的低频脉冲,调节电位器RP可得到任意频率的脉冲如秒脉冲,1kHz、10kHz等标准脉冲。由于电容C的充放电回路时间常数不相等,所以图(a)所示电路的输出波形为矩形脉冲,矩形脉冲的占空比随频率的变化而变化。

图3.3.7(b)所示电路为占空比可调的时钟脉冲发生器,接入两只二极管D_1、D_2后,电容C的充放电回路分开,放电回路为D_2、R_B、内部三极管T及电容C,放电时间

$$t_1\approx 0.7R_BC \tag{3-3-7}$$

充电回路为R_A、D_1、C,充电时间

$$t_2\approx 0.7R_AC \tag{3-3-8}$$

输出脉冲的频率

$$f_o=\frac{1.43}{(R_A+R_B)C} \tag{3-3-9}$$

调节电位器RP可改变输出脉冲的占空比,但频率不变。如果使$R_A=R_B$,则可获得对

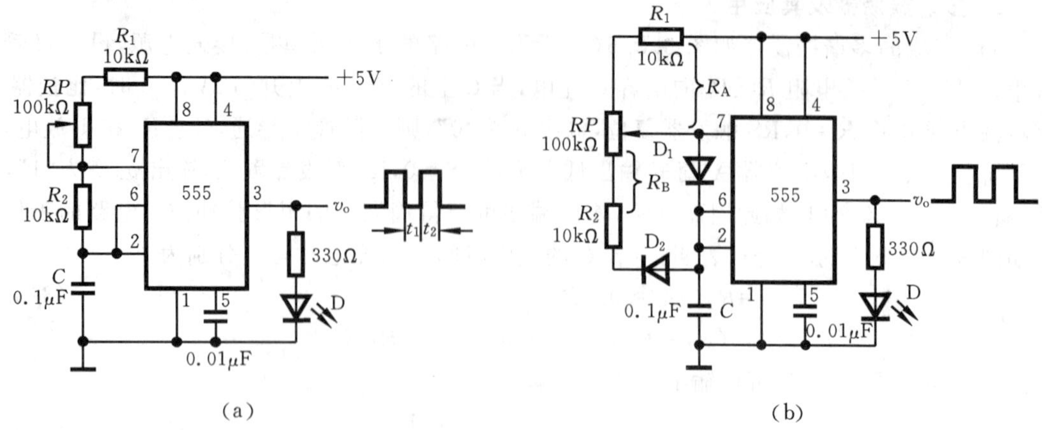

图 3.3.7 时钟脉冲发生器

(a) 矩形脉冲发生器 (b) 占空比可调的脉冲发生器

称方波。

(2) 通断检测器

通断检测器的电路如图 3.3.8 所示，若探头 A、B 接通，则电路为一多谐振荡器，输出脉冲经扬声器发声。如果 A、B 断开，则电路不产生振荡，扬声器无声。该电路的应用十分广泛，如检测电路的通断、水位报警等。声音的高低由 R_1、R_2、C 决定。由式(3-3-6)可以计算该电路的工作频率。

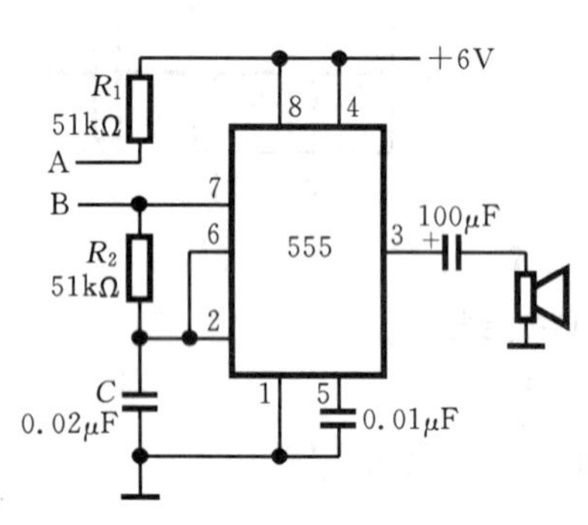

图 3.3.8 通断检测器

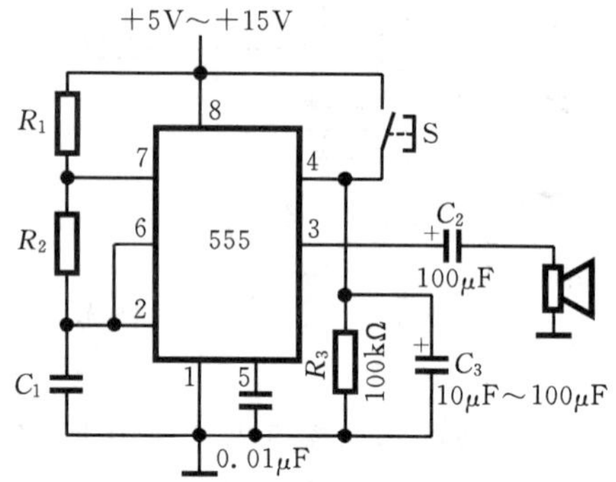

图 3.3.9 手控蜂鸣器

(3) 手控蜂鸣器

手控蜂鸣器的电路如图 3.3.9 所示。电路的振荡是通过控制 555 的复位端④实现的。按下 S，④端接高电平，电路产生振荡输出音频信号，扬声器发声。松开 S 后，电容 C_3 通过 R_3 放电，直到复位端④变为低电平时电路停振。称 R_3、C_3 为延时电路，改变它们的值可以改变延迟时间。该电路可以用作电子门铃、医院病床用呼叫等。

3. RS 触发器和施密特触发器的应用

利用 555 可以组成基本 RS 触发器和施密特触发器，电路分别如图 3.3.10(a)、(b)所示。其中，图(a)所示电路具有基本 RS 触发器的功能。当 R 端(⑥脚)为正脉冲触发(S 端的电平高于 $V_{CC}/3$)时，555 输出为低电平，即 v_o 为"0"，称为复位；当 S 端(②脚)为负脉冲触发(R 端的电平低于 $2V_{CC}/3$)时，输出为高电平，即 v_o 为"1"，称为置位。若将 R，S 相连接，则可构成施密

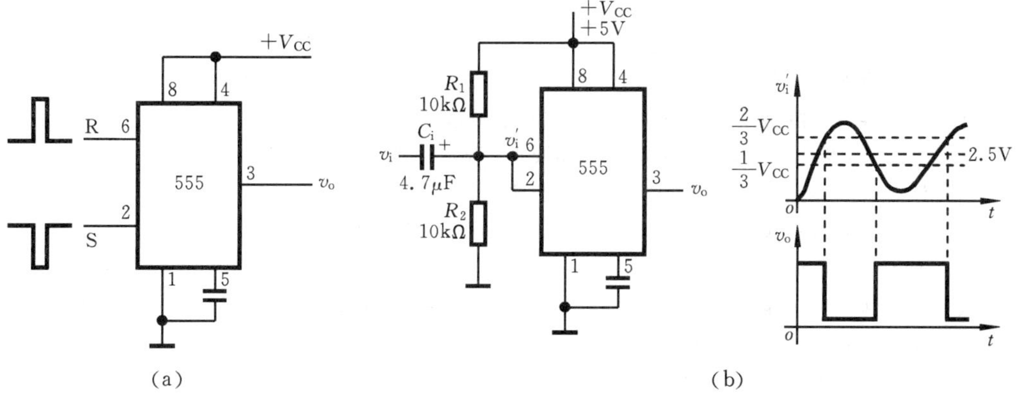

图 3.3.10　555 组成的 RS 触发器和施密特触发器

(a) 基本 RS 触发器　(b) 施密特触发器

特触发器，如图(b)所示。$2V_{CC}/3$ 称为施密特触发器的正向阈值电压，$V_{CC}/3$ 称为施密特触发器的负向阈值电压，二者的差值称为滞后电压。正向阈值电压可以通过外加电压进行改变，如果在图(b)中⑤脚接一可调节的直流电压 V_{CO}，则可改变滞后电压大小，从而实现对被测信号的电平检测。

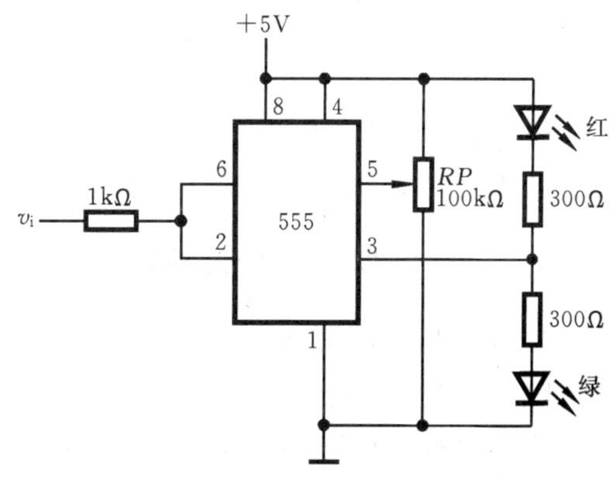

图 3.3.11　逻辑电平测试电路

图 3.3.11 所示的为一逻辑电平测试电路，其工作方式与施密特触发器相同。若调节电位器 RP 使⑤脚电位为逻辑电平的门限电压 2.4V，则⑥脚的触发电平为 2.4V，②脚的触发电平为1.2V。当 $v_i>2.4$V 时，555 复位，红色发光二极管亮。当 $v_i<1.2$V 时，555 置位，绿色发光二极管亮。该测试电路可用于 TTL、CMOS 等逻辑电平的测试，被测信号的频率不得超过 25Hz，否则观察效果不明显。

3.3.3　实验任务

1. 实验内容

① 利用 555 组成的单稳态触发器设计一个触摸控制灯(发光二极管)电路。手触摸金属片时灯亮时间为 10s。

② 利用 555 组成的施密特触发器实现波形变换，先将频率为 1kHz 的三角波变成脉冲波。要求画出输入信号 v_i' 与输出信号 v_o 的相位关系，并标注转换时间电平值(参考图 3.3.10(b))。再从⑤脚接入可调直流电压 V_{CO}。当 V_{CO} 从 1.8V 变化到 3.5V 时，观测输出信号脉冲宽度的变化。

2. 实验要求

对于实验内容①，要求写出计算时间 t 和 R、C 取值的设计过程，并画出输入信号(手触摸)与输出信号(灯亮)的波形(参考图 3.3.2(b))。

对于实验内容②，要求测量转换时的电平值，并进行理论分析。

实验与思考题

3.3.1 利用555组成的单稳态触发器,设计以下电路,并进行实验调整与制作。

(1) 分频器:设时钟脉冲的频率为1kHz,要求输出脉冲的频率为10Hz。

(2) 倍频器:设时钟脉冲的频率为500Hz,要求输出脉冲的频率为1kHz。

3.3.2 利用555组成的多谐振荡器,设计以下电路,并进行实验。

(1) 晶体管测试器:插上被测晶体管,若发声,则说明晶体管是好的,声音越大,β值越高;若无声,则说明晶体管已坏。要求能够测试PNP型与NPN型的晶体三极管。

(2) 运放测试器:设被测运放为μA741,如果μA741是好的,则两只发光二极管轮流导通发光;如果发光二极管不亮,说明μA741已损坏。

(3) 时钟信号发生器:要求时钟脉冲输出的频率为1Hz、1kHz及20Hz~20kHz内任意频率的信号,且脉冲信号的占空比可调。

3.3.3 报警电路:水位报警、超速报警、防盗报警。报警用的检测器根据用途自行选定。

3.4 中规模(MSI)组合逻辑电路设计实验

学习要求 熟悉各种常用MSI组合逻辑电路的功能与使用方法;掌握多片MSI组合逻辑电路的级联、功能扩展及综合应用技术;学会组装和调试各种MSI组合逻辑电路。

3.4.1 中规模组合逻辑电路

1. 编码器(74LS148)

赋予若干位二进制码以特定含义称为编码,能实现编码功能的逻辑电路称为编码器。

优先编码器74LS148是8线输入3线输出的二进制编码器(简称8-3线二进制编码器),其作用是将输入$\bar{I}_0$~$\bar{I}_7$这8个状态分别编成8个二进制码输出。其功能表如表3.4.1所示。由表看出74LS148的输入为低有效。优先级别从$\bar{I}_7$至$\bar{I}_0$递降。另外,它有输入使能$\overline{ST}$,输出使能$\bar{Y}_S$和$\bar{Y}_{EX}$。

表3.4.1 74LS148功能表

输入									输出				
$\overline{ST}$	$\bar{I}_0$	$\bar{I}_1$	$\bar{I}_2$	$\bar{I}_3$	$\bar{I}_4$	$\bar{I}_5$	$\bar{I}_6$	$\bar{I}_7$	$\bar{Y}_2$	$\bar{Y}_1$	$\bar{Y}_0$	$\bar{Y}_{EX}$	$\bar{Y}_S$
1	×	×	×	×	×	×	×	×	1	1	1	1	1
0	1	1	1	1	1	1	1	1	1	1	1	1	0
0	0	1	1	1	1	1	1	1	1	1	1	0	1
0	×	0	1	1	1	1	1	1	1	1	0	0	1
0	×	×	0	1	1	1	1	1	1	0	1	0	1
0	×	×	×	0	1	1	1	1	1	0	0	0	1
0	×	×	×	×	0	1	1	1	0	1	1	0	1
0	×	×	×	×	×	0	1	1	0	1	0	0	1
0	×	×	×	×	×	×	0	1	0	0	1	0	1
0	×	×	×	×	×	×	×	0	0	0	0	0	1

① $\overline{ST}=0$允许编码,$\overline{ST}=1$禁止编码,输出$\bar{Y}_2\bar{Y}_1\bar{Y}_0=111$。

② $\bar{Y}_S$主要用于多个编码器电路的级联控制,即$\bar{Y}_S$总是接在优先级别低的相邻编码器的$\overline{ST}$端,当优先级别高的编码器允许编码,而无输入申请时,$\bar{Y}_S=0$,从而允许优先级别低的相邻编码器工作;反之,当优先级别高的编码器有编码时,$\bar{Y}_S=1$,禁止相邻级别低的编码器工作。

③ $\bar{Y}_{EX}=0$表示$\bar{Y}_2\bar{Y}_1\bar{Y}_0$是编码输出,$\bar{Y}_{EX}=1$表示$\bar{Y}_2\bar{Y}_1\bar{Y}_0$不是编码输出,$\bar{Y}_{EX}$为输出标志位。

单片74LS148组成的8-3线二进制编码器如图3.4.1所示，其输出为8421BCD码。

由2片74LS148附加门电路可构成16-4线的优先编码器，即将$\overline{A}_0$～$\overline{A}_{15}$分别编成0000～1111的4位二进制码输出，其中$\overline{A}_{15}$优先级别最高，$\overline{A}_0$优先级别最低。

常用的优先编码器还有10-4线的优先编码器74LS147，其输出为8421BCD码。

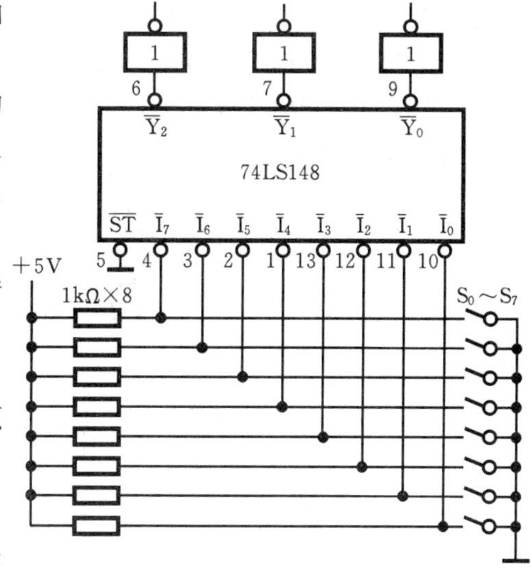

图3.4.1　8-3线编码器

2. 译码器(74LS138/154/47/48/CC4055)

译码是编码的逆过程，其任务是恢复编码的原意。能完成译码功能的逻辑电路称为译码器。

(1) 通用译码器(74LS138/154)

通用译码器又称为二进制译码器，它的输入是一组二进制代码(又称地址码)，输出则是一组高、低电平信号。

74LS138是3-8线译码器，74LS154是4-16线译码器。这些译码器的特点是对应一组二进制代码，只有一个输出与之对应进入低电平，其他输出全为高电平。

74LS138的功能表如表3.4.2所示。值得指出的是，该译码器有3个输入使能控制端G_1、$\overline{G}_{2A}$、$\overline{G}_{2B}$，只有$G_1=1$，$\overline{G}_{2A}=\overline{G}_{2B}=0$同时满足时才允许译码，3个条件中有一个不满足就禁止译码。设置多个使能端的目的在于灵活应用、组成各种电路。图3.4.2所示的是用138译码器构成的函数发生器电路。

由74LS138功能表可以写出(在各使能有效的前提下)输出与输入的逻辑表达式：

$$\overline{Y}_0=\overline{\overline{A}\,\overline{B}\,\overline{C}},\overline{Y}_1=\overline{\overline{A}\,\overline{B}\,C},\cdots$$

$$F=\overline{\overline{\overline{A}\,\overline{B}\,\overline{C}+\overline{A}\,B\overline{C}+A\overline{B}\,\overline{C}+ABC}}=\overline{\overline{\overline{A}\,\overline{B}\,\overline{C}}\cdot\overline{\overline{A}B\overline{C}}\,\overline{A\overline{B}\,\overline{C}}\,\overline{ABC}}=\overline{\overline{Y}_0\cdot\overline{Y}_2\,\overline{Y}_4\,\overline{Y}_7}$$

表3.4.2　74LS138功能表

输入					输出							
G_1	G_2	A_2	A_1	A_0	$\overline{Y}_0$	$\overline{Y}_1$	$\overline{Y}_2$	$\overline{Y}_3$	$\overline{Y}_4$	$\overline{Y}_5$	$\overline{Y}_6$	$\overline{Y}_7$
×	1	×	×	×	1	1	1	1	1	1	1	1
0	×	×	×	×	1	1	1	1	1	1	1	1
1	0	0	0	0	0	1	1	1	1	1	1	1
1	0	0	0	1	1	0	1	1	1	1	1	1
1	0	0	1	0	1	1	0	1	1	1	1	1
1	0	0	1	1	1	1	1	0	1	1	1	1
1	0	1	0	0	1	1	1	1	0	1	1	1
1	0	1	0	1	1	1	1	1	1	0	1	1
1	0	1	1	0	1	1	1	1	1	1	0	1
1	0	1	1	1	1	1	1	1	1	1	1	0

注：$G_2=\overline{G}_{2A}+\overline{G}_{2B}$

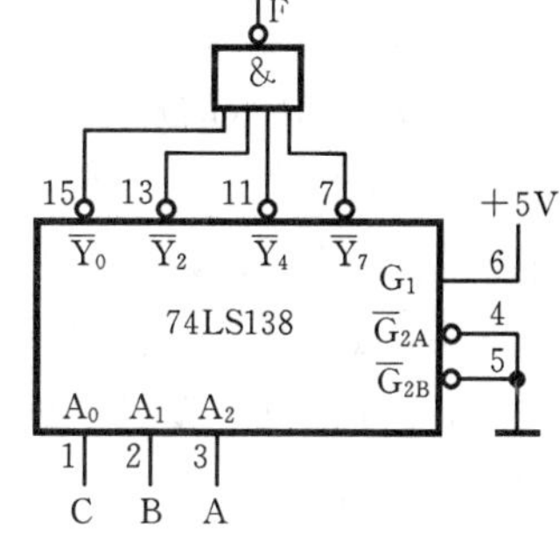

图3.4.2　用译码器构成函数发生器

CMOS通用译码器有CC4514/CC4515，二者均为4-16线译码器，不同之处是CC4514译码输出为高电平有效，而CC4515译码输出为低电平有效。

(2) 显示译码/驱动器(74LS47/48/CC4055)

1) 数码显示器

① 发光二极管显示器。8段发光二极管数码显示器BS201/202(共阴极)和BS211/212

(共阳极)的外形及等效电路如图 3.4.3 所示。其中,BS201 和 BS211 每段的最大驱动电流约 10mA,BS202 和 BS212 每段的最大驱动电流约 15mA。驱动共阴极显示器的译码器输出为高电平有效,如 74LS48、74LS49、CC4511;而驱动共阳极显示器的译码器输出为低电平有效,如 74LS46、74LS47 等。

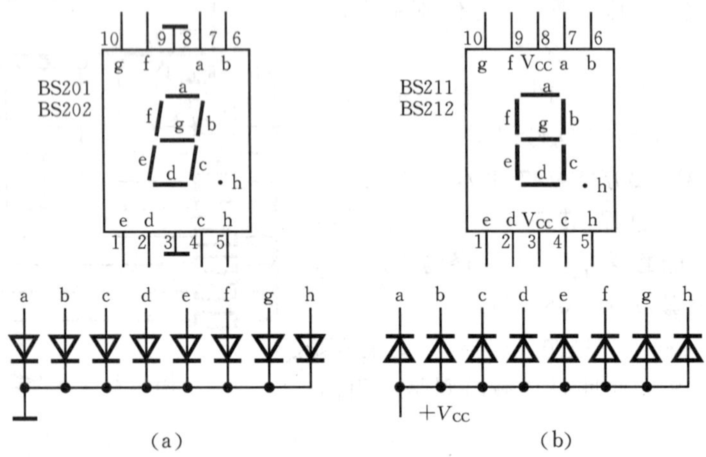

图 3.4.3 发光二极管显示器

(a) 共阴极 LED (b) 共阳极 LED

② 液晶显示器(LCD)。液晶是一种既具有液体流动性又具有晶体光学特性的有机化合物,外加电场的作用和入射光线的照射可以改变液晶的排列状态、透明度和显示的颜色,利用这一特性可做成数码显示器。图 3.4.4(a)所示的为液晶显示器的一个电极与控制电压连接的电路,其中,v_A为数十赫兹至数百赫兹的对称方波信号,v_B为驱动信号。当 $v_B=0$ 时,LCD 两端的电压 $v_L=0$,这时液晶为透明状态,入射的光线大部分由反射电极反射回来,显示器呈白色(称显示器不工作);当 $v_B=1$ 时,v_L的幅度等于对称方波 v_A的两倍,液晶中因电离而产生正离子,在入射光线的照射下显示器呈灰色(称显示器工作)。各点的工作波形如图(b)所示。如果将 7 段透明电极排成 8 字形,通过 7 个异或门进行控制,则可显示不同数码。因此,驱动液晶显示器的显示译码器是专用芯片,如 BCD-7 段译码/液晶显示驱动器 CC4055,其内部已经设置了异或门电路。

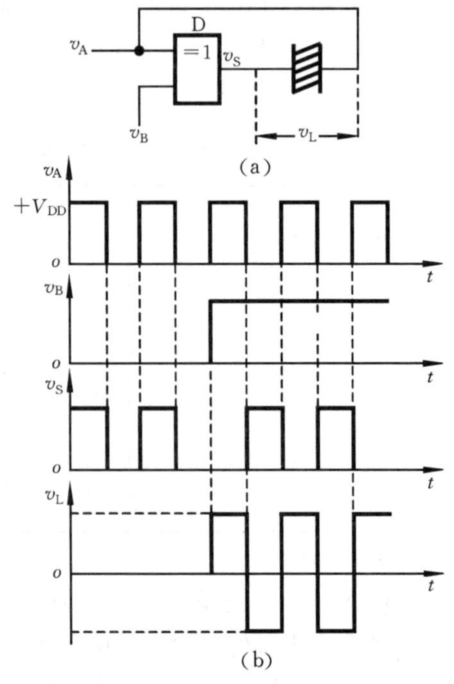

图 3.4.4 液晶显示器

(a) 段驱动电路 (b) 各点波形

2) 译码驱动器

① 发光二极管显示的译码/驱动器(74LS48/ 74LS47)。74LS47、74LS48 为 BCD-7 段译码/驱动器,其中,74LS47 可用来驱动共阳极的发光二极管显示器,而 74LS48 则用来驱动共阴极的发光二极管显示器。74LS47 为集电极开路输出,使用时要外接电阻;而 74LS48 的内部有升压电阻,因此无需外接电阻(可以直接与显示器相连

接)。74LS48 的功能表如表 3.4.3 所示,其中,$A_3A_2A_1A_0$为 8421BCD 码输入端,a~g 为 7 段译码输出端。

表 3.4.3 74LS48 功能表

功能或	输入						输出								显示
数 字	$\overline{LT}$	$\overline{RBI}$	A_3	A_2	A_1	A_0	$\overline{BI}$/RBO	a	b	c	d	e	f	g	字形
灭 灯	×	×	×	×	×	×	0(输入)	0	0	0	0	0	0	0	灭灯
试 灯	0	×	×	×	×	×	1	1	1	1	1	1	1	1	8
动态灭零	1	0	0	0	0	0	0	0	0	0	0	0	0	0	灭灯
0	1	1	0	0	0	0	1	1	1	1	1	1	1	0	0
1	1	×	0	0	0	1	1	0	1	1	0	0	0	0	1
2	1	×	0	0	1	0	1	1	1	0	1	1	0	1	2
3	1	×	0	0	1	1	1	1	1	1	1	0	0	1	3
4	1	×	0	1	0	0	1	0	1	1	0	0	1	1	4
5	1	×	0	1	0	1	1	1	0	1	1	0	1	1	5
6	1	×	0	1	1	0	1	0	0	1	1	1	1	1	6
7	1	×	0	1	1	1	1	1	1	1	0	0	0	0	7
8	1	×	1	0	0	0	1	1	1	1	1	1	1	1	8
9	1	×	1	0	0	1	1	1	1	1	1	0	1	1	9
10	1	×	1	0	1	0	1	0	0	0	1	1	0	1	
11	1	×	1	0	1	1	1	0	0	1	1	0	0	1	
12	1	×	1	1	0	0	1	0	1	0	0	0	1	1	
13	1	×	1	1	0	1	1	1	0	0	1	0	1	1	
14	1	×	1	1	1	0	1	0	0	0	1	1	1	1	-
15	1	×	1	1	1	1	1	0	0	0	0	0	0	0	

注:$\overline{BI}$/RBO 是一个特殊端,有时用作输入,有时用作输出。

各使能端功能简介如下。

● $\overline{LT}$ 灯测试输入使能端。当$\overline{LT}$=0 时,译码器各段输出均为高电平,显示器各段全亮,因此,$\overline{LT}$=0 可用来检查 74LS48 和显示器的好坏。

● $\overline{RBI}$ 动态灭零输入使能端。在LT=1 的前提下,当$\overline{RBI}$=0 且输入 $A_3A_2A_1A_0$=0000 时,译码器各段输出全为低电平,显示器各段全灭,而当输入数据为非零数码时,译码器和显示器正常译码和显示。利用此功能可以实现对无意义位的零进行消隐。

● $\overline{BI}$ 静态灭灯输入使能端,只要$\overline{BI}$=0,不论输入 $A_3A_2A_1A_0$为何种电平,译码器各段输出全为低电平,显示器灭灯(此时$\overline{BI}$/RBO 为输入使能)。

● RBO 动态灭零输出端。在不使用$\overline{BI}$功能时,$\overline{BI}$/RBO 为输出使能(其功能是只有在译码器实现动态灭零时 RBO=0,其他时候 RBO=1)。该端主要用于多个译码器级联时,实现对无意义位的零进行消隐。实现整数位的零消隐是将高位的 RBO 接到相邻低位的$\overline{RBI}$,实现小数位的零消隐是将低位的 RBO 接到相邻高位的$\overline{RBI}$。

② BCD-7 段译码/液晶驱动器(CC4055)。CMOS 集成电路 CC4055 是驱动液晶显示器的专用译码器,其功能表如表 3.4.4 所示。其输入电平可与 TTL、CMOS 电平兼容。当输入端 $A_3A_2A_1A_0$全部为“1”时,显示消隐。利用此功能可检查显示器的功能。

3. 数据选择器(74LS151/157)

数据选择器又称多路转换器或称多路开关,其功能是从多个输入数据中选择一个送往唯一通道输出。根据数据输入端的个数不同可分为 16 选 1,8 选 1,4 选 1 等数据选择器。数据选择器除了进行数据选择之外,还可以用来构成函数发生器。

表 3.4.4 CC4055 功能表

十进制数	输入				输出							显示数字和符号
	A_3	A_2	A_1	A_0	a	b	c	d	e	f	g	
0	0	0	0	0	1	1	1	1	1	1	0	0
1	0	0	0	1	0	1	1	0	0	0	0	1
2	0	0	1	0	1	1	0	1	1	0	1	2
3	0	0	1	1	1	1	1	1	0	0	1	3
4	0	1	0	0	0	1	1	0	0	1	1	4
5	0	1	0	1	1	0	1	1	0	1	1	5
6	0	1	1	0	1	0	1	1	1	1	1	6
7	0	1	1	1	1	1	1	0	0	0	0	7
8	1	0	0	0	1	1	1	1	1	1	1	8
9	1	0	0	1	1	1	1	1	0	1	1	9
10	1	0	1	0	0	0	0	1	1	1	0	L
11	1	0	1	1	0	1	1	0	1	1	1	H
12	1	1	0	0	1	1	0	0	1	1	1	P
13	1	1	0	1	1	1	1	0	1	1	1	R
14	1	1	1	0	0	0	0	0	0	0	1	—
15	1	1	1	1	0	0	0	0	0	0	0	消隐

74LS151 是 8 选 1 数据选择器，其中，$D_0 \sim D_7$是 8 路数据输入端；$A_2A_1A_0$是 3 位地址输入端，Y 是被选中数据的原码输出端，$\overline{W}$是被选中数据的反码输出端，其功能表如表3.4.5所示。用 74LS151 产生逻辑函数 $Y=\overline{A}\,\overline{B}\,\overline{C}+AC+\overline{A}BC$ 的电路如图 3.4.5 所示。其中，输入数据 $D_0=D_3=D_5=D_7=1$，$D_1=D_2=D_4=D_6=0$。

表 3.4.5 74LS151 功能表

地址			使能	输出	
A_2	A_1	A_0	$\overline{ST}$	Y	$\overline{W}$
×	×	×	1	0	1
0	0	0	0	D_0	$\overline{D}_0$
0	0	1	0	D_1	$\overline{D}_1$
0	1	0	0	D_2	$\overline{D}_2$
0	1	1	0	D_3	$\overline{D}_3$
1	0	0	0	D_4	$\overline{D}_4$
1	0	1	0	D_5	$\overline{D}_5$
1	1	0	0	D_6	$\overline{D}_6$
1	1	1	0	D_7	$\overline{D}_7$

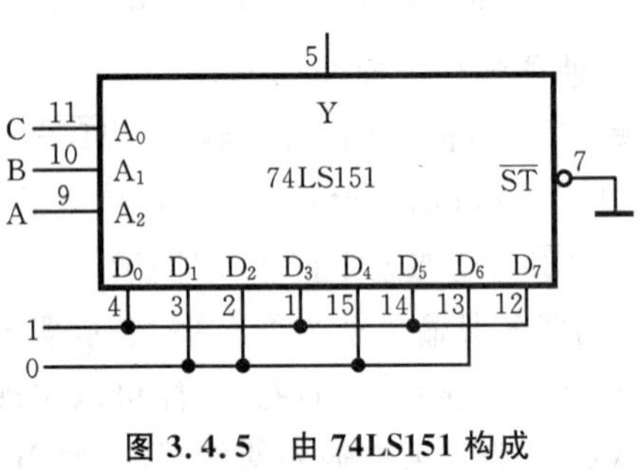

图 3.4.5 由 74LS151 构成函数发生器

74LS157 的内部有四个 2 选 1 的数据选择器，用 1 片 74LS157 和 1 片 74LS48 驱动两个 7 段显示器的双显示电路如图3.4.6所示。74LS157 输入两组 BCD 码 DCBA 和 D′C′B′A′。在时钟信号 CP=1 期间，选数据 D′C′B′A′进入译码器译码，驱动下面显示器工作；在 CP=0 期间，选数据 DCBA 译码，驱动上面显示器工作。因此，在时钟信号高低电平变化时，两个显示器交替显示数码，当 CP 信号的频率较高(例如大于 200Hz)时，看不出显示器有亮灭的交替过程。

4. 模拟开关(CC4066/4051)

模拟开关在电子设备中起着接通信号或断开信号的作用。而且，由于其具有功耗低、开关速度快、体积小、无机械触点、既可以传递模拟信号又可传递数字信号等优点，故得到了广泛应用。

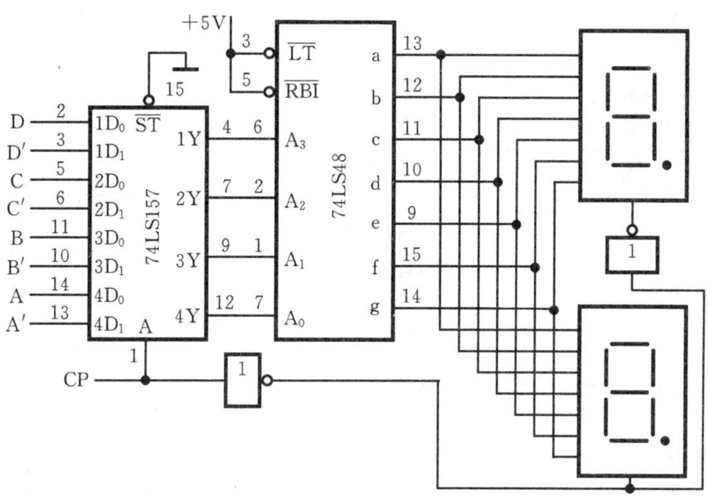

图 3.4.6　数据选择器应用电路——双显示电路

CC4066 具有 4 组独立的双向模拟开关，引脚图如图 3.4.7 所示，其中，I/O 和对应的 O/I 为一个开关的输入、输出端，1C、2C、3C、4C 分别为 4 个开关的控制端，例如，当 1C=1 时，对应开关接通，导通电阻为几十欧姆，当 1C=0 时，对应开关断开，断开电阻为几百千欧姆，使用时，要求输入信号正负电压最大值不得超过电源电压范围。

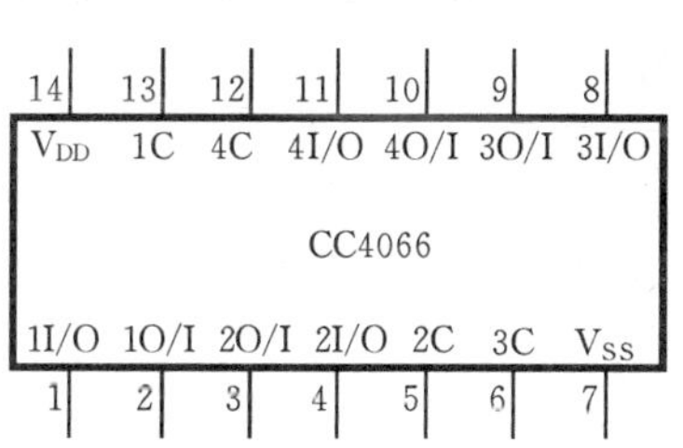

图 3.4.7　CC4066 逻辑电路

表 3.4.6　CC4051 功能表

INH	A_2	A_1	A_0	操　作
0	0	0	0	③脚与 I_0/O_0 接通
0	0	0	1	③脚与 I_1/O_1 接通
0	0	1	0	③脚与 I_2/O_2 接通
0	0	1	1	③脚与 I_3/O_3 接通
0	1	0	0	③脚与 I_4/O_4 接通
0	1	0	1	③脚与 I_5/O_5 接通
0	1	1	0	③脚与 I_6/O_6 接通
0	1	1	1	③脚与 I_7/O_7 接通
1	×	×	×	③脚与所有 I/O 断开

CC4051 是 1 对 8 模拟开关，即在地址码 $A_2A_1A_0$ 作用下，可以将③脚的 O/I 和 I_0/O_0～I_7/O_7 分别接通，其功能表如表 3.4.6 所示。CC4051 既可以作 8 选 1 数据选择器，也可以作 1～8数据分配器。后者是③脚为数据输入端，在地址码作用下，从 I_0/O_0～I_7/O_7 不同端输出；前者是 8 路数据分别接在 I_0/O_0～I_7/O_7 端，在地址码作用下，选择其中一路从③脚 O/I 输出。

CC4066 典型应用是作振荡器频率控制电路，如图 3.4.8 所示。这是由 CC4066 构成的非对称式多谐振荡器，其振荡频率 $f=0.45/(R_tC_t)$，由 74LS148 的 $\bar{I}_0$～$\bar{I}_7$ 这 8 个输入分别控制其编码输出，由编码输出控制 CC4066 中的 3 组开关的接通与断开，从而控制电容器并联个数，即调节电容 C_t，使振荡器有 7 种频率输出。即 74LS148 每个输入开关控制一个频率输出。

5. 全加器(74LS83)

在电路中，算术运算中的加减乘除运算，往往是分解转化为加法进行运算的，因此，加法器是运算电路的核心。常用的具有超前进位功能的 4 位全加器 74LS83。其中，$A_4A_3A_2A_1$ 和 $B_4B_3B_2B_1$ 是 2 组 4 位二进制数相加数码的输入端，C_0 是最低位的进位位，4 个输出

$\Sigma_4\Sigma_3\Sigma_2\Sigma_1$是本位和，$C_4$是最高位的进位输出。它可以完成$A_4A_3A_2A_1+B_4B_3B_2B_1+C_0=C_4\Sigma_4\Sigma_3\Sigma_2\Sigma_1$二进制加法运算功能。

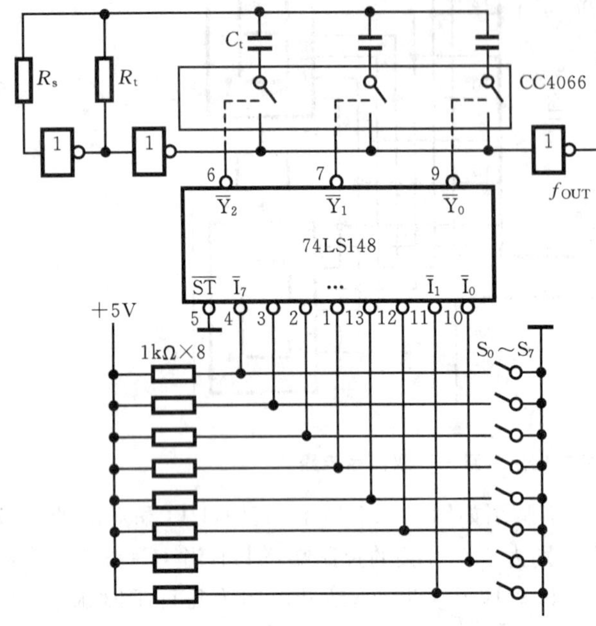

图 3.4.8 CC4066 构成的频率可控振荡器

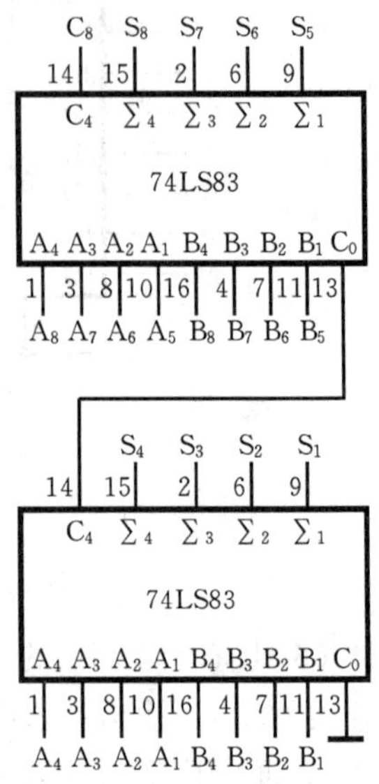

图 3.4.9 2 组 8 位二进制数相加电路

用 2 片 74LS83 完成 2 个 8 位二进制数相加，如图 3.4.9 所示。图中，低位加法器的进位输出 C_4接高位加法器的进位输入 C_0，电路完成的功能为

$$\begin{array}{r} A_8A_7A_6A_5A_4A_3A_2A_1 \\ +\quad B_8B_7B_6B_5B_4B_3B_2B_1 \\ \hline C_8\ S_8S_7S_6S_5S_4S_3S_2S_1 \end{array}$$

3.4.2 电路设计举例

例 用一片全加器 74LS83 和门电路，设计一个 4 位二进制数/BCD 码的变换电路。

解 (1) 列出真值表

4 位二进制数表示的十进制数的范围为 0～15，其 8421BCD 码需用 5 位二进制数表示，它们之间的对应关系如表 3.4.7 所示。

表 3.4.7 4 位二进制码/BCD 码变换关系表

N	二进制数				BCD 码					N	二进制数				BCD 码				
	B_3	B_2	B_1	B_0	D_{10}	D_{03}	D_{02}	D_{01}	D_{00}		B_3	B_2	B_1	B_0	D_{10}	D_{03}	D_{02}	D_{01}	D_{00}
0	0	0	0	0	0	0	0	0	0	8	1	0	0	0	0	1	0	0	0
1	0	0	0	1	0	0	0	0	1	9	1	0	0	1	0	1	0	0	1
2	0	0	1	0	0	0	0	1	0	10	1	0	1	0	1	0	0	0	0
3	0	0	1	1	0	0	0	1	1	11	1	0	1	1	1	0	0	0	1
4	0	1	0	0	0	0	1	0	0	12	1	1	0	0	1	0	0	1	0
5	0	1	0	1	0	0	1	0	1	13	1	1	0	1	1	0	0	1	1
6	0	1	1	0	0	0	1	1	0	14	1	1	1	0	1	0	1	0	0
7	0	1	1	1	0	0	1	1	1	15	1	1	1	1	1	0	1	0	1

(2) 写表达式

由表 3.4.7 可见,BCD 码输出 $D_{10}D_{03}D_{02}D_{01}D_{00}$ 与二进制数 $B_3B_2B_1B_0$ 之间的关系如下:

$$D_{00}=B_0$$

$$D_{10}D_{03}D_{02}D_{01}=\begin{cases}B_3B_2B_1+0000 & \text{当 } B_3(B_2+B_1)=0 \text{ 时}\\ B_3B_2B_1+0011 & \text{当 } B_3(B_2+B_1)=1 \text{ 时}\end{cases}$$

(3) 画出逻辑电路

由表达式画出逻辑电路如图 3.4.10 所示。

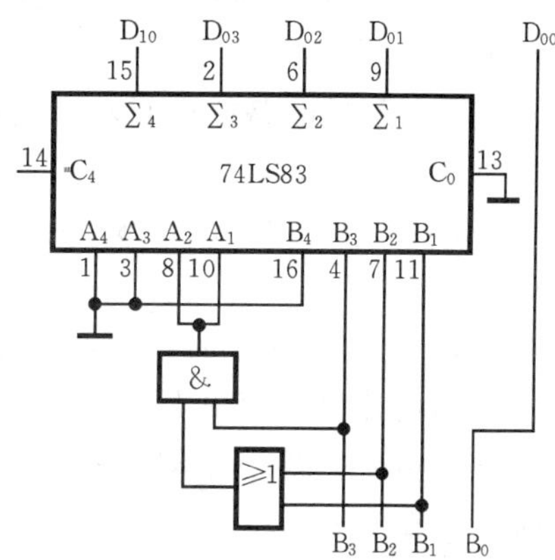

图 3.4.10 4 位二进制数/8421BCD 码变换电路

3.4.3 组合逻辑电路竞争冒险的消除

在组合逻辑电路中信号的传输途径不同和门的传输延迟时间不等,会导致当一个门的两个输入信号同时向相反方向转换时,可能出现竞争冒险,使输出产生不应有的尖峰干扰脉冲。这是组合逻辑电路工作状态转换过程中,经常会出现的一种现象。如果负载电路对尖峰脉冲不敏感(例如,负载为光电器件),就不必考虑尖峰脉冲的消除问题。如果负载电路是对尖峰脉冲敏感的电路,则必须采取措施防止和消除由于竞争冒险而产生的尖峰脉冲。

消除竞争冒险现象的方法如下。

① 接入滤波电容。由于竞争冒险所产生的尖峰脉冲一般都很窄(大多在几十纳秒以内),所以只要在输出端并接一个很小的滤波电容 C,C 通常在几十至几百皮法的范围内,就足以把尖峰脉冲的幅度削弱至门电路的阈值电压以下。这种方法的优点是简单易行,缺点是增加了输出电压波形的上升时间和下降时间,使波形变坏。

② 引入选通脉冲。在电路中引入选通脉冲 P,因为 P 的高电平(高电平有效)出现在电路到达稳定状态以后,所以输出端不会出现尖峰脉冲。引入选通脉冲的方法也比较简单,而且不需要增加电路元件。但使用这种方法时必须设法得到一个与输入信号同步的选通脉冲,对这个脉冲的宽度和作用的时间均有严格要求。

③ 修改逻辑设计。修改逻辑设计的方法,是增加冗余项来消除竞争冒险,适用范围是很有限的,倘能运用得当,有时可以收到令人满意的效果。

3.4.4 设计任务

设计课题 1:用与非门设计一开关报警控制电路

● 设计要求

① 某设备有 A、B、C 三只开关,只有在开关 A 接通的条件下,开关 B 才能接通,而开关 C 则只有在开关 B 接通的条件下才能接通,违反这一操作规程,则发出报警信号。

② 写出设计步骤并画出所设计的逻辑电路图。

③ 安装电路并测试电路的逻辑功能。

④ 观察与分析电路中的竞争冒险现象并采取措施消除之。

设计课题 2:用与非门设计一个 4 位代码的数字锁

● 设计要求

① 设计一个保险箱用的 4 位代码数字锁,4 位代码 A、B、C、D 四个输入端和一个开锁用的钥匙插孔输入端 E,当开箱时(E=1),如果输入的代码(例如 ABCD=1010)与设定的代码相同,则保险箱被打开,即输出端 Z=1,否则电路发出报警信号。

② 写出设计步骤,画出最简的逻辑电路图(**提示**:除代码设置所需的反相器外,最简逻辑电路不会超过 5 个与非门电路)。

③ 安装并测试电路的逻辑功能(**提示**:实验时锁被打开或报警信号可用发光二极管指示)。

设计课题 3:用与非门 74LS00 和异或门 74LS86 设计一可逆的 4 位码变换器

● 设计要求

① 在控制信号 C=1 时,将 8421 码转换为格雷码;C=0 时,将格雷码转换为 8421 码。

② 写出设计步骤,列出码变换关系真值表并画出逻辑电路图。

③ 安装电路并测试逻辑电路的功能(**提示**:实验的输出码状态可用发光二极管指示)。

设计课题 4:用 2 片 4 位全加器 74LS83 和门电路设计一位 8421BCD 码加法器

● 设计要求

① 加法器输出的和数也为 8421BCD 码。

② 写出设计步骤并画出逻辑电路图。

③ 安装电路并测试逻辑电路的功能(**提示**:加法器相加输出的和数可用 7 段显示器指示)。

实验与思考题

3.4.1 用 LED 显示高低电平时,为什么要串接一个电阻,该电阻的阻值如何选择?

3.4.2 什么是高有效译码器,什么是低有效译码器?

3.4.3 利用 3 片 74LS148 和门电路构成 24-5 线优先编码器。

3.4.4 使用 74LS154 和门电路,设计一个可控译码器。要求如下:当 A=1 时,译出 $\overline{Y}_3$、$\overline{Y}_9$、$\overline{Y}_{12}$、$\overline{Y}_{15}$;当 A=0 时,译出 $\overline{Y}_2$、$\overline{Y}_4$、$\overline{Y}_8$、$\overline{Y}_{10}$、$\overline{Y}_{14}$。

3.4.5 使用 2 片 74LS138 和 74LS20、74LS30 完成 2 个 2 位二进制数的加、乘及大小比较电路的设计。

3.4.6 用 9 片 74LS151 构成 64 选 1 数据选择器。

3.4.7 用 2 片双 4 选 1 数据选择器 74LS153 和门电路完成 8421BCD 码/余三循环码的转换。

3.4.8 用 2 片 74LS83 将 2 位十进制数的 BCD 码转换成 7 位二进制码输出。

3.4.9 用 1 片 74LS83 和门电路,构成 $A_3A_2A_1 \times B_2B_1$ 的乘法电路。

3.4.10 试用 9 片 74LS138 芯片实现 6-64 线的译码。

3.4.11 试用双 4 选 1 数据选择器 74LS153 芯片和门电路设计 1 位全减器电路。

3.5 小规模(SSI)时序逻辑电路设计实验

学习要求 熟悉集成触发器的逻辑功能;掌握 SSI 时序逻辑电路的设计方法;学会用状态转换表、状态转换图和时序图来描述时序逻辑电路的逻辑功能;掌握 SSI 时序逻辑电路的安装及测试。

3.5.1 SSI时序逻辑电路设计原则和步骤

SSI时序逻辑电路的设计原则是：当选用SSI集成电路时，所用的触发器和逻辑门电路的数目应最少，而且触发器和逻辑门电路的输入端数目也应为最少，所设计出的逻辑电路应力求最简，并尽量采用同步系统。

设计步骤如下。

① 逻辑抽象。a. 分析给定的逻辑问题，确定输入变量、输出变量以及电路的状态数；b. 定义输入、输出逻辑状态的含义，并将电路状态顺序编号；c. 按照题意列出状态转换图或状态转换表。这样，就能把给定的逻辑问题抽象为一个时序逻辑函数来描述。

② 状态化简。状态化简的目的在于将等价状态尽可能合并，以得出最简的状态转换图。

③ 状态编码。时序逻辑电路的状态是用触发器状态的不同组合来表示的。因此，首先要确定触发器的数目 n，因为 n 个触发器共有 2^n 种状态组合，所以获得 M 个状态组合，必须取

$$2^{n-1} < M \leqslant 2^n \tag{3-5-1}$$

每组触发器的状态组合都是一组二值代码，称状态编码。为便于记忆和识别，一般选用的状态编码都遵循一定的规律。

④ 选定触发器的类型并求出状态方程、驱动方程和输出方程。不同逻辑功能的触发器驱动方式不同，所以用不同类型触发器设计出的电路也不一样。因此，在设计具体电路前必须根据需要选定触发器的类型。

⑤ 根据驱动方程和输出方程画出逻辑电路图。

⑥ 检查设计的电路能否自启动。

3.5.2 应用电路设计举例

例1 设计一个带有进位输出端的六进制计数器。

解 (1) 逻辑抽象，得出状态图(表)

取进位信号为输出逻辑变量CO，同时规定有进位输出时CO=1，无进位输出时CO=0，六进制计数器应该有6个状态，若分别用 S_0，S_1，S_2，S_3，S_4，S_5 表示，则按题意即可画出如图3.5.1所示的电路状态转换图。

(2) 状态编码

若无特殊要求，取自然二进制(000～101)为 S_0～S_5 的编码，于是便得到了表3.5.1所示的状态编码表。

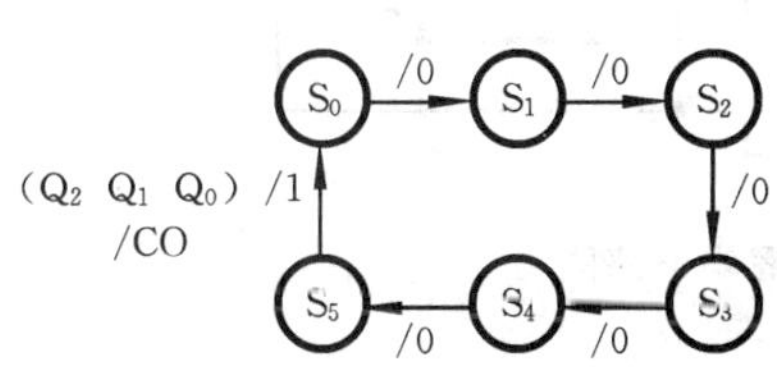

图3.5.1 六进制计数器状态转换图

表3.5.1 图3.5.1的状态编码表

状态序号	状态编码			进位输出
	Q_2	Q_1	Q_0	CO
S_0	0	0	0	0
S_1	0	0	1	0
S_2	0	1	0	0
S_3	0	1	1	0
S_4	1	0	0	0
S_5	1	0	1	1

(3) 确定触发器的类型和个数

根据题意要求,状态数 $M=6$,因 $2^2<M<2^3$,故取触发器个数 $n=3$;选取 JK 触发器(74LS76)。

(4) 写出方程

根据编码后的状态表,列出状态转换表(包含触发器的激励表),写出状态方程、驱动方程和输出方程。

根据图 3.5.1 列出电路的现态 $Q_2^nQ_1^nQ_0^n$ 和次态 $Q_2^{n+1}Q_1^{n+1}Q_0^{n+1}$、进位输出 CO 及各触发器 J_2K_2、J_1K_1、J_0K_0 的状态转换表(见表 3.5.2)。根据表 3.5.2 画出输出函数 CO 和 J、K 的卡诺图(卡诺图省略),不难写出电路的输出方程和驱动方程:

$$CO=Q_2Q_0 \tag{3-5-2}$$

$$\begin{array}{lll} J_0=1 & J_1=\overline{Q}_2Q_0 & J_2=Q_1Q_0 \\ K_0=1 & K_1=Q_0 & K_2=Q_0 \end{array} \tag{3-5-3}$$

由驱动方程式(3-5-3),直接写出 3 个 JK 触发器的状态方程:

$$\begin{aligned} Q_2^{n+1}&=J_2\overline{Q}_2^n+\overline{K}_2Q_2^n=Q_1Q_0\overline{Q}_2+\overline{Q}_0Q_2 \\ Q_1^{n+1}&=J_1\overline{Q}_1^n+\overline{K}_1Q_1^n=\overline{Q}_2Q_0\overline{Q}_1+\overline{Q}_0Q_1 \\ Q_0^{n+1}&=J_0\overline{Q}_0^n+\overline{K}_0Q_0^n=\overline{Q}_0 \end{aligned} \tag{3-5-4}$$

表 3.5.2 图 3.5.1 的状态转换表

Q_2^n	Q_1^n	Q_0^n	Q_2^{n+1}	Q_1^{n+1}	Q_0^{n+1}	CO	J_2	K_2	J_1	K_1	J_0	K_0
0	0	0	0	0	1	0	0	×	0	×	1	×
0	0	1	0	1	0	0	0	×	1	×	×	1
0	1	0	0	1	1	0	0	×	×	0	1	×
0	1	1	1	0	0	0	1	×	×	1	×	1
1	0	0	1	0	1	0	×	0	0	×	1	×
1	0	1	0	0	0	1	×	1	0	×	×	1

(5) 画出逻辑电路图

根据式(3-5-2)和式(3-5-3)画出六进制计数器的逻辑电路图(见图 3.5.2)。

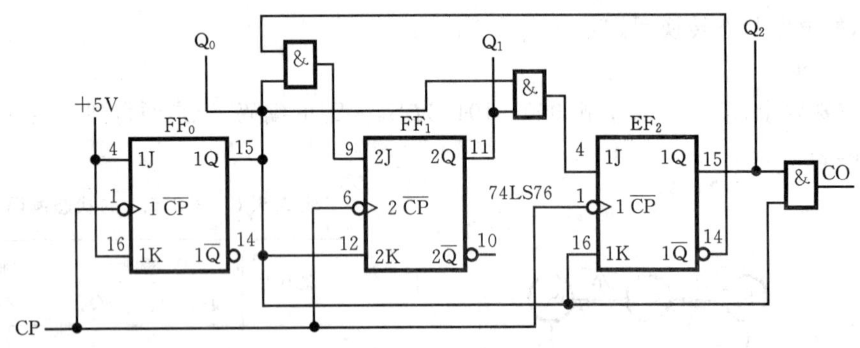

图 3.5.2 六进制计数器的逻辑电路图

(6) 检查电路能否自启动

将有效循环之外的 2 个状态 110 和 111 分别代入上式状态方程中计算,所得次态对应为 111 和 000,故电路能自启动。图 3.5.3 是图 3.5.2 电路完整的状态转换图。

(7) 校核

可将 $Q_2Q_1Q_0=000$ 作为初态代入式(3-5-4)的状态方程依次计算次态值，所得结果应与表 3.5.2 中的状态转换表相同。另外，还可以将状态真值表的内容画成时间波形的形式，这样便于通过实验观察的方法检查时序电路的逻辑功能。把在时钟脉冲序列作用下的电路状态、输出状态随时间变化的波形图叫做时序图或时序波形图。图 3.5.4 中画出了图 3.5.2 所示电路的时序图。不难看出，这种触发器是在 CP 下降沿触发翻转的。

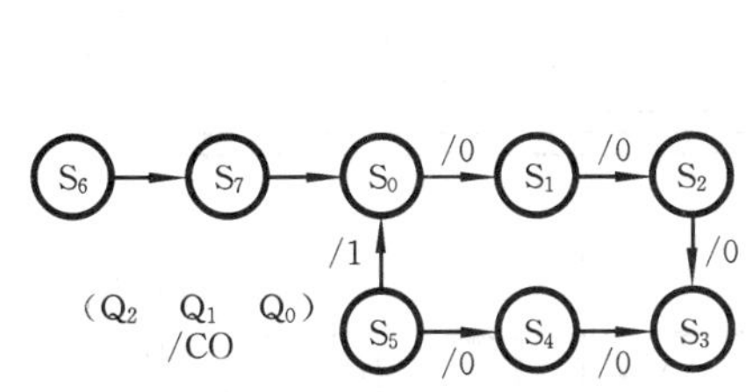

图 3.5.3　六进制计数器完整状态转换图

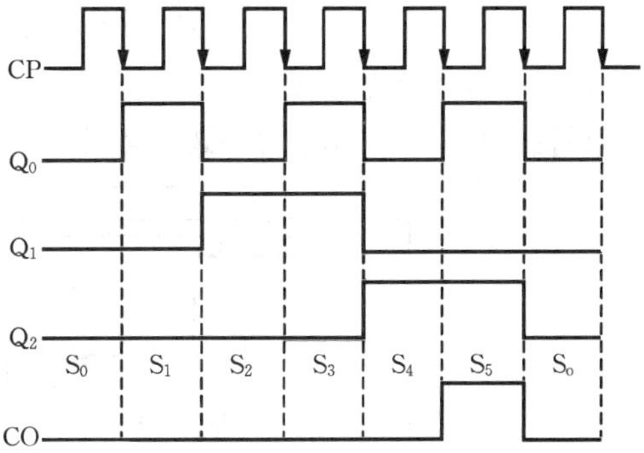

图 3.5.4　六进制计数器的时序图

例 2　设计一个带有控制变量的时序电路。

要求用 JK 触发器设计一个能自启动的、具有正反转功能的三相六拍步进脉冲分配电路。电路的状态转换图如图 3.5.5 所示。图中，C 为控制变量，当 C=0 时，电路按顺时针转；当 C=1 时，则按逆时针转。

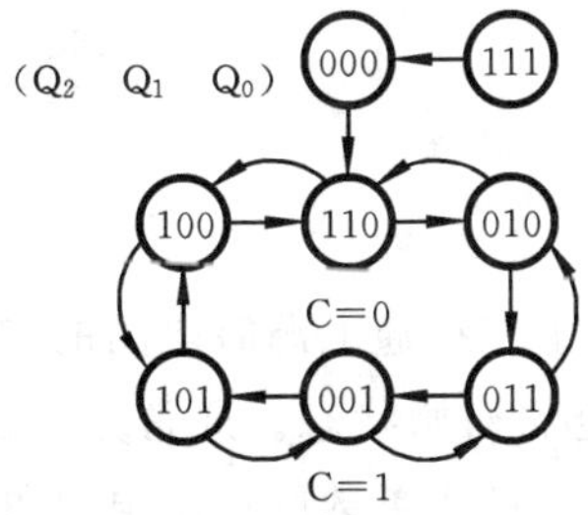

图 3.5.5　三相六拍步进脉冲分配电路的状态图

表 3.5.3　分配电路状态编码表

状态序号	状态编码				状态序号	状态编码			
	C	Q_2	Q_1	Q_0		C	Q_2	Q_1	Q_0
S_0	0	0	0	0	S_8	1	0	0	0
S_1	0	0	0	1	S_9	1	0	0	1
S_2	0	0	1	0	S_{10}	1	0	1	0
S_3	0	0	1	1	S_{11}	1	0	1	1
S_4	0	1	0	0	S_{12}	1	1	0	0
S_5	0	1	0	1	S_{13}	1	1	0	1
S_6	0	1	1	0	S_{14}	1	1	1	0
S_7	0	1	1	1	S_{15}	1	1	1	1

解　由于该题给定了电路的状态转换图和触发器的类型，因此可直接进行状态编码。

(1) 状态编码

状态编码步骤如表 3.5.3 所示。

(2) 选定触发器类型并求出状态方程和驱动方程

现要求状态数 $M=8$(不考虑控制变量 C)，因 $2^2<M\leqslant 2^3$，故取触发器的个数 $n=3$；选取 74LS76 能满足题意要求。

因为电路的次态 Q_2^{n+1}、Q_1^{n+1}、Q_0^{n+1} 取决于电路现态 $Q_2^nQ_1^nQ_0^n$ 和控制变量 C 的取值，故可根据表 3.5.3，画出表示次态逻辑函数 Q^{n+1} 的卡诺图。由卡诺图不难写出电路的状态方程和驱动方程：

$$
\begin{aligned}
Q_2^{n+1} &= (C\overline{Q}_0+\overline{C}Q_1)\overline{Q}_2+(C\overline{Q}_0+\overline{C}\overline{Q}_1)Q_2 \\
Q_1^{n+1} &= (C\overline{Q}_2+\overline{C}\overline{Q}_0)\overline{Q}_1+(C\overline{Q}_2+\overline{C}\overline{Q}_0)Q_1 \\
Q_0^{n+1} &= (CQ_2\overline{Q}_1+\overline{C}\overline{Q}_2Q_1)\overline{Q}_0+(C\overline{Q}_1+\overline{C}\overline{Q}_2)Q_0
\end{aligned}
\tag{3-5-5}
$$

$$
\begin{aligned}
J_2 &= C\overline{Q}_0+\overline{C}\overline{Q}_1 & K_2 &= \overline{C\overline{Q}_0+\overline{C}\overline{Q}_1} \\
J_1 &= C\overline{Q}_2+\overline{C}\overline{Q}_0 & K_1 &= \overline{C\overline{Q}_2+\overline{C}\overline{Q}_0} \\
J_0 &= CQ_2\overline{Q}_1+\overline{C}\overline{Q}_2Q_1 & K_0 &= \overline{C\overline{Q}_1+\overline{C}\overline{Q}_2}
\end{aligned}
\tag{3-5-6}
$$

(3) 画出逻辑电路图

根据式(3-5-6),画出时序逻辑电路图,如图 3.5.6 所示。

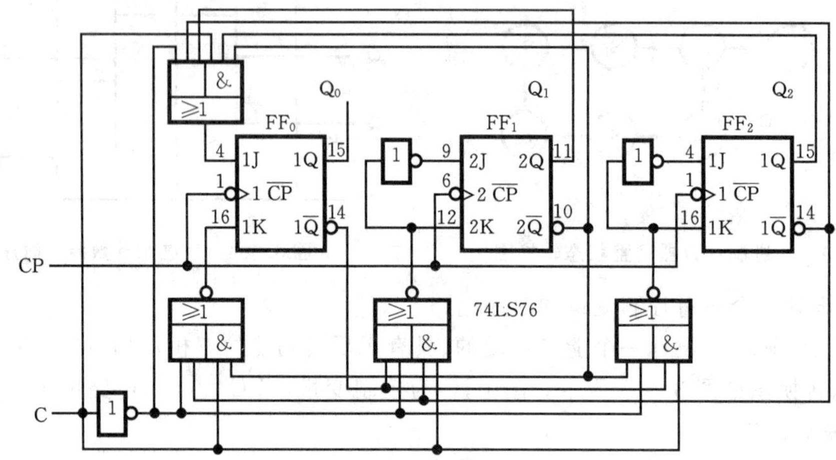

图 3.5.6　三相六拍步进机的脉冲分配电路

由状态转换图可知,电路能自启动。

3.5.3　时序逻辑电路初始状态的设置

在时序逻辑电路的设计时,往往假定初始状态是确定的,实际上在接通电源时电路的初始状态是随机的,所以应采取措施使电路能够自启动,即工作在预定的初始状态。通常是,在电源刚接通时由电路自动产生置数脉冲将电路置为预定的初始状态。产生置数脉冲的电路可以是门电路,也可以是很简单的一些功能电路,图 3.5.7 所示的就是利用 RC 电路实现置数的。

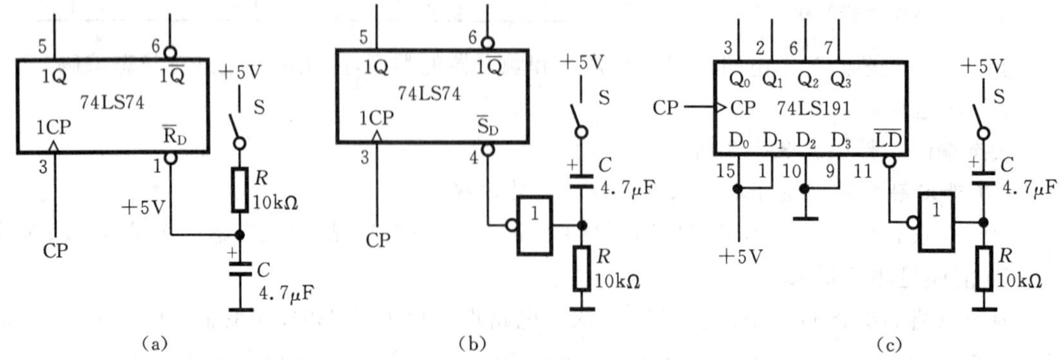

图 3.5.7　RC 电路产生置数脉冲

(a) 开机清“0”　(b) 开机置“1”　(c) 开机置数

其中,图(a)所示的为用双D触发器74LS74实现的开机清零电路。由74LS74的功能表可得,当清除端$\overline{R}_D=0$,置数端$\overline{S}_D=1$(悬空)时,输出端Q=0,所以在电源开关S接通时电容C两端的电压不能突变仍为零,使$\overline{R}_D=0$,则Q=0,此后电源+5V经电阻R对C充电,C两端的电压上升直到$\overline{R}_D=1$时D触发器变为计数状态为止,从0开始计数。如果对置数脉冲的波形有一定要求,则可采用图(b)所示电路,利用非门整形后得到的负跳变脉冲,使D触发器的置数端$\overline{S}_D=0$,则Q=1。此后随着电容C上的电压上升,非门输入端的电压下降直到使$\overline{S}_D=1$时D触发器变为计数状态,从1开始计数。图(c)所示的为同步可逆计数器74LS191的开机置数电路。由74LS191的工作波形图可得,当置数端$\overline{LD}=0$时输出端$Q_3Q_2Q_1Q_0$与输入端$D_3D_2D_1D_0$相同,若$D_3D_2D_1D_0=0011$,则$Q_3Q_2Q_1Q_0=0011$。当$\overline{LD}=1$时计数器将从0011开始计数。

为使置数可靠,应合理选择RC时间常数,RC太小,电路的置数时间可能不够,RC太大又会使置数脉冲响应太慢。

3.5.4 设计任务

设计课题1:用JK触发器附加必要的门电路,设计一个环形计数器

- 已知条件 电路状态转换图如图3.5.8所示。
- 设计要求

① 列出电路的状态转换表,写出状态方程,画出逻辑电路图和时序图。

② 安装并测试电路的时序状态(用发光二极管指示)。

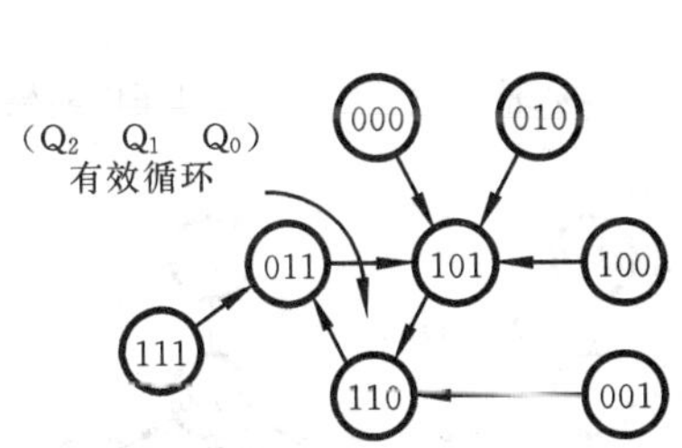

图3.5.8 环形计数器状态转换图

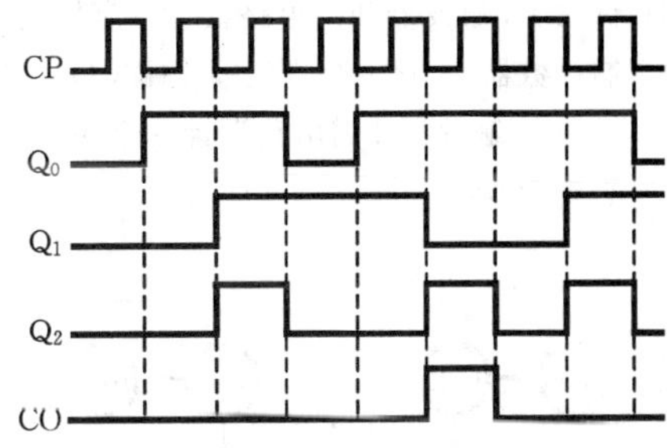

图3.5.9 时序波形图

设计课题2:用JK触发器附加必要的门电路,设计一满足图3.5.9所示时序要求的时序电路

- 设计要求

① 列出电路的状态转换图,写出状态方程、输出方程和驱动方程,画出逻辑电路图。

② 安装电路并测试电路的时序。

设计课题3:用D触发器或JK触发器附加必要的门电路,设计一个伪随机信号发生器

- 已知条件 序列号为000100110101111(重复出现)。
- 设计要求

① 列出电路状态转换表,写出状态方程及驱动方程,画出逻辑电路图。

② 安装电路并测试电路的输出代码(用发光二极管指示)。

设计课题4:用JK触发器和必要的组合逻辑电路,设计一个满足图3.5.10所示的显示控制电路

● 设计要求

① 用一个译码驱动器 74LS48 驱动 4 个 LED7 段显示管，轮流显示 4 位十进制数。

② 分别设计其数据选择电路和控制电路，并画出完整的逻辑电路图。

③ 安装并测试显示控制电路的功能。

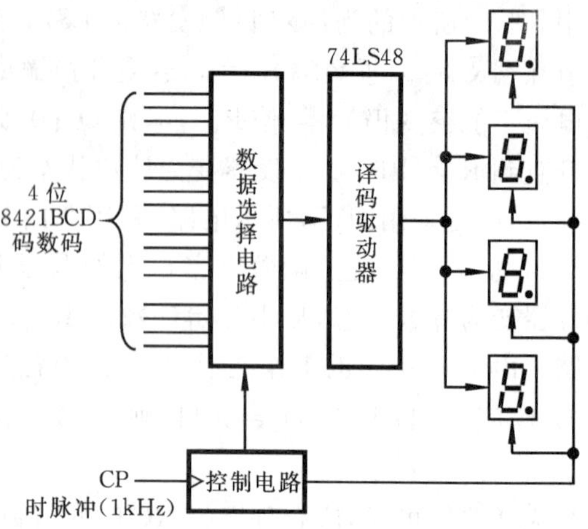

图 3.5.10 4位十进制数的显示控制原理框图

实验与思考题

3.5.1 小规模同步时序逻辑电路设计的步骤是什么？

3.5.2 在设计时序逻辑电路时如何处理各触发器的置“0”端子 R_D 和置“1”端子 S_D。

3.5.3 如果设计的时序逻辑电路不能自启动，该怎么办？

3.5.4 试用 JK 触发器和门电路设计一个同步带有进位输出端的 1 位十进制加法计数器。

3.5.5 试用 JK 触发器和门电路设计一个同步带有借位输出端的 1 位十进制减法计数器。

3.5.6 试用 D 触发器和门电路设计 1 个 4 位扭环形计数器，并能自启动。电路的状态转换图如题 3.5.6 图所示。

3.5.7 试用 D 触发器和门电路设计 1 个 4 位环形计数器，并能自启动。电路的状态转换图如题 3.5.7 图所示。

3.5.8 试用 JK 触发器和门电路设计带有控制变量 X 的计数器，当 X=0 时为三进制计数器，X=1 时为四进制计数器，设置 1 个进位输出端 CO。

3.5.9 试用 D 触发器和门电路设计一个序列脉冲检测器。当连续输入信号为 110 时，该时序电路输出为 1，否则为 0。

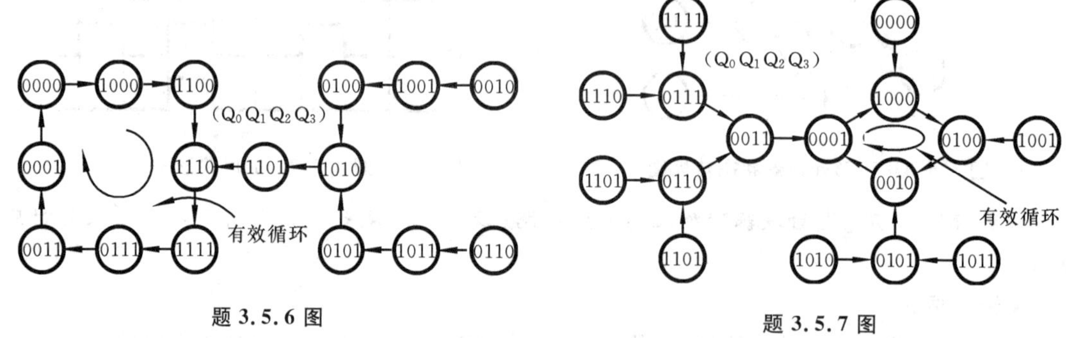

题 3.5.6 图　　　　题 3.5.7 图

3.6 中规模(MSI)时序逻辑电路设计实验

学习要求 熟悉各种常用 MSI 时序逻辑电路功能和使用方法；掌握多片 MSI 时序逻辑电路级联和功能扩展技术；学会 MSI 数字电路分析方法，设计方法，组装和测试方法。

3.6.1 MSI 时序逻辑电路

1. 异步计数器(74LS90/92/93)

所谓异步计数器是指计数器内各触发器的时钟信号不是来自于同一外接输入时钟信号，

因而各触发器不是同时翻转的计数器。这种计数器的计数速度慢。

74LS90是二-五-十进制计数器,其内部结构如图3.6.1所示。

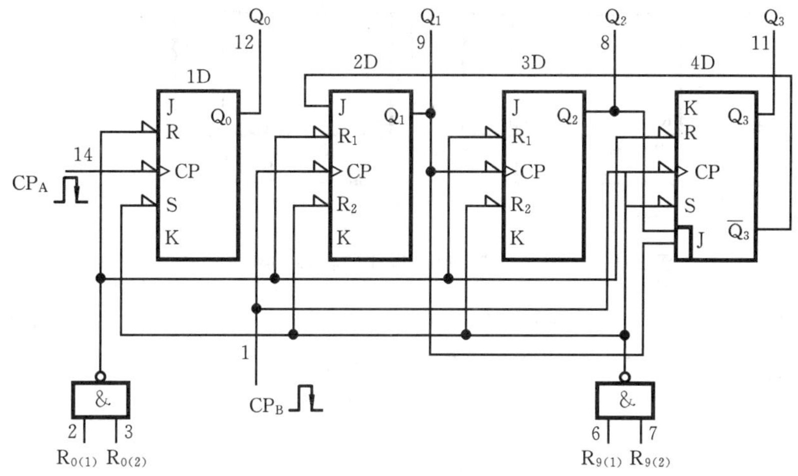

图3.6.1 74LS90内部逻辑电路

该电路由4级触发器与几个门电路所组成,有两个时钟输入端CP_A和CP_B。其中,CP_A和Q_0组成一位二进制计数器;CP_B和$Q_3Q_2Q_1$组成五进制计数器;若将Q_0与CP_B相连接,时钟脉冲从CP_A输入,则构成8421BCD码十进制计数器,计数时序如表3.6.1(a)所示。若将Q_3与CP_A相连,计数脉冲从CP_B输入,则$Q_0Q_3Q_2Q_1$的输出构成二-五混合十进制计数器,计数时序如表3.6.1(b)所示。这时Q_0的输出为一对称的十分频方波。74LS90有两个清零端$R_{0(1)}$、$R_{0(2)}$和两个置9端$R_{9(1)}$、$R_{9(2)}$,其功能如表3.6.1(c)所示。

表3.6.1 74LS90计数时序及功能表

(a) BCD十进制计数时序

CP_A	Q_3	Q_2	Q_1	Q_0
0	0	0	0	0
1	0	0	0	1
2	0	0	1	0
3	0	0	1	1
4	0	1	0	0
5	0	1	0	1
6	0	1	1	0
7	0	1	1	1
8	1	0	0	0
9	1	0	0	1

(b) 二-五混合十进制计数时序

CP_B	Q_0	Q_3	Q_2	Q_1
0	0	0	0	0
1	0	0	0	1
2	0	0	1	0
3	0	0	1	1
4	0	1	0	0
5	1	0	0	0
6	1	0	0	1
7	1	0	1	0
8	1	0	1	1
9	1	1	0	0

(c) 功能表

$R_{0(1)}$	$R_{0(2)}$	$R_{9(1)}$	$R_{9(2)}$	Q_3	Q_2	Q_1	Q_0
1	1	0	×	0	0	0	0
1	1	×	0	0	0	0	0
×	×	1	1	1	0	0	1
×	0	×	0	计数			
0	×	0	×				
0	×	×	0				
×	0	0	×				

用2片74LS90构成的8421BCD码100进制计数器如图3.6.2所示。

74LS92/93分别是二-六-十二进制计数器和二-八-十六进制计数器,其内部结构与图3.6.1所示的相似。即CP_A和Q_0组成二进制计数器,CP_B和$Q_3Q_2Q_1$在74LS92中为六进制计数器,在74LS93中为八进制计数器。当CP_B和Q_0相连,时钟脉冲从CP_A输入时,74LS92构成十二进制计数器,其计数时序如表3.6.2所示;74LS93构成十六进制计数器,其计数时序如表3.6.3所示。74LS92/93的功能表如表3.6.4所示。

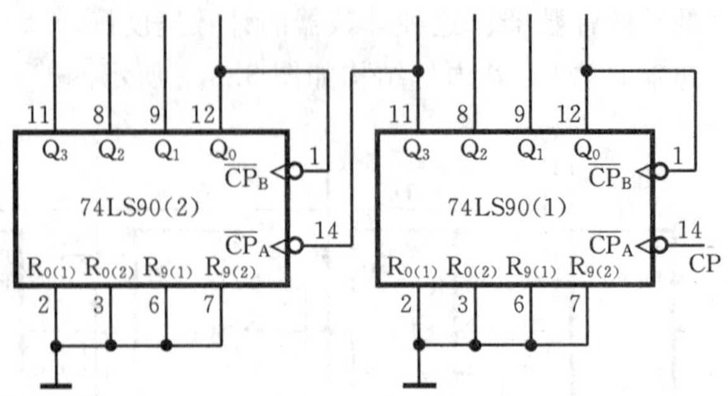

图 3.6.2 用 2 片 74LS90 构成的异步 100 进制计数器

表 3.6.2 74LS92 计数时序

CP	Q_3	Q_2	Q_1	Q_0
0	0	0	0	0
1	0	0	0	1
2	0	0	1	0
3	0	0	1	1
4	0	1	0	0
5	0	1	0	1
6	1	0	0	0
7	1	0	0	1
8	1	0	1	0
9	1	0	1	1
10	1	1	0	0
11	1	1	0	1

表 3.6.3 74LS93 计数时序

CP	Q_3	Q_2	Q_1	Q_0
0	0	0	0	0
1	0	0	0	1
2	0	0	1	0
3	0	0	1	1
4	0	1	0	0
5	0	1	0	1
6	0	1	1	0
7	0	1	1	1
8	1	0	0	0
9	1	0	0	1
10	1	0	1	0
11	1	0	1	1
12	1	1	0	0
13	1	1	0	1
14	1	1	1	0
15	1	1	1	1

表 3.6.4 74LS92/93 功能表

$R_{0(1)}$	$R_{0(2)}$	Q_3	Q_2	Q_1	Q_0
1	1	0	0	0	0
0	×	计数			
×	0				

74LS92 和 74LS90 构成的 8421BCD 码 60 进制计数器如图 3.6.3 所示，其中 74LS92 作十位计数器，74LS90 作个位计数器。74LS93 构成的十进制计数器如图 3.6.4 所示。

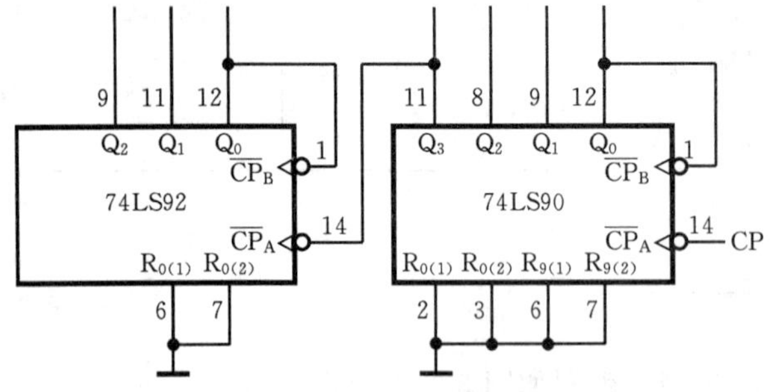

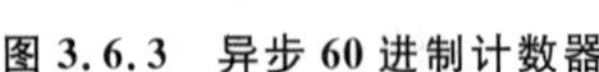

图 3.6.3 异步 60 进制计数器

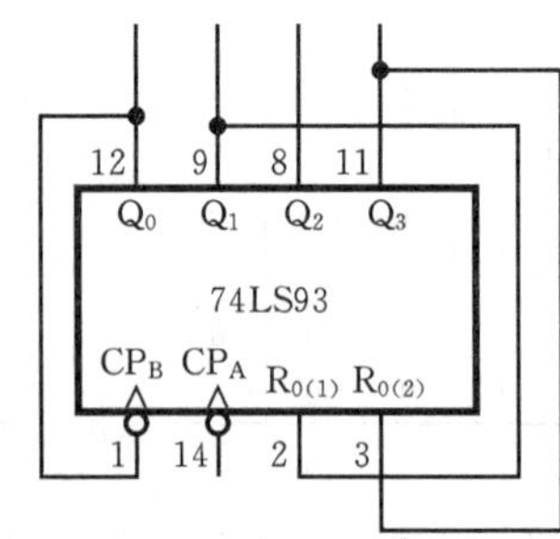

图 3.6.4 74LS93 构成的十进制计数器

2. 可编程 4 位二进制同步计数器(CC40161/40163)

所谓同步计数器是指计数器内所有触发器都共用一个输入时钟脉冲信号源，在同一时刻翻转的计数器。其优点是计数速度快。

CC40161 和 CC40163 除了具有普通 4 位二进制同步加法计数器的功能之外，还具有可编程计数器的编程功能，因此，使用灵活、方便。可编程计数器的编程方法有两种，一种是由计数器的不同输出端组合来控制计数器的模；另一种是通过改变计数器的预置输入数据来改变计数器的模。这两种编程方法也适用于其他可编程计数器。

CC40161 的时序波形图如图 3.6.5 所示，功能表如表 3.6.5 所示。它具有异步清零、同步置数、计数及保持四种功能。所谓异步清零是指不需要时钟脉冲作用，只要该使能端具有有效电平，就可直接完成清零任务。而同步置数是指除了该使能端具有有效电平外，还必须有时钟脉冲的作用，对应功能才可实现。另外 CC40161 在加计数到 15 时，进位输出 CO=1，平时 CO=0。CC40163 除具有同步清零功能外，其他功能均同 CC40161。用 CC40161 构成的计数器的计数方法有两种，一种是从 0 开始计数，另一种是从某一数码(非 0)开始计数。

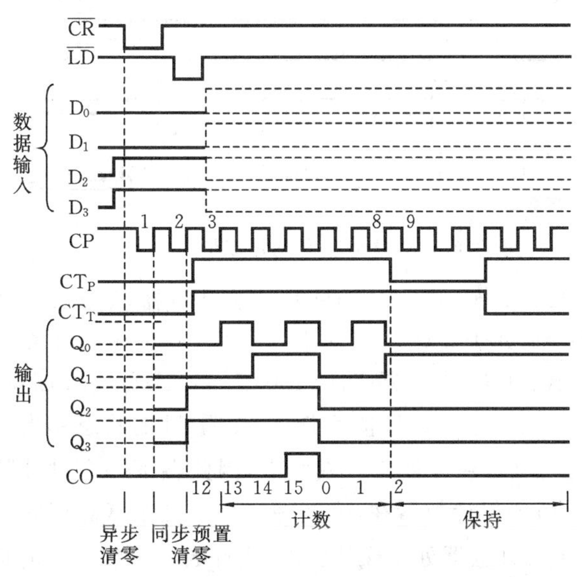

图 3.6.5　CC40161/163 的时序波形图

表 3.6.5　CC40161 功能表

CP	$\overline{CR}$	$\overline{LD}$	CT_T	CT_P	操作
×	0	×	×	×	清零
↑	1	0	×	×	置数
↑	1	1	1	1	计数
×	1	1	0	×	保持
×	1	1	×	0	保持

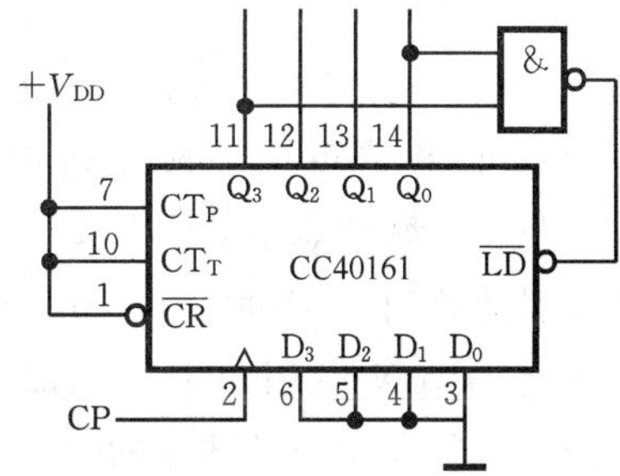

图 3.6.6　CC40161 构成的十进制计数器

用 CC40161 构成的 8421BCD 码十进制计数器，如图 3.6.6 所示。它是利用同步置数功能实现 BCD 码计数的，当计数器计数到 1001 时，$\overline{LD}=\overline{Q_3Q_0}=0$，在第十个 CP 脉冲作用下计数器置零，之后$\overline{LD}=1$，计数器又开始计数。

若将图 3.6.6 所示电路中与非门的两输入端改接到 Q_2、Q_0，即$\overline{LD}=\overline{Q_2Q_0}$，则可构成 8421BCD 码的六进制计数器。将六进制计数器和十进制计数器级联，可构成 8421BCD 码六十进制计数器。

3. 单时钟加/减同步计数器(74LS190/191)

74LS190 和 74LS191 是单时钟 4 位同步加/减可逆计数器，其中 74LS190 为 8421BCD 码十进制计数器，74LS191 是 BCD 码十六进制计数器，二者的引脚排列图和引脚功能完全一样，如表 3.6.6 所示。74LS191 的时序波形图如图 3.6.7 所示。

需要指出的是正脉冲输出端 CO/BO 及负脉冲输出端$\overline{RC}$，二者在加计数到最大计数值时或减计数到零时，都发出脉冲信号；不同之处是，CO/BO 端发出一个与输入时钟周期相等且同步的正脉冲，$\overline{RC}$端发出一个与输入时钟信号低电平时间相等且同步的负脉冲。

74LS190 一般用于构成 BCD 码十进制计数器，而 74LS191 通过编程可构成任意进制计数器。

表 3.6.6 74LS190/191 功能表

$\overline{CT}$	$\overline{LD}$	$\overline{U}/D$	CP	操作
0	0	0	×	置数
0	1	0	↑	加计数
0	1	1	↑	减计数
1	×	×	×	保持

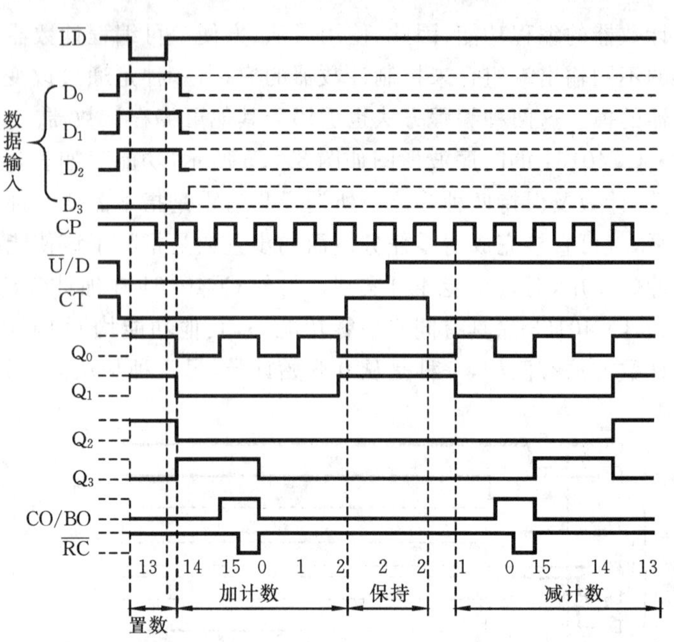

图 3.6.7 74LS191 的时序波形

利用 2 片 74LS190 附加门电路构成 8421BCD 码 $M=60$ 的同步加法计数器,如图 3.6.8 所示。其中,个位计数器 74LS190(1)的 $\overline{LD}=1$ 处于无效状态,$\overline{CT}=\overline{U}/D=0$ 处于加计数状态,故个位计数器可以完成十进制加法计数;十位计数器 74LS190(2)的 $\overline{U}/D=0$,$\overline{LD}=\overline{Q_2Q_1}$,只要计数状态不处于 0110,$\overline{LD}$都等于 1,十位计数器能否计数,要看$\overline{CT}$的状态。当个位计数器计数到 1001 时,$\overline{RC}=0$,十位计数器的$\overline{CT}=0$,处于有效状态,因此在下一个时钟脉冲作用下,个位复零,十位计数器加 1 计数。而个位计数器在$(0000\sim1000)_B$九个状态期间由于其$\overline{RC}=1$控制十位计数器的$\overline{CT}=1$,因此十位计数器处于保持状态,当计数器计数到十进制的 60 的瞬间,十位计数器的$\overline{LD}=0$,于是十位计数器置零,整个计数器复零。计数器的运行状态为十进制数(0~59)。

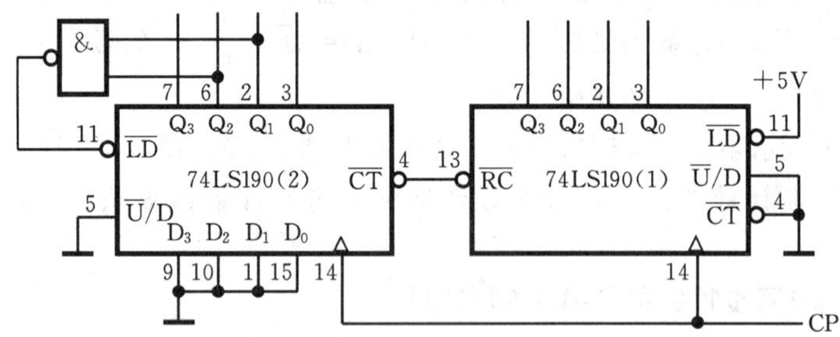

图 3.6.8 $M=60$ 的同步加法计数器

用 74LS190 的 CO/BO 端通过反馈置数法构成减法计数器。这种减法计数需要事先预置一数码,预置数 N 应与希望模数 M 相等。计数器在$(M\sim1)_D$之间循环计数。

对于 74LS191,也可利用输出端的不同组合通过门电路反馈到$\overline{LD}$端,从而构成从零开始的加法计数器。构成方法与 74LS190 大致相同。

用 74LS191 的 CO/BO 输出端通过门电路反馈到$\overline{LD}$端,改变预置输入数据,就可以改变计数器的模 M(分频数)。

加法计数器预置数 $N=Z_{max}-M$，其中，Z_{max}是计数器的最大计数值(即计数器输出为全1状态)，计数器在 N 与($Z_{max}-1$)之间循环计数。

用一片74LS191和门电路构成 $M=10$ 的加法计数器，如图3.6.9所示。预置数 $N=1111-1010=0101$。当计数器计数到暂态$(1111)_B$瞬间，CO/BO=1，$\overline{LD}=0$，计数器立即再次装入0101，计数器就这样在$(0101\sim1110)_B$之间循环计数。

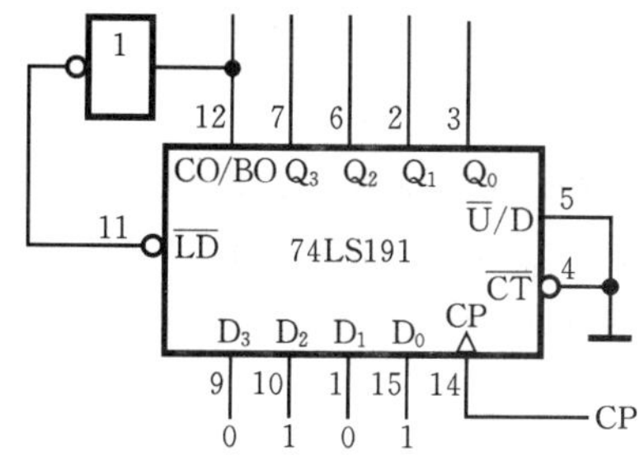

图3.6.9 $M=10$的加法计数器

表3.6.7 74LS192/193功能表

CP_U	CP_D	$\overline{LD}$	CR	操作
×	×	×	1	清零
×	×	0	0	置数
↑	1	1	0	加计数
1	↑	1	0	减计数
1	1	1	0	保持

4. 双时钟加/减同步计数器(74LS192/193)

74LS192和74LS193是双时钟4位加/减同步计数器，其中，74LS192是十进制计数器，74LS193是二进制计数器。二者的管脚排列图及各管脚的功能均一样，其功能表如表3.6.7所示。74LS192的时序波形如图3.6.10所示。另外，管脚排列图中$\overline{CO}$是加计数进位输出端，当加计数到最大计数值时，$\overline{CO}$发出一个低电平信号(平时为高电平)；$\overline{BO}$为减计数借位输出端，当减计数到0时，$\overline{BO}$发出一个低电平信号(平时为高电平)，$\overline{BO}$和$\overline{CO}$负脉冲宽度等于时钟脉冲低电平宽度。

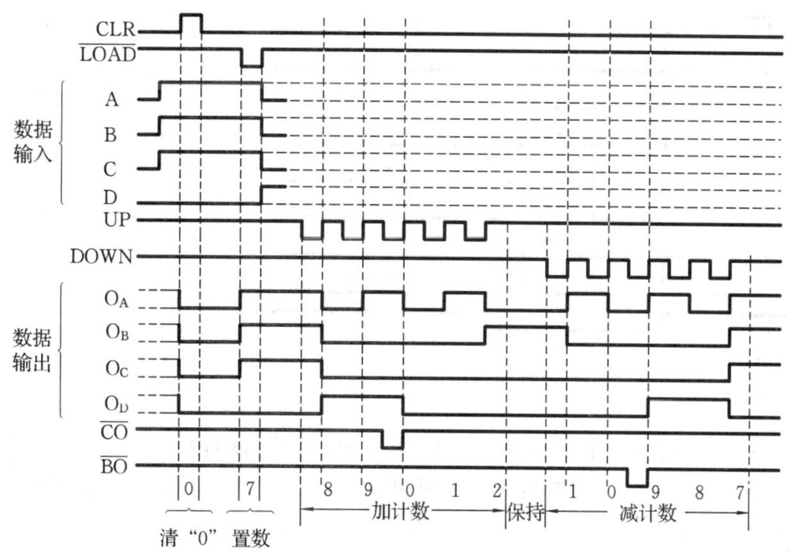

图3.6.10 74LS192的时序波形图

用2片74LS192构成2位十进制加法计数器，电路如图3.6.11所示。电路采用串行进位方式级联，每当个位计数器由9复0时，其$\overline{CO}$发出一个负脉冲作为十位计数器加计数的时钟信号，使十位计数器加1计数。若将图3.6.10中个位74LS192的CP_U和CP_D互换，则构成2位十进制减法计数器。

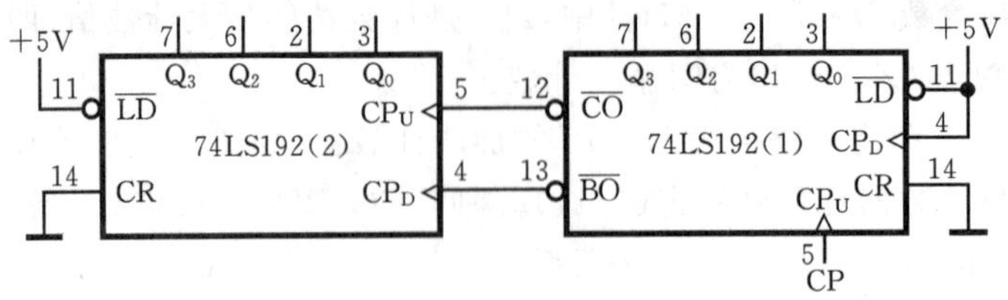

图 3.6.11 2 位十进制加法计数器

5. 顺序脉冲发生器(CC4017)

在一些数字装置中,有时需要按照事先规定的顺序进行一系列操作或运算,这就不仅要求控制部分能正确地发出各种控制信号,而且要求这些信号有一定的先后顺序。通常由顺序脉冲发生器(或称节拍脉冲发生器)输出一组在时间上有先后顺序的脉冲,再用这组脉冲形成所需要的各种控制信号。

CC4017 是一种用途十分广泛的约翰逊十进制计数器/脉冲分配器。CC4017 的时序波形图和功能表分别如图 3.6.12 及表 3.6.8 所示。由波形图可知,它有两个时钟脉冲输入端,即 CP 和 INH,二者分别为上升沿和下降沿触发输入脉冲,CR 为异步清零使能端,当 CR=1 时,Q_0为 1 电平,Q_1 ~ Q_9均为 0 电平;当 CR=0 时各 Q 端有译码输出。

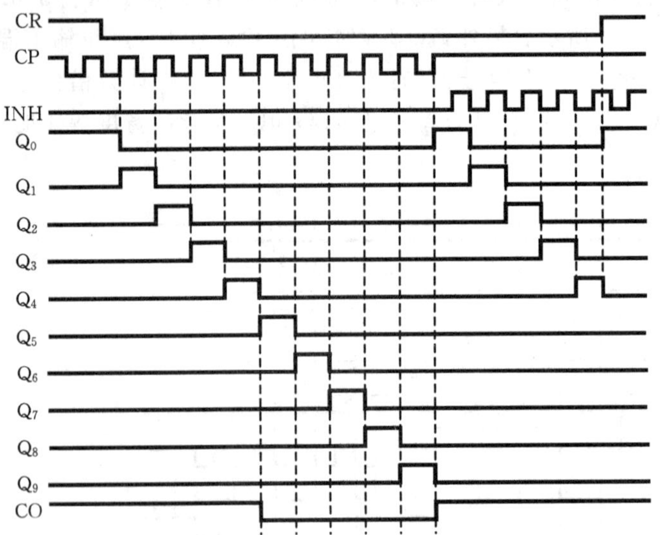

图 3.6.12 CC4017 的时序波形图

表 3.6.8 CC4017 的功能表

CP	INH	CR	$Q_0 \sim Q_9$
×	×	1	$Q_0=1$,其他为 0
↑	0	0	译码输出
1	↓	0	
↓	×	0	状态不变
×	1	0	
0	×	0	
×	↑	0	

1 片 CC4017 可构成 10 个节拍的顺序脉冲发生器,若将输出 Q_N($N\geqslant 2$)直接与 CR 连接,则在 $Q_0 \sim Q_{N-1}$端可得到 N 个节拍的顺序脉冲输出。当 $N\geqslant 6$ 时,还可在 CO 得到 N 分频的脉冲信号。N 片 CC4017 可构成 $8N+1$ 个节拍的顺序脉冲发生器,电路如图 3.6.13 所示。

6. 4 位并行存取移位寄存器(74LS95)

4 位并行存取移位寄存器 74LS95,其功能表如表 3.6.9 所示。它具有并行输入、串行输入和并行输出功能。当模式控制 M=1 时,在时钟 2 作用下完成并行置入;当 M=0 时,在时钟 1 的作用下完成串行输入右移功能(方向从 Q_0向 Q_3);当 M=1,并将每个触发器的输出接到前一个触发器的并行输入(Q_3接 D_2,Q_2接 D_1等),再把串行数据送入输入端 D_3时,在时钟 2 作用下完成左移(方向从 Q_3向 Q_0)功能。

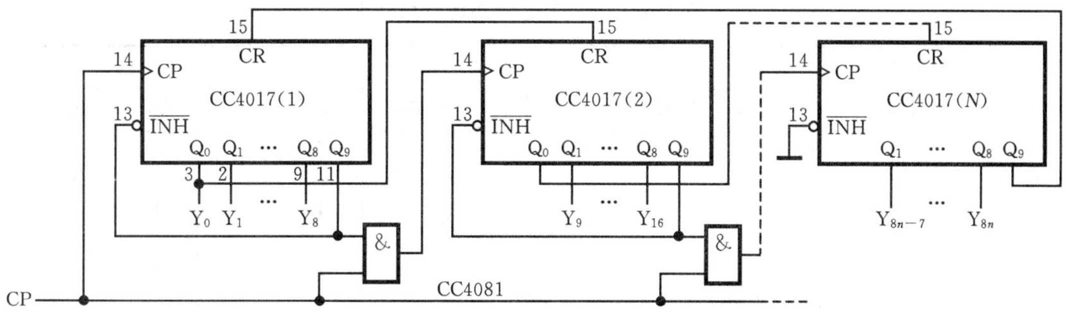

图 3.6.13 8N+1 个节拍顺序脉冲发生器电路

表 3.6.9 74LS95 功能表

输入								输出			
模式控制 M	时钟 CLK		串行	并行				Q_0	Q_1	Q_2	Q_3
	$\overline{CP_2}$	$\overline{CP_1}$	D_{SR}	D_0	D_1	D_2	D_3				
H	H	×	×	×	×	×	×	Q_{00}	Q_{10}	Q_{20}	Q_{30}
H	↓	×	×	a	b	c	d	a	b	c	d
H	↓	×	×	Q_1	Q_2	Q_3	d	Q_{1n}	Q_{2n}	Q_{3n}	d
L	L	H	×	×	×	×	×	Q_{00}	Q_{10}	Q_{20}	Q_{30}
L	×	↓	H	×	×	×	×	H	Q_{0n}	Q_{1n}	Q_{2n}
L	×	↓	L	×	×	×	×	L	Q_{0n}	Q_{2n}	Q_{2n}
↑	L	L	×	×	×	×	×	Q_{00}	Q_{10}	Q_{20}	Q_{30}
↓	L	L	×	×	×	×	×	Q_{00}	Q_{10}	Q_{20}	Q_{30}
↓	L	H	×	×	×	×	×	Q_{00}	Q_{10}	Q_{20}	Q_{30}
↑	H	L	×	×	×	×	×	Q_{00}	Q_{10}	Q_{20}	Q_{30}
↑	H	H	×	×	×	×	×	Q_{00}	Q_{10}	Q_{20}	Q_{30}

注：Q_{00}、Q_{10}、Q_{20}、Q_{30}是在规定的稳定态输入条件建立之前，Q_0、Q_1、Q_2、Q_3的相应电平；Q_{0n}、Q_{1n}、Q_{2n}、Q_{3n}是在最近的时钟下降沿转换之前，Q_0、Q_1、Q_2、Q_3的相应电平。

若要用2片74LS95组成8位右移寄存器，则只要将低位的Q_3接至高位的串行输入端，同时将两片的$\overline{CP}$并接，模式控制端M=0即可，其电路如图3.6.14所示。

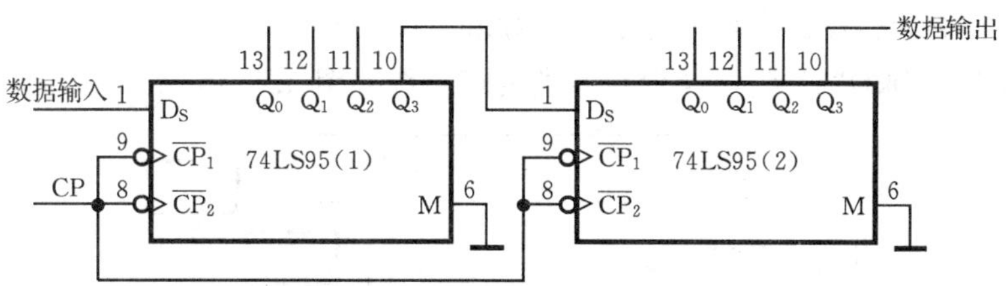

图 3.6.14 串行8位右移寄存器

3.6.2 应用电路设计举例

例1 “12翻1”小时计数器设计。

解 (1) 列计数器状态转换表或画时序波形图

“12翻1”小时计数器是按照“01—02—03—…—11—12—01—02…”规律计数的。计数器的计数状态转换表，如表3.6.10所示。其中，Q_{10}为小时计数器10位的最低位。

表 3.6.10 “12 翻 1”小时计数时序

CP	十位	个位				CP	十位	个位			
	Q_{10}	Q_{03}	Q_{02}	Q_{01}	Q_{00}		Q_{10}	Q_{03}	Q_{02}	Q_{01}	Q_{00}
0	0	0	0	0	0	8	0	1	0	0	0
1	0	0	0	0	1	9	0	1	0	0	1
2	0	0	0	1	0	暂态	0	1	0	1	0
3	0	0	0	1	1	10	1	0	0	0	0
4	0	0	1	0	0	11	1	0	0	0	1
5	0	0	1	0	1	12	1	0	0	1	0
6	0	0	1	1	0	13	0	0	0	0	1
7	0	0	1	1	1						

(2) 选择触发器和计数器

个位计数器由 4 位二进制同步可逆计数器 74LS191 构成,十位计数器由双 D 触发器 74LS74 构成,将它们级联组成“12 翻 1”小时计数器。

(3) 求复位信号和置位信号

由表 3.6.10 可知,计数器的状态要发生两次跳越:一是计数器计数到 9,即个位计数器的状态为 $Q_{03}Q_{02}Q_{01}Q_{00}=1001$ 后,在下一计数脉冲作用下计数器进入暂态 1010,利用暂态的两个 1 即 $Q_{03}Q_{01}$ 使个位异步置 0,同时向十位计数器进位使 $Q_{10}=1$;二是计数器计到 12 后,在第 13 个计数脉冲作用下个位计数器的状态应为 $Q_{03}Q_{02}Q_{01}Q_{00}=0001$,十位计数器的 $Q_{10}=0$。第二次跳越的十位清“0”和个位置“1”信号可由暂态为“1”的输出端 Q_{10},Q_{01},Q_{00} 来产生。由上述分析得 74LS191 的控制方程式:

置数端 $$\overline{LD}=\overline{Q_{03}Q_{01}} \tag{3-6-1}$$

加/减控制端 $$\overline{U}/D=\overline{\overline{Q_{10}Q_{01}}} \tag{3-6-2}$$

D 触发器 74LS74 的清零端 $$1\overline{R}_D=Q_{10}Q_{01}Q_{00}=\overline{U}/D\cdot Q_{00} \tag{3-6-3}$$

其中,式(3-6-1)的作用是完成个位计数器第一次置“0”;式(3-6-2)的作用是在计数器计到 12 时改变 74LS191 的加/减控制模式,使其由原来的加法计数变为减法计数,当第 13 个脉冲来到时,个位计数器减 1;式(3-6-3)使十位计数器清“0”,使计数器的状态变为 $Q_{10}=0$,$Q_{03}Q_{02}Q_{01}Q_{00}=0001$。

(4) 根据控制方程式画计数器的逻辑电路图

由以上设计得到的“12 翻 1”小时计数器的逻辑图如图 3.6.15 所示。

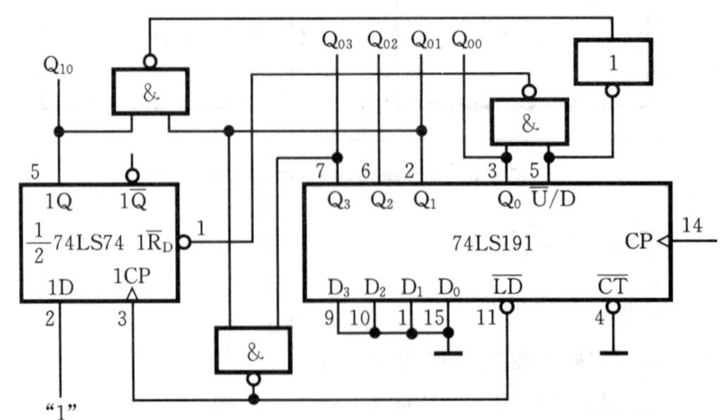

图 3.6.15 “12 翻 1”小时计数器的电路

例 2 *M* 序列脉冲产生器电路设计。

在雷达和数字通信中，常用伪随机信号（又称 *M* 序列信号）作为信号源，来对通信设备进行调试或检修。伪随机信号的特点是，可以预先设置初始状态，且序列信号重复出现。

解 下面设计一个电路，其输出端 Y 能周期性地输出 0001 0011 0101 111 序列脉冲。

(1) 分析功能，列出状态表

由题意分析，脉冲序列发生器输出的脉冲序列共 15 位，故可考虑用一个十五进制计数器和译码电路组合而成，使 Y 端的状态和计数器的状态一一对应，如表 3.6.11 所示。

(2) 设计计数器和译码电路

十五进制计数器可采用可编程 4 位同步二进制计数器 CC40161 来实现。由状态表 3.6.11可得 Y 与 $Q_3Q_2Q_1Q_0$ 的逻辑表达式 $Y=\overline{\overline{Q_3Q_2}\;\overline{Q_3Q_0}\;\overline{Q_1Q_0}\;\overline{Q_2Q_1}}$，进而画出逻辑图，如图3.6.16所示。

表 3.6.11 *M* 序列信号状态表

CP	Q_3	Q_2	Q_1	Q_0	Y
0	0	0	0	0	0
1	0	0	0	1	0
2	0	0	1	0	0
3	0	0	1	1	1
4	0	1	0	0	0
5	0	1	0	1	0
6	0	1	1	0	1
7	0	1	1	1	1
8	1	0	0	0	0
9	1	0	0	1	1
10	1	0	1	0	0
11	1	0	1	1	1
12	1	1	0	0	1
13	1	1	1	0	1
14	1	1	1	0	1

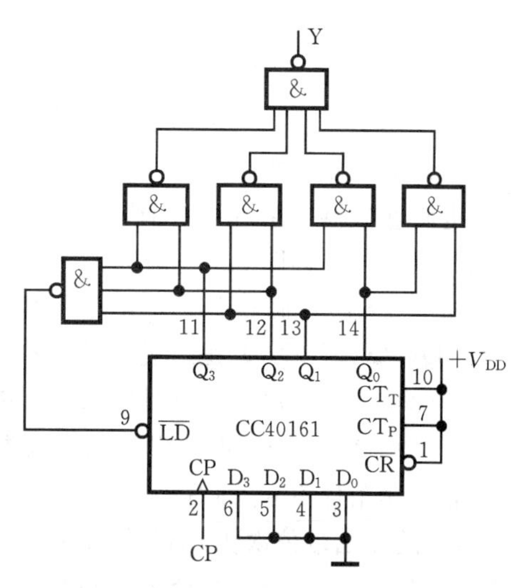

图 3.6.16 计数译码型 *M* 序列脉冲发生器

例 3 汽车尾灯控制电路设计。

● **设计要求** 假设汽车尾部左右两侧各有 3 个指示灯（用发光二极管模拟）。a. 汽车正常运行时指示灯全灭；b. 右转弯时，右侧 3 个指示灯按右循环顺序点亮；c. 左转弯时，左侧 3 个指示灯按左循环顺序点亮；d. 临时刹车时所有指示灯同时闪烁。

解 (1) 列出尾灯与汽车运行状态表

尾灯与汽车运行状态表如表 3.6.12 所示。

表 3.6.12 尾灯和汽车运行状态关系表

开关控制		运行状态	左尾灯	右尾灯
S_1	S_0		$D_4D_5D_6$	$D_1D_2D_3$
0	0	正常运行	灯 灭	灯 灭
0	1	右转弯	灯 灭	按 $D_1D_2D_3$ 顺序循环点亮
1	0	左转弯	按 $D_4D_5D_6$ 顺序循环点亮	灯 灭
1	1	临时刹车	所有的尾灯随时钟 CP 同时闪烁	

(2) 设计总体框图

由于汽车左右转弯时，3 个指示灯循环点亮，所以用三进制计数器控制译码器电路顺序输出低电平，从而控制尾灯按要求点亮。由此得出在每种运行状态下，各指示灯与各给定条件(S_1、S_0、CP、Q_1、Q_0)的关系，即逻辑功能表如表 3.6.13 所示(表中 0 表示灯灭状态，1 表示灯亮状态)。由表 3.6.13 得出总体框图，如图 3.6.17 所示。

表 3.6.13 汽车尾灯控制逻辑功能表

开关控制		三进制计数器		6 个指示灯					
S_1	S_0	Q_1	Q_0	D_6	D_5	D_4	D_1	D_2	D_3
0	0	×	×	0	0	0	0	0	0
0	1	0	0	0	0	0	1	0	0
		0	1	0	0	0	0	1	0
		1	0	0	0	0	0	0	1
1	0	0	0	0	0	1	0	0	0
		0	1	0	1	0	0	0	0
		1	0	1	0	0	0	0	0
1	1	×	×	CP	CP	CP	CP	CP	CP

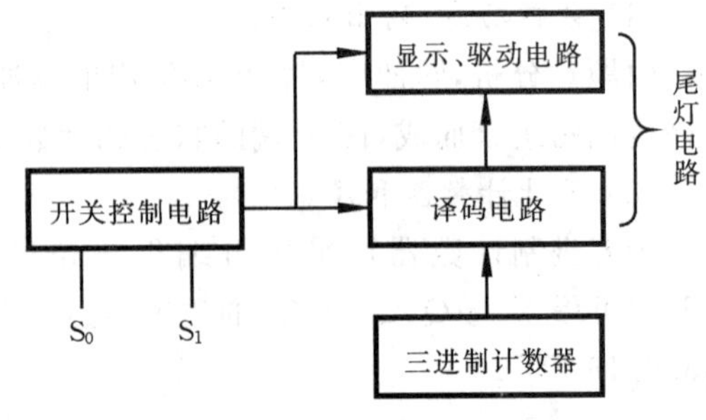

图 3.6.17 汽车尾灯控制电路原理框图

(3) 设计单元电路

三进制计数器电路可由双 JK 触发器 74LS76 构成，读者可根据表 3.6.13 自行设计。

汽车尾灯电路如图 3.6.18 所示，其显示驱动电路由 6 个发光二极管和 6 个反相器构成；译码电路由 3-8 线译码器 74LS138 和 6 个与非门构成。74LS138 的 3 个输入端 A_2、A_1、A_0 分别接 S_1、Q_1、Q_0，而 Q_1Q_0 是三进制计数器的输出端。当 $S_1=0$、使能信号 A=G=1，计数器的状态为 00,01,10 时，74LS138 对应的输出端 $\overline{Y}_0$，$\overline{Y}_1$，$\overline{Y}_2$ 依次为 0 有效($\overline{Y}_3$，$\overline{Y}_4$，$\overline{Y}_5$ 信号为“1”无效)，即反相器 $G_1\sim G_3$ 的输出端也依次为 0，故指示灯 $D_1\rightarrow D_2\rightarrow D_3$ 按顺序点亮示意汽车右转弯。若上述条件不变，而 $S_1=1$，则 74LS138 对应的输出端 $\overline{Y}_4$、$\overline{Y}_5$、$\overline{Y}_6$ 依次为 0 有效，即反相器 $G_4\sim G_6$ 的输出端依次为 0，故指示灯 $D_4\rightarrow D_5\rightarrow D_6$ 按顺序点亮，示意汽车左转弯。当 G=0，A=1 时，74LS138 的输出端全为 1，$G_6\sim G_1$ 的输出端也全为 1，指示灯全灭；当 G=0，A=CP

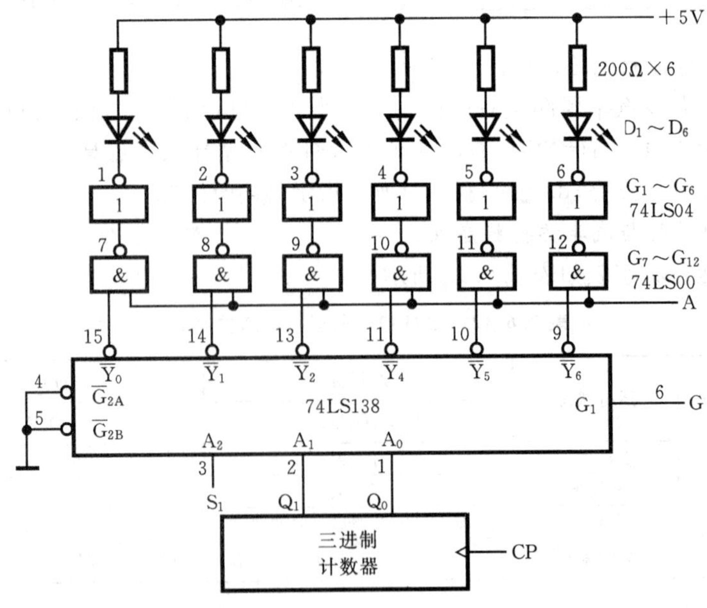

图 3.6.18 汽车尾灯电路

时，指示灯随 CP 的频率变化而闪烁。

开关控制电路。设 74LS138 和显示驱动电路的使能端信号分别为 G 和 A，根据总体逻辑功能表分析及组合得 G、A 与给定条件(S_1、S_0、CP)的真值表，如表 3.6.14 所示。由表 3.6.14 经过整理得逻辑表达式为

$$G = S_1 \oplus S_0$$

$$A = \overline{S_1 S_0} + S_1 S_0 CP = \overline{\overline{S_1 S_0} \cdot \overline{S_1 S_0 CP}}$$

由上式得开关控制电路，如图 3.6.19 所示。

表 3.6.14　S_1、S_0、CP 与 G、A 逻辑功能表

开关控制		CP	使能信号	
S_1	S_0		G	A
0	0	×	0	1
0	1	×	1	1
1	0	×	1	1
1	1	CP	0	CP

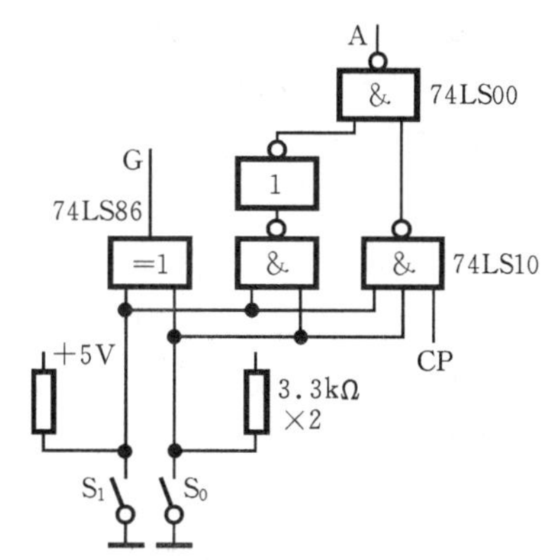

图 3.6.19　开关控制电路

(4) 画汽车尾灯总体逻辑电路

尾灯总体逻辑电路如图 3.6.20 所示。

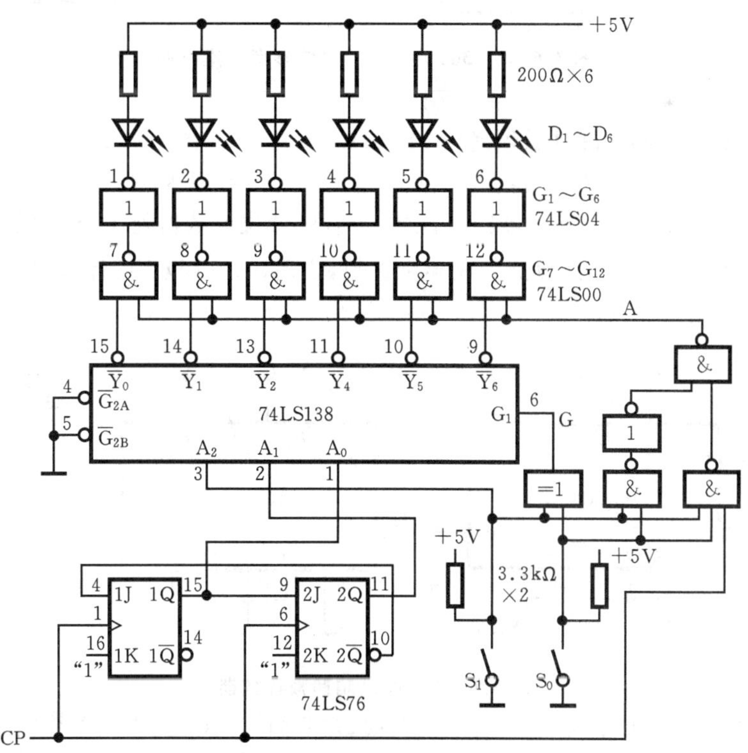

图 3.6.20　汽车尾灯总体逻辑电路

例 4 篮球竞赛 30s 计时器设计。

● **设计要求** a. 具有显示 30s 计时功能;b. 设置外部操作开关,控制计时器的直接清零、启动和暂停/连续功能;c. 计时器为 30s 递减计时器,其计时间隔为 1s;d. 计时器递减计时到零时,数码显示器不能灭灯,同时发出光电报警信号。

(1) 根据设计要求,绘制原理框图

解 原理框图如图 3.6.21 所示。该图包括秒脉冲发生器、计数器、译码显示电路、辅助时序控制电路(简称控制电路)和报警电路等 5 个部分。其中,计数器和控制电路是系统的主要部分。计数器完成 30s 计时功能,而控制电路具有直接控制计数器的启动计数、暂停/连续计数、译码显示电路的显示和灭灯等功能。为了保证满足系统的设计要求,在设计控制电路时,应正确处理各个信号之间的时序关系。在操作直接清零开关时,要求计数器清零,数码显示器灭灯。当启动开关闭合时,控制电路应封锁时钟信号 CP(秒脉冲信号),同时计数器完成置数功能,译码显示电路显示 30s 字样;当启动开关断开时,计数器开始计数;当暂停/连续开关拨在暂停位置上时,计数器停止计数,处于保持状态;当暂停/连续开关拨在连续时,计数器继续累计计数。另外,外部操作开关都应采取去抖动措施,以防止机械抖动造成电路工作不稳定。

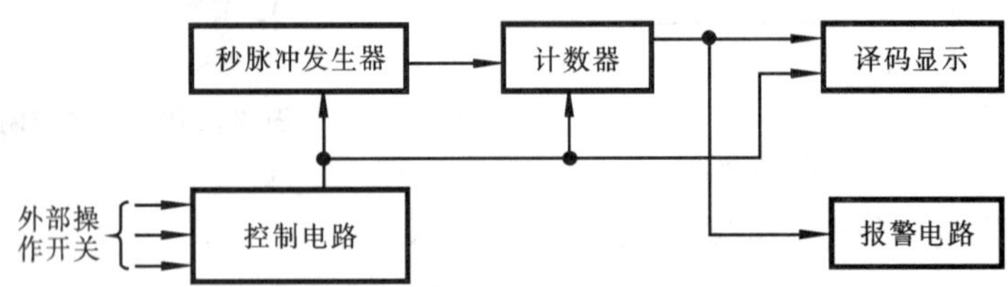

图 3.6.21 30s 计时器的总体参考方案框图

(2) 设计单元电路

8421BCD 码 30 进制递减计数器是由 74LS192 构成的,如图 3.6.22 所示。30 进制递减计数器的预置数为 $N=(0011\ 0000)_{8421BCD}=(30)_D$。它的计数原理是,每当低位计数器的$\overline{BO}$端发出负跳变借位脉冲时,高位计数器减 1 计数。当高、低位计数器处于全 0,同时在$CP_D=0$ 期间,高位计数器$\overline{BO}=\overline{LD}=0$,计数器完成异步置数,之后$\overline{BO}=LD=1$,计数器在 CP_D时钟脉冲作用下,进入下一轮减计数。

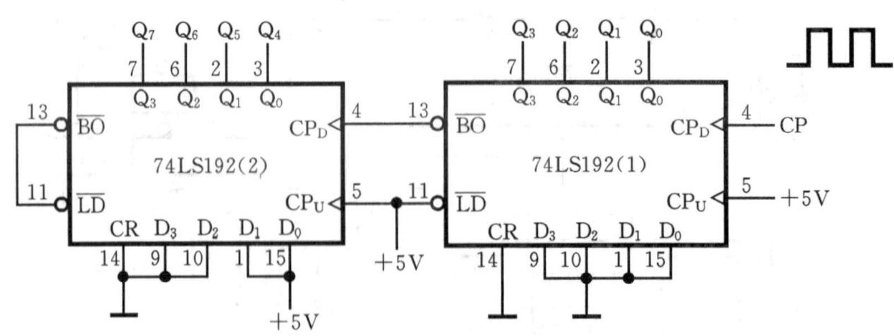

图 3.6.22 30 进制递减计数器

辅助时序控制电路如图 3.6.23 所示。图中,与非门 G_2、G_4的作用是控制时钟信号 CP 的放行与禁止,当 G_4输出为 1 时,G_2关闭,封锁 CP 信号;当 G_4输出为 0 时,G_2打开,放行 CP 信号,而 G_4的输出状态又受外部操作开关 S_1、S_2(即启动、暂停/连续开关)的控制。

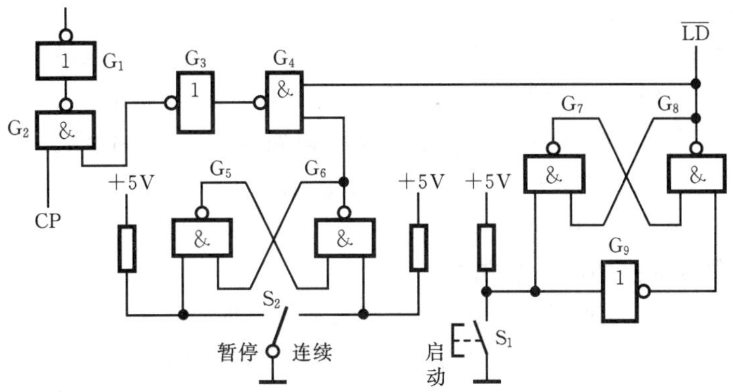

图 3.6.23 辅助时序控制电路

(3) 画篮球竞赛 30s 计时器逻辑电路

逻辑电路如图 3.6.24 所示。

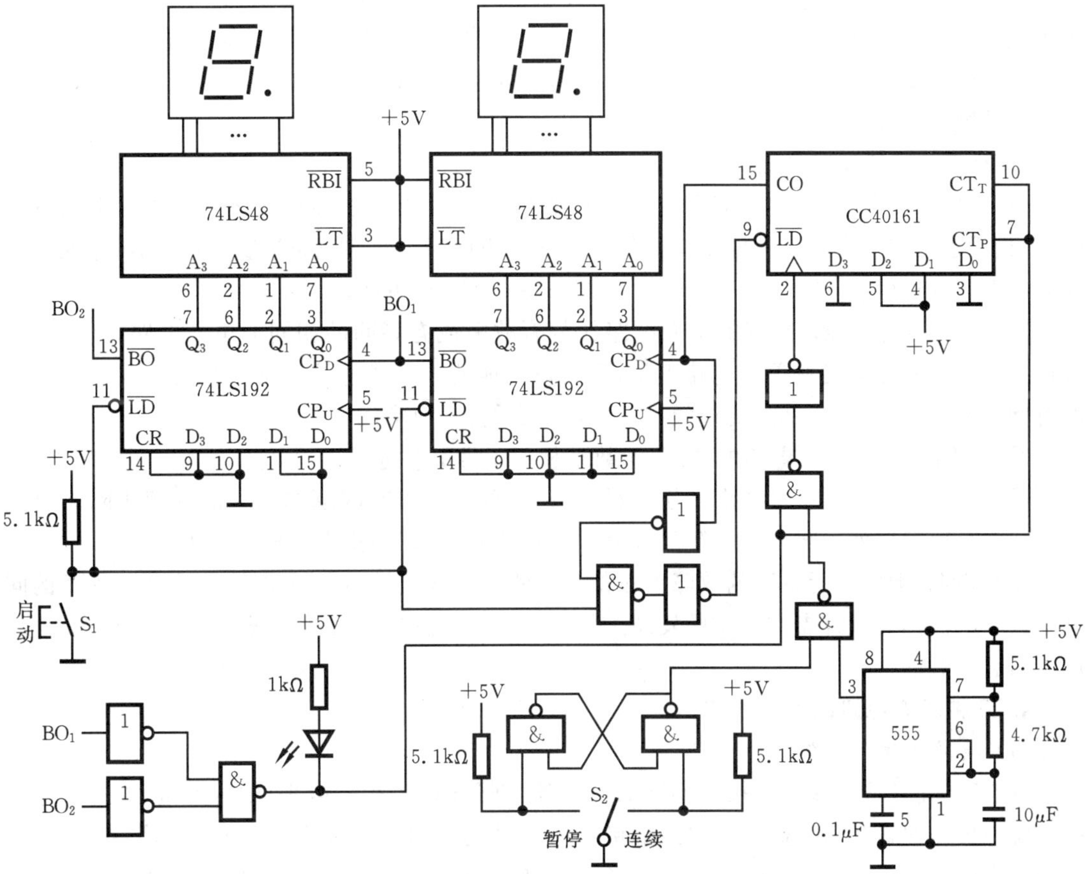

图 3.6.24 篮球竞赛 30s 计时器逻辑电路

3.6.3 数字电路的安装与调试技术

数字电路的安装与调试过程是检验、修正设计方案的实践过程，也是应用理论知识来解决实践中各类问题的关键环节，是数字电路设计者必须掌握的基本技能。下面介绍数字电路安装与调试中的一些常用方法。

1. 集成电路器件的功能测试

在安装电路之前,对所选用的数字集成电路器件,应进行逻辑功能检测,以避免因器件功能不正常而增加调试的困难。检测器件功能的方法是多种多样的,常用如下方法。

① 仪器检测法:用一些简单而实用的数字集成电路测试仪进行检测。

② 功能实验检查法:用实验电路进行逻辑功能测试。

③ 替代法:用被测器件替代正常工作的数字电路中的相同器件。

2. 集成电路器件的接插和布线方法

数字电路的实验通常在面包板上进行,插接集成器件时,器件的缺口端应朝左方,先对准插孔的位置,然后稍用力将其插牢,防止集成器件管脚弯曲或折断。

布线时应注意导线不宜太长,最好贴近底板并在集成器件的周围走线,切忌导线跨越集成器件的上空,杂乱地在空中搭成网状。数字电路的布线应整齐美观,既可提高电路的可靠性,又便于检查排除故障或更换器件。

导线的连接顺序是:先接固定电平端的连线,如电源的正极(一般用红色导线)、地线(一般用黑色导线)、各 MSI 电路的使能端、门电路的多余输入端及电平固定的某些输入端(如触发器的控制端 K 或 J);然后按照电路中信号的流向顺序对所划分的子系统逐一布线、调试;最后将各子系统连接起来。

3. 数字电路的调试方法

数字电路的调试顺序也是先调试单元电路或子系统,然后逐渐扩大将几个单元电路进行联调,最后进行整机调试。一般根据信号的流向逐级调试。数字电路系统中,相同的单元电路和集成器件往往较多,为了尽快找出故障,常采用以下调试方法。

① 替代法:将已经调整好的单元电路代替有故障或有疑问的相同的单元电路,这样可以很快判断出故障原因是在单元电路本身,还是在其他的单元或连接线上。当发现某一局部电路有问题时,应先检查该部分的连线,当确认无误后再更换集成电路芯片。

② 对比法:将有问题电路的状态、参数与相同正常电路进行逐项对比。

③ 对分法:把有故障的电路对分为两个部分,可检查出有问题的那一部分而排除无故障的另一部分电路。然后再对有故障的部分进行对分检测,直到找出故障点为止。

实践表明,数字单元电路的故障大多都是接线错误或接触不良引起的,集成器件本身的问题是较少的。然而设计者在调试中发现工作不正常时,往往一开始就怀疑集成器件损坏,这是应该引起注意的。

4. 几种基本电路的测试方法

(1) 集成逻辑门电路

静态时,在各输入端分别接入不同的电平值,即逻辑“1”接高电平(输入端通过 1kΩ 电阻接电源正极),逻辑“0”接低电平(输入端接地)。用数字万用表测量各输出端的逻辑电平,并分析各逻辑电平值是否符合电路的逻辑关系。动态测试是指各输入端分别接入规定的脉冲信号,用示波器观测各输出端的信号,并画出这些脉冲信号的时序波形关系图,分析它们之间是否符合电路的逻辑关系。

(2) 集成触发器电路

静态时,主要测试触发器的复位、置位、翻转功能。动态时,在时钟脉冲的作用下测试触发器的计数功能,用示波器观测电路各处波形的变化情况,据此可以测定输出、输入信号之间的分频关系,输出脉冲的上升和下降时间,触发灵敏度和抗干扰能力,以及接入不同性质负载时对输出波形参数的影响。测试时，触发脉冲的宽度一般要大于数微秒，且脉冲的上升沿或下降沿要陡。

(3) 计数器电路

计数器电路的静态测试主要测试电路的复位、置位功能及各 MSI 电路使能端的电平是否正确。动态测试是指在时钟脉冲作用下测试计数器各输出端的状态是否满足计数功能表的要求，可用示波器观测各输出端的波形，并记录这些波形与时钟脉冲之间的波形关系。

(4) 译码显示电路

首先测试数码管各笔段工作是否正常，如共阴极的发光二极管显示器，可以将阴极接地，再将各笔段通过 1kΩ 电阻接电源正极 $+V_{DD}$，各笔段应亮。再将译码器的数据输入端依次输入 0001～1001，则显示器应对应显示出 1～9。

译码显示电路常见故障如下。

① 数码显示器上某字总是"亮"而不"灭"。可能是译码器的输出幅度不正常或译码器的工作不正常。

② 数码显示器上某字总是不"亮"。可能是数码管或译码器的连接不正确或接触不良。

③ 数码管字符显示模糊，而且不随输入信号变化。可能是译码器的电源电压不正常或连线不正确或接触不良。

3.6.4 设计任务

设计课题 1：设计 $M=125$ 的十进制加/减可逆计数器

- 给定的主要元器件　74LS00、74LS76、74LS192、74LS48 及发光二极管数码显示器等。
- 功能要求

① 计数规律为

加法计数　0—1—2—…—(M—1)（返回 0）

减法计数　(M—1)—…—2—1—0（返回 M—1）

② 接通电源时电路能够自启动。

③ 手控分别实现加、减计数和自动实现加减可逆计数。

④ 用数码管显示计数器的值。

- 设计步骤与要求

① 拟定设计方案，选择功能部件，画出设计的逻辑电路图，简述其工作原理。

② 电路安装与调试，检验、修正电路的设计方案，记录实验现象。

③ 画出最后经实验通过的逻辑电路。

设计课题 2：设计汽车尾灯显示控制电路

- 给定的主要器件　一片 74LS194、两片 74LS00、一片 555 集成定时器及发光二极管等。
- 功能要求　参见表 3.6.12。
- 设计步骤与要求　拟定设计方案，写出必要的设计步骤，画出逻辑电路图，安装与调试电路，使其满足功能要求。

设计课题 3：设计彩灯循环显示控制电路

- 给定的主要器件　74LS194、CC40161、74LS153、74LS04、555 集成定时器及发光二极

管等。

● 功能要求　假设彩灯用8个发光二极管代替。

① 设置外部操作开关，它具有控制彩灯亮点的右移、左移、全亮及全灭等功能。

② 亮点移动的规律是二亮二灭右移或左移。

③ 彩灯亮点移动时间间隔取1秒为宜。

● 设计步骤与要求

① 拟定设计方案，画出原理框图。

② 设计单元电路，画出总的逻辑电路图。

③ 安装与调试电路，满足功能要求。

实验与思考题

3.6.1　简述在数字电路实验时排除故障的几个主要步骤。

3.6.2　如何测试多个相关脉冲信号之间的时序关系？

3.6.3　采用74LS90异步计数器，分别用复位法和置位法设计一个$M=7$的BCD码的计数器和$M=7$的分频器。

3.6.4　用异步计数器74LS93与74LS90设计一个$M=60$的8421BCD码计数器电路，要求电路能够自启动。

3.6.5　采用74LS191同步可逆计数器，可以有哪些方法设计一个$M=12$的加法计数器？写出各控制端的控制方程式？画出设计的电路图。试比较哪种方案最优？

3.6.6　用74LS190、74LS48和7段显示器(共阴极)，设计1个电子钟小时计数器，要求：①计数状态为0,1,2,3,…,9,10,11,12,…,23；②当十位为0时，十位显示器灭灯。试画出完整的计数译码显示电路。

3.6.7　用1片CC40161和门电路设计1个$M=4$的计数器，其状态为十进制数的0,1,13,14。并画出完整的状态转换图。

3.6.8　用1片CC40161和门电路设计1个时序脉冲产生器，其时序脉冲信号为1010100001l001。

3.6.9　用3片CC4017和门电路构成24个节拍的顺序脉冲发生器。

3.6.10　用74LS194构成一个具有自启动功能的模8左移扭环形计数器。

3.6.11　用一片74LS194、4选1数据选择器及门电路设计一个时序脉冲产生器，其时序脉冲信号为00011101。

第4章

电子线路计算机辅助分析与设计

内容提要 本章从应用角度介绍了 OrCAD 9.2 版软件的操作，并列举了模拟电路、数字电路及模-数混合的电路分析示例。

4.1 OrCAD 9.2 软件概述

学习要求 掌握 OrCAD 9.2 软件功能及其操作方法。

4.1.1 OrCAD 9.2 软件简介

1. 电子线路计算机辅助分析与设计的基本流程

电子线路的计算机辅助分析（或仿真）与设计是指运用计算机模拟电路设计者在实验板上搭接的电路并对电路的特性进行分析或仿真，以及模拟仪器测量电路性能指标等工作。电子线路的计算机辅助分析与设计的基本流程如图 4.1.1 所示。

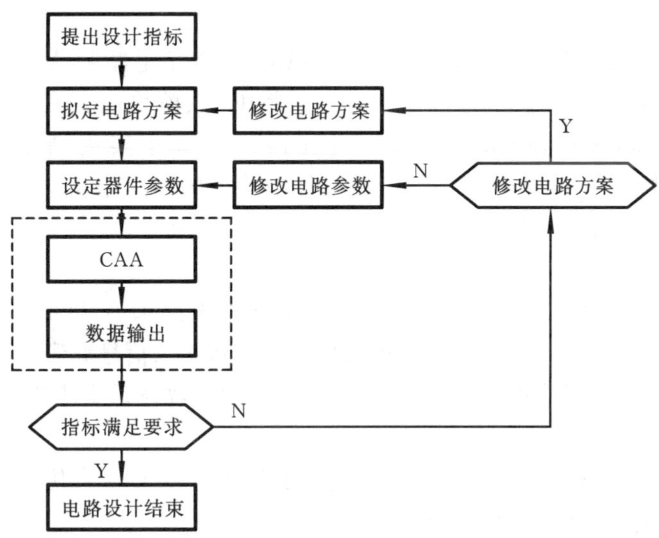

图 4.1.1 电子线路计算机辅助分析与设计的基本流程

计算机辅助分析（Computer Assistant Analysis，CAA）与其数据输出部分称为计算机辅助分析，由计算机专用软件实现。软件的主要组成部分如下。

● 输入部分 ①接受用户编写的源程序（或输入文件）。这些源程序可以是用户根据电路结构编写的语句，也可以是电路图。②将输入的源程序加工处理，包括：数据的分类，语句的语

附注：为了方便使用，本章直接采用了 PSpice 应用软件中自带的图形、文字符号，这些也是目前国际上流行的图形、文字符号。

法、语义,以及电路的拓扑结构检查等。

● 器件模型处理 对用户确定的器件模型及输入的模型参数值进行数学处理。常用器件模型有二极管、三极管及场效应管等。

● 建立电路方程 根据输入的数据、参数和分析要求,用基尔霍夫电流、电压定律和支路特性方程自动建立电路方程。

● 解方程并求数值解 根据建立的电路方程求解,常用方法有线性代数方程求解、非线性代数方程组求解和常微分方程组求解等。

● 输出部分 将分析的结果以多种方式输出,如以数据、表格或曲线等方式输出。输出的内容有:电路的直流工作点、幅频特性、相频特性、瞬态特性、传输特性及噪声特性等。

2. OrCAD 9.2 简介

目前,用于电子线路计算机辅助分析的主要软件是美国 OrCAD 公司推出的 OrCAD 9.2 软件,按功能分为教学版或评估版(Evaluation Version)与工业版(Production Version)。OrCAD 9.2不仅可以对模拟电路进行静态工作点分析、直流扫描分析、交流扫描分析、瞬态分析,而且可以进行蒙特卡诺统计分析、最坏情况分析等;同时可以对数字电路、数/模混合电路进行模拟,并且具备电路参数优化的功能等。

OrCAD 9.2 主要功能模块包括 Capture CIS(原理图设计)、PSpice A/D(模/数混合仿真)、PSpice Optimizer(电路优化)和 Layout Plus(PCB 设计)。根据电子线路设计与测试课程的教学要求,在此仅介绍前面 3 个模块的使用。

(1) Capture CIS 模块

这是电路原理图设计软件,除可生成各类模拟电路、数字电路和 A/D 混合电路的电路原理图外,还负责对设计项目进行统一管理。工业版中,该模块配备有元器件信息系统 CIS (Component Information System), 可以对元器件的采用实施高效管理,还具有 ICA (Internet Component Assistant)功能,可在设计电路图的过程中从 Internet 的元器件数据库中查阅、调用上百万种元器件。

(2) PSpice A/D 模块

这是一个通用电路模拟软件,可以对模拟电路、数字电路和 A/D 混合电路进行仿真分析和模拟。该软件中的 Probe 模块,可以在电路仿真后显示结果信号波形,同时还可以对波形进行各种运算处理,包括提取电路特性参数,分析电路特性参数与元器件参数的关系等。

(3) Optimizer 模块

此模块对电路进行优化设计。在对电路进行了基础的 A/D 混合仿真后,可以调用该软件设置相应的优化指标,计算电路优化参数。

OrCAD 9.2 的运行环境:Intel Pentium 或等效的其他 CPU,硬盘为 200 MB 以上,内存为 32 MB 以上,显示器分辨率为 800×600 像素以上,操作系统为 Windows 95、Windows 98 以上或 Windows NT 4.0 以上。

4.1.2 Capture 界面及菜单介绍

1. Capture 界面

进入 Capture 主窗口并打开一个设计项目,如图 4.1.2 所示。

左边的设计项目管理(Project Manager)窗口,以设计项目的形式统一保存与同一个电路设计相关的所有内容,包括电路原理图、模拟仿真中采用的参数设置、设计资源、生成的各种文

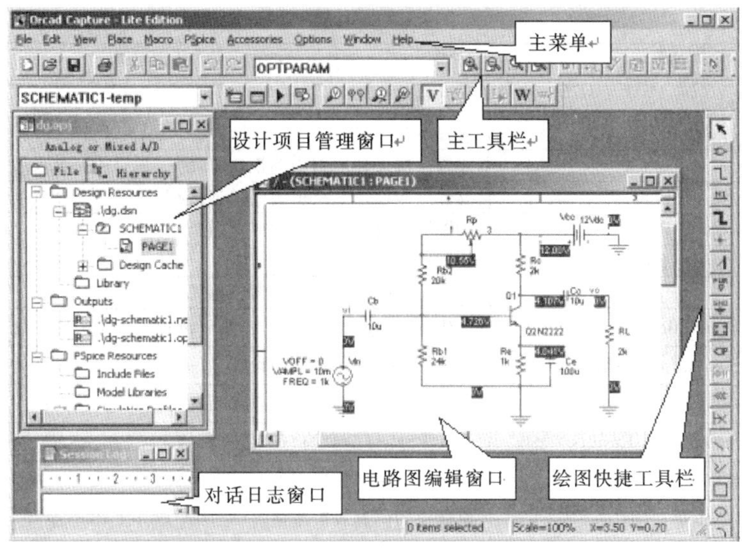

图 4.1.2　Capture 的窗口界面

件、分析结果等。从图中可以看到，项目管理器中包含了电路设计文件(Design Resources)、中间结果输出文件(Outputs)和与 PSpice 运行有关的文件(PSpice Resources)等 3 类文件。用右边的电路图编辑(Page Editor)窗口可进行电路图的编辑处理或绘制新的电路图。在电路图编辑窗口右侧列出了与常用绘图命令对应的工具按钮。在对话日志(Session Log)窗口中记录 OrCAD 软件运行过程的信息以及运行中产生的出错信息等。

2. Capture 菜单

表 4.1.1 列出了电路图编辑窗口打开时的 Capture 菜单命令。

表 4.1.1　Capture 菜单命令

主菜单	子菜单	功　　能
File	Export Selection	将电路图中选中的对象转换成设计库，以供其他设计调用（评估版不支持）
	Import Selection	将 Export Selection 的内容导入
	Export Design	将 Capture 电路图转换成 EDIF 格式和 DXF 格式的电路图
	Import Design	将 EDIF 和 PDIF 格式的电路图转换为 Capture 接受的数据格式
Edit	Properties	编辑选中元器件的属性
	Part	编辑选中元器件的符号
	PSpice Model	编辑选中元器件的模型参数
	PSpice Stimulus	调用激励源编辑器编辑激励源
	Mirror	对选中元器件进行镜向翻转
	Rotate	对选中元器件进行逆时针 90°旋转
View	Grid	设置电路图编辑窗口的栅格是否显示
	Grid References	设置电路图编辑窗口的分度栏是否显示
Place（电路图绘制菜单）	Part	放置元器件
	Wire	绘制连接导线
	Bus	绘制连接总线
	Junction	放置节点
	Bus Entry	绘制总线入/出口
	Net Alias	放置网络别名
	Power	放置电源

续表

主菜单	子菜单	功　能
Place(电路图绘制菜单)	Ground	放置地
	Off-Page Connector	放置端口连接符
	Hierarchical Block	放置层次设计电路中的模块单元
	Hierarchical Port	放置层次设计电路中的端口连接符
	Hierarchical Pin	放置层次设计电路中的内部引脚
	No Connect	放置引脚悬空标志
	其他	放置一些文字、图形、标题栏等无电气特性的对象
PSpice(仿真分析菜单)	New Simulation Profile	创建一个新的仿真分析表,用于设置仿真类型和参数
	Edit Simulation Profile	编辑修改所选仿真表的设置
	Run	运行 PSpice A/D 模块,对激活的仿真表进行仿真
	View Simulation Results	进入 PSpice A/D 窗口查看仿真结果
	View Output File	查看仿真结果输出文本文件 *.out
	Make Active	使选中的仿真表被激活
	Simulate Selected Profile(s)	对选中的所有仿真表进行仿真分析
	Create Netlist	创建当前电路的电气网络表文件
	View Netlist	查看当前电路的电气网络表文件
	Place Optimizer Parameters	放置优化参数符号于电路中,用于设置电路优化设计的参数
	Run Optimizer	运行电路优化设计模块
	Markers	在电路中放置电压、流入引脚电流等标记。仿真时同时仿真该标记结果,并在 Probe 中可直接选择显示该标记波形
	Bias Points	设置直流工作点分析结果是否在电路中显示,包括各点的直流电压、直流电流和直流功率
Options	Preferences	设计环境参数选择。用于设置各种显示颜色等
	Design Template	设计模板设置。用于设置工作区字体等
	Schematic Page Properties	单页原理图属性设置。用于设置工作区图纸大小等

表 4.1.2 列出了与电路图绘制菜单命令对应的工具按钮及其功能。

表 4.1.2　Capture 的绘图工具栏按钮及其功能

按钮	功　能	按钮	功　能
	Select　用于在工作区中选择对象		Place　port　放置电路中的端口连接符
	Place part　放置元器件		Place pin　放置元器件引脚
	Place wire　绘制连接导线		Place off-page connector　放置分页连接符
N1	Place net alias　放置网络别名		Place no connect　放置引脚悬空标志
	Place bus　绘制连接总线		Place line　绘制连线(无电气特性)
	Place junction　放置结点		Place polyline　绘制任意形(无电气特性)
	Place bus entry　绘制总线入/出口		Place rectangle　绘制方形(无电气特性)
PWR	Place power　放置电源		Place ellipse　绘制椭圆形(无电气特性)
GND	Place ground　放置地(0　结点)		Place arc　绘制圆弧(无电气特性)
	Place hierarchical block　放置层次设计电路中的模块单元		Place text　放置文本(无电气特性)

4.1.3 PSpice A/D Lite Edition 界面及菜单

PSpice A/D 模块不但可显示电路中各个信号的波形曲线，而且可对波形曲线进行各种计算和分析，其功能如下：①作为“示波器”使用，显示分析电路中结点电压和支路电流的波形曲线；②对波形曲线进行各种计算，并显示运算处理所得的波形；③进行电路设计的性能分析；④用直方图显示电路特性参数的具体分布；⑤将信号波形转换为数据描述的形式。

调用 PSpice A/D 软件模块有 3 种方式：①在 Capture 窗口中，执行 PSpice\Edit Simulation Settings 命令，在出现的对话框若选择 Probe Window 标签，选中其中的“Display Probe Window”，则执行 PSpice\Run 命令时会自动调用 PSpice A/D 模块；②在 Capture 窗口中，执行 PSpice\View Simulation Results 命令会自动调用 PSpice A/D 模块；③从 Windows 下启动 PSpice A/D 软件模块。

1. PSpice A/D Lite Edition 界面

PSpice A/D 的窗口界面如图 4.1.3 所示。它包括菜单栏、工具栏等典型的 Windows 窗口组成部分，此外，PSpice A/D 窗口还包括波形显示窗口、波形显示区、状态栏、工作窗口等特有组成部分。其中，波形显示窗口是显示信号波形的窗口，标题栏列出显示窗口中波形所对应的文件名。状态栏显示仿真进程中的一些信息。工作窗口列表栏列出了当前处于工作状态的一个或多个窗口的名称。

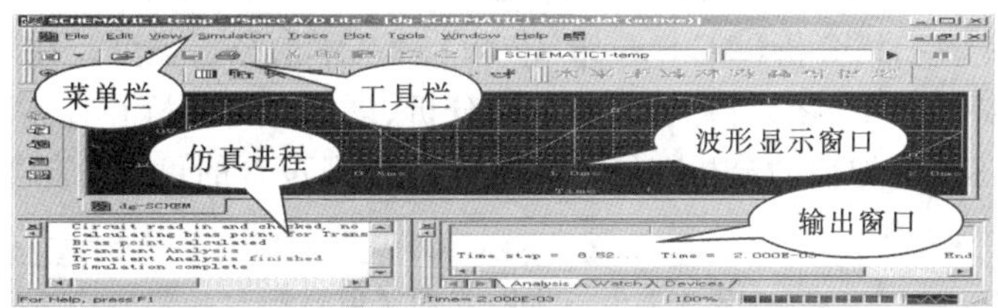

图 4.1.3 PSpice A/D Lite Edition 的窗口界面

2. PSpice A/D Lite Edition 菜单

PSpice A/D Lite Edition 的菜单命令如表 4.1.3 所示。主要列出了该软件的专有菜单。

表 4.1.3 PSpice A/D Lite Edition 的菜单命令

主菜单	子菜单	功　能
File	New\Simulation Profile	创建一个新的仿真分析表
	Append Waveform (.DAT)	添加一个.DAT 文件到当前文件中
View		设置 PSpice A/D 界面中各种窗口是否显示
Simulation	Run	运行当前活动的仿真表
	Edit Profile	编辑当前活动的仿真表
Trace	Add Trace	在波形显示窗口中添加波形曲线(可同时添加多条)
	Delete All Traces	删除所有波形显示窗口中显示的波形曲线
	Fourier	显示窗口中模拟信号波形 FFT 快速傅立叶变换结果
	Performance Analysis	对电路设计进行性能分析
	Cursor	在波形显示区中添加游标，并测量波形上特定位置的数据
	Macros	在波形显示中可以使用各种“宏命令”

续表

主菜单	子菜单	功　能
Trace	Goal Functions	对电路设计进行性能分析时提供各种特征值函数(Goal Function)
	Eval Goal Function	对指定的特征值函数进行计算分析
Plot	Axis Settings	用于设置 X、Y 坐标
	Add Y Axis	在波形显示区中添加的 Y 轴
	Delete Y Axis	删除当前选中的 Y 轴
	Add Plot to Window	添加一个新的波形显示坐标系
	Delete Plot	删除当前所选中的坐标系
	Unsynchronize X Axis	使不同波形显示区的 X 轴采用独立的标度
	Digital size	该命令与数字信号的显示有关
	Label	在波形中添加字符或符号
	AC、DC、Transient	选择当前显示的分析类型

4.1.4　电路分析类型

在 OrCAD PSpice 中,可以对数字电路和模拟电路及 D/A 混合电路进行仿真分析。PSpice 将直流工作点分析(Bias Point)、时域(瞬态)分析(Time Domain(Transient))、直流扫描(DC Sweep)和交流扫描分析(AC Sweep)作为 4 种基本的分析类型。在后 3 种基本分析类型中,还包括温度特性分析、参数扫描、蒙托卡诺分析、最坏情况分析和直流工作点的存取等可选分析类型,同时还可附加辅助分析功能。基本分析类型包含的可选分析类型和辅助分析功能,如表 4.1.4 所示。

表 4.1.4　PSpice 分析类型列表

基本分析类型	可选分析类型	辅助分析类型
时域(瞬态)分析(Time Domain (Transient))	蒙特卡诺分析/最坏情况分析 (Monte Carlo/Worst Case) 参数扫描分析(Parametric Sweep) 温度特性分析(Temperature)	傅里叶分析 (Fourier Analysis)
直流扫描分析(DC Sweep)	二级扫描(Secondary Sweep) 蒙特卡诺分析/最坏情况分析 (Monte Carlo/Worst Case) 参数扫描分析(Parametric Sweep) 温度特性分析(Temperature)	
交流扫描分析 (AC Sweep/Noise)	蒙特卡诺分析/最坏情况分析 (Monte Carlo/Worst Case) 参数扫描分析(Parametric Sweep) 温度特性分析(Temperature)	噪声分析(Noise Analysis)
直流工作点分析 (Bias Point)	温度特性分析(Temperature)	灵敏度分析(Sensitivity Analysis) 小信号直流增益计算(Calculate small-signal DC gain)

从表4.1.4中可发现共有9种不同的分析类型，它们对电路进行不同的特性分析，表4.1.5所示的是各种分析的内容。

表4.1.5 PSpice各种分析类型内容说明

分析类型	分析内容
直流工作点分析	计算电路的直流偏置情况
直流扫描分析	当电路中某一参数在特定情况下变化时，计算电路相应的直流偏置特性
交流扫描分析	计算电路的交流小信号频率响应特性
瞬态分析	在给定输入激励信号作用下，计算电路的时域瞬态响应
噪声分析	计算输入源上的等效输入噪声
蒙特卡诺统计分析	模拟实际生产中因元器件值具有一定分散性所引起的电路特性分散性
最坏情况分析	蒙托卡诺统计分析中产生的极限情况即为最坏情况
参数扫描分析	在指定参数值的特定变化情况下，分析电路的相应特性
温度分析	分析在特定温度下电路的特性

根据评判电路优劣的性能指标，不同电路的仿真类型也不相同。同时，评判某一电路优劣的性能指标有多个，就需要对此电路进行多种类型的仿真，将几种仿真结果结合起来才能评价该电路的性能。

4.1.5 常用库及生成的文件

1. 常用库

评估版中有8个元器件符号库，各库的名称及元器件类型如表4.1.6所示。

表4.1.6 评估版中的8个库

库名称	包含的元器件类型	库文件名
ABM	数学模型符号库	abm.olb
ANALOG	模拟电路中的各种无源元器件，如电阻 R、电容 C、电感 L 等	analog.olb
ANALOG_P	同上	analog_P.olb
BREAKOUT	调用PSpice软件对电路设计进行蒙托卡诺和最坏情况统计分析时，要求电路中某些元器件参数按一定的规律变化（包括 R、C 等无源元器件以及各种半导体器件），则应选用本库中的元器件符号	breakout.olb
EVAL	库中绝大部分符号都是不同型号的半导体器件和集成电路（评估版的专有库）	eval.olb
SOURCE	各种信号源，包括各种电压源和电流源符号	source.olb
SOURCSTM	用户可编辑信号源。当用户不仅需要定义信号源的参数，而且还要定义或修改波形的形状和其他特别要求时，要选用该库中的信号源，并通过启动Stimulus Editor模块来定义和修改	sourcstm.olb
SPECIAL	特殊符号库	special.olb

此外，还有一个Design cache库，其中包含当前设计中所采用的符号，该符号库与相应的电路设计一起保存，没有专门的.olb文件。

对电路进行模拟分析时，要求电路图中的每一个元器件均有一个与其类别有关的编号，同类元器件的编号都以同一个关键字母开头。Capture中主要的元器件类型和关键字如表4.1.7所示。

表 4.1.7 Capture 中主要的元器件类型和关键字

类型名称	关键字	元器件类型	类型名称	关键字	元器件类型
RES	R	电阻器	DINPUT	N	数字输入器件
CAP	C	电容器	DOUTPUT	O	数字输出器件
IND	L	电感器	UIO	U	数字输入/输出模型
D	D	二极管	UGATE	U	标准门
NPN	Q	NPN BJT 三极管	UTGATE	U	三态门
PNP	Q	PNP BJT 三极管	UEFF	U	边沿触发器
PNP	Q	横向 PNP BJT 三极管	UGFF	U	门触发器
NMOS	M	N 沟道 MOSFET	PMOS	M	P 沟道 MOSFET

2. 生成文件类型

在对电路进行仿真分析的过程中，系统会生成不同的文件，这些文件的作用是各不同的，表 4.1.8 所示的是其中主要的文件类型。

表 4.1.8 文件类型

文件后缀	文件类型	文件后缀	文件类型
.opj	设计项目管理文件	.als	别名文件
.DSN	设计文件	.olb	符号库文件
.lib	模型库文件	.out	文本格式的输出文件
.net	常用的电路网表文件	.dat	仿真数据输出文件
.cir	Spice 网表文件	.drc	设计规则检查文件
.prb	ASCII 文本文件，存储仿真信息	.stm，.stl	激励源文件

4.2 OrCAD 9.2 电路设计仿真分析的流程

学习要求 熟练掌握 OrCAD 9.2 的电路设计仿真分析流程。

4.2.1 一般流程

OrCAD 9.2 对电路进行设计仿真分析的一般流程如图 4.2.1 所示。本节将以晶体管放大器的仿真分析为例说明电路仿真分析的一般流程。

1. 新建设计项目

新建仿真设计项目的步骤如下。

① 启动 OrCAD 9.2 中的 Capture 程序项，进入 Capture 界面。

② 在 Capture 中执行菜单命令 File/New/Project，弹出创建新设计项目对话框，如图 4.2.2所示。

对该窗口需要设置 3 个内容：指定新项目的存放路径、为新项目命名、选择新项目的设计类型。本例中将新项目保存到路径 E:\PSpice\dg 中，项目名为 dg，项目设计类型选择“Analog or Mixed A/D”。其中，新项目的设计类型有 4 种：“Analog or Mixed A/D”类型为绘制电路图并对电路进行仿真分析；“PC Board Wizard”类型为制作印制电路板；

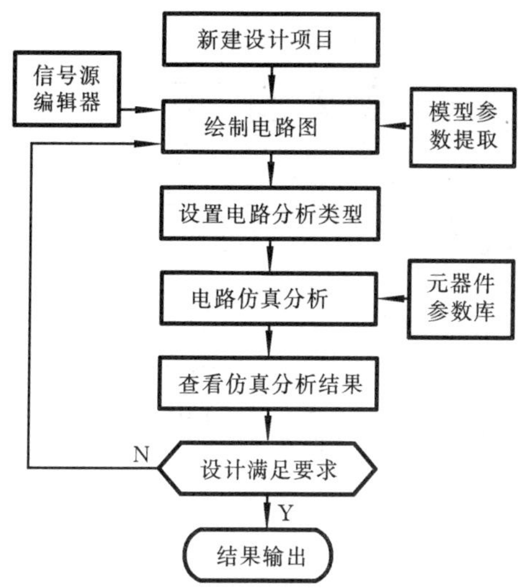

图 4.2.1　电路设计仿真分析的一般流程

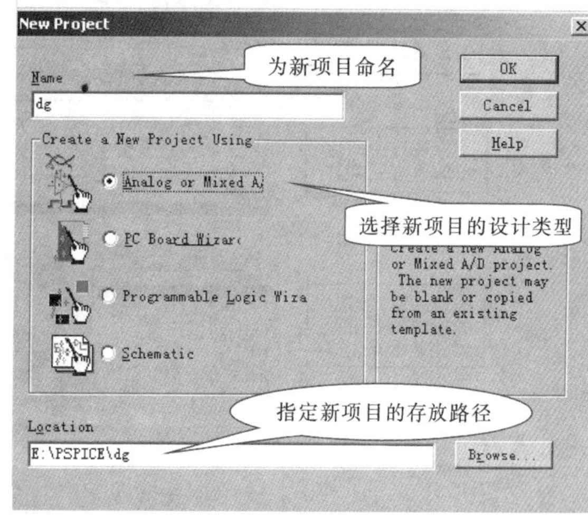

图 4.2.2　创建新设计项目对话框

“Programmable Logic Wizard”类型为可编程逻辑设计；“Schematic”类型为仅绘制电路图。由于本例要对晶体管放大器绘制电路图并进行仿真分析，故选择第一项。

单击 OK 按钮以后，弹出选择项目创建方式的对话框，本例中选择该对话框的“Created a blank project”选项，用于创建一个空白的项目。“Created based upon an Existing project”选项表示以选定的项目为基础创建新项目，其中选定的项目在该选项下方进行选择。单击 OK 按钮关闭该对话框后，Capture 中显示新项目的设计界面。

2. 绘制电路图

在 Capture 中选中电路图编辑窗口，就会出现电路图绘制快捷按钮（与 Place 菜单中的命令功能一致）。本节以图 4.2.3 所示的晶体管放大电路为例来介绍电路图的绘制步骤与方法。

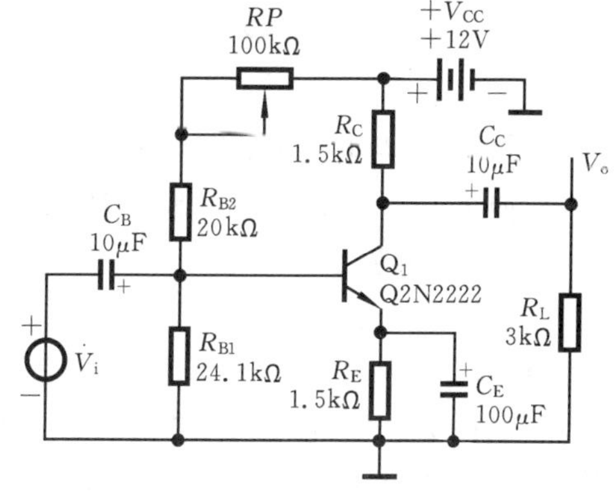

图 4.2.3　晶体管放大电路

(1) 放置元器件(Place/Part)

执行 Place/Part 菜单命令，显示图 4.2.4 所示元器件符号选择框。单击 Add Library 按钮，添加需要的几个库。此处，添加了评估版中的 8 个库。

在图 4.2.5 中 Library 处选中其中一个或多个库（在按下 Ctrl 键的同时单击其他库名称，可同时选中几个符号库），在 Part 处显示选中库中的所有元器件。依次在 ANALOG 库中选择元器件 R（电阻）和 C（电容）、在 BREAKOUT 库选 POT（电位器）、在 EVAL 库中选 Q2N2222（三极管）、在 SOURCE 库中选 Vsin（正弦电压源）和 VDC（直流电压源）进行放置。每选中一个元器件，单击图 4.2.5 中的 OK 按钮，该元器件就会附着在光标上；将光标移动到电路图编辑窗口上，单击，元器件就放置到了电路图编辑区中。这时继续移动光标，还可在电路图的其他位置单击，继续放置该元器件符号。如果不需要再放置该元器件，按 Esc 键结束元器件的放置，或者右击，执行右键菜单中的 End Mode 命令即可结束放置元器件状态。

电路中接地的节点号均为 0，只有 SOURCE 库中的地符号（符号名称为“0”）才代表电位

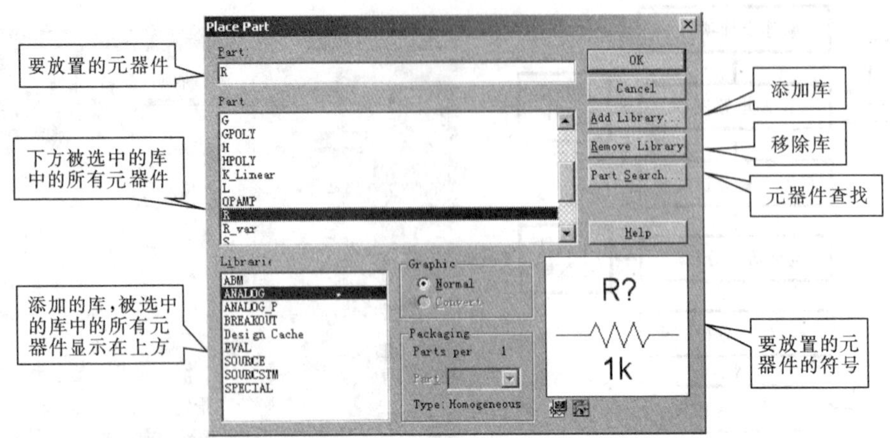

图 4.2.4 元器件符号选择框

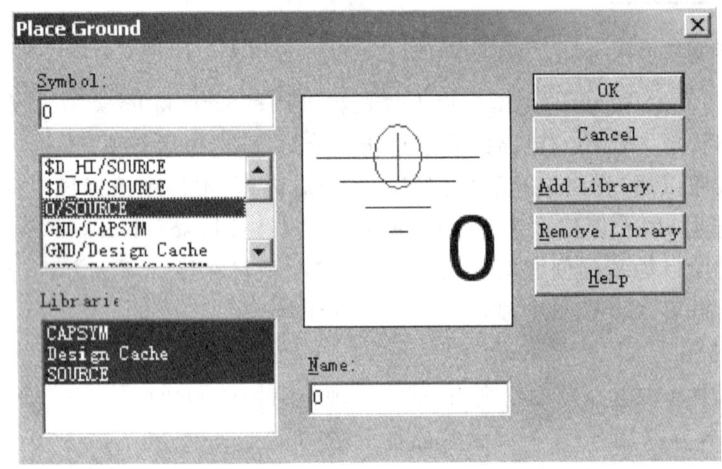

图 4.2.5 Place Ground 选择框

为 0 的"地"。在电路中放置接地符号的方法为:执行 Place/Ground 菜单,弹出 Place Ground 窗口,如图 4.2.5 所示,选中 SOURCE 库中的"0"符号,单击 OK 按钮,将接地符号放置到电路图中的相应位置。

(2) 绘制连接线

绘制连接线(Place/Wire)的基本步骤如下。

执行 Place/Wire 命令,进入绘制连接线状态,这时光标形状由箭头变为十字形。将光标移至连接线的起始位置处,单击从该位置开始绘制一段连接线,将光标移至连接线的结束位置,再单击,就结束绘制该段连接线。

在绘制连接线过程中,按下 Esc 键即可结束连接线的绘制状态;右击,从快捷菜单中选择执行 End Wire 子命令,也可结束连接线的绘制状态,使光标恢复为箭头形状。

按前面步骤绘制的互连线只能 90°转弯。如果在连接线绘制中,先按下 Shift 键,再用鼠标控制光标的移动,即可绘制任意角度走向的互连线。按照图 4.2.3 所示将电路各元器件连接好。

注意 绘制连接线时,只有连接线端口与元器件的引脚准确对接(两个元器件的引脚直接相连时,两引脚也要准确对接),系统才认为它们在电学上连接在一起。在绘制连接线的过程中，两条连接线十字交叉或者丁字形相接时，只有在交点处出现圆形实心的连接结点，才表示这两条互连线在电学上是相连的。使十字交叉点或丁字形相接点成为一段互连线的端头，该位置就会自动出现连接结点，或者执行 Place/Junction 子命令，人为放置电连接结点。

(3) 元器件属性的编辑修改

绘制完一个电路图后，还要编辑修改(Edit Properties)元器件的属性参数。这里只介绍其中与 PSpice 电路模拟有关的属性参数及其编辑修改方法。

初放置的元器件属性参数都是默认值，例如，电阻值均为 1kΩ，电容值均为 1nF，电感值均为 10μH 等。同时，每个元器件按类别和绘制顺序自动进行编号，例如，对电阻的编号分别为 R1，R2，…现在需要按照图 4.2.3 所示进行以下元器件属性参数的修改：R，C，POT，Q2N2222，VDC 和 VSIN，下面逐一进行介绍。

① 电阻 R 的属性参数修改有两种方法：一是双击要编辑修改的电阻名和阻值，在弹出窗口中直接修改"Value"框的内容，单击 OK 按钮完成修改；二是选中要修改属性参数的电阻，双击该电阻或执行 Edit/Edit Properties 命令，在弹出的 Property Editor 窗口中修改 Reference 和 Value 下的值，每修改一个按回车键或单击 Apply 按钮，修改完后关闭 Property Editor 窗口即可。采用这两种方法完成所有电阻的属性参数修改。

② 电容 C 的属性参数修改方法与电阻 R 类似。

③ 电位器 POT 的属性参数修改方法：选中要修改属性参数的电位器，双击该电位器或执行 Edit/Edit Properties 命令，弹出 Property Editor 窗口，需要编辑其中的 Reference＝RP、Set＝0.5 和 Value＝100k 的值，如图 4.2.6 所示。Value＝100k 表示电位器最大值为 100kΩ，Set＝0.5 表示将电位器调整到 100kΩ×0.5＝50kΩ 大小，Set 值只能取 0～1。每修改一个属性参数按回车键或单击 Apply 按钮保存，修改完后关闭 Property Editor 窗口即可。

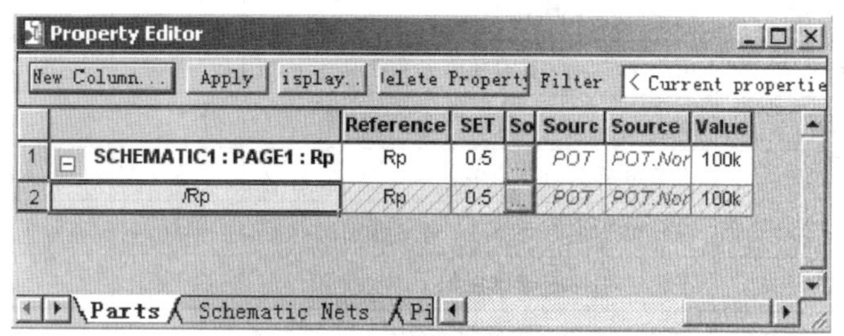

图 4.2.6　电位器 POT 属性参数修改窗口

图 4.2.6 所示的上部有 4 个编辑命令按钮：New 按钮为选中的元素新增一个用户定义参数，单击该按钮打开新增属性参数对话框；Apply 按钮在每编辑修改一个属性参数后单击，用于更新电路图中该电路元素的属性参数；Display 按钮用于设置属性参数的显示方式，选中一项属性参数后，单击 Display 按钮打开显示该属性参数设置对话框。Delete Property 按钮用于删除选中的属性参数。

④ 三极管 Q2N2222 的具体特性值由系统模型参数库提供。其 Reference 参数值 Q1 是绘图过程中自动产生的元器件编号，Value 参数值 Q2N2222 是该元器件的型号名。该元器件能修改的只是 Reference 参数值，此处不需修改。对于有型号的半导体元器件，包括有型号的模拟集成电路，一般模型名与元器件型号名相同，Value 的参数设置是根据绘图过程中调用的元器件名自动填入的，一般不要修改。

以设置三极管 Q2N2222 的 β＝80 为例说明其具体特性值模型参数的修改方法。右键单击电路图中的三极管，在右键菜单中选择 Edit PSpice Model 命令，弹出该三极管的模型参数编辑窗口，将窗口中的 Bf=255.9 改为 Bf=80，然后执行模型参数编辑窗口的保存命令，再关闭该窗口即可。

⑤ 若需要修改 VDC 名称和电压值，则只需双击要编辑修改的名称和电压值，在弹出窗口的 Value 框中修改即可。

⑥ 正弦电压源 Vsin 的属性参数修改方式为：选中 Vsin 元器件，双击该元器件或执行 Edit/Edit Properties 命令，弹出 Property Editor 窗口，可编辑其中的 AC、DC、FREQ、Reference、Value、VAMPL 和 VOFF 属性参数，如图 4.2.7 所示。每修改一个属性参数按回车键或单击 Apply 按钮保存该修改，修改完后关闭 Property Editor 窗口即可。

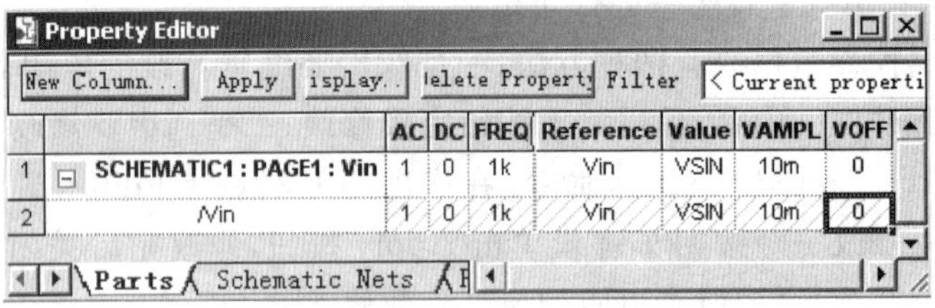

图 4.2.7 正弦电压源 Vsin 属性参数修改窗口

正弦电压源 Vsin 属性参数修改窗口中需要编辑修改 6 个参数。表 4.2.1 列出了这些参数的含义、单位及默认值。

表 4.2.1 正弦电压源 Vsin 属性参数

参 数	含 义	单 位	默认值
Reference	正弦电压源的编号		Vx
AC	用于 AC Sweep 的峰值振幅	V	无
DC	用于 DC Sweep 的电压值	V	无
VOFF	正弦电压源的直流偏置	V	无
FREQ	正弦电压源的频率	Hz	1/TSTOP
VAMPL	正弦电压源的峰值振幅	V	无

注：表中 TSTOP 是瞬态分析中分析结束时间参数的设置值。

(4) 放置网络别名(Place Net Alias)

网络别名有下述作用：电路中具有相同网络别名的不同点在电学上是相连的；PSpice 电路模拟结束后，会增加采用网络别名表示的电路特性分析的结果。

在晶体管放大电路中，要在输出端 R_L 上放置网络别名 Vo，如图 4.2.8 所示。放置步骤如下。

①执行 Place/Net Alias 子命令，屏幕上将出现网络别名设置框；②在 Alias 文本框中键入网络别名 Vo。设置框中另外 3 栏分别设置网络别名采用的颜色(Color)、字体(Font)和放置方位(Rotation)；③完成设置后，单击 OK 按钮，然后将附着网络别名的光标移动至欲放置的位置，单击即可。按 Esc 键或执行右键菜单中的 End Mode，即可结束放置网络别名。

注意 放置网络别名时，光标箭头一定要指在其对应的互连线或总线上。

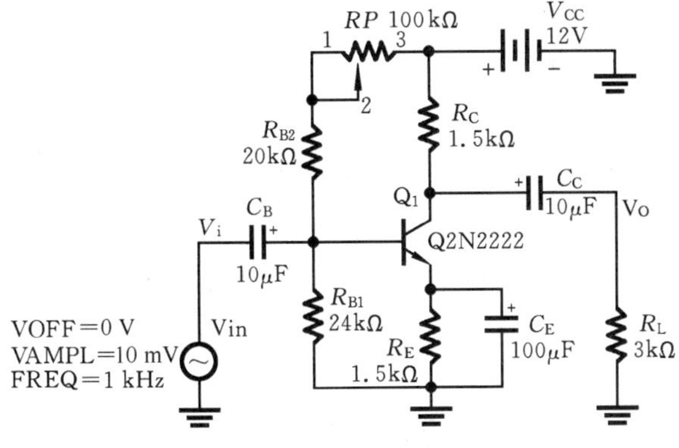

图 4.2.8 放置网络别名 Vo 的晶体管放大器电路

表 4.2.2 晶体管放大器仿真分析内容

电路需要测试的性能或参数	创建的仿真分析类型
静态(直流)工作点	Bias Point
观察瞬态波形失真与否	Time Domain(Transient)
Av 及幅频特性	AC Sweep
相频特性	AC Sweep
输入阻抗及其频率特性	AC Sweep
输出阻抗及其频率特性	AC Sweep

3. 电路指标仿真分析

对晶体管放大电路进行仿真分析时，需要测试电路的静态工作点，观测瞬态(时域)输入、输出波形，测试电路的频率特性、输入阻抗、输出阻抗等。对电路不同性能和参数测试时，需要创建设置不同的仿真分析简要表，如表 4.2.2 所示。

下面详细说明各仿真分析类型的创建和设置。

(1) 静态(直流)工作点分析

PSpice 对电路进行静态(直流)工作点分析时，是将电路中的电容开路，电感短路后，对各个信号源取其直流电平值计算电路的直流偏置状态。在 Capture 窗口中执行菜单 PSpice/New Simulation Profile，弹出新建仿真简要表命名对话框，在 Name 编辑框中输入简要表名称 bias，该名称由用户自己命名。在 Inherit From 的下拉列表中列出了当前电路中已创建的简要表，可选择其中一个作为新建仿真表的基础，也可选择 none 表示完全新建。然后，单击 Create 按钮，弹出 bias 仿真简要表的设置窗口，如图 4.2.9 所示。

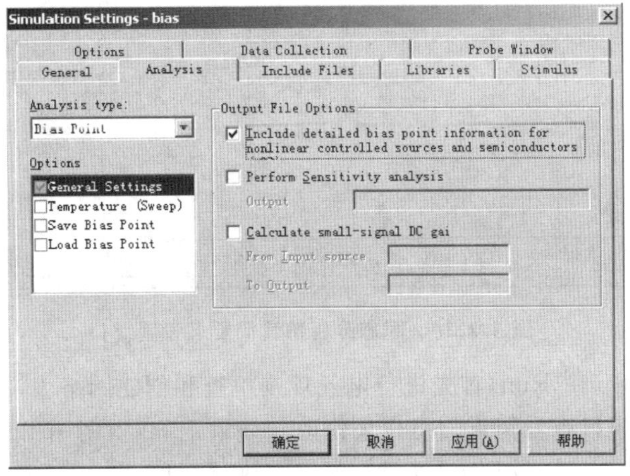

图 4.2.9 静态工作点仿真简要表设置窗口

在该设置窗口的 Analysis Type 下拉列表中列出了四种分析类型：静态(直流)工作点分析 Bias Point，瞬态分析 Time Domain(Transient)，直流扫描分析 DC Sweep，交流扫描/容差分析 AC Sweep/Noise，此处选择 Bias Point 进行静态(直流)工作点分析。在 Output File Options 栏中选中 Include detailed bias point information for nonlinear controlled sources and semiconductors,完成直流工作点分析设置,然后单击确定按钮即可。在 Output File Options 栏中的其他两项分别用于直流灵敏度分析和小信号直流增益计算。

执行 PSpice/Run,进行静态(直流)工作点分析。分析的结果可执行菜单 PSpice/View Output File 在输出文本文件.out中查看,也可以在 Capture 窗口中单击主工具栏中的 V、I 和 W 图标,使电路中显示各支路或节点的直流电压、电流和功率等数据。由按下 V 时电路图的显示状态,可得到 Vb=3.052V,Vc=9.636V,Ve=2.396V,三极管工作于线性放大区。若单击 I 图标,可以看到 Ic=1.576mA。

(2) 瞬态(时域)分析

晶体管放大器的静态工作点测试正确后,需要测试该电路的动态特性。将有效值为 5mV、频率为 1kHz 的正弦信号输入电路,观测输入、输出波形以判断电路是否正常放大,波形是否失真,即对电路进行瞬态分析。在 PSpice 中对电路进行瞬态分析,首先需要创建瞬态分析仿真简要表。

与静态工作点分析仿真简要表的创建类似,将瞬态分析仿真简要表名称命名为 train,仿真设置如图 4.2.10 所示。在该仿真设置窗口的 Analysis Type 下拉列表中选择瞬态分析 Time Domain(Transient),然后设置波形分析的起止时间。电路中将输入正弦源 Vsin 的频率 Frequency 设为 1kHz,则周期为 1ms,如果需要分析两个周期的波形,就将起始时间 Start saving data 设为 0s,将分析结束时间设为 2ms 即可,然后单击确定按钮完成设置。

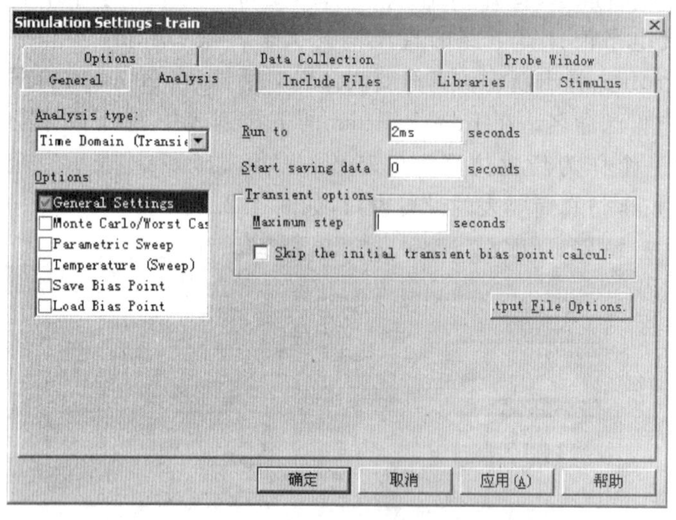

图 4.2.10 瞬态分析仿真简要表设置窗口

然后执行菜单 PSpice/Run,首先进行电气规则检查和创建网络表,如果出错就停止仿真,并打开 Session Log 窗口查看错误信息以使修改。如果正确,则调用 PSpice A/D 对选中的仿真表进行仿真,在 PSpice A/D Lite Edition 窗口中执行菜单 Trace/Add Trace 查看各结点电压、电流和功率等的仿真波形。图 4.2.11 所示的即为电路输入、输出的波形,可知输入、输出反相,输出波形不失真,Av 约为 50 倍。

(3) Av 的频率特性分析

接着仿真分析电路的各项性能指标:Av、Ri 和 Ro 以及其频率特性,即进行 AC Sweep 交流扫描分析。

与前面的分析类型设置类似,在命名为 AC Sweep 的仿真简要表设置窗口的 Analysis

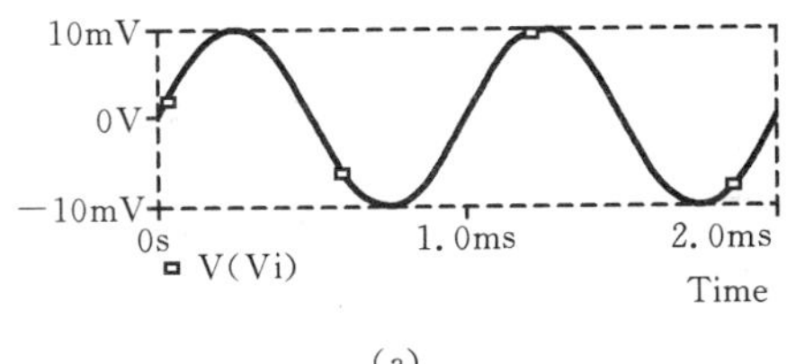

(a)

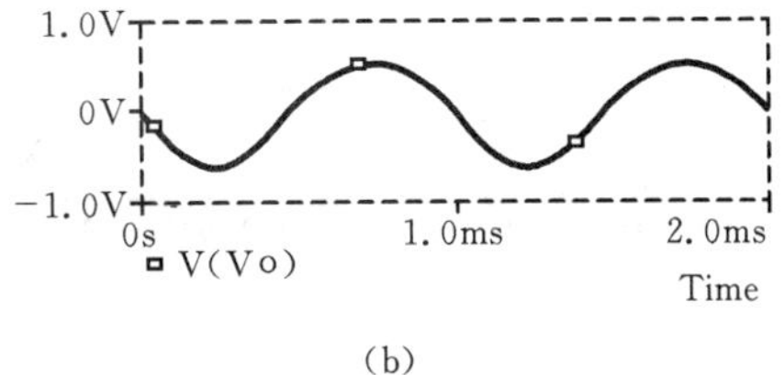

(b)

图 4.2.11　瞬态分析波形

(a) 输入波形　(b) 输出波形

Type 下拉列表中选择交流扫描分析 AC Sweep/Noise，在 Options 中选择 General Settings，对其中的分析类型及其参数进行设置，如图 4.2.12 所示。

图 4.2.12　交流扫描分析类型设置

在窗口的 AC Sweep Type 栏中，有两大类扫描方式供选择：Linear（线性扫描）和 Logarithmi（对数扫描）。此处选择 Logarithmi 方式中的 Decade（10 倍频），从 1Hz 扫描到 100MHz，因此在 Start 中填入扫描起始频率 1Hz，在 End 中填入扫描终止频率 100MHz，单位 Hz 可以省略。在 Points/Decade 中填入 101，设置每 10 倍频分析 101 个频点数据，该值越小则分析所用时间越短，但分析结果的精确度越低。Logarithmi 方式中的 Octave 为 2 倍频扫描。

如果扫描方式选择 Linear 方式，则在 Start 中填扫描的起始频率，在 End 中填扫描的终止频率，在 Total 中填扫描的总频点数。

然后执行菜单 PSpice/Run，在 PSpice A/D Lite Edition 窗口中执行菜单 Trace/AddTrace，查看 AC Sweep 分析的波形，如图 4.2.13 所示。

在 Trace/Add Trace 下，输入V(Vo)/V(Vi)，得到放大器的幅频特性曲线，如图(a)所示。在 Trace/Cursor/ Display 下，可测量放大器的中频增益 Av＝58 倍。输入 dB(V(Vo)/V(Vi))，得到 20lg|Av|的频率特性曲线，可测得增益 Av 的 3dB 带宽为 Δf＝113Hz～28MHz。输入 Vp(Vo)，得到放大器的相频特性曲线，如图(b)所示，测得中频区的相位为 180°。输入 V(Vin:＋)/I(Vin)，得到输入阻抗的频率特性曲线，如图(c)所示，测得中频区输入阻抗 Ri＝1.1kΩ。按照图 4.2.14 所示重新在 Capture 中绘制电路，同样按照图 4.2.12 所

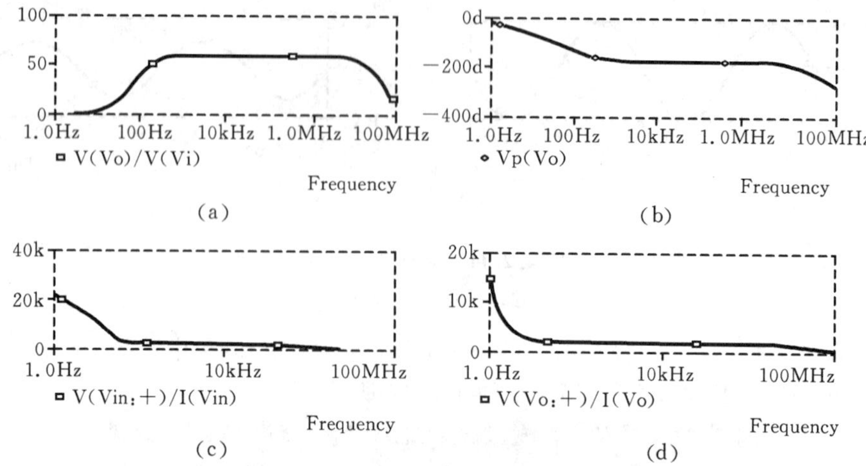

图 4.2.13 交流扫描分析的波形

(a) 幅频特性 (b) 相频特性

(c) 输入阻抗的频率特性 (d) 输出阻抗的频率特性

示设置交流扫描分析，仿真后在 PSpice A/D Lite Edition 窗口中执行菜单 Trace/Add Trace，输入 V(Vo)/I(Vo)，得到输出阻抗的频率特性曲线，如图 4.2.13(d)所示，测得中频区输出阻抗 Ro=1.4kΩ。输出阻抗的分析电路是根据其定义，将输入电压源短路，负载电阻 R_L 开路，在输出端加一信号源 Vo(其属性与 Vin 相同)而得到的。

注意 若对电路进行交流扫描分析，电路中信号源属性中的 AC 值必须设置。

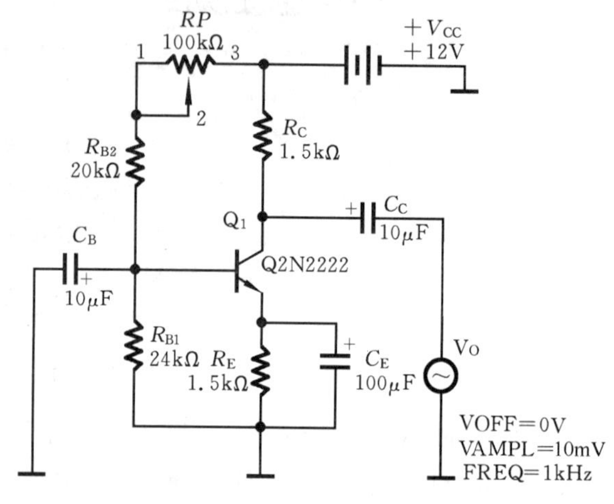

图 4.2.14 输出阻抗的分析电路

4.2.3 结果输出文件

PSpice 电路仿真分析结束后，与波形有关的计算结果以二进制形式存放在以.dat 为扩展名的文件中，通过调用波形显示模块 Probe 来显示分析仿真结果。与数字有关的计算结果都存放在以.out 为扩展名的 ASCII 码文件中，该文件主名与电路设计文件名相同。某些电路特性分析，如直流灵敏度分析、TF 分析、噪声分析、MC 分析、WC 分析、傅里叶分析中，它们的分析结果都存入.out 输出文件。如果电路仿真分析中出现问题，导致分析过程未能正常结束，有关的出错信息也存放在.out 文件中。

1. OUT 输出文件的查阅方法

① 在 Capture 窗口中，选择执行 PSpice/View Output File 命令。

② 在 PSpice A/D Lite Edition 窗口中，选择执行 View/Output File 命令。

2. OUT 输出文件中存放的内容

① 电路描述。输出文件的开始是关于电路分析的描述部分，包括的内容如下。

a. 电路设置的仿真分析类型和分析参数描述。表 4.2.3 列举了各种分析类型的关键字，其参数设置为在 Capture 中创建各仿真分析表时设置的参数。

表 4.2.3　各种分析类型及其关键字

关键字	分析类型(功能)	关键字	分析类型(功能)
·OP	直流工作点分析	·TRAN	瞬态特性分析
·DC	直流扫描分析	·AC	交流特性分析
·TF	直流小信号传输函数分析	·FOUR	傅里叶分析
·TEMP	温度特性分析	·PARAM	参数及表达式定义语句
·STEP	参数分析(与·PARAM 配合)	·PLOT	绘图输出控制语句

b. 电路元器件及其拓扑关系的描述，下面举例说明。

例如，Q_Q1　　　　N00580 N00902 N00811 Q2N2222

说明编号为 Q1 的双极性三极管 Q 的集电极、基极和发射极结点号分别为 N00580、N00902、N00811，该结点编号为 PSpice 自动定义的。Q1 三极管的模型名为 Q2N2222。

例如，R_Rb1　　　　0 N00902　24k

说明编号为 Rb1 的电阻 R 的引脚①接到结点 0，即接地；引脚②接到结点 N00902，即与三极管 Q1 的基极相连；电阻值为 24k(PSpice 规定地结点号为 0)。

电路图中每个元器件都有编号，每个结点有结点号(用户通过放置网络别名定义或软件自动定义)。电路拓扑关系具体给出了每个元器件的引脚在电路中的连接关系以及元器件参数值和模型名。为了表示每个元器件的类别，在每个元器件编号名前面均加有类别名字母。例如，电阻 Rb1 表示为 R_Rb1，电压源 Vin 表示为 V_Vin。

② 电路中涉及的元器件模型参数列表(MODEL PARAMETERS)。

③ 电路特性分析的有关结果，包括：

a. 直流工作点分析的结果，包括各结点电压，独立信号源的电流和功耗，非线性元器件的工作点线性化参数等；b. 直流传输特性分析(TF 分析)、直流灵敏度分析、噪声分析和傅里叶分析的结果；c. 交流小信号 AC 分析的工作点计算结果(Small Signal Bias Solution)和瞬态特性分析的初始解(Lnitial Transient Solution)。

④ 仿真分析中产生的出错信息和警告信息。

⑤ 其他统计信息：电路元器件统计清单、仿真分析采用的任选项设置值、仿真分析耗用的计算机 CPU 时间等。

4.3　OrCAD 9.2 电路分析示例

学习要求　掌握模拟电路、数字逻辑电路及数-模混合电路等各种不同类型电路的分析内容及其分析参数的设置方法。

4.3.1　模拟电路的分析示例

1. 二极管电路

例　指标要求：测试二极管 1N4002 的 V-I 特性曲线。

解　① 进入 Capture 界面，绘制图 4.3.1 所示的电路原理图。设置信号源 Vi 属性中的 DC＝0V，用于直流扫描分析。

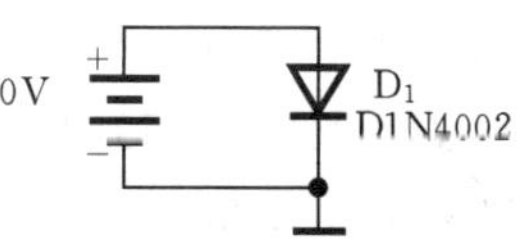

图 4.3.1　测量二极管 V-I 特性曲线电路

② 执行 PSpice/New Simulation Profile 进行电路分析类型设置,对该电路进行直流扫描分析的设置,如图 4.3.2 所示。设置主扫描变量为电压源 Vi,由－110V 开始扫描直到 10V,每隔 0.01V 记录一点。

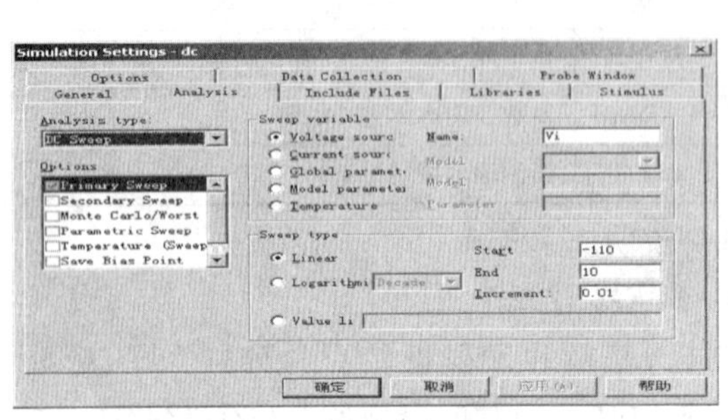

图 4.3.2　DC Sweep 设置

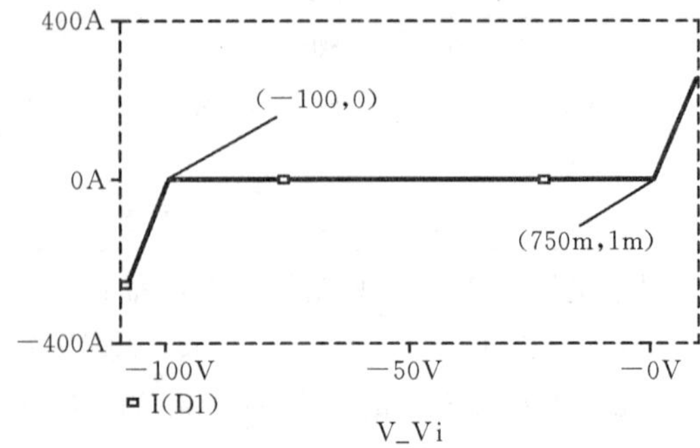

图 4.3.3　二极管 V-I 特性曲线

③ 执行 PSpice/Run,对电路进行仿真分析。在 PSpiceA/D 窗口中执行 Trace/Add Trace,输入 I(D1),得到二极管的 V-I 特性曲线如图 4.3.3 所示,可知二极管 1N4002 的雪崩电压值为 100V,阈值电压约为 0.75V。

2. 差分放大器

例　设计一具有恒流源的单端输入-双端输出差分放大器。已知条件:$+V_{CC}=+12V$,$-V_{EE}=-12V$,$R_L=20k\Omega$,$V_{id}=20mV$。性能指标要求:$R_{id}>20k\Omega$,$A_{VD}\geqslant 20$,$K_{CMR}>60dB$。

解　(1) 设计步骤

参见 5.3 节,电路如图 5.3.6 所示。

(2) 分析步骤

① 进入 Capture 界面,绘制图 5.3.6 所示的电路原理图。设置信号源 Vin 属性中的 AC＝100mV,VAMPL＝400mV,FREQ＝100Hz。

② 执行 PSpice/New Simulation Profile 进行电路分析类型设置,首先分析电路的传输特性曲线。选择 Time Domain(Transient)瞬态分析类型,分析 2 个周期波形,设置 Run to 为 20ms,Start Saving Data 为 0s。

③ 执行 PSpice/Run,对电路进行仿真分析。在 PSpiceA/D 窗口中执行 Trace/Add Trace,输入 V(OUT1),V(OUT2),然后执行 Plot/Axis Settings,在弹出窗口中单击 Axis Variable 按钮,选择 X 轴信号为 V(Vi:+),得到传输特性曲线如图 4.3.4 所示,电路基本对称。

④ 执行 PSpice/New Simulation Profile 进行电路分析类型设置,选择 AC Sweep 交流扫描分析类型,进行参数设置如下:在 AC Sweep Type 中选择 Decade 扫描方式,Start 为 1Hz,End 为 1MegHz,Points/Decade 为 101。

⑤ 执行 PSpice/Run,对电路进行仿真分析。在 PSpice A/D 窗口中执行 Trace/Add Trace,输入 V(OUT1),V(OUT2),在 Trace/Cursor/Display 下测得增益 Av＝1.1/0.1＝11,截止频率 $f_C=273kHz$。幅频特性曲线如图 4.3.5 所示。

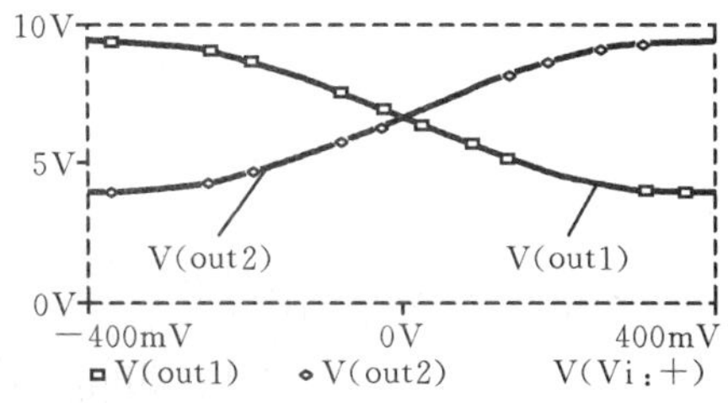

图 4.3.4 传输特性曲线

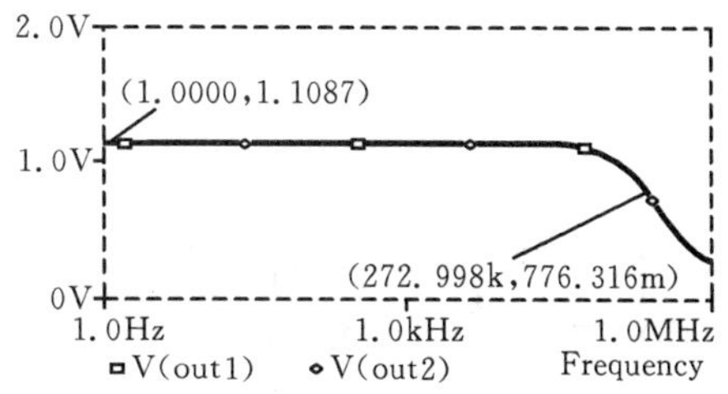

图 4.3.5 幅频特性曲线

3. 有源滤波器

例 设计一个二阶压控电压源低通滤波器，要求截止频率 f_c=2kHz，增益 A_V=2。

解 (1) 设计步骤

参见 5.6 节，电路如图 5.6.5 所示。

(2) 分析步骤

① 进入 Capture 界面，绘制图 5.6.5 所示的电路原理图。设置信号源 Vin 属性中的 AC =1V。

② 执行 PSpice/New Simulation Profile 进行电路分析类型设置。选择 AC Sweep 交流扫描分析类型，参数设置如下：在 AC Sweep Type 中选择 Decade 扫描方式，Start 为 1Hz，End 为 1MegHz，Points/Decade 为 101。

③执行 PSpice/Run，对电路进行仿真分析。在 PSpiceA/D 窗口中执行 Trace/Add Trace，输入 V(Vo)/V(Vin:+)，得到滤波器的幅频特性曲线，如图 4.3.6 所示。在 Trace/Cursor/Display 下，测得滤波器的增益 Av=2，截止频率 fc=2kHz。

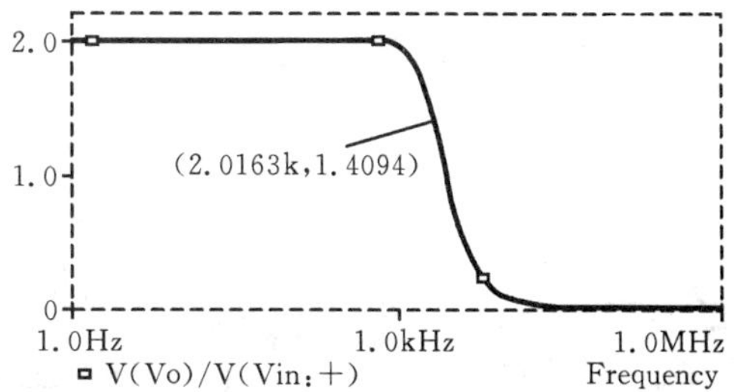

图 4.3.6 幅频特性曲线

4. LC 振荡器

例 设计一个高频 LC 正弦波振荡器，要求主振频率 f_o=5MHz，输出电压 V_o>1V。

解 (1) 设计步骤

参见 6.2 节。

(2) 分析步骤

① 进入 Capture 界面，绘制如图 4.3.7(a)所示的 LC 振荡电路。

② 执行 PSpice/New Simulation Profile 进行电路分析类型设置。选择 Time Domain (Transient)瞬态分析类型，设置 Run to 为 25μs，Start Saving Data 为 0s，Maximum Step 为 20ns(该电路是一个正弦波振荡器，需要设置最大时间步长才能起振)。

③ 执行 PSpice/Run，对电路进行仿真分析。在 PSpiceA/D 窗口中执行 Trace/Add Trace，观察输出端 Vo 的波形，如图 4.3.7(b)所示。测得fo=5.37MHz，Vop-p=4.8V。

5. 方波-三角波发生器

例 设计一个方波-三角波函数发生器。指标要求：频率 200Hz；输出电压为方波 $V_{p\text{-}p}$<24V，三角波 $V_{p\text{-}p}$=8V；波形特性为方波 t_r<100μs。

解 (1) 设计步骤

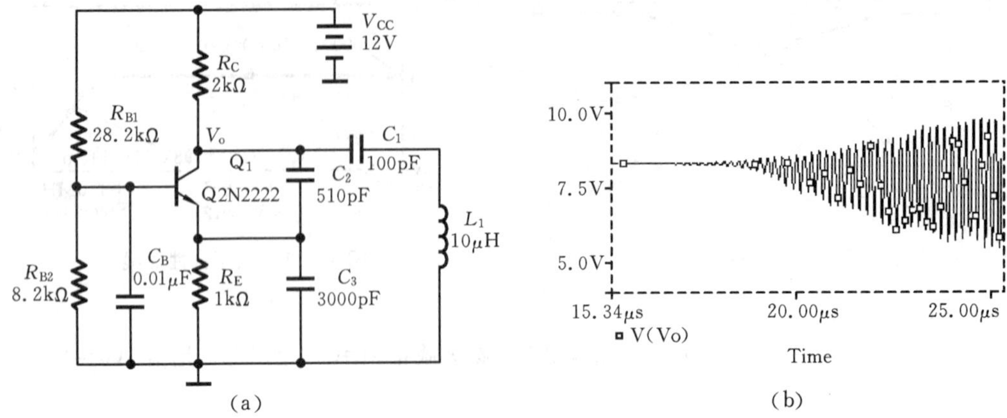

图 4.3.7 LC 振荡器与输出端的波形

(a) LC 振荡器电路 (b) 输出端 V_o 的波形

参见 5.4 节。

(2) 分析步骤

① 进入 Capture 界面,绘制图 4.3.8(a)所示的电路图。

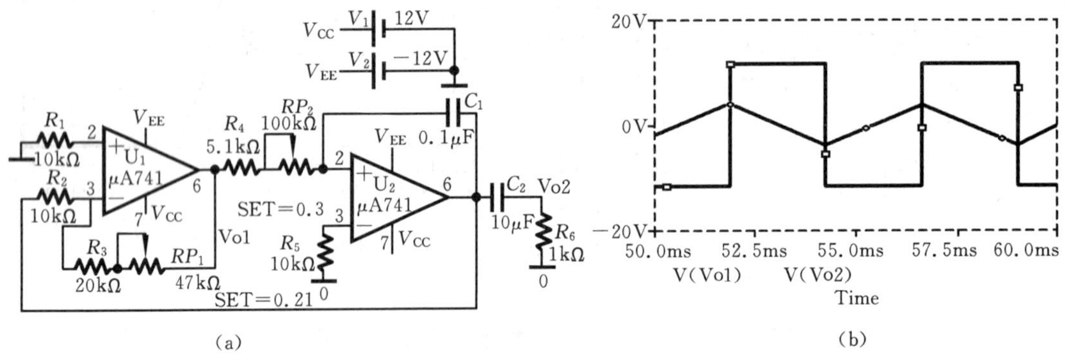

图 4.3.8 方波-三角波发生器及输出波形

(a) 方波-三角波发生器电路 (b) 输出波形

② 执行 PSpice/New Simulation Profile 进行电路分析类型设置。该电路是一个波形产生器,只需要进行瞬态分析的设置。在瞬态分析的设置中若需观察 2 个周期的波形,则设置 Run to 为 10ms,Start Saving Data 为 0s。

③ 执行 PSpice/Run,对电路进行仿真分析。在 PSpiceA/D 下观察方波输出端 Vo1,三角波输出端 Vo2 的波形,如图 4.3.8(b)所示。在 Trace/Cursor/Display 下测得 f=200Hz,方波 Vp-p=23.2V,三角波 Vp-p=7.7V,方波 tr=95μs。

6. 功率放大器

例 设计一功率放大器:$R_L=8\Omega$,$V_i=200\text{mV}$,$+V_{CC}=+12\text{V}$,$-V_{EE}=-12\text{V}$。指标要求:$P_o\geqslant 2\text{W}$,$\gamma<3\%$(1kHz 正弦波)。

解 (1) 设计步骤

参见 5.7 节。电路如图 5.7.13 所示。

(2) 分析步骤

① 进入 Capture 界面,绘制图 5.7.13 所示的电路原理图。设置 Vsin 的属性为

VOFF＝0，VAMPL＝200mV，FREQ＝1kHz，AC＝200mV。

② 执行 PSpice/New Simulation Profile 进行电路分析类型设置。对该电路首先进行静态工作点和瞬态分析的设置。在瞬态分析的设置中若需观察 2 个周期的波形，则设置 Run to 为 2ms，Start Saving Data 为 0s。

③执行 PSpice/Run，对电路进行仿真分析。在 PSpice A/D 下观察输出端 Vo 的波形，如图 4.3.9 所示。在 Trace/Cursor/Display 下测得 Vop-p＝13.4V。

④ 执行 PSpice/New Simulation Profile 进行电路分析类型设置。对该电路进行交流扫描分析的设置，观测输出的频率特性。参数设置如下：在 AC Sweep Type 中选择 Decade 扫描方式，Start 为 10Hz，End 为 20kHz ，Points/Decade 为 101。

⑤ 执行 PSpice/Run，对电路进行仿真分析。在 PSpice A/D 下观察输出端负载 R_L 上功率的频率特性如图 4.3.10 所示。在 Trace/Cursor/Display 下测得 1kHz 处的输出功率为5.1W。

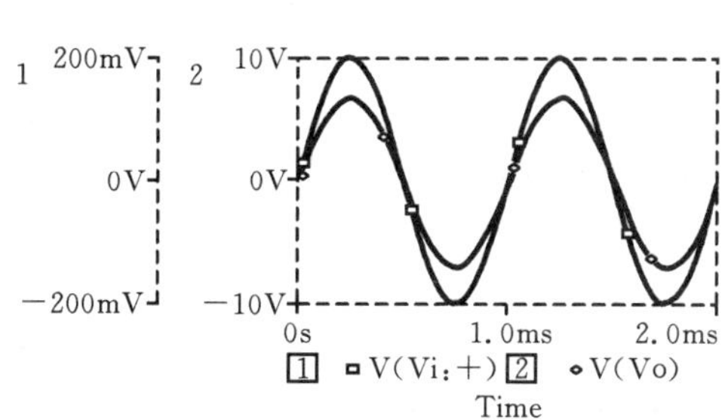

图 4.3.9　输入、输出电压波形

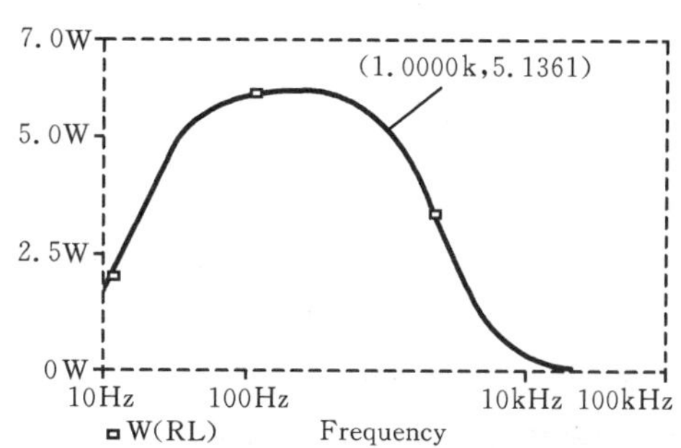

图 4.3.10　输出功率的频率特性曲线

7. 音调控制器

例　设计一音调控制器：V_i＝100mV，$+V_{CC}$＝+9V。音调控制特性要求：1kHz 处增益为 0dB，100Hz 和 10kHz 处有±12dB 的调节范围，$A_{VL}=A_{VH}\geqslant 20$dB。

解　(1) 设计步骤

参见 5.7 节。

(2) 分析步骤

① 进入 Capture 界面，绘制图 4.3.11 所示的电路。

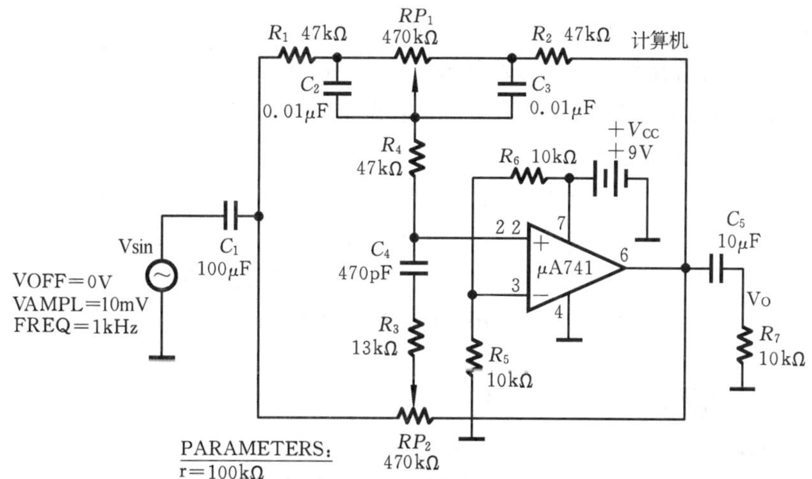

图 4.3.11　音调控制器原理图

设置正弦信号源 Vsin 属性中的 AC=100mV,VOFF=0,VAMPL=100mV,FREQ=1kHz。将 RP1 和 RP2 两个电位器中 Value 值均设为 470k,Set 值设置为符号{r}。在 SPECIAL 库中选元器件 PARAM 放置,该元器件为参数定义符号 PARAMETERS,双击该元器件编辑参数。在参数编辑窗口的左上角单击 New Column 按钮,定义参数 r 的初值为 100k,这样就将 RP1 和 RP2 的 Set 值 r 定义成全局变量,可在参数扫描中使用,注意 Set 的取值范围是 0~1。

② 执行 PSpice/New Simulation Profile 进行电路分析类型设置。对该电路首先进行瞬态分析的设置。在瞬态分析的设置中若需观察 2 个周期的波形,则信号源频率为 1kHz,故设置 Run to 为 2ms,Start Saving Data 为 0s。

③ 执行 PSpice/Run,对电路进行仿真分析。在 PSpice A/D 下观察输出端 Vo 和输入端 Vi 的波形,由输入、输出波形反相且幅度相等可知电路正常放大。

④ 执行 PSpice/New Simulation Profile 对电路进行交流扫描分析的设置,观测输出的频率特性。对交流扫描中的子扫描选项,选择 general settings 进行参数设置如下:在 AC Sweep Type 中选择 Decade 扫描方式,Start 为 10Hz,End 为 1MegHz,Points/Decade 为 101。选择 Parameter Sweep 设置参数扫描分析,分析 RP1 和 RP2 的滑动端从左到右滑动时电路的工作情况。在 Sweep Variable 中选择 Global Parameter,在 Parameter 中填入 r,在 Sweep Type 中选择 Linear 线性扫描,从 0 到 1 每隔 0.1 分析一次,故 Start 填 0,End 填 1,Increment 填 0.1。参数扫描设置如图 4.3.12 所示。

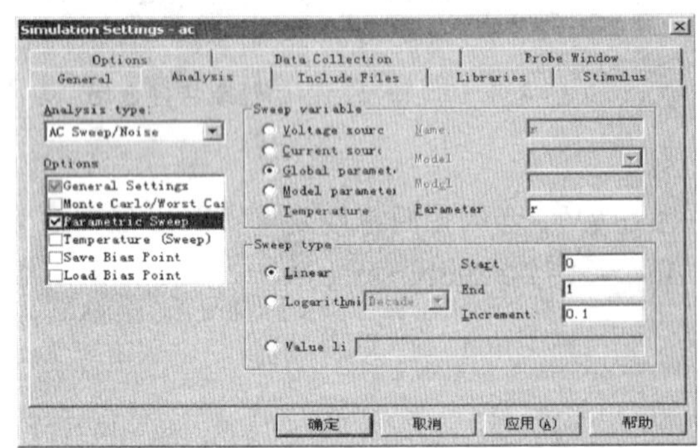

图 4.3.12 交流扫描中的参数扫描设置

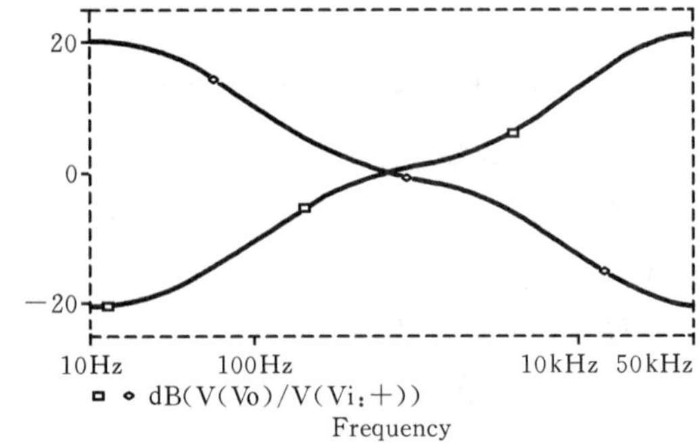

图 4.3.13 音调特性控制曲线

⑤ 执行 PSpice/Run,对电路进行仿真分析。在 PSpice A/D 下选择 r=0 和 r=1 两种情况观察音调特性控制曲线如图 4.3.13 所示。在 Trace/Cursor/Display 下测得 $A_{VL}=20.5>20$dB,$A_{VH}=21>20$dB,100Hz 处有±10.5dB 的调节范围,10kHz 处有±13dB 的调节范围。

8. 高频小信号谐振放大器

例 设计一高频小信号谐振放大器。已知条件:$+V_{CC}=+9$V,晶体管为 3DG100C,$\beta=50$。查手册得 $r_{b'b}=70\Omega$,$C_{b'c}=3$pF。当 $I_E=1$mA 时,$C_{b'e}=25$pF。$L\approx4\mu$H,$N_2=20$ 匝,$p_1=0.25$,$p_2=0.25$(或直接用 10.7MHz 中频变压器),$R_L=1\text{k}\Omega$。主要技术指标:谐振频率 $f_o=10.7$MHz,谐振电压放大倍数 $A_{VO}\geq20$dB,通频带 $BW=1$MHz,矩形系数 $K_{r0.1}<10$。

解 (1) 设计步骤

参见 6.1 节。电路如图 6.1.5 所示。

(2) 分析步骤

① 进入 Capture 界面,绘制图 6.1.5 所示的电路原理图。编辑 Q2N2222 模型参数:Bf=50,Cjc=3p,Cje=25p,Rb=70。设置变压器 K3019PL_3C8 属性中的 COUPLING 为 0.125,

L1_TURNS 为 5，L2_TURNS 为 5。设置正弦信号源 Vsin 中的 AC＝10mV，VOFF＝0，VAMPL＝10mV，FREQ＝10.7MegHz。

② 执行 PSpice/New Simulation Profile 进行电路分析类型设置。对该电路首先进行静态工作点和瞬态分析的设置。在瞬态分析的设置中若需观察 20 个周期的波形，则设置 Run to 为 2μs，Start Saving Data 为 0s。

③执行 PSpice/Run，对电路进行仿真分析。在 PSpiceA/D 下观察输出端 Vo 的波形如图 4.3.14所示。在 Trace/Cursor/Display 下测得 Vom＝220mV。

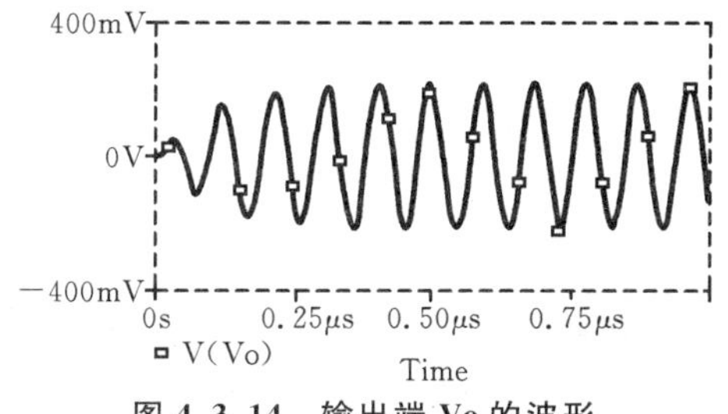

图 4.3.14　输出端 Vo 的波形

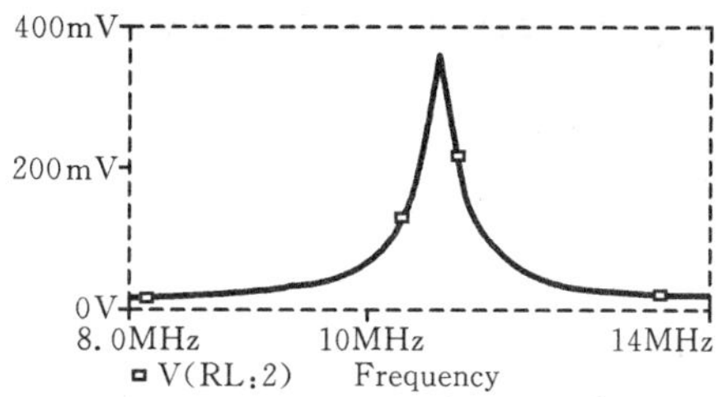

图 4.3.15　输出电压的频率特性

④ 执行 PSpice/New Simulation Profile 进行电路分析类型设置。对该电路进行交流扫描分析的设置，观测输出的频率特性。参数设置如下：在 AC Sweep Type 中选择 Decade 扫描方式，Start 为 8MegHz，End 为 14MegHz，Points/Decade 为 101。

⑤ 执行 PSpice/Run，对电路进行仿真分析。在 PSpiceA/D 下观察输出端负载 RL 输出电压的频率特性如图 4.3.15 所示。在 Trace/Cursor/Display 下测得 10.7MegHz 处得到最大输出，Av＝30.8dB，BW 为 0.284MHz，Kr 0.1 为 3.5。

4.3.2　A/D 混合电路的分析示例

例　用集成电路定时器 555 设计一个矩形脉冲波发生器，要求脉冲波的频率 f＝100Hz。

解　(1) 设计步骤

参见 3.3 节。

(2) 分析步骤

① 进入 Capture 界面，绘制如图 4.3.16(a)所示的电路图。

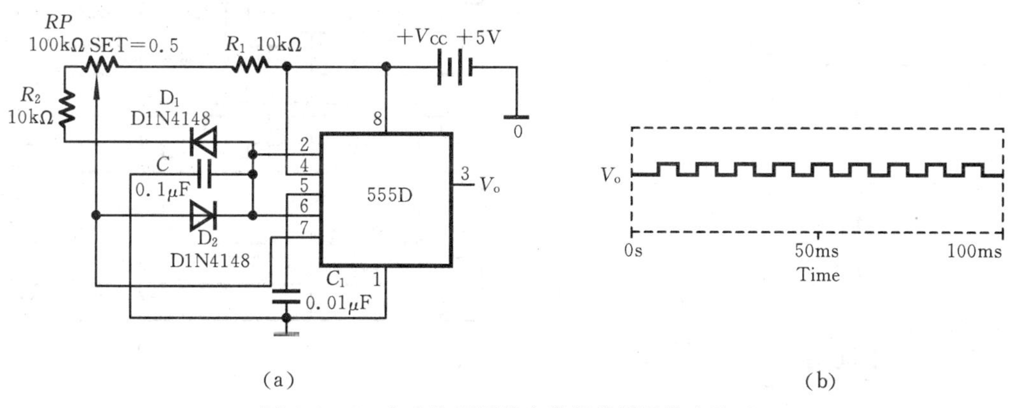

(a)　　(b)

图 4.3.16　占空比可调的多谐振荡器及输出波形

(a) 555 构成的多谐振荡器电路　(b) 输出波形

② 执行 PSpice/New Simulation Profile 进行电路分析类型设置。对该电路首先进行瞬

态分析的设置。在瞬态分析的设置中若观察 10 个周期的波形，则设置 Run to 为 100ms，Start Saving Data 为 0s。为使电路容易起振，设置 Step Ceiling 为 30μs。

③ 运行 Analysis/Simulate，对电路进行分析。在 PSpice A/D 下观察输出端 Vo 的波形如图 4.3.16(b)所示。在分析过程中逐步调整电阻 R1 和电位器 RP 的值，使频率 f=100Hz。由于振荡达到平衡需要一定时间，所以波形的第一个周期大于 10ms，故在 100ms 前只能观察到 9 个完整的周期。在 Trace/Cursor/Display 下测得输出脉冲的低电平 VL=0V，高电平 VH=4.9V，频率 f=100Hz。

4.3.3 数字电路的分析示例

例 用 74LS90 和 74LS48 设计一个十进制计数-译码器。

解 (1) 设计步骤 (略)

(2) 分析步骤

① 进入 Capture 界面，绘制如图 4.3.17 所示的电路原理图。其中，时钟信号 CLK 可以在 Source 库中调用 DigClock 或 DigStim 两种符号。如果调用 DigClock 符号作为 CLK，时钟信号为 1kHz 的对称方波，则只需编辑 ONTIME(高电平时间)为 0.5ms，OFFTIME(低电平时间)为 0.5ms 即可。

如果调用 DigStim1 符号作为 CLK，则选中 DigStim1 符号，右击执行右键菜单中的 Edit PSpice Stimulus 命令，打开激励源编辑窗口，对其属性进行编辑，将 Frequency(频率)设置为 1kHz，Duty Cycle(高电平占空比)为 0.5，Initial Value(初始值)为 0，Time Delay(延迟时间)为 0，这时可观察到时钟信号的波形。电路中的低电平用 LO 符号表示，高电平用 HI 符号表示。执行 Place/Ground，从 Source 库可放置 LO 和 HI。

② 进行电路分析类型设置时，对数字电路需进行瞬态分析的设置。在瞬态分析的设置中若观察 12 个周期的波形，则设置 Run to 为 12ms，Start Saving Data 为 0s。在设置窗口的 Options 书签中将 Initialise all 的值设为 0 或 1，如果 Initialise all 是 X，则数字电路分析将没有确切结果。

③ 执行 PSpice/Run，对电路进行仿真分析。在 PSpice A/D 下可观察 74LS48 各输入端、输出端和时钟信号的波形，如图 4.3.18 所示。

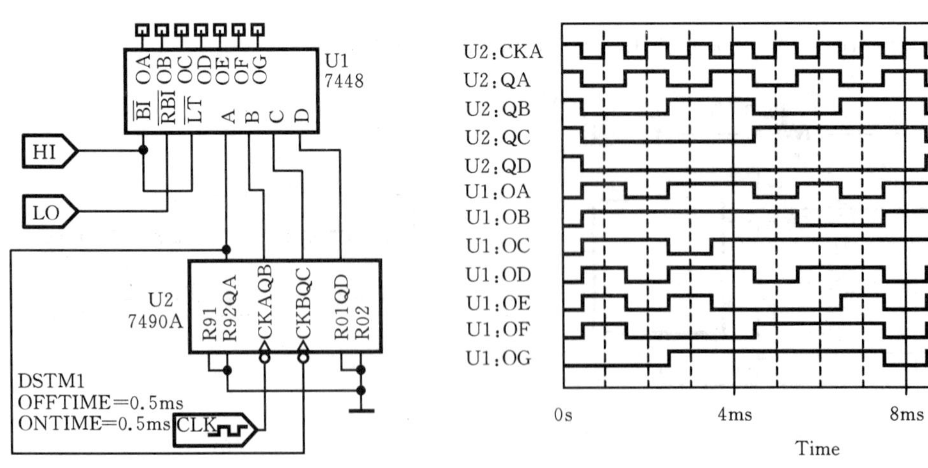

图 4.3.17 计数-译码器

图 4.3.18 计数-译码器的波形关系

实验与思考题

4.3.1 用PSpice分析如题4.3.1图所示电路，图中$R=10\text{k}\Omega$，二极管选用1N4148，且$I_S=10\text{nA}$，$n=2$。对于$V_{DD}=10\text{V}$和$V_{DD}=1\text{V}$两种情况下，仿真分析I_D和V_D的值。

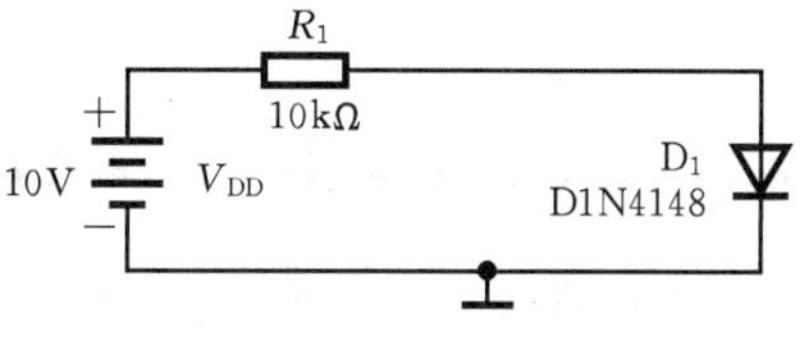

题4.3.1图

4.3.2 用PSpice分析差分放大器的静态工作点、交流特性、瞬态特性，并测量差分放大器的性能指标：传输特性曲线、差模电压增益A_{VD}、差模输入电阻R_{id}、差模输出电阻R_{od}及共模抑制比K_{CMR}等。

4.3.3 用PSpice辅助分析与设计二阶RC有源滤波器，如低通滤波器、高通滤波器、带通滤波器及带阻滤波器等(可参考5.6节的有关电路)。要求测量滤波器的各项性能指标，如截止频率、增益、带宽、衰减速度等。按设计的参数要求组成电路，用仪器测量其性能指标并与PSpice分析的结果相比较。

4.3.4 用PSpice辅助分析与设计一个由运算放大器组成的RC双T正弦波振荡器(可参考2.4节中的有关电路)。要求振荡频率$f_o=500\text{Hz}$。

4.3.5 用PSpice辅助分析由晶体管组成的LC高频振荡器。要求振荡频率$f_o=10.7\text{MHz}$，输出幅度$V_{op\text{-}p}=1\text{V}$。

4.3.6 用PSpice辅助分析与设计一个由555组成的秒脉冲发生器。

第 5 章

低频电子线路应用设计

内容提要 本章介绍了单管放大器、差分放大器、函数发生器、集成稳压器、RC 有源滤波器以及音响放大器等低频电路的设计方法与性能指标的测试技术。这些课题在电路原理、电路结构以及电路的功能上是逐步加深与扩展的：从单级到多级电路，从晶体管元器件到集成电路。通过由简到繁的电路的设计安装调试与测试训练，逐步提高学生实际动手能力与理论联系实际的能力。

5.1 晶体管放大器设计

学习要求 掌握晶体管放大器静态工作点的设置与调整方法、放大器基本性能指标的测试方法、负反馈对放大器性能的影响及放大器的安装与调试技术。

5.1.1 电路工作原理及基本关系式

1. 工作原理

晶体管放大器中广泛应用如图 5.1.1 所示的电路，称为阻容耦合共射极放大器。它采用的是分压式电流负反馈偏置电路。放大器的静态工作点 Q 主要由R_{B1}、R_{B2}、R_E、R_C及电源电压$+V_{CC}$所决定。该电路利用电阻 R_{B1}、R_{B2}的分压固定基极电位 V_{BQ}。如果满足条件 $I_1 \gg I_{BQ}$，则当温度升高时，$I_{CQ}\uparrow - V_{EQ}\uparrow - V_{be}\downarrow - I_{BQ}\downarrow - I_{CQ}\downarrow$，结果抑制了 I_{CQ}的变化，从而获得稳定的静态工作点。

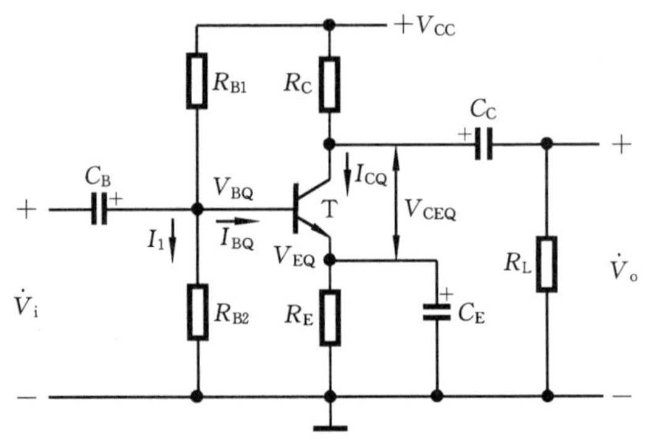

图 5.1.1 阻容耦合共射极放大器

2. 基本关系式

只有当 $I_1 \gg I_{BQ}$时，才能保证 V_{BQ}恒定。这是静态工作点稳定的必要条件，一般取

$$\begin{cases} I_1 = (5 \sim 10) I_{BQ} & \text{（硅管）} \\ I_1 = (10 \sim 20) I_{BQ} & \text{（锗管）} \end{cases} \tag{5-1-1}$$

负反馈愈强，电路的稳定性愈好。所以，要求 $V_{BQ} \gg V_{be}$，即 $V_{BQ} = (5 \sim 10) V_{be}$，一般取

$$\begin{cases} V_{BQ} = 3\text{V} \sim 5\text{V} & \text{（硅管）} \\ V_{BQ} = 1\text{V} \sim 3\text{V} & \text{（锗管）} \end{cases} \tag{5-1-2}$$

电路的静态工作点由下列关系式确定：

$$R_E \approx \frac{V_{BQ} - V_{be}}{I_{CQ}} = \frac{V_{EQ}}{I_{CQ}} \tag{5-1-3}$$

对于小信号放大器，一般取 $I_{CQ} = 0.5\text{mA} \sim 2\text{mA}$，$V_{EQ} = (0.2 \sim 0.5) V_{CC}$

$$R_{B2} = \frac{V_{BQ}}{I_1} = \frac{V_{BQ}}{(5 \sim 10) I_{CQ}} \beta \tag{5-1-4}$$

$$R_{B1} \approx \frac{V_{CC} - V_{BQ}}{V_{BQ}} R_{B2} \tag{5-1-5}$$

$$V_{CEQ} \approx V_{CC} - I_{CQ}(R_C + R_E) \tag{5-1-6}$$

5.1.2　性能指标与测试方法

晶体管放大器的主要性能指标有电压放大倍数 $\dot{A}_V$、输入电阻 R_i、输出电阻 R_o及通频带 BW。对于图 5.1.1 所示电路，各性能指标的计算式与测试方法如下。

● 电压放大倍数
$$\dot{A}_V = \frac{\dot{V}_o}{\dot{V}_i} = \frac{-\beta R_L'}{r_{be}} \tag{5-1-7}$$

式中，$R_L' = R_C // R_L$；r_{be}为晶体管输入电阻，即

$$r_{be} = r_b + (1+\beta)\frac{26\text{mV}}{\{I_{EQ}\}_{mA}} \approx 300\Omega + \beta\frac{26\text{mV}}{\{I_{CQ}\}_{mA}} \tag{5-1-8}$$

测量电压放大倍数，实际上是测量放大器的输入电压 $\dot{V}_i$与输出电压 $\dot{V}_o$的值。在波形不失真的条件下，如果测出 V_i(有效值)或 V_{im}(峰值)与 V_o(有效值)或 V_{om}(峰值)，则

$$A_V = \frac{V_o}{V_i} = \frac{V_{om}}{V_{im}} \tag{5-1-9}$$

● 输入电阻
$$R_i = r_{be} // R_{B1} // R_{B2} \approx r_{be} \tag{5-1-10}$$

放大器的输入电阻反映了放大器本身消耗输入信号源功率的大小。若 $R_i \gg R_s$(信号源内阻)，则放大器从信号源获取较大电压；若 $R_i \ll R_s$，则放大器从信号源吸取较大电流；若 $R_i = R_s$，则放大器从信号源获取最大功率。

用"串联电阻法"测量放大器的输入电阻 R_i，即在信号源输出与放大器输入端之间，串联一个已知电阻 R(一般选择 R 的值接近 R_i的值为宜)，如图 5.1.2 所示。在输出波形不失真情况下，用晶体管毫伏表或示波器，分别测量出 $\dot{V}_s$与 $\dot{V}_i$的值，则

$$R_i = \frac{V_i}{V_s - V_i} R \tag{5-1-11}$$

式中，V_s为信号源的输出电压值。

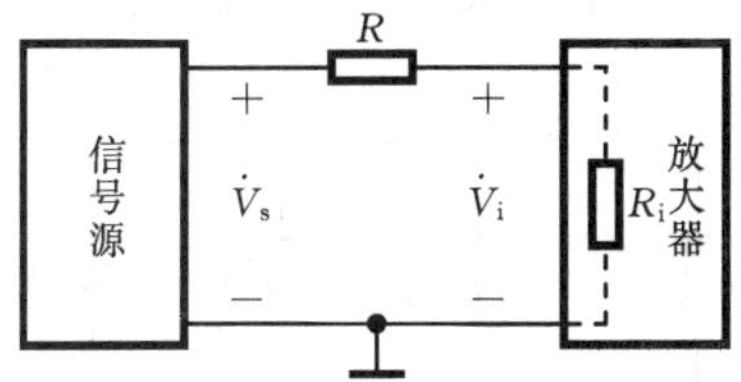

图 5.1.2　输入电阻测试电路

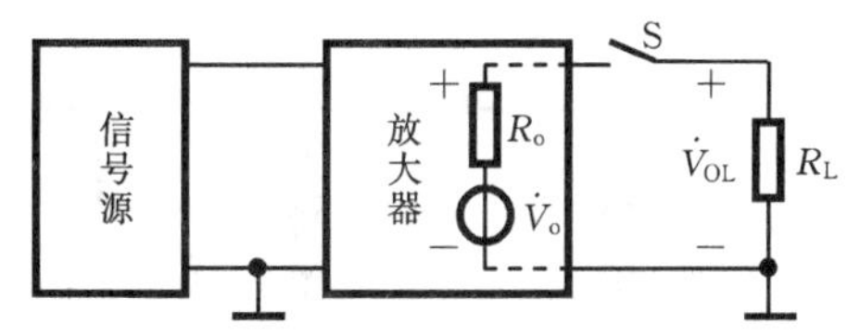

图 5.1.3　输出电阻测试电路

● 输出电阻
$$R_o = r_o // R_C \approx R_C \tag{5-1-12}$$

式中，r_o为晶体管的输出电阻。

放大器输出电阻的大小反映了它带负载的能力，R_o愈小，带负载的能力愈强。当 $R_o \ll R_L$时，放大器可等效成一个恒压源。

放大器输出电阻的测量方法如图 5.1.3 所示，电阻 R_L应与 R_o接近。在输出波形不失真的情况下，首先测量 R_L未接入即放大器负载开路时的输出电压$\dot{V}_o$的值；然后接入R_L再测量放

大器负载上的电压 $\dot{V}_{OL}$ 的值，则

$$R_o=\left(\frac{V_o}{V_{OL}}-1\right)R_L \qquad (5\text{-}1\text{-}13)$$

● 频率特性和通频带　放大器的频率特性包括幅频特性 $\dot{A}(\omega)$ 和相频特性 $\varphi(\omega)$。$\dot{A}(\omega)$ 表示增益的幅度与频率的关系；$\varphi(\omega)$ 表示增益的相位与频率的关系；φ 是放大器输出信号与输入信号间的相位差。

放大器的频率特性如图 5.1.4 所示，影响放大器频率特性的主要因素是电路中存在的各种电容元件。通频带

$$BW=f_H-f_L \qquad (5\text{-}1\text{-}14)$$

式中，f_H 为放大器的上限频率，主要受晶体管的结电容及电路的分布电容的限制；f_L 为放大器的下限频率，主要受耦合电容 C_B、C_C 及射极旁路电容 C_E 的影响。

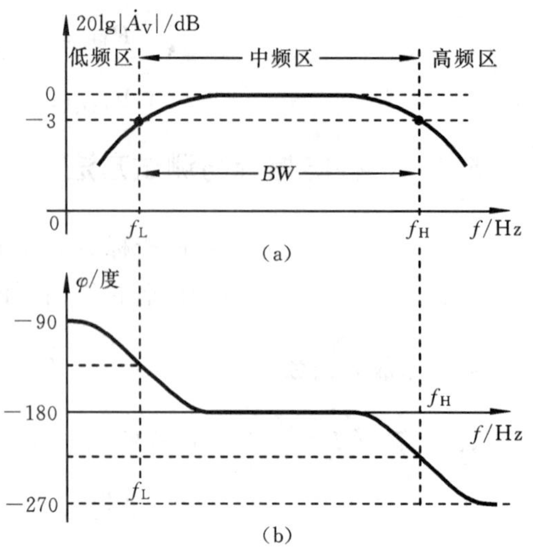

图 5.1.4　放大器的频率特性

(a) 幅频特性　(b) 相频特性

要严格计算电容 C_B、C_C 及 C_E 同时存在时对放大器低频特性的影响，较为复杂。在工程设计中，为了简化计算，通常以每个电容单独存在时的转折频率为基本频率，再降低若干倍作为下限频率。电容 C_B、C_C 及 C_E 单独存在时所对应的等效回路分别如图 5.1.5(a)、(b)、(c)所示。如果放大器的下限频率 f_L 已知，则可按下列表达式估算：

$$C_B\geqslant(3\sim10)\frac{1}{2\pi f_L(R_s+r_{be})} \qquad (5\text{-}1\text{-}15)$$

$$C_C\geqslant(3\sim10)\frac{1}{2\pi f_L(R_C+R_L)} \qquad (5\text{-}1\text{-}16)$$

$$C_E\geqslant(1\sim3)\frac{1}{2\pi f_L\left(R_E/\!/\dfrac{R_s+r_{be}}{1+\beta}\right)} \qquad (5\text{-}1\text{-}17)$$

通常取 $C_B=C_C$，可在式(5-1-15)与式(5-1-16)中选电阻最小的一式求 C_B 或 C_C。

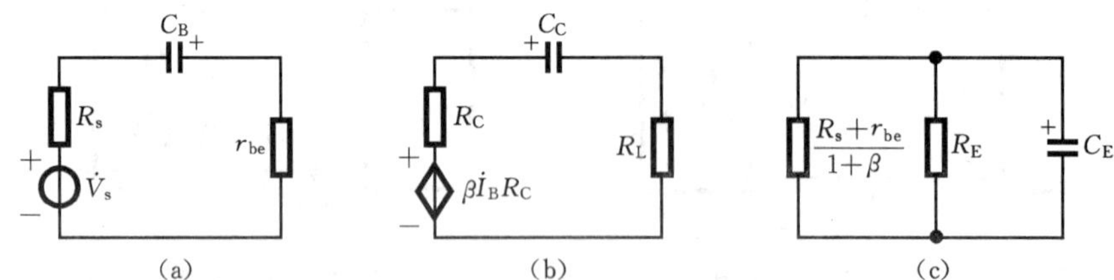

图 5.1.5　与电容 C_B、C_C 及 C_E 对应的等效回路

放大器的幅频特性可通过测量不同频率时的电压放大倍数 A_V 来获得。通常采用“逐点法”测量放大器的幅频特性曲线。测量时，每改变一次信号源的频率(注意维持输入信号 $\dot{V}_s$ 的幅值不变且输出波形不失真)，用晶体管毫伏表或示波器测量一个输出电压值，计算其增益。然后将测试数据 f_i、A_{VI}(20lgA_V)列表，整理并标于坐标纸上，再将其连接成曲线，如图 5.1.4(a)所示。

如果只要求测量放大器的通频带 BW，则首先测出放大器中频区（如 $f_0=1\text{kHz}$）时的输出电压 V_o，然后升高频率直到输出电压降到 $0.707V_o$ 为止（维持 V_s 不变），此时所对应的信号源的频率就是上限频率 f_H。同理，维持 V_s 不变降低频率直到输出电压降到 $0.707V_o$ 为止，此时所对应的频率为下限频率 f_L，则放大器的通频带 $BW=f_H-f_L$。

5.1.3　设计举例

设计一个电路与分析一个电路的思路是相反的。我们已经比较熟悉：已知一个晶体管放大器的电路及其组成电路的各个元器件如电阻、电容的取值，通过理论分析，用表达式计算该电路的电压放大倍数 A_V、输入阻抗 R_i、输出电阻 R_o 等性能指标；而设计一个晶体管放大器的已知条件是放大器的性能指标，要求设计放大器的电路及其元器件的取值。

下面通过设计举例来说明一个电路的设计全过程。

例　设计一阻容耦合单级晶体管放大器。

- 已知条件　$V_{CC}=+12\text{V}$，$R_L=3\text{k}\Omega$，$V_i=10\text{mV}$，$R_s=600\Omega$。
- 性能指标要求　$A_V>40$，$R_i>1\text{k}\Omega$，$R_o<3\text{k}\Omega$，$f_L<100\text{Hz}$，$f_H>100\text{kHz}$。

解　(1) 选择电路形式及晶体管

采用图 5.1.1 所示的分压式电流负反馈偏置电路，可以获得稳定的静态工作点。因放大器的上限频率要求较高，故选用高频小功率管 3DG100，其特性参数 $I_{CM}=20\text{mA}$，$V_{(BR)CEO}\geqslant 20\text{V}$，$f_T\geqslant 150\text{MHz}$。通常要求 β 的值大于 A_V 的值，故选 $\beta=60$。

(2) 设置静态工作点并计算元件参数

由于是小信号放大器，故采用公式法设置静态工作点 Q，计算如下。

要求 $R_i(R_i\approx r_{be})>1\text{k}\Omega$，根据式(5-1-8)得

$$I_{CQ}<\frac{26\beta}{1000-300}\text{mA}=2.2\text{mA}\qquad \text{取 } I_{CQ}=1.5\text{mA}$$

若取 $V_{BQ}=3\text{V}$，由式(5-1-3)得

$$R_E\approx\frac{V_{BQ}-V_{be}}{I_{CQ}}=1.53\text{k}\Omega\qquad \text{取标称值 } 1.5\text{k}\Omega$$

由式(5-1-4)得

$$R_{B2}=\frac{V_{BQ}}{(5\sim10)I_{CQ}}\beta=24\text{k}\Omega$$

由式(5-1-5)得

$$R_{B1}\approx\frac{V_{CC}-V_{BQ}}{V_{BQ}}R_{B2}=72\text{k}\Omega$$

为使静态工作点调整方便，R_{B1} 由 30kΩ 固定电阻与 100kΩ 电位器相串联而成。

由式(5-1-8)得

$$r_{be}=300\Omega+\beta\frac{26\text{mV}}{\{I_{CQ}\}_{\text{mA}}}=1340\Omega$$

由式(5-1-7)得

$$R'_L\approx\frac{A_V r_{be}}{\beta}=0.89\text{k}\Omega$$

则

$$R_C=\frac{R'_L R_L}{R_L-R'_L}=1.27\text{k}\Omega\qquad \text{综合考虑，取标称值 } 1.5\text{k}\Omega$$

比较式(5-1-15)与式(5-1-16)，由于 $(R_s+r_{be})<(R_C+R_L)$，故由式(5-1-15)计算 C_B，即

$$C_B\geqslant(3\sim10)\frac{1}{2\pi f_L(R_s+r_{be})}=8.2\mu\text{F}\qquad \text{取标称值 } 10\mu\text{F}$$

取 $C_C=C_B=10\mu F$。由式(5-1-17)得

$$C_E \geqslant (1 \sim 3)\frac{1}{2\pi f_L\left(R_E /\!/ \dfrac{R_s+r_{be}}{1+\beta}\right)}=98.5\mu F \qquad \text{取标称值 } 100\mu F$$

5.1.4 电路安装与调试

1. 静态工作点测量与调整

根据设计计算的元器件参数组装电路(应尽量按照电路的形式与顺序布线)。通电前,先用万用表检测连接导线是否接触良好,然后接通电源,测量电路的静态工作点。测量方法是不加输入信号,将放大器输入端(耦合电容 C_B 左端)接地。用万用表分别测量晶体管的 b、e、c 极对地的电压 V_{BQ}、V_{EQ} 及 V_{CQ}。如果出现 $V_{CQ}\approx V_{CC}$,则说明晶体管工作在截止状态;如果出现 $V_{CEQ}<0.5V$,则说明晶体管已经饱和。遇到上述两种情况,或者测量值与所设置的静态工作点偏离较大时,都需要调整静态工作点。调整方法是改变放大器上偏置电阻 R_{B1} 的大小,即调节电位器的阻值,同时用万用表分别测量晶体管的各极的电位 V_{BQ}、V_{CQ}、V_{EQ},并由式(5-1-6)计算 V_{CEQ} 及由式(5-1-3)计算 I_{CQ}。如果 V_{CEQ} 为正几伏,说明晶体管工作在放大状态,但并不能说明放大器的静态工作点设置在合适的位置,所以还要进行动态波形观测。给放大器送入规定的输入信号,如 $V_i=10mV$,$f_i=1kHz$ 的正弦波。若放大器的输出 v_O 的波形的顶部被压缩(见图 5.1.6(a),这种现象称为截止失真),则说明静态工作点 Q 偏低,应增大基极偏流 I_{BQ}。如果输出波形的底部被削波(见图5.1.6(b),这种现象称为饱和失真),则说明静态工作点 Q 偏高,应减小 I_{BQ}。如果增大输入信号,如 $V_i=50mV$,输出波形无明显失真,或者逐渐增大输入信号时,输出波形的顶部和底部差不多同时开始畸变,则说明静态工作点设置得比较合适。此时移去信号源,分别测量放大器的静态工作点的 V_{BQ}、V_{EQ}、V_{CEQ} 及 I_{CQ}。

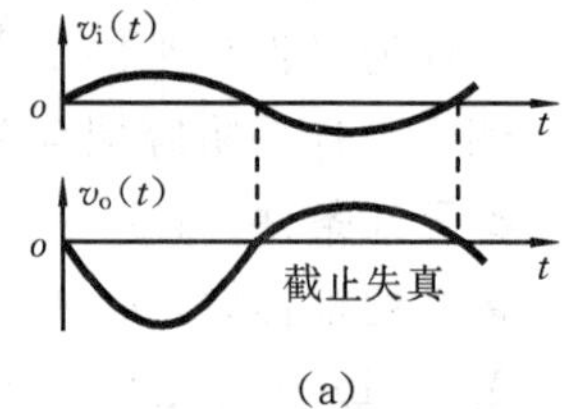

(a)

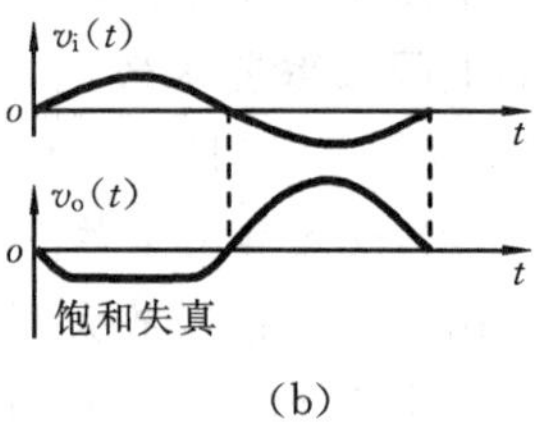

(b)

图 5.1.6 波形失真

(a) 截止失真 (b) 饱和失真

2. 性能指标测试与电路参数修改

按照图 5.1.7 所示的测量系统的接线方式来测量放大器的主要性能指标。示波器用于观测放大器的输入、输出电压波形,晶体管毫伏表用于测量放大器的输入、输出电压。当频率改变时,信号发生器的输出电压可能变化,应及时调整,以维持输入电压始终不变。所有仪器的接地端都应与放大器的地线相连接。测量前,首先使信号发生器的频率调到放大器中频区的

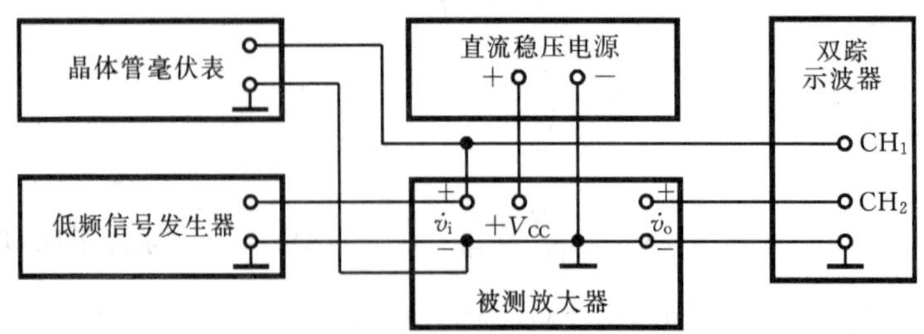

图 5.1.7 测试放大器性能指标的接线图

某个频率 f_0 上，例如，$f_0=1\text{kHz}$，幅值调到放大器所要求的电压值，例如，$V_i=10\text{mV}$（有效值），然后按照放大器性能指标的测试方法分别测量 A_V、R_i、R_o 及 BW。

对于一个低频放大器，当然希望电路的稳定性好、非线性失真小、电压放大倍数大、输入阻抗高、输出阻抗低、低频响应 f_L 愈低愈好。但是，这些要求很难同时满足。

例如，希望提高电压放大倍数 A_V，根据式(5-1-7)可以有三种途径，即

$$A_V\uparrow\begin{cases}——R'_L\uparrow——R_o\uparrow\\——r_{be}\downarrow——R_i\downarrow\\——\beta\uparrow——r_{be}\uparrow\end{cases}$$

增大 R'_L 会使输出电阻 R_o 增加，减小 r_{be} 会使输入电阻 R_i 减小。如果 R_o 及 R_i 离指标要求还有充分余地，则可以通过实验调整 R_C 或 I_{CQ} 来提高电压放大倍数，但改变 R_C 及 I_{CQ} 又会影响电路的静态工作点。可见只有提高晶体管的放大倍数 β，才是提高放大器电压放大倍数的有效措施。对于图 5.1.1 所示的分压式直流负反馈偏置电路，由于基极电位 V_{BQ} 固定，即

$$V_{BQ}=\frac{R_{B2}}{R_{B1}+R_{B2}}V_{CC}\tag{5-1-18}$$

I_{CQ} 亦基本固定，即

$$I_{CQ}\approx I_{EQ}\approx\frac{V_{BQ}}{R_E}=\frac{R_{B2}}{R_E(R_{B1}+R_{B2})}V_{CC}\tag{5-1-19}$$

所以，改变 β 不会影响放大器的静态工作点。

再例如，希望降低放大器的下限频率 f_L，根据式(5-1-15)～式(5-1-17)，也可以有三种途径，即

$$f_L\downarrow\begin{cases}——C_E\uparrow、C_B\uparrow、C_C\uparrow——\text{电路的性价比}\downarrow\\——r_{be}\uparrow——A_V\downarrow\\——R_C\uparrow——R_o\uparrow\end{cases}$$

不论何种途径，都会影响放大器的性能指标，只能根据具体的指标要求，综合考虑。图 5.1.8 所示的为满足设计举例题性能指标要求的放大器的电路。由图可见，实验调整后的元器件参数值与设计计算值有一定差别。

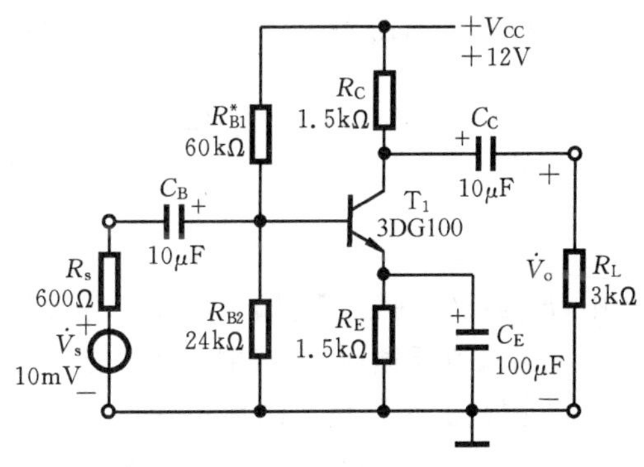

图 5.1.8　设计举例题的实验电路

3. 测量结果验算与误差分析

如图 5.1.8 所示的电路，其静态工作点的测量值为

$$V_{BQ}=3.4\text{V}\qquad V_{EQ}=2.7\text{V}\qquad I_{CQ}=1.8\text{mA}\qquad V_{CQ}=9.3\text{V}$$

性能指标的测量值为

$$A_V=47\qquad R_i=1.1\text{k}\Omega\qquad R_o=1.5\text{k}\Omega$$

$$f_L=100\text{Hz}\qquad f_H>999\text{kHz}$$

根据图 5.1.8 所示电路参数，理论计算值为

$$V_{BQ}=\frac{R_{B2}}{R_{B1}+R_{B2}}V_{CC}=3.4\text{V}$$

$$V_{EQ}=V_{BQ}-0.7\text{V}=2.7\text{V}$$

$$I_{CQ}\approx\frac{V_{EQ}}{R_E}=1.8\text{mA}$$

$$R_i \approx r_{be} = 300\Omega + \beta \frac{26\text{mV}}{\{I_{CQ}\}_{\text{mA}}} \approx 1.2\text{k}\Omega$$

$$R_o \approx R_C = 1.5\text{k}\Omega$$

$$A_V = -\frac{\beta R_L'}{r_{be}} = -50$$

$$f_L = \frac{10}{2\pi C_B(R_s + r_{be})} = 88\text{Hz}$$

从而得测量误差(理论值为上述计算值)如下:

$$\gamma_{A_V} = \frac{\Delta A_V}{A_V} \times 100\% = -6\%$$

$$\gamma_{R_i} = \frac{\Delta R_i}{R_i} \times 100\% = -8\%$$

$$\gamma_{R_o} = \frac{\Delta R_o}{R_o} \times 100\% = 0$$

$$\gamma_{f_L} = \frac{\Delta f_L}{f_L} \times 100\% = 14\%$$

产生测量误差的主要原因是:① 测量仪器不准确及测量人员的读数误差;② 元器件本身参数的示值误差;③ 工程近似计算式引入的理论计算误差。

5.1.5 负反馈对放大器性能的影响

引入负反馈后,放大器的电压放大倍数将下降,其表达式为

$$\dot{A}_{VF} = \frac{\dot{A}_V}{1 + \dot{A}_V \dot{F}} \tag{5-1-20}$$

式中,$\dot{F}$ 为反馈网络的传输系数;$\dot{A}_V$ 为无负反馈时的电压放大倍数。

在引入负反馈后,虽然电压放大倍数下降,但可以改善放大器的性能。

1. 提高放大器增益的稳定性

由式(5-1-20)可见,$(1+\dot{A}_V\dot{F})$愈大负反馈愈强,若$|1+\dot{A}_V\dot{F}| \gg 1$,则深度负反馈放大器的电压增益仅与反馈网络有关,而与电路的其他参数无关。

2. 扩展放大器的通频带

负反馈放大器的上限频率 f_{HF} 与下限频率 f_{LF} 的表达式分别为

$$\begin{cases} f_{HF} = |1 + \dot{A}_V \dot{F}| f_H \\ f_{LF} = \dfrac{1}{|1 + \dot{A}_V \dot{F}|} f_L \end{cases} \tag{5-1-21}$$

可见,引入负反馈后通频带加宽。

3. 改变放大器的输入电阻与输出电阻

一般并联负反馈能降低输入阻抗,串联负反馈能提高输入阻抗。电压负反馈使输出阻抗降低,电流负反馈使输出阻抗升高。

图 5.1.9 所示电路为电流串联负反馈放大器,与图 5.1.1 所示电路相比,仅增加了一只射极电阻R_F。分析表明,电路的反馈传输系数

$$\dot{F} = \frac{\dot{V}_F}{\dot{V}_o} = \frac{I_e R_F}{-I_c R_L'} \approx -\frac{R_F}{R_L'} \tag{5-1-22}$$

电压放大倍数

$$\dot{A}_{VF}=\frac{-\beta R'_L}{r_{be}+\beta R_F} \qquad (5\text{-}1\text{-}23)$$

实验表明,R_F取几十欧姆,可以明显提高放大器的输入阻抗,降低放大器的下限频率。对于单级放大器,在要求下限频率f_L很低,而放大倍数要求不高时,采用图 5.1.9 所示电路较好。若采用图 5.1.1 所示电路,则电容C_E的值必须增大很多,才能使f_L明显下降。对于图 5.1.9 所示的参数,f_L可低到 20Hz。

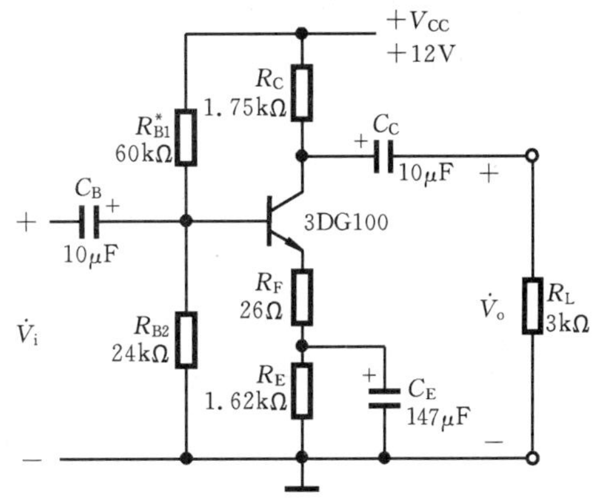

图 5.1.9 电流串联负反馈放大器

5.1.6 设计任务

设计课题:单级阻容耦合晶体管放大器设计

- 已知条件 $+V_{CC}=+12V, R_L=2k\Omega, V_i=10mV, R_s=50\Omega$。
- 性能指标要求 $A_V>30, R_i>2k\Omega, R_o<3k\Omega, f_L<20Hz, f_H>500kHz$,电路稳定性好。
- 实验仪器设备 低频信号发生器 EE1641B 1 台　失真度测量仪 BS-2 1 台
  晶体管毫伏表 DA-16 1 台　数字万用表 UT2003 1 只
  双踪示波器 COS5020 或 TDS210 1 台　实验面包板 1 块
  直流稳压电源(双路输出) 1 台　元器件及工具 1 盒
- 设计步骤与要求

① 认真阅读本课题介绍的设计方法与测试技术,写出设计预习报告(其要求见附录二)。

② 根据已知条件及性能指标要求,确定电路(要求分别采用无负反馈与有负反馈两种放大器电路)及元器件(晶体管可以选硅管或锗管),设置静态工作点,计算电路元器件参数。

(以上两步要求在实验前完成,并要求运用 PSpice 进行仿真。)

③ 在实验面包板上安装电路,其布线方法参阅附录一。测量与调整静态工作点,使其满足设计计算值要求,将静态工作点的测量数据填入表 5.1.1 中。

表 5.1.1 放大器的测量数据

静态工作点	V_{BQ}	V_{CQ}	V_{EQ}	V_{CEQ}	I_{CQ}
电压放大倍数 A_V $f_i=1kHz$	V_i	V_o	$A_V=V_o/V_i$		
输入电阻 R_i 测试电阻 $R=$	V_i	V_s	$R_i=\frac{V_i}{V_s-V_i}R$		
输出电阻 R_o 负载电阻 $R_L=$	V_o	V_{OL}	$R_o=\left(\frac{V_o}{V_{OL}}-1\right)R_L$		

④ 测试性能指标,调整与修改元器件参数值,使其满足放大器性能指标要求,将修改后的元器件参数值标在设计的电路图上(先安装测试无负反馈的放大器,后安装测试有负反馈的放大器),并将性能指标 A_V、R_i、R_o及 f_L、f_H的测量数据分别填入表 5.1.1 与表 5.1.2 中。

⑤ 用坐标纸画出放大器的输入、输出波形及幅频特性曲线(见图 5.1.4(a))。

⑥ 上述各项完成后，再进行实验研究，研究内容见后面的“实验与思考题”部分。

⑦ 所有实验完成后，写出设计性实验报告，其要求详见附录二。

表 5.1.2 通频带 f_L、f_H 的测量数据

	f	…	10Hz	15Hz	20Hz	30Hz	100Hz	1kHz	10kHz	100kHz	500kHz	1MHz	…
输入 $V_{ip-p}=20mV$	V_{op-p}	…											…
	A_V	…											…
通频带	$f_L=$ $f_H=$												

实验与思考题

5.1.1 分别增大或减小电阻 R_{B1}、R_C、R_L、R_E 及电源电压 $+V_{CC}$，对放大器的静态工作点 Q 及性能指标有何影响？为什么？

5.1.2 加大输入信号 V_i 时，输出波形可能会出现哪几种失真？分别是由什么原因引起的？

5.1.3 影响放大器低频特性 f_L 的因素有哪些？采取什么措施使 f_L 降低？为什么？

5.1.4 提高电压放大倍数 A_V 会受到哪些因素限制？采取什么措施较好？为什么？

5.1.5 一般情况下，实验调整后的放大器的电路参数与设计计算值都会有差别，为什么？

5.1.6 测量静态工作点时，用万用表分别测量晶体管的各极对地的电压，而不是直接测量电压 V_{CE}、V_{be} 及电流 I_{CQ}，为什么？

5.1.7 测量放大器性能指标 R_i、R_o、A_V 及 BW 时，是用晶体管毫伏表或示波器分别测量输入、输出电压，而不是用万用表测量，为什么？

5.1.8 测量输入电阻 R_i 及输出电阻 R_o 时，为什么测试电阻 R 要与 R_i 或 R_o 相接近？

5.1.9 调整静态工作点时，R_{B1} 要用一固定电阻与电位器相串联，而不能直接用电位器，为什么？

5.1.10 用实验说明图 5.1.9 所示电流串联负反馈电路，改善了放大器的哪些性能？为什么？

5.2 场效应管源极跟随器设计

学习要求 掌握场效应管的输出特性、转移特性、主要性能参数及其测试方法，场效应管源极跟随器的设计安装与测试技术；了解场效应管-晶体管复合互补源极跟随器的性能特点及设计方法。

5.2.1 场效应管的特性

场效应管的输入阻抗比一般晶体管的输入阻抗要高很多，可达到 $10^5\Omega\sim10^{15}\Omega$，噪声系数亦小，具有热稳定性好、抗辐射能力强等优点，因此，在一些高灵敏度的测量仪器中广泛采用。

1. 输出特性

图 5.2.1 所示的是 N 沟道结型场效应管的工作原理图。由于在栅(G)源(S)之间的 PN 结上加的是反向偏压，栅极基本上不取信号电流，所以输入阻抗很高。场效应管是电压控制器件，利用栅源之间的电压 v_{GS} 来控制漏极(D)电流 i_D。

图 5.2.2 所示的为 N 沟道结型场效应管的输出特性曲线。如果栅源电压 v_{GS} 固定不变(如$V_{GS}=0$)，则漏极电流 i_D 与漏源电压 v_{DS} 的关系如图中曲线 Ⅰ 所示，其中 P 点称为预夹断点。预夹断前，i_D 随 v_{DS} 的增加而增加，称这一区域为电阻区。当 v_{DS} 继续增加使整个沟道被夹断时，i_D 不再随 v_{DS} 增加而增加，而是基本保持不变，称这一区域为饱和区，场效应管作放大

器时就工作在这一区域。如果 v_{DS} 增加到使反向偏置的PN结击穿，则 i_D 会迅速上升，管子将不能正常工作，甚至烧毁，称这一区域为击穿区。

2. 转移特性

转移特性是指场效应管工作在饱和区时，如果漏源电压 v_{DS} 固定不变（如 $V_{DS}=10V$），栅源电压 v_{GS} 对漏极电流 i_D 的控制特性。图5.2.3所示的为N沟道结型场效应管的转移特性曲线。转移特性曲线可以用下式表示：

$$i_D = I_{DSS}\left(1-\frac{v_{GS}}{V_P}\right)^2 \tag{5-2-1}$$

场效应管的输出特性曲线及转移特性曲线可以在晶体管特性图示仪上测量。

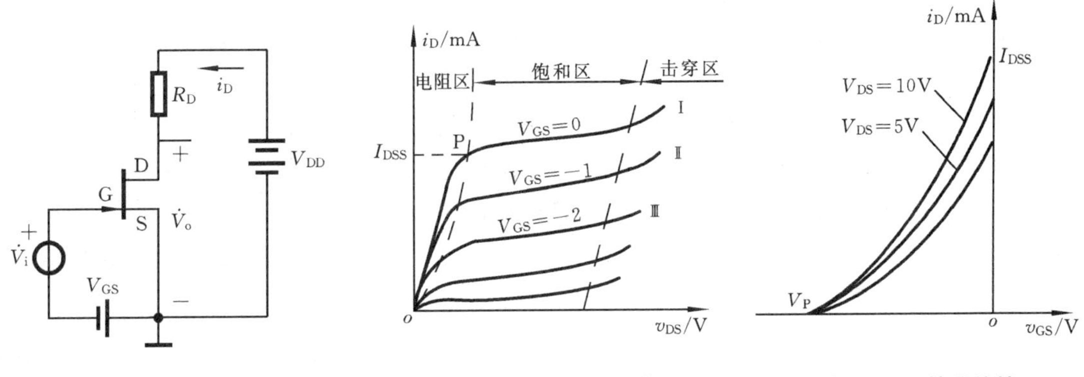

图5.2.1　结型场效应管工作原理　　图5.2.2　输出特性　　图5.2.3　转移特性

5.2.2　场效应管主要参数的测试

● 夹断电压 V_P　使栅源之间耗尽层扩展到沟道夹断时所必需的栅源电压值。测量 V_P 的电路如图5.2.4所示。其中 $V_{DS}=10V$，改变 V_{GS} 大小，使 $I_D=50\mu A$。此时对应的 V_{GS} 值就是夹断电压 V_P 的值，即 $V_P=V_{GS}$，结型场效应管的 V_P 为负值，一般 $|V_P|<9V$。

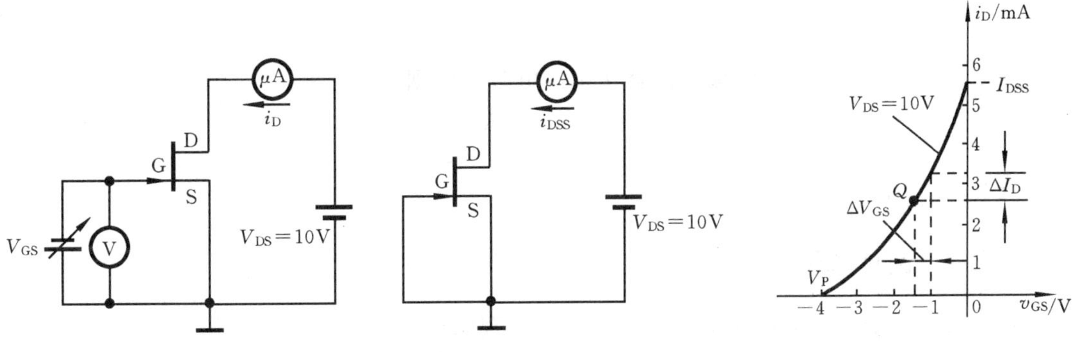

图5.2.4　测量 V_P 电路　　图5.2.5　测量 I_{DSS} 电路　　图5.2.6　在转移特性上求 g_m

● 饱和漏电流 I_{DSS}　场效应管工作在放大状态时，所输出的最大电流 i_{DSS} 的值。测量 I_{DSS} 的电路如图5.2.5所示。其中 $V_{GS}=0$，$V_{DS}=10V$，此时对应的漏极电流就是饱和漏电流 I_{DSS}。一般3DJ6型场效应管的 $I_{DSS}<10mA$。

● 低频跨导(互导) g_m　表征场效应管放大能力的一个重要参数。g_m 愈大，放大能力愈强。g_m 可以在转移特性上求出。如图5.2.6所示，低频跨导

$$g_m = \left.\frac{\Delta I_D}{\Delta V_{GS}}\right|_{v_{DS}=\text{常数}} \tag{5-2-2}$$

值得注意的是，由于转移特性是非线性的，同一只管子的工作点不同，g_m也不同。g_m值一般在 0.5mS～10mS 范围内。

如图 5.2.6 所示，夹断电压 V_P、饱和漏电流 I_{DSS}也可以在转移特性曲线上测出。其中 $V_P=-4V$，$I_{DSS}=5.5mA$。

5.2.3 结型场效应管源极跟随器

结型场效应管源极跟随器的特点是输入阻抗特别高，输出阻抗低，电压放大倍数近似为 1。所以，在测量仪器的输入端，常采用场效应管源极跟随器作阻抗变换。

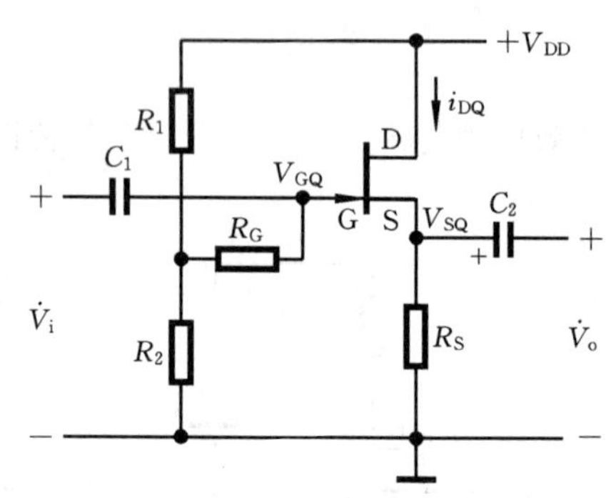

图 5.2.7 结型场效应管源极跟随器

图 5.2.7 所示电路是结型场效应管源极跟随器的典型电路。采用电阻分压式偏置电路，再加上源极电阻 R_S产生很深的直流负反馈，因此，电路的稳定性很好。

分析表明，电路的静态工作点及基本关系式如下：

$$V_{GQ} \approx \frac{R_2}{R_1+R_2}V_{DD} \qquad (\text{当 } R_G \gg R_1, R_2 \text{时}) \tag{5-2-3}$$

$$V_{SQ} = I_{DQ}R_S \tag{5-2-4}$$

$$V_{GSQ} = V_{GQ} - V_{SQ} = \frac{R_2}{R_1+R_2}V_{DD} - I_{DQ}R_S \tag{5-2-5}$$

$$R_i = R_G + R_1 /\!/ R_2 \tag{5-2-6}$$

$$R_o = \frac{1}{g_m} /\!/ R_S = \frac{R_S}{1+g_mR_S} \tag{5-2-7}$$

$$A_V = \frac{g_mR_S}{1+g_mR_S} \tag{5-2-8}$$

当 $g_mR_S \gg 1$ 时，$A_V \approx 1$。若源极输出器接负载电阻 R_L，则

$$A_V = \frac{g_mR'_S}{1+g_mR'_S} \tag{5-2-9}$$

式中，$R'_S = R_S /\!/ R_L$。

5.2.4 设计举例

例 采用结型场效应管 3DJ6F 设计一个源极跟随器。

- 已知条件 $+V_{DD}=+12V$。
- 性能指标要求 $R_i>2M\Omega$，$A_V\approx 1$，$R_o<1k\Omega$。

解 (1) 设置静态工作点，计算元件参数

采用图 5.2.7 所示电路。场效应管的静态工作点要借助于转移特性曲线来设置。在晶体管特性图示仪上测得 3DJ6F 的转移特性曲线如图 5.2.8 所示，测得主要参数如下：

$V_P=-4V$　　$I_{DSS}=3mA$　　$I_{DQ}=1.5mA$　　$V_{GSQ}=-1V$　　$g_m=\frac{\Delta I_D}{\Delta V_{GS}}=2mS$

题意要求 $A_V \approx 1$，即不接负载电阻 R_L 时，要求 $g_m R_S \gg 1$。由式(5-2-8)得

$$R_S \gg \frac{1}{g_m} = 0.5\text{k}\Omega \qquad \text{取 } R_S = 5.1\text{k}\Omega$$

由式(5-2-4)得 $\qquad V_{SQ} = I_{DQ} R_S = 7.65\text{V}$

由式(5-2-5)得 $\qquad V_{GQ} = V_{GSQ} + V_{SQ} = 6.65\text{V}$

由式(5-2-3)得 $\qquad \dfrac{R_2}{R_1 + R_2} \approx \dfrac{V_{GQ}}{V_{DD}} = 0.55$

若取 $R_2 = 68\text{k}\Omega$，则 $R_1 = 56\text{k}\Omega$。R_1 可以用 30kΩ 与 100kΩ 电位器串联，以便调整静态工作点。

题意要求 $R_i > 2\text{M}\Omega$，由式(5-2-6)得

$$R_G \approx R_i \qquad \text{取 } R_G = 2.2\text{M}\Omega$$

由式(5-2-7)得 $\qquad R_o = \dfrac{1}{g_m} /\!/ R_S = \dfrac{R_S}{1 + g_m R_S} = 0.46\text{k}\Omega$

满足指标 $R_o < 1\text{k}\Omega$ 的要求。

与晶体管放大器相比，场效应管放大器的输入耦合电容 C_1 的值要小得多，因为场效应管的输入、输出阻抗比晶体管的都要高。一般取 C_1 为 0.02μF 左右。

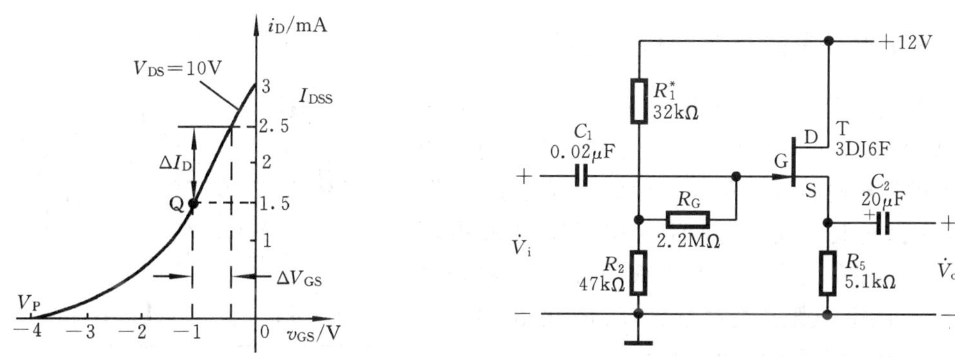

图 5.2.8 3DJ6F 的转移特性曲线

图 5.2.9 源极跟随器实验电路

(2) 电路装调与测试技术

按照图 5.2.9 所示安装电路，其中 R_1 采用固定电阻与电位器相串联，结型场效应管的栅、源极不能接反，静态时 $V_{GS} < 0$。由于场效应管的输入阻抗很高，故在测量 V_{GQ} 时，一般是测量电阻 R_2 对地的电压 V_{R2}，即 $V_{GQ} \approx V_{R2}$；采用等效内阻较高的数字电压表测量直流电压 V_{GQ}、V_{SQ}，以减小测量仪表内阻对被测电压的影响。调整电位器使静态工作点 V_{GQ}、V_{SQ} 及 I_{DQ} 满足设计要求。再经耦合电容 C_1 输入信号电压 $\dot{V}_i$，其值 $V_i = 100\text{mV}$，频率 $f_i = 1\text{kHz}$。如果源极跟随器的输出波形顶部或者底部出现明显失真，则说明电路的静态工作点没有设置在合适的位置，应重新调整静态工作点使输出波形无明显失真。如果底部或顶部同时出现失真，则说明电路静态工作点合适。失真的主要原因是源极跟随器的跟随范围有限，减小输入信号，失真可消失。

性能指标 R_i、R_o、BW 及 A_V 的测试方法参见第 5.1 节。图 5.2.9 所示电路为满足设计指标要求的实验电路。图中元器件参数的实际值与设计计算值存在差别的主要原因是场效应管的实际转移特性与测量的转移特性有一定误差。

(3) 测量结果验算与误差分析

对于图 5.2.9 所示电路，其静态工作点的测量值

$$V_{GQ}=7\text{V} \quad V_{SQ}=7.63\text{V} \quad I_{DQ}=1.5\text{mA}$$

性能指标的测量值

$$R_i=2\text{M}\Omega \quad R_o=310\Omega \quad A_V=0.88 \quad f_L=3\text{Hz} \quad f_H=1\text{MHz}$$

根据图 5.2.9 所示电路参数，理论计算值为

$$V_{GQ}\approx V_{R2}=\frac{R_2}{R_1+R_2}V_{DD}=7.1\text{V} \qquad V_{SQ}=I_{DQ}R_S=7.65\text{V}$$

$$R_i=R_G+R_1 /\!/ R_2\approx 2.2\text{M}\Omega \qquad R_o=\frac{R_S}{1+g_mR_S}=455\Omega$$

$$A_V=\frac{g_mR_S}{1+g_mR_S}=0.91$$

从而得测量误差分别为

$$\gamma_{R_i}=\Delta R_i/R_i=-9\%$$

$$\gamma_{R_o}=\Delta R_o/R_o=-31.9\%$$

$$\gamma_{A_{Vm}}=\Delta A_V/A_V=-3.3\%$$

产生误差的主要原因是低频互导 g_m的测量值与实际值的误差较大。对于同一只管子，由于静态工作点不同，g_m也不相同，因为其转移特性呈非线性。

5.2.5 复合互补源极跟随器

场效应管源极跟随器的输入电阻可以做得很高，而输出电阻不是很低，且比晶体管射极跟随器的输出电阻要大得多。因为受互导 g_m的限制，输出电阻一般为几百欧姆。如果采用图5.2.10所示的复合互补源极跟随器，可获得较低的输出电阻，其阻抗变换系数 R_i/R_o比图5.2.9所示的场效应管源极跟随器要大得多。

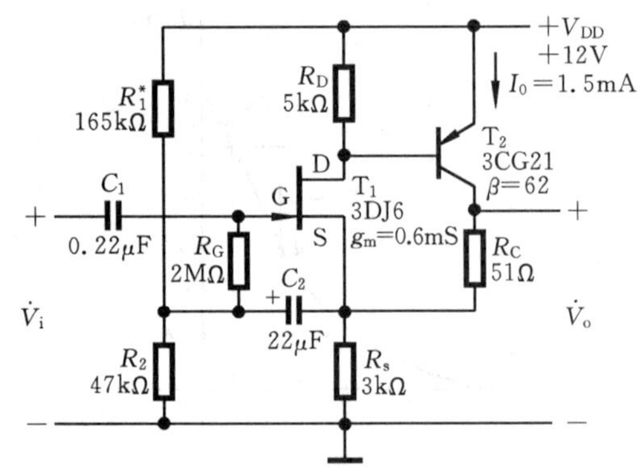

图 5.2.10 复合互补源极跟随器实验电路

对于图 5.2.10 所示电路，利用微变等效电路分析表明，电路的输入电阻 R_i，输出电阻R_o及电压放大倍数 A_V的表达式分别为

$$R_i=R_G[1+(1+\beta')g_mR'] \tag{5-2-10}$$

式中，

$$R'=R_S /\!/ R_1 /\!/ R_2 \tag{5-2-11}$$

$$\beta'=\frac{\beta R_D}{R_D+r_{be}} \tag{5-2-12}$$

$$R_o=\frac{R_C+(1+g_mR_C)R'}{1+(1+\beta')g_mR'} \tag{5-2-13}$$

$$A_V=\frac{g_m\beta' R_C+(1+\beta')g_mR'}{1+(1+\beta')g_mR'} \tag{5-2-14}$$

如果

$$g_m\beta' R_C=1 \tag{5-2-15}$$

则

$$A_V\approx 1$$

利用上述表达式，可以计算出图 5.2.10 所示电路的输入电阻 R_i、输出电阻 R_o及电压放大倍数 A_V。因为晶体管 3CG21 的输入电阻

$$r_{be}=300\Omega+\beta\frac{26\text{mV}}{\{I_E\}_{\text{mA}}}\approx 1.4\text{k}\Omega$$

由式(5-2-12)得 $\beta'=\frac{\beta R_D}{R_D+r_{be}}=48$

由式(5-2-11)得 $R'=R_S /\!/ R_1 /\!/ R_2 \approx 3\text{k}\Omega$

由式(5-2-10)得 $R_i=R_G[1+(1+\beta')g_m R']\approx 2\text{M}\Omega$

由式(5-2-13)得 $R_o=\frac{R_C+(1+g_m R_C)R'}{1+(1+\beta')g_m R'}\approx 33\Omega$

因为 $g_m R_C \beta' \approx 1$，所以 $A_V \approx 1$。

电路的阻抗变换系数 $R_i/R_o \approx 6\times10^4$，而图5.2.9所示的场效应管源极跟随器的阻抗变换系数 $R_i/R_o=4.8\times10^3$。由此可见，场效应管-晶体管复合互补源极跟随器可以获得较低的输出阻抗，大大提高了阻抗变换系数。如果将图5.2.10中的 R_C 增大，使 $g_m\beta' R_C \gg 1$，则电压放大倍数 $A_V>1$。说明该电路还可以用作放大倍数大于1的高输入阻抗的同相放大器。在一些高灵敏的测量仪器中，常采用这种电路作为仪器的输入端电路。

5.2.6 设计任务

设计课题：场效应管源极跟随器设计

- 已知条件 $+V_{DD}=+15\text{V}$，$R_L=10\text{k}\Omega$，$V_i=300\text{mV}$，结型场效应管3DJ6。
- 性能指标要求 $A_V\approx 1$，$R_i>2\text{M}\Omega$，$R_o<1\text{k}\Omega$，$f_L\leqslant 5\text{Hz}$，$f_H>500\text{kHz}$。
- 实验仪器设备 与5.1节相同。
- 设计步骤与要求 参见5.1节。

实验与思考题

5.2.1 测量场效应管源极跟随器的静态工作点 V_{GQ}、V_{SQ}、V_{GSQ} 及 I_{DQ} 时，用什么方法？对测量仪表有何要求？

5.2.2 测量场效应管的输入电阻 R_i 时，应考虑哪些因素？为什么？

5.2.3 为什么场效应管输入端的耦合(隔直)电容 C_1 一般只要 $0.02\mu\text{F}$ 左右(它比晶体管的耦合电容要小得多)？

5.2.4 对于图5.2.7所示的源极跟随器电路，为什么要接电阻 R_G 构成分压式偏置电路？

5.2.5 场效应管源极跟随器的频率响应 f_L、f_H 与哪些参数有关？为什么？

5.2.6 场效应管源极跟随器的跟随范围与哪些因素有关？为什么？

5.2.7 将图5.2.7所示电路改接成场效应管共源电压放大器，并测试放大器的主要性能指标 A_V、R_i、R_o 及 f_L、f_H。

5.2.8 熟练掌握场效应管主要参数 V_P、I_{DSS} 及 g_m 的测试方法。在用图示仪测量场效应管特性时，为什么要将“阶梯选择”开关置于“伏/级”位置？

5.2.9 为什么场效应管电压放大器的放大倍数一般没有晶体管的电压放大倍数大？

5.2.10 场效应管源极跟随器与晶体管射极跟随器各有哪些优缺点？各有哪些用途？

5.3 差分放大器设计

学习要求 掌握差分放大器的主要特性参数及其测试方法；学会设计具有恒流源的差分放大器及电路的调试技术。

5.3.1 具有恒流源的差分放大器

具有恒流源的差分放大器，应用十分广泛。特别是在模拟集成电路中，常作为输入级或中间放大级，电路如图 5.3.1 所示。其中，T_1、T_2称为差分对管，常采用双三极管如 5G921 或 BG319 等，它与电阻 R_{B1}、R_{B2}、R_{C1}、R_{C2}及电位器 RP 共同组成差分放大器的基本电路。T_3、T_4与电阻 R_{E3}、R_{E4}、R 共同组成恒流源电路，为差分对管的射极提供恒定电流 I_0。均压电阻 R_1、R_2给差分放大器提供对称差模输入信号。晶体管 T_1与 T_2、T_3与 T_4的特性应相同，电路参数应完全对称，改变 RP 可调整电路的对称性。由于电路的这种对称性结构特点及恒流源的作用，无论是温度的变化，还是电源的波动（称之为共模信号），对 T_1、T_2两管的影响都是一样的。因此，差分放大器能有效地抑制零点漂移。

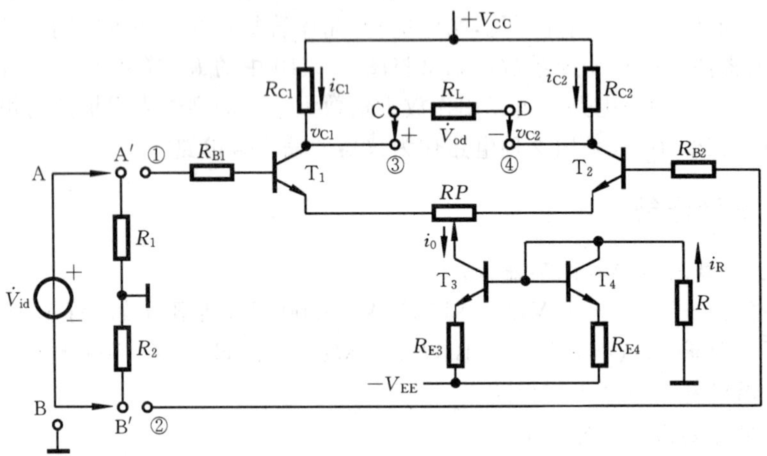

图 5.3.1 具有恒流源的差分放大器

1. 输入、输出信号的连接方式

如图 5.3.1 所示，差分放大器的输入信号 $\dot{V}_{id}$与输出信号 $\dot{V}_{od}$可有 4 种不同的连接方式：

- 双端输入—双端输出 连接方式为①—A′—A，②—B′—B；③—C，④—D。
- 双端输入—单端输出 连接方式为①—A′—A，②—B′—B；③、④分别接一电阻 R_L到地。
- 单端输入—双端输出 连接方式为①—A，②—B—地；③—C，④—D。
- 单端输入—单端输出 连接方式为①—A，②—B—地；③、④分别接一电阻 R_L到地。

连接方式不同，电路的特性参数有所不同。

2. 静态工作点的计算

静态时，差分放大器的输入端不加信号 $\dot{V}_{id}$。对于恒流源电路，电流

$$I_R = 2I_{B4Q} + I_{C4Q} = \frac{2I_{C4Q}}{\beta} + I_{C4Q} \approx I_{C4Q} \approx I_0 \tag{5-3-1}$$

故称 I_0为 I_R的镜像电流，其表达式为

$$I_0 = I_R = \frac{|-V_{EE}| - 0.7\text{V}}{R + R_{E4}} \tag{5-3-2}$$

上式表明，恒定电流 I_0主要由电源电压 $-V_{EE}$及电阻 R、R_{E4}决定。

对于差分对管 T_1、T_2组成的对称电路，则有

$$I_{C1Q} = I_{C2Q} = I_0/2 \tag{5-3-3}$$

$$V_{C1Q} = V_{C2Q} = V_{CC} - I_{C1Q}R_{C1} = V_{CC} - \frac{I_0 R_{C1}}{2} \tag{5-3-4}$$

$$r_{be} = 300\Omega + (1+\beta)\frac{26\text{mV}}{\{I_E\}_{\text{mA}}} = 300\Omega + (1+\beta)\frac{26\text{mV}}{\{I_0/2\}_{\text{mA}}} \tag{5-3-5}$$

可见差分放大器的静态工作点，主要由恒流源电流 I_0 的大小决定。

5.3.2　主要特性参数及其测试方法

1. 传输特性

传输特性是指差分放大器在差模信号输入下，集电极电流 i_C 随输入电压 v_{id} 变化而变化的规律，传输特性曲线如图 5.3.2所示。

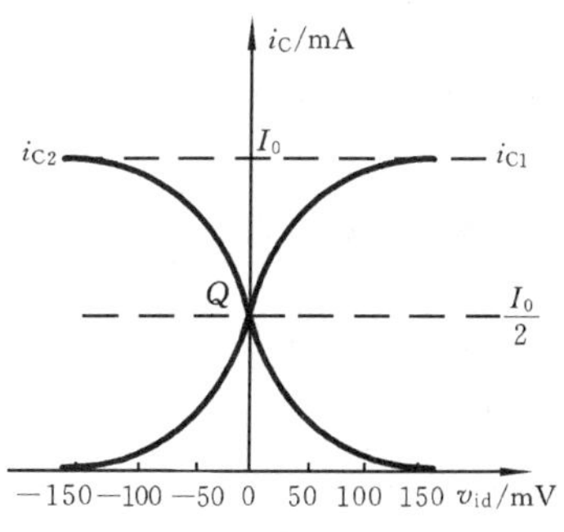

图 5.3.2　传输特性

由传输特性可以看出：当差模输入电压 $V_{id}=0$ 时，两管的集电极电流相等，$I_{C1Q}=I_{C2Q}=I_0/2$，称 Q 点为静态工作点；当 v_{id} 增加（±25mV 以内）时，i_{C1} 随 v_{id} 增加而线性增加，i_{C2} 随 v_{id} 增加而线性减小，$I_{C1}+I_{C2}=I_0$ 的关系不变，称 v_{id} 的这一变化范围为线性放大区；在 v_{id} 增加到使 T_1 趋于饱和区，T_2 趋于截止区（v_{id} 超过±50mV）时，i_{C1} 的增加和 i_{C2} 的减小都逐渐缓慢，这时 i_{C1}、i_{C2} 随 v_{id} 的变化作非线性变化，称 v_{id} 的这一变化范围为非线性区，增大射极电阻可加强电流负反馈，扩展线性区，缩小非线性区；在 v_{id} 再继续增加（超过±100mV），T_1 饱和、T_2 截止时，i_{C1}、i_{C2} 不再随 v_{id} 变化而变化，称 v_{id} 的这一变化范围为限幅区。

也可以通过测量 T_1 和 T_2 的集电极电压 v_{C1}、v_{C2} 随差模电压 v_{id} 变化而变化的规律来测量差模传输特性。因为 $v_{C1}=V_{CC}-i_{C1}R_{C1}$，如果 $+V_{CC}$、R_{C1} 确定，则 v_{C1} 与 $-i_{C1}$ 的变化规律相同，而且测量电压 V_{C1}、V_{C2} 比测量电流 I_{C1}、I_{C2} 要方便得多。测量时的接线方式如图 5.3.3 所示。信号发生器输出电压为 $V_{id}=100$mV，频率为 $f_i=1$kHz 的正弦波。设差分放大器为单端输入—双端输出接法，示波器上将显示如图 5.3.4 所示的传输特性曲线。V_{C-} 为晶体管截止时的电压，V_{C+} 为晶体管饱和时的电压。静态工作点 Q 对应的电压为 V_{CQ}，当 v_{id} 增加时，v_{C1} 随 v_{id} 减小，v_{C2} 随 v_{id} 增加。此传输特性可以用来设置差分放大器的静态工作点，观测电路的对称性。

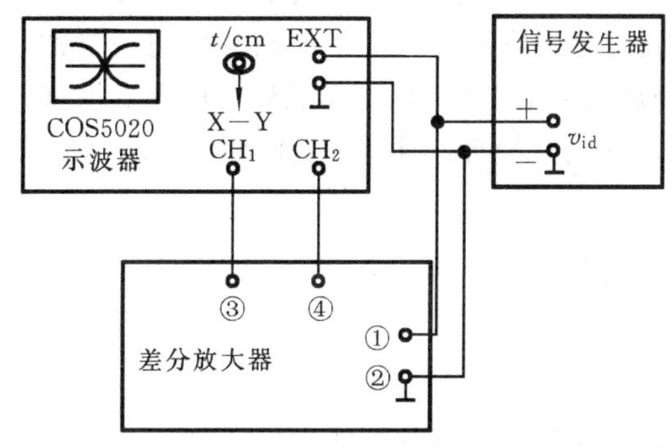

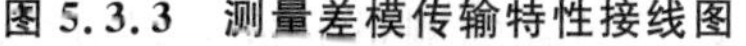

图 5.3.3　测量差模传输特性接线图

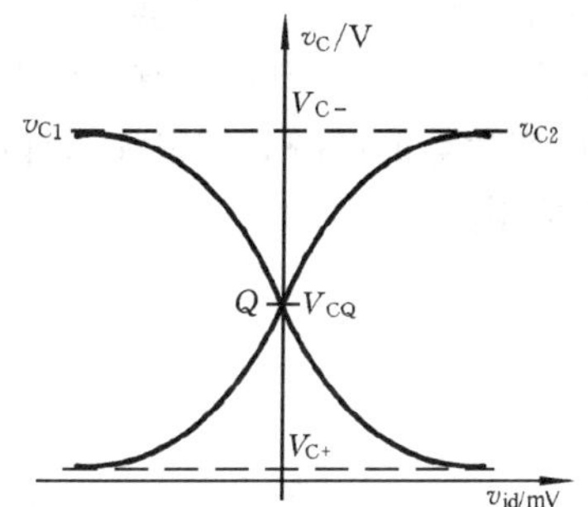

图 5.3.4　示波器上显示的差模传输特性曲线

2. 差模特性

如图 5.3.1 所示电路，当从差分放大器的两个输入端输入一对差模信号（大小相等、极性相反）时，与差分放大器的四种接法所对应的差模电压增益 A_{VD}、差模输入电阻 R_{id}、差模输出电阻 R_{od} 的关系如表 5.3.1 所示。

表 5.3.1 差分放大器 4 种接法的差模特性

连接方式	差模特性		
	差模电压增益 A_{VD}	差模输入电阻 R_{id}	差模输出电阻 R_{od}
双端输入—双端输出	$^{*}A_{VD}\approx\frac{-\beta R_L'}{R_{B1}+r_{be}}$ $R_L'=R_C /\!/ \frac{R_L}{2}$	$R_{id}\approx 2(R_{B1}+r_{be})+(1+\beta)RP$ $r_{be}\approx 300\Omega+(1+\beta)\frac{26\text{mV}}{\{I_{C1}\}_{\text{mA}}}$	$R_{od}=2R_C$
单端输入—双端输出	同　上	同　上	同　上
双端输入—单端输出	$A_{VD}\approx\frac{-\beta R_L'}{2(R_{B1}+r_{be})}$ $R_L'=R_C /\!/ R_L$	同　上	$R_o=R_C$
单端输入—单端输出	同　上	同　上	同　上

上表说明，在四种连接方式中，双端输出方式的差模特性完全相同，单端输出方式的差模特性也完全相同，不论是双端输入还是单端输入，其输入电阻 R_{id} 均相等。

差模电压增益 A_{VD} 的测量方法是，输入差模信号为 $V_{id}=20\text{mV}$、$f_i=500\text{Hz}$ 的正弦波，设差分放大器为单端输入—双端输出接法，用双踪示波器观测 v_{C1} 及 v_{C2}（它们应是一对大小相等、极性相反的不失真正弦波），用晶体管毫伏表或示波器分别测量 v_{C1}、v_{C2} 值后，用下式计算：

双端输出时的差模电压增益 $$A_{VD}=\frac{V_{C1}+V_{C2}}{V_{id}} \tag{5-3-6}$$

单端输出时的差模电压增益 $$A_{VD}=\frac{V_{C1}}{V_{id}}=\frac{V_{C2}}{V_{id}} \tag{5-3-7}$$

如果 V_{C1} 与 V_{C2} 不相等，则说明放大器的参数不完全对称。若 V_{C1} 与 V_{C2} 相差较大，则应重新调整静态工作点，使电路性能尽可能对称。

差模输入电阻 R_{id} 与差模输出电阻 R_{od} 的测量方法与 5.1 节介绍的单管放大器输入电阻 R_i 及输出电阻 R_o 的测量方法相同。

3. 共模特性

当差分放大器的两个输入端输入一对共模信号（大小相等、极性相同）v_{ic} 时，由于恒流源的作用，集电极电压 v_{C1}、v_{C2} 不会因 v_{ic} 变化而同时增大或减小。如果电路参数完全对称，则共模电压增益 $A_{VC}\approx 0$。所以，具有恒流源的差分放大器对共模信号，如晶体管的零点漂移、电源波动、温度变化等的影响具有很强的抑制能力。常用共模抑制比 K_{CMR} 来表征差分放大器对共模信号的抑制能力，即

$$K_{CMR}=\left|\frac{A_{VD}}{A_{VC}}\right| \tag{5-3-8}$$

或 $$K_{CMR}=20\lg\left|\frac{A_{VD}}{A_{VC}}\right|\text{dB} \tag{5-3-9}$$

K_{CMR} 愈大，说明差分放大器对共模信号的抑制力愈强，放大器的性能愈好。

共模抑制比 K_{CMR} 的测量方法如下：当差模电压增益 A_{VD} 的测量完成后，将放大器的①端与②端相连接，输入 $V_{ic}=500\text{mV}$，$f_i=500\text{Hz}$ 的共模信号。如果电路的对称性很好，则 $V_{C1}=V_{C2}\approx 0$，示波器观测 v_{C1}、v_{C2} 时，其波形近似于一条水平直线。共模电压增益 $A_{VC}\approx 0$，则共模抑制比

$$K_{CMR}=\left|\frac{A_{VD}}{A_{VC}}\right|\approx\infty$$

如果电路的对称性不是很好，则当 V_{ic} 继续增加时，v_{C1}、v_{C2} 的波形可能为一对大小相等、极性相反的正弦波（其原因是由于电路的参数不完全对称所引起的）。但其幅值很小，用交流毫伏表测量或将示波器的“V/cm”置于较小挡时才能观测到波形。这时的共模电压增益为

$$A_{VC}=\frac{V_{C1}+V_{C2}}{V_{ic}}\qquad（双端输出时）$$

$$A_{VC}=\frac{V_{C1}}{V_{ic}}=\frac{V_{C2}}{V_{ic}}\qquad（单端输出时）$$

放大器的共模抑制比　$K_{CMR}=20\lg\left|\frac{A_{VD}}{A_{VC}}\right|\text{dB}$

虽然电路参数不完全对称，但由于 $A_{VC}\ll 1$，放大器的共模抑制比也能达到几十分贝，对共模信号仍具有较强的抑制能力。因此，在要求不是很高的情况下，可以用一固定电阻代替恒流源，T_1、T_2 也可以采用特性相近的两只晶体管，而不一定要用对管，还可以通过调整外参数使电路尽可能对称。

5.3.3　设计举例

例　设计一具有恒流源的单端输入—双端输出差分放大器。

● 已知条件　$+V_{CC}=+12\text{V}$，$-V_{EE}=-12\text{V}$，$R_L=20\text{k}\Omega$，$V_{id}=20\text{mV}$。

● 性能指标要求　$R_{id}>20\text{k}\Omega$，$A_{VD}\geqslant 20$，$K_{CMR}>60\text{dB}$。

解　(1) 确定电路连接方式及晶体管型号

由于对共模抑制比的要求较高，即要求电路的对称性要好，所以采用集成差分对管 BG319（或对称性较好的双三极管 3DG130 等），其内部有 4 只特性完全相同的晶体管，引脚排列如图 5.3.5 所示。图 5.3.6 所示的为具有恒流源的单端输入—双端输出差分放大器电路，其中 T_1、T_2、T_3、T_4 为 BG319 的 4 只晶体管，在晶体管图示仪上测量 $\beta_1=\beta_2=\beta_3=\beta_4=60$。

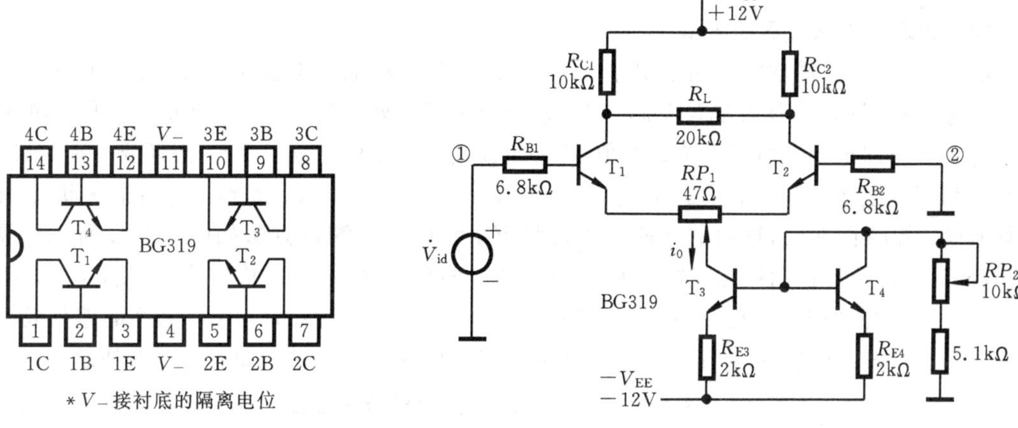

图 5.3.5　BG319 引脚图　　**图 5.3.6　设计举例题的实验电路**

(2) 设置静态工作点并计算元件参数

差分放大器的静态工作点主要由恒流源 i_0 的值决定，一般先设定 I_0。I_0 越小，恒流源越恒定，漂移越小，放大器的输入阻抗越高。但也不能太小，一般为几毫安。这里取 $I_0=1\text{mA}$，由式(5-3-2)，(5-3-3)得

$$I_R=I_0=1\text{mA},I_{C1}=I_{C2}=I_0/2=0.5\text{mA}$$

由式(5-3-5)得　$r_{be}=300\Omega+(1+\beta)\dfrac{26mV}{\{I_0/2\}_{mA}}=3.4k\Omega$

要求 $R_{id}>20k\Omega$,由表 5.3.1 可得(忽略 RP)

$$R_{id}=2(R_{B1}+r_{be})>20k\Omega$$

则　$R_{B1}>6.6k\Omega$　　取 $R_{B1}=R_{B2}=6.8k\Omega$

要求 $A_{VD}>20$,由表 5.3.1 可得

$$A_{VD}=\left|\frac{-\beta R_L'}{R_{B1}+r_{be}}\right|>20 \qquad 取\ A_{VD}=30$$

则　$R_L'=5.1k\Omega$

由表 5.3.1 得　$R_L'=R_C // (R_L/2)$

则　$R_C=\dfrac{R_L'\cdot(R_L/2)}{(R_L/2)-R_L'}=10.4k\Omega$　　取 $R_{C1}=R_{C2}=10k\Omega$

由式(5-3-4)得集电极电压

$$V_{C1Q}=V_{C2Q}=V_{CC}-I_{C1}R_{C1}=7V$$

则基极电压　$V_{B1Q}=V_{B2Q}=\dfrac{I_{C1}}{\beta}R_{B1}=0.06V\approx 0V$

则　$V_{E1Q}=V_{E2Q}\approx -0.7V$

射极电阻不能太大,否则负反馈太强,放大器增益会很小,一般取几十欧姆的精密电位器,以便调整电路的对称性,现取 $RP_1=47\Omega$。

对于恒流源电路,其静态工作点及元器件参数计算如下。由式(5-3-2)得

$$I_R=I_0=\frac{|-V_{EE}|-0.7V}{R+R_{E4}}$$

则　$R+R_{E4}=11.3k\Omega$

射极电阻 R_E 一般取几千欧姆,这里取 $R_{E3}=R_{E4}=2k\Omega$,则 $R=9.3k\Omega$,为方便调整 I_0,R 用 5.1kΩ固定电阻与 10kΩ 电位器 RP_2 串联。

(3) 静态工作点的调整方法

输入端①接地,用数字电压表测量 T_1、T_2 的集电极对地的电压 V_{C1Q}、V_{C2Q},如果 V_{C1Q} 与 V_{C2Q} 不等,则调整 RP_1 使其满足 $V_{C1Q}=V_{C2Q}$,再测量 R_{C1} 两端的电压,并调节 RP_2 使 I_0 的值满足设计要求(如 1mA)。由于 I_0 为设定值,不一定使两管均工作在放大状态,故还要分别测量 T_1、T_2 的各级对地电压,即 V_{C1Q}、V_{B1Q}、V_{E1Q}、V_{C2Q}、V_{B2Q}、V_{E2Q}。如果 T_1、T_2 已经工作在放大状态,则可观测差模传输特性曲线,这时的差模输入信号 $V_{id}=20mV$。测量方法如图 5.3.3 所示。调节 RP_1、RP_2 使传输特性曲线尽可能对称。若用的是特性不太一致的晶体管,改变 RP_1、RP_2 仍然不能使传输特性曲线对称,则可适当调整电路外参数,如 R_{C1} 或 R_{C2}。待电路的差模特性曲线对称后,移去信号源,测量各三极管的电压值,并记录相应的数据,如表 5.3.2 所示。

表 5.3.2　图 5.3.6 电路中三极管的电压值　　单位:V

V_{C1Q}	V_{C2Q}	V_{B1Q}	V_{B2Q}	V_{E1Q}	V_{E2Q}	V_{C3Q}	V_{C4Q}	V_{E3Q}	V_{E4Q}
7.1	7.1	0	0	−0.8	−0.8	−0.9	−9.3	−10.0	−10.0

计算静态工作点 I_0、V_{CE1}、V_{CE2}、V_{CE3} 的值。

实验调整后的电路参数如图 5.3.6 所示。

(4) 测量结果验算与误差分析

对于图 5.3.6 所示电路,其静态工作点的测量值(由表 5.3.2 得)为

$$I_0 = 2V_{RC}/R_C \approx 1\text{mA}$$

$$V_{CE1} = V_{C1Q} - V_{E1Q} = 7.9\text{V}$$

$$V_{CE2} = V_{C2Q} - V_{E2Q} = 7.9\text{V}$$

$$V_{CE3} = V_{C3Q} - V_{E3Q} = 9.1\text{V}$$

技术指标的测量值为

$$A_{VD} = \frac{V_{C1} + V_{C2}}{V_{id}} = 28$$

$$A_{VC} = \frac{V_{C1} - V_{C2}}{V_{ic}} \approx 0$$

$$K_{CMR} = 20\lg \frac{A_{VD}}{A_{VC}} \approx \infty$$

$$R_{id} = \frac{V_i}{V_s - V_i} R = 23.3\text{k}\Omega$$

根据图 5.3.6 所示电路参数计算理论值并将其与测量结果比较，进行误差分析（请读者自行完成，可参考 5.1 节和 5.2 节）。

5.3.4 设计任务

设计课题：具有恒流源的单端输入—单端输出差分放大器设计

● 已知条件　$V_{CC} = +12\text{V}$，$V_{EE} = -12\text{V}$，$R_L = 20\text{k}\Omega$，$V_{id} = 20\text{mV}$，BG319 一只或 3DG130 四只。

● 性能指标要求　$R_{id} > 10\text{k}\Omega$，$A_{VD} > 15$，$K_{CMR} > 50\text{dB}$。

● 实验仪器设备　同 5.1 节。

● 测试要求　① 测量静态工作点，记录测量数据（见表 5.3.2）；② 测量并绘制差模传输特性曲线（见图 5.3.4），要求标出线性区、非线性区及限幅区所对应的 V_C、V_{id} 值；③ 测量 R_{id}、A_{VD}、A_{VC} 及 K_{CMR}，记录测量数据，填入表 5.3.3 中；④ 对 A_{VD}、R_i、K_{CMR} 进行误差分析。

表 5.3.3　差分放大器性能指标测量数据

$f=500\text{Hz}$	V_i	V_s	$R_{id} = \frac{V_i}{V_s - V_i} R =$
$R_{id}(R=20\text{k}\Omega)$			
A_{VD}	V_i	V_C	$A_{VD} = \frac{V_C}{V_i} =$
A_{VC}	V_i	V_C	$A_{VC} = \frac{V_C}{V_i} =$
$K_{CMR} = 20\lg\left\|\frac{A_{VD}}{A_{VC}}\right\| =$			

实验与思考题

5.3.1　使 $RP_1 = 0$，即用导线将 RP_1 短接，则传输特性曲线有何变化？为什么？如果用 100Ω 的电阻代替 RP_1，则传输特性曲线又有何变化？为什么？

5.3.2　增加 v_{id}，观察传输特性曲线的线性区、非线性区及限幅区，并记录开始出现上述各区域时的 v_{id} 值。

5.3.3　使信号发生器的输出频率 f_i 从 100Hz 开始增加（始终维持 $V_{id} = 20\text{mV}$ 不变），直到示波器上显示如题 5.3.3 图所示的传输特性曲线时，记下此时对应的 f_i 值。问：传输特性曲线为什么会出现这种变

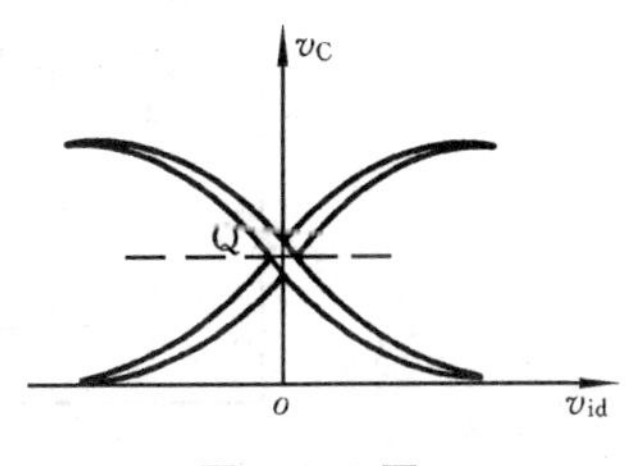

题 5.3.3 图

化？除了频率还有哪些因素也会造成这种现象？用实验证明之，并解释原因。

5.3.4 如果用一固定电阻 R_e（$R_e=10k\Omega$）代替恒流源电路，即将 R_e 接在 $-V_{EE}$ 与 RP_1 的滑动端之间，输入共模信号 $V_{ic}=500mV$，观测 v_{C1} 与 v_{C2} 的波形，其大小、极性及共模抑制比 K_{CMR} 与恒流源电路相比有何区别？为什么？

5.3.5 为什么说恒流源的电流 I_0 不能太大，但也不能太小？

5.3.6 可否用晶体管毫伏表跨接在输出端③与④之间（双端输出时）测差分放大器的输出电压 V_{od}？为什么？

5.4 函数发生器设计

学习要求 掌握方波—三角波—正弦波函数发生器的设计方法与测试技术。了解单片集成函数发生器 8038 的工作原理与应用。学会安装与调试由分立器件与集成电路组成的多级电子电路小系统。

5.4.1 方波—三角波—正弦波函数发生器设计

函数发生器能自动产生正弦波、三角波、方波及锯齿波、阶梯波等电压波形。其电路中使用的器件可以是分立器件（如低频信号函数发生器 S101 全部采用晶体管），也可以是集成电路（如单片集成电路函数发生器 ICL8038）。本课题主要介绍由集成运算放大器与晶体管差分放大器组成的方波—三角波—正弦波函数发生器的设计方法。

产生正弦波、方波、三角波的方案有多种，如先产生正弦波，然后通过整形电路将正弦波变换成方波，再由积分电路将方波变成三角波；也可以先产生三角波—方波，再将三角波变成正弦波或将方波变成正弦波。本课题介绍先产生方波—三角波，再将三角波变换成正弦波的电路设计方法。其电路组成框图如图5.4.1所示。

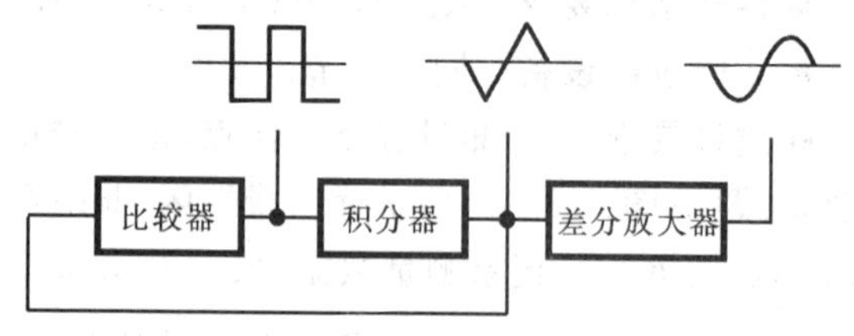

图 5.4.1 函数发生器组成框图

1. 方波—三角波产生电路

图 5.4.2 所示的电路能自动产生方波—三角波。电路工作原理如下：若 a 点断开，运放 A_1 与 R_1、R_2 及 R_3、RP_1 组成电压比较器，R_1 称为平衡电阻，C_1 称为加速电容，可加速比较器的翻转；运放的反相端接基准电压，即 $V_-=0$，同相端接输入电压 v_{ia}；比较器的输出 v_{o1} 的高电平

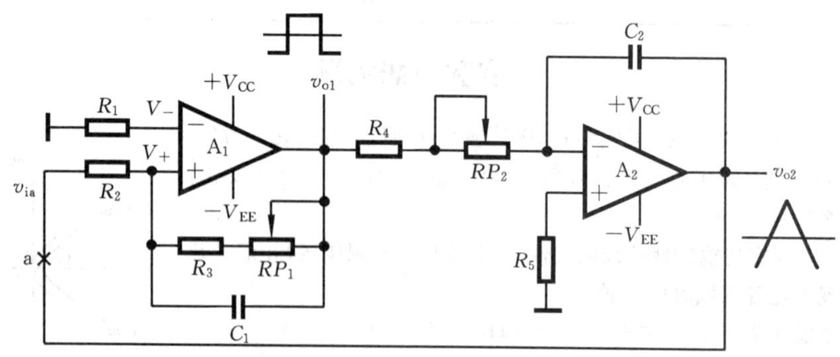

图 5.4.2 方波—三角波产生电路

等于正电源电压$+V_{CC}$，低电平等于负电源电压$-V_{EE}$($|+V_{CC}|=|-V_{EE}|$)，当比较器的$V_+=V_-=0$时，比较器翻转，输出v_{o1}从高电平$+V_{CC}$跳到低电平$-V_{EE}$，或从低电平$-V_{EE}$跳到高电平$+V_{CC}$。设$v_{o1}=+V_{CC}$，则

$$V_+=\frac{R_2}{R_2+R_3+RP_1}(+V_{CC})+\frac{R_3+RP_1}{R_2+R_3+RP_1}V_{ia}=0 \tag{5-4-1}$$

式中，RP_1指电位器的调整值(以下同)。将上式整理，得比较器翻转的下门限电位

$$V_{ia-}=\frac{-R_2}{R_3+RP_1}(+V_{CC})=\frac{-R_2}{R_3+RP_1}V_{CC} \tag{5-4-2}$$

若$V_{o1}=-V_{EE}$，则比较器翻转的上门限电位

$$V_{ia+}=\frac{-R_2}{R_3+RP_1}(-V_{EE})=\frac{R_2}{R_3+RP_1}V_{CC} \tag{5-4-3}$$

比较器的门限宽度

$$V_H=V_{ia+}-V_{ia-}=2\frac{R_2}{R_3+RP_1}V_{CC} \tag{5-4-4}$$

由式(5-4-1)～式(5-4-4)可得比较器的电压传输特性，如图 5.4.3 所示。

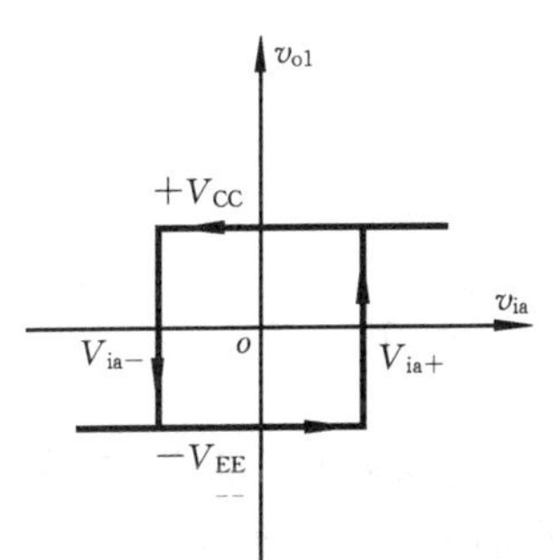

图 5.4.3　比较器电压传输特性

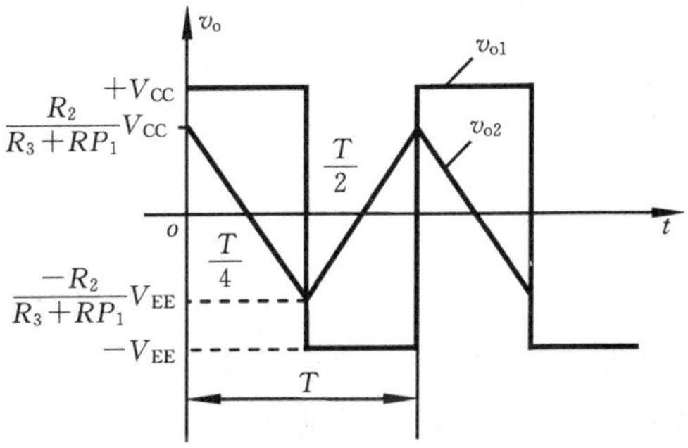

图 5.4.4　方波—三角波

a 点断开后，运放 A_2与R_4、RP_2、C_2及R_5组成反相积分器，其输入信号为方波v_{o1}，则积分器的输出

$$v_{o2}=\frac{-1}{(R_4+RP_2)C_2}\int v_{o1}\,dt \tag{5-4-5}$$

当$v_{o1}=+V_{CC}$时，

$$v_{o2}=\frac{-(+V_{CC})}{(R_4+RP_2)C_2}t=\frac{-V_{CC}}{(R_4+RP_2)C_2}t \tag{5-4-6}$$

当$v_{o1}=-V_{EE}$时，

$$v_{o2}=\frac{-(-V_{EE})}{(R_4+RP_2)C_2}t=\frac{V_{CC}}{(R_4+RP_2)C_2}t \tag{5-4-7}$$

可见，当积分器的输入为方波时，输出是一个上升速率与下降速率相等的三角波，其波形关系如图 5.4.4 所示。

a 点闭合，即比较器与积分器首尾相连，形成闭环电路，则自动产生方波—三角波。三角波的幅度

$$V_{o2m}=\frac{R_2}{R_3+RP_1}V_{CC} \tag{5-4-8}$$

方波—三角波的频率

$$f=\frac{R_3+RP_1}{4R_2(R_4+RP_2)C_2} \tag{5-4-9}$$

由式(5-4-8)及式(5-4-9)可以得出以下结论。

① 电位器RP_2在调整方波—三角波的输出频率时，一般不会影响输出波形的幅度。若要求输出频率范围较宽，可用C_2改变频率的范围，RP_2实现频率微调。

② 方波的输出幅度约等于电源电压$+V_{CC}$。三角波的输出幅度不超过电源电压$+V_{CC}$。

电位器 RP_1 可实现幅度微调，但会影响方波—三角波的频率。

2. 三角波→正弦波变换电路

为帮助读者学习多级电路的调试技术，下面选用差分放大器作为三角波→正弦波的变换电路。波形变换的原理是：利用差分对管的饱和与截止特性进行变换。分析表明，差分放大器的传输特性曲线 i_{C1}（或 i_{C2}）的表达式为

$$i_{C1}=\alpha i_{E1}=\frac{\alpha I_0}{1+e^{-v_{id}/V_T}} \tag{5-4-10}$$

式中，$\alpha=I_C/I_E\approx 1$；I_0 为差分放大器的恒定电流；V_T 为温度的电压当量，当室温为 25℃时，$V_T\approx 26\text{mV}$。

如果 v_{id} 为三角波，设表达式

$$v_{id}=\begin{cases}\dfrac{4V_m}{T}\left(t-\dfrac{T}{4}\right) & \left(0\leqslant t\leqslant \dfrac{T}{2}\right)\\[2ex] \dfrac{-4V_m}{T}\left(t-\dfrac{3}{4}T\right) & \left(\dfrac{T}{2}\leqslant t\leqslant T\right)\end{cases} \tag{5-4-11}$$

式中，V_m 为三角波的幅度；T 为三角波的周期。

将式(5-4-11)代入式(5-4-10)，得

$$i_{C1}(t)=\begin{cases}\dfrac{\alpha I_0}{1+e^{\frac{-4V_m}{V_T T}\left(t-\frac{T}{4}\right)}} & \left(0\leqslant t\leqslant \dfrac{T}{2}\right)\\[2ex] \dfrac{\alpha I_0}{1+e^{\frac{4V_m}{V_T T}\left(t-\frac{3}{4}T\right)}} & \left(\dfrac{T}{2}< t\leqslant T\right)\end{cases} \tag{5-4-12}$$

用计算机对式(5-4-12)进行计算，打印输出的 $i_{C1}(t)$ 或 $i_{C2}(t)$ 曲线近似于正弦波，则差分放大器的输出电压 $v_{C1}(t)$、$v_{C2}(t)$ 亦近似于正弦波，波形变换过程如图 5.4.5 所示。

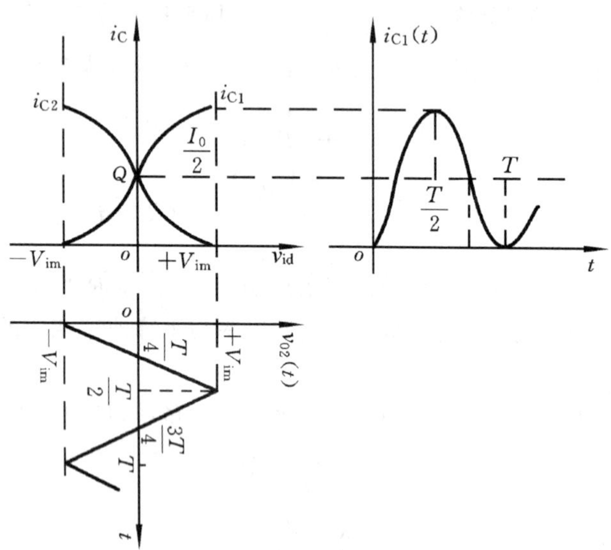

图 5.4.5 三角波→正弦波变换

为使输出波形更接近正弦波，要求：

① 传输特性曲线尽可能对称，线性区尽可能窄。

② 三角波的幅值 V_m 应接近晶体管的截止电压值。

图 5.4.6 所示的为三角波→正弦波的变换电路。其中，RP_1调节三角波的幅度，RP_2调整电路的对称性，并联电阻 R_{E2}用来减小差分放大器的线性区。C_1、C_2、C_3为隔直电容，C_4为滤波电容，以滤除谐波分量，改善输出波形。

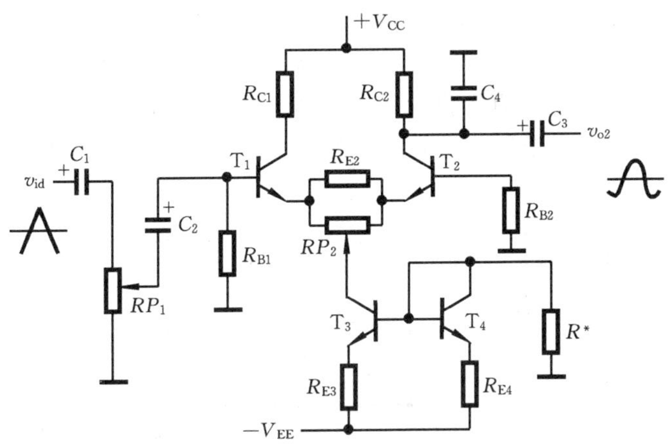

图 5.4.6　三角波→正弦波变换电路

5.4.2　单片集成电路函数发生器 ICL8038

ICL8038 的工作频率范围在几赫兹至几百千赫兹之间，它可以同时输出方波（或脉冲波）、三角波、正弦波。其内部组成如图 5.4.7 所示。两个比较器 A_1、A_2的基准电压 $2V_{CC}/3$、$V_{CC}/3$由内部电阻分压网络提供。触发器 FF 的输出端 Q 控制外接定时电容的充、放电。充、放电流 I_A、I_B的大小由外接电阻决定，当 $I_A=I_B$时，输出三角波，否则为锯齿波。ICL8038 产生三角波—方波的工作原理与图 5.4.2 所示电路的工作原理基本相同。三角波—正弦波的变换由内部三极管开关电路与分流电阻构成的五段折线近似电路完成。调整三极管的静态工作点，可以改善正弦波的波形失真，在①脚 ADJ_{S1}端与⑥脚 V_+电源端间接电位器可以改善正弦

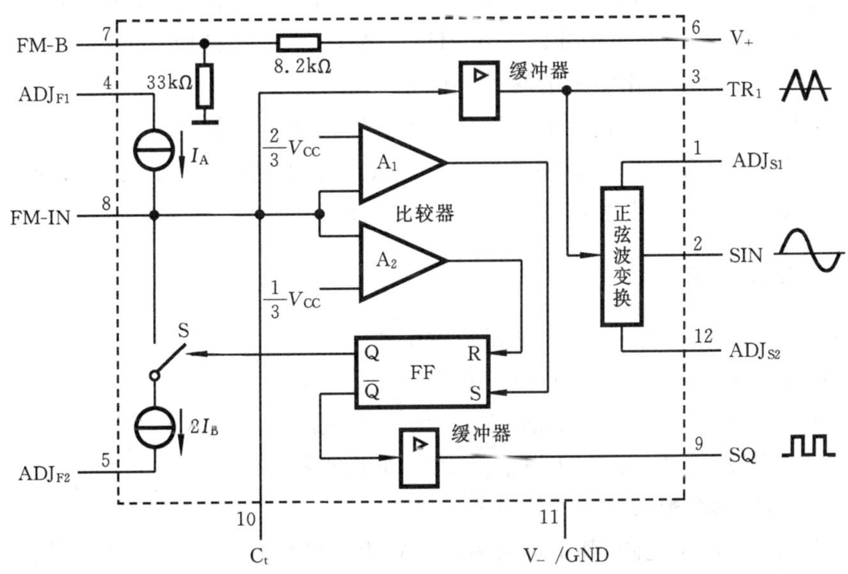

图 5.4.7　ICL8038 内部组成框图

波的正向失真，在⑫脚 ADJ_{S2}端与地间接电位器可以改善正弦波的负向失真。ICL8038 可以采用单电源(+10V～+30V)供电，也可以采用双电源(±5V～±15V)供电。

ICL8038 组成的音频函数发生器如图 5.4.8 所示。电阻 R_1与电位器 RP_1用来确定⑧脚的直流电位 V_8，通常取 $V_8 \geqslant 2V_{CC}/3$。V_8越高，I_A、I_B越小，输出频率越低，反之亦然。因此，ICL8038 又称为压控振荡器(VCO)或频率调制器(FM)。RP_1可调节的频率范围为 20Hz～20kHz。V_8还可以由⑦脚提供固定电位，此时输出频率 f_o仅由 R_A、R_B及电容 C_t决定。V_{CC}采用双电源供电时，输出波形的直流电平为 0。采用单电源供电时，输出波形的直流电平为 $V_{CC}/2$。

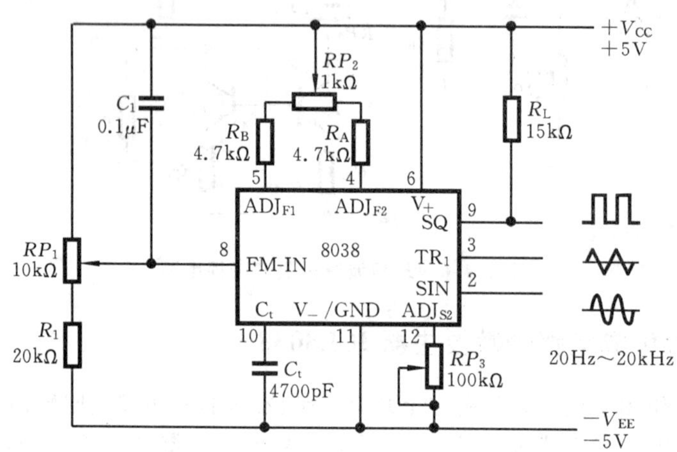

图 5.4.8 ICL8038 组成的音频函数发生器

5.4.3 函数发生器的性能指标

● 输出波形　正弦波、方波、三角波等。

● 频率范围　频率范围一般分为若干波段，如 1Hz～10Hz，10Hz～100Hz，100Hz～1kHz，1kHz～10kHz，10kHz～100kHz，100kHz～1MHz 等 6 个波段。

● 输出电压　一般指输出波形的峰-峰值，即 $V_{p\text{-}p}=2V_m$。

● 波形特性　表征正弦波特性的参数是非线性失真 $\gamma_{\sim}$，一般要求 $\gamma_{\sim}<3\%$；表征三角波特性的参数是非线性系数 $\gamma_{\triangle}$，一般要求 $\gamma_{\triangle}<2\%$；表征方波特性的参数是上升时间 t_r，一般要求 $t_r<100\text{ns}$(1kHz，最大输出时)。

5.4.4 设计举例

例　设计一方波—三角波—正弦波函数发生器。

● 性能指标要求　频率范围　1Hz～10Hz，10Hz～100Hz；

输出电压　方波 $V_{p\text{-}p}\leqslant 24\text{V}$，三角波 $V_{p\text{-}p}=8\text{V}$，正弦波 $V_{p\text{-}p}>1\text{V}$；

波形特性　方波 $t_r<30\mu\text{s}$，三角波 $\gamma_{\triangle}<2\%$，正弦波 $\gamma_{\sim}<5\%$。

解　(1)　确定电路形式及元器件型号

采用如图 5.4.9 所示电路，其中运放 A_1与 A_2用一只双运放 μA747，差分放大器采用 5.3 节设计完成的晶体管单端输入—单端输出差分放大器。因为方波的幅度接近电源电压，所以取电源电压 $+V_{CC}=+12\text{V}$，$-V_{EE}=-12\text{V}$。

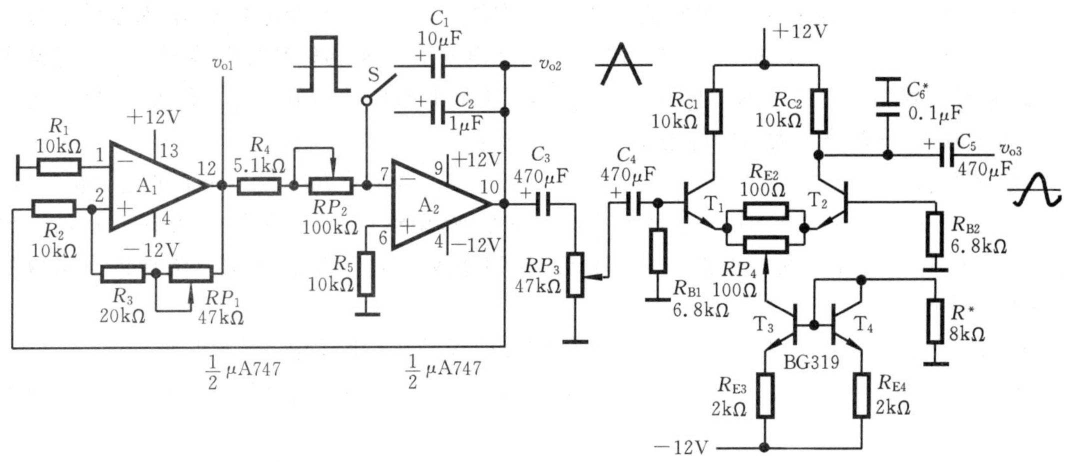

图 5.4.9　三角波—方波—正弦波函数发生器实验电路

(2)　计算元器件参数

比较器 A_1 与积分器 A_2 的元器件参数计算如下。

由式(5-4-8)得

$$\frac{R_2}{R_3+RP_1}=\frac{V_{o2m}}{V_{CC}}=\frac{4}{12}=\frac{1}{3}$$

取 $R_2=10\text{k}\Omega$，取 $R_3=20\text{k}\Omega$，$RP_1=47\text{k}\Omega$。平衡电阻 $R_1=R_2/\!/(R_3+RP_1)\approx10\text{k}\Omega$。

由输出频率的表达式(5-4-9)得

$$R_4+RP_2=\frac{R_3+RP_1}{4R_2C_2f}$$

当 $1\text{Hz}\leqslant f\leqslant10\text{Hz}$ 时，取 $C_2=10\mu\text{F}$，$R_4=5.1\text{k}\Omega$，$RP_2=100\text{k}\Omega$。当 $10\text{Hz}\leqslant f\leqslant100\text{Hz}$ 时，取 $C_2=1\mu\text{F}$ 以实现频率波段的转换，R_4 及 RP_2 的取值不变。取平衡电阻 $R_5=10\text{k}\Omega$。

三角波→正弦波电路的参数选择原则是：隔直电容 C_3、C_4、C_5 要取得较大，因为输出频率很低，取 $C_3=C_4=C_5=470\mu\text{F}$，滤波电容 C_6 的取值视输出的波形而定，若含高次谐波成分较多，则 C_6 一般为几十皮法至 $0.1\mu\text{F}$。$R_{E2}=100\Omega$ 与 $RP_4=100\Omega$ 相并联，以减小差分放大器的线性区。差分放大器的静态工作点可通过观测传输特性曲线，调整 RP_4 及电阻 R^* 来确定。

5.4.5　电路安装与调试技术

在装调多级电路时，通常按照单元电路的先后顺序进行分级装调与级联。图 5.4.9 所示电路的装调顺序如下。

1. 方波—三角波发生器的装调

由于比较器 A_1 与积分器 A_2 组成正反馈闭环电路，同时输出方波与三角波，故这两个单元电路可以同时安装。需要注意的是，在安装电位器 RP_1 与 RP_2 之前，要先将其调整到设计值，否则电路可能会不起振。如果电路接线正确，则在接通电源后，A_1 的输出 v_{o1} 为方波，A_2 的输出 v_{o2} 为三角波，微调 RP_1，使三角波的输出幅度满足设计指标要求，调节 RP_2，则输出频率连续可变。

2. 三角波→正弦波变换电路的装调

三角波→正弦波变换电路可利用 5.3 节完成的差分放大器电路来实现。电路的调试步骤如下。

① 差分放大器传输特性曲线调试。将 C_4 与 RP_3 的连线断开，经电容 C_4 输入差模信号电压 $V_{id}=50mV$，$f_i=100Hz$ 的正弦波。调节 RP_4 及电阻 R^*，使传输特性曲线对称。再逐渐增大 v_{id}，直到传输特性曲线形状如图 5.3.4 所示，记下此时对应的峰值 V_{idm}。移去信号源，再将 C_4 左端接地，测量差分放大器的静态工作点 I_0、V_{C1Q}、V_{C2Q}、V_{C3Q}、V_{C4Q}。

② 三角波→正弦波变换电路调试。将 RP_3 与 C_4 连接，调节 RP_3 使三角波的输出幅度（经 RP_3 后输出）等于 V_{idm} 值，这时 v_{o3} 的波形应接近正弦波，调整 C_6，改善波形。如果 v_{o3} 的波形出现如图 5.4.10 所示的几种正弦波失真，则应调整和修改电路参数，产生失真的原因及采取的相应处理措施如下。

● 钟形失真　如图 5.4.10 (a)所示，传输特性曲线的线性区太宽，应减小 R_{E2}。

● 半波圆顶或平顶失真　如图 5.4.10(b)所示，传输特性曲线对称性差，静态工作点 Q 偏上或偏下，应调整电阻 R^*。

● 非线性失真　如图 5.4.10(c)所示，三角波的线性度较差引起的失真，主要受运放性能的影响。可在输出端加滤波网络改善输出波形。

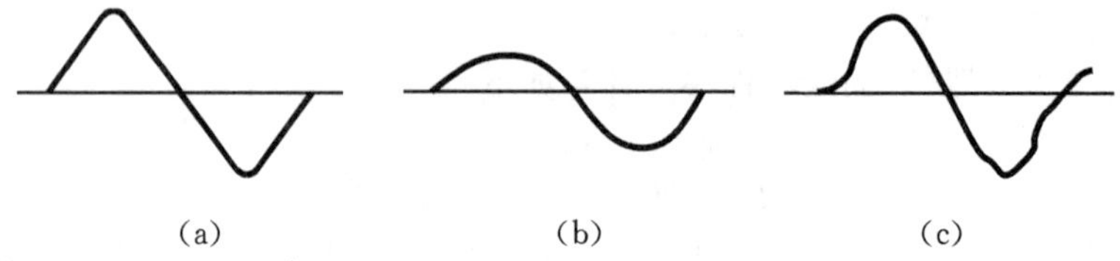

图 5.4.10　波形失真现象

3. 误差分析

① 方波输出电压 $V_{p-p}\leqslant 2V_{CC}$，因为运放输出级是由 NPN 型或 PNP 型两种晶体管组成的复合互补对称电路，输出方波时，两管轮流截止与饱和导通，导通时输出电阻的影响，使方波输出幅度小于电源电压值。

② 方波的上升时间 t_r，主要受运放转换速率的限制。如果输出频率较高，则可接入加速电容 C_1（C_1 一般为几十皮法）。可用示波器（或脉冲示波器）测量 t_r。

5.4.6 设计任务

设计课题：方波-三角波函数发生器设计

● 已知条件　双运放 NE5532 1 只（或 μA741 2 只）。

● 性能指标要求

频率范围　100Hz～1kHz，1～10kHz；

输出电压　方波 $V_{p-p}\leqslant 24V$，三角波 $V_{p-p}=6V$；

波形特性　方波 $t_r<30\mu s$（1kHz，最大输出时），三角波 $\gamma_{\triangle}<2\%$。

● 测试内容与要求　① 测量性能指标，将测量数据填入表 5.4.1 中，对测量结果进行误差分析；② 画出方波-三角波电压波形（见图5.4.4），标出电压幅度 V_{OP} 的值。

● 实验仪器设备　同本书 5.1 节。

表 5.4.1　函数发生器性能指标测量

	频率范围		RP_2 变化范围
$C_1=$			
$C_2=$			
频率 $f=1kHz$	方波 V_{p-p}	方波 t_r	三角波 V_{p-p}

实验与思考题

5.4.1 在三角波→正弦波变换电路中，差分对管射极并联电阻 R_{E2} 有何作用？增大 R_{E2} 的值或用导线将 R_{E2} 短接，输出正弦波有何变化？为什么？

5.4.2 三角波的输出幅度是否可以超过方波的幅度？如果正负电源电压不等，输出波形如何？实验证明之。

5.4.3 为什么在安装 RP_1、RP_2 时，要先将其调整到设计值？

5.4.4 你采取了哪些措施来改善输出正弦波的波形？

5.4.5 如果使方波的幅度减小为低于电源电压的某一固定电压值，则比较器的输出电路应如何变化，画出设计的电路，并实验证明。

5.4.6 用差分放大器实现三角波-正弦波的变换，有何优缺点？为什么？

5.4.7 三角波的非线性系数 $\gamma_{\triangle}$ 与哪些因素有关？如何减小正弦波的非线性失真系数 $\gamma_{\sim}$？

5.4.8 如何将方波-三角波发生器电路改变成矩形波—锯齿波发生器？画出设计的电路，并用实验证明，绘出波形。

5.4.9 ICL8038 的输出频率与哪些参数有关？如何减小波形失真？装调如图 5.4.8 所示电路，测试静态工作点与输出波形。

5.4.10 用 ICL8038 设计产生脉冲波、调频波、锯齿波，装调电路，测试静态工作点与输出波形。

5.5 集成直流稳压电源设计

学习要求 学会选择变压器、整流二极管、滤波电容及集成稳压器来设计直流稳压电源；掌握稳压电源的主要性能参数及其测试方法。

5.5.1 直流稳压电源的基本组成

直流稳压电源一般由电源变压器、整流滤波电路及稳压电路所组成，基本电路如图 5.5.1 所示。各部分电路的作用如下。

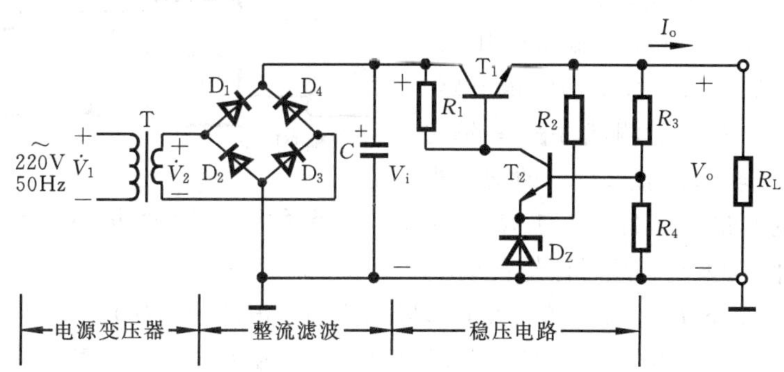

图 5.5.1 直流稳压电源基本电路

1. 电源变压器

电源变压器的作用是将电网 220V 的交流电压 $\dot{V}_1$ 变换成整流滤波电路所需要的交流电压 $\dot{V}_2$。变压器副边与原边的功率比为

$$\frac{P_2}{P_1} = \eta \tag{5-5-1}$$

式中，η 为变压器的效率。一般小型变压器的效率如表 5.5.1 所示。

表 5.5.1 小型变压器的效率

副边功率 P_2/VA	<10	10～30	30～80	80～200
效 率 η	0.6	0.7	0.8	0.85

2. 整流滤波电路

整流二极管 D_1～D_4组成单相桥式整流电路，将交流电压 $\dot{V}_2$变成脉动的直流电压，再经滤波电容 C 滤除纹波，输出直流电压 V_i。V_i与交流电压 $\dot{V}_2$的有效值 V_2的关系为

$$V_i=(1.1\sim1.2)V_2 \tag{5-5-2}$$

每只整流二极管承受的最大反向电压 $V_{RM}=\sqrt{2}V_2$ (5-5-3)

通过每只二极管的平均电流 $I_D=\dfrac{1}{2}I_R=\dfrac{0.45V_2}{R}$ (5-5-4)

式中，R 为整流滤波电路的负载电阻。它为电容 C 提供放电回路，RC 放电时间常数应满足

$$RC>(3\sim5)T'/2 \tag{5-5-5}$$

式中，T'为 50Hz 交流电压的周期，即 20ms。

3. 稳压电路

调整管 T_1与负载电阻 R_L相串联，组成串联式稳压电路。T_2与稳压管 D_Z组成采样比较放大电路，当稳压器的输出负载变化时，输出电压 V_o应保持不变，稳压过程如下。

设输出负载电阻 R_L变化，使 $V_o\uparrow$，则

$$V_{B2}\uparrow—V_{C2}\downarrow—I_{B1}\downarrow—V_{CE1}\uparrow—V_o\downarrow$$

5.5.2 稳压电源的性能指标及测试方法

● 最大输出电流 稳压电源正常工作时能输出的最大电流，用$I_{o\max}$表示。一般情况下的工作电流 $I_o<I_{o\max}$。稳压电路内部应有保护电路，以防止 $I_o>I_{o\max}$时损坏稳压器。

● 输出电压 稳压电源的输出电压，用V_o表示。采用如图 5.5.2 所示的测试电路，可以同时测量 V_o与 $I_{o\max}$。测试过程是：输出端接负载电阻 R_L，输入端接 220V 的交流电压，数字电压表的测量值即为 V_o；使 R_L逐渐减小，直到V_o的值下降 5%，此时流经负载R_L的电流即为 $I_{o\max}$（记下 $I_{o\max}$后迅速增大 R_L，以减小稳压电源的功耗）。

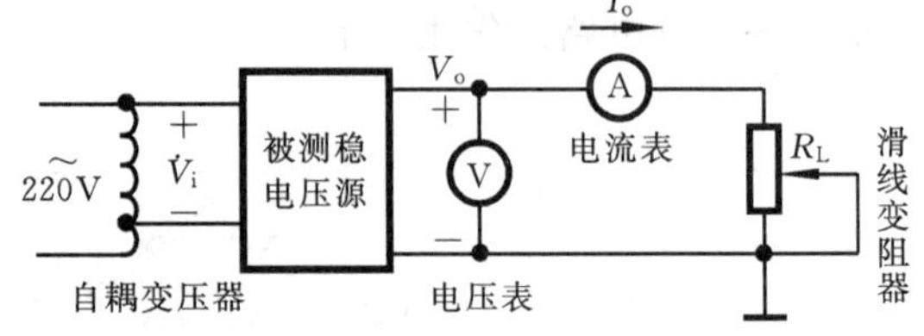

图 5.5.2 稳压电源性能指标测试电路

● 纹波电压 叠加在输出电压 V_o上的交流分量，一般为 mV 级。可将其放大后，用示波器观测其峰-峰值 $\Delta V_{o\,p\text{-}p}$；也可以用交流电压表测量其有效值 ΔV_o，由于纹波电压不是正弦波，所以用有效值衡量存在一定误差。

● 稳压系数 在负载电流 I_o、环境温度 T 不变的情况下，输入电压的相对变化引起输出电压的相对变化，即稳压系数

$$S_v=\left.\frac{\Delta V_o/V_o}{\Delta V_i/V_i}\right|_{\substack{I_o=常数\\T=常数}} \tag{5-5-6}$$

S_v的测量电路如图 5.5.2 所示。测试过程是：先调节自耦变压器使输入电压增加 10%，即 $V_i=242$V，测量此时对应的输出电压 V_{o1}；再调节自耦变压器使输入电压减少 10%，即

$V_i=198V$，测量这时的输出电压 V_{o2}，再测 $V_i=220V$ 时对应的输出电压 V_o，则稳压系数

$$S_v=\frac{\Delta V_o/V_o}{\Delta V_i/V_i}=\frac{220}{242-198}\cdot\frac{V_{o1}-V_{o2}}{V_o} \tag{5-5-7}$$

5.5.3 集成稳压电源设计

集成稳压电源设计的主要内容是根据性能指标，选择合适的电源变压器、集成稳压器、整流二极管及滤波电容。

1. 集成稳压器

常见集成稳压器有固定式三端稳压器与可调式三端稳压器，下面分别介绍其典型应用及选择原则。

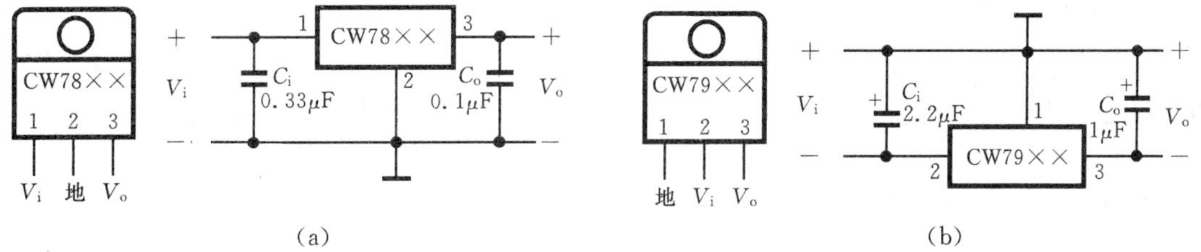

图 5.5.3 固定式三端稳压器的典型应用

(a) CW78××系列典型应用 (b) CW79××系列典型应用

固定式三端稳压器的常见产品如图5.5.3所示。其中，CW78××系列稳压器输出固定的正电压，如 7805 输出为＋5V；CW79××系列稳压器输出固定的负电压，如 7905 输出为－5V。输入端接电容 C_i 可以进一步滤除纹波，输出端接电容 C_o 能改善负载的瞬态影响，使电路稳定工作。C_i、C_o 最好采用漏电流小的钽电容，如果采用电解电容，则电容量要比图中的数值增加 10 倍。

可调式三端稳压器能输出连续可调的直流电压。常见产品如图 5.5.4 所示。其中，CW317 系列稳压器输出连续可调的正电压，CW337 系列稳压器输出连续可调的负电压。稳

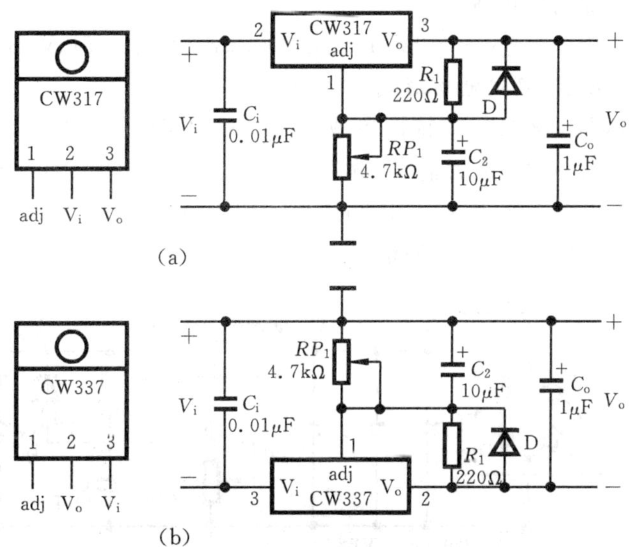

图 5.5.4 可调式三端稳压器的典型应用

(a) CW317 系列典型应用 (b) CW337 系列典型应用

压器内部含有过流、过热保护电路。R_1与RP_1组成电压输出调节电路，输出电压

$$V_o \approx 1.25(1 + RP_1/R_1) \tag{5-5-8}$$

R_1的值为120Ω～240Ω，流经R_1的泄放电流为5mA～10mA。RP_1为精密可调电位器。电容C_2与RP_1并联组成滤波电路，以减小输出的纹波电压。二极管D的作用是防止输出端与地短路时，损坏稳压器。

集成稳压器的输出电压V_o与稳压电源的输出电压相同。稳压器的最大允许电流$I_{CM} < I_{o\max}$，输入电压V_i的范围为

$$V_{o\max} + (V_i - V_o)_{\min} \leqslant V_i \leqslant V_{o\min} + (V_i - V_o)_{\max} \tag{5-5-9}$$

式中，$V_{o\max}$为最大输出电压；$V_{o\min}$为最小输出电压；$(V_i - V_o)_{\min}$为稳压器的最小输入、输出压差；$(V_i - V_o)_{\max}$为稳压器的最大输入、输出压差。

2. 电源变压器

通常根据变压器副边输出的功率P_2来选购(或自绕)变压器。由式(5-5-2)可得变压器副边的输出电压V_2与稳压器输入电压V_i的关系。V_2的值不能取大，V_2越大，稳压器的压差越大，功耗也就越大。一般取$V_2 \geqslant V_{i\min}/1.1$，$I_2 > I_{o\max}$。

3. 整流二极管及滤波电容

整流二极管D_2的反向击穿电压V_{RM}应满足$V_{RM} > \sqrt{2}V_2$，其额定工作电流应满足$I_F > I_{o\max}$。

滤波电容C可由下式估算：

$$C = \frac{I_C t}{\Delta V_{i\,p\text{-}p}} \tag{5-5-10}$$

式中，$\Delta V_{i\,p\text{-}p}$为稳压器输入端纹波电压的峰-峰值；t为电容C的放电时间，$t = T/2 = 0.01$s；I_C为电容C的放电电流，可取$I_C = I_{o\max}$，滤波电容C的耐压值应大于$\sqrt{2}V_2$。

5.5.4 设计举例

例 设计一集成直流稳压电源。

● 性能指标要求 $V_o = +3\text{V} \sim +9\text{V}$，$I_{o\max} = 800\text{mA}$，$\Delta V_{o\,p\text{-}p} \leqslant 5\text{mV}$，$S_v \leqslant 3\times10^{-3}$。

解 (1) 选集成稳压器，确定电路形式

选可调式三端稳压器CW317，其特性参数$V_o = +1.2\text{V} \sim +37\text{V}$，$I_{o\max} = 1.5\text{A}$，最小输入、输出压差$(V_i - V_o)_{\min} = 3\text{V}$，最大输入、输出压差$(V_i - V_o)_{\max} = 40\text{V}$。组成的稳压电源电路如图5.5.5所示。由式(5-5-8)得$V_o = 1.25(1 + RP_1/R_1)$，取$R_1 = 240\Omega$，则$RP_{1\min} = 336\Omega$，$RP_{1\max} = 1.49\text{k}\Omega$，故取$RP_1$为4.7kΩ的精密线绕可调电位器。

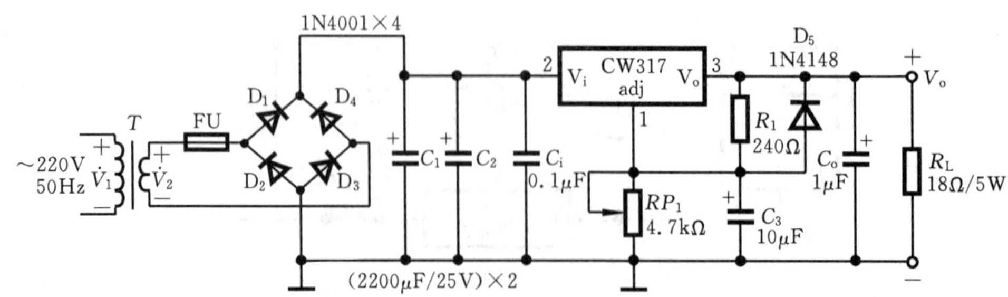

图5.5.5 直流稳压电源实验电路

(2) 选电源变压器

由式(5-5-9)可得输入电压 V_i 的范围为

$$V_{o\max}+(V_i-V_o)_{\min}\leqslant V_i\leqslant V_{o\min}+(V_i-V_o)_{\max}$$

$$9V+3V\leqslant V_i\leqslant 3V+40V$$

$$12V\leqslant V_i\leqslant 43V$$

副边电压 $V_2\geqslant V_{i\min}/1.1=12/1.1V$，取 $V_2=11V$，副边电流 $I_2>I_{o\max}=0.8A$，取 $I_2=1A$，则变压器副边输出功率 $P_2\geqslant I_2V_2=11W$。

由表 5.5.1 可得变压器的效率 $\eta=0.7$，则原边输入功率 $P_1\geqslant P_2/\eta=15.7W$。为留有余地，选功率为 20W 的电源变压器。

(3) 选整流二极管及滤波电容

整流二极管 D 选 1N4001，其极限参数为 $V_{RM}\geqslant 50V$，$I_F=1A$。满足 $V_{RM}>\sqrt{2}V_2$，$I_F=I_{o\max}$ 的条件。

滤波电容 C 可由纹波电压 $\Delta V_{o\,p\text{-}p}$ 和稳压系数 S_v 来确定。已知，$V_o=9V$，$V_i=12V$，$\Delta V_{o\,p\text{-}p}=5mA$，$S_v=3\times10^{-3}$，则由式(5-5-6)得稳压器的输入电压的变化量

$$\Delta V_i=\frac{\Delta V_{o\,p-p}V_i}{V_oS_v}=2.2V$$

由式(5-5-14)得滤波电容　　$$C=\frac{I_Ct}{\Delta V_i}=\frac{I_{o\max}t}{\Delta V_i}=3636\mu F$$

电容 C 的耐压应大于 $\sqrt{2}V_2=15.4V$。故取 2 只 2200μF/25V 的电容相并联，如图 5.5.5 中 C_1、C_2 所示。

(4) 电路安装与测试

首先应在变压器的副边接入保险丝 FU，以防电路短路损坏变压器或其他器件，其额定电流要略大于 $I_{o\max}$，选 FU 的熔断电流为 1A，CW317 要加适当大小的散热片。先装集成稳压电路，再装整流滤波电路，最后安装变压器。安装一级测试一级。对于稳压电路则主要测试集成稳压器是否能正常工作。其输入端加直流电压 $V_i\leqslant 12V$，调节 RP_1，输出电压 V_o 随之变化，说明稳压电路正常工作。整流滤波电路主要是检查整流二极管是否接反，安装前用万用表测量其正、反向电阻。接入电源变压器，整流输出电压 V_i 应为正。断开交流电源，将整流滤波电路与稳压电路相连接，再接通电源，输出电压 V_o 为规定值，说明各级电路均正常工作，可以进行各项性能指标的测试。对于图 5.5.5 所示稳压电路，测试工作在室温下进行，测试条件是 $I_o=500mA$，$R_L=18\Omega$(滑线变阻器)。

5.5.5　集成稳压器输出电流的扩展

1. 扩展固定式三端稳压器的输出电流

图 5.5.6 所示的为扩展 CW78××系列与 CW79××系列集成稳压器的输出电流 I_o 的电路。

图中，T_1 称为扩流功率管，应选用大功率管；T_2 与 R_2 组成限流保护电路，当输出电流过大时 T_2 导通，扩展电流 I_1 减小以保护 T_1。T_2 的导通电压由 R_2I_1 决定，应特别注意其额定功率是否满足要求，扩展后的输出电流 $I_L=I_o+I_1$。若按图中所示参数设计，则可使输出电流 I_L 达到1.5A。

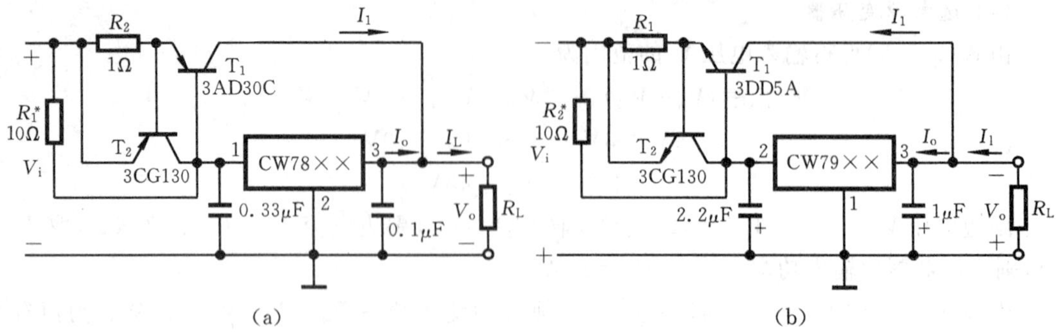

图 5.5.6 固定式三端稳压器输出电流扩展电路

(a) CW78××系列电流扩展电路 (b) CW79××系列电流扩展电路

2. 扩展可调式三端稳压器的输出电流

图 5.5.7 所示的为扩展可调式三端稳压器的输出电流的电路。T_1与T_2组成互补复合管,I_1为输出扩展电流,R_1、R_2、R_3是偏置电阻,图中所示参数,可使输出电流I_L达到 2A。

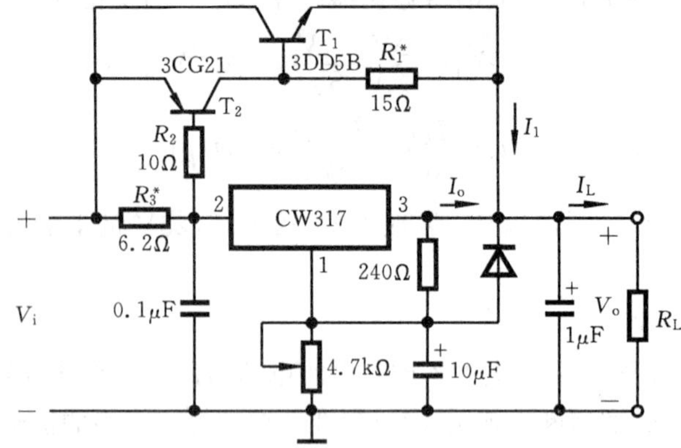

图 5.5.7 可调式三端稳压器输出电流扩展电路

5.5.6 设计任务

设计课题:集成直流稳压电源设计

● 已知条件 集成稳压器 CW7812、CW7912 及 CW317,其性能参数请查阅集成稳压器手册。

● 性能指标要求 输出电压V_o及最大输出电流$I_{o\max}$(Ⅰ挡 $V_o=\pm 12$V 对称输出,$I_{o\max}=100$mA;Ⅱ挡 $V_o=+5$V,$I_{o\max}=300$mA;Ⅲ挡 $V_o=(+3\sim+9)$V 连续可调,$I_{o\max}=200$mA);纹波电压$\Delta V_{\text{op-p}}\leqslant 5$mV,稳压系数$S_v\leqslant 5\times 10^{-3}$。

● 实验仪器设备

双踪示波器 COS5020	1 台	数字万用表 UT2003($4\frac{1}{2}$位)	1 只
交流毫伏表 DA-16	1 只	自耦变压器	1 只
滑线电阻器	1 台		

● 设计步骤与要求 参考 5.1 节。

实验与思考题

5.5.1 用示波器分别观测变压器的副边输出电压$\dot{V}_2$、二极管桥式整流电路的输出电压V_D(断开滤波电容)、整流滤波电路的输出电压 V_i 及稳压器输出电压 V_o 的波形，并测量其电压值，画出它们的波形关系图。

5.5.2 集成稳压器的输入、输出端接电容 C_i 及 C_o 有何作用？实验验证之。

5.5.3 若用 470μF/25V 的电容代替 2200μF/25V 的滤波电容，则稳压器的输入电压 V_i 有何变化？为什么？实验验证之。

5.5.4 适当增大负载电阻 R_L 的值（如增加 2Ω），测量 S_v 是否发生变化？

5.5.5 画出用 CW317 与 CW337 组成的具有正、负对称输出的电压可调的稳压电路。

5.5.6 图 5.5.5 中的保险丝 FU 有何作用？可否接在变压器的原边？为什么？

5.5.7 如何根据扩展电流 I_1，选择图 5.5.6 所示电路中的扩流管 T_1 及保护电路中 T_2、R_1、R_2 的参数？

5.5.8 对于图 5.5.7 所示电路，如何根据扩展电流 I_1 选择复合管 T_1、T_2 及其偏置电阻 R_1、R_2、R_3 的参数？

5.6 RC 有源滤波器的快速设计

学习要求 掌握低通、高通、带通、带阻等最基本的二阶 RC 有源滤波器的快速设计方法与性能参数的测试技术。

5.6.1 滤波器的传输函数与性能参数

由 R、C 元器件与运放组成的滤波器称为 RC 有源滤波器，其功能是让一定频率范围内的信号通过，抑制或急剧衰减此频率范围以外的信号。受运放带宽限制，这类滤波器仅适用于低频范围。根据频率范围可将其分为低通、高通、带通与带阻等四种滤波器，其幅频特性如图 5.6.1所示。具有理想特性的滤波器是很难实现的，只能用实际特性去逼近。常用的逼近方法是巴特沃斯(Butterwoth)最大平坦响应和切比雪夫(Chebysher)等波动响应。在不允许带内有波动时，用巴特沃斯最大响应较好。若给定带内所允许的纹波差，则用切比雪夫等波动响应较好。本节主要介绍具有巴特沃斯平坦响应的二阶 RC 有源滤波器的设计。

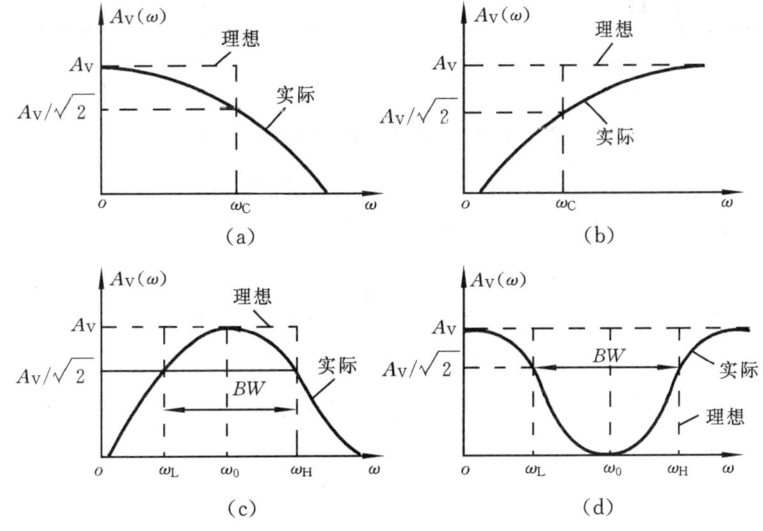

图 5.6.1 滤波器的幅频特性

(a) 低通 (b) 高通 (c) 带通 (d) 带阻

5.6.2 滤波器的快速设计方法

二阶 RC 滤波器的传输函数如表 5.6.1 所示。其常用电路有电压控制电压源(VCVS)电

表 5.6.1 二阶 RC 滤波器的传输函数

类型	传输函数	性能参数
低通	$A(s)=\dfrac{A_V\omega_c^2}{s^2+\dfrac{\omega_c}{Q}s+\omega_c^2}$	A_V——电压增益
高通	$A(s)=\dfrac{A_Vs^2}{s^2+\dfrac{\omega_c}{Q}s+\omega_c^2}$	ω_c——低、高通滤波器的截止角频率
带通	$A(s)=\dfrac{A_V\dfrac{\omega_0}{Q}s}{s^2+\dfrac{\omega_0}{Q}s+\omega_0^2}$	ω_0——带通、带阻滤波器的中心角频率 Q——品质因数，$Q\approx\dfrac{\omega_0}{BW}$或$\dfrac{f_0}{BW}$（当 $BW\ll\omega_0$时）
带阻	$A(s)=\dfrac{A_V(s^2+\omega_0^2)}{s^2+\dfrac{\omega_0}{Q}s+\omega_0^2}$	BW——带通、带阻滤波器的带宽

路和无限增益多路反馈(MFB)电路。

图 5.6.2(a)所示电路为压控电压源电路，其中运放为同相输入，输入阻抗很高，输出阻抗很低，滤波器相当于一个电压源，故称电压控制电压源电路。其优点是电路性能稳定，增益容易调节。图 5.6.2(b)所示电路为无限增益多路反馈电路，其中运放为反相输入，输出端通过 C_1、R_2形成两条反馈支路，故称无限增益多路反馈电路。其优点是电路有倒相作用，使用元器件较少，但增益调节对其性能参数会有影响，故应用范围比 VCVS 电路要小。

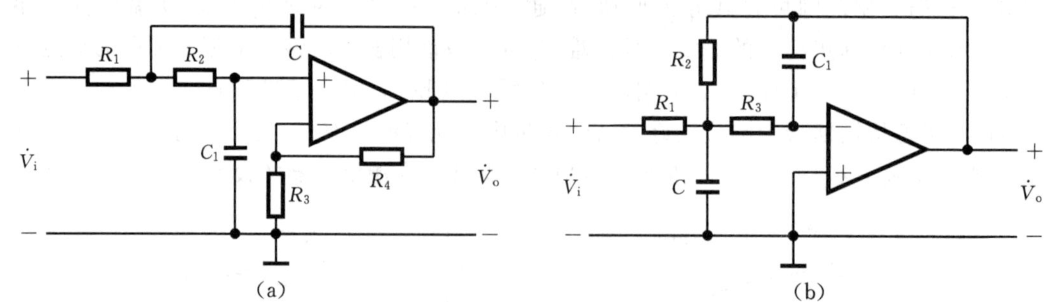

图 5.6.2 二阶 RC 有源低通滤波器

(a) 压控电压源(VCVS)电路 (b) 无限增益多路反馈(MFB)电路

分析表明，图 5.6.2(a)所示电路的传输函数的表达式为

$$A(s)=\frac{A_V\dfrac{1}{R_1R_2CC_1}}{s^2+\left[\dfrac{1}{R_1C}+\dfrac{1}{R_2C}+(1-A_V)\dfrac{1}{R_2C_1}\right]s+\dfrac{1}{R_1R_2CC_1}} \tag{5-6-1}$$

与表 5.6.1 所示低通滤波器传输函数的通用表达式相比较，可得滤波器性能参数的表达式为

$$\omega_c^2=\frac{1}{R_1R_2CC_1} \tag{5-6-2}$$

$$\frac{\omega_c}{Q}=\frac{1}{R_1C}+\frac{1}{R_2C}+(1-A_V)\frac{1}{R_2C_1} \tag{5-6-3}$$

$$A_V=1+\frac{R_4}{R_3} \tag{5-6-4}$$

在设计滤波器时，通常给定的性能指标有截止频率 f_c或截止角频率 ω_c，带内增益 A_V，以及滤波器的品质因数 Q。对于二阶低通(或高通)滤波器，通常取 $Q=0.707$，如图 5.6.3 所示。

在设计中，如果要仅由 ω_c、A_V及 Q 这 3 个数求出电路中的所有 R、C 元器件的值，则是相当困难的。通常是先设定一个或几个元器件的值，再由式(5-6-2)～式(5-6-4)建立方程组，求其他元器件值。设定的元器件参数越少，方程求解越难，但电路调整较方便。现在已经用计算机完成了方程组的求解，并将具有巴特沃斯响应、切比雪夫响应的 $n=2,3,\cdots,8$ 阶各种类型的有源滤波器的电路及其所用的 R、C 元器件的值制成设计表，设计人员只需要查表就能得到滤波器的电路及 R、C 元器件的值，称这种查表法为有源滤波器的快速设计方法。

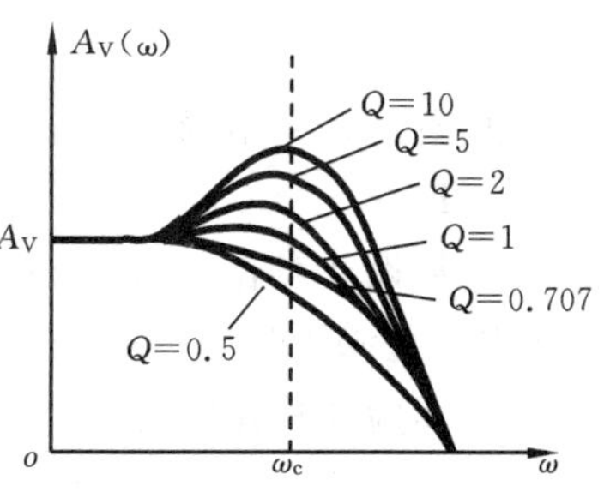

图 5.6.3　幅频特性与 Q 的关系

1. 已知条件与设计步骤

(1) 已知条件

已知滤波器的响应特性(巴特沃斯或切比雪夫)、滤波器的电路形式(VCVS 或 MFB)，滤波器的类型(低通、高通、带通、带阻及阶数 n)、滤波器的性能参数 f_c、A_V、Q 或 BW。

(2) 设计步骤

① 根据截止频率 f_c，从图 5.6.4 中选定一个电容 C(单位为 μF)的标称值，使其满足

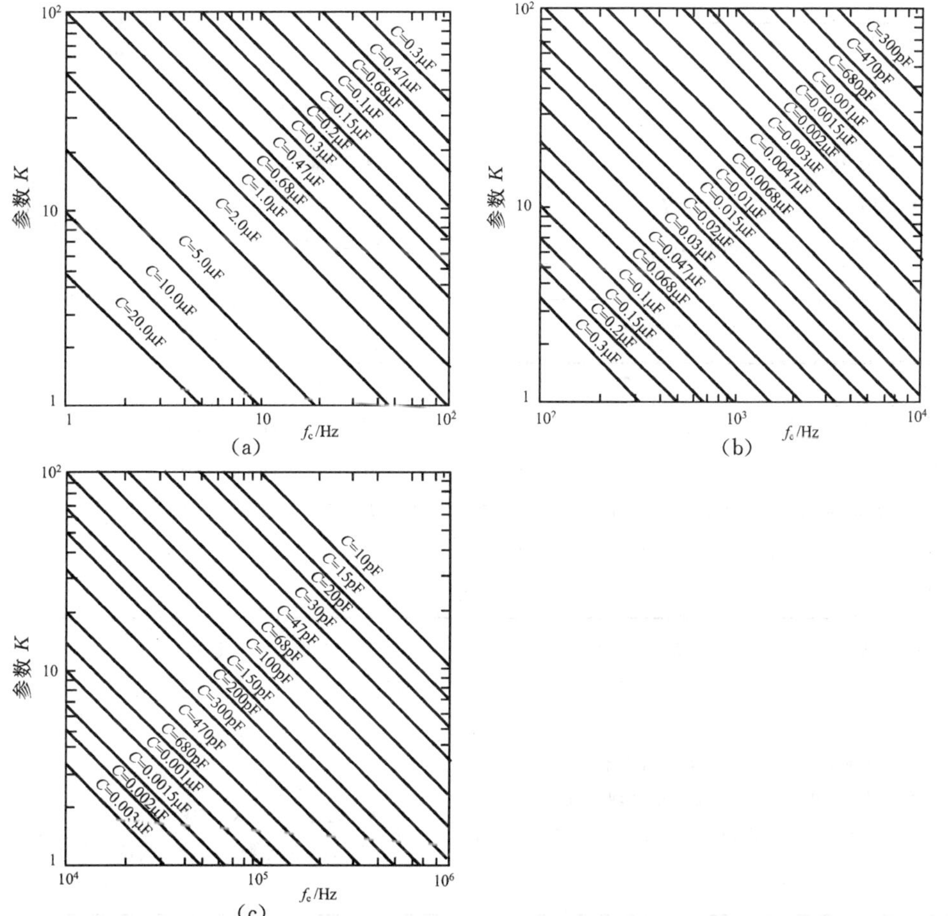

图 5.6.4　截止频率 f_c，电容 C 及参数 K 的对应关系

(a) 截止频率 f_c($1\text{Hz}\sim10^2\text{Hz}$)　(b) 截止频率 f_c($10^2\text{Hz}\sim10^4\text{Hz}$)　(c) 截止频率 f_c($10^4\text{Hz}\sim10^6\text{Hz}$)

$$K=\frac{100}{f_c C} \tag{5-6-5}$$

注意 K 值不能太大，否则会使电阻的取值较大，从而使引入的误差增加，通常取 $1\leqslant K\leqslant 10$。

② 从设计表表 5.6.2～表 5.6.5 中查出与 A_V 对应的电容值及 $K=1$ 时的电阻值。再将这些电阻值乘以参数 K，得电阻的设计值。

③ 实验调整并修改电容、电阻值，测量滤波器的性能参数，绘制幅频特性。

表 5.6.2 二阶低通滤波器(巴特沃斯响应)设计表

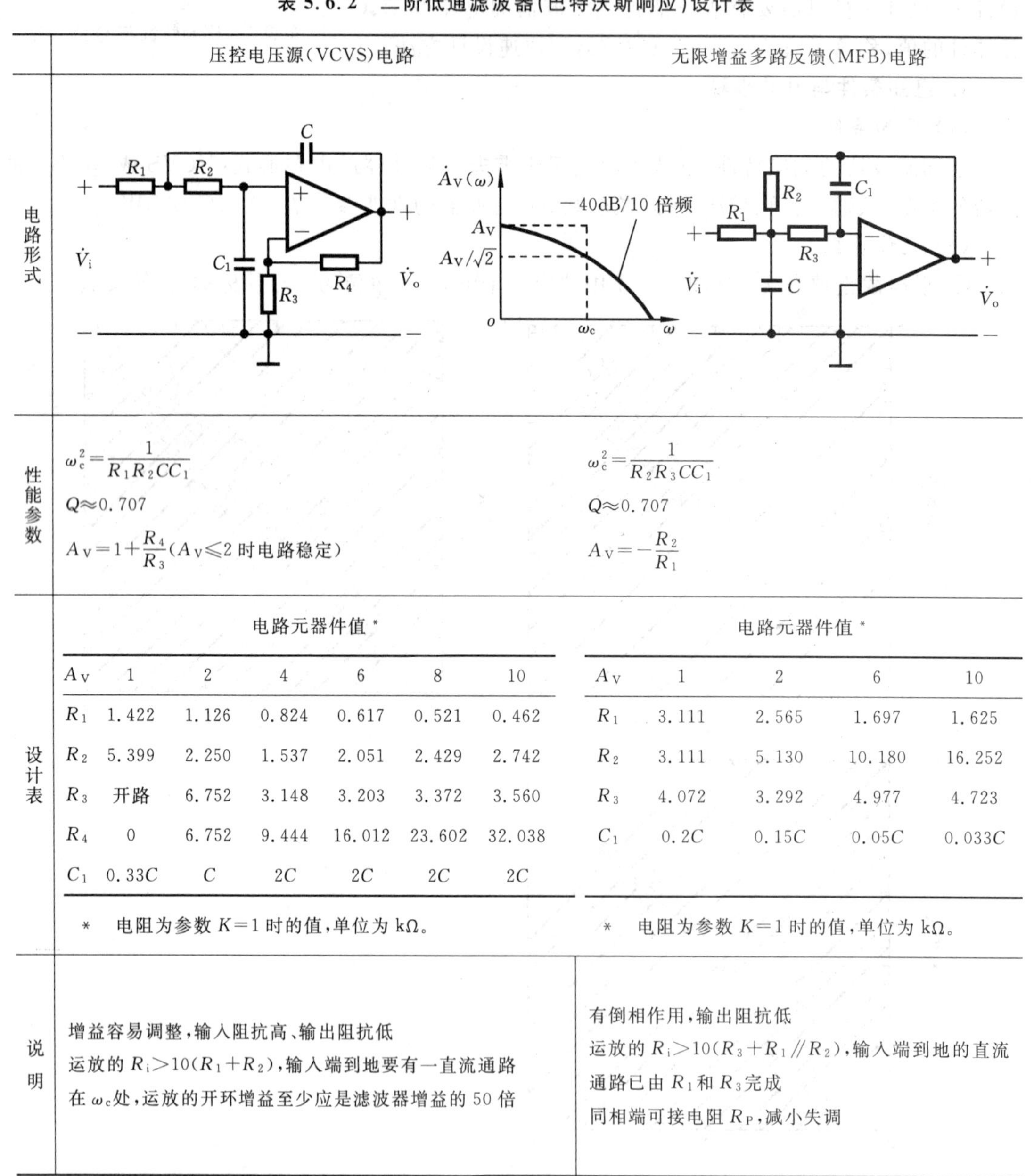

	压控电压源(VCVS)电路	无限增益多路反馈(MFB)电路
性能参数	$\omega_c^2=\frac{1}{R_1R_2CC_1}$ $Q\approx 0.707$ $A_V=1+\frac{R_4}{R_3}$($A_V\leqslant 2$ 时电路稳定)	$\omega_c^2=\frac{1}{R_2R_3CC_1}$ $Q\approx 0.707$ $A_V=-\frac{R_2}{R_1}$

设计表：

VCVS 电路元器件值*

A_V	1	2	4	6	8	10
R_1	1.422	1.126	0.824	0.617	0.521	0.462
R_2	5.399	2.250	1.537	2.051	2.429	2.742
R_3	开路	6.752	3.148	3.203	3.372	3.560
R_4	0	6.752	9.444	16.012	23.602	32.038
C_1	0.33C	C	2C	2C	2C	2C

* 电阻为参数 $K=1$ 时的值，单位为 kΩ。

MFB 电路元器件值*

A_V	1	2	6	10
R_1	3.111	2.565	1.697	1.625
R_2	3.111	5.130	10.180	16.252
R_3	4.072	3.292	4.977	4.723
C_1	0.2C	0.15C	0.05C	0.033C

* 电阻为参数 $K=1$ 时的值，单位为 kΩ。

	压控电压源(VCVS)电路	无限增益多路反馈(MFB)电路
说明	增益容易调整，输入阻抗高、输出阻抗低 运放的 $R_i>10(R_1+R_2)$，输入端到地要有一直流通路 在 ω_c 处，运放的开环增益至少应是滤波器增益的 50 倍	有倒相作用，输出阻抗低 运放的 $R_i>10(R_3+R_1/\!/R_2)$，输入端到地的直流通路已由 R_1 和 R_3 完成 同相端可接电阻 R_P，减小失调

表 5.6.3　二阶高通滤波器(巴特沃斯响应)设计表

	压控电压源(VCVS)电路	无限增益多路反馈(MFB)电路
电路形式		
性能参数	$\omega_c^2=\frac{1}{R_1R_2C^2}$ $Q\approx 0.707$ $A_V=1+\frac{R_4}{R_3}(A_V\leqslant 2)$	$\omega_c^2=\frac{1}{R_1R_2C^2}$ $Q\approx 0.707$ $A_V=-\frac{C}{C_1}$
设计表	电路元器件值*	电路元器件值*
说明	要求运放的 R_i 大于 $10R_2$，R_3、R_4 的选取要考虑对失调的影响，在 ω_c 处，运放的开环增益 A_{V0} 至少是滤波器增益的 50 倍	同相端接等于 R_2 的电阻可减小失调，微调 C 或 C_1 对 A_V 实现调整

压控电压源(VCVS)电路——电路元器件值*

A_V	1	2	4	6	8	10
R_1	1.125	1.821	2.592	3.141	3.593	3.985
R_2	2.251	1.391	0.977	0.806	0.705	0.636
R_3	开路	2.782	1.303	0.968	0.806	0.706
R_4	0	2.782	3.910	4.838	5.640	6.356

* 电阻为参数 $K=1$ 时的值，单位为 kΩ

无限增益多路反馈(MFB)电路——电路元器件值*

A_V	1	2	5	10
R_1	0.750	0.900	1.023	1.072
R_2	3.376	5.627	12.379	23.634
C_1	C	$0.5C$	$0.2C$	$0.1C$

* 电阻为参数 $K=1$ 时的值，单位为 kΩ

表 5.6.4　二阶带通滤波器(巴特沃斯响应)设计表

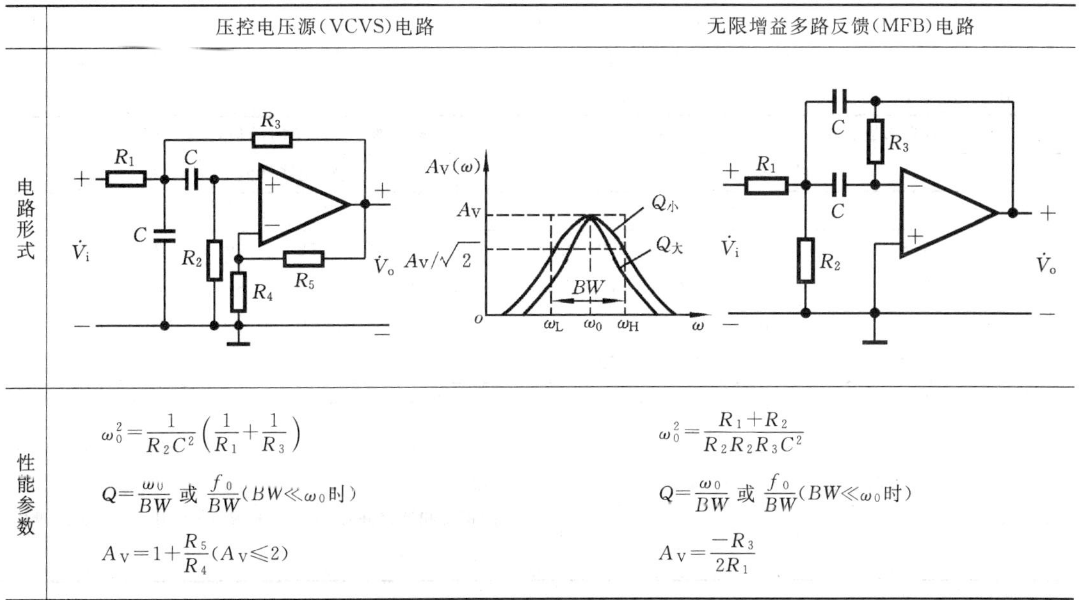

	压控电压源(VCVS)电路	无限增益多路反馈(MFB)电路
电路形式		
性能参数	$\omega_0^2=\frac{1}{R_2C^2}\left(\frac{1}{R_1}+\frac{1}{R_3}\right)$ $Q=\frac{\omega_0}{BW}$ 或 $\frac{f_0}{BW}$($BW\ll\omega_0$ 时) $A_V=1+\frac{R_5}{R_4}(A_V\leqslant 2)$	$\omega_0^2=\frac{R_1+R_2}{R_2R_2R_3C^2}$ $Q=\frac{\omega_0}{BW}$ 或 $\frac{f_0}{BW}$($BW\ll\omega_0$ 时) $A_V=\frac{-R_3}{2R_1}$

续表

设计表

压控电压源(VCVS)电路 — 电路元器件值 * (Q=4)

A_V	1	2	4	6	8	10
R_1	12.732	6.366	3.183	2.122	1.592	1.273
R_2	2.251	2.459	2.925	3.456	4.039	4.667
R_3	1.235	1.229	1.189	1.120	1.035	0.946
R_4,R_5	4.502	4.918	5.850	6.912	8.078	9.334

* 电阻为参数 $K=1$ 时的值，单位为 kΩ。

无限增益多路反馈(MFB)电路 — 电路元器件值 * (Q=5)

A_V	1	2	4	6	8	10
R_1	7.958	3.979	1.989	1.326	0.995	0.796
R_2	0.162	0.166	0.173	0.181	0.189	0.199
R_3	15.915	15.915	15.915	15.915	15.915	15.915

* 电阻为参数 $K=1$ 时的值，单位为 kΩ。

设计表

压控电压源(VCVS)电路 — 电路元器件值 * (Q=5)

A_V	1	2	4	6	8	10
R_1	15.915	7.958	3.979	2.653	1.989	1.592
R_2	2.251	2.416	2.778	3.183	3.626	4.100
R_3	1.211	1.208	1.183	1.137	1.077	1.010
R_4,R_5	4.502	4.832	5.556	6.366	7.252	8.200

* 电阻为参数 $K=1$ 时的值，单位为 kΩ。

无限增益多路反馈(MFB)电路 — 电路元器件值 * (Q=6)

A_V	1	2	4	6	8	10
R_1	9.549	4.775	2.387	1.592	1.194	0.955
R_2	0.134	0.136	0.140	0.145	0.149	0.154
R_3	19.099	19.099	19.099	19.099	19.099	19.099

* 电阻为参数 $K=1$ 时的值，单位为 kΩ。

设计表

压控电压源(VCVS)电路 — 电路元器件值 * (Q=6)

A_V	1	2	4	6	8	10
R_1	19.099	9.549	4.775	3.183	2.387	1.1910
R_2	2.251	2.387	2.684	3.010	3.363	3.741
R_3	1.196	1.194	1.176	1.144	1.100	1.049
R_4,R_5	4.502	4.774	5.368	6.020	6.726	7.482

* 电阻为参数 $K=1$ 时的值，单位为 kΩ。

无限增益多路反馈(MFB)电路 — 电路元器件值 * (Q=7)

A_V	1	2	4	6	8	10
R_1	11.141	5.570	2.785	1.857	1.393	1.114
R_2	0.115	0.116	0.119	0.121	0.124	0.127
R_3	22.282	22.282	22.282	22.282	22.282	22.282

* 电阻为参数 $K=1$ 时的值，单位为 kΩ。

设计表

压控电压源(VCVS)电路 — 电路元器件值 * (Q=8)

A_V	1	2	4	6	8	10
R_1	25.465	12.732	6.366	4.244	3.183	2.546
R_2	2.251	2.352	2.569	2.802	3.052	3.318
R_3	1.177	1.176	1.167	1.148	1.123	1.090
R_4,R_5	4.502	4.704	5.138	5.604	6.104	6.636

* 电阻为参数 $K=1$ 时的值，单位为 kΩ。

无限增益多路反馈(MFB)电路 — 电路元器件值 * (Q=8)

A_V	1	2	4	6	8	10
R_1	12.732	6.336	3.183	2.122	1.592	1.273
R_2	0.100	0.101	0.103	0.104	0.106	0.108
R_3	25.465	25.465	25.465	25.465	25.465	25.465

* 电阻为参数 $K=1$ 时的值，单位为 kΩ。

设计表

压控电压源(VCVS)电路 — 电路元器件值 * (Q=10)

A_V	1	2	4	6	8	10
R_1	31.831	15.915	7.958	5.305	3.979	3.183
R_2	2.251	2.332	2.502	2.684	2.876	3.078
R_3	1.167	1.166	1.160	1.148	1.131	1.110
R_4,R_5	4.502	4.664	5.004	5.368	5.752	6.156

* 电阻为参数 $K=1$ 时的值，单位为 kΩ。

无限增益多路反馈(MFB)电路 — 电路元器件值 * (Q=10)

A_V	1	2	4	6	8	10
R_1	15.915	7.958	3.979	2.653	1.989	1.592
R_2	0.080	0.080	0.081	0.082	0.083	0.084
R_3	31.831	31.831	31.831	31.831	31.831	31.831

* 电阻为参数 $K=1$ 时的值，单位为 kΩ。

说明

	压控电压源(VCVS)电路	无限增益多路反馈(MFB)电路
说明	调节 R_4、R_5 可调整增益 A_V，ω_0 不变，带宽 BW(或 Q)改变	调节 R_1 可调整增益 A_V，但影响 ω_0，调节 R_3 将影响 BW(或 Q) 同相端和地之间接一个等于 R_3 的电阻，使直流失调减到最小

表 5.6.5　二阶带阻滤波器(巴特沃斯响应)设计

<table>
<tr><td></td><td>压控电压源(VCVS)电路 $Q\leqslant 10$</td><td>无限增益多路反馈(MFB)电路 $Q\leqslant 15$</td></tr>
<tr><td>电路形式</td><td>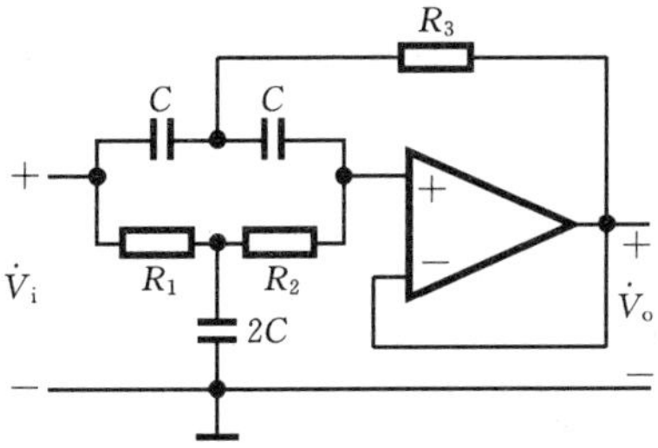</td><td>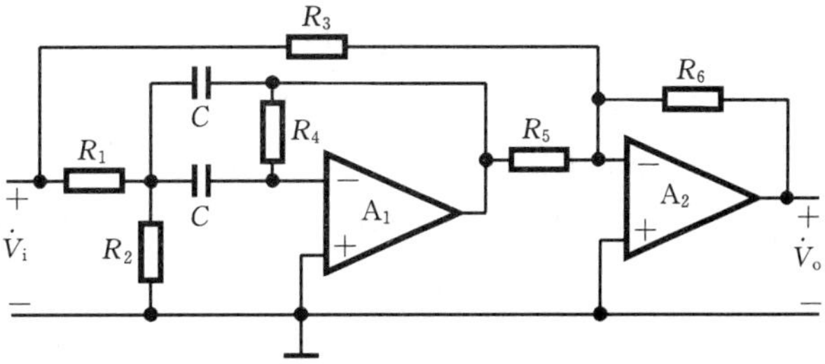</td></tr>
<tr><td></td><td colspan="2">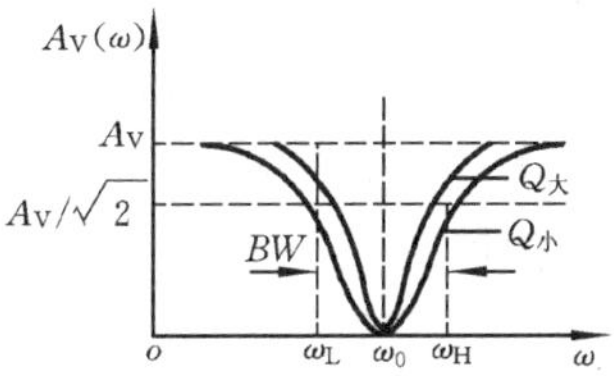</td></tr>
<tr><td>性能参数</td><td>条件：$\frac{1}{R_3}=\frac{1}{R_1}+\frac{1}{R_2}$
$\omega_0^2=\frac{1}{R_1R_2C^2}$
$A_V=1$</td><td>条件：$R_3R_4=2R_1R_6$
$\omega_0^2=\frac{1}{R_4C^2}\left(\frac{1}{R_1}+\frac{1}{R_2}\right)$
$A_V=-\frac{R_6}{R_3}$</td></tr>
<tr><td>设计表</td><td>电路元器件值 *
R_1　0.796/Q
R_2　3.183Q
R_3　$R_2/(4Q^2+1)$
* 电阻为参数 $K=1$ 时的值，单位为 kΩ。增益为 1；品质因数为 Q</td><td>电路元器件值 *
R_1　0.796Q
R_2　$R_1/(Q^2-1)$
R_3　1.0
R_4　$4R_1$
R_5　2.0
R_6　A_VR_3
* 电阻为参数 $K=1$ 时的值，单位为 kΩ。增益为A_V(反相)；品质因数为 Q</td></tr>
<tr><td>说明</td><td>Q 值较高，改变 R_1 可以调整 f_0，且 BW 或 Q 保持不变，缺点是增益 $A_V=1$</td><td>Q 值高，A_V 可用电位器代替 R_6 进行调整
改变 R_4 可调整 BW 而不影响 f_0
到地的直流通路已由 R_4 完成</td></tr>
</table>

2. 注意事项

① 电阻的标称值应尽可能接近设计值，这可适当选用几个电阻串、并联；尽可能采用金属膜电阻及容差小于 10%的电容，影响滤波器性能的主要因素是 $\Delta R/R$、$\Delta C/C$ 及运放的性能。实验前应测量电阻、电容的准确值。

② 在测试过程中，若某项指标偏差较大，则应根据设计表调整修改相应元器件的值。

滤波器电路形式的选择，可参考设计表中的应用说明。

5.6.3　设计举例

1. 二阶低通滤波器设计

例　设计一个二阶压控电压源低通滤波器，要求截止频率 $f_c=2\text{kHz}$，增益 $A_V=2$。

解　由于已知条件满足快速设计的要求，故可按如下步骤设计。

① 由表 5.6.2 得到二阶压控电压源低通滤波器的电路，如图 5.6.5(a)所示。

② 由图 5.6.4(b)得 $f_c=2\text{kHz}$ 时，取 $C=0.01\mu\text{F}$，对应的参数 $K=5$，满足式(5-6-5)的要求。

③ 从表 5.6.2 得 $A_V=2$ 时，电容 $C_1=C=0.01\mu\text{F}$；$K=1$ 时，电阻 $R_1=1.126\text{k}\Omega$，$R_2=2.250\text{k}\Omega$，$R_3=6.752\text{k}\Omega$，$R_4=6.752\text{k}\Omega$。

④ 将上述电阻值乘以参数 $K=5$，得

$R_1=5.63\text{k}\Omega$	取标称值 5.6kΩ+30Ω
$R_2=11.25\text{k}\Omega$	取标称值 11kΩ+240Ω
$R_3=R_4=33.76\text{k}\Omega$	取标称值 33kΩ+750Ω

⑤ 实验调整、测量滤波器的性能参数及幅频特性。

首先输入信号 $V_i=100\text{mV}$，观测滤波器的截止频率 f_c 及电压放大倍数 A_V，测得 $f_c=2\text{kHz}$，$A_V=2.08$，$A_{VC}=1.66$，测得的幅频特性如图 5.6.5(b)所示，滤波器的衰减速率为 −32.4dB/10 倍频。基本满足设计指标的要求。由于 $\Delta R/R$、$\Delta C/C$ 对 ω_c 的影响较大(见 1.1 节例 3)，所以实验参数与设计表中的关系式之间存在较大误差。

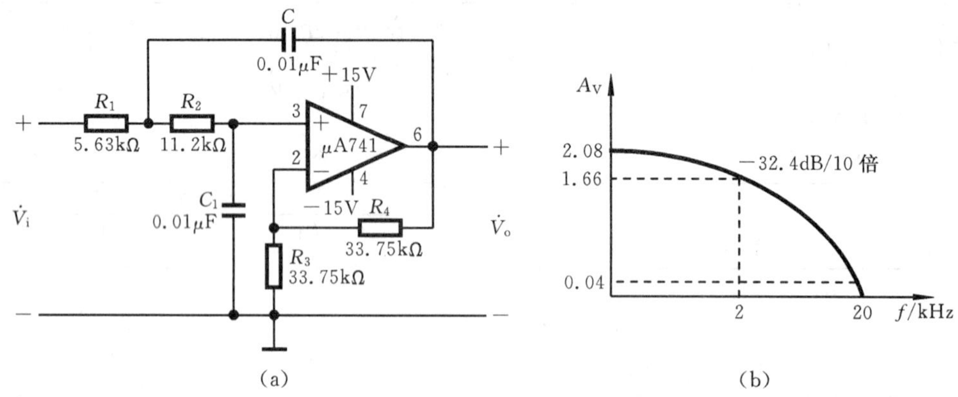

图 5.6.5 二阶压控电压源低通滤波器

(a) 实验电路 (b) 幅频特性

2. 二阶高通滤波器设计

例 设计一个二阶无限增益多路反馈高通滤波器，要求截止频率 $f_c=100\text{Hz}$，增益 $A_V=5$。

解 ① 由表 5.6.3 得到二阶无限增益多路反馈高通滤波器的电路，如图 5.6.6(a)所示。

② 从图 5.6.4(b)得 $f_c=100\text{Hz}$ 时，取 $C=0.1\mu\text{F}$，对应参数 $K=10$。

③ 查设计表 5.6.3 得到 $A_V=5$ 时，电容 $C_1=0.2C=0.02\mu\text{F}$；$K=1$ 时，电阻 $R_1=1.023\text{k}\Omega$，$R_2=12.379\text{k}\Omega$。

④ 将上述电阻值乘以参数 $K=10$，得

$R_1=10.23\text{k}\Omega$	取标称值 10kΩ+240Ω
$R_2=123.79\text{k}\Omega$	取标称值 120kΩ+3.9kΩ

⑤ 实验调整。输入信号 $V_i=100\text{mV}$，测得滤波器的性能参数 $f_c=95\text{Hz}$，$A_V=3.8$，$A_{VC}=2.7$，衰减速率为 −35dB/10 倍频。幅频特性如图 5.6.6(b)所示。

在测高通滤波器幅频特性时，需要注意的是：随着频率升高，信号发生器的输出幅度可能下降，从而出现滤波器的输入信号 v_i 与输出信号 v_o 同时下降的现象。这时应调整 V_i 使其维持

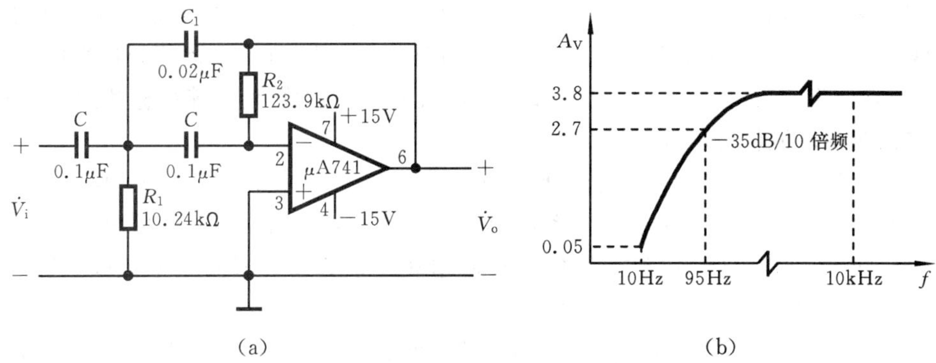

图 5.6.6 二阶无限增益多路反馈高通滤波器

(a) 实验电路 (b) 幅频特性

V_i=100mV 不变。测高频端电压增益时也可能出现增益下降的现象,这主要是运放的高频响应或截止频率受到限制所引起的。

3. 二阶带通滤波器设计

二阶带通滤波器的设计表如表 5.6.4 所示。其性能参数有:中心角频率 ω_0 或 f_0,ω_0 对应的增益为 A_V;带宽 $BW=\omega_H-\omega_L$ 或 $BW=f_H-f_L$,其中 ω_H 称为上截止角频率,ω_L 称为下截止角频率;品质因数 $Q=\omega_0/BW$ 或 $Q=f_0/BW$,Q 值越高,滤波器的选择性越好,衰减速率越高,但 Q 值也不能太高,否则会使电路难以调整,一般取 $Q\leqslant 10$ 较好。如果要求带宽的范围很宽,则可采用一级二阶高通滤波器与一级二阶低通滤波器相级联的方法,这时滤波器阻带的衰减速率为-40dB/10倍频程,滤波器的带宽由两个滤波器的截止频率所决定。

例 设计一个二阶压控电压源(VCVS)带通滤波器,要求中心频率 f_0=1kHz,增益 $A_V=2$,品质因数 $Q=10$。

解 ① 由表 5.6.4 得到二阶压控电压源带通滤波器的电路,如图 5.6.7(a)所示。

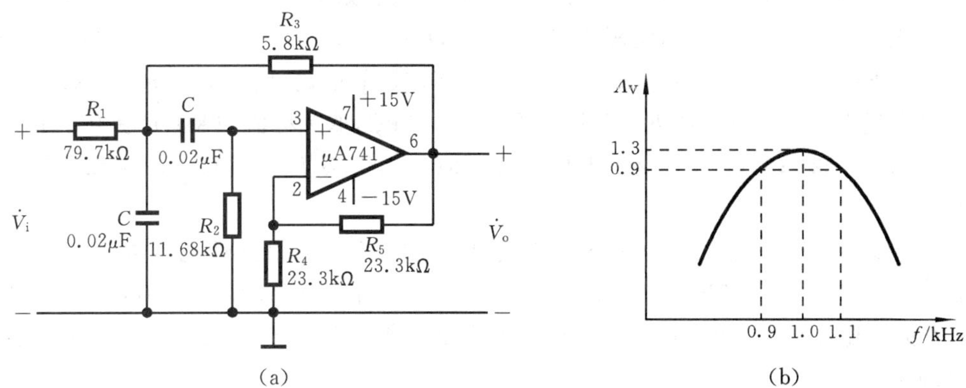

图 5.6.7 二阶压控电压源带通滤波器

(a) 实验电路 (b) 幅频特性

② 由图 5.6.4(b)得 f_0=1kHz 时,C=0.02μF,对应参数 $K=5$。

③ 查设计表 5.6.4,当 $Q=10$ 时,得 $A_V=2$、$K=1$ 时的电阻值 R_1=15.915kΩ,R_2=2.332kΩ,R_3=1.166kΩ,$R_4=R_5$=4.664kΩ。

④ 将上述电阻值乘以参数 $K=5$,得 R_1=79.575kΩ,取标称值 79.7kΩ;R_3=5.83kΩ,取标称值 5.8kΩ;R_2=11.66kΩ,取标称值 11.68kΩ;$R_4=R_5$=23.33kΩ,取标称值 23.3kΩ。

⑤ 实验调整。输入信号 $V_i=100\text{mV}$，测带通滤波器的各项性能参数，测量结果为 $f_0=1\text{kHz}$，$BW=200\text{Hz}$，$A_V=1.3$，$Q=5$。幅频特性如图 5.6.7(b)所示。该幅频特性的衰减速率由电路的品质因数 Q 决定。还可以进一步调整修改元器件参数，使性能指标达到设计要求。

4. 二阶带阻滤波(陷波)器设计

二阶带阻滤波器的幅频特性如表 5.6.5 所示，被阻止的频率是指以 ω_0 为中心、带宽为 BW 的所有频率。其性能参数有：中心角频率 ω_0 或 f_0，带宽 $BW=\omega_H-\omega_L$，品质因数 $Q=\omega_0/BW$ 或 $Q=f_0/BW$。Q 值越高，阻带越窄，陷波效果越好。除了被衰减的频率范围，其余都是通带，陷波器的电压增益 A_V 定义为阻带外的增益。

例 设计一个能抑制 50Hz 工频干扰信号的陷波器，要求品质因数 $Q\geqslant 10$，增益 $A_V>1$。

解 ① 由表 5.6.5 得到 $Q\geqslant 10$，$A_V>1$ 的电路应是无限增益多路反馈二阶带阻滤波(陷波)器，电路如图 5.6.8(a)所示，取 $Q=10$。

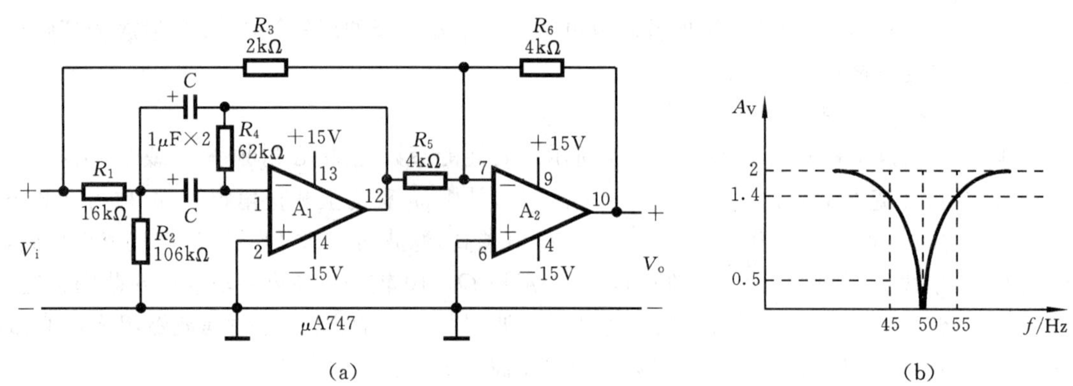

(a) (b)

图 5.6.8 二阶无限增益多路反馈带阻滤波器

(a) 实验电路 (b) 幅频特性

② 由图 5.6.4(a)得，$f_c=50\text{Hz}$ 时取 $C=1\mu\text{F}$，对应参数 $K=2$。

③ 由表 5.6.5 得 $K=1$ 时，电阻 $R_1\doteq 0.796$，$Q=7.96\text{k}\Omega$，$R_2=R_1/(Q^2-1)=0.08\text{k}\Omega$，$R_3=1.0\text{k}\Omega$，$R_4=4R_1=31.84\text{k}\Omega$，$R_5=2.0\text{k}\Omega$；取陷波器的增益 $A_V=2$，则 $R_6=2\text{k}\Omega$。

④ 将上述电阻值乘以参数 $K=2$，即得 $R_1=15.92\text{k}\Omega$，取标称值 16kΩ；$R_2=0.16\text{k}\Omega$，取标称值 160Ω；$R_3=2\text{k}\Omega$；$R_4=63.68\text{k}\Omega$，取标称值 62kΩ+1.6kΩ；$R_5=4\text{k}\Omega$；$R_6=4\text{k}\Omega$；增益 $A_V=-R_6/R_3=-2$。

⑤ 实验调整修改元器件值。设输入信号 $V_i=20\text{mV}$。测得其性能参数为 $f_0=50\text{Hz}$，$A_V=2$，$f_H=55\text{Hz}$，$f_L=45\text{Hz}$，则 $BW=f_H-f_L=10\text{Hz}$，品质因数 $Q=f_0/BW=5$，与设计值 $Q\geqslant 10$ 的要求偏离较大。可以进一步调整元器件参数使其满足设计值要求。调整后的元器件参数、幅频特性如图 5.6.8 所示。

5.6.4 设计任务

设计课题：语音滤波器设计

● 性能指标要求　截止频率 $f_H=3000\text{Hz}$，$f_L=300\text{Hz}$，$A_V=10$，阻带衰减速率为 $-40\text{dB}/10$倍频程(**提示**：一级二阶低通与一级二阶高通级联)。

● 实验仪器设备　(略)

● 设计步骤与要求　(略)

实验与思考题

5.6.1　在低通滤波器的调试过程中，为什么要接调零电位器？用实验说明接入调零电位器后可改善滤波器的哪些性能。

5.6.2　高通滤波器的上限频率受哪些因素影响？采取什么措施减小这些影响？

5.6.3　用实验比较压控电压源电路(VCVS)与无限增益多路反馈电路(MFB)在电路的稳定性、性能参数的互相牵制、电路调整等方面的优缺点。

5.6.4　本节所介绍的滤波器快速设计方法与常规设计方法(即先设定几个电阻、电容值，再通过解方程求出其他元器件值，然后通过实验调整)相比较，有哪些优越性？

5.7　音响放大器设计

学习要求　了解集成功率放大器内部电路工作原理，掌握其外围电路的设计与主要性能参数的测试方法；掌握音响放大器的设计方法与电子线路系统的装调技术。

5.7.1　音响放大器的基本组成

音响放大器的基本组成框图如图 5.7.1 所示。各部分电路的作用如下。

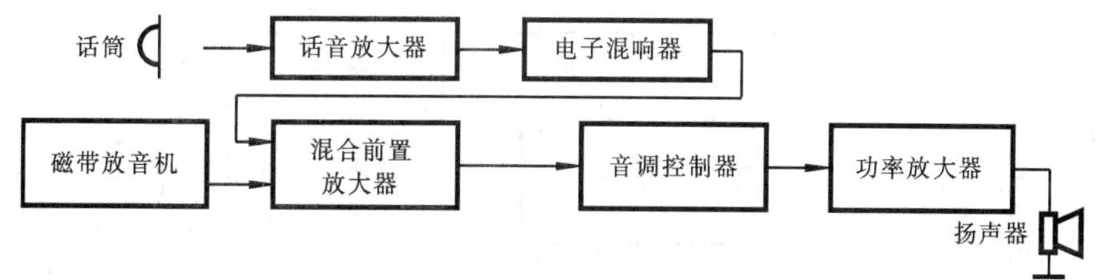

图 5.7.1　音响放大器组成框图

1. 话音放大器

由于话筒的输出信号一般只有 5mV 左右，而输出阻抗达到 20kΩ(亦有低输出阻抗的话筒如 20Ω，200Ω 等)，所以话音放大器的作用是不失真地放大声音信号(最高频率达到 10kHz)。其输入阻抗应远大于话筒的输出阻抗。

2. 电子混响延时器 MN3207/M65831

电子混响延时器是用电路模拟声音的多次反射，产生混响效果，使声音听起来具有一定深度感和空间立体感。在“卡拉 OK”(不需乐队，利用磁带伴奏歌唱)伴唱机中，都带有电子混响延时器。

(1) MN3207 组成的模拟混响延时电路

模拟混响延时电路的组成框图如图 5.7.2 所示。其中，集成电路 BBD 称为模拟延时器，

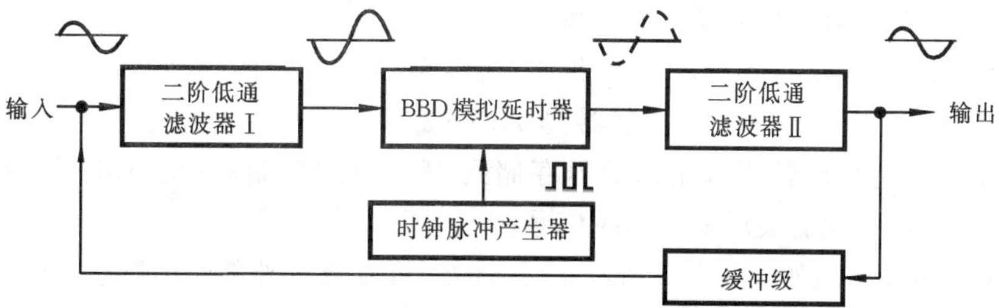

图 5.7.2　电子混响器延时组成框图

其内部有由场效应管构成的多级电子开关和高精度存储器。

在外加时钟脉冲作用下，电子开关不断地接通和断开，对输入信号进行取样、保持并向后级传递，从而使 BBD 的输出信号相对于输入信号延迟了一段时间。BBD 的级数越多，时钟脉冲的频率越高，延迟时间越长。BBD 配有专用时钟电路，如 MN3102 时钟电路与 MN3200 系列的 BBD 配套。

电子混响延时器的实验电路如图 5.7.3 所示，其中两级二阶低通滤波器(MFB)A_1、A_2滤去 4kHz(语音)以上的高频成分，反相器 A_3用于隔离混响延时器的输出与输入级间的相互影响。RP_1调节混响延时器的输入电压，RP_2调节 MN3207 的平衡输出以减小失真，RP_3调节时钟频率，RP_4控制混响延时器的输出电压。图中 MN3207 与 MN3102 各引脚的电压如下：

引脚	①	②	③	④	⑤	⑥	⑦	⑧
MN3207 的电压/V	0.0	3.2	0.0	5.6	6.0	3.2	2.6	2.6
MN3102 的电压/V	6.0	3.2	0.0	3.2	3.2	3.2	2.8	5.6

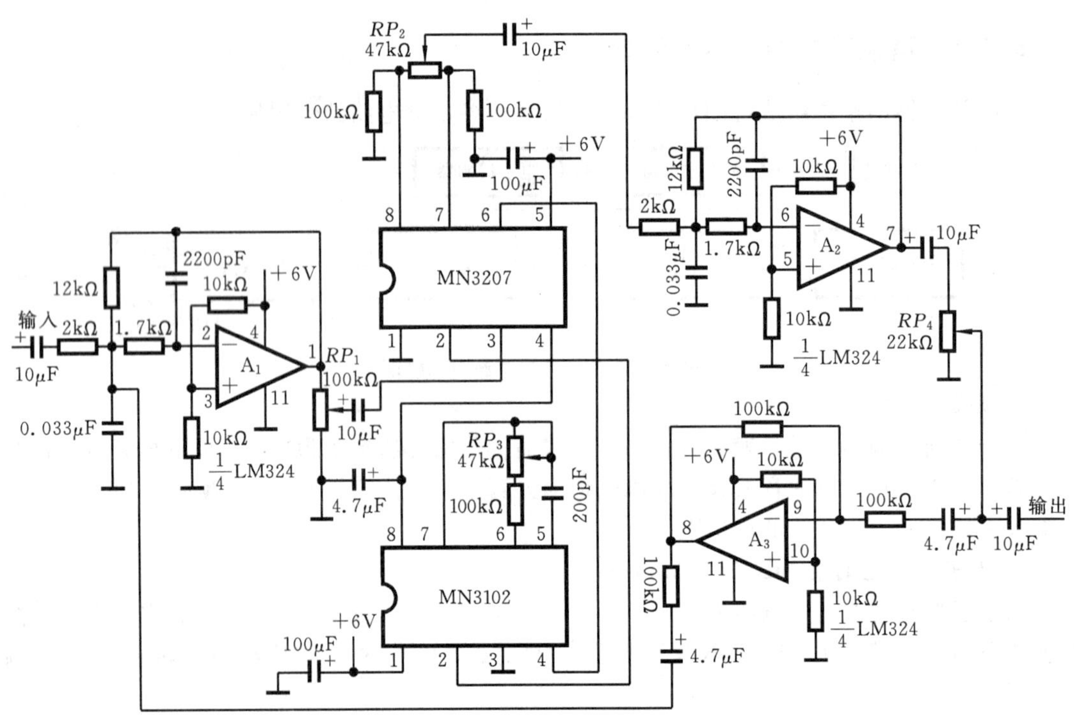

图 5.7.3 电子混响延时器实验电路

(2) M65831 组成的数字混响延时电路

集成电路 M65831 是一个+5V 电源供电、封装为 24 个引脚的数字混响延时器，其内部组成框图如图 5.7.4 所示。其中，主控制器(MAIN CONTROL)由数字逻辑电路组成，是产生延时的核心电路。它将比较器输出的信号存储到 48K 位的存储器(SRAM)中，再经过 A/D 和 D/A 转换、延时、低通滤波后输出延时信号。

M65831 的引脚功能如表 5.7.1 所示。延时时间可以通过外部对引脚④⑤⑥⑦的电平进行设置来获得，如表 5.7.2 所示。

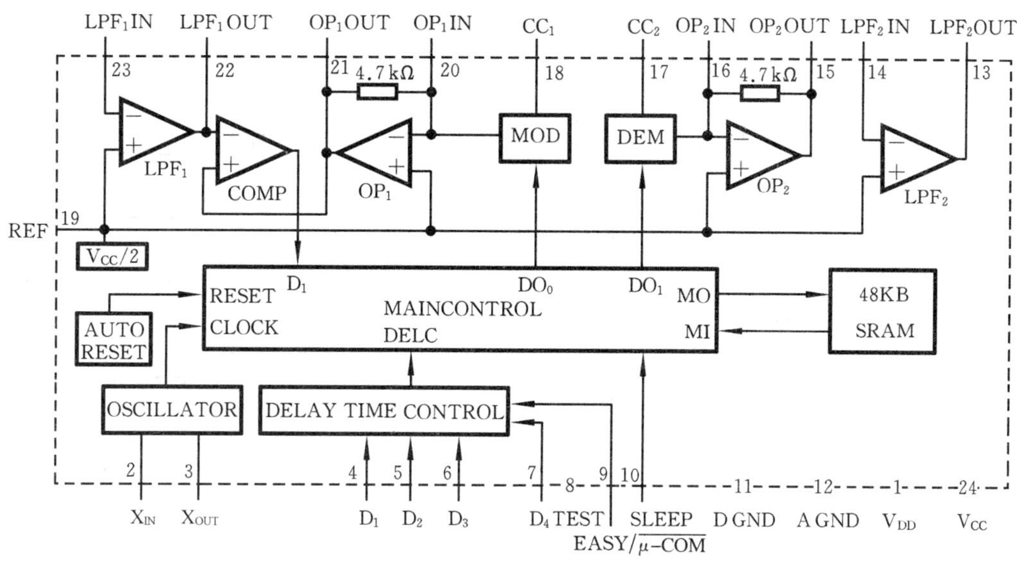

图 5.7.4 M65831 的内部结构

表 5.7.1 M65831 的引脚功能

序号	符号	名称	功 能
1	V_{DD}	Digital V_{DD}	数字电源电压，+5V
2	X_{IN}	Oscillator input	时钟振荡器输入
3	X_{OUT}	Oscillator output	时钟振荡器输出(2MHz 晶振)
4	D_1	Delay 1	延时输入数据 D_1
5	D_2	Delay2	延时输入数据 D_2
6	D_3	Delay3	延时输入数据 D_3
7	D_4	Delay4	延时输入数据 D_4
8	TEST	Test	测试端
9	EASY/$\overline{\mu\text{-COM}}$	Easy/$\overline{\mu\text{-COM}}$	普通模式/微机模式
10	SLEEP	Sleep	睡眠模式
11	D GND	Digital GND	数字地
12	A GND	Analog GND	模拟地
13	LPF_2 OUT	Low pass filter2 output	经外部 R、C 形成低通滤波器
14	LPF_2 IN	Low pass filter2 input	
15	OP_2 OUT	OP-AMP2 output	经外部 R、C 形成积分器
16	OP_2 IN	OP-AMP2 input	
17	CC_2	Current control 2	电流控制端 2
18	CC_1	Current control 1	电流控制端 1
19	REF	Reference	参考电压，等于 $V_{CC}/2$
20	OP_1 IN	OP-AMP1 input	经外部 R、C 形成积分器
21	OP_1 OUT	OP-AMP1 output	
22	LPF_1 OUT	Low pass filter1 output	经外部 R、C 形成低通滤波器
23	LPF_1 IN	Low pass filter1 input	
24	V_{CC}	Analog V_{CC}	模拟电源电压 V_{CC}

表 5.7.2 延时时间设置

D_4	D_3	D_2	D_1	采样频率/kHz	延时时间/ms
L	L	L	L	500	12.3
			H		24.6
		H	L		36.9
			H		49.2
	H	L	L		61.4
			H		73.7
		H	L		86.0
			H		98.3
H	L	L	L	250	110.6
			H		122.9
		H	L		135.2
			H		147.5
	H	L	L		159.7
			H		172.0
		H	L		184.3
			H		196.6

(3) 应用举例

M65831构成的数字混响延时电路如图5.7.5所示。电路工作原理是：输入信号通过㉒脚与㉓脚组成的低通滤波器进行滤波，控制器发出取样信号通过⑳脚与㉑脚组成的运放和内部比较器，对输入信号进行采样、存储、A/D和D/A转换、延时、低通滤波后，经⑬脚输出延时信号。当⑨脚为高电平时，延时时间由开关控制；当⑨脚为低电平时，延时时间可由微机控制。⑩脚为低电平时，M65831芯片处于工作模式；为高电平时，芯片处于睡眠模式，仅消耗14mA的电流。

由于M65831只能用+5V供电，一般模拟信号系统的电源电压均大于+5V，所以M65831

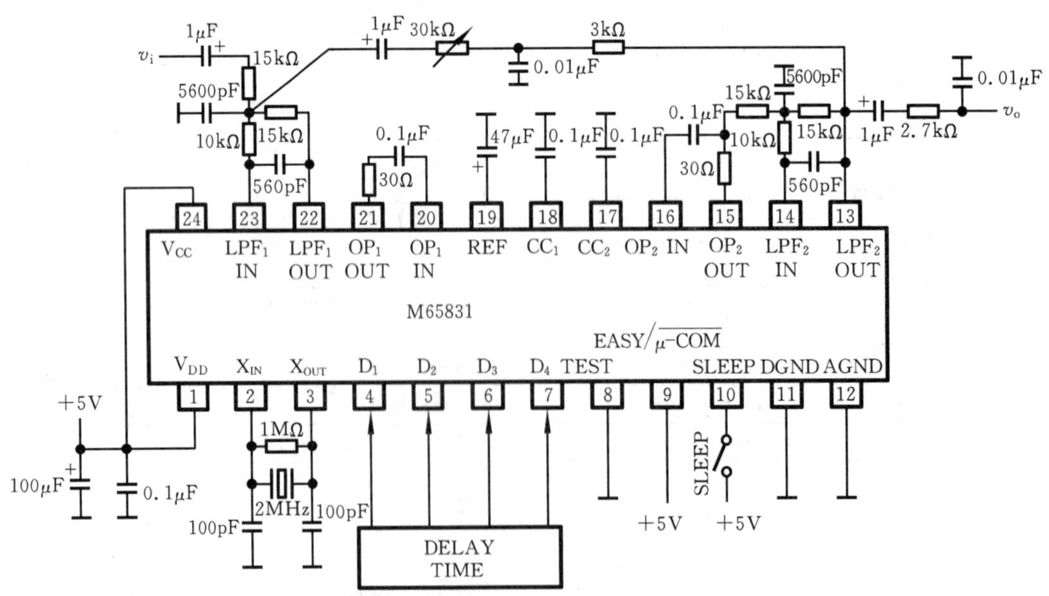

图 5.7.5 M65831构成的数字混响延时电路

接入模拟系统时，一定要将模拟系统的电源电压转换为+5V 后才能给 M65831 供电。

3. 混合前置放大器

混合前置放大器的作用是将磁带放音机输出的音乐信号与电子混响后的声音信号混合放大，其电路如图 5.7.6所示。这是一个反相加法器电路，输出与输入电压间的关系为

$$V_o = \left(\frac{R_F}{R_1}V_1 + \frac{R_F}{R_2}V_2\right) \tag{5-7-1}$$

式中，V_1为话筒放大器输出电压；V_2为放音机输出电压。

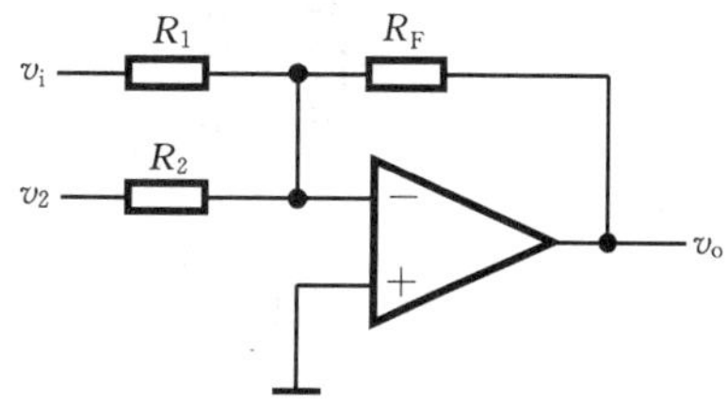

图 5.7.6　混合前置放大器

音响放大器的性能主要由音调控制器与功率放大器决定，下面详细介绍这两级电路的工作原理及其设计方法。

5.7.2　音调控制器

音调控制器主要是控制、调节音响放大器的幅频特性，理想的控制曲线如图 5.7.7 中折线所示。图中，f_0(1kHz)表示中音频率，要求增益$A_{V0}=0$dB；f_{L1}表示低音频转折(或截止)频率，一般为几十赫兹；$f_{L2}(10f_{L1})$表示低音频区的中音频转折频率；f_{H1}表示高音频区的中音频转折频率；$f_{H2}(10f_{H1})$表示高音频转折频率，一般为几十千赫兹。

由图可见，音调控制器只对低音频与高音频的增益进行提升与衰减，中音频的增益保持 0dB 不变。因此，音调控制器的电路可由低通滤波器与高通滤波器构成。由运放构成的音调控制器，如图 5.7.8 所示。这种电路调节方便，元器件较少，在一般收录机、音响放大器中应用较多。下面分析该电路的工作原理。

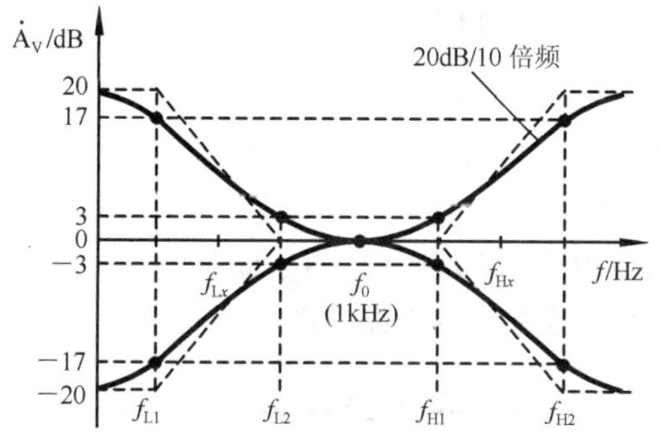

图 5.7.7　音调控制曲线

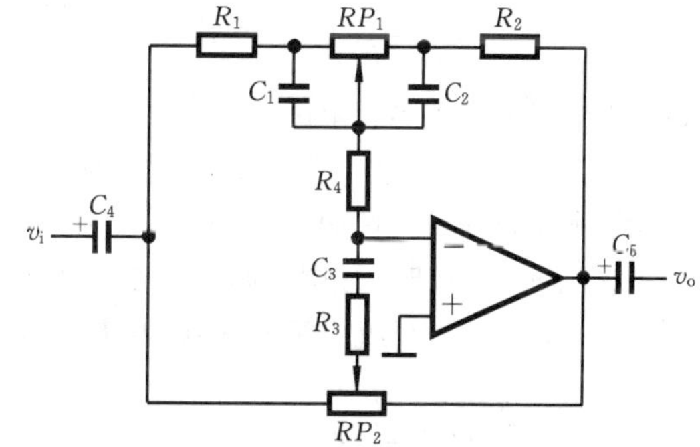

图 5.7.8　音调控制电路

设电容 $C_1=C_2\gg C_3$，在中、低音频区，C_3可视为开路，在中、高音频区，C_1、C_2可视为短路。

① 当 $f<f_0$时，音调控制器的低频等效电路如图 5.7.9 所示。其中，图(a)所示的为RP_1的滑臂在最左端，对应于低频提升最大的情况；图(b)所示的为 RP_1滑臂在最右端，对应于低频衰减最大的情况。分析表明，图(a)所示电路是一个一阶有源低通滤波器，其增益函数的表达式为

$$\dot{A}(j\omega) = \frac{\dot{V}_o}{\dot{V}_i} = -\frac{RP_1 + R_2}{R_1} \cdot \frac{1+(j\omega)/\omega_2}{1+(j\omega)/\omega_1} \tag{5-7-2}$$

式中，　$\omega_1 = 1/(RP_1C_2)$　或　$f_{L1} = 1/(2\pi RP_1C_2)$　(5-7-3)

$\omega_2 = (RP_1+R_2)/(RP_1R_2C_2)$　或　$f_{L2} = (RP_1+R_2)/(2\pi RP_1R_2C_2)$　(5-7-4)

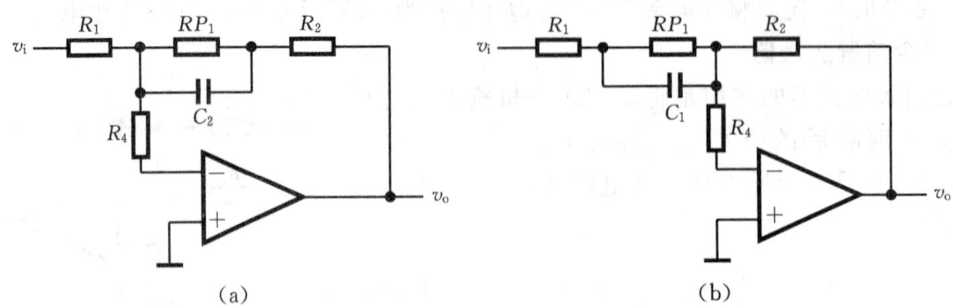

图 5.7.9 音调控制器的低频等效电路

(a) 低频提升 (b) 低频衰减

当 $f<f_{L1}$ 时，C_2 可视为开路，运放的反向输入端视为虚地，R_4 的影响可以忽略，此时电压增益

$$A_{VL}=(RP_1+R_2)/R_1 \tag{5-7-5}$$

在 $f=f_{L1}$ 时，因为 $f_{L2}=10f_{L1}$，故可由式(5-7-2)得

$$\dot{A}_{V1}=-\frac{RP_1+R_2}{R_1}\cdot\frac{1+0.1j}{1+j}$$

模
$$A_{V1}=(RP_1+R_2)/\sqrt{2}R_1 \tag{5-7-6}$$

此时电压增益 A_{V1} 相对于 A_{VL} 下降 3dB。

在 $f=f_{L2}$ 时，由式(5-7-2)得

$$\dot{A}_{V2}=-\frac{RP_1+R_2}{R_1}\cdot\frac{1+j}{1+10j}$$

模
$$A_{V2}=-\frac{RP_1+R_2}{R_1}\cdot\frac{\sqrt{2}}{10}=0.14A_{VL} \tag{5-7-7}$$

此时电压增益相对 A_{VL} 下降 17dB。

同理可以得出图(b)所示电路的相应表达式，其增益相对于中频增益为衰减量。音调控制器低频时的幅频特性曲线如图 5.7.7 中左半部分的实线所示。

② 当 $f>f_0$ 时，音调控制器的高频等效电路如图 5.7.10 所示。由于此时可将 C_1、C_2 视为短路，R_4 与 R_1、R_2 组成星形连接，将其转换成三角形连接后的电路如图 5.7.11 所示。

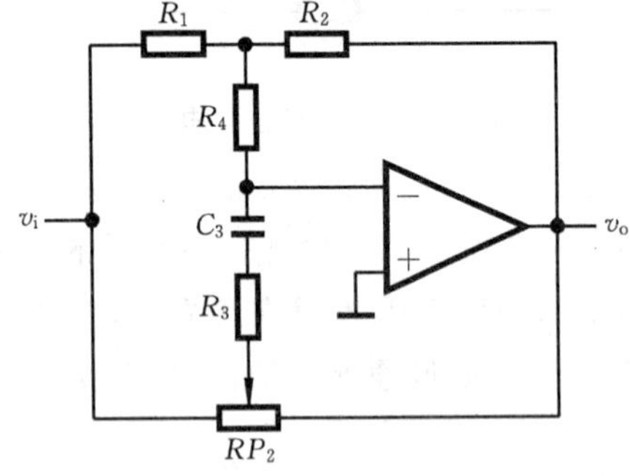

图 5.7.10 音调控制器的高频等效电路

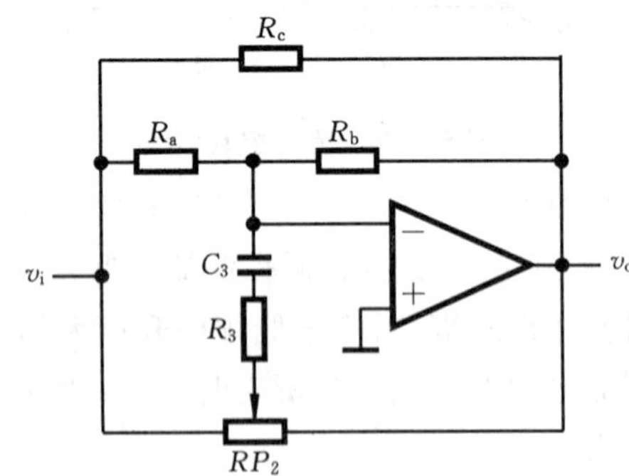

图 5.7.11 图 5.7.10 的等效电路

电阻的关系式为

$$\left.\begin{aligned}R_a&=R_1+R_4+(R_1R_4/R_2)\\R_b&=R_4+R_2+(R_4R_2/R_1)\\R_c&=R_1+R_2+(R_2R_1/R_4)\end{aligned}\right\}\tag{5-7-8}$$

若取 $R_1=R_2=R_4$，则式(5-7-8)为

$$R_a=R_b=R_c=3R_1=3R_2=3R_4\tag{5-7-9}$$

图 5.7.11 所示的高频等效电路如图 5.7.12 所示，其中，图(a)所示的为 RP_2 的滑臂在最左端时，对应于高频提升最大的情况；图(b)所示的为 RP_2 的滑臂在最右端时，对应于高频衰减最大的情况。分析表明，图(a)所示电路为一阶有源高通滤波器，其增益函数的表达式为

$$\dot{A}(j\omega)=\frac{\dot{V}_o}{\dot{V}_i}=-\frac{R_b}{R_a}\cdot\frac{1+(j\omega)/\omega_3}{1+(j\omega)/\omega_4}\tag{5-7-10}$$

式中，

$$\omega_3=\frac{1}{(R_a+R_3)C_3}\quad 或\quad f_{H1}=\frac{1}{2\pi(R_a+R_3)C_3}\tag{5-7-11}$$

$$\omega_4=\frac{1}{R_3C_3}\quad 或\quad f_{H2}=\frac{1}{2\pi R_3C_3}\tag{5-7-12}$$

与分析低频等效电路的方法相同(从略)，得到下列关系式。

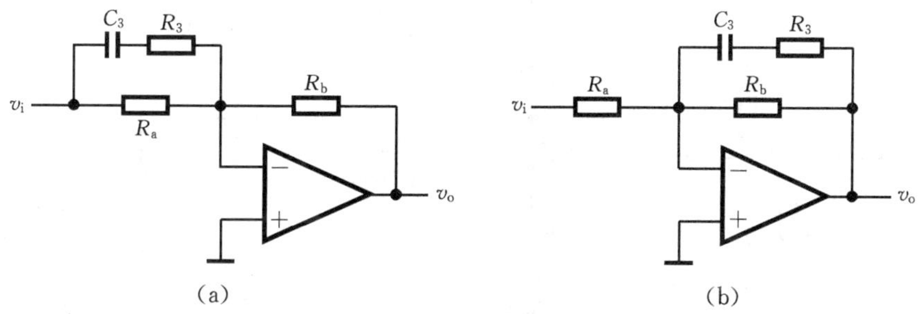

图 5.7.12 图 5.7.11 的高频等效电路

(a) 高频提升 (b) 高频衰减

当 $f<f_{H1}$ 时，C_3 视为开路，此时电压增益

$$A_{V0}=1(0\text{dB})$$

在 $f=f_{H1}$ 时，

$$A_{V3}=\sqrt{2}A_{V0}\tag{5-7-13}$$

此时电压增益 A_{V3} 相对于 A_{V0} 提升了 3dB。

在 $f=f_{H2}$ 时，

$$A_{V4}=\frac{10}{\sqrt{2}}A_{V0}\tag{5-7-14}$$

此时电压增益 A_{V4} 相对于 A_{V0} 提升了 17dB。

当 $f>f_{H2}$ 时，C_3 视为短路，此时电压增益

$$A_{VH}=\frac{R_b}{R_3/\!/R_a}=\frac{R_a+R_3}{R_3}\tag{5-7-15}$$

同理可以得出图(b)所示电路的相应表达式，其增益相对于中频增益为衰减量。音调控制器高频时的幅频特性曲线如图 5.7.7 中右半部分实线所示。

实际应用中，通常先提出低频区 f_{Lx} 处和高频区 f_{Hx} 处的提升量或衰减量 x(dB)，再根据下式求转折频率 f_{L2}(或 f_{L1})和 f_{H1}(或 f_{H2})，即

$$f_{L2}=f_{Lx}\cdot 2^{x/6} \tag{5-7-16}$$

$$f_{H1}=f_{Hx}/2^{x/6} \tag{5-7-17}$$

5.7.3 功率放大器

功率放大器(简称功放)的作用是给音响放大器的负载 R_L(扬声器)提供一定的输出功率。当负载一定时,希望输出的功率尽可能大,输出信号的非线性失真尽可能地小,效率尽可能高。功放的常见电路形式有 OTL(Output Transformerless)电路和 OCL(Output Capacitorless)电路。有用集成运算放大器和晶体管组成的功放,也有专用集成电路功放。

1. 集成运放与晶体管组成的功放

由集成运放与晶体管组成的 OCL 功放电路如图 5.7.13 所示。其中,运放为驱动级,晶体管 T_1~T_4组成复合式晶体管互补对称电路。

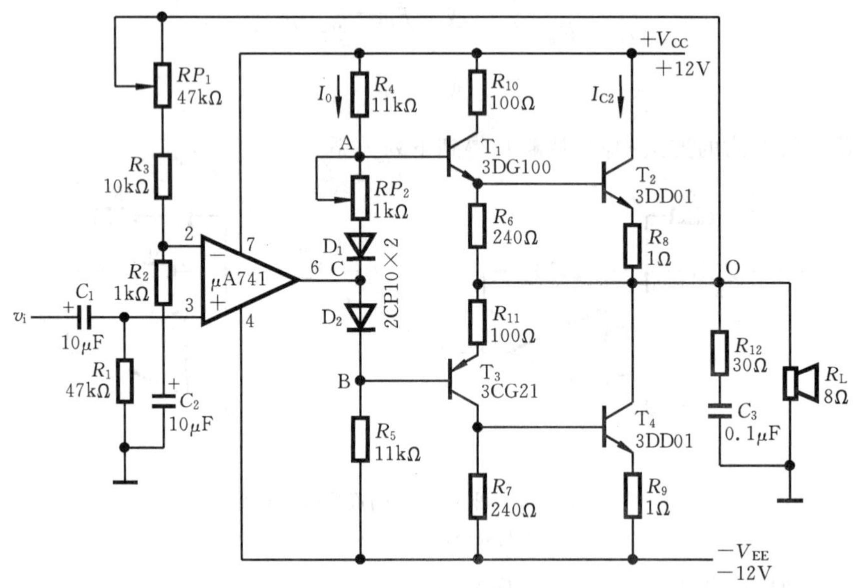

图 5.7.13 集成运放与晶体管组成的功放

(1) 电路工作原理

三极管 T_1、T_2为相同类型的 NPN 管,所组成的复合管仍为 NPN 型。T_3、T_4为不同类型的晶体管,所组成的复合管的导电极性由第一只管决定,即为 PNP 型。R_4、R_5、RP_2及二极管 D_1、D_2所组成的支路是两对复合管的基极偏置电路,静态时支路电流 I_0可由下式计算:

$$I_0=\frac{2V_{CC}-2V_D}{R_4+R_5+RP_2} \tag{5-7-18}$$

式中,V_D为二极管的正向压降。

为减小静态功耗和克服交越失真,静态时 T_1、T_3应工作在微导通状态,即满足下列关系:

$$V_{AB}\approx V_{D1}+V_{D2}\approx V_{BE1}+V_{BE3} \tag{5-7-19}$$

称此状态为有甲乙类状态。二极管 D_1、D_2与三极管 T_1、T_3应为相同类型的半导体材料,如 D_1、D_2为硅二极管 2CP10,则 T_1、T_3也应为硅三极管。RP_2用于调整复合管的微导通状态,其调节范围不能太大,一般采用几百欧姆或 1kΩ 电位器(最好采用精密可调电位器)。安装电路时首先应使 RP_2的阻值为 0,在调整输出级静态工作电流或输出波形的交越失真时再逐渐增大阻值。否则会因 RP_2 的阻值较大而使复合管损坏（请思考，为什么?）。

R_6、R_7 用于减小复合管的穿透电流，提高电路的稳定性，一般为几十欧姆至几百欧姆。R_8、R_9 为负反馈电阻，可以改善功放的性能，一般为几欧姆。R_{10}、R_{11} 称为平衡电阻，使 T_1、T_3 的输出对称，一般为几十欧姆至几百欧姆。R_{12}、C_3 称为消振网络，可改善负载为扬声器时的高频特性。因扬声器呈感性，易引起高频自激，此容性网络并入可使等效负载呈阻性。此外，感性负载易产生瞬时过压，有可能损坏晶体三极管 T_2、T_4。R_{12}、C_3 的取值视扬声器的频率响应而定，以效果最佳为好。一般 R_{12} 为几十欧姆，C_3 为几千皮法至 0.1μF。

功放在交流信号输入时的工作过程如下：当音频信号 v_i 为正半周时，运放的输出电压 v_C 上升，v_B 亦上升，结果 T_3、T_4 截止，T_1、T_2 导通，负载 R_L 中只有正向电流 i_L，且随 v_i 增加而增加。反之，当 v_i 为负半周时，负载 R_L 中只有负向电流 i_L 且随 v_i 的负向增加而增加。只有当 v_i 变化一周时负载 R_L 才可获得一个完整的交流信号。

(2) 静态工作点设置

设电路参数完全对称。静态时功放的输出端 O 点对地的电位应为 0，即 $V_o=0$，常称 O 点为“交流零点”。电阻 R_1 接地，一方面决定了同相放大器的输入电阻，另一方面保证了静态时同相端电位为 0，即 $V_+=0$。由于运放的反相端经 R_3、RP_1 接交流零点，所以 $V_-=0$。静态时运放的输出 $V_C=0$。调节 RP_1 电位器可改变功放的负反馈深度。电路的静态工作点主要由 I_0 决定，I_0 过小会使晶体管 T_2、T_4 工作在乙类状态，输出信号会出现交越失真，I_0 过大会增加静态功耗使功放的效率降低。综合考虑，对于数瓦的功放，一般取 $I_0=1\text{mA}\sim3\text{mA}$，以使 T_2、T_4 工作在甲乙类状态。

(3) 设计举例

例 设计一功放。

- 已知条件 $R_L=8\Omega$，$V_i=200\text{mV}$，$+V_{CC}=+12\text{V}$，$-V_{EE}=-12\text{V}$。
- 性能指标要求 $P_o\geqslant2\text{W}$，$\gamma<3\%$（1kHz 正弦波）。

解 采用如图 5.7.13 所示电路，集成运放用 μA741。功放的电压增益

$$\dot{A}_V=\frac{\dot{V}_o}{\dot{V}_i}=\frac{\sqrt{P_oR_L}}{V_i}=1+\frac{R_3+RP_1}{R_2} \tag{5-7-20}$$

若取 $R_2=1\text{k}\Omega$，则 $R_3+RP_1=19\text{k}\Omega$。现取 $R_3=10\text{k}\Omega$，$RP_1=47\text{k}\Omega$。

如果功放级前级是音量控制电位器（设 4.7kΩ），则取 $R_1=47\text{k}\Omega$ 以保证功放级的输入阻抗远大于前级的输出阻抗。

若取静态电流 $I_0=1\text{mA}$，因静态时 $V_C=0\text{V}$，由式(5-7-18)可得

$$I_0\approx\frac{V_{CC}-V_D}{R_4+RP_2}=\frac{12\text{V}-0.7\text{V}}{R_4} \qquad (\text{设 } RP_2\approx0)$$

则 $R_4=11.3\text{k}\Omega$，取标称值 11kΩ。

其他元件参数的取值如图 5.7.13 所示。

2. 集成功放 LA4102

(1) 内部结构

图 5.7.14 所示的为 LA4102 的内部电路，其工作原理请自行分析。此集成功放既可采用单电源供电方式，也可以采用正负双电源供电方式(③脚接负电源)。

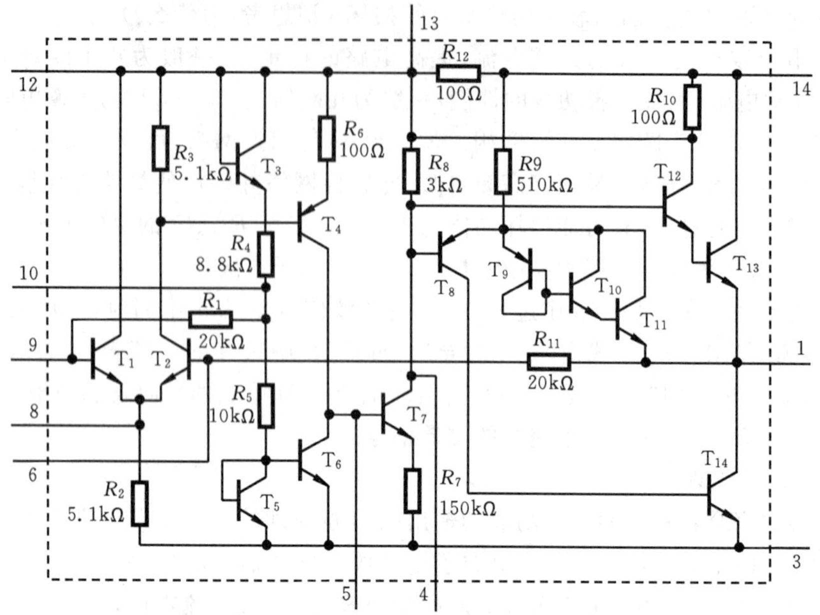

图 5.7.14 LA4102 集成功放的内部电路

(2) 典型应用

将 LA4102 接成 OTL 形式的电路如图 5.7.15 所示。其外部元器件的作用如下。

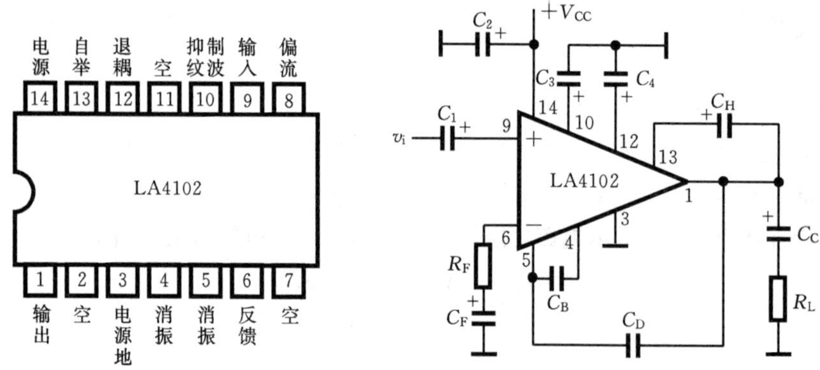

图 5.7.15 LA4102 接成 OTL 电路

① R_F、C_F与内部电阻 R_{11}组成交流负反馈支路，控制功放级的电压增益 A_{VF}，即

$$A_{VF}=1+R_{11}/R_F\approx R_{11}/R_F \tag{5-7-21}$$

② C_B为相位补偿电容。C_B减小，带宽增加，可消除高频自激。C_B一般取几十皮法至几百皮法。

③ C_C为 OTL 电路的输出端电容，两端的充电电压等于 $V_{CC}/2$，C_C一般采用耐压值远大于 $V_{CC}/2$的容值几百微法的电容。

④ C_D为反馈电容，消除自激振荡，C_D一般取几百皮法。

⑤ C_H为自举电容，使复合管 T_{12}、T_{13}的导通电流不随输出电压的升高而减小。

⑥ C_3、C_4可滤除纹波，一般取几十微法至几百微法。

⑦ C_2为电源退耦滤波，可消除低频自激。

由两片 LA4102 接成的 BTL(Balanced Transformerless)功放电路如图 5.7.16 所示。输入信号 v_i经 LA4102(1)放大后，获得同相输出电压 v_{o1}，其电压增益 $A_{V1}\approx R_{11}/R_{F1}$(40dB)。

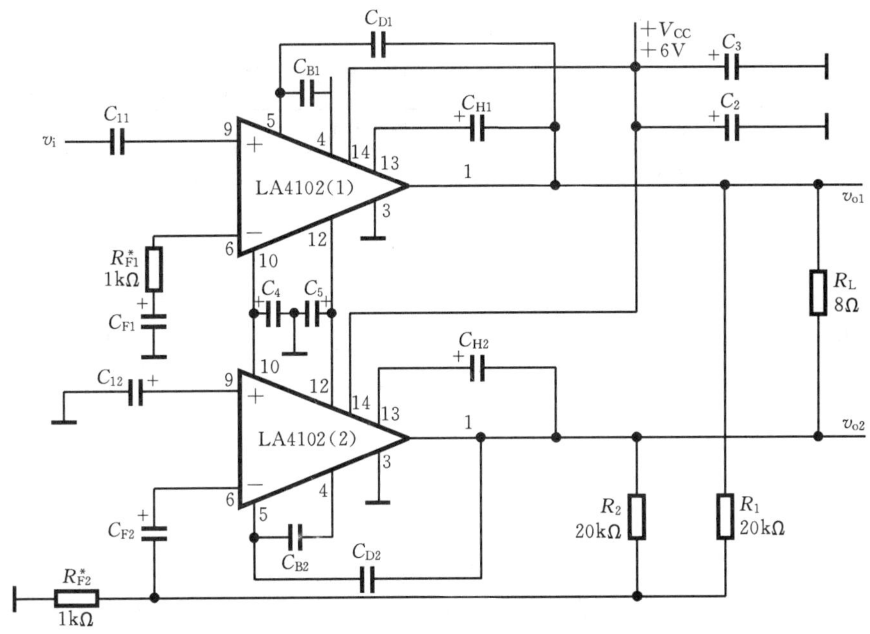

图 5.7.16 LA4102 接成 BTL 功效电路

v_{o1}经外部电阻R_1、R_{F2}分压加到 LA4102(2)的反相输入端，衰减量为$R_{F2}/(R_1+R_{F2})$（-40dB），这样两个功放的输入信号大小相等、方向相同。如果使 LA4102(2)的电压增益$A_{V2}=(R_2/\!/R_{11})/R_{F2}\approx A_{V1}$，则两个功放的输出电压$v_{o2}$与$v_{o1}$大小相等、方向相反，因而$R_L$两端的电压$V_L=2V_{o1}$。输出功率$P_L=(2V_{o1})^2/R_L=4V_{o1}^2/R_L$。可见接成 BTL 电路形式后，输出功率在理论上比 OTL 电路的功率要增加 4 倍。由于电路不完全对称，实际上获得的输出功率只有 OTL 电路的 2～3 倍。双声道集成功放（如 LA4182）的内部就有两个完全相同的集成功放，可以接成 BTL 电路。BTL 电路的优点是在较低的电源电压下，能获得较大的输出功率。

注意 对于 BTL 电路，负载的任何一端都不能与公共地线相短接，否则会烧坏功放。

图 5.7.16 中的其他元件的参数与 OTL 电路的完全相同。

3. 集成功放 LM386

(1) 内部结构

集成功放 LM386 是一个单电源供电的音频功放，外部封装为 8 个引脚，其内部电路如图 5.7.17 所示。通过改变引脚①和⑧之间的外部连接电阻和电容，就可以改变放大器的增益。

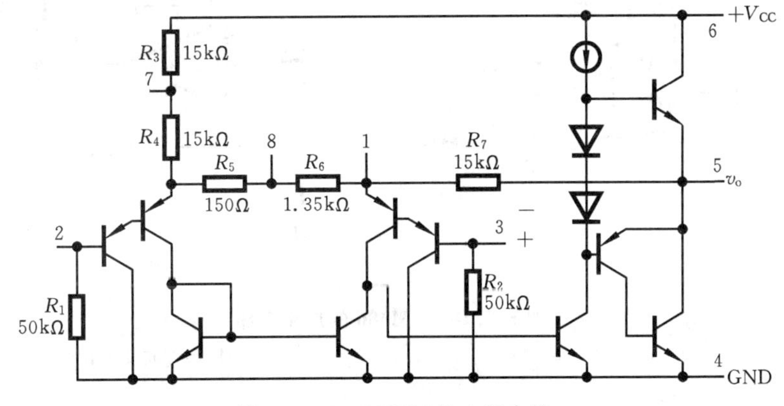

图 5.7.17 LM386 的内部电路

表 5.7.3 列出了 LM386 的主要性能参数。

表 5.7.3 LM386 的主要性能参数

参　　数	测试条件	典型值
电源电压 V_{CC}，LM386N3，LM386N-4		4～12V 5～18V
静态电流 I_q	$V_{CC}=6V, V_i=0$	4mA
输出功率 Po，LM386N3，LM386N-4	$V_{CC}=9V, R_L=8\Omega$ $V_{CC}=12V, R_L=32\Omega$	700mW 1000mW
电压增益 A_V	$V_{CC}=6V, f=1kHz$，①和⑧间开路 ①和⑧间接 10μF 电容	20(26)dB 200(46)dB
带宽 BW	$V_{CC}=6V$，①和⑧开路	300kHz
输入电阻 R_i		50kΩ

(2) 典型应用

由于 LM386 的外部连接元器件较少，因此它在 AM-FM 收音机、视频系统、功率变换等场合获得广泛应用。图 3.7.18(a)所示的为电压增益 $A_V=20$ 时的功放电路，图 3.7.18(b)所示的为电压增益$A_V=200$时的功放，图 3.7.18(c)所示的为电压增益 $A_V=50$ 时的功放。应用中如果出现高频自激，可以在电源端与地之间接并联电容 100μF 和 0.01μF。图 3.7.18(d)所示的为频率等于 1kHz 的方波发生器。

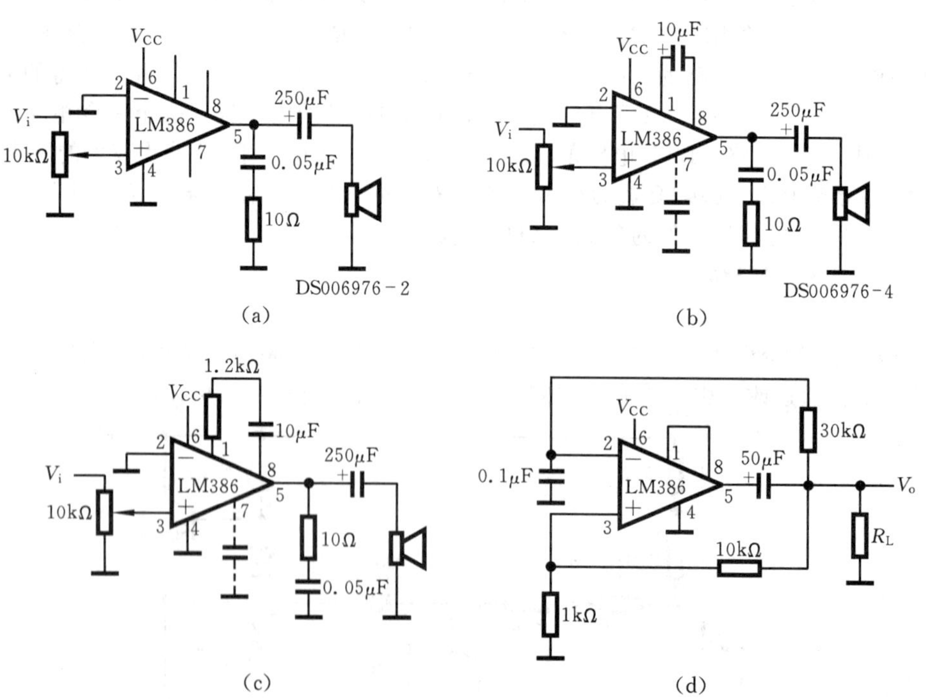

图 5.7.18 LM386 的应用电路

(a) $A_V=20$ (b) $A_V=200$ (c) $A_V=50$ (d) $f=1kHz$ 方波发生器

5.7.4　音响放大器主要技术指标及测试方法

● 额定功率　音响放大器输出失真度小于某一数值(如 $\gamma<5\%$)时的最大功率称为额定功率。其表达式为

$$P_o = V_o^2/R_L \tag{5-7-22}$$

式中,R_L为额定负载阻抗;V_o(有效值)为 R_L两端的最大不失真电压。V_o常用来选定电源电压 V_{CC}($V_{CC}\geqslant 2\sqrt{2}V_o$)。

测量 P_o的条件如下:信号发生器的输出信号(音响放大器的输入信号)的频率 $f_i=1\text{kHz}$,电压 $V_i=5\text{mV}$,音调控制器的两个电位器 RP_1、RP_2置于中间位置,音量控制电位器置于最大值,用双踪示波器观测 v_i及 v_o的波形,失真度测量仪监测 v_o的波形失真。测量 P_o的步骤是:功率放大器的输出端接额定负载电阻 R_L(代替扬声器),逐渐增大输入电压 V_i,直到 v_o的波形刚好不出现削波失真(或 $\gamma<3\%$),此时对应的输出电压为最大输出电压,由式(5-7-22)即可算出额定功率 P_o。

注意　在最大输出电压测量完成后应迅速减小 V_i,否则会损坏功放。

● 音调控制特性　输入信号 v_i(100mV)从音调控制级输入端的耦合电容加入,输出信号 v_0从输出端的耦合电容引出。分别测低频提升-高频衰减和低频衰减-高频提升这两条曲线。测量方法如下:将 RP_1的滑臂置于最左端(低频提升),RP_2的滑臂置于最右端(高频衰减),当频率从 20Hz 至 50kHz 变化时记下对应的电压增益;将测量数据填入表 5.7.4 中,再将 RP_1的滑臂置于最右端(低频衰减),RP_2的滑臂置于最左端(高频提升),当频率从 20Hz 至 50kHz 变化时,记下对应的电压增益。将测量数据填入表 5.7.4 中,最后绘制音调控制特性曲线,并标注与 f_{L1}、f_x、f_{L2}、f_0(1kHz)、f_{H1}、f_{Hx}、f_{H2}等对应的电压增益。

表 5.7.4　音调控制特性曲线测量数据

测量频率点		$<f_{L1}$	f_{L1}	f_{Lx}	f_{L2}	f_0	f_{H1}	f_{Hx}	f_{H2}	$>f_{H2}$
$V_i=100\text{mV}$		20Hz				1kHz				50kHz
低频提升 高频衰减	V_o/V									
	A_V/dB									
低频衰减 高频提升	V_o/V									
	A_V/dB									

● 频率响应　放大器的电压增益相对于中音频 f_o(1kHz)的电压增益下降 3dB 时对应低音频截止频率 f_L和高音频截止频率 f_H,称 $f_L\sim f_H$为放大器的频率响应。测量条件同上,调节 RP_3使输出电压约为最大输出电压的 50%。测量步骤是:音响放大器的输入端接 v_i(5mV),RP_1和 RP_2置于中间位置,使信号发生器的输出频率 f_i从 20Hz 至 50kHz 变化(保持 $v_i=5\text{mV}$不变),测出负载电阻 R_L上对应的输出电压 V_o,用半对数坐标纸绘出频率响应曲线,并在曲线上标注 f_L与 f_H值。

● 输入阻抗　将从音响放大器输入端(话音放大器输入端)看进去的阻抗称为输入阻抗 R_i。如果接高阻话筒,则 R_i应远大于 20kΩ。接电唱机,R_i应远大于 500kΩ。R_i的测量方法与放大器的输入阻抗测量方法相同。

注意　测量仪表的内阻要远大于 R_i。

● 输入灵敏度　使音响放大器输出额定功率时所需的输入电压(有效值)称为输入灵敏度

V_S。测量条件与测量额定功率的相同,测量方法是,使V_i从零开始逐渐增大,直到V_o达到额定功率值时所对应的电压值,此时对应的V_i值即为输入灵敏度。

● 噪声电压 音响放大器的输入为零时,输出负载R_L上的电压称为噪声电压V_N。测量条件同上,测量方法是,使输入端对地短路,音量电位器为最大值,用示波器观测输出负载R_L两端的电压波形,用交流毫伏表测量其有效值。

● 整机效率

$$\eta = P_o / P_C \times 100\% \qquad (5\text{-}7\text{-}23)$$

式中,P_o为输出的额定功率;P_C为输出额定功率时所消耗的电源功率。

5.7.5 设计举例

例 设计一音响放大器,要求具有电子混响延时,音调输出控制、卡拉 OK 伴唱,对话筒与录音机的输出信号进行扩音。

● 已知条件 $+V_{CC}=+9V$,话筒(低阻 20Ω)的输出电压为 5mV,录音机的输出信号电压为 100mV。电子混响延时模块 1 片,集成功放 LA4102 1 片,8Ω/2W 负载电阻R_L 1 只,8Ω/4W扬声器 1 只,集成运放 LM3241 片(或 μA7413 片)。

● 主要技术指标 额定功率$P_o \geq 1W(\gamma < 3\%)$;负载阻抗$R_L=8\Omega$;截止频率$f_L=40Hz$,$f_H=10kHz$;音调控制特性 1kHz 处增益为 0dB,100Hz 和 10kHz 处有±12dB 的调节范围,$A_{VL}=A_{VH} \geq 20dB$;话放级输入灵敏度为 5mV;输入阻抗$R_i \gg 20\Omega$。

解 本题的设计过程为:首先确定整机电路的级数,再根据各级的功能及技术指标要求分配电压增益,然后分别计算各级电路参数,通常从功放级开始向前级逐级计算。本题已经给定了电子混响器电路模块,需要设计话音放大器、混合前置放大器、音调控制器及功率放大器。根据技术指标要求,音响放大器的输入为 5mV 时,输出功率大于 1W,则输出电压$V_o=\sqrt{P_o R_L}>2.8V$。可见系统的总电压增益$A_{V\Sigma}=V_o/V_i>560$倍(55dB)。实际电路中会有损耗,因此要留有充分余地。设各级电压增益分配如图 5.7.19 所示。A_{V4}由集成功放级决定,此级增益不宜太大,一般为几十倍。音调控制级在$f_o=1kHz$时增益为 1 倍(0dB),实际会产生衰减,故取$A_{V3}=0.8$倍(−2dB)。受到运放增益带宽积限制,话放级与混合放大级若采用 μA741,其增益也不宜太大。

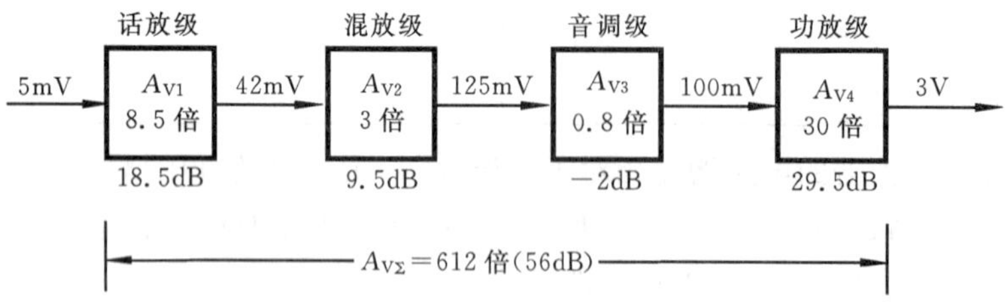

图 5.7.19 各级电压增益分配

(1) 功放设计

集成功放的电路如图 5.7.20 所示。由式(5-7-21)得功放级的电压增益

$$A_{V4} \approx R_{11}/R_F = 33$$

如果出现高频自激(输出波形上叠加有毛刺),可以在⑬脚与⑭脚之间加 0.15μF 的电容,或减小C_D的值。

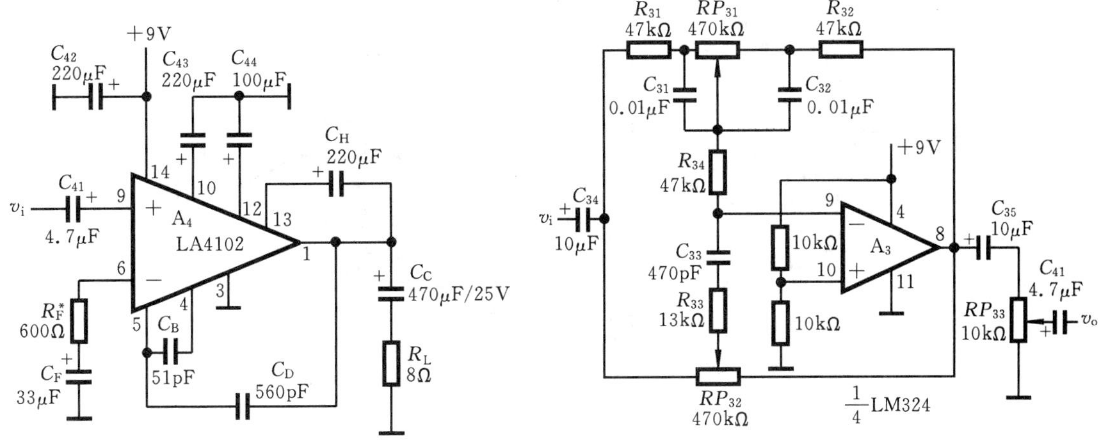

图 5.7.20　功率放大器　　　图 5.7.21　音调控制器

(2) 音调控制器(含音量控制)设计

音调控制器的电路如图 5.7.21 所示。其中，RP_{33}为音量控制电位器，其滑臂在最上端时，音响放大器输出最大功率。

已知 $f_{Lx}=100\text{Hz}$，$f_{Hx}=10\text{kHz}$，$x=12\text{dB}$。由式(5-7-16)、(5-7-17)得到转折频率 f_{L2}及 f_{H1}；$f_{L2}=f_{Lx}\cdot 2^{x/6}=400\text{Hz}$，则 $f_{L1}=f_{L2}/10=40\text{Hz}$；$f_{H1}=f_{Hx}/2^{x/6}=2.5\text{kHz}$，则 $f_{H2}=10f_{H1}=25\text{kHz}$。

由式(5-7-5)得 $A_{VL}=(RP_{31}+R_{32})/R_{31}\geqslant 20\text{dB}$。其中，$R_{31}$、$R_{32}$、$RP_{31}$不能取得太大，否则运放漂移电流的影响不可忽略。但也不能太小，否则流过它们的电流将超出运放的输出能力。一般取几千欧姆至几百千欧姆。现取 $RP_{31}=470\text{k}\Omega$，$R_{31}=R_{32}=47\text{k}\Omega$，则

$$A_{VL}=(RP_{31}+R_{32})/R_{31}=11(20.8\text{dB})$$

由式(5-7-3)得　　$C_{32}=\dfrac{1}{2\pi RP_{31}f_{L1}}=0.008\mu\text{F}$

取标称值 0.01μF，即　　$C_{31}=C_{32}=0.01\mu\text{F}$

由式(5-7-9)得　　$R_{34}=R_{31}=R_{32}=47\text{k}\Omega$，　则 $R_a=3R_{31}=141\text{k}\Omega$

由式(5-7-15)得　　$R_{33}=R_a/10=14.1\text{k}\Omega$，　　取标称值 13kΩ

由式(5-7-12)得　　$C_{33}=\dfrac{1}{2\pi R_{33}f_{H2}}=490\text{pF}$，　　取标称值 470pF

取 $RP_{32}=RP_{31}=470\text{k}\Omega$，$RP_{33}=10\text{k}\Omega$，级间耦合与隔直电容 $C_{34}=C_{35}=10\mu\text{F}$。

(3) 话音放大器与混合前置放大器设计

图 5.7.22 所示电路由话音放大与混合前置放大两级电路组成。其中 A_1组成同相放大器，具有很高的输入阻抗，能与高阻话筒配接作为话音放大器电路，其放大倍数

$$A_{V1}=1+R_{12}/R_{11}=8.5(18.5\text{dB})$$

4 运放 LM324 的频带虽然很窄(增益为 1 时，带宽为 1MHz)，但这里放大倍数不高，故能达到 $f_H=10\text{kHz}$ 的频响要求。

混合前置放大器的电路由运放 A_2组成，这是一个反向加法器电路，由式(5-7-1)得输出电压 V_{o2}的表达式为

$$V_{o2}=-[(R_{22}/R_{21})V_{o1}+(R_{22}/R_{23})V_{12}]$$

根据图 5.7.19 的增益分配，混合级的输出电压 $V_{o2}\geqslant 125\text{mV}$，而话筒放大器的输出 V_{o1}已经达

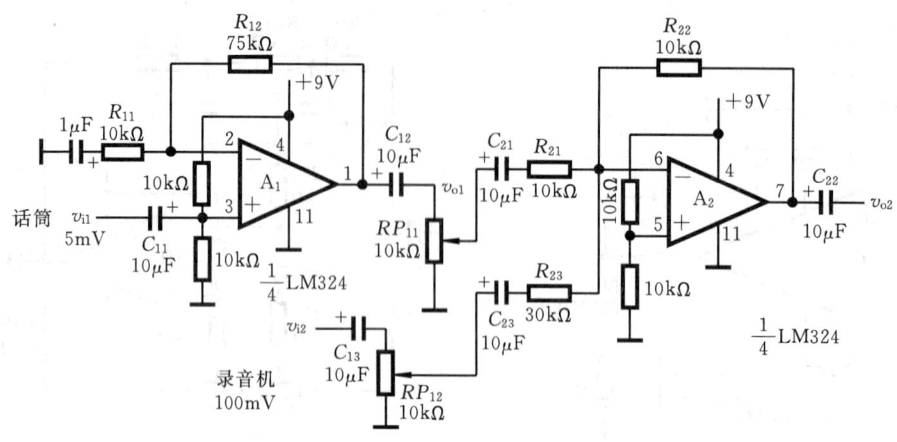

图 5.7.22 话音放大与混合前置放大器电路设计

到了 42mV，放大 3 倍就能满足要求。录音机的输出信号 $v_{i2}=100\text{mV}$，已基本达到 v_{o2} 的要求，不需要再进行放大。所以，取 $R_{23}=R_{22}=3R_{21}=30\text{k}\Omega$，可使话筒与录音机的输出经混放级后输出相等。如果要进行卡拉 OK 唱歌，则可在话放输出端及录音机输出端接两个音量控制电位器 RP_{11}、RP_{12}（见图 5.7.22），分别控制声音和音乐的音量。

以上各单元电路的设计值还需要通过实验调整和修改，特别是在进行整机调试时，由于各级之间相互影响，有些参数可能要进行较大变动，待整机调试完成后，再画出整机电路图，本题整机电路如图 5.7.24 所示。

5.7.6 电路安装与调试技术

1. 合理布局，分级装调

音响放大器是一个小型电路系统，安装前要对整机线路进行合理布局，一般按照电路的顺序一级一级地布线，功放级应远离输入级，每一级的地线尽量接在一起，连线尽可能短，否则很容易产生自激。

安装前应检查元器件的质量，安装时特别要注意功放块、运放、电解电容等主要器件的引脚和极性，不能接错。从输入级开始向后级安装，也可以从功放级开始向前逐级安装。安装一级调试一级，安装两级要进行级联调试，直到整机安装与调试完成。

2. 电路调试技术

电路的调试过程一般是先分级调试，再级联调试，最后进行整机调试与性能指标测试。

分级调试又分为静态调试与动态调试。静态调试时，将输入端对地短路，用万用表测该级输出端对地的直流电压。话放级、混合级、音调级都是由运放组成的，其静态输出直流电压均为 $V_{CC}/2$，功放级的输出（OTL 电路）也为 $V_{CC}/2$，且输出电容 C_C 两端充电电压也应为 $V_{CC}/2$。动态调试是指输入端接入规定的信号，用示波器观测该级输出波形，并测量各项性能指标是否满足题目要求，如果相差很大，应检查电路是否接错，元器件数值是否合乎要求，否则是不会出现很大偏差的。

单级电路调试时的技术指标较容易达到，但进行级联时，由于级间相互影响，可能使单级的技术指标发生很大变化，甚至两级不能进行级联。产生的主要原因：一是布线不太合理，形成级间交叉耦合，应考虑重新布线；二是级联后各级电流都要流经电源内阻，内阻压降对某一级可能形成正反馈，应接 RC 去耦滤波电路。R 一般取几十欧姆，C 一般用几百微法大电容与 0.1μF 小电容相并联。功放级输出信号较大，对前级容易产生影响，引起自激。集成块内部电路多极点引起的正反馈易产生高频自激，常见高频自激现象如图 5.7.23 所示。可以加强外部电路的负反馈予以抵消，如功放级①脚与⑤脚之间接入几百皮法的电容，形成电压并联负反馈，可消除叠加的高频毛刺。常见的低频自激现象是电源电流表有规则地左右摆动，或输出波形上下抖动。产生的主要原因是输出信号通过电源及地线产生了正反馈。可以通过接入 RC 去耦滤波电路消除。为满足整机电路指标要求，可以适当修改单元电路的技术指标。图5.7.24所示的为设计举例整机实验电路图，与单元电路设计值相比较，有些参数进行了较大的修改。

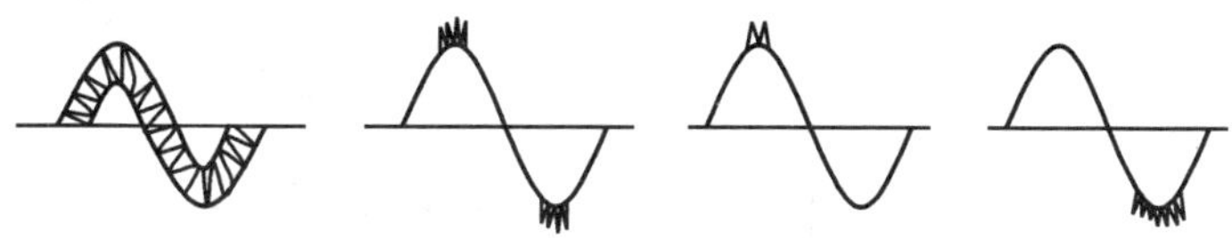

图 5.7.23　常见高频自激现象

3. 整机功能试听

用 8Ω/4W 的扬声器代替负载电阻 R_L，可进行以下功能试听。

● 话音扩音　将低阻话筒接话音放大器的输入端。应注意，扬声器输出的方向与话筒输入的方向相反，否则扬声器的输出声音经话筒输入后，会产生自激啸叫。讲话时，扬声器传出的声音应清晰，改变音量电位器，可控制声音大小。

● 电子混响效果　将电子混响器模块按图 5.7.24 接入。用手轻拍话筒一次，扬声器发出多次重复的声音，微调时钟频率，可以改变混响延时时间，以改善混响效果。

● 音乐欣赏　将录音机输出的音乐信号，接入混合前置放大器，改变音调控制级的高低音调控制电位器，扬声器的输出音调发生明显变化。

● 卡拉 OK 伴唱　录音机输出卡拉 OK 磁带歌曲，手握话筒伴随歌曲唱歌，适当控制话音放大器与录音机输出的音量电位器，可以控制唱歌音量与音乐音量之间的比例，调节混响延时时间可修饰、改善唱歌的声音。

5.7.7　设计任务

设计课题：音响放大器设计

● 功能要求　具有话音放大、音调控制、音量控制、电子混响、卡拉 OK 伴唱等功能。

● 已知条件　电子混响延时模块 1 片，集成功放 LM386 或 LA4102 1 片，高阻话筒 20kΩ 1 只，其输出信号为 5mV，集成运放 μA741 3 片，10Ω/2W 负载电阻 1 只，8Ω/4W扬声器 1 只，磁带录音机 1 台，电源电压 $+V_{CC}=+9V$，$-V_{EE}=-9V$。

● 主要技术指标　额定功率 $P_o \geqslant 0.3W(\gamma<3\%)$；负载阻抗 $R_L=10\Omega$；频率响应 $f_L=50Hz$，$f_H=20kHz$；输入阻抗 $R_i \gg 20k\Omega$；高输入阻抗的话音放大器电路如图 2.4.21(b)所示；音调控制特性 1kHz 处增益为 0dB、125Hz 和 8kHz 处有 ±12dB 的调节范围，$A_{VL}=A_{VH} \geqslant 20dB$。

● 实验仪器设备　同 5.1 节

● 测量内容与要求　①测量音调控制特性，将测量数据填入表 5.7.1 中，在坐标纸上绘制音调控制特性曲线；②测量频率为 1kHz 时的输出功率 P_o 及整机电压增益 A_V。

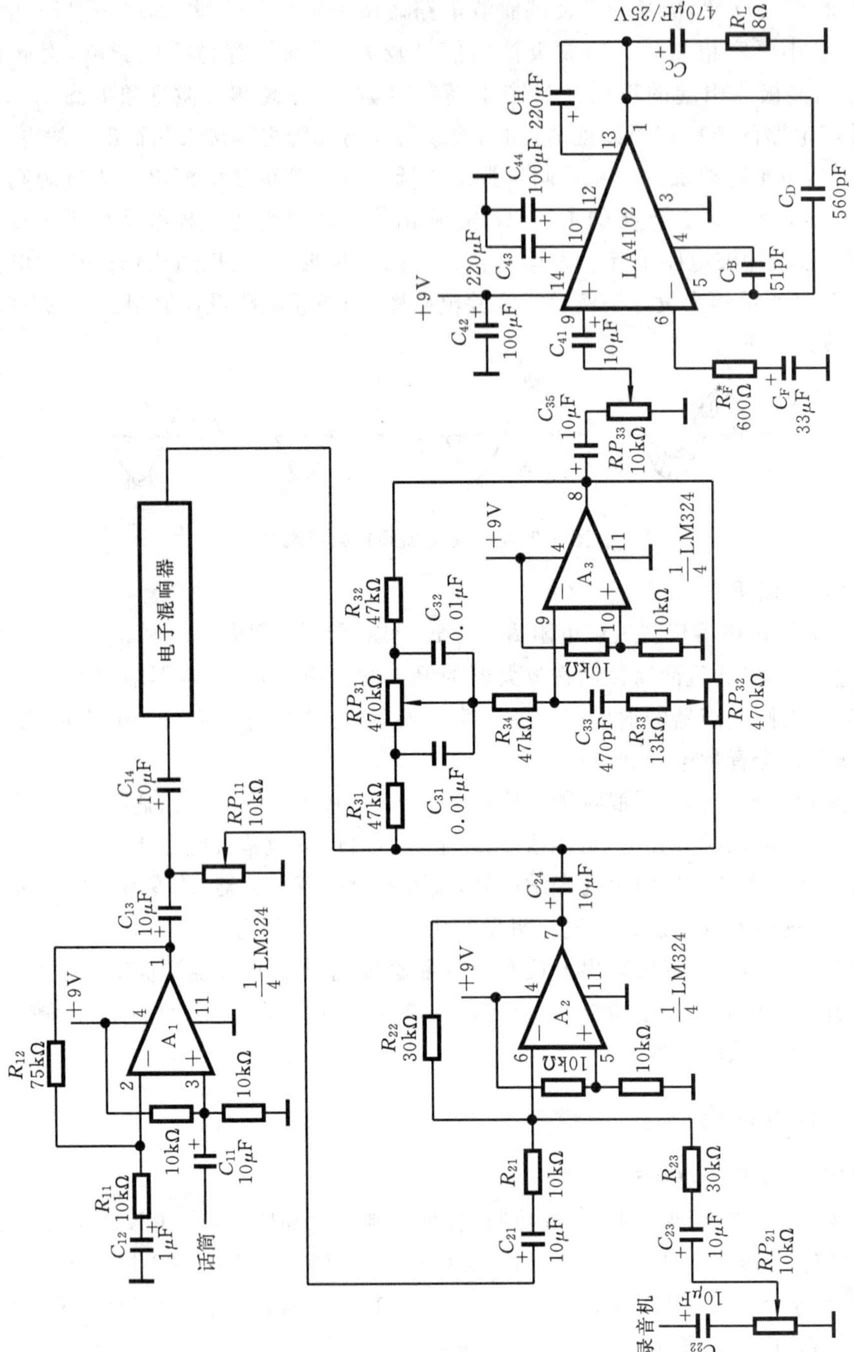

图 5.7.24 音响放大器整机实验电路

实验与思考题

5.7.1 小型电子线路系统的设计方法与单元电路的设计方法有哪些异同点？

5.7.2 如何安装与调试一个小型电子线路系统？

5.7.3 在安装调试音响放大器时，与单元电路相比较，出现了哪些新问题？如何解决？

5.7.4 你在安装调试电路时，是否出现过自激振荡现象？是什么自激？如何解决？

5.7.5 集成功率放大器的电压增益与哪些因素有关？为什么在 LA4102 的⑤脚与①脚间接入几百皮法的电容可以消除自激？

5.7.6 集成功放接成 OTL 电路时，输出电容 C_C有何作用？自举电容 C_H有何作用？电容 C_B对频带的扩展范围有多大，用实验说明。

5.7.7 按照本课题所介绍的音响放大器主要技术指标的测试方法，测量 P_o、R_i、f_L、f_H及音调控制曲线后，再测量噪声电压 V_N、输入灵敏度 V_S及整机效率 η。

5.7.8 按照图 5.7.16 所示 BTL 电路，将两组实验电路的集成功放 LA4102 的输出级相连接，测试输出功率能增加多少倍(注意负载电阻的额定功率应符合要求)。

5.7.9 图 5.7.3 所示电子混响电路中，分别观测 MN3102 的②、④脚的输出波形及 MN3207 的⑦、⑧脚与电位器 RP_2滑臂端输出波形。请对各点波形进行理论分析与解释。

5.7.10 设计一音响放大器，要求额定输出功率 $P_o \geqslant 10W$，其他主要技术指标与设计任务中的要求相同。

第 6 章

高频电子线路应用设计

内容提要　本章详细介绍了高频小信号放大器、LC 正弦波振荡器与变容二极管调频电路、高频功放、集成电路模拟乘法器、调频发射机与接收机、调幅发射机与接收机等的设计方法与性能指标的测试技术。这些课题在电路原理、电路结构以及电路的功能上是逐步加深与扩展的。

6.1　高频小信号谐振放大器设计

学习要求　掌握高频小信号谐振放大器的工程设计方法，谐振回路的调谐方法，放大器的各项技术指标的测试方法及高频情况下的各种分布参数对电路性能的影响。

6.1.1　电路的基本原理

图 6.1.1 所示电路为共发射极接法的晶体管高频小信号单级单调谐回路谐振放大器。它不仅要放大高频信号，而且还要有一定的选频作用，因此，晶体管的集电极负载为 LC 并联谐振回路。在高频情况下，晶体管本身的极间电容及连接导线的分布参数等会影响放大器输出信号的频率或相位。晶体管的静态工作点由电阻 R_{B1}、R_{B2} 及 R_E 决定，其计算方法与低频单管放大器相同。

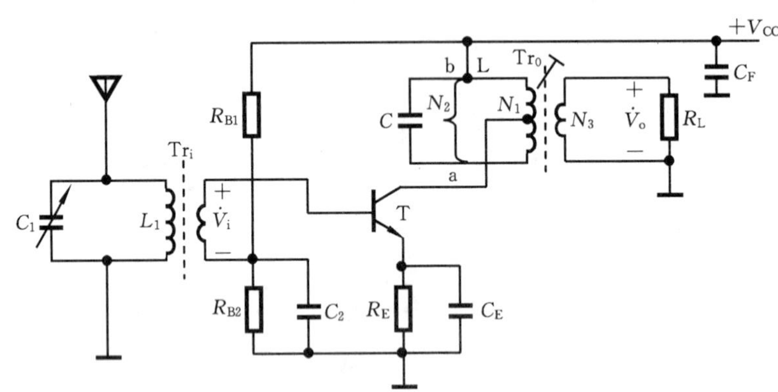

图 6.1.1　高频小信号谐振放大器

放大器在谐振时的等效电路如图 6.1.2 所示，晶体管的 4 个 y 参数分别如下：

输入导纳
$$y_{ie}\approx\frac{g_{b'e}+j\omega C_{b'e}}{1+r_{b'b}(g_{b'e}+j\omega C_{b'e})}\tag{6-1-1}$$

输出导纳
$$y_{oe}\approx\frac{j\omega C_{b'c}r_{b'b}g_m}{1+r_{b'b}(g_{b'e}+j\omega C_{b'e})}+j\omega C_{b'c}\tag{6-1-2}$$

正向传输导纳
$$y_{fe}\approx\frac{g_m}{1+r_{b'b}(g_{b'e}+j\omega C_{b'e})}\tag{6-1-3}$$

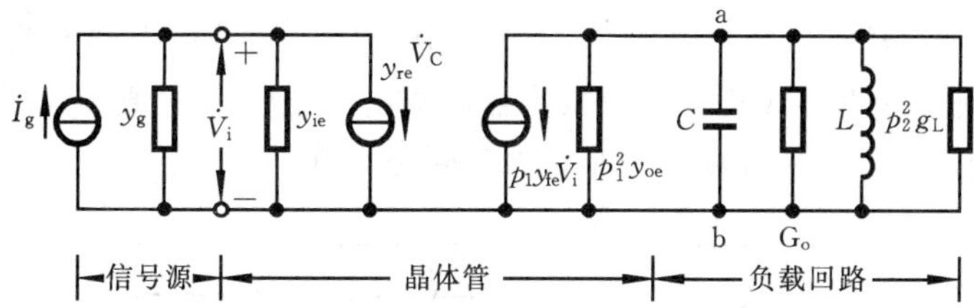

图 6.1.2　谐振放大器的高频等效电路

反向传输导纳

$$y_{re} \approx \frac{-j\omega C_{b'c}}{1+r_{b'b}(g_{b'e}+j\omega C_{b'e})} \tag{6-1-4}$$

式中，g_m为晶体管的跨导，与发射极电流的关系为

$$g_m = \frac{\{I_E\}_{mA}}{26\ mV} \tag{6-1-5}$$

$g_{b'e}$为发射结电导，与晶体管的电流放大系数β及I_E有关，其关系为

$$g_{b'e} = \frac{1}{r_{b'e}} = \frac{\{I_E\}_{mA}}{26\beta} \tag{6-1-6}$$

$r_{b'b}$为基极体电阻，一般为几十欧姆；$C_{b'c}$为集电结电容，一般为几皮法；$C_{b'e}$为发射结电容，一般为几十皮法至几百皮法。

晶体管在高频情况下的分布参数除了与静态工作电流I_E、电流放大系数β有关外，还与工作角频率ω有关。晶体管手册中给出的分布参数一般是在测试条件一定的情况下测得的。如在$f_o=30$MHz，$I_E=2$mA，$V_{CE}=8$V 条件下测得 3DG100C 的 y 参数

$$g_{ie} = \frac{1}{r_{ie}} = 2\text{mS} \qquad g_{oe} = \frac{1}{r_{oe}} = 250\text{mS} \qquad |y_{fe}| = 40\text{mS}$$

$$C_{ie} = 12\text{pF} \qquad C_{oe} = 4\text{pF} \qquad |y_{re}| = 350\mu\text{S}$$

如果工作条件发生变化，则上述参数值仅作为参考。因此，高频电路的设计计算一般采用工程估算方法。

图 6.1.2 所示等效电路中，p_1为晶体管的集电极接入系数，即

$$p_1 = N_1/N_2 \tag{6-1-7}$$

式中，N_2为电感 L 线圈的总匝数；p_2为输出变压器 Tr_o的副边与原边的匝数比，即

$$p_2 = N_3/N_2 \tag{6-1-8}$$

式中，N_3为副边的总匝数。

g_L为谐振放大器输出负载的电导，$g_L=1/R_L$。通常小信号谐振放大器的下一级仍为晶体管谐振放大器，则 g_L将是下一级晶体管的输入电导 g_{ie2}。

由图 6.1.2 可见，并联谐振回路的总电导 g_Σ的表达式为

$$g_\Sigma = p_1^2 g_{oe} + p_2^2 g_{ie2} + j\omega C + \frac{1}{j\omega L} + G_o = p_1^2 g_{oe} + p_2^2 g_L + j\omega C + \frac{1}{j\omega L} + G_o \tag{6-1-9}$$

式中，G_o为 LC 回路本身的损耗电导。

6.1.2　主要性能指标及测量方法

表征高频小信号谐振放大器的主要性能指标有谐振频率 f_o、谐振电压放大倍数 A_{VO}、放大器的通频带 BW 及选择性(通常用矩形系数 $K_{r0.1}$来表示)等，采用图 6.1.3 所示的测试电路可以粗测各项指标，若要求测量准确，则必要时应采用精度较高的高频测量仪器。图中输入信

号 $\dot{V}_s$ 由高频信号发生器提供，高频电压表 V_1、V_2 分别用于测量放大器的输入电压 $\dot{V}_i$ 与输出电压 $\dot{V}_o$ 的值。直流毫安表 mA 用于测量放大器的集电极电流 i_c 的值，示波器监测负载 R_L 两端的输出波形。谐振放大器的各项性能指标及测量方法如下。

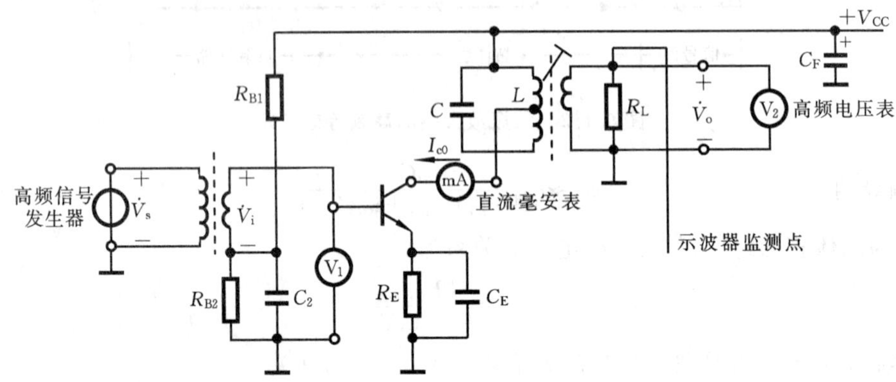

图 6.1.3 高频谐振放大器的测试电路

● 谐振频率 放大器的谐振回路谐振时所对应的频率 f_o 称为谐振频率。对于图 6.1.1 所示电路（也为分析以下各项指标的电路），f_o 的表达式为

$$f_o = \frac{1}{2\pi\sqrt{LC_\Sigma}} \tag{6-1-10}$$

式中，L 为谐振回路电感线圈的电感量；C_Σ 为谐振回路的总电容，C_Σ 的表达式为

$$C_\Sigma = C + p_1^2 C_{oe} + p_2^2 C_{ie} \tag{6-1-11}$$

式中，C_{oe} 为晶体管的输出电容；C_{ie} 为晶体管的输入电容。

谐振频率 f_o 的测量步骤是，首先使高频信号发生器的输出频率为 f_o，输出电压为几毫伏；然后调谐集电极回路即改变 C 或电感线圈 L 的磁芯位置使回路谐振。LC 并联回路谐振时，直流毫安表 mA 的指示值为最小（当放大器工作在丙类状态时），电压表 V_2 的指示值达到最大，且输出波形无明显失真。这时回路的谐振频率就等于信号发生器的输出频率。

由于分布参数的影响，有时谐振回路的输出电流的最小值与输出电压的最大值不一定同时出现，这时视电压表的指示值达到最大值时的状态为谐振回路的谐振状态。如用扫频仪测量调谐放大器是否谐振，应使电压谐振曲线的峰值出现在规定的谐振频率点 f_o。

● 电压增益 放大器的谐振回路谐振时所对应的电压放大倍数 A_{VO} 称为谐振放大器的电压增益（放大倍数）。A_{VO} 的表达式为

$$\dot{A}_{VO} = -\frac{\dot{V}_o}{\dot{V}_i} = \frac{-p_1 p_2 y_{fe}}{g_\Sigma} = \frac{-p_1 p_2 y_{fe}}{p_1^2 g_{oe} + p_2^2 g_{ie2} + G_o} \tag{6-1-12}$$

要注意的是，y_{fe} 本身也是一个复数，所以谐振时输出电压 $\dot{V}_o$ 与输入电压 $\dot{V}_i$ 的相位差为（$180^\circ + \varphi_{fe}$）。只有当工作频率较低时，$\varphi_{fe} \approx 0$，$\dot{V}_o$ 与 $\dot{V}_i$ 的相位差才等于 180°。

$\dot{A}_{VO}$ 的测量电路如图 6.1.3 所示，测量条件是放大器的谐振回路处于谐振状态。当回路谐振时分别记下输出端电压表 V_2 的读数 V_o 及输入端电压表 V_1 的读数 V_i，则电压放大倍数 $\dot{A}_{VO}$ 由下式计算：

$$A_{VO} = V_o / V_i \quad \text{或} \quad A_{VO} = 20\lg(V_o / V_i)\text{dB} \tag{6-1-13}$$

● 通频带 由于谐振回路的选频作用，当工作频率偏离谐振频率时，放大器的电压放大倍

数下降，习惯上称电压放大倍数 A_V 下降到谐振电压放大倍数 A_{VO} 的 0.707 倍时所对应的频率范围称为放大器的通频带 BW，其表达式为

$$BW = 2\Delta f_{0.7} = f_o / Q_L \tag{6-1-14}$$

式中，Q_L 为谐振回路的有载品质因数。

分析表明，放大器的谐振电压放大倍数 A_{VO} 与通频带 BW 的关系为

$$A_{VO} \cdot BW = \frac{|y_{fe}|}{2\pi C_\Sigma} \tag{6-1-15}$$

上式说明，当晶体管选定即 y_{fe} 确定，且回路总电容 C_Σ 为定值时，谐振电压放大倍数 A_{VO} 与通频带 BW 的乘积为一常数。这与低频放大器中的增益带宽积为一常数的概念是相同的。

通频带 BW 的测量电路如图 6.1.3 所示。可通过测量放大器的频率特性曲线来求通频带 BW。测量方法有扫频法和逐点法。逐点法的测量步骤是：先使调谐放大器的谐振回路产生谐振，记下此时的谐振频率 f_o 及电压放大倍数 A_{VO}，然后改变高频信号发生器的频率（保持其输出电压 V_s 不变），并测出对应的电压放大倍数 A_V。由于回路失谐后电压放大倍数下降，所以放大器的频率特性曲线如图 6.1.4 所示。由式(6-1-14)可得

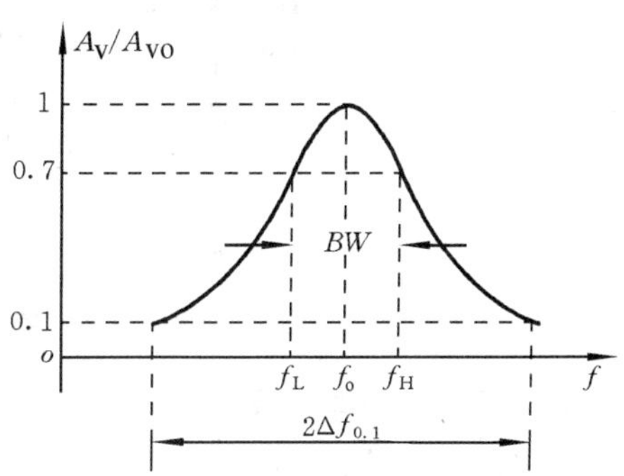

图 6.1.4　谐振放大器的频率特性曲线

$$BW = f_H - f_L = 2\Delta f_{0.7} \tag{6-1-16}$$

通频带越宽放大器的电压放大倍数越小。要想得到一定宽度的通频带，同时又能提高放大器的电压增益，由式(6-1-15)可知，除了选用 y_{fe} 较大的晶体管外，还应尽量减小调谐回路的总电容量 C_Σ。如果放大器只用来放大来自接收天线的某一固定频率的微弱信号，则可减小通频带 BW，尽量提高放大器的增益。

● 矩形系数　谐振放大器的选择性可用谐振曲线的矩形系数 $K_{r0.1}$ 来表示，如图 6.1.4 所示，矩形系数 $K_{r0.1}$ 为电压放大倍数下降到 $0.1A_{VO}$ 时对应的频率范围与电压放大倍数下降到 $0.707A_{VO}$ 时对应的频率偏移之比，即

$$K_{r0.1} = 2\Delta f_{0.1}/2\Delta f_{0.7} = 2\Delta f_{0.1}/BW \tag{6-1-17}$$

上式表明，矩形系数 $K_{r0.1}$ 越接近 1，邻近波道的选择性越好，滤除干扰信号的能力越强。一般单级谐振放大器的选择性较差，因其矩形系数 $K_{r0.1}$ 远大于 1，为提高放大器的选择性，通常采用多级谐振放大器。可以通过测量如图 6.1.4 所示的谐振放大器的频率特性曲线来求得矩形系数 $K_{r0.1}$。

6.1.3　设计举例

例　设计一高频小信号谐振放大器。

● 已知条件　$+V_{CC}=+9V$，晶体管为 3DG100C，$\beta=50$。查手册得 $r_{b'b}=70\Omega$，$C_{b'c}=3pF$。当 $I_E=1mA$ 时，$C_{b'e}=25pF$。$L\approx4\mu H$，$N_2=20$ 匝，$p_1=0.25$，$p_2=0.25$（或直接用 10.7MHz 中频变压器），$R_L=1k\Omega$。

● 主要技术指标　谐振频率 $f_o=10.7MHz$，谐振电压放大倍数 $A_{VO}\geqslant20dB$，通频带 $BW=1MHz$，矩形系数 $K_{r0.1}<10$。

解 (1) 确定电路形式

电路形式如图 6.1.5 所示。

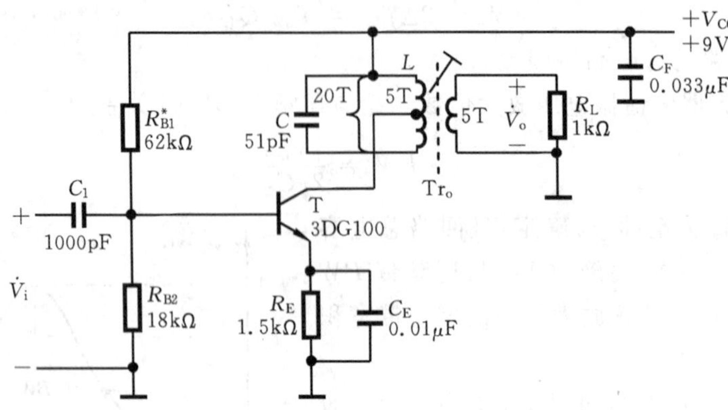

图 6.1.5 高频小信号谐振放大器实验电路

(2) 设置静态工作点

取 $I_{EQ}=1\text{mA}, V_{EQ}=1.5\text{V}, V_{CEQ}=7.5\text{V}$,则

$$R_E=V_{EQ}/I_{EQ}=1.5\text{k}\Omega$$

$$R_{B2}=V_{BQ}/(6I_{BQ})\approx V_{BQ}\cdot\beta/(6I_{CQ})=18.3\text{k}\Omega,\qquad \text{取标称值 } 18\text{k}\Omega$$

$$R_{B1}=\frac{V_{CC}-V_{BQ}}{V_{BQ}}R_{B2}=55.6\text{k}\Omega$$

R_{B1} 可用 30kΩ 电阻和 100kΩ 电位器串联,以便调整静态工作点。

(3) 计算谐振回路参数

由式(6-1-6)得

$$\{g_{b'e}\}_{mS}=\frac{\{I_E\}_{mA}}{26\beta\text{mV}}=0.77\text{mS}$$

由式(6-1-5)得

$$\{g_m\}_{mS}=\frac{\{I_E\}_{mA}}{26\ \text{mV}}=38\text{mS}$$

下面计算 4 个 y 参数,由式(6-1-1)~式(6-1-4)得

$$y_{ie}=\frac{g_{b'e}+j\omega C_{b'e}}{1+r_{b'b}(g_{b'e}+j\omega C_{b'e})}\approx 0.96\text{mS}+j1.5\text{mS}$$

因为 $y_{ie}=g_{ie}+j\omega C_{ie}$,所以

$$g_{ie}=0.96\text{mS},\qquad r_{ie}=\frac{1}{g_{ie}}\approx 1\text{k}\Omega,\qquad C_{ie}=\frac{1.5\text{mS}}{\omega}=23\text{pF}$$

$$y_{oe}=\frac{j\omega C_{b'c}r_{b'b}g_m}{1+r_{b'b}(g_{b'e}+j\omega C_{b'e})}+j\omega C_{b'c}\approx 0.06\text{mS}+j0.5\text{mS}$$

因为 $y_{oe}=g_{oe}+j\omega C_{oe}$,所以

$$g_{oe}=0.06\text{mS},\qquad C_{oe}=\frac{0.5\text{mS}}{\omega}=7\text{pF}$$

$$y_{fe}=\frac{g_m}{1+r_{b'b}(g_{b'e}+j\omega C_{b'e})}\approx 37\text{mS}-j4.1\text{mS}$$

故模 $$|y_{fe}|=\sqrt{37^2+4.1^2}\text{mS}\approx 37\text{mS}$$

先由式(6-1-10)求回路总电容为

$$C_{\Sigma}=\frac{1}{(2\pi f_0)^2 L}=55.2\text{pF}$$

再由式(6-1-11)计算回路电容

$$C=C_{\Sigma}-p_1^2 C_{oe}-p_2^2 C_{ie}=53.3\text{pF},\quad 取标称值 51\text{pF}$$

由式(6-1-7)、式(6-1-8)求输出耦合变压器 Tr_o 的原边抽头匝数 N_1 及副边匝数 N_3，即

$$N_1=p_1 N_2=5 匝,\qquad N_3=p_2 N_2=5 匝$$

(4) 确定输入耦合回路及高频滤波电容

高频小信号谐振放大器的输入耦合回路通常是指变压器耦合的谐振回路，如图 6.1.1 所示。由于输入变压器 Tr_i 原边谐振回路的谐振频率与放大器谐振回路的谐振频率相等，也可以直接采用电容耦合，如图 6.1.5 所示。高频耦合电容一般选择瓷片电容。

6.1.4 电路装调与测试

将上述设计的元器件参数值按照图 6.1.5 所示电路进行安装。先调整放大器的静态工作点，然后再调谐振回路使其谐振。

调整静态工作点的方法是，不加输入信号($\dot{V}_i=0$)，将 C_1 的左端接地，将谐振回路的电容 C 开路，这时用万用表测量电阻 R_E 两端的电压，调整电阻 R_{B1} 使 $V_{EQ}=1.5\text{V}(I_E=1\text{mA})$。记下此时电路的 R_{B1} 值及静态工作点 V_{BQ}、V_{CEQ}、V_{EQ} 及 I_{EQ}。

调谐振回路使其谐振的方法是，按照图 6.1.3 所示的测试电路接入高频电压表 V_1、V_2，直流毫安表 mA 及示波器。再将信号发生器的输出频率置于 $f_i=10.7\text{MHz}$，输出电压 $V_i=5\text{mV}$。为避免谐振回路失谐引起的高反向电压损坏晶体管，可先将电源电压 $+V_{CC}$ 降低，如使 $+V_{CC}=+6\text{V}$。调输出耦合变压器的磁芯使回路谐振，即电压表 V_2 的指示值达到最大，毫安表 mA 的指示值为最小且输出波形无明显失真。回路处于谐振状态后，再将电源电压恢复至 $+9\text{V}$。

在放大器处于谐振状态下测量各项技术指标，如电压放大倍数 A_{VO}、通频带 BW 及矩形系数 $K_{r0.1}$，其测量方法如前面所述。若这些指标的测量值与设计要求值相差较远，则应根据它们的表达式进行分析。如果电压放大倍数 A_{VO} 较小，则可以通过调整静态工作点 Q 或接入系数 p_1 使 A_{VO} 增大或更换 β 较大的晶体管。

由于分布参数的影响，放大器的各项技术指标满足设计要求后的元器件参数值与设计计算值有一定偏离，需要反复调整输出耦合变压器的磁芯位置才能使谐振回路处于谐振状态。采用图 6.1.3 所示的测量方法判断回路的谐振状态不太准确，易产生测量误差，较好的方法是采用扫频测量仪测量回路的谐振曲线。

由于工作频率较高，高频小信号放大器容易受到外界各种信号的干扰，特别是射频干扰。通常采取的措施是把放大器装入金属屏蔽盒内(屏蔽盒与地线应接触良好)。

6.1.5 设计任务

设计课题：高频小信号谐振放大器设计

- 已知条件 $L=10\mu\text{H}$，总匝数 N_2 通过 Q 表测量 L 而确定，其他参数与设计举例题相同。
- 主要技术指标 谐振频率 $f_o=6.5\text{MHz}$，谐振电压放大倍数 $A_{VO}\geqslant 20$，通频带 $BW=1\text{MHz}$。

● 实验仪器设备

高频信号发生器 HP8640B	1台
超高频毫伏表 DA-36A	2(或1)只
双踪示波器 COS5020 或数字存储示波器 TDS210	1台
无感起子	1把
数字万用表 UT2003	1只
晶体管稳压电源	1只
高频 Q 表	1只

实验与思考题

6.1.1 如何判断并联谐振回路是否处于谐振状态？回路的谐振频率 f_0与哪些参数有关？用实验说明。

6.1.2 为什么说提高电压放大倍数 A_{VO}时，通频带 BW 会减小？可采取哪些措施提高 A_{VO}？实验结果如何？

6.1.3 在调谐振回路时，对放大器的输入信号有何要求？如果输入信号过大会出现什么现象？

6.1.4 影响谐振放大器稳定性的因素有哪些？你在调整放大器时，是否出现过自激振荡，其表现形式为何？是采取什么措施解决的？

6.1.5 计算设计举例题的谐振电压放大倍数 A_{VO}，并与技术指标要求 $A_{VO}\geqslant 20\text{dB}$ 相比较，为什么理论计算值大很多？

6.1.6 计算你所设计的高频小信号放大器的电压放大倍数 A_{VO}，并与测量值相比较有何区别？为什么？

6.2 高频振荡器与变容二极管调频电路设计

学习要求 掌握变容二极管特性曲线的测量方法，高频振荡器与调频电路的设计、装调及主要性能参数的测试；了解高频电路中分布参数的影响及如何正确选择电路的测试点。

6.2.1 电路的基本原理

图 6.2.1 所示的为 LC 正弦波振荡器与变容二极管调频电路。其中，晶体管 T 组成电容三点式振荡器的改进型电路即克拉泼电路，它被接成共基组态，C_B为基极耦合电容，其静态工作点由 R_{B1}、R_{B2}、R_E及 R_C决定，即

$$V_{BQ}=\frac{R_{B2}}{R_{B1}+R_{B2}}V_{CC} \tag{6-2-1}$$

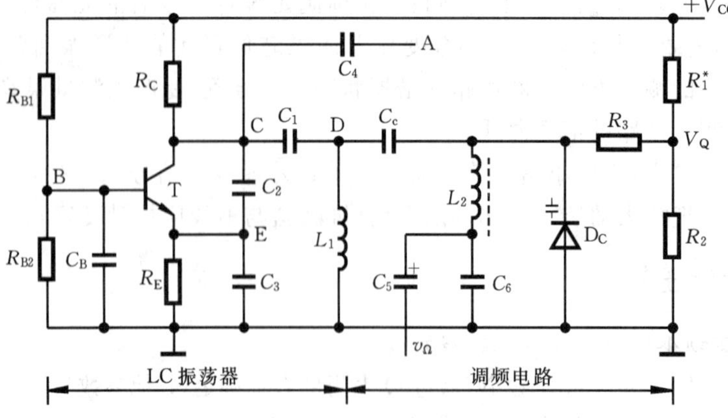

图 6.2.1 LC 高频振荡器与变容二极管调频电路

$$V_{EQ}=V_{BQ}-V_{BE}\approx I_{CQ}R_{E} \tag{6-2-2}$$

$$I_{CQ}=\frac{V_{CC}-V_{CEQ}}{R_{E}+R_{C}} \tag{6-2-3}$$

$$I_{BQ}=I_{CQ}/\beta \tag{6-2-4}$$

小功率振荡器的静态工作电流 I_{CQ} 一般为 $1\sim 4\text{mA}$。I_{CQ} 偏大，振荡幅度增加，但波形失真加重，频率稳定性变差。L_1、C_1 与 C_2、C_3 组成并联谐振回路，其中 C_3 两端的电压构成振荡器的反馈电压 $\dot{V}_{BE}$，以满足相位平衡条件 $\sum\varphi=2n\pi$。比值 $C_2/C_3=F$ 决定反馈电压的大小，当 $\dot{A}_{VO}F=1$ 时，振荡器满足振幅平衡条件，电路的起振条件为 $\dot{A}_{VO}F>1$。为减小晶体管的极间电容对回路振荡频率的影响，C_2、C_3 的取值要大。如果选 $C_1\ll C_2$，$C_1\ll C_3$，则回路的谐振频率 f_o 主要由 C_1 决定，即

$$f_o\approx\frac{1}{2\pi\sqrt{L_1C_1}} \tag{6-2-5}$$

如果取 C_1 为几十皮法，则 C_2、C_3 可取几百皮法至几千皮法。反馈系数 F 一般取 1/8～1/2。

调频电路由变容二极管 D_C 及耦合电容 C_c 组成，R_1 与 R_2 为变容二极管提供静态时的反向直流偏置电压 V_Q，即 $V_Q=[R_2/(R_1+R_2)]V_{CC}$。电阻 R_3 称为隔离电阻，常取 $R_3\gg R_2$，$R_3\gg R_1$，以减小调制信号 v_Ω 对 V_Q 的影响。C_5 与高频扼流圈 L_2 给 v_Ω 提供通路，C_6 起高频滤波作用。

变容二极管 D_C 通过 C_c 部分接入振荡回路，有利于提高主振频率 f_o 的稳定性，减小调制失真。图 6.2.2 所示的为变容二极管部分接入振荡回路的等效电路，接入系数 p 及回路总电容 C_Σ 分别为

$$p=\frac{C_c}{C_c+C_j} \tag{6-2-6}$$

$$C_\Sigma=C_1+\frac{C_cC_j}{C_c+C_j} \tag{6-2-7}$$

式中，C_j 为变容二极管的结电容，它与外加电压的关系为

$$C_j=\frac{C_{j0}}{\left(1-\frac{v}{V_D}\right)^\gamma} \tag{6-2-8}$$

式中，C_{j0} 为变容管加零偏压时的结电容；V_D 为变容管 PN 结内建电位差（硅管 $V_D=0.7\text{V}$，锗管 $V_D=0.3\text{V}$）；γ 为变容二极管的电容变化指数，与频偏的大小有关（在小频偏情况下，选 $\gamma=1$ 的变容二极管可近似实现线性调频；在大频偏情况下，必须选 $\gamma=2$ 的超突变结变容二极管，才能实现较好的线性调频）；v 为变容管两端所加的反向电压，$v=V_Q+v_\Omega=V_Q+V_{\Omega m}\cos\Omega t$。

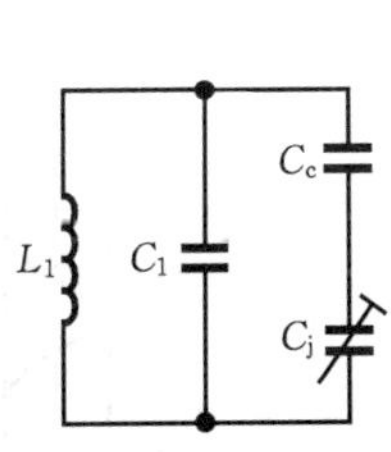

图 6.2.2 变容二极管部分接入的等效电路

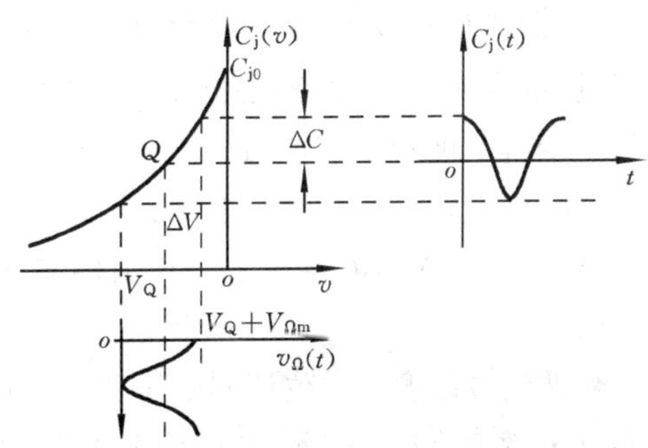

图 6.2.3 变容二极管的 C_j-v 特性曲线

变容二极管的 C_j-v 特性曲线如图 6.2.3 所示。设电路工作在线性调制状态，在静态工作点 Q 处，曲线的斜率为

$$k_C = \Delta C / \Delta V \tag{6-2-9}$$

6.2.2 主要性能参数及其测试方法

● **主振频率** LC 振荡器的输出频率 f_o 称为主振频率或载波频率。用数字频率计测量回路的谐振频率 f_o，高频电压表测量谐振电压 v_o，示波器监测振荡波形。测试点如图 6.2.1 所示，即 C 点测电压；E 点测波形；A 点测频率。由于数字频率计的输入阻抗较低，所以要接入电容 C_4，一般取 C_4 等于几十皮法。

● **频率稳定度** 主振频率 f_o 的相对稳定性用频率稳定度 $\Delta f_o / f_o$ 表示。虽然调频信号的瞬时频率随调制信号的改变而改变，但这种变化是以稳定的载频 f_o 为基准的。若载频不稳，则调频信号的频谱有可能落到接收机通带之外。因此，对于调频电路，不仅要满足一定频偏要求，而且振荡频率 f_o 必须保持足够高的频率稳定度。测量频率稳定度的方法是，在一定的时间范围（如 1 小时）内或温度范围内每隔几分钟读一个频率值，然后取其范围内的最大值 f_{max} 与最小值 f_{min}，则频率稳定度

$$\Delta f_o / f_o = \frac{f_{max} - f_{min}}{f_o} / \text{小时} \tag{6-2-10}$$

图 6.2.1 所示克拉泼电路的频率稳定度较低，其 $\Delta f_o / f_o$ 为 $(10^{-3} \sim 10^{-4})$/小时。

● **最大频偏** 指在一定的调制电压作用下所能达到的最大频率偏移值 Δf_m。将 $\Delta f_m / f_o$ 称为相对频偏。用于调频广播、电视伴音、移动式电台等的相对频偏较小，一般 $\Delta f_m / f_o < 10^{-3}$，频偏 Δf_m 在 50kHz～75kHz 之内。采用频偏仪测量频偏。

● **变容二极管特性曲线** 变容二极管的特性曲线 C_j-v 如图 6.2.3 所示。变容二极管的性能参数 V_Q、C_{j0}、ΔC_j 及 Q 点处的斜率 k_C 等可以通过 C_j-v 特性曲线估算。测量 C_j-v 曲线的方法如下：先不接变容二极管（参见图 6.2.1），用频率计测量 A 点的频率 f_o；再接入 C_C、变容管 D_C 及其偏置电路，其中 R_1 与一电位器串联以改变变容管的静态直流偏压 V_Q，测出不同 V_Q 时对应的输出频率 f_j。由式(6-2-5)或下式计算 f_j 对应的回路总电容 C_Σ：

$$\left(\frac{f_o}{f_j}\right)^2 = \frac{C_\Sigma}{C_1} \tag{6-2-11}$$

再由式(6-2-7)计算变容管的结电容 C_j，然后将 V_Q 与 C_j 的对应数据列表并绘制 C_j-v 曲线。不同型号的变容管，其 C_j-v 曲线相差较大，性能参数也不相同。使用前一定要测量（或查阅手册）变容管的 C_j-v 曲线。图 6.2.4 所示的为变容二极管 2CC1C 的 C_j-v 曲线。由图可得 $V_Q = -4\text{V}$ 时 $C_Q = 75\text{pF}$，Q 处的斜率可由式(6-2-9)求得。若取 $\Delta V = V_{\Omega m} = 1\text{V}$，$\Delta C_j = 12.5\text{pF}$，则斜率 $k_C = \Delta C / \Delta V = 12.5\text{pF/V}$。

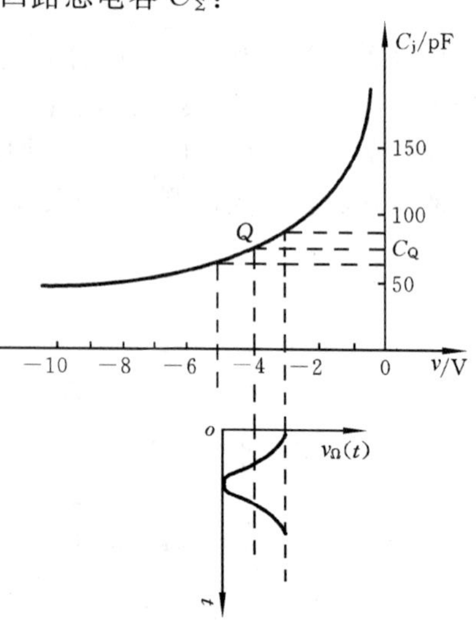

图 6.2.4 2CC1C 的特性曲线

● **调制灵敏度** 单位调制电压所引起的最大频偏称为调制灵敏度，以 S_f 表示，单位为 kHz/V，即

$$S_f = \frac{\Delta f_m}{V_{\Omega m}} \tag{6-2-12}$$

式中，$V_{\Omega m}$为调制信号的幅度；Δf_m为变容管的结电容变化ΔC_j时引起的最大频偏，由于变容管部分接入谐振回路，则ΔC_j引起回路总电容的变化量ΔC_Σ为

$$\Delta C_\Sigma = p^2 \Delta C_j \tag{6-2-13}$$

在频偏较小时，Δf_m与ΔC_Σ的关系可采用下面近似公式计算：

$$\frac{\Delta f_m}{f_o} \approx -\frac{1}{2} \cdot \frac{\Delta C_\Sigma}{C_{Q\Sigma}} \tag{6-2-14}$$

将式(6-2-14)代入式(6-2-12)得调制灵敏度

$$S_f = \frac{f_o}{2C_{Q\Sigma}} \cdot \frac{\Delta C_\Sigma}{V_{\Omega m}} \tag{6-2-15}$$

式中，ΔC_Σ为变容二极管结电容的变化引起回路总电容的变化量；$C_{Q\Sigma}$为静态时谐振回路的总电容，

$$C_{Q\Sigma} = C_1 + \frac{C_C C_Q}{C_C + C_Q} \tag{6-2-16}$$

调制灵敏度S_f可以由变容二极管C_j-v特性曲线上V_Q处的斜率k_C及式(6-2-15)计算。S_f越大，说明调制信号的控制作用越强，产生的频偏越大。

6.2.3 设计举例

例 设计一LC高频振荡器与变容二极管调频电路。

● **已知条件** $+V_{CC} = +12V$，高频三极管3DG100，变容二极管2CC1C。

● **主要技术指标** 主振频率$f_o = 5MHz$，频率稳定度$\Delta f_o/f_o \leqslant 5\times10^{-4}$/小时，主振级的输出电压$V_o \geqslant 1V$，最大频偏$\Delta f_m = 10kHz$。

解 (1) 确定电路形式，设置静态工作点

本题对频率稳定度$\Delta f_o/f_o$要求不是很高，故选用图6.2.1所示的LC振荡器与变容二极管调频电路。振荡器的静态工作点取$I_{CQ} = 2mA$，$V_{CEQ} = 6V$，测得三极管的$\beta = 60$。

由式(6-2-3)得 $R_E + R_C = \frac{V_{CC} - V_{CEQ}}{I_{CQ}} = 3k\Omega$

为提高电路的稳定性，R_E的值可适当增大，取$R_E = 1k\Omega$，则$R_C = 2k\Omega$。由式(6-2-2)得

$$V_{EQ} = I_{CQ} R_E = 2V$$

若取流过R_{B2}的电流$I_{B2} = 10I_{BQ} = 10I_{CQ}/\beta = 0.33mA$，则

$$R_{B2} = V_{BQ}/I_{B2} \approx 8.2k\Omega$$

由式(6-2-1)得

$$R_{B2}/(R_{B1} + R_{B2}) = V_{BQ}/V_{CC}$$

即

$$R_{B1} = R_{B2}V_{CC}/V_{BQ} - 1 = 28.2k\Omega$$

R_{B1}用20kΩ电阻与47kΩ电位器串联得到，以便调整静态工作点。

(2) 计算主振回路元器件值

由式(6-2-5)得 $f_o = \frac{1}{2\pi\sqrt{L_1 C_1}}$，若取$C_1 = 100pF$，则$L_1 \approx 10\mu H$。实验中可适当调整$L_1$的圈数或$C_1$的值。

电容C_2、C_3由反馈系数F及电路条件$C_1 \ll C_2$，$C_1 \ll C_3$所决定，若取$C_2 = 510pF$，由$F = C_2/C_3 = 1/8 \sim 1/2$，则取$C_3 = 3000pF$，取耦合电容$C_b = 0.01\mu F$。

(3) 测变容二极管的C_j-v特性曲线，设置变容管的静态工作点V_Q

如果变容二极管的特性曲线未给定，则应按照前面介绍的C_j-v曲线测量方法进行测量。

本题给定变容二极管的型号为2CC1C，已测量出其 C_j-v 曲线如图6.2.4所示。取变容管静态反向偏压 $V_Q=4V$，由特性曲线可得变容管的静态电容 $C_Q=75pF$。

(4) 计算调频电路元件值

变容管的静态反向偏压 V_Q 由电阻 R_1 与 R_2 分压决定，即

$$V_Q=\frac{R_2}{R_1+R_2}V_{CC}$$

已知 $V_Q=4V$，若取 $R_2=10k\Omega$，则 $R_1=20k\Omega$。实验时 R_1 用 $10k\Omega$ 电阻与 $47k\Omega$ 电位器串联，以便调整静态偏压 V_Q。

隔离电阻 R_3 应远大于 R_1、R_2，取 $R_3=150k\Omega$。

由式(6-2-6)得 $p=C_c/(C_c+C_j)$，一般接入系数 $p<1$，为减小振荡回路输出的高频电压对变容管的影响，p 应取小，但 p 过小又会使频偏达不到指标要求。可以先取 $p=0.2$，然后在实验中调试。由 C_j-v 曲线得到 $V_Q=4V$ 时，对应 $C_Q=75pF$，则

$$C_c=\frac{pC_Q}{1-p}\approx 18.8pF,\qquad 取标称值20pF$$

低频调制信号 v_Ω 的耦合支路电容 C_5 及电感 L_2 应对 v_Ω 提供通路，一般 v_Ω 的频率为几十赫兹至几十千赫兹，故取 $C_5=4.7\mu F$，$L_2=47\mu H$(固定电感)。高频旁路电容 C_6 应对调制信号 v_Ω 呈现高阻，取 $C_6=5100pF$。

(5) 计算调制信号的幅度及调制灵敏度

为达到最大频偏 Δf_m 的要求，调制信号的幅度 $V_{\Omega m}$ 可由下列关系式求出。

由式(6-2-14)得 $$\Delta f_m=-\frac{1}{2}f_o\frac{\Delta C_\Sigma}{C_{Q\Sigma}}$$

式中，$C_{Q\Sigma}$ 为静态时谐振回路的总电容，

$$C_{Q\Sigma}=C_1+\frac{C_cC_Q}{C_c+C_Q}=116pF$$

则回路总电容的变化量 $$\Delta C_\Sigma=2\Delta f_mC_{Q\Sigma}/f_o\approx 0.46pF$$

由式(6-2-13)得变容管的结电容的最大变化量

$$\Delta C_j=\Delta C_\Sigma/p^2\approx 11.5pF$$

由图6.2.4所示的 C_j-v 曲线得变容管2CC1C在 $V_Q=-4V$ 处的斜率

$$k_C=\Delta C_j/\Delta V=12.5$$

由式(6-2-9)得调制信号的幅度 $V_{\Omega m}=\Delta C_j/k_C=0.92V$

由式(6-2-12)得调制灵敏度

$$S_f=\Delta f_m/V_{\Omega m}=10.9kHz/V$$

6.2.4 调频振荡器的装调与测试

由于调频振荡器的工作频率较高，晶体管的结电容、引线电感、分布电容及测量仪器对电路的性能影响均不能忽略。因此，在电路装调及测试时应尽量减小这些分布参数的影响。

1. 安装要点

安装时应合理布局，减小分布参数的影响。电路元器件不要排得太松，引线尽量不要平行，否则会在元器件或引线之间产生一定的分布参数，引起寄生反馈。多级放大器应排成一条直线，尽量减小末级与前级之间的耦合。地线应尽可能粗，以减小分布电感引起的高频损耗，制印刷电路板时，地线的面积应尽量大。为减小电源内阻形成的寄生反馈，应采用滤波电容

C_φ及滤波电感L_φ组成的π型或Γ型滤波电路，一般L_φ为几十微亨至几百微亨，C_φ为几百皮法至几十千皮法。

2. 测试点选择

正确选择测试点，减小仪器对被测电路的影响。在高频情况下，测量仪器的输入阻抗(包含电阻和电容)及连接电缆的分布参数都有可能影响被测电路的谐振频率及谐振回路的 Q 值，为尽量减小这种影响，应正确选择测试点，使仪器的输入阻抗远大于电路测试点的输出阻抗。对于图 6.2.1 所示电路，高频电压表接于 C 点，示波器接于 E 点，数字频率计接于 A 点，C_4的值要小，以减小数字频率计的输入阻抗对谐振回路的影响。所有测量仪器如高频电压表、示波器、扫频仪、数字频率计等的地线及输入电缆的地线都要与被测电路的地线连接好，接线应尽量短。

3. 调试方法

一般高频电路的实验板应为印刷电路板，以保证元器件可靠焊接及连接导线固定，使电路的分布参数基本固定。高频电路的调试方法与低频电路的调试基本相同，也是先调整静态工作点，然后观测动态波形并测量电路的性能参数。所不同的是按照理论公式计算的电路参数与实际参数可能相差较大，电路的调试要复杂一些。

6.2.5 设计任务

设计课题：LC 高频振荡器与变容二极管调频电路设计

- **已知条件** $+V_{CC}=+12V$，高频三极管 3DG100，变容二极管 2CC1C，$L_1=10\mu H$。
- **主要技术指标** 主振频率 $f_o=6.5MHz$，频率稳定度 $\Delta f_o/f_o \leqslant 5\times10^{-4}$/小时，输出电压 $V_o=1V$，最大频偏 $\Delta f_m=20kHz$，调制灵敏度 $S_f=14kHz/V$。
- **实验仪器设备** 函数信号发生器/计数器 EE1641B 1 台
  调制度测量仪 HP8901A 或 BD5 1 台
  其他仪器与 6.1.5 小节的相同。

将测试数据填入表 6.2.1 中。

表 6.2.1 实验测试数据记录

<table>
<tr><td rowspan="2">静态工作点</td><td colspan="3">V_{BQ}</td><td colspan="3">V_{EQ}</td><td colspan="3">V_{CQ}</td><td colspan="3">V_Q(变容二极管)</td></tr>
<tr><td colspan="3"></td><td colspan="3"></td><td colspan="3"></td><td colspan="3"></td></tr>
<tr><td rowspan="2">振荡器</td><td colspan="4">输出电压 V_C(有效值)</td><td colspan="4">输出频率</td><td colspan="4">输出波形</td></tr>
<tr><td colspan="4"></td><td colspan="4"></td><td colspan="4"></td></tr>
<tr><td rowspan="2">调　频</td><td colspan="4">最大频偏 Δf_m</td><td colspan="4">调制灵敏度</td><td colspan="4">调频波波形</td></tr>
<tr><td colspan="12"></td></tr>
<tr><td colspan="13">要求：在坐标纸上画出调制波 v_Ω与调频波 v_c的波形。</td></tr>
</table>

实验与思考题

6.2.1 LC 振荡器的静态工作点 I_{CQ}在 0.5mA～4mA 之间变化时，输出频率 f_o、输出电压 V_o及振荡波形有何变化？为什么？(实验后恢复 I_{CQ}值)

6.2.2 反馈系数 $F=C_2/C_3$过大或过小时，对电路起振有何影响？对振荡器的输出电压的幅度有何影响？

6.2.3 影响主振频率 f_o 及输出电压 V_o 的主要因素还有哪些？用实验说明。

6.2.4 变容二极管的接入系数 p 过大或过小，对调频信号的波形有何影响？用实验说明。

6.2.5 为什么说高频电路的测试点选择不当，会影响回路的谐振频率、Q 值，甚至电路不能正常工作？对于图 6.2.1 所示的电路，如果在 D 点观测波形会出现什么现象？

6.2.6 用示波器观测调频波形。调制信号 v_Ω 的频率 $f_\Omega=1\text{kHz}$，当幅度 $V_{\Omega m}$ 从 0 逐渐增加时，如果出现寄生调幅波，是什么原因引起的？如何减小寄生调幅的影响？

6.2.7 如何测量频率稳定度 $\Delta f_o/f_o$，最大频偏 Δf_m 及调制灵敏度 S_f？

6.2.8 测量某已知变容二极管的特性曲线 C_j- v，在曲线上选择静态工作点 Q 并确定斜率 k_C？

6.2.9 影响频偏 Δf_m 的因素有哪些？如何提高频率偏移？

6.2.10 用调制度测量仪测调频信号的频偏，并画出示波器上观察到的调频波：

① 当调制信号 $f_\Omega=1\text{kHz}$，$V_{\Omega m}$ 从零逐渐增加时，调频波如何变化？

② 当调制信号 $f_\Omega=10\text{Hz}$，$V_{\Omega m}$ 一定时，调频波又如何变化？

6.3 高频功率放大器设计

学习要求 掌握高频宽带功放与高频谐振功放的设计方法、电路调谐及测试技术；负载的变化及激励电压、基极偏置电压、集电极电压的变化对放大器工作状态的影响；了解寄生振荡引起的波形失真及消除寄生振荡的方法。

6.3.1 电路的基本原理

利用宽带变压器作耦合回路的功放称为宽带功放。常见宽带变压器有用高频磁芯绕制的高频变压器和传输线变压器。宽带功放不需要调谐回路，可在很宽的频率范围内获得线性放大。但效率 η 较低，一般只有 20%左右。它通常作为发射机的中间级，以提供较大的激励功率。

利用选频网络作为负载回路的功放称为谐振功放。根据放大器电流导通角 θ 的范围，可以分为甲类、乙类、丙类和丁类等功放。电流导通角 θ 越小，放大器的效率越高。如丙类功放的 $\theta<90°$，但效率可达到 80%。丙类功放通常作为发射机的末级，以获得较大的输出功率和较高的效率。

图 6.3.1 所示的为由两级功放组成的高频功放电路。其中，晶体管 T_1 与高频变压器 Tr_1 组成宽带功放，晶体管 T_2 与选频网络 L_2、C_2 组成丙类谐振功放。下面介绍它们的工作原理与基本关系式。

1. 宽带功放

(1) 静态工作点

如图 6.3.1 所示，晶体管 T_1 组成的宽带功放工作在甲类状态，亦称为甲类功放。其中，R_{B1}、R_{B2} 为基极偏置电阻；R_{E1} 为直流负反馈电阻，以稳定电路的静态工作点；R_F 为交流负反馈电阻，可以提高放大器的输入阻抗，稳定增益。电路的静态工作点由下列关系式确定：

$$V_{EQ}=I_{EQ}(R_F+R_{E1})\approx I_{CQ}R_{E1} \tag{6-3-1}$$

式中，R_F 一般为几欧姆至几十欧姆。

$$I_{CQ}=\beta I_{BQ} \tag{6-3-2}$$

$$V_{BQ}=V_{EQ}+0.7\text{V} \tag{6-3-3}$$

$$V_{CEQ}=V_{CC}-I_{CQ}(R_F+R_{E1}) \tag{6-3-4}$$

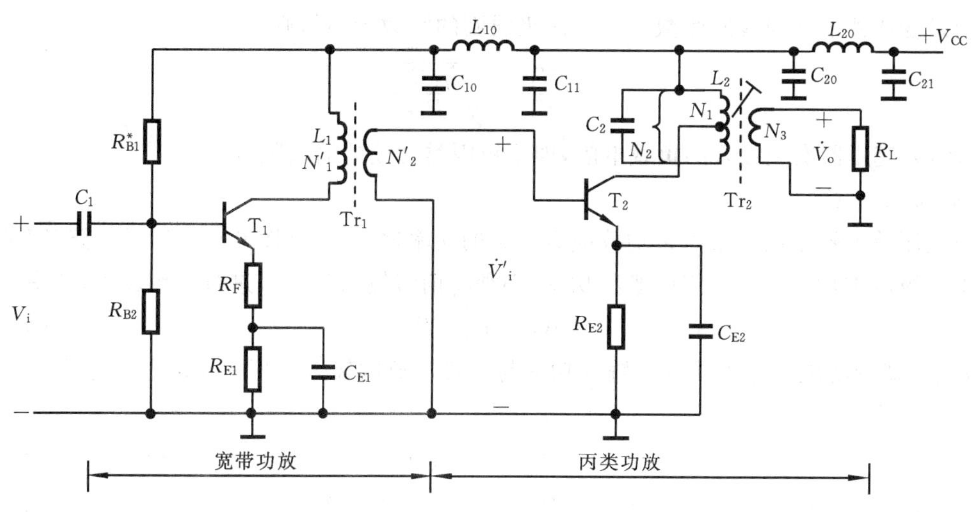

图 6.3.1 高频功放

(2) 高频变压器

图 6.3.1 所示的高频变压器仍然是应用变压器原理，依靠磁芯中的公共磁通 Φ 将初级线圈的能量传输到次级线圈。线圈漏感和分布电容的影响限制了它的高频特性。这种宽带变压器一般用在短波段。

由变压器原理可得，宽带功放集电极的输出功率

$$P_{C}=P_{H}/\eta_{T} \tag{6-3-5}$$

式中，P_{H}为输出负载上的实际功率；η_{T}为变压器的传输效率，一般 $\eta_{T}=0.75\sim0.85$。

图 6.3.2 所示的是甲类功放的负载特性。为获得最大不失真输出功率，静态工作点 Q 应选在交流负载线 AB 的中点。集电极的输出功率

$$P_{C}=\frac{1}{2}V_{Cm}I_{Cm}=\frac{1}{2}\cdot\frac{V_{Cm}^{2}}{R'_{H}} \tag{6-3-6}$$

式中，R'_{H}为集电极等效负载电阻；V_{Cm}为集电极交流电压的振幅，其表达式为

$$V_{Cm}=V_{CC}-I_{CQ}R_{E1}-V_{CES} \tag{6-3-7}$$

式中，V_{CES}称为饱和压降，约 1V。I_{Cm}为集电极交流电流的振幅，其表达式为

$$I_{Cm}\approx I_{CQ} \tag{6-3-8}$$

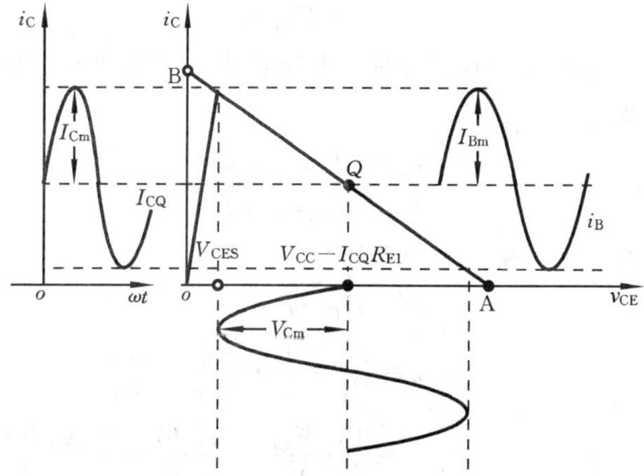

图 6.3.2 甲类功放的负载特性

如果变压器的初级线圈匝数为 N_1'，次级线圈的匝数为 N_2'，则

$$\frac{N_1'}{N_2'}=\sqrt{\frac{\eta_T R_H'}{R_H}} \tag{6-3-9}$$

式中，R_H为变压器次级接入的负载电阻，即下级丙类功放的输入阻抗$|Z_i|$。

(3) 功率增益

与电压放大器不同的是宽带功放应有一定的功率增益，对于图 6.3.1 所示电路，宽带功放要为下一级丙类功放提供一定的激励功率，必须将前级输入的信号进行功率放大，功率增益

$$A_P=P_C/P_i \tag{6-3-10}$$

式中，P_i为宽带功放的输入功率。输入功率与宽带功放的输入电压 V_{im}及输入电阻 R_i的关系为

$$V_{im}=\sqrt{2R_iP_i} \tag{6-3-11}$$

式中，R_i又可以表示为

$$R_i\approx h_{ie}+(1+h_{fe})R_F \tag{6-3-12}$$

式中，h_{ie}为共发射极接法晶体管的输入电阻，高频工作时，可认为它近似等于晶体管的基极体电阻 $r_{b'b}$；h_{fe}为晶体管共射电流放大系数，即 β。

2. 丙类功放

(1) 基本关系式

如图 6.3.1 所示，丙类功放的基极偏置电压$-V_{BE}$是利用发射极电流的直流分量 I_{E0}($I_{E0}\approx I_{C0}$)在射极电阻 R_{E2}上产生的压降来提供的，故称为自给偏压电路。当放大器的输入信号v_i为正弦波时，集电极的输出电流 i_C为余弦脉冲波。利用谐振回路中 L_2、C_2的选频作用可输出基波谐振电压 v_{C1}、电流 i_{C1}。

集电极基波电压的振幅

$$V_{C1m}=I_{C1m}R_p \tag{6-3-13}$$

式中，I_{C1m}为集电极基波电流的振幅；R_p为集电极负载阻抗。

集电极输出功率

$$P_C=\frac{1}{2}V_{C1m}I_{C1m}=\frac{1}{2}I_{C1m}^2R_p=\frac{1}{2}\cdot\frac{V_{C1m}^2}{R_p} \tag{6-3-14}$$

直流电源 V_{CC}供给的直流功率

$$P_D=V_{CC}I_{C0} \tag{6-3-15}$$

式中，I_{C0}为集电极电流脉冲 i_C的直流分量。电流脉冲 i_C经傅里叶级数分解，可得峰值 I_{Cm}与分解系数 $\alpha_n(\theta)$的关系式

$$\left.\begin{aligned}I_{Cm}&=I_{C1m}/\alpha_1(\theta)\\ I_{C0}&=I_{Cm}\cdot\alpha_0(\theta)\end{aligned}\right\} \tag{6-3-16}$$

分解系数 $\alpha_n(\theta)$与 θ 的关系如图 6.3.3 所示。

集电极的耗散功率

$$P_C'=P_D-P_C \tag{6-3-17}$$

集电极的效率

$$\eta=\frac{P_C}{P_D}=\frac{1}{2}\cdot\frac{V_{C1m}}{V_{CC}}\cdot\frac{I_{C1m}}{I_{C0}}=\frac{1}{2}\cdot\frac{V_{C1m}}{V_{CC}}\cdot\frac{\alpha_1(\theta)}{\alpha_0(\theta)}=\frac{1}{2}\xi\frac{\alpha_1(\theta)}{\alpha_0(\theta)} \tag{6-3-18}$$

式中，$\xi=V_{C1m}/V_{CC}$称为电压利用系数。

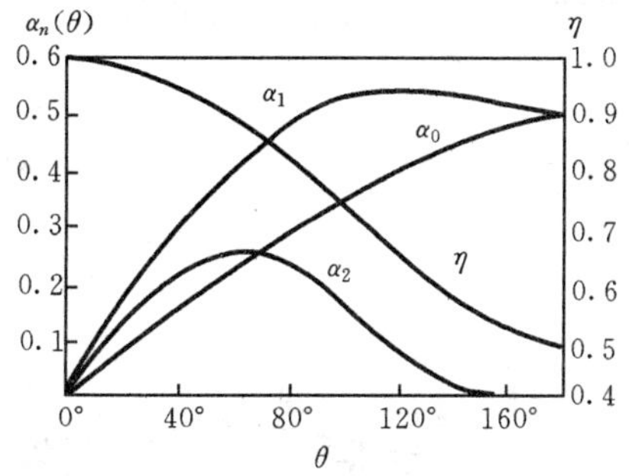

图 6.3.3 电流脉冲的分解系数

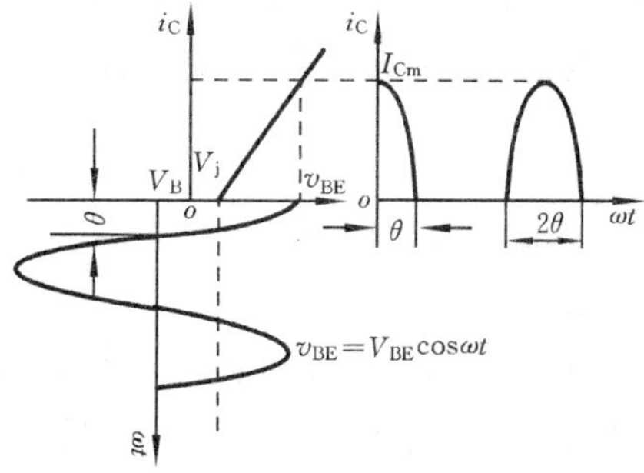

图 6.3.4 输入电压v_{BE}与集电极电流i_C波形

图 6.3.4 所示的是丙类功放管特性曲线折线化后的输入电压v_{BE}与集电极电流脉冲i_C的波形关系。由图可得

$$\cos\theta=\frac{V_j-V_B}{V_{Bm}} \tag{6-3-19}$$

式中，V_j为晶体管导通电压(硅管约 0.6V，锗管约 0.3V)；V_{Bm}为输入电压(或激励电压)的振幅；V_B为基极直流偏压。

$$V_B=-I_{C0}\cdot R_E+0.7\text{V} \tag{6-3-20}$$

当输入电压V_{BE}大于导通电压V_j时，晶体管导通，并工作在放大状态，则基极电流脉冲I_{Bm}与集电极电流脉冲I_{Cm}成线性关系，即满足

$$I_{Cm}=h_{fe}I_{Bm}\approx\beta I_{Bm} \tag{6-3-21}$$

因此，基极电流脉冲的基波幅度I_{B1m}及直流分量I_{B0}也可以表示为

$$\begin{cases}I_{B1m}=\alpha_1(\theta)I_{Bm}\\I_{B0}=\alpha_0(\theta)I_{Bm}\end{cases} \tag{6-3-22}$$

基极基波输入功率

$$P_i=\frac{1}{2}V_{B1m}I_{B1m} \tag{6-3-23}$$

丙类功放的功率增益

$$A_P=\frac{P_o}{P_i}\quad 或\quad A_P=10\lg\frac{P_o}{P_i}(\text{dB}) \tag{6-3-24}$$

如图 6.3.1 所示，丙类功放的输出回路采用变压器耦合方式。其作用，一是实现阻抗匹配，将集电极的输出功率送至负载R_L；二是与谐振回路配合，滤除谐波分量。

集电极谐振回路为部分接入，谐振频率

$$\omega_o=\frac{1}{\sqrt{LC}}\quad 或\quad f_o=\frac{1}{2\pi\sqrt{LC}} \tag{6-3-25}$$

由变压器原理可得

$$\begin{cases}\dfrac{N_3}{N_1}=\dfrac{\sqrt{2P_CR_L}}{V_{C1m}}\\[2ex]\dfrac{N_2}{N_3}=\sqrt{\dfrac{Q_L\omega_{OL}}{R_L}}\end{cases} \tag{6-3-26}$$

式中，N_1为集电极接入初级的匝数；N_2为初级线圈总匝数；N_3为次级线圈总匝数；Q_L为初级回路有载品质因数，一般取值为 2～10。

丙类功放的输入回路亦采用变压器耦合方式,以使输入阻抗与前级输出阻抗匹配。分析表明,这种耦合方式的输入阻抗$|Z_i|$为

$$|Z_i|=\frac{r_{b'b}}{(1-\cos\theta)\alpha_1(\theta)} \tag{6-3-27}$$

式中,$r_{b'b}$为晶体管基极体电阻,$r_{b'b}\leqslant 25\Omega$。

(2) 负载特性

当丙类功放的电源电压$+V_{CC}$,基极偏置电压V_B,输入电压(或称激励电压)V_{Bm}确定后,如果电流导通角θ选定,则丙类功放的工作状态只取决于集电极的等效负载阻抗R_q。丙类功放的交流负载特性如图6.3.5所示。由图可见,当交流负载线正好穿过静态特性曲线的转折点A时,管子的集电极电压正好等于管子的饱和压降V_{CES},集电极电流脉冲接近最大值I_{Cm}。此时集电极输出的功率P_C和效率η都较高,称此时丙类功放处于临界工作状态。所对应的等效负载电阻

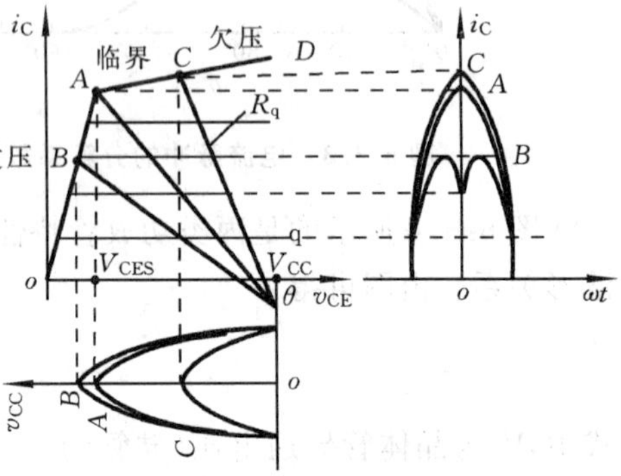

图 6.3.5 丙类功放的负载特性

$$R_q=\frac{(V_{CC}-V_{CES})^2}{2P_C} \tag{6-3-28}$$

当R_q小于临界值时,丙类功放处于欠压工作状态,如C点所示,集电极输出电流虽然较大,但集电极电压较小,因此,输出功率和效率都较小。当R_q大于临界值时,丙类功放处于过压工作状态,如B点所示。集电极电压虽然较大,但集电极电流波形凹陷,因此输出功率较低,但效率较高。为了兼顾输出功率和效率的要求,丙类功率放大器通常选择在临界工作状态,如A点所示。判断功放是否为临界工作状态的条件是

$$V_{CC}-V_{Cm}=V_{CES} \tag{6-3-29}$$

式中,V_{Cm}为集电极输出电压的幅度;V_{CES}为晶体管饱和压降。

6.3.2 高频变压器的绕制

高频变压器的磁芯应采用镍锌(NXO)铁氧体,而不能用硅钢片铁芯,因硅钢片在高频工作时铁损耗过大。NXO-100环形铁氧体作高频变压器磁芯时,工作频率可达十几兆赫。其结构如图6.3.6所示,尺寸为外径×内径×高度,电感量L由下式计算[2]:

$$\{L\}_{\mu H}=4\pi^2\mu\frac{A}{l}N^2\times10^{-3} \tag{6-3-30}$$

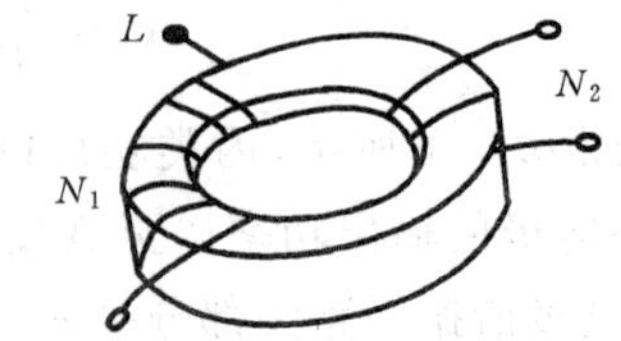

图 6.3.6 环形铁氧体高频变压器磁芯

式中,μ为磁导率,单位H/m;N为线圈匝数;A为磁芯截面积(单位cm^2);l为平均磁路长度(单位cm)。

若选尺寸为ϕ10mm×ϕ6mm×5mm的NXO-100铁氧体磁芯(μ=100H/m),由图6.3.6可求出$A=10mm^2$,l=25mm,则电感量L、线圈匝数N的值可由式(6-3-30)确定。

绕制高频变压器的漆包线一般选用线径为ϕ0.31mm的漆包线。为减小线圈漏感与分布电容的影响,匝数应尽可能少,匝间距离应尽可能大(绕稀一些,并绕得紧一些)。

6.3.3 主要技术指标及实验测试方法

● 输出功率 高频功放的输出功率是指放大器的负载 R_L上得到的最大不失真功率。在图 6.3.1 所示电路中，由于负载 R_L与丙类功放的谐振回路之间采用变压器耦合方式，实现了阻抗匹配，则集电极回路的谐振阻抗 R_0上的功率等于负载 R_L上的功率，所以将集电极的输出功率视为高频功放的输出功率，即

$$P_o=\frac{1}{2}V_{C1m}I_{C1m}=\frac{1}{2}I_{C1m}^2R_0=\frac{1}{2}\cdot\frac{V_{C1m}^2}{R_0}$$

测量高频功放主要技术指标的电路如图 6.3.7 所示，其中高频信号发生器提供激励信号电压与谐振频率，示波器监测波形失真，直流毫安表 mA 测量集电极的直流电流，高频电压表 V 测量负载 R_L的端电压。只有在集电极回路处于谐振状态时才能进行各项技术指标的测量。可以通过高频电压表 V 及直流毫安表 mA 的指针来判断集电极回路是否谐振，即电压表 V 的指标为最大值、毫安表 mA 的指示为最小值时集电极回路处于谐振(或用扫频仪测量)。

放大器的输出功率可以由下式计算：

$$P_o=\frac{V_L^2}{R_L} \tag{6-3-31}$$

式中，V_L为高频电压表 V 的测量值。

● 效率 高频功放的能量转换效率主要由集电极的效率所决定。所以，常将集电极的效率视为高频功放的效率，用 η 表示，即

$$\eta=\frac{P_C}{P_D} \tag{6-3-32}$$

图 6.3.7 所示的电路可以用来测量高频功放的效率。集电极回路谐振时，η 的值由下式计算：

$$\eta=\frac{P_C}{P_D}=\frac{V_L^2/R_L}{I_{C0}V_{CC}} \tag{6-3-33}$$

式中，V_L为高频电压表的测量值；I_{C0}为直流毫安表的测量值。

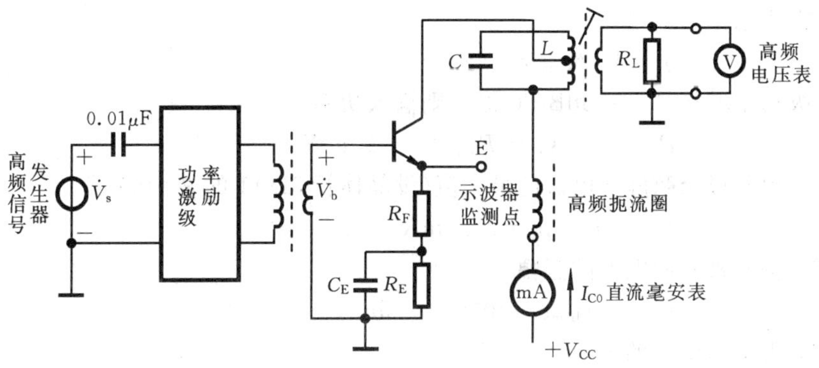

图 6.3.7 高频功放的测试电路

● 功率增益 高频功放的输出功率 P_o与输入功率 P_i之比称为功率增益，用 A_P(单位：dB)表示(见式(6-3-10))。

6.3.4 设计举例

例 设计一高频功放。

● 已知条件 $+V_{CC}=+12V$，晶体管 3DG130 的主要参数 $P_{CM}=700mW$，$I_{CM}=300mA$，

$V_{CES} \leqslant 0.6V$，$h_{fe} \geqslant 30$，$f_T \geqslant 150MHz$，$A_P \geqslant 6dB$；晶体管 3DA1 的主要参数 $P_{CM}=1W$，$I_{CM}=750mA$，$V_{CES} \geqslant 1.5V$，$h_{fe} \geqslant 10$，$f_T=70MHz$，$A_P \geqslant 13dB$。

● 主要技术指标　输出功率 $P_o \geqslant 500mW$，工作中心频率 $f_0 \approx 5MHz$，效率 $\eta > 50\%$，负载 $R_L=51\Omega$。

解　仅从输出功率 $P_o \geqslant 500mW$ 一项指标来看，可以采用宽带功放或乙类、丙类功放。由于还要求总效率 $\eta > 50\%$，显然不能只用一级宽带功放，但可以只用一级丙类功放。为使读者对宽带功放与丙类功放均有所了解，本题采用如图 6.3.1 所示的电路，其中宽带功放的晶体管选用 3DG130，丙类功放的晶体管选用 3DA1。

(1) 丙类功放设计

1) 确定放大器的工作状态

为获得较高的效率 η 及最大输出功率 P_o，将丙类功放的工作状态选为临界状态，取 $\theta=70°$，由式(6-3-28)得此时集电极的等效负载电阻

$$R_q = \frac{(V_{CC}-V_{CES})^2}{2P_C} = \frac{(V_{CC}-V_{CES})^2}{2P_o} = 110\Omega$$

由式(6-3-14)得集电极基波电流振幅

$$I_{C1m} = \sqrt{\frac{2P_C}{R_q}} = 95mA$$

由式(6-3-16)得集电极电流脉冲的最大值 I_{Cm} 及其直流分量 I_{C0} 分别为

$$I_{Cm} = I_{C1m}/\alpha_1(70°) = 95mA/0.44 = 216mA$$

$$I_{C0} = I_{Cm} \cdot \alpha_0(70°) = 216mA/0.25 = 54mA$$

由式(6-3-15)得电源供给的直流功率

$$P_D = V_{CC}I_{C0} = 0.65W$$

由式(6-3-17)得集电极的耗散功率

$$P'_C = P_D - P_C = 0.15W \quad (\text{小于 } P_{CM} = 1W)$$

由(6-3-18)得集电极的效率

$$\eta = P_C/P_D = 77\%$$

若设本级功率增益 $A_P=13dB$(20 倍)，则输入功率

$$P_i = P_o/A_P = P_C/A_P = 25mW$$

由式(6-3-21)得基极余弦脉冲电流的最大值(设晶体管 3DA1 的 $\beta=10$)

$$I_{Bm} = I_{Cm}/\beta = 21.6mA$$

由式(6-3-22)得基极基波电流的振幅

$$I_{B1m} = I_{B1m}\alpha_1(70°) = 9.5mA$$

由式(6-3-23)得输入电压的振幅

$$V_{Bm} = \frac{2P_i}{I_{B1m}} = 5.3V$$

2) 计算谐振回路及耦合回路的参数

丙类功放的输入、输出耦合回路均为高频变压器耦合方式，其输入阻抗 $|Z_i|$ 可由式(6-3-27)计算，即

$$|Z_i| = \frac{r_{b'b}}{(1-\cos\theta)\alpha_1(\theta)} = \frac{25}{(1-\cos 70°)\times 0.44}\Omega = 86\Omega$$

由式(6-3-26)得输出变压器线圈匝数比为

$$\frac{N_3}{N_1}=\frac{\sqrt{2P_C R_L}}{V_{C1m}}=\frac{\sqrt{2\times 0.5\times 51}}{(12-1.5)}=0.68$$

取 $N_3=2, N_1=3$。

若取集电极并联谐振回路的电容 $C=100\text{pF}$，由式(6-3-25)得回路电感

$$L=\frac{2.53\times 10^4}{(\{f_0\}_{\text{MHz}})^2\{C\}_{\text{pF}}}\approx 10\mu\text{H}$$

若采用 ϕ10mm×ϕ6mm×5mm 的 NXO-100 铁氧体磁环来绕制输出耦合变压器，由式(6-3-30)可以计算变压器初级线圈的总匝数 N_2，即

$$L=4\pi^2\{\mu\}_{\text{H/m}}\frac{\{A\}_{\text{cm}}^{2}}{\{l\}_{\text{cm}}}N_2^2\times 10^{-3}$$

则 $$N_2\approx 8$$

需要指出的是，变压器的匝数 N_1、N_2、N_3 的计算值只能作为参考值，由于分布参数的影响，与设计值可能相差较大。为调整方便，通常采用磁芯位置可调节的高频变压器。

3) 基极偏置电路参数计算

由式(6-3-19)可得基极直流偏置电压

$$V_B=V_j-V_{Bm}\cos\theta=-1.1\text{V}$$

由式(6-3-20)得射极电阻 $$R_{E2}=|V_B|/I_{C0}=20\Omega$$

取高频旁路电容 $$C_{E2}=0.01\mu\text{F}$$

(2) 宽带功放设计

1) 计算电路参数

宽带功放的输出功率 P_H 应等于下级丙类功放的输入功率 P_i，其输出负载 R_H 等于丙类功放的输入阻抗 $|Z_i|$，即 $P_H=P_i=25\text{mW}$，$R_H=|Z_i|=86\Omega$。

设高频变压器的效率 $\eta_T=0.8$。宽带功放集电极的输出功率可由式(6-3-5)得出，即

$$P_C=P_H/\eta_T\approx 31\text{mW}$$

若取宽带功放的静态电流 $I_{CQ}\approx I_{Cm}=7\text{mA}$，由式(6-3-6)得集电极电压的振幅 V_{Cm} 及等效负载电阻 R'_H 分别为

$$V_{Cm}=2P_C/I_{Cm}=8.9\text{V}$$

$$R'_H=\frac{V_{Cm}^2}{2P_C}=1.3\text{k}\Omega$$

由式(6-3-7)得射极直流负反馈电阻

$$R_{E1}=\frac{V_{CC}-V_{Cm}-V_{CES}}{I_{CQ}}=357\Omega,\qquad \text{取标称值 }360\Omega$$

由式(6-3-9)得高频变压器匝数比

$$\frac{N'_1}{N'_2}=\sqrt{\frac{\eta_T R'_H}{R_H}}\approx 3$$

若取次级匝数 $N'_2=2$，则初级匝数 $N'_1=6$。

本级宽带功放采用 3DG130 晶体管，设 $\beta=30$，若取功率增益 $A_P=13\text{dB}$(20 倍)，则输入功率

$$P_i=P_C/A_P=1.55\text{mW}$$

由式(6-3-12)得宽带功放的输入阻抗

$$R_i\approx r_{b'b}+\beta R_3=25\Omega+30\times R_3$$

若取交流负反馈电阻 $R_3=10\Omega$，则

$$R_i=325\Omega$$

由式(6-3-11)得本级输入电压的振幅

$$V_{im}=\sqrt{2R_iP_i}=1.0\text{V}$$

2）计算静态工作点

由上述计算结果得到静态($V_i=0$)时晶体管的射极电位

$$V_{EQ}=I_{CQ}R_{E1}=2.5\text{V}$$

则

$$V_{BQ}=V_{EQ}+0.7\text{V}=3.2\text{V}$$

$$I_{BQ}=I_{CQ}/\beta=0.23\text{mA}$$

若取基极偏置电路的电流 $I_1=5I_{BQ}$，则

$$R_2=V_{BQ}/5I_{BQ}=2.8\text{k}\Omega,\qquad \text{取标称值 }2\text{k}\Omega$$

$$R_1=\frac{V_{CC}-V_{BQ}}{V_{BQ}}R_{B2}=8.25\text{k}\Omega$$

实验调整时取 $R_1=5.1\text{k}\Omega+10\text{k}\Omega$ 电位器。取高频旁路电容 $C_{E1}=0.02\mu\text{F}$，输入耦合电容 $C_1=0.02\mu\text{F}$。

高频电路的电源去耦滤波网络通常采用 π 型 LC 低通滤波器如图 6.3.8 所示，L_{10}，L_{20} 可按经验取 50μH～100μH，C_{10}，C_{11}，C_{20}，C_{21} 按经验取 0.01μF。L_{10}，L_{20} 可以采用色码电感，也可以用环形磁芯绕制。此外，还可在输出变压器的次级与负载 R_L 之间插入 LC 滤波器，以改善 R_L 上的输出波形。

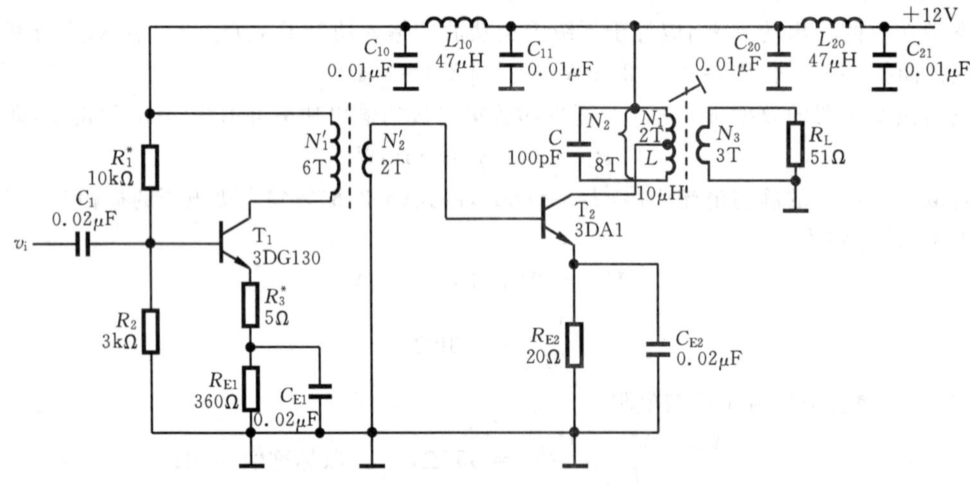

图 6.3.8 高频功放实验电路

将上述设计计算的元器件参数按照图 6.3.8 所示电路进行安装，然后再逐级进行调整。最好是安装一级调整一级，然后两级进行级联。可先安装第一级宽带功放，调整静态工作点使其基本满足设计要求，如测得 $V_{BQ}=2.8\text{V}$，$V_{EQ}=2.2\text{V}$，则 $I_{CQ}=6\text{mA}$；再安装第二级丙类功放，测得晶体管 3DA1 的静态时基极偏置 $V_{BE}=0$。再分别进行各级的动态调试。

6.3.5 高频谐振功率放大器的调整

1. 谐振状态的调整

设计计算高频谐振功放的前提是假定谐振回路已经处于谐振状态，即集电极的负载阻抗

为纯电阻。但回路的初始状态或者在调谐过程中，会出现回路失谐状态，即集电极回路的阻抗呈感性或呈容性，使回路的等效阻抗下降。这时集电极输出电压减小，集电极电流增大，集电极的耗散功率增加，严重时可能损坏晶体管。为保证晶体管安全工作，调谐时，可以先将电源电压 $+V_{CC}$ 降低到规定值的 1/2～1/3，待找到谐振点后，再将 $+V_{CC}$ 升到规定值，然后微调回路参数。如图 6.3.7 所示，在回路谐振时，高频电压表的读数应达到最大值，直流毫安表的读数为最小值，示波器监测的波形为不失真基波。

2. 寄生振荡及其消除

寄生振荡是调整高频谐振功放过程中经常遇到的一种现象。常见寄生振荡有以下两种。

(1) 参量自激型寄生振荡

当高频谐振功放的输出电压 V_{Cm} 足够大时，高频谐振功放的动态工作点可能进入参量状态，这时晶体管的许多参数将随着工作状态的变化而变化，如集电结电容 $C_{b'c}$ 的变化特别明显，将产生许多新的频率分量存在于晶体管的输出和输入端，其中某些频率分量由于相位、幅度合适，形成自激振荡。对输出波形影响较大的是 1/2 基波频率，图 6.3.9 所示的是 1/2 基波和 3 倍频参量自激时，高频谐振功放输出端的合成波形。

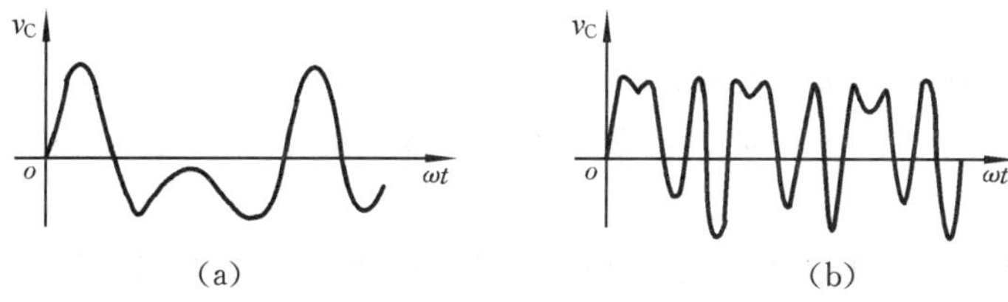

图 6.3.9　受参量自激型寄生振荡影响的输出波形

(a) 1/2 基波的影响　(b) 3 倍频的影响

参量自激的特点是必须在外加信号激励下才产生，因此断开激励信号观察振荡是否继续存在，是判断自激型寄生振荡的有效方法。一旦发现有参量自激型寄生振荡，必须立即关电源，因为参量自激型寄生振荡会使输出电压的峰值可能显著增加(可能比正常值大 5～6 倍)，集电极回路可能处于失谐状态，集电极的耗散功率会很大，有可能导致晶体管损坏。

消除参量自激型寄生振荡的常用办法是在基极或发射极接入防振电阻(几欧姆至几十欧姆)，或引入适当的高频电压负反馈，或降低回路的 Q_L 值，如果可能的话，则可减小激励信号电平。

(2) 反馈型寄生振荡

反馈型寄生振荡又分为低频寄生振荡与高频或超高频寄生振荡。低频寄生振荡的频率低于放大器的工作频率，高频寄生振荡的频率高于放大器的工作频率。图 6.3.10 所示的分别为叠加有低频自激与高频自激信号的输出波形。

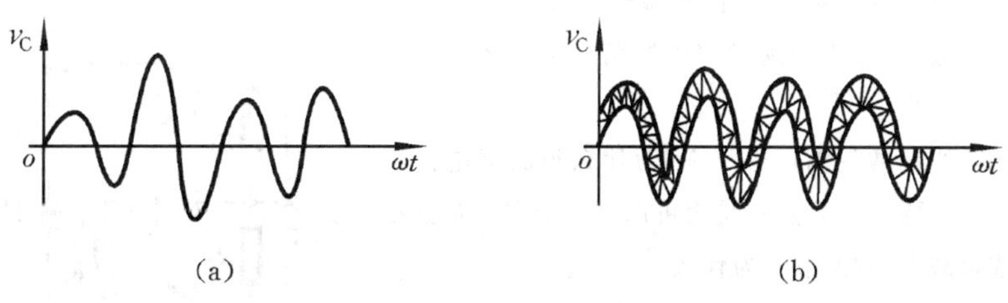

图 6.3.10　受反馈型寄生振荡影响的输出波形

(a) 低频寄生振荡的影响　(b) 高频寄生振荡的影响

低频寄生振荡一般是由高频谐振功放输入、输出回路中的分布电容引起的。图6.3.11所示的为高频谐振功放发生低频寄生振荡时的等效电路，这时晶体管的结电容 $C_{b'c}$ 与基极回路线圈 L_B 及集电极回路线圈 L_C 组成了电感三点式振荡电路。消除低频寄生振荡的办法是，设法破坏它的正反馈支路，例如，减少基极回路线圈的电感量或串入电阻 R_F，降低线圈的 Q 值。

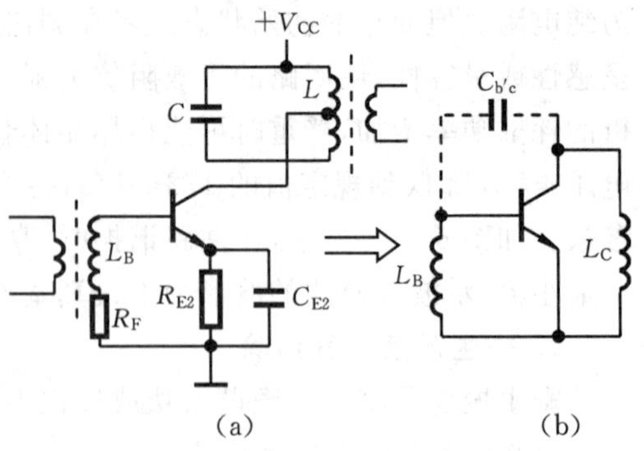

图 6.3.11 低频寄生振荡等效电路

(a) 丙类功率放大器 (b) 等效电路

高频寄生振荡一般是由电路的分布参数（分布电容、引线电感等）的影响所造成的。例如，引线较长时，其产生的分布电感（使放大器原有的电感相当于开路）与电路中的分布电容构成了振荡回路。消除高频寄生振荡的有效办法是，尽量减少引线的长度、合理布局元器件或基极回路接入防振电阻。

6.3.6 设计任务

设计课题：高频谐振功率放大器设计

● 已知条件　$+V_{CC}=+12V$，晶体管 3DG130，ϕ10mm×ϕ6mm×5mm 的 NXO-100 环形铁氧体磁芯。

● 主要技术指标　输出功率 $P_o \geqslant 100mW$，负载电阻 $R_L=75\Omega$，效率 $\eta > 60\%$，工作中心频率 $f_0=6MHz$。

● 实验仪器设备　LC 调频振荡器实验电路板 1 块（利用 6.2 节设计完成的电路板），其他仪器与本书 6.2.5 小节相同。

实验与思考题

6.3.1 在你所设计的丙类功放为临界工作状态时，负载电阻 R_L 等于多少？当 $R_L=30\Omega$ 和 100Ω 时，集电极电流 I_{C0} 有何变化？输出电压 V_o 有何变化？电路的工作状态是否有改变？为什么？

6.3.2 在图 6.3.1 所示电路中，宽带功放的发射极电阻增加或减少时，对末级丙类功放有何影响？为什么？

6.3.3 丙类功放的工作状态受哪些参数影响？用实验说明放大器为过压区、欠压区及临界状态时所对应的参数值 R_q，V_{Cm}。

6.3.4 如何判断集电极回路为谐振状态？调谐过程中是否有 I_{C0} 的最小值与负载电阻 R_L 上的电压 V_L 的最大值不同时出现的情况？是什么原因引起的？

6.3.5 为什么在调谐过程中，先将电源电压 $+V_{CC}$ 降低 1/2～1/3，找到谐振点后，再升高电源电压 $+V_{CC}$ 到规定值。最后还要再微调一下谐振回路的参数？

6.3.6 你在调谐功放时，是否出现过寄生振荡？是什么寄生振荡，如何消除的？

6.3.7 在图 6.3.7 所示功放测量电路中，为什么观测集电极输出电压的波形要选在 E 点？是否可以将示波器直接接在集电极或负载 R_L 的两端？为什么？

6.3.8 题 6.3.8 图所示的是一个推挽功放电路。它可用小功率晶体管获得较大的输出功率。试分析其工作原理，并用其设计一个高频功放，替换图 6.3.8 所示的末级功放。

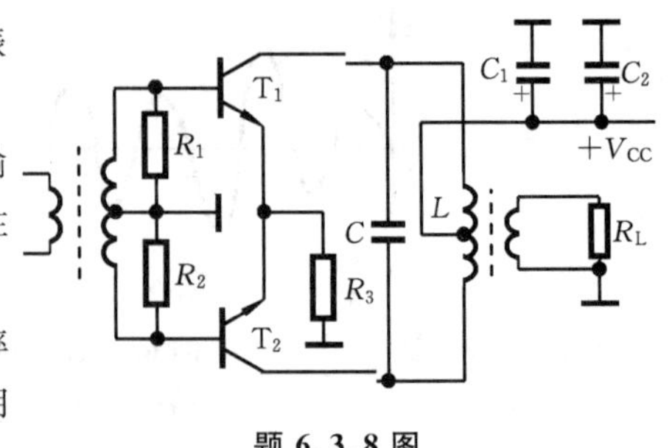

题 6.3.8 图

6.4　小功率调频发射机设计

学习要求　掌握调频发射机整机电路的设计与调试方法，以及高频电路的调试中常见故障的分析与排除；学会如何将高频单元电路组合起来实现满足工程实际要求的整机电路的设计与调试技术。

6.4.1　调频发射机及其主要技术指标

与调幅系统相比，调频系统由于高频振荡器输出的振幅不变，因而具有较强的抗干扰能力与较高的效率，在无线通信、广播电视、遥控遥测等方面获得广泛应用。图 6.4.1 所示的为调频发射与接收系统的基本组成框图，其中，图(a)所示的为直接调频发射机的组成框图，是本节讨论的主要内容，图(b)所示的为外差式调频接收机的组成框图，将在 6.5 节介绍。调频发射机的主要技术指标如下。

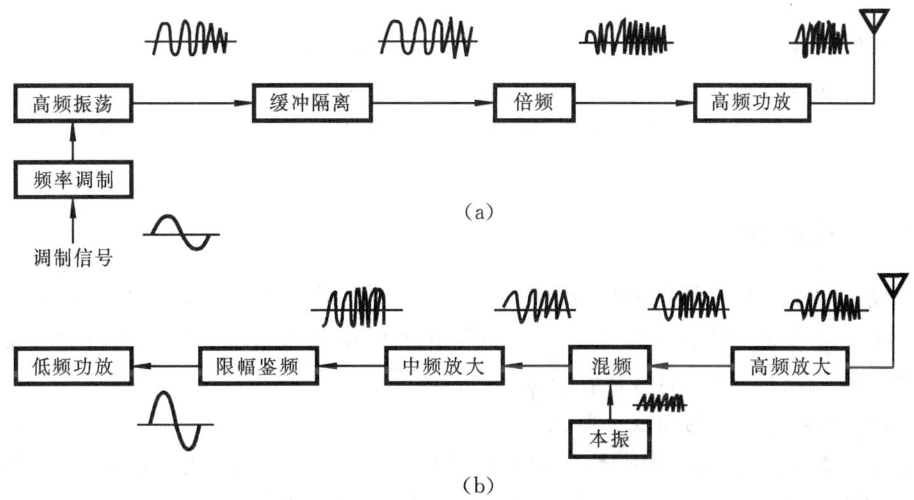

图 6.4.1　调频发射、接收系统组成框图

(a) 直接调频发射机组成框图　(b) 外差式调频接收机组成框图

● 发射功率 P_A　一般是指发射机输送到天线上的功率。只有当天线的长度与发射频率的波长 λ 可比拟时，天线才能有效地把载波发射出去。波长 λ 与频率 f 的关系为

$$\lambda = c/f \tag{6-4-1}$$

式中，c 为电磁波传播速度，$c=3\times10^8$ m/s。若接收机的灵敏度 $V_A=2\mu V$，则通信距离 s 与发射功率 P_A 的关系为

$$\{s\}_{km} = 1.07 \times \sqrt[4]{\{P_A\}_{mW}} \tag{6-4-2}$$

表 6.4.1 列出了小功率发射机的功率 P_A 与通信距离 s 的关系。

表 6.4.1　发射功率 P_A 与通信距离 s 的关系

P_A/mW	50	100	200	300	400	500	600	700
s/km	2.84	3.38	4.02	4.45	4.82	5.08	5.27	5.50

● 工作频率或波段　发射机的工作频率应根据调制方式，在国家或地区或有关部门所规

定的范围内选取。广播通信常用波段的划分如表 6.4.2 所示，对于调频发射机，工作频率一般在超短波范围内。

表 6.4.2 波段的划分

波段名称	波长范围/m	频率范围	频段名称
超长波	100 000～10 000	3kHz～30kHz	甚低频
长　波	10 000～1000	30kHz～300kHz	低　频
中　波	1000～200	30kHz～1.5MHz	中　频
中短波	200～50	1.5MHz～6MHz	中高频
短　波	50～10	6MHz～30MHz	高　频
超短波	10～1	30MHz～300MHz	甚高频

● 总效率　发射机发射的总功率 P_A 与其消耗的总功率 P'_C 之比称为发射机的总效率 η_A，即

$$\eta_A = P_A / P'_C \tag{6-4-3}$$

● 非线性失真　当最大频偏 Δf_m 为 75kHz，调制信号的频率为 100Hz～7500Hz 时，要求调频发射机的非线性失真系数 γ 应小于 1%。

● 杂音电平　调频发射机的寄生调幅应小于载波电平的 5%～10%，杂音电平应小于 －65dB。

6.4.2 设计举例

例　设计一小功率调频发射机，已知 $+V_{CC}=+12V$，晶体管 3DG100，$\beta=60$。

● 主要技术指标　发射功率 $P_A=500mW$，负载电阻（天线）$R_L=51\Omega$，工作中心频率 $f_0=5MHz$，最大频偏 $\Delta f_m=10kHz$，总效率 $\eta_A>50\%$。

解　(1) 拟定发射机的组成方框图

拟定整机方框图的一般原则是，在满足技术指标要求的前提下，力求电路简单，性能稳定可靠（单元电路级数尽可能少，以减小级间的相互感应、干扰和自激）。

由于本题要求的发射功率 P_A 不大，工作中心频率 f_0 也不高，因此晶体管的参量影响及电路的分布参数的影响不会很大，整机电路可以设计得简单些。设组成框图如图 6.4.2 所示，各组成部分的作用如下。

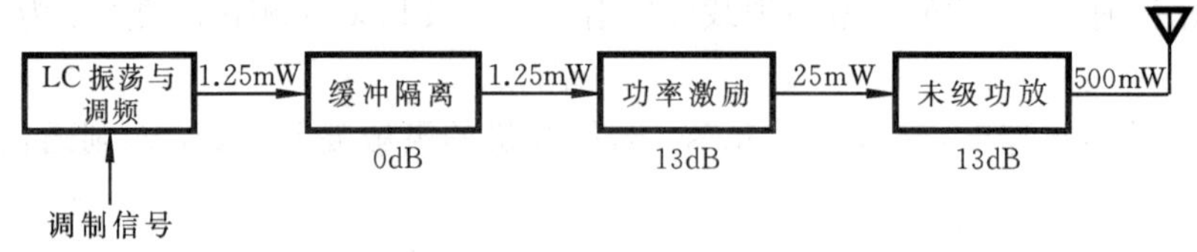

图 6.4.2 小功率调频发射机的组成方框图

● LC 振荡与调频电路　产生频率 $f_0=5MHz$ 的高频振荡信号。变容二极管线性调频，最大频偏 $\Delta f_m=10kHz$。发射机的频率稳定度由该级决定。

● 缓冲隔离级　将振荡级与功放级隔离，以减小功放级对振荡级的影响。因为功放级输出信号较大，工作状态的变化（如谐振阻抗变化）会影响振荡器的频率稳定度，或波形失真或输出电压减小。为减小级间相互影响，通常在中间插入缓冲隔离级。缓冲隔离级常采用射极跟

随器电路，如图 6.4.3 所示。调节射极电阻 R_{E2}，可以改变射极跟随器输入阻抗。如果忽略晶体管基极体电阻 $r_{b'b}$ 的影响，则射极输出器的输入电阻

$$R_i = R'_B // \beta R'_L \tag{6-4-4}$$

输出电阻

$$R_o = (R_{E1} + R_{E2}) // r_o \tag{6-4-5}$$

式中，r_o 很小，所以可将射极输出器的输出电路等效为一个恒压源。电压放大倍数

$$A_V = \frac{g_m R'_L}{1 + g_m R'_L} \tag{6-4-6}$$

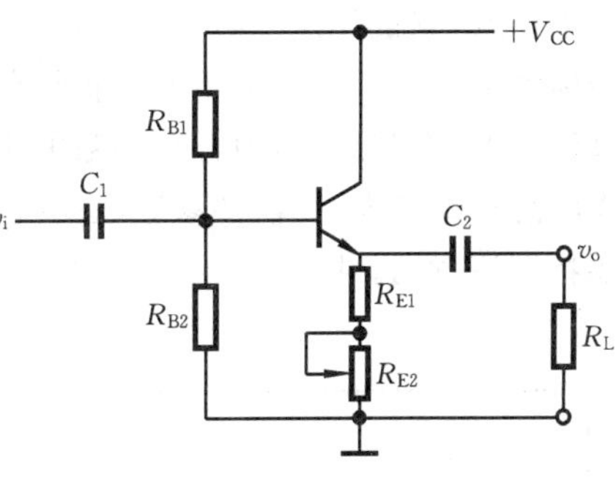

图 6.4.3　缓冲隔离级电路

一般情况下，$g_m R'_L \gg 1$，所以图 6.4.3 所示射极输出器具有输入阻抗高、输出阻抗低、电压放大倍数近似等于 1 的特点。晶体管的静态工作点应位于交流负载线的中点，一般取 $V_{CEQ} = V_{CC}/2$，$I_{CQ} = (3 \sim 10)$ mA。对于图 6.4.3 所示电路，若取 $V_{CEQ} = 6\text{V}$，$I_{CQ} = 4\text{mA}$，则

$$R_{E1} + R_{E2} = V_{EQ}/I_{CQ} = 1.5\text{k}\Omega$$

取 $R_{E1} = 1\text{k}\Omega$ 电阻，$R_{E2} = 1\text{k}\Omega$ 电位器。

$$R_{B2} = \frac{V_{BQ}}{10 I_{BQ}} = \frac{\beta(V_{CC} - V_{CEQ} + V_{BE})}{10 I_{CQ}} \approx 10\text{k}\Omega$$

$$R_{B1} = \frac{V_{CC} - V_{BQ}}{V_{BQ}} R_{B2} = 7.9\text{k}\Omega$$

6.3 节宽带功放设计中已计算出功率激励级的输入阻抗为 325Ω，即射随器的负载电阻 $R_L = 325\Omega$，由式(6-4-4)可计算射随器的输入电阻

$$R_i = R'_B // \beta R'_L \approx 3.6\text{k}\Omega$$

输入电压
$$V_i = \sqrt{P_i R_i} \approx 2.1\text{V}$$

为减小射极跟随器对前级振荡器的影响，耦合电容 C_1 不能太大，一般为数十皮法；C_2 为 0.022μF左右。

● 功率激励级　为末级功放提供激励功率。如果发射功率不大，且振荡级的输出功率能够满足末级功放的输入要求，则功率激励级可以省去。

● 末级功放　将前级送来的信号进行功率放大，使负载（天线）上获得满足要求的发射功率。如果要求整机效率较高，则应采用丙类功放；若整机效率要求不高，如 $\eta_A < 50\%$，波形失真要小，则可以采用甲类功放。但是本题要求 $\eta_A > 50\%$，故选用丙类功放较好。

(2) 增益分配与单元电路设计

发射机的输出应具有一定的功率才能将信号发射出去，但是功率增益又不可能集中在末级功放，否则电路性能不稳，容易产生自激。因此要根据发射机各组成部分的作用，适当地、合理地分配功率增益。如果调频振荡器的输出比较稳定，又具有一定的功率，则功率激励级和末级功放级的功率增益可适当小些，否则功率增益主要集中在这两级。缓冲级可以不分配功率增益。设各级功率增益如图 6.4.2 所示。

LC 调频振荡器的电路如图 6.2.1 所示。功率激励级与末级功放的电路如图 6.3.8 所示。

(3) 电路装调与测试

整机电路的设计计算顺序一般是从末级单元电路开始，向前逐级进行的。而电路的装调顺序一般从前级单元电路开始，向后逐级进行。电路的调试顺序为先分级调整单元电路的静

态工作点，测量其性能参数；然后再逐级进行联调为止，直到整机调试为止；最后进行整机技术指标测试。由于功放运用的是折线分析方法，其理论计算为近似值。此外单元电路的设计计算没有考虑实际电路中分布参数的影响，级间的相互影响，所以电路的实际工作状态与理论工作状态相差较大，元器件参数在整机调整过程中，修改比较大，这是在高频电路整机调试中需要特别注意的。图 6.4.4 所示的为设计举例题整机调试完成后的实验电路。

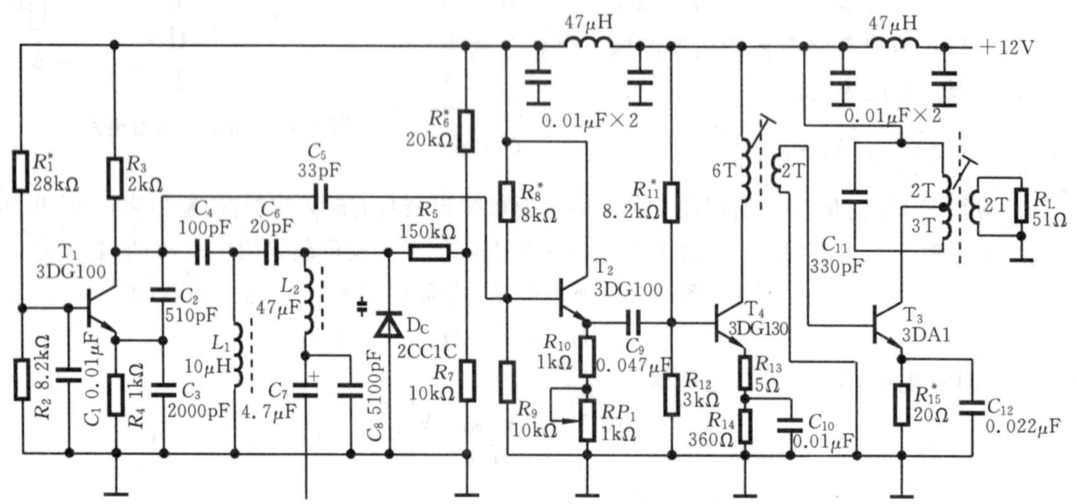

图 6.4.4 调频发射机实验电路

6.4.3 整机联调时常见故障分析

如前所述，高频电路由于受分布参数及各种耦合与干扰的影响，其稳定性比起低频电路来要差些，因此调试工作比较复杂，特别是整机调试，需要细致耐心，前后级要多次反复调整，直到满足技术指标要求为止。切记不要急躁，更不能盲目地更改参数，否则事倍功半，达不到预期效果。整机联调时常见故障分为以下两类。

1. 调频振荡级与缓冲级相联时的常见故障

调频振荡级与缓冲级相联时，可能出现振荡级的输出电压幅度明显减小或波形失真变大的情况。产生的主要原因可能是射极跟随器的输入阻抗不够大，使振荡级的输出负载加重，可通过改变射极电阻 RP_1，提高射极跟随器的输入阻抗(见图 6.4.4)。

2. 功放级与前级级联时的常见故障

① 输出功率明显减小，波形失真增大。产生的原因可能是级间相互影响，使末级丙类功放谐振回路的阻抗发生变化，可以重新调谐，使回路谐振。

② 主振级的振荡频率改变或停振。产生的原因可能是后级功放的输出信号较强，经公共地线、电源线或连接导线耦合至主振级，从而改变了振荡回路的参数或主振级的工作状态。可以加电源去耦滤波网络，修改振荡回路参数，或重新布线，减小级间相互耦合。

6.4.4 设计任务

设计课题：小功率调频发射机设计

● 主要技术指标要求　发射功率 P_A=100mW，负载电阻 R_L=75Ω，整机效率 η_A>50%，振荡器的振荡频率 f_o=6.5MHz，发射机工作频率 f_0=13MHz，调制信号幅度 $V_{\Omega m}$=1V 时，

最大频偏 $\Delta f_m = 20\text{kHz}$。已知条件见6.1.3小节和6.3.5小节。

● 实验仪器设备 供调试发射用的75Ω发射天线一根，调频接收机(详见6.5节)一台，其他实验仪器设备与6.2.5小节相同。

实验与思考题

6.4.1 在设计调频发射机整机电路时，为什么要有缓冲隔离级？如果不加射极跟随器将调频振荡器与功率放大器级联，会出现什么现象？用实验说明。

6.4.2 缓冲隔离级的常用电路有哪几种？射极跟随器作缓冲隔离级时，输入阻抗是否愈大愈好？为什么？输入阻抗增大时，对前后级电路的哪些参数有影响？用实验说明。

6.4.3 调频发射机整机设计时，为什么各级分配的是功率增益而不是电压增益？

6.4.4 负载为50Ω的电阻与负载为50Ω的发射天线，电路的工作情况有何不同？为什么？

6.4.5 当调制信号为方波时，画出图6.4.1(a)所示各级的输出波形，用实验证明。

6.4.6 题6.4.6图所示电路为电容式话筒或调频发射机电路，其体积可做得很小，可以放在身上，适合于移动场所使用。其中话筒为驻极体电容式话筒。电源电压 V_{CC} 一般取1.5V～3.0V。若用普通调频收录机作接收设备，试计算各元器件参数值并制作电容式话筒调频发射机。

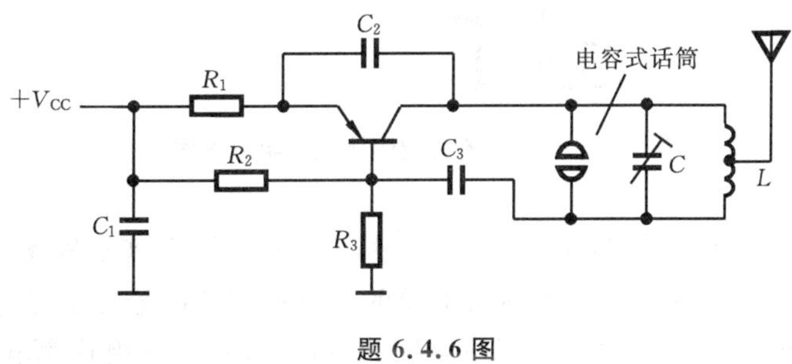

题6.4.6图

6.5 调频接收机设计

学习要求 掌握基本的调频(点频)接收机电路的设计与调试方法；了解集成电路单片接收机、调频调谐器的性能及应用。

6.5.1 调频接收机的主要技术指标

● 工作频率范围 接收机可以接收到的无线电波的频率范围称为接收机的工作频率范围或波段覆盖。接收机的工作频率必须与发射机的工作频率相对应，如调频广播收音机的频率范围为88MHz～108MHz，是因为调频广播发射机的工作频率范围也为88MHz～108MHz。

● 灵敏度 接收机接收微弱信号的能力称为灵敏度，通常用输入信号电压的大小来表示，接收的输入信号越小，灵敏度越高。调频广播收音机的灵敏度一般为2μV～30μV。

● 选择性 接收机从各种信号和干扰信号中选出所需信号(或衰减不需要的信号)的能力称为选择性，单位用dB(分贝)表示，dB数越高，选择性越好。一般调幅收音机频偏±10kHz的选择性应大于20dB，调频收音机的中频干扰比应大于50dB。

● 频率特性 接收机的频率响应范围称为频率特性或通频带。调频机的通频带一般为200kHz。

● 输出功率 接收机的负载上获得的最大不失真(或非线性失真系数为给定值时)功率称

为输出功率。

6.5.2 调频接收机设计

1. 调频接收机的工作原理

一般调频接收机的组成框图如图 6.5.1 所示。其工作原理是:天线接收到的高频信号,经输入调谐回路选频为 f_1,再经高频放大器放大,进入混频器;本机振荡器输出的另一高频信号 f_2 亦进入混频器,则混频器的输出为含有 f_1、f_2、(f_1+f_2)、(f_2-f_1)等频率分量的信号。混频器的输出接有选频回路,选出中频信号(f_2-f_1),再经中频放大器放大,获得足够高的增益,然后经鉴频器解调出低频调制信号,再由低频功放级放大,驱动扬声器。从天线接收到的高频信号经过混频成为固定的中频 f_2-f_1,故称为超外差式接收机。这种接收机的灵敏度较高,选择性较好,性能也比较稳定。

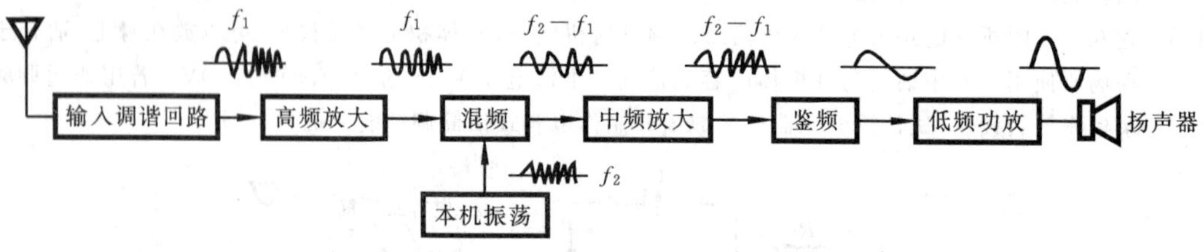

图 6.5.1 超外差式调频接收机组成框图

2. 混频器电路设计

一种简单实用的混频电路如图 6.5.2 所示。其中,三极管 T_1 实现频率变换,将天线接收到的高频调制信号(f_1)与三极管 T_2 和晶振组成的本机振荡器的输出信号(f_2)进行混频,由 LC 选频网络选出中频信号(f_2-f_1)。频率变换的原理是,利用三极管集电极电流 i_c 与输入电压 v_{be} 之间的非线性关系实现频率变换。变换后的调制参数(调制频率和频率偏移)保持不变,仅载波频率变换成中频频率。对于图 6.5.2 所示电路,由于高频调制信号从混频管的基极输入,本机振荡信号从混频管的发射极注入,故称这种电路为基极输入、发射极注入式混频电路。这种电路的特点是:信号的相互影响较小,不易产生牵引现象,但要求本振的输出电压较大,以便使三极管 T_1 工作于非线性区,实现频率变换。

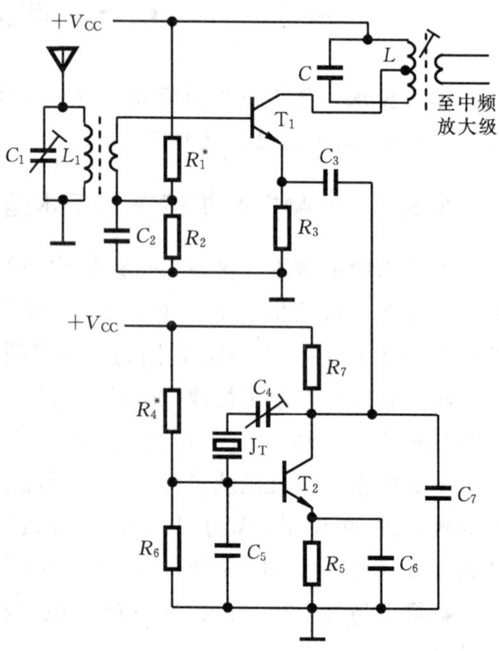

图 6.5.2 混频器电路

混频管 T_1 的静态工作点由 R_1、R_2 及 R_3 决定(在电源电压 $+V_{CC}$ 确定时)。为使混频管在大信号输入下进入非线性工作区,静态工作电流 I_{CQ} 不能太大,否则非线性作用消失,混频增益将大大下降。但 I_{CQ} 也不能太小。实验表明 $+V_{CC}=+6V$ 时,I_{CQ} 取 0.3mA~0.5mA 较合适。

三极管 T_2 和晶振 J_T 组成的本机振荡电路称为电容反馈三点式振荡电路,又称"考毕兹"电路。电路的反馈系数 $F=C_7/C_5$。振荡频率主要由晶振的频率决定,因此频率稳定度较高。分析

表明，振荡频率 f_o的表达式为

$$f_o = \frac{1}{2\pi\sqrt{L_q C_\Sigma}} \tag{6-5-1}$$

式中，L_q为晶振的等效电感，与频率有关，对于频率为几十兆赫的晶振，L_q约为几毫亨；C_Σ为谐振回路的总电容，由晶振的等效电容 C_0、C_q与外接电容 C_4、C_5及 C_7共同决定。若选$C_4 \ll C_5$，$C_4 \ll C_7$，则

$$C_\Sigma = \frac{C_q(C_0 + C_4)}{C_q + C_0 + C_4} \tag{6-5-2}$$

式中，C_q为 0.005pF～0.1pF，C_0为 2pF～5pF，所以 C_4的取值比较小才能对晶振的频率实现微调，一般 C_4为几皮法～几十皮法的小微调电容。

本机振荡电路的静态工作点主要由 R_4、R_5、R_6及 R_7决定。为使本机振荡器输出较大的电压，静态工作电流 I_{CQ}应较大，但也不能太大，否则会使振荡输出的波形发生畸变，产生高次谐波，影响混频级电路的性能。实验表明$+V_{CC}=+6$V 时，I_{CQ}取 0.4mA～0.8mA 较好。电容C_3为本机振荡器的输出耦合电容。

混频管工作在非线性状态，易引起各种信号的干扰，如中频干扰、镜像干扰等，采用晶振构成的本机振荡电路，可以减小干扰，必要时，在混频级前加一级高频调谐放大器，可大大抑制镜像干扰。

3. 集成电路调频/调幅收音机设计

由两块集成电路 IC_1和 IC_2构成的调频/调幅收音机电路如图 6.5.3 所示。其中，IC_1为TA7335P，具有对调频广播信号进行放大，与本振信号差拍混频的功能；IC_2为 FS2204（或ULN-2204），具有对调频中频信号进行放大、鉴频，对调幅信号进行高频放大，与本振信号差拍混频，对调幅中频信号放大、检波、低频放大、功率放大等功能，因此，用 FS2204 芯片还可以构成单片调幅收音机。

TA7335P 称为集成电路调频调谐器，内部电路包含高频放大器、混频器、本机振荡器及AFC 用的变容二极管。其外部连接的元器件主要是 LC 调谐回路。如图 6.5.3 所示，当开关S 置于 F 时，调频广播信号经天线 A_F输入①脚，经内部高频放大器与③脚外接的调谐回路进行谐振放大后，从④脚输入内部的混频器再与⑧脚外接的本振回路注入电压进行混频，由⑥脚外接的 10.7MHz 中周 Tr_{F1}选频后送至 IC_2的②脚，在 FS2204 的内部进行中频放大。

FS2204 的内部包含中频放大器、调幅检波器、调幅混频器、调频鉴频器，AGC（自动增益控制），AFC（自动频率控制）及音频功放等电路。对于调频信号，电路的工作过程（见图6.5.3）是：10.7MHz 的调频中频信号从②脚输入，经内部中频放大器放大由⑮脚输出，⑮脚与⑭脚间外接 10.7MHz 的调频中周变压器 Tr_{F2}，电感 L_3及电容 C_{11}组成移相网络，使⑭脚的电压比⑮脚的电压超前 90°，移相后的信号从⑭脚输入，经内部鉴频器解调出音频信号，由⑧脚输出，从而完成调频中频信号的放大与解调。若输入是调幅信号，则电路的工作过程是：开关S 置于 A，高频调幅信号，从天线 A_A经耦合回路输入 IC_2的⑥脚进行高频放大，并与⑤脚外接的本振回路注入信号进行混频，从④脚输出 465kHz 的中频信号，调幅中频信号再从②脚输入，经内部中频放大器放大后由⑮脚输出，通过中放选频回路 Tr_{A3}输入⑭脚，经内部检波器解调出音频信号，由⑧脚输出。音频信号经 AGC、AFC 电路，控制中放与混频电路的增益，完成自动控制功能。调节⑯脚外接的 R、C，可以微调中放的增益。

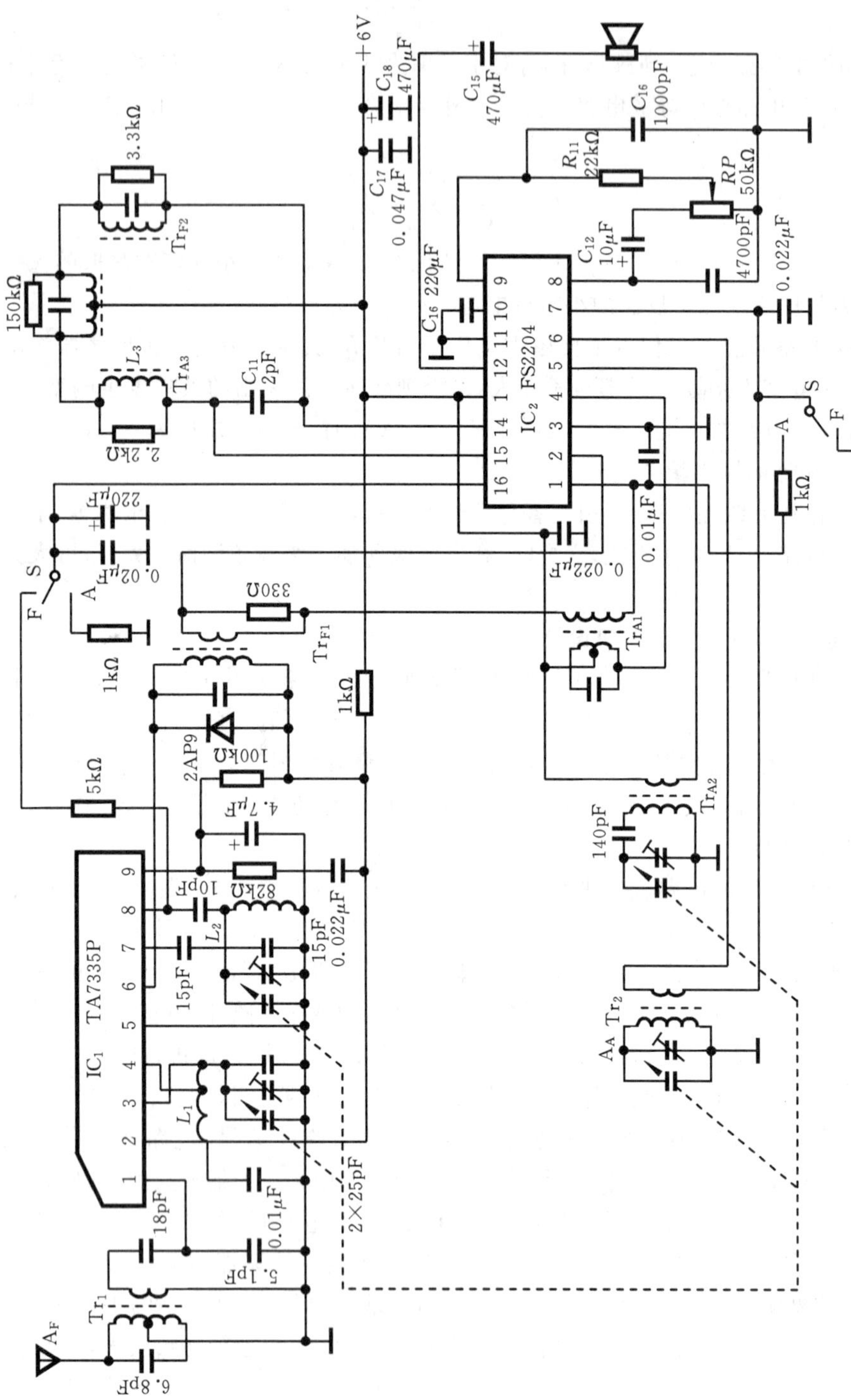

图 6.5.3 集成电路调频/调幅收音机电路

FS2204 内部的低频功放电路包含射极输出器、电压放大器、互补推挽功放等电路，其输出可接成 OCL 电路，也可接成 OTL 电路。IC_2 的⑧脚输出的音频信号，经耦合电容 C_{12}、音量电位器 RP 及电阻 R_{11} 后，从⑨脚输入进行低频功率放大，由⑫脚输出至外接扬声器。C_{15} 为 OTL 功放电路的输出端⑫脚的外接电容，理论上讲，其容量越大越好。因 C_{15} 越大，其低频截止频率越低。但扬声器一旦选定，其低频响应便确定了，C_{15} 再大，低音也放不出，一般 C_{15} 取几百微法。C_{16} 为音频去耦滤波电容。C_{17}、C_{18} 为电源去耦滤波电容，可减小噪声及干扰的影响。

4. MC3361 调频接收机电路

MC3361 是单片窄带调频接收芯片，主要用于对 10.7MHz 的中频信号进行第二次混频。MC3361 构成的调频接收机电路如图 6.5.4 所示。

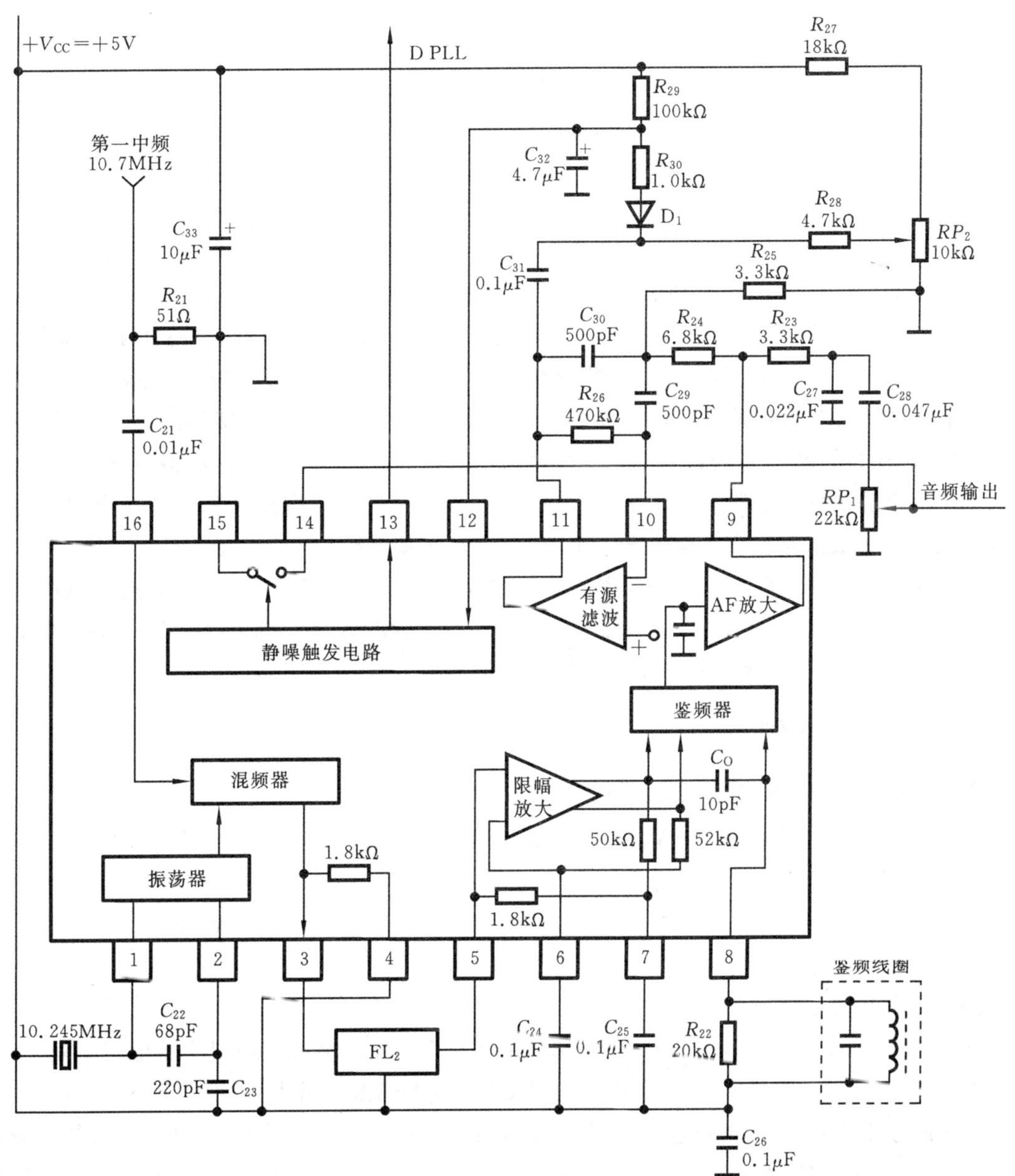

图 6.5.4　MC3361 构成的 10.7MHz 调频接收机电路

MC3361的内部由振荡器、混频器、限幅放大器、积分鉴频器、滤波器、扫描控制器与静噪开关电路等所组成。MC3361的引脚功能如表6.5.1所示。

表6.5.1 MC3361的引脚功能

引脚	名称	功能说明	引脚	名称	功能说明
1	OSC_1	中频振荡器外接元器件端	9	Demod	解调输出
2	OSC_2	中频振荡器外接元器件端	10	Fitter-in	滤波器输入
3	Mix-out	混频输出端	11	Fitter-out	滤波器输出
4	V_{CC}	电源正极,范围2～8V	12	Sque	静噪输入
5	Lim-in	限幅放大器输入端	13	Scan	扫描控制
6	Decouple	去耦	14	Mute	静音
7	Decouple	去耦	15	GND	电源负极
8	Quad	正交线圈	16	Mix-out	混频输入端

图6.5.4所示的MC3361调频接收机的电路工作原理如下。

MC3361的内部振荡器与①脚和②脚的外接元器件组成第二本振级,振荡频率为10.245MHz。第一中频10.7MHz输入信号从MC3361的⑯脚输入,在内部混频器与10.245MHz的本振信号进行混频,产生若干混频信号,其中差频信号10.700MHz－10.245MHz＝0.455MHz,即第二中频信号由③脚外接的455kHz陶瓷滤波器FL选频输出,再经⑤脚送入MC3361的限幅放大器进行高增益放大,限幅放大级是整个电路的主要增益级。⑧脚的外接元器件组成455kHz鉴频谐振回路,经放大后的第二中频信号在鉴频器进行解调,解调输出的音频信号经音频电压放大器AF放大后由⑨脚输出。再经电阻R_{23}、电容C_{23}等组成的高频滤波网络滤除高频成分,改善输出信号的波形。⑫脚至⑮脚的外接电路与内部静噪触发电路组成载频检测和电子开关电路,用于调频接收机的静噪控制。

MC3361也可以用来构成任意频率的调频收音机,只要在图6.5.4所示的电路基础上,在第一中频10.7MHz输入信号的前端加第一本振与第一混频级,使其输出10.7MHz的中频信号,即可接收任意频率的调频信号。

6.5.3 设计举例

例 设计一调频接收机的实验电路。

● 已知条件 $+V_{CC}=+6V$,主要元器件有17.8MHz晶振、10.7MHz中频变压器、6.5MHz中频变压器,3DG100晶体管及FS2204集成块。

● 主要技术指标要求 工作频率$f_0=6.5MHz$,输出功率$P_o=0.3W(R_L=8\Omega)$,中频$f_2=10.7MHz$,灵敏度$10\mu V$。

解 (1) 确定电路形式

根据题意要求及给定的主要元器件,选如图6.5.5所示的调频接收机实验电路。其中,输入耦合回路直接采用6.5MHz电视伴音中频变压器,本机振荡器为17.8MHz的晶振与三极管T_2组成的考毕兹电路,微调电容C_4可以使本振输出频率为17.2MHz;三极管T_1与中频变压器Tr_{F1}组成混频器,输出10.7MHz中频信号;FS2204集成电路完成10.7MHz中频信号的放大,鉴频及音频功率放大;FS2204为单电源工作方式,输出端接电容C_{15},组成OTL电路。

(2) 设置静态工作点,计算元器件参数

为使混频管 T_1 易进入非线性区,T_1 的静态工作点 Q_1 应较低,取 $I_{C1Q}=0.4\text{mA}$,$V_{CE1Q}=4\text{V}$,$V_{E1Q}=0.2\text{V}$,设 $\beta_1=60$,则

$$R_3=V_{E1Q}/I_{C1Q}=500\Omega$$

$$R_2=\frac{V_{BQ}}{I_1}=\frac{(0.7\text{V}+V_{E1Q})\beta_1}{6I_{C1Q}}\approx 22\text{k}\Omega$$

$$R_1=\frac{V_{CE1Q}+V_{E1Q}-V_{B1Q}}{V_{B1Q}}R_2\approx 81\text{k}\Omega$$

为使本机振荡器易于起振且输出电压较大,晶体管 T_2 的静态工作点 Q_2 比 Q_1 要高。取 $I_{C2Q}=0.6\text{mA}$,$V_{CE2Q}=3.5\text{V}$,$V_{E2Q}=0.2\text{V}$,设 $\beta_2=60$,则

$$R_6=V_{E2Q}/I_{C2Q}\approx 330\Omega$$

$$R_5=\frac{V_{B2Q}}{I_2}=\frac{(0.2\text{V}+0.7\text{V})\beta_2}{6I_{C2Q}}=15\text{k}\Omega$$

$$R_4=\frac{V_{CE2Q}+V_{E2Q}-V_{B2Q}}{V_{B2Q}}R_5\approx 47\text{k}\Omega$$

$$R_7=\frac{(V_{CE1Q}+V_{E1Q})-(V_{CE2Q}+V_{E2Q})}{I_{C2Q}}\approx 833\Omega$$

电阻 R_8 的作用是降低混频级中晶体管的静态工作点并滤除电源纹波。R_8 可由下式计算:

$$R_8=\frac{V_{CC}-(V_{CE1Q}+V_{E1Q})}{I_{C1Q}+I_{C2Q}}=1.8\text{k}\Omega$$

FS2204 集成电路各引脚的静态工作电压由电源电压 $+V_{CC}$ 决定,当 $+V_{CC}=+6\text{V}$,FS2204 为调频工作方式时,各引脚对地的电压如下:

引脚	①	②	③	④	⑤	⑥	⑦	⑧	⑨	⑩	⑪	⑫	⑬	⑭	⑮	⑯
电压/V	1.6	1.6	0	6	6	0	0	2	0	1.1	0	2.8	6	6	6	1.8~2.0

(3) 确定交流信号通路的元器件参数

输入回路的电容 C_1 取 100pF,调整磁芯位置使回路谐振频率为 6.5MHz。

本机振荡器的 C_4 取值为 20/5pF 的可变电容,为满足 $C_4\ll C_7$,$C_4\ll C_5$,取 $C_7=100\text{pF}$,$C_5=510\text{pF}$。C_2、C_6 为高频旁路电容,取值为 0.02μF。本振电压输出耦合电容 C_3 取几十皮法至几百皮法。

FS2204 的⑯脚输出接 1kΩ 的电位器 RP_1,用于调整⑯脚的直流电压,使其落在 1.8V~2.0V 的范围内。C_9、C_{10} 为滤波电容,C_{13} 进一步滤除中频信号,取 0.001μF,C_{12} 为音频耦合电容,取 10μF。音量控制电位器 RP_2 取 47kΩ,充电电容 C_{15} 取 220μF,其他滤波电容参数如图 6.5.5 所示。

(4) 电路安装与调试

按照图 6.5.5 所示电路分级安装与调试。混频级除了完成高频调频信号与本机振荡信号的差拍混频外,还要有一定的电压增益,以满足 FS2204 内部中放与鉴频器的要求。混频级中 T_1 的静态工作点调整及谐振回路的调谐方法与 6.5.1 小节介绍的基本相同。本机振荡器由于采用了晶振,输出固定频率,所以电路不需要反复调谐。但要注意的是,在电路不起振时,可以改变晶体管的静态工作点及有关参数。本振的输出电压不能太低,一般要大于 200mV(指耦合电容 C_3 不接晶体管 T_1 的射极时的测量值)。

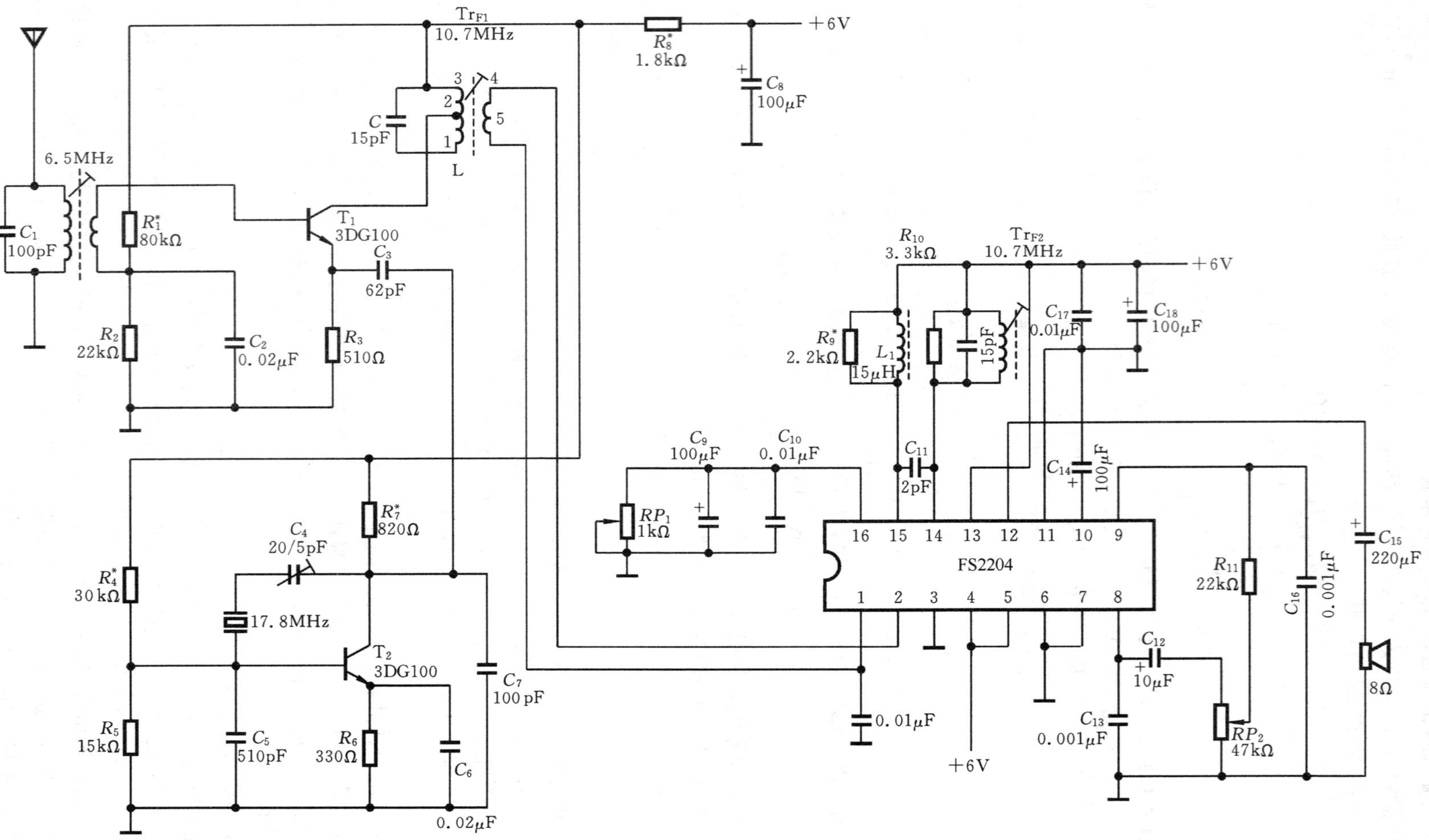

图 6.5.5 调频接收机实验电路

由于 FS2204 为集成电路，电源电压确定后，各引脚对地的电压基本固定。调整相移网络参数，可以改变鉴频 S 曲线的线性范围，观测⑧脚或⑫脚的输出波形，其波形失真为最小。

由于接收机的各项技术指标测量必须按照统一规定的参数和方法进行，所以对测试设备、测量条件都有一定的要求。本课题为调频接收机的实验电路，只对其主要技术指标进行估测。如灵敏度的测量可以按照下述方法估测。将高频信号发生器(输出阻抗为 75Ω)的输出接输入回路(移去拉杆天线)，使载波信号频率 f_o=6.5MHz，调制频率为 1kHz，频偏为 22.5kHz(即最大频偏 75kHz 的 30%)。调节音量控制电位器 RP_2 及高频信号发生器的输出电压，使输出功率为标准输出功率 50mW，则此时接收机所需的输入电压称为输出功率为 50mW 时的灵敏度。对于图 6.5.5 所示的实验电路，测量输出功率为 50mW 时的灵敏度约为 10μV。

6.5.4 设计任务

设计课题：10.7MHz 点频接收机设计

- 已知条件　$+V_{CC}$=1.6V，10.7MHz 中频变压器 2 只，FS2204 或 MC3361 1 只。
- 主要技术指标　工作频率 f_o=10.7MHz，输出功率 P_o=0.25W(R_L=4Ω)，灵敏度 10μV。
- 实验仪器设备　与 5.2.2 小节同。

实验与思考题

6.5.1　如果混频管的静态电流 I_{C1Q} 选择不合适(过大或过小)会出现哪些现象？为什么？用实验说明之。

6.5.2　如果本机振荡器的静态电流 I_{C2Q} 选择不合适(过大或过小)，则振荡器的输出波形有何变化？为什么？用实验说明之。

6.5.3　混频级静态工作状态与动态(信号输入)时的工作状态有何区别？对输入信号与本振信号的频率及电压幅度有何要求？

6.5.4　混频级的电压增益与哪些参数有关？对于图 6.5.5 所示电路，为什么要求其电压增益不要太高？

6.5.5　FS2204 内部的中频放大器的电压增益为什么可以做到足够高？为什么该中频放大器既可以放大调频波的中频(10.7MHz)信号，也可以放大调幅波的中频(465kHz)信号？

6.5.6　试将图 6.5.5 所示电路改为一遥控接收机，控制一晶体三极管与继电器组成的开关电路，画出设计的电路图，并进行安装与实验。

6.5.7　试用 MC3361 设计如图 6.5.5 所示的调频接收机电路。

6.6 集成电路模拟乘法器的应用

学习要求　掌握集成模拟乘法器(MC1496)的基本工作原理及其构成的振幅调制、同步检波、相位鉴频等电路的静态工作点的测量与工作状态的调整方法；学会选用不同的滤波电路，改善输出波形。

6.6.1 集成模拟乘法器 MC1496 的内部结构

集成模拟乘法器是完成两个模拟量(电压或电流)相乘的电子器件。高频电子线路中的振幅调制、同步检波、混频、倍频、鉴频、鉴相等调制与解调的过程，均可视为两个信号相乘或包含相乘的过程。采用集成模拟乘法器实现上述功能比采用分立器件要简单得多，而且性能优越。目前在无线通信、广播电视等方面应用较多。集成模拟乘法器的常见产品有 MC1495/1496、

LM1595/1596 等。新产品有超高频模拟乘法器 AD834(其带宽 $BW=500\text{MHz}\sim1\text{GHz}$),超高精度模拟乘法器 AD734(其带宽 $BW=40\text{MHz}$,精度为 0.1%)。

1. 内部结构

MC1496 是双平衡四象限模拟乘法器,其内部电路如图 6.6.1 所示。其中,T_1、T_2与 T_3、T_4组成双差分放大器,集电极负载电阻是 R_{C1}、R_{C2}。T_5、T_6组成的单差分放大器用于激励T_1～T_4。T_7、T_8及其偏置电路构成恒流源电路。引脚⑧与⑩接输入电压 v_x,引脚①与④接另一输入电压 v_y,输出电压 v_o从引脚⑥与⑫输出。引脚②与③外接电阻 R_E,对差分放大器 T_5、T_6产生电流负反馈,可调节乘法器的信号增益,扩展输入电压 v_y的线性动态范围。引脚⑭为负电源端(双电源供电时)或接地端(单电源供电时),引脚⑤外接电阻 R_5,用来调节偏置电流I_5及镜像电流 I_0的值。

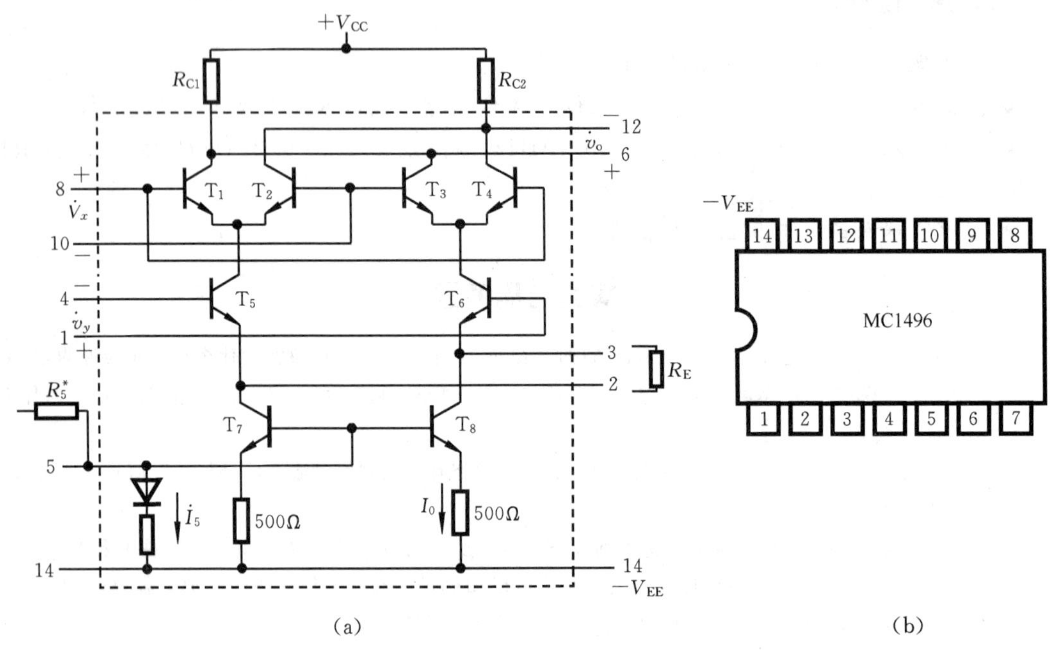

图 6.6.1 MC1496 的内部电路及引脚图

2. 静态工作点设置

(1) 静态偏置电压的设置

静态偏置电压的设置应保证各个晶体管工作在放大状态,即晶体管的集-基极间的电压应大于或等于 2V,小于或等于最大允许工作电压。根据 MC1496 的特性参数(详见附录三),对于图 6.6.1 所示的内部电路,在应用时,静态偏置电压应满足下列关系:

$$V_8=V_{10}\qquad V_1=V_4\qquad V_6=V_{12}\tag{6-6-1}$$

$$\begin{cases}15\text{V}\geqslant(V_6-V_8)\geqslant2\text{V}\\15\text{V}\geqslant(V_8-V_1)\geqslant2.7\text{V}\\15\text{V}\geqslant(V_1-V_5)\geqslant2.7\text{V}\end{cases}\tag{6-6-2}$$

(2) 静态偏置电流的确定

静态偏置电流主要由恒流源 I_0的值来确定。当元器件为单电源工作时,引脚⑭接地,引脚⑤通过一电阻 R_5接正电源$+V_{CC}$(典型值为+12V),由于 I_0是 I_5的镜像电流,所以改变电阻 R_5可以调节 I_0的大小,即

$$I_0 \approx I_5 = \frac{V_{CC} - 0.7V}{R_5 + 500\Omega} \tag{6-6-3}$$

当器件为双电源工作时，引脚⑭接负电源 $-V_{EE}$（一般接 $-8V$），引脚⑤通过电阻 R_5 接地，因此，改变 R_5 也可以调节 I_0 的大小，即

$$I_0 \approx I_5 = \frac{|-V_{EE}| - 0.7V}{R_5 + 500\Omega} \tag{6-6-4}$$

根据 MC1496 的性能参数，器件的静态电流应小于 4mA，一般取 $I_0 \approx I_5 = 1mA$ 左右。

器件的总耗散功率可由下式估算：

$$P_D = 2I_5(V_6 - V_{14}) + I_5(V_5 - V_{14}) \tag{6-6-5}$$

P_D 应小于器件的最大允许耗散功率（33mW）。

6.6.2　集成模拟乘法器的应用

1. 振幅调制

振幅调制就是使载波信号的振幅随调制信号的变化规律而变化的技术。通常载波信号为高频信号，调制信号为低频信号。设载波信号的表达式为 $v_c(t) = V_{cm}\cos\omega_c t$，调制信号的表达式为 $v_\Omega(t) = V_{\Omega m}\cos\Omega t$，则调幅信号的表达式为

$$\begin{aligned} v_o(t) &= V_{cm}(1 + m\cos\Omega t)\cos\omega_c t \\ &= V_{cm}\cos\omega_c t + \frac{1}{2}mV_{cm}\cos(\omega_c + \Omega)t \\ &\quad + \frac{1}{2}mV_{cm}\cos(\omega_c - \Omega)t \end{aligned} \tag{6-6-6}$$

式中，m 为调幅系数，$m = V_{\Omega m}/V_{cm}$；$V_{cm}\cos\omega_c t$ 为载波信号；$\frac{1}{2}mV_{cm}\cos(\omega_c + \Omega)t$ 为上边带信号；$\frac{1}{2}mV_{cm}\cos(\omega_c - \Omega)t$ 为下边带信号。它们的波形及频谱如图 6.6.2 所示。由图可见，调幅波中载波分量占有很大比重，因此，信息传输效率较低，称这种调制为有载波调制。为提高信息传输效率，广泛采用抑制载波的双边带或单边带振幅调制。双边带调幅波的表达式为

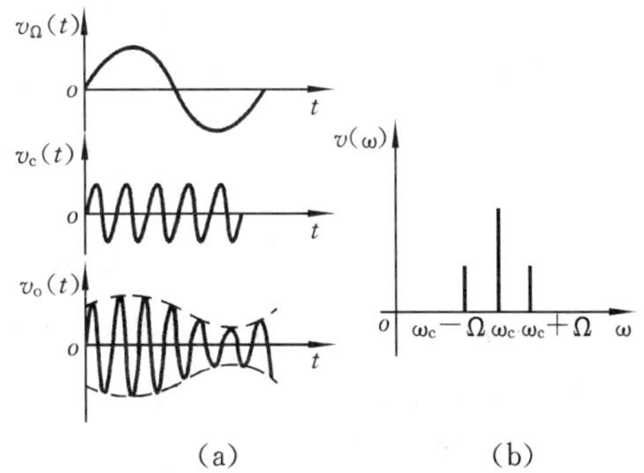

图 6.6.2　振幅调制

(a) 调幅波波形　(b) 调幅波频谱

$$v_o(t) = \frac{1}{2}mV_{cm}[\cos(\omega_c + \Omega)t + \cos(\omega_c - \Omega)t] = mV_{cm}\cos\omega_c t\cos\Omega t \tag{6-6-7}$$

单边带调幅波的表达式为

$$v_o(t) = \frac{1}{2}mV_{cm}\cos(\omega_c + \Omega)t \quad 或 \quad v_o(t) = \frac{1}{2}mV_{cm}\cos(\omega_c - \Omega)t \tag{6-6-8}$$

由 MC1496 构成的振幅调制器电路如图 6.6.3 所示。其中，载波信号 v_c 经高频耦合电容 C_2 从⑩脚（v_x 端）输入，C_3 为高频旁路电容，使⑧脚交流接地；调制信号 v_Ω 经低频耦合电容 C_1 从①脚（v_y 端）输入，C_4 为低频旁路电容，使④脚交流接地。调幅信号 v_o 从⑫脚单端输出。采用双电源供电方式，所以⑤脚的偏置电阻 R_5 接地，由式(6-6-4)可计算静态偏置电流 I_5 或 I_0，即

$$I_5 = I_0 = \frac{|-V_{EE}| - 0.7V}{R_5 + 500\Omega} = 1mA$$

②脚与③脚间接入负反馈电阻 R_E，以扩展调制信号 v_Ω 的线性动态范围，R_E 增大，线性范

围增大，但乘法器的增益随之减小。

电阻 R_6、R_7、R_8 及 R_{C1}、R_{C2} 提供静态偏置电压，保证乘法器内部的各个晶体管工作在放大状态，所以阻值的选取应满足式(6-6-1)、式(6-6-2)的要求。对于图 6.6.3 所示电路参数，静态时($v_c = v_\Omega = 0$)，测量元器件各引脚的电压如下：

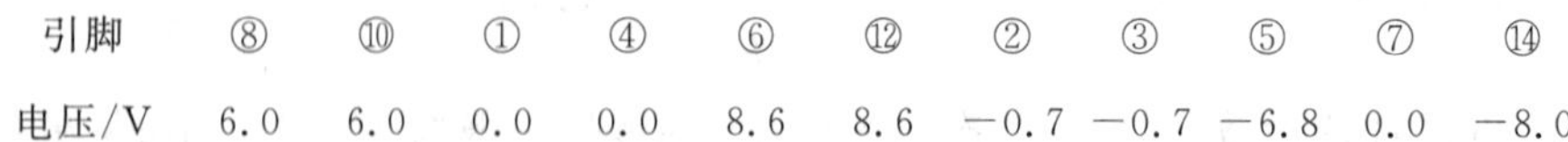

引脚	⑧	⑩	①	④	⑥	⑫	②	③	⑤	⑦	⑭
电压/V	6.0	6.0	0.0	0.0	8.6	8.6	−0.7	−0.7	−6.8	0.0	−8.0

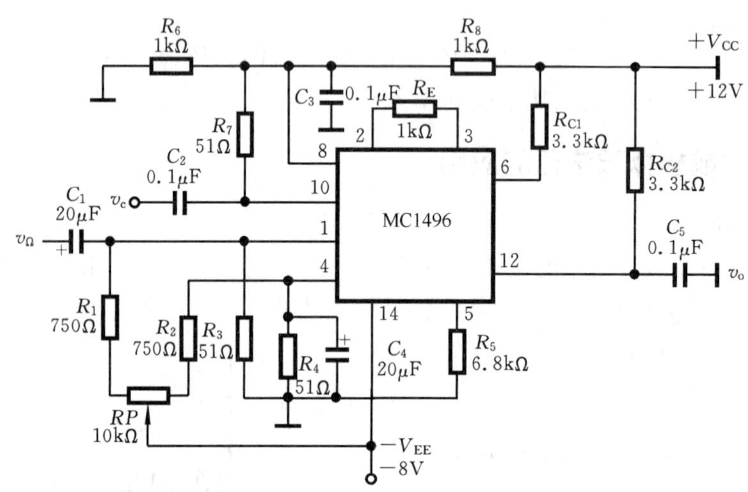

图 6.6.3　MC1496 构成的调幅器

R_1、R_2 与电位器 RP 组成平衡调节电路，改变 RP 的值可以使乘法器实现抑制载波的振幅调制或有载波的振幅调制，操作过程如下。

(1) 抑制载波振幅调制

v_x 端输入载波信号 $v_c(t)$，其频率 $f_c = 5\text{MHz}$，峰-峰值 $V_{c\,p\text{-}p} = 40\text{mV}$（可以根据器件性能增大）。$v_y$ 端输入调制信号 $v_\Omega(t)$，其频率 $f_\Omega = 1\text{kHz}$，先使峰-峰值$V_{\Omega\,p\text{-}p} = 0$。调节 RP，使输出 $v_o = 0$（此时 $V_4 = V_1$）。再逐渐增加$V_{\Omega\,p\text{-}p}$，则输出信号 $v_o(t)$ 的幅度逐渐增大。当 $V_{\Omega\,p\text{-}p}$ 为几百毫伏时，出现如图 6.6.4(a)所示的抑制载波的调幅信号，此时 $V_{o\,p\text{-}p}$ 约几十毫伏。由于器件内部参数不可能完全对称，致使输出波形出现载波漏信号。①脚和④脚分别接电阻 R_3 和 R_4，以抑制载波漏信号和改善温度性能。如果 v_o 的波形上、下不对称，则可在 R_3 或 R_4 或⑧脚的支路中串入 100Ω 电位器，调节该电位器即可改善波形对称性。

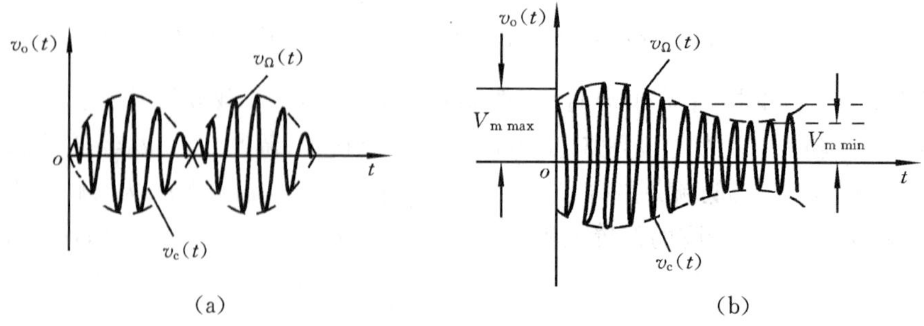

图 6.6.4　调幅器输出波形

(a) 抑制载波的双边带调幅波　(b) 有载波调幅波

(2) 有载波振幅调制

v_x端输入载波信号$v_c(t)$，$f_c=5\text{MHz}$，$V_{c\,p\text{-}p}=40\text{mV}$。$V_{\Omega\,p\text{-}p}=0$时，调节平衡电位器$RP$，使输出信号$v_o(t)$中有载波输出，此时，$V_{o\,p\text{-}p}$约十几毫伏(此时$V_1\neq V_4$)。再从$v_y$端输入调制信号$v_\Omega$，其$f_\Omega=1\text{kHz}$，当$V_{\Omega\,p\text{-}p}$由零逐渐增大时，输出信号$v_o(t)$的幅度会发生变化，当$V_{\Omega\,p\text{-}p}$为几百毫伏时，出现如图 6.6.4(b)所示的有载波调幅信号的波形，调幅系数m为

$$m=\frac{V_{m\,max}-V_{m\,min}}{V_{m\,max}+V_{m\,min}} \tag{6-6-9}$$

式中，$V_{m\,max}$为调幅波幅度的最大值；$V_{m\,min}$为调幅波幅度的最小值。

2. 同步检波

振幅调制信号的解调过程称为检波。常用方法有包络检波和同步检波两种。有载波振幅调制信号的包络直接反映调制信号的变化规律，可以用二极管包络检波的方法进行解调。而抑制载波的双边带或单边带振幅调制信号的包络不能直接反映调制信号的变化规律，无法用包络检波进行解调，所以采用同步检波方法。

利用模拟乘法器的相乘原理，实现同步检波是很方便的，其工作原理如下：在乘法器的一个输入端输入抑制载波的双边带信号$v_s(t)=V_{sm}\cos\omega_c t\cos\Omega t$，另一输入端输入同步信号(即载波信号)$v_c(t)=V_{cm}\cos\omega_c t$，经乘法器相乘，可得输出信号

$$\begin{aligned} v_o(t)&=K_E v_s(t)v_c(t)\\ &=\frac{1}{2}K_E V_{sm}V_{cm}\cos\Omega t+\frac{1}{4}K_E V_{sm}V_{cm}\cos(2\omega_c+\Omega)t\\ &\quad+\frac{1}{4}K_E V_{sm}V_{cm}\cos(2\omega_c-\Omega)t \end{aligned} \tag{6-6-10}$$

(条件：$V_x=V_c<26\text{mV}$，$v_y=v_s$为大信号)

式中，第一项是所需要的低频调制信号分量；后两项为高频分量，可用滤波器滤掉。从而实现了双边带信号的解调。

若输入信号为单边带振幅调制信号，即$v_s(t)=\frac{1}{2}V_{sm}\cos(\omega_c+\Omega)t$，则乘法器的输出

$$\begin{aligned} v_o(t)&=\frac{1}{2}K_E V_{sm}V_{cm}\cos(\omega_c+\Omega)t\cos\omega_c t\\ &=\frac{1}{4}K_E V_{sm}V_{cm}\cos\Omega t+\frac{1}{4}K_E V_{sm}V_{cm}\cos(2\omega_c+\Omega)t \end{aligned} \tag{6-6-11}$$

式中，第一项是所需要的低频调制信号分量；第二项为高频分量，也可以用滤波器滤掉。

如果输入信号$v_s(t)$为有载波振幅调制信号，同步信号为载波信号$v_c(t)$，利用乘法器的相乘原理，同样也能实现解调。设$v_s(t)=V_{sm}(1+m\cos\Omega t)\cos\omega_c t$，$v_c(t)=V_{cm}\cos\omega_c t$，则输出电压

$$\begin{aligned} v_o(t)&=K_E v_s(t)v_c(t)\\ &=\frac{1}{2}K_E V_{sm}V_{cm}+\frac{1}{2}K_E mV_{sm}V_{cm}\cos\Omega t+\frac{1}{2}K_E V_{sm}V_{cm}\cos 2\omega_c t\\ &\quad+\frac{1}{4}K_E mV_{sm}V_{cm}\cos(2\omega_c+\Omega)t+\frac{1}{4}K_E mV_{sm}V_{cm}\cos(2\omega_c-\Omega)t \end{aligned} \tag{6-6-12}$$

(条件：$V_x=V_c<26\text{mV}$，$v_y=v_s$为大信号)

式中，第一项为直流分量；第二项是所需要的低频调制信号分量；后面三项为高频分量，用隔直电容及滤波器可滤掉直流分量及高频分量，从而实现有载波振幅调制信号的解调。

MC1496 模拟乘法器构成的同步检波解调器电路如图 6.6.5 所示。其中，v_x端输入同步信号或载波信号v_c，v_y端输入已调波信号v_s，输出端接有由R_{11}与C_6、C_7组成的低通滤波器及

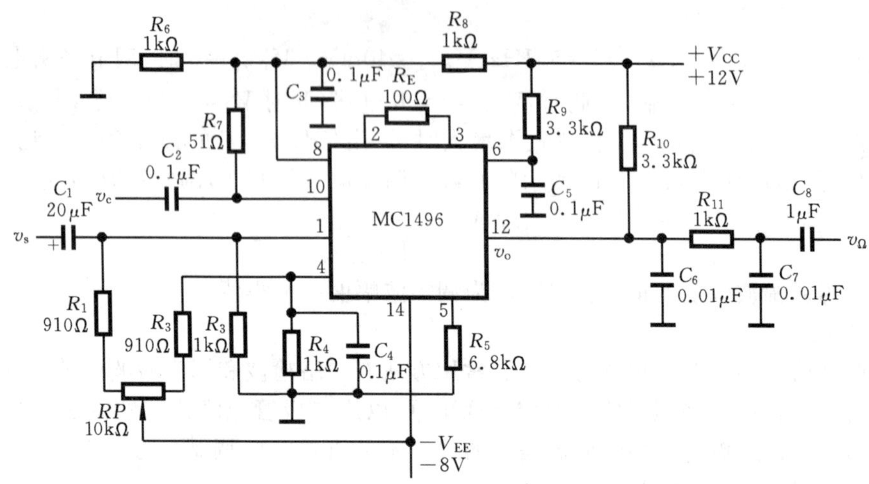

图 6.6.5 MC1496 构成的同步检波器

隔直电容 C_8，所以该电路对有载波调幅信号及抑制载波的调幅信号均可实现解调，但要合理选择滤波器的截止频率。

电路的解调操作过程如下：首先测量电路的静态工作点（与图 6.6.3 所示电路的静态工作点基本相同），再输入载波信号 v_c，其 $f_c=5\text{MHz}$，$V_{c\,p\text{-}p}=100\text{mV}$。先令 $v_y=0$，调节平衡电位器 RP，使输出 $v_o=0$，即为平衡状态。再输入有载波的调幅信号 v_s，其 $f_c=5\text{MHz}$，$f_\Omega=1\text{kHz}$，$V_{s\,p\text{-}p}=200\text{mV}$，调制度 $m=100\%$，这时乘法器的输出 $v_o(t)$ 经低通滤波器后输出 $v_o'(t)$，经隔直电容 C_8 后的输出为 $v_\Omega(t)$，其波形如图 6.6.6(a)所示。调节电位器 RP 可使输出波形 $v_o(t)$ 的幅度增大，波形失真减小。

若 v_s 为抑制载波的调幅信号，经 MC1496 同步检波后的输出波形 $v_\Omega(t)$ 如图 6.6.6(b)所示。若 v_Ω 的幅度较小，则可以增加一级运放电路放大 v_Ω 信号。

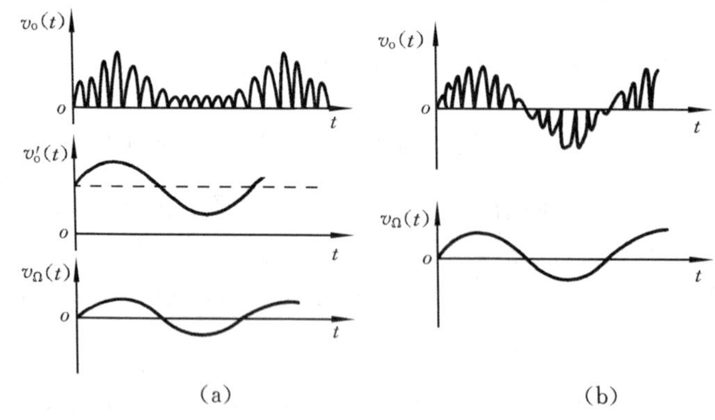

图 6.6.6 解调器输出波形

(a) 有载波信号的解调 (b) 抑制载波信号的解调

3. 鉴频

(1) 鉴频原理

鉴频是调频的逆过程，广泛采用的鉴频电路是相位鉴频器。鉴频原理是：先将调频波经过一个线性移相网络变换成调频调相波，然后再与原调频波一起加到一个相位检波器进行鉴频。因此，实现鉴频的核心部件是相位检波器。

相位检波又分为叠加型相位检波和乘积型相位检波，利用模拟乘法器的相乘原理可实现乘积型相位检波，其基本原理是：在乘法器的一个输入端输入调频波 $v_s(t)$，设其表达式为

$$v_s(t) = V_{sm}\cos(\omega_c t + m_f \sin\Omega t) \tag{6-6-13}$$

式中，m_f 为调频系数，$m_f = \Delta\omega/\Omega$ 或 $m_f = \Delta f/f$，其中 $\Delta\omega$ 为调制信号产生的频偏。另一输入端输入经线性移相网络移相后的调频调相波 $v'_s(t)$，设其表达式为

$$\begin{aligned} v'_s(t) &= V'_{sm}\cos\left\{\omega_c t + m_f \sin\Omega t + \left[\frac{\pi}{2} + \varphi(\omega)\right]\right\} \\ &= V'_{sm}\sin[\omega_c t + m_f \sin\Omega t + \varphi(\omega)] \end{aligned} \tag{6-6-14}$$

式中，$\varphi(\omega)$ 为移相网络的移相角，这时乘法器的输出

$$\begin{aligned} v_o(t) &= K_E v_s(t) v'_s(t) \\ &= \frac{1}{2}K_E V_{sm} V'_{sm}\sin[2(\omega_c t + m_f \sin\Omega t) + \varphi(\omega)] + \frac{1}{2}K_E V_{sm} V'_{sm}\sin\varphi(\omega) \end{aligned} \tag{6-6-15}$$

式中，第一项为高频分量，可以用滤波器滤掉。第二项是所需要的频率分量，只要线性移相网络的相频特性 $\varphi(\omega)$ 在调频波的频率变化范围内是线性的，当 $|\varphi(\omega)| \leqslant 0.4\text{rad}$ 时，$\sin\varphi(\omega) \approx \varphi(\omega)$。因此，鉴频器的输出电压 $v_o(t)$ 的变化规律与调频波瞬时频率的变化规律相同，从而实现了相位鉴频。所以，相位鉴频器的线性鉴频范围受到移相网络相频特性的线性范围的限制。

(2) 鉴频特性

相位鉴频器的输出电压 v_o 与调频波瞬时频率 f 的关系称为鉴频特性，其特性曲线（或称 S 曲线）如图 6.6.7 所示。鉴频器的主要性能指标是鉴频灵敏度 S_d 和线性鉴频范围 $2\Delta f_{max}$。

S_d 定义为鉴频器输入调频波单位频率变化所引起的输出电压的变化量，通常用鉴频特性曲线 v_o-f 在中心频率 f_0 处的斜率来表示，即

$$S_d = V_o/\Delta f \tag{6-6-16}$$

$2\Delta f_{max}$ 定义为鉴频器不失真解调调频波时所允许的最大频率线性变化范围，$2\Delta f_{max}$ 可在鉴频特性曲线上求出。

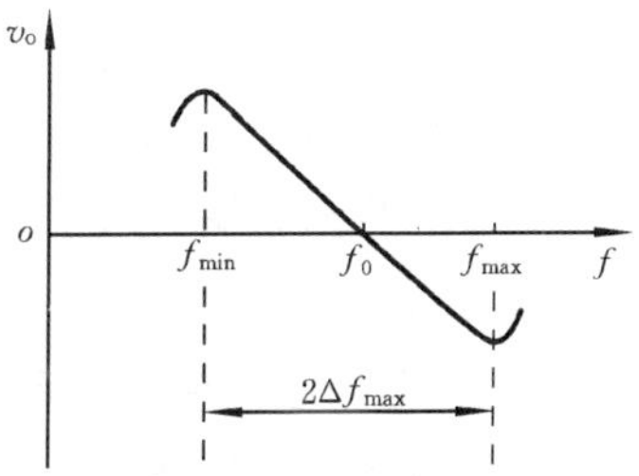

图 6.6.7 相位鉴频特性

(3) 乘积型相位鉴频器

用 MC1496 构成的乘积型相位鉴频器实验电路如图 6.6.8 所示（图中参数供参考）。

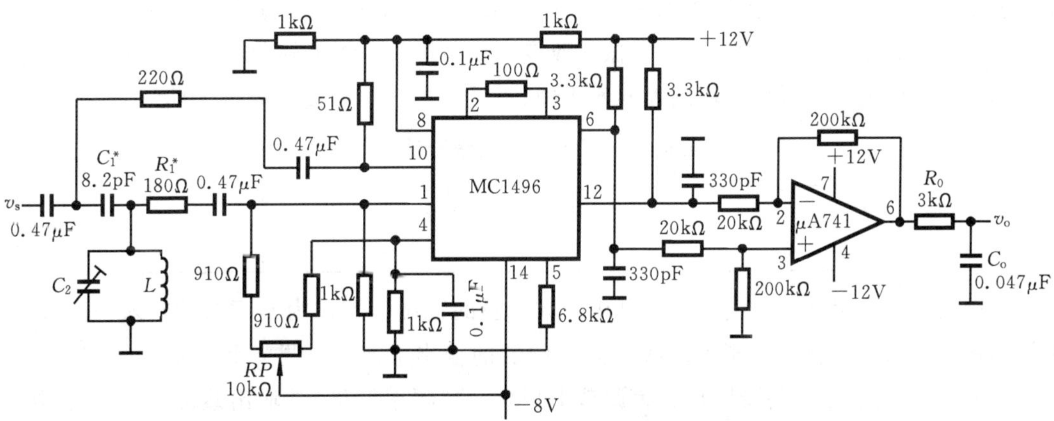

图 6.6.8 MC1496 构成的相位鉴频器实验电路

图中 C_1 与并联谐振回路 C_2L 共同组成线性移相网络，将调频波的瞬时频率的变化转变成瞬时相位的变化。分析表明，该网络的传输函数的相频特性 $\varphi(\omega)$ 的表达式为

$$\varphi(\omega)=\frac{\pi}{2}-\arctan\left[Q\left(\frac{\omega^2}{\omega_0^2}-1\right)\right] \tag{6-6-17}$$

当 $\frac{\Delta\omega}{\omega_0}\ll 1$ 时，上式可近似表示为

$$\varphi(\Delta\omega)=\frac{\pi}{2}-\arctan\left(Q\frac{2\Delta\omega}{\omega_0}\right)$$

或

$$\varphi(\Delta f)=\frac{\pi}{2}-\arctan\left(Q\frac{2\Delta f}{f_0}\right) \tag{6-6-18}$$

式中，f_0 为回路的谐振频率，与调频波的中心频率相等；Q 为回路的品质因数；Δf 为瞬时频率偏移。

相移 φ 与频偏 Δf 的特性曲线如图 6.6.9 所示。由图可见，当 $f=f_0$ 时，相位等于 $\pi/2$，在 Δf 范围内，相位随频偏呈线性变化，从而实现线性移相。MC1496 的作用是将调频波与调频调相波相乘（见式(6-6-15)），其输出端接集成运放构成的差分放大器，将双端输出变成单端输出，再经 R_0、C_0 组成的滤波网络输出。图 6.6.8 所示鉴频电路的鉴频操作过程如下：首先测量鉴频器的静态工作点（与图 6.6.3 电路的静态工作点基本相同），再调谐并联谐振回路，使其谐振频率 $f_0=5\text{MHz}$；再从 v_x 端输入 $f_c=5\text{MHz}$，$V_{\text{cp-p}}=40\text{mV}$ 的载波（不接相移网络，$v_y=0$），调节平衡电位器 RP 使载波抑制最佳（$V_o=0$）；然后接入移相网络，输入调频波 v_s，其中心频率 $f_0=5\text{MHz}$，$V_{\text{sp-p}}=40\text{mV}$。调制信号的频率 $f_\Omega=1\text{kHz}$，最大频偏 $\Delta f_{max}=75\text{kHz}$，调节谐振回路电容 C_2 及电阻 R_1（改变回路品质因数）使输出端获得的低频调制信号 $v_o(t)$ 的波形失真最小，幅度最大。

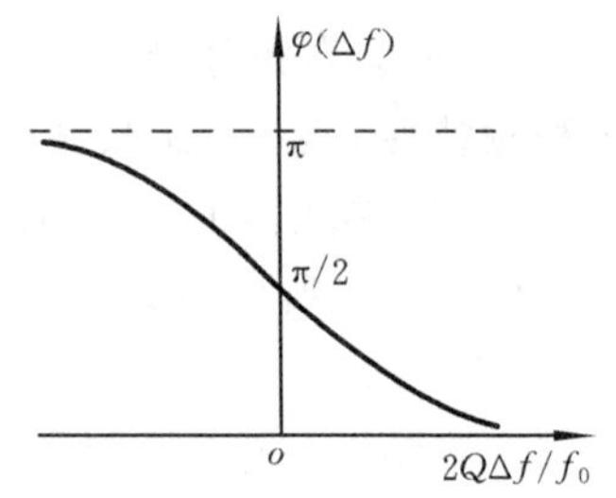

图 6.6.9 移相网络的相频特性

(4) 鉴频特性曲线（S 曲线）的测量方法

测量鉴频特性曲线的常用方法有逐点描迹法和扫频测量法。

逐点描迹法的操作是：用高频信号发生器作为鉴频器的输入 v_s（见图 6.6.8），频率为 5MHz，幅度 $V_{\text{sp-p}}=40\text{mV}$；鉴频器的输出端 v_o 接数字万用表（置于"直流电压"挡），测量输出电压 V_o 值（调谐并联谐振回路，使其谐振）；改变高频信号发生器的输出频率（维持幅度不变），记下对应的输出电压 V_o 值，并填入表 6.6.1 中；最后根据表中测量值描绘 S 曲线。

表 6.6.1 鉴频特性曲线的测量值

f/MHz	4.5	4.6	4.7	4.8	4.9	5.0	5.1	5.2	5.3	5.4	5.5
V_o/mV											

扫频测量法的操作是：将扫频仪（如 BT-3G 型）的输出信号作为鉴频器的输入信号 v_s，扫频仪的检波探头电缆换成夹子电缆线接到鉴频器的输出端 v_o，先调节 BT-3G 的中心频率使 $f_0=5\text{MHz}$（并联谐振回路谐振）；然后调节 BT-3G 的"频率偏移"、"输出衰减"和"Y 轴增益"等旋钮，使 BT-3G 上直接显示出鉴频特性曲线，利用"频标"可绘出 S 曲线。调节图 6.6.8 所示谐振回路的电容 C_2，平衡电位器 RP，及电阻 R_1 可改变 S 曲线的斜率和对称性。

6.6.3 实验研究任务

实验课题:乘积型相位鉴频器的实验与研究

● 实验仪器设备 扫频仪 BT-3G 其他仪器与 6.2 节相同

● 实验研究内容

① 参考图 6.6.8 所示电路,设计计算鉴频器的静态偏置电流 I_5及偏置电压 V_8、V_{10}、V_1、V_4及 V_6、V_{12}。

② 安装、调整鉴频器的静态工作点,记录测量值并与计算值相比较。

③ 调谐鉴频器的并联谐振回路,使其谐振于调频波的中心频率 f_0。

④ 输入调频波 v_s,用双踪示波器观测鉴频器的输入、输出波形,调整电路参数(如 RP、LC 并联回路及输出端低通滤波的参数等),使输出波形 $v_o(t)$的失真最小,幅度最大,并记录上述参数对输出波形的影响程度。

⑤ 用逐点法或扫频法测鉴频特性曲线,将测量数据列表(见表 6.6.1)并绘制 S 曲线。由 S 曲线计算鉴频灵敏度 S_d和线性鉴频范围 $2\Delta f_{max}$。

⑥ 实验并记录影响 S 曲线的特性(如对称性或非线性失真、S_d和 $2\Delta f_{max}$等)的参数。

⑦ 待 S 曲线及输出波形为最佳时,重新测量鉴频器的静态工作点。

实验与思考题

6.6.1 当 MC1496 模拟乘法器为单电源供电时,图 6.6.3 所示调幅器电路应如何设计?画出设计的电路图。

6.6.2 当调幅器的输出信号为抑制载波的双边带信号时,MC1496 的①脚、④脚的直流电压分别为多少?

6.6.3 如何获得抑制载波的单边带(上边带或下边带)信号?画出实验电路。

6.6.4 MC1496 的输入信号 v_x的幅度的范围受哪些条件限制(接反馈电阻 R_E时)?为什么?

6.6.5 如何改善图 6.6.8 所示相位鉴频器的输出波形?请用实验证明之。

6.6.6 测量鉴频特性曲线时,鉴频特性参数 S_d、$2\Delta f_{max}$及非线性失真与图 6.6.8 中哪些参数有关?为什么?

6.6.7 如何应用 MC1496 模拟乘法器实现混频、倍频等频率变换,画出实验电路。

6.7 调幅发射机设计

学习要求 掌握点频调幅发射机电路的设计与调试方法,以及调试中常见故障的分析与处理;学习合理分解系统指标,用单元电路组合设计来实现整机性能要求的设计方法。

6.7.1 调幅发射机的主要技术指标

由于调幅发射机实现调制简便,调制所占的频带窄,并且与之对应的调幅接收设备简单,所以调幅发射机广泛地用于广播发射。调幅发射机的主要指标如下。

● 工作频率范围 调幅制一般适用于中、短波广播通信,其工作频率范围为 300kHz～30MHz。

● 发射功率 参见 6.4 节。

● 调幅系数 调幅系数 m_a是调制信号 v_Ω控制载波电压 v_c振幅变化的系数,m_a的取值范围为 0～1,通常以百分比来表示,即 0%～100%。

● 非线性失真(包络失真) 调制器的调制特性不能跟随调制电压线性变化而引起已调波

的包络失真为调幅发射机的非线性失真，一般要求小于10%。

● 线性失真　保持调制电压振幅不变，改变调制频率引起的调幅度特性变化称为线性失真。

● 噪声电平　噪声电平是指没有调制信号时，由噪声产生的调幅度与信号最大时的调幅度比。广播发射机的噪声电平要求小于0.1%，一般通信机的噪声电平要求小于1%。

● 总效率　参见6.4节。

6.7.2 调幅发射机的工作原理

一般调幅发射机的组成框图如图6.7.1所示，其工作原理是：第一本机振荡产生一个固定频率的中频信号，它的输出送至调制器；话音放大电路放大来自话筒的信号，其输出也送至调制器；调制器输出是已调幅了的中频信号，该信号经中频放大后与第二本振信号混频；第二本振是一频率可变的信号源，一般选第二本振频率 f_{o2} 是第一本振频率 f_{o1} 与发射载频 f_c 之和；混频器输出经带通或低通滤波器滤波，使输出载频 $f_c=f_{o2}-f_{o1}$；功放级将载频信号的功率放大到所需发射的功率。

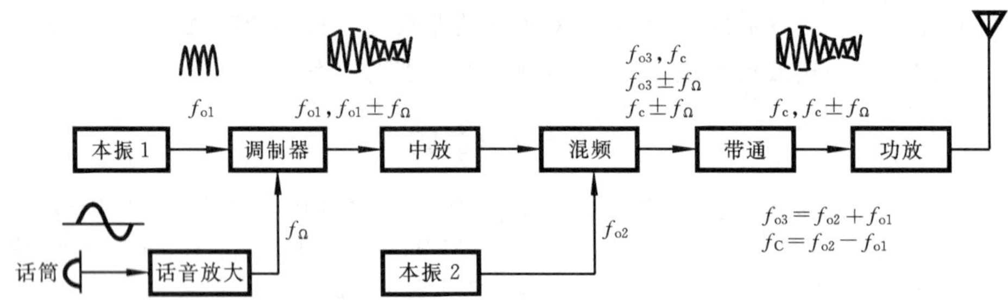

图6.7.1　调幅发射机组成框图

6.7.3 设计举例

例　设计一个小功率点频调幅发射机。

● 已知条件　$+V_{CC}=+12V$、$-V_{EE}=-12V$，主要元器件有MC1496、μA741、3.579MHz晶振、3DG100、3DG130、NXO-10磁环，负载 $R_L=75\Omega$，音频调制电压5mV，调制频率300Hz～3kHz。

● 主要技术指标要求　工作频率3.579MHz，发射功率 $P_o\geqslant 150mW$，调制度50%，总效率 $\eta\geqslant 40\%$。

解　(1) 拟定调幅发射机组成框图

根据调幅发射机的工作原理和给定的技术指标要求画出组成框图，如图6.7.2所示。

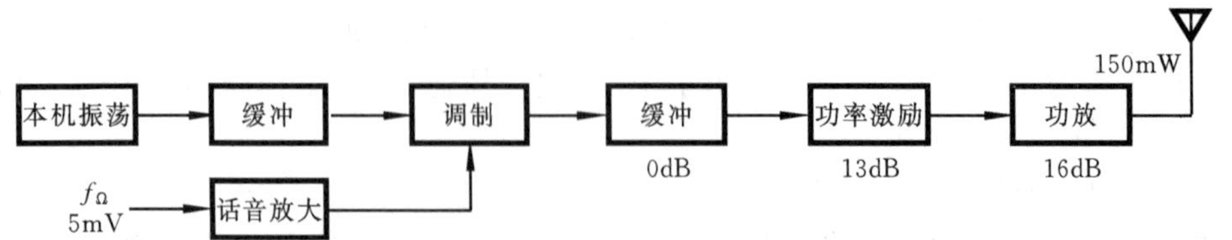

图6.7.2　点频调幅发射机组成框图

图中，各组成部分的作用如下。

- **本机振荡**　产生频率为 3.579MHz 的载波信号。
- **缓冲隔离级**　将晶体振荡级与调制级隔离，减少调制级对晶体振荡级的影响；将功率激励级与调制级隔离，减少功率激励级对调制级的影响。
- **话音放大级**　将话筒信号电压放大到调制器所需的调制电压。
- **调制级**　将话音信号调制到载波上，产生已调波。
- **功率激励级**　为末级功放提供激励功率。
- **末级功放**　对前级送来的信号进行功率放大，在负载上获得满足要求的发射功率。采用丙类功率放大器，工作频率为本机振荡频率 3.579MHz。

(2) 增益分配

发射机级需要有一定的功率才能将信号发射出去，而每一级的功率又不能太大，否则会引起电路工作不稳定，容易自激。因此，应根据发射机各组成部分的作用，合理地分配各级的增益指标。根据调制器的输入特性确定本振信号和调制信号的振幅；由调制器的输出功率和发射机的输出功率确定功率激励级和功放级的增益，为了兼顾功率与效率，丙类功率放大器的导通角取 70°左右。设各级增益分配如图 6.7.2 所示。

(3) 单元电路设计

1) 本机振荡电路

本机振荡电路的输出是发射机的载波信号源，要求它的振荡频率应十分稳定。一般的 LC 振荡电路，其日频率稳定度约为 $10^{-2}\sim10^{-3}$，晶体振荡电路的 Q 值可达数万，其日频率稳定度可达 $10^{-5}\sim10^{-6}$。因此，本机振荡电路采用晶体振荡器。

晶体振荡器的电路如图 6.7.3 所示。晶振、C_1、C_2、C_3与 T_1构成改进型电容三点式振荡电路（克拉波电路），振荡频率由晶振的等效电容和等效电感决定。电路中 T_1的静态工作点由 R_1、R_2、R_3决定。在设置静态工作点时，应首先设定晶体管的集电极电流 I_{CQ}，一般取 0.5mA～4mA，I_{CQ}太大会引起输出波形失真，产生高次谐波。设晶体管 $\beta=60$，$I_{CQ}=2\text{mA}$，$V_{EQ}=(1/2\sim2/3)V_{CC}$，则可算出 R_1、R_2、R_3。按图 6.7.3 所示电路安装调试后测得 $V_{BQ}=8.3\text{V}$，$V_{EQ}=7.7\text{V}$。

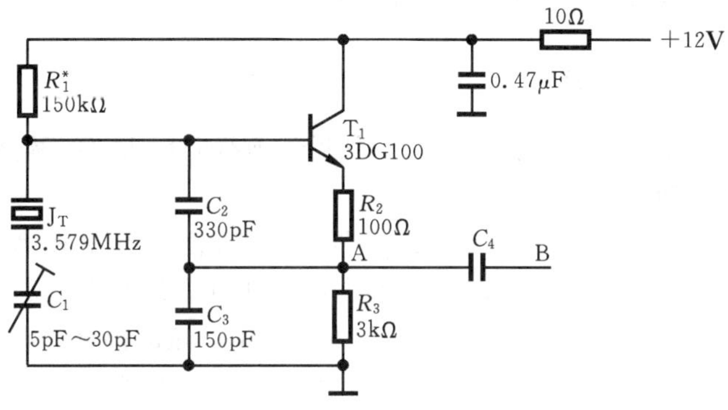

图 6.7.3　晶体振荡电路

2) 调制电路

根据题意及给定的主要元器件，选定模拟乘法器 MC1496 构成的调幅电路如图 6.7.4 所示。模拟乘法器的工作原理见 6.6 节。

根据课题给定的工作电压及模拟乘法器的工作特性设置静态工作点。乘法器的静态偏置电流主要由内部恒流源 I_0的值来确定，I_0是⑤脚上的电流 I_5的镜像电流，改变电阻 R_{25}可调节 I_0的大小。

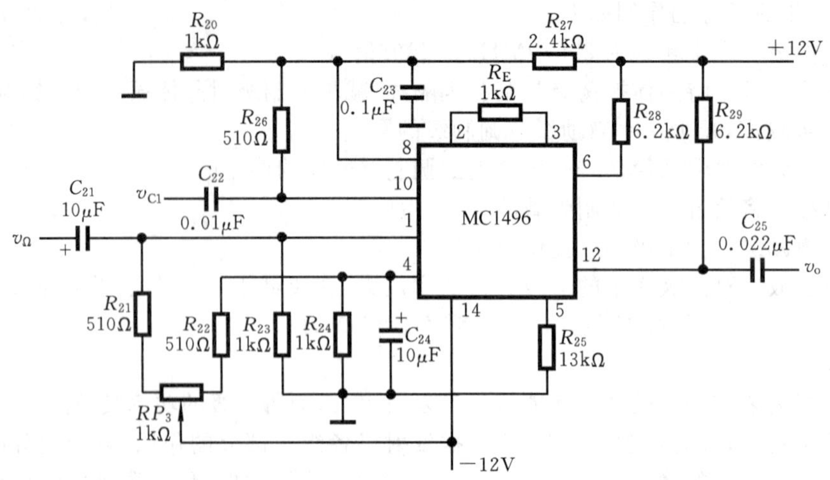

图 6.7.4 调制器电路

在设置乘法器各点的静态偏置电压时，应使乘法器内部的三极管均工作在放大状态，并尽量使静态工作点处于直流负载线的中点。对应于图 6.7.4 所示电路，应使内部电路中三极管的 $V_{CE}=4V\sim6V$，即 $V_6-V_8=V_{12}-V_{10}=4V\sim6V$，$V_8-V_4=V_{10}-V_1=4V\sim6V$，$V_2-(-V_{EE})=V_3-(-V_{EE})=4V\sim6V$。为了使输出上、下调制对称，在设计外部电路时，还应使 $V_{12}=V_6$、$V_8=V_{10}$，而且⑫脚及⑥脚所接的负载电阻应相等，即 $R_{28}=R_{29}$。

按图 6.7.4 所示电路装调后，测各引脚的静态偏置电压为

V_1	V_4	V_2	V_3	V_6	V_{12}	V_8	V_{10}	V_5
−6V	−6V	−6.5V	−6.5V	+6.9V	+6.9V	+0.5V	+0.5V	−10.4V

话音放大器的设计，参考 5.7 节的设计举例。缓冲级、功率激励级、功率放大级的设计可参考 6.3 节、6.4 节，设计完成的整机电路如图 6.7.5 所示。

6.7.4 电路装调与测试

电路调试应先分别调整各级静态工作点，然后从前级向后级逐级调整输出信号。

1. 晶体振荡器的调试

调晶体振荡器时，应先断开晶振，使振荡器不振荡，再用万用表测三极管的各极电压。V_{EQ}应满足 $V_{EQ}/(R_2+R_3)\approx I_{CQ}=2mA$，若不满足则可调整 R_1的值。将三极管的静态工作点调试正确后，再接上晶振，测量振荡器的振荡频率和输出电压的幅度。测量时要正确选择测试点，使仪器的输入阻抗远大于电路测试点的输出阻抗。在输出端还应接负载电阻 R_L，R_L应与下一级电路的等效输入阻抗相等。若仪器的输入阻抗较高，则可选择 A 点(见图 6.7.5)测量；若仪器的输入阻抗较低，则应选择 B 点测量，这时耦合电容 C_0的取值约 20pF。

2. 调制器的测试

测调制器电路静态工作点时，应使本振信号 $v_o=0$，调制信号 $v_\Omega=0$。先测 MC1496⑤脚上的电压 V_5，调整 R_5的值，使$|V_5|/R_5=I_o$；然后测量各点静态工作电压，其值应与设计值大致相同。加本振电压 $v_o=100mV$，使调制电压 $v_\Omega=0$，调节 RP_3使 MC1496 输出信号为最小值，再使 $v_\Omega=100mV$，这时测得的输出波形应为载波被抑制的双边带信号波形，再调节RP_3使输出波形为 $m_a=50\%$的调幅波。

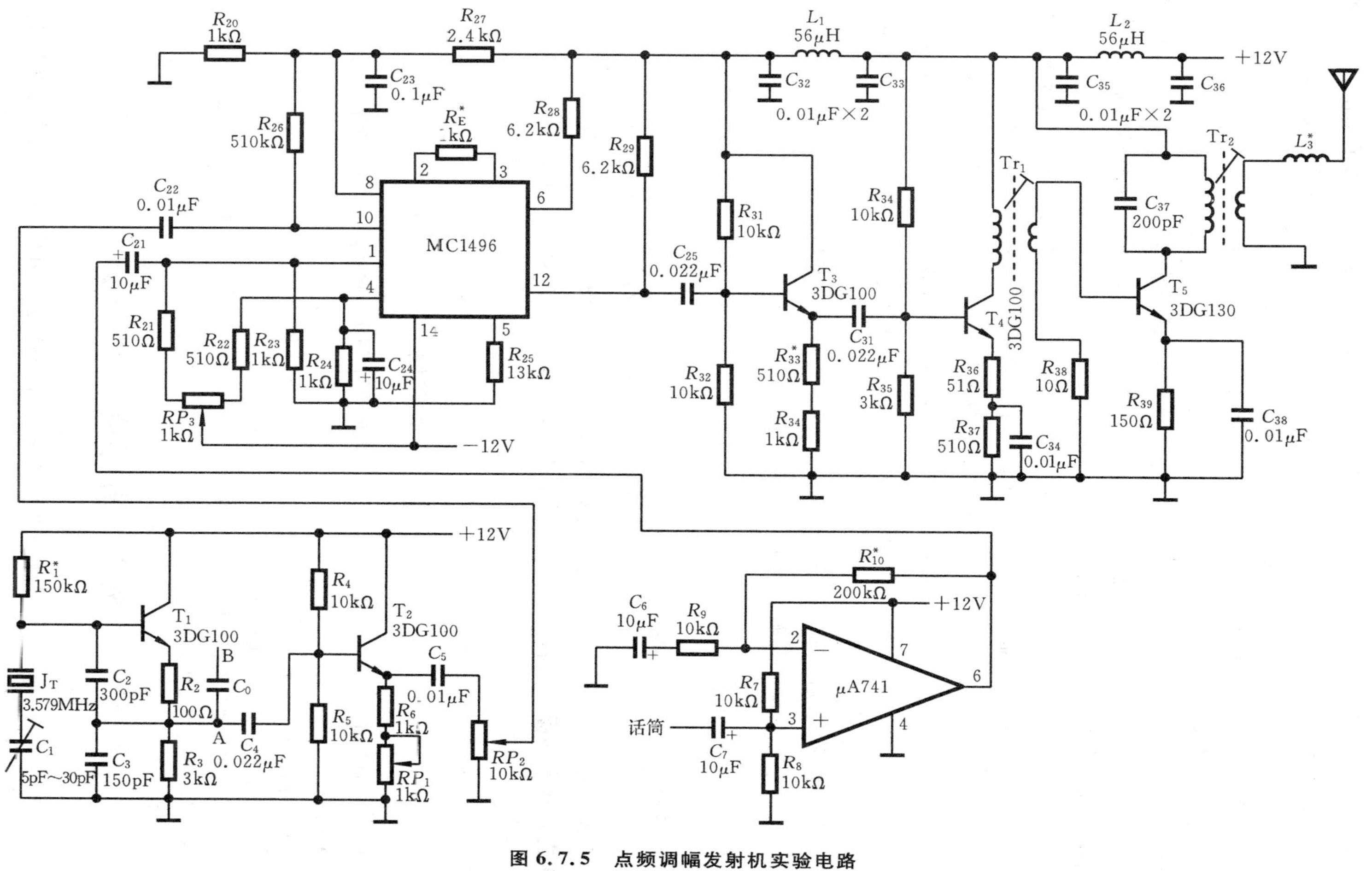

图 6.7.5 点频调幅发射机实验电路

3. 整机联调及其常见故障分析

晶振级与缓冲级联调时会出现缓冲级输出电压明显减小或波形失真的情况。产生的主要原因是缓冲级的输入阻抗不够大，使晶振级负载加重。这可通过增大缓冲级的射极电阻RP_1来提高缓冲级输入阻抗，也可通过减小C_4，即减小晶振级与缓冲级的耦合来实现。

本机振荡级、缓冲级、话音放大级以及调制级联调时，往往会出现过调幅现象。产生的原因可能是经射极跟随器输出的本振电压v_o偏小或是话音放大级输出的调制电压v_Ω过大。可调节RP_2使v_o=100～150mV，并测量调制器输出波形，调试出合格的调幅信号。与功率放大器联调时，会出现调幅度降低，这是采用了丙类功率放大器的缘故。调整话音放大级增益，以满足调幅度m_a=50%的技术指标要求。

功率激励级与功率放大级联调时，往往会出现低频调制、高频自激、输出功率小、波形失真大等现象。产生的原因可能是级间通过电源产生串扰或是甲类功放与丙类功放的阻抗不匹配，级间相互影响。这可在每一级单元电路的电源上加低、高频去耦电路，以消除来自电源的串扰，也可以重新调整谐振回路，使回路调谐。调整时可通过拨动磁环上线圈间的间距来调整电感量，间距越密电感量越大。由于甲类功放的负载就是丙类功放的输入阻抗，因此，调试时相互之间会有影响，调试时应前、后级反复调，直至两级间为最佳匹配、输出功率最大、失真最小为止。在与功放级联时，还会出现寄生振荡现象，其产生原因及消除方法见6.3节。本例整机调试完成后的实验电路参数如图6.7.5所示。

6.7.5 设计任务

设计课题：小功率调幅发射机设计

● 已知条件　$+V_{CC}=+10V$、$-V_{EE}=-10V$；主要元器件有MC1496、3DG100、3DG130、4MHz晶振、NXO-10磁环；话音放大级输入电压为5mV；负载电阻$R_L=75\Omega$。

● 主要技术指标　工作频率f=8MHz，发射功率P_o=300mW，调幅度m_a=50%，整机效率大于40%。

● 实验仪表　与6.2.5小节中的相同。

实验与思考题

6.7.1 图6.7.3所示的C_1的作用是什么？加C_1和不加C_1的频率偏移是多少？是正偏移还是负偏移，用实验说明之。

6.7.2 调制电路的工作电流I_0过小或过大会出现哪些现象？用实验说明I_0过小产生的现象，为什么不能用实验来说明I_0过大产生的现象。

6.7.3 用实验比较抑制载波的调幅波和调幅度为100%的调幅波的波形，说明二者的差别。

6.7.4 调制级输出出现过调的原因是什么？怎样才能消除过调？用实验说明之。

6.8 调幅接收机设计

学习要求　掌握点频调幅接收机电路的设计与调试方法，以及调试中常见故障的分析与处理。

6.8.1 调幅接收机的主要技术指标

● 工作频率范围　调幅接收机的工作频率是与调幅发射机的工作频率相对应的。由于调幅制一般适用于广播通信，调幅发射机的工作频率范围是 300kHz～30MHz，所以调幅接收机的工作频率范围也是 300kHz～30MHz。

● **灵敏度**　接收机输出端在满足额定的输出功率，并满足一定输出信噪比时，接收机输入端所需的最小信号电压称为接收的灵敏度。调幅接收机的灵敏度一般为 5μV～50μV。

● **选择性**　接收机从作用在接收天线上的许多不同频率的信号（包括干扰信号）中选择有用信号，同时抑制邻近频率信号干扰的能力称为选择性。通常以接收机接收信号的 3dB 带宽和接收机对邻近频率的衰减能力来表示。通常要求 3dB 带宽不小于 6kHz～9kHz，40dB 带宽不大于 20kHz～30kHz。

● **中频抑制比**　接收机抑制中频干扰的能力称为中频抑制比。通常以输入信号频率为本机中频时的灵敏度 S_{IF} 与接收灵敏度 S 之比表示中频抑制比，一般以 dB 为单位。dB 数越大，说明抗中频干扰能力越强。中频抑制比＝$20\lg(S_{IF}/S)$dB。中频抑制比一般应大于 60dB。

● **镜频抑制比**　接收机对于镜频（镜像频率）干扰的抑制能力称为镜频抑制比。镜频＝$f_s \pm 2f_i$。其中，f_s 为信号频率；f_i 为中频频率。对于本振频率高于信号频率的接收机，其镜频为 f_s+2f_i；对于本振频率低于信号频率的接收机其镜频为 f_s-2f_i。通常以输入信号频率为镜频时的灵敏度 S_{IM} 与接收灵敏度 S 之比表示镜频抑制比，一般以 dB 为单位，dB 数越大，抗镜频干扰能力越强。镜频抑制比＝$20\lg(S_{IM}/S)$dB。通常镜频抑制比应大于 60dB。

对于有 2 个中频的接收机，其中频抑制比和镜频抑制比分为第一中频抑制比、第二中频抑制比和第一镜频抑制比、第二镜频抑制比。

● **自动增益控制能力**　接收机利用接收信号中的载波控制其增益以保证输出信号电平恒定的能力称为自动增益控制能力。测量时，通常使接收机输入信号从某规定值开始逐步增加，直至接收机输出变化到某规定数值（如 3dB）为止，此时输入信号电平所增加的 dB 数即为接收机的自动增益控制能力。

● **输出功率**　接收机在输出负载上的最大不失真功率称为输出功率。

6.8.2　调幅接收机的工作原理

超外差式调幅接收机的组成框图如图 6.8.1 所示，其工作原理如下。

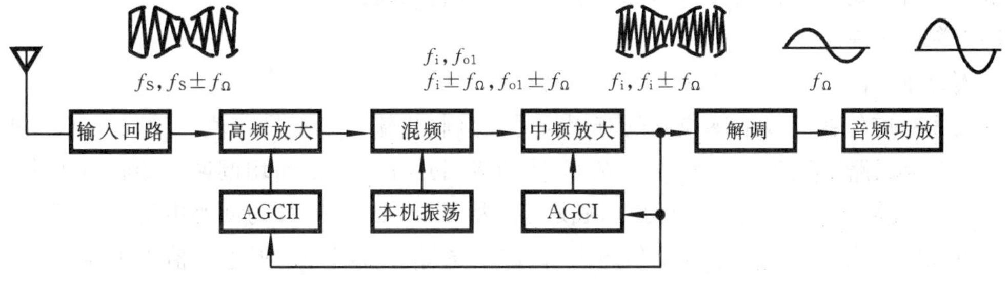

图 6.8.1　超外差式调幅接收机组成框图

天线接收到的高频信号经输入回路送至高频放大器，输入回路选择接收机工作频率范围内的信号，高频放大电路将输入信号放大后送至混频电路。本振信号是频率可变的信号源，外差式接收机本振信号的频率 f_o 与接收信号的频率 f_s 之和为固定中频 f_i，内差式接收机本振信号频率 f_o 与接收信号的频率 f_s 之差为固定中频 f_i。本振输出也送至混频电路，混频输出为含有 f_s、f_o、$f_o \pm f_s$ 频率成分的信号。中频放大器放大频率为中频 f_i 的信号，中频放大器输出送至解调电路。解调器输出为低频信号,低频功放电路将解调后的低频信号进行功率放大,推动扬声器工作或推动控制器工作。自动增益控制电路AGCⅠ、AGCⅡ,产生控制信号,控制高频放大级及中频放大级的增益。

6.8.3 设计举例

例 设计一点频调幅接收机。

- 主要技术指标要求 工作频率3.579MHz,输出功率P_o=100mW,灵敏度50μV。
- 给定条件 $+V_{CC}=+12V$,$-V_{EE}=-12V$。
- 主要器件 MC1496,3.579MHz晶振,LA4102,NXO-100磁环,8Ω/0.25W扬声器。

解 (1) 拟定点频调幅接收机组成框图

根据调幅接收机工作原理和课题要求,可省去图6.8.1所示的可变频本振信号。给定的解调器件为模拟乘法器,模拟乘法器用作检波时必须有一与接收信号同频的本振信号。因此,拟定点频调幅接收机框图如图6.8.2所示。

- 输入回路 选择接收信号,应将输入回路调谐于接收机的工作频率。
- 高频放大 将输入信号进行选频放大,其选频回路应调谐于接收机工作频率。
- 解调 将已调信号还原成低频信号。
- 本机振荡 为解调器提供与输入信号载波同频的信号。

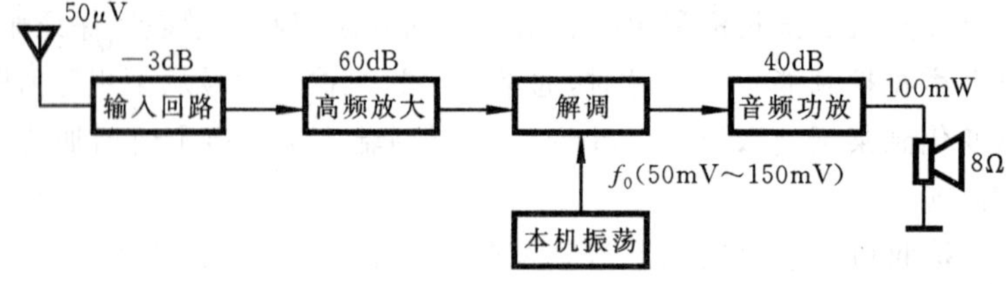

图6.8.2 点频调幅接收机组成框图

(2) 各级增益分配

根据题目给定的器件及技术指标要求,设各级增益如图6.8.2所示。

(3) 单元电路设计

1) 输入回路

输入回路应使在天线上感应到的有用信号在接收机输入端呈最大值。设输入回路初级电感为L_1,次级回路电感为L_2,选择C_1和C_2使初级回路和次级回路均调谐于接收机工作频率。

在设定回路的LC参数时,应使L值较大。因为$Q=\omega_{OL}/R$(R为回路电阻,由回路中电感绕线电阻和电容引线电阻形成),Q值越大,回路的选择性就越好。但电感值也不能太大,电感值大,电容值就应小,电容值太小则分布电容就会影响回路的稳定性,一般取$C \gg C_{ie}$(C_{ie}为高频放大电路中晶体管的输入电容)。

2) 高频放大电路

小信号放大器的工作稳定性是一项重要的质量指标。单管共发射极放大电路用作高频放大器时,晶体管反向传输导纳y_{re}对放大器输入导纳Y_i的作用,会引起放大器工作不稳定。

当放大器采用图6.8.3所示共射-共基级联放大器时,共基电路的特点是输入阻抗很低和

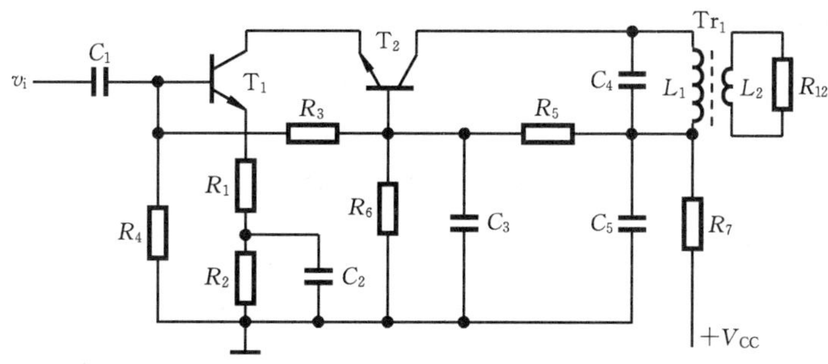

图 6.8.3 共射-共基级联放大器

输出阻抗很高，当它和共射电路连接时相当于放大器的负载导纳 Y_L' 很大，此时放大器的输入导纳 $Y_i = y_{ie} - y_{fe}y_{re}/(y_{oe}+Y_L') \approx y_{ie}$ 晶体管内部的反馈影响相应地减弱，甚至可以不考虑内部反馈的影响。

在对电路进行定量分析时，可把两个级联晶体管看成一个复合管。这个复合管的导纳参数（y 参数）由两个晶体管的电压、电流和导纳参数决定。一般选用同型号的晶体管作为复合管，那么它们的导纳参数可认为是相同的，只要知道这个复合管的等效导纳参数，就可以把这类放大器看成一般的共射极放大器。

用 y_i'、y_r'、y_f'、y_o' 分别代表复合管的输入导纳、反向传输导纳、正向传输导纳和输出导纳，在一般的工作频率范围内，$y_{ie} \gg y_{re}$，$y_{fe} \gg y_{ie}$，$y_{fe} \gg y_{oe}$，$y_{fe} \gg y_{re}$，y_{ie} 是晶体管输入导纳，y_{oe} 是晶体管输出导纳，y_{fe} 是晶体管正向传输导纳，Y_L' 是放大器负载导纳，则复合管的等效 y 参数为

$$y_i' = \frac{y_{ie}y_{fe} + y_{ie}y_{oe} - y_{re}y_{fe}}{y_{fe} + y_{oe}} \approx y_{ie} - \frac{y_{re}y_{fe}}{y_{fe} + y_{oe}} \approx y_{ie} \tag{6-8-1}$$

$$y_r' \approx \frac{y_{re}(y_{re} + y_{oe})}{y_{fe} + y_{oe}} \approx \frac{y_{re}}{y_{fe}}(y_{re} + y_{oe}) \tag{6-8-2}$$

$$y_o' \approx \frac{y_{ie}y_{oe} - y_{re}y_{fe} + y_{oe}^2}{y_{fe} + y_{oe}} \approx \frac{y_{fe}\left[\dfrac{y_{ie}y_{oe}}{y_{fe}} - y_{re} + \dfrac{y_{oe}^2}{y_{fe}}\right]}{y_{fe}} \approx -y_{re} \tag{6-8-3}$$

$$y_f' \approx \frac{y_{fe}(y_{fe} + y_{oe})}{y_{fe} + y_{oe}} \approx y_{fe} \tag{6-8-4}$$

由以上几式可见：y_i' 和 y_f' 与单管情况大致相等，这说明级联放大器的增益计算方法和单管共射电路的增益计算方法相同；y_r' 远小于单管情况的 y_{re}（$|y_r'|$ 约为 $|y_{re}|$ 的 1/30），这说明级联放大器工作稳定性大大提高。

在图 6.8.3 中，R_5、R_6、R_3、R_4 为 T_1 和 T_2 的偏置电阻，R_7、C_5 为去耦电路，防止高频信号电流通过公共电源引起不必要的反馈。变压器 Tr_1 和电容 C_4 组成单调谐回路。在设置该电路的静态工作点时，应使两个管子的集射电压 V_{CEQ} 大致相等，这样能充分发挥两个管子的作用，使放大器达到最佳直流工作状态。

设 $I_{C1Q}=1\text{mA}$，$V_{E1Q}=1\text{V}$，$R_7=1\text{k}\Omega$，则 $V_{C2Q}=V_{CC}-I_{C2Q}\cdot R_7 \approx V_{CC}-I_{C1Q}\cdot R_7=11\text{V}$。

设 $V_{CE1Q}=V_{CE2Q}=(V_{C2Q}-V_{E1Q})/2=5\text{V}$，则 $V_{B2Q}=V_{CE1Q}+0.7\text{V}=5.7\text{V}$，取 $R_5=22\text{k}\Omega$，$R_4=20\text{k}\Omega$，则 $R_6=24\text{k}\Omega$，$R_3=68\text{k}\Omega$。

设回路电感量 $L=20\mu\text{H}$，则 $C_4=1/(\omega_0^2 L) \approx 100\text{pF}$。

根据整机增益分配，高频放大器的电压增益应为 1000。图 6.8.3 所示电路的高频等效电

路如图 6.8.4 所示，其增益

$$\dot{A}_V = \frac{\dot{V}_o}{\dot{V}_i} = \frac{p\dot{V}_c}{\dot{V}_i}$$

$$V'_i \approx V'_i/(1+y'_f R_1)$$

当耦合系数 $p=1/2$ 时，

$$\dot{A}_V = \frac{y'_f}{2(y'_o+y_L)(1+y'_f R_1)}$$

式中，y'_o是复合管的输出导纳，从式 6.8.3 可知，共射-共基复合管的输出导纳 $y'_o=-y_{re}$；$\dot{Y}_L$为集电极负载导纳，$\dot{Y}_L=G_o+j\omega C+\frac{1}{j\omega L}+p^2 y'_{i2}$，$y'_{i2}$是下一级放大器的输入导纳，$y'_{i2}\approx y_{ie}$。

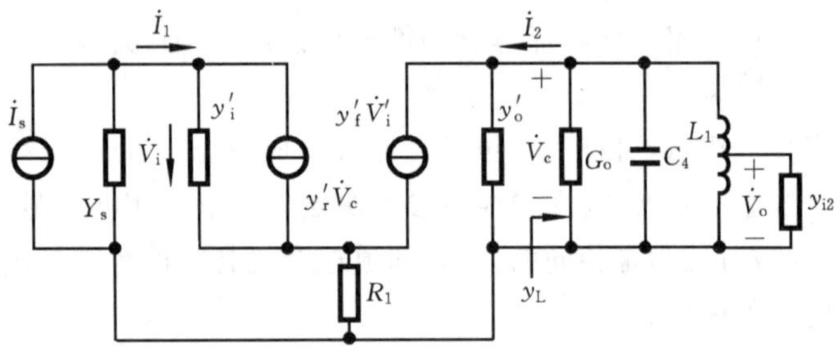

图 6.8.4 共射-共基级联放大器高频等效图

在 $f=30\text{MHz}$，$I_E=2\text{mA}$，$V_{CE}=8\text{V}$ 的条件下，测得 3DG6 的 y 参数，$g_{ie}=2\text{mS}$，$C_{ie}=12\text{pF}$，$|y_{fe}|=40\text{mS}$，$|y_{re}|=350\mu\text{S}$，则 $y_{ie}=g_{ie}+j\omega C_{ie}$。当回路谐振时，

$$Y_L=G_o+y'_{i2} \quad G_o=\frac{1}{R_p}=\frac{1}{Q_o\omega_o L}$$

式中，Q_o是回路空载品质因数，用 NXO-100 磁环绕制的 Tr_1，$Q_o\geqslant 200$；L 是回路电感。

$$\dot{A}_V=-\frac{-y'_f}{2(y'_o+Y_L)(1+y'_f R_1)}=\frac{-y'_f}{2(|y_{re}|+G_o+p^2 y_{ie})(1+y'_f R_1)}\approx -10$$

采用三级共射-共基级联放大电路能满足高频放大级的增益要求。

注意 a. 以上放大器的增益计算是以管子工作在 30MHz 频率时的参数计算的，这是晶体管手册中给出的 3DG100 的分布参数。当工作条件变化时，给出的参数只能作参考。在工程估算时，当工作频率低于测试条件的频率，而其他条件接近时，一般则认为给出的参数是近似相等的。b. 高放级采用单调谐回路的优点是电路简单，调试容易，其缺点是选择性差。在选择性要求比较高的电路中，一般采用双调谐回路或集中滤波器。

3）解调电路

调幅信号常用的解调方法有两种，即包络检波法和同步检波法。根据题目给定的元器件，拟定用同步检波法，其电路原理如图 6.8.5 所示。当从模拟乘法器 MC1496 的一个输入端输入调幅信号 $v_s=V_{sm}(1+m\cos\Omega t)\cos\omega t$，从另一个输入端输入本振信号 $v_o=V_{om}\cos\omega t$ 时，输出

$$\begin{aligned} v_o(t) &= k_E v_s(t) v_o(t) \\ &= \frac{1}{2}k_E V_{sm}V_{om}+\frac{1}{2}k_E m V_{sm}V_{om}\cos\Omega t+\frac{1}{2}k_E V_{sm}V_{om}2\omega t \\ &\quad +\frac{1}{4}k_E m V_{sm}V_{om}\cos(2\omega+\Omega)t+\frac{1}{4}k_E m V_{sm}V_{om}\cos(2\omega-\Omega)t \end{aligned}$$

式中,第一项是直流分量;第二项是所需要的解调信号;后面三项是高频分量。在输出端加一低通滤波器就可滤除高频分量。图6.8.5所示的C_{48}是隔直电容,C_{46}、C_{47}、R_{51}组成低通滤波器。

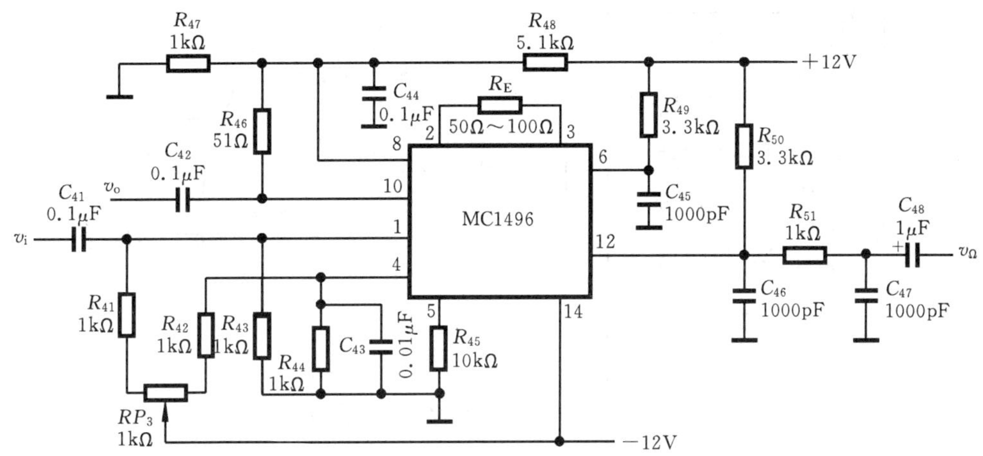

图6.8.5 模拟乘法器构成的解调电路

模拟乘法器各引脚的静态工作点的设置以及晶振电路的设计见6.7节,音频功放电路的设计见3.10节,图6.8.6为设计举例题整机实验电路。

6.8.4 电路安装与调试

1. 分级安装与调试

电路的调试应先调整静态工作点,然后进行性能指标的调整。调试顺序是先分级调试,然后从前级单元电路开始,向后逐级联调。

在调输入回路和高频放大器的调谐回路时,要注意测试仪表不能接入被调试级的调谐回路。当信号从A点输入(见图6.8.6),调输入回路的L_1、L_2时,测量仪表应接在B点或C点,调第一级高频放大器的L_3、L_4时,测量仪表应接在D点或E点。调整高频调谐回路时,前后级会相互影响,因此应前后级反复调整。

另外在设计时没有考虑电路安装引起的分布参数,晶体管的分布参数也是工程估算的近似值,因此元器件的参数在调试时会有较大的调整,图6.8.6中标出的元器件参数是在面包板上调试完成后的参数。

2. 整机联调时常见故障分析

调试合格的单元电路在整机联调时往往会出现达不到指标的现象,产生的原因可能是单级调试时没有接负载,或是所接负载与实际电路中的负载不等效,或是整机的联调又引入了新的分布参数。因此,整机调试时须仔细分析故障原因,切不可盲目更改参数。

整机联调常见故障有:

① 高频放大级与解调级相联时增益不够。产生的原因可能是解调器输入阻抗引起第三级高频放大电路的调谐回路失谐。可重新调整第三级调谐回路,使回路调谐。

② 当接收机接收发射机发出的信号时,可能会出现无音频输出的现象。产生的原因可能是本振信号与接收信号之间的频率误差较大。可校准接收机和发射机的本振频率,使二者之间的频差小于30Hz。

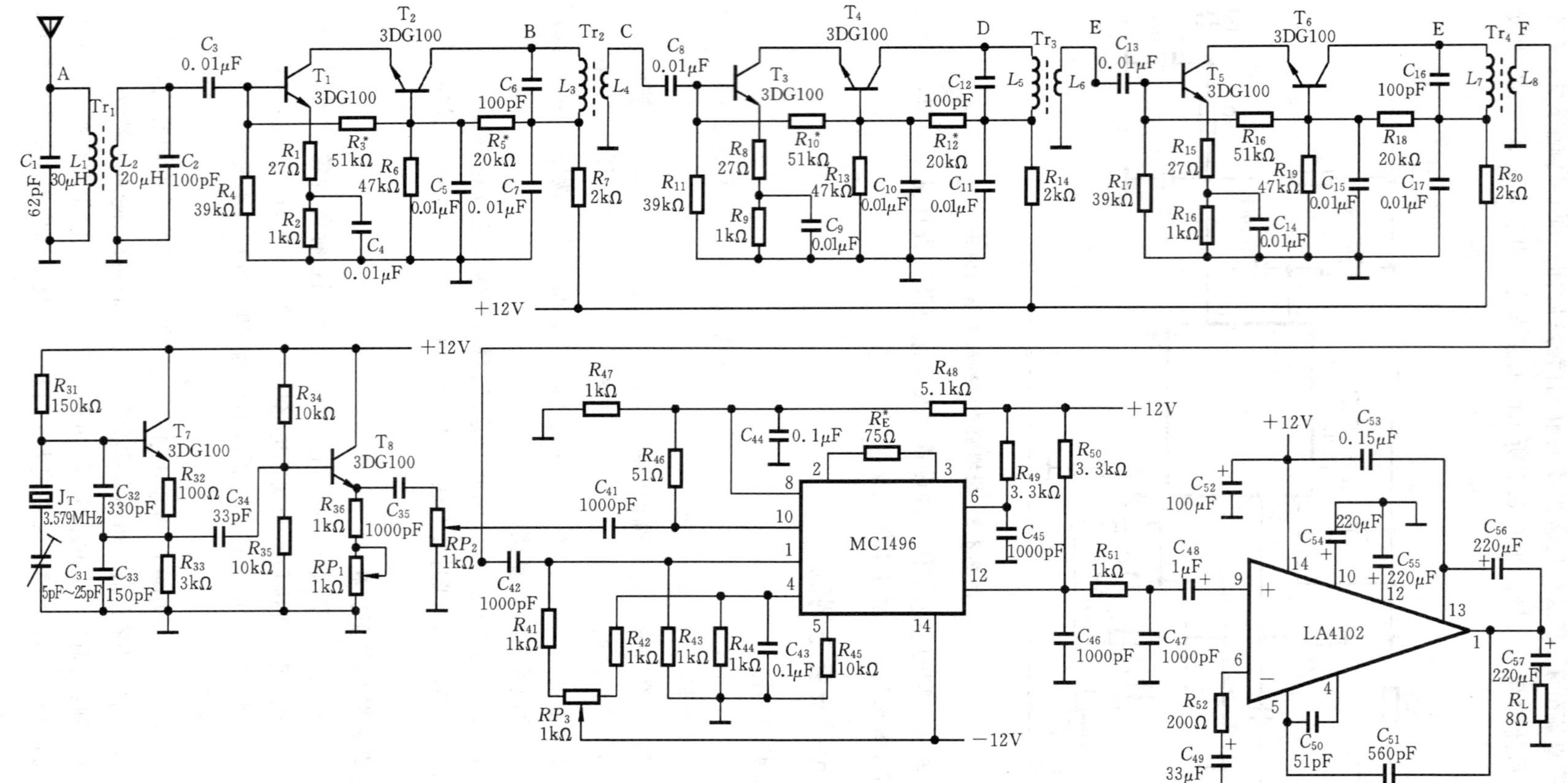

图 6.8.6 点频调幅接收机电路

6.8.5　设计任务

设计课题：点频调幅接收机设计

- 已知条件　$+V_{CC}=+12V$，$-V_{EE}=-12V$。
- 主要器件　MC1496，4MHz 晶振，LA4100，NXO-100 磁环，8Ω/0.25W 扬声器。
- 接收信号　载频为 8MHz，调制信号为 1kHz，调制度为 50%。
- 主要技术指标要求　工作频率 8MHz，输出功率 100mW，灵敏度 15μV。
- 实验仪器设备　EE5113 型无线电综合测试仪　1 台，其他仪器与 6.2.5 小节同

实验与思考题

6.8.1　高频放大级的增益与哪些参数有关？

6.8.2　本振频率与接收信号载波频率之差为什么要求小于 30Hz？当接收信号中的调制频率为 1kHz，本振与接收信号频率之差为 500Hz 时，接收机输出会发生什么变化？请用实验说明。

6.8.3　试设计一自动增益控制电路，用其控制高频放大级的增益，使高频放大级在输入从 30μV 上升到 300μV 时，其输出的变化小于 6dB。

第7章 数字逻辑电路应用设计

内容提要　本章介绍多路智力竞赛抢答器、多功能数字钟、数字频率计、可编程字符显示器、码位交织和反交织电路、数字电压表及通用示波器数字显示电路等应用课题的设计方法与电路调试技术。选用通用芯片实现设计，以培养学生实际动手能力和理论联系实际能力。

7.1　多路智力竞赛抢答器设计

学习要求　掌握抢答器的工作原理及其设计方法。

7.1.1　抢答器的功能要求

1. 基本功能

① 设计一个智力竞赛抢答器，可同时供8名选手或8个代表队参加比赛，他们的编号分别是0、1、2、3、4、5、6、7，各用一个抢答按钮，按钮的编号与选手的编号相对应，分别是S_0、S_1、S_2、S_3、S_4、S_5、S_6、S_7。

② 给节目主持人设置一个控制开关，用来控制系统的清零（编号显示数码管灭灯）和抢答的开始。

③ 抢答器具有数据锁存和显示的功能。抢答开始后，若有选手按动抢答按钮，编号立即锁存，并在LED数码管上显示出选手的编号，同时扬声器给出音响提示。此外，要封锁输入电路，禁止其他选手抢答。优先抢答选手的编号一直保持到主持人将系统清零为止。

2. 扩展功能

① 抢答器具有定时抢答的功能，且一次抢答的时间可以由主持人设定（如30s）。当节目主持人按下"开始"按钮后，要求定时器立即倒计时，并在显示器上显示，同时扬声器发出短暂的声响，声响持续时间0.5s左右。

② 参赛选手在设定的时间内抢答，抢答有效，定时器停止工作，显示器上显示选手的编号和抢答时刻的时间，并保持到主持人将系统清零为止。

③ 如果定时抢答的时间已到，却没有选手抢答，则本次抢答无效，系统短暂报警，并封锁输入电路，禁止选手超时后抢答，时间显示器上显示00。

7.1.2　抢答器的组成框图

定时抢答器的总体框图如图7.1.1所示，它由主体电路和扩展电路两部分组成。主体电路完成基本的抢答功能，即开始抢答后，当选手按动抢答按钮时，能显示选手的编号，同时能封锁输入电路，禁止其他选手抢答。扩展电路完成定时抢答的功能。

图7.1.1所示的定时抢答器的工作过程是：接通电源时，节目主持人将开关置于"清除"位置，抢答器处于禁止工作状态，编号显示器灭灯，定时显示器上显示设定的时间，当节目主持人

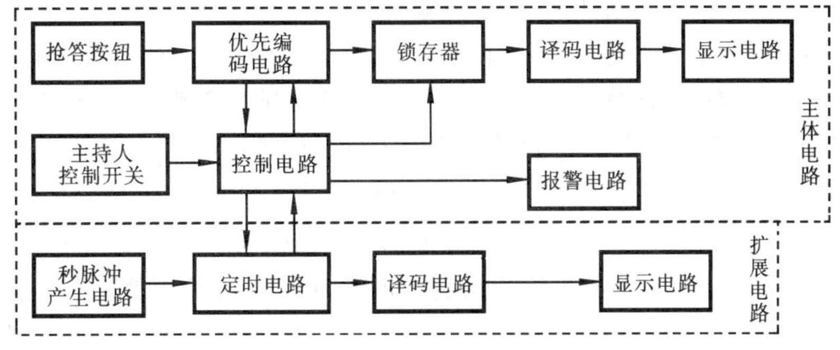

图 7.1.1 定时抢答器总体框图

宣布抢答题目后，说一声“抢答开始”，同时将控制开关拨到“开始”位置，扬声器给出声响提示，抢答器处于工作状态，定时器倒计时。当定时时间到，却没有选手抢答时，系统报警，并封锁输入电路，禁止选手超时后抢答。当选手在定时时间内按动抢答按钮时，抢答器要完成以下四项工作：① 优先编码电路立即分辨出抢答者的编号，并由锁存器进行锁存，然后由译码显示电路显示编号；② 扬声器发出短暂声响，提醒节目主持人注意；③ 控制电路要对输入编码电路进行封锁，避免其他选手再次进行抢答；④ 控制电路要使定时器停止工作，时间显示器上显示剩余的抢答时间，并保持到主持人将系统清零为止。当选手将问题回答完毕时，主持人操作控制开关，使系统回复到禁止工作状态，以便进行下一轮抢答。

7.1.3 电路设计

1. 抢答电路设计

抢答电路的功能有两个：一是能分辨出选手按按钮的先后，并锁存优先抢答者的编号，供译码显示电路用；二是要使其他选手的按按钮操作无效。选用优先编码器 74LS148 和 RS 锁存器 74LS279 可以完成上述功能，其电路组成如图 7.1.2 所示。

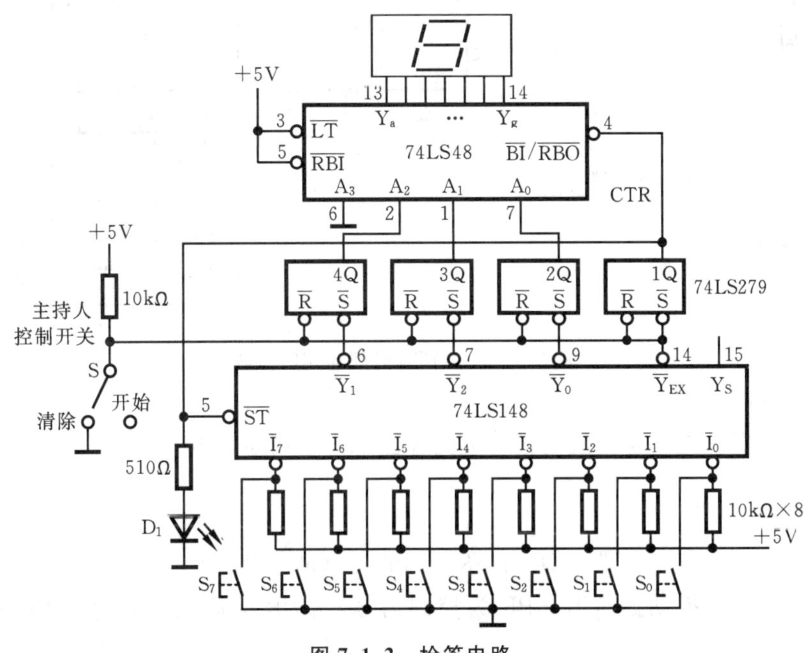

图 7.1.2 抢答电路

工作原理是：当主持人控制开关处于“清除”位置时，RS 触发器的 $\overline{R}$ 端为低电平，输出端(4Q～1Q)全部为低电平。于是 74LS48 的 $\overline{BI}=0$，显示器灭灯；74LS148 的选通输入端 $\overline{ST}=0$，74LS148 处于工作状态，此时锁存电路不工作。当主持人开关拨到“开始”位置时，优先编码电路和锁存电路同时处于工作状态，即抢答器处于等待工作状态，等待输入端 $\bar{I}_7\cdots\bar{I}_0$ 输入信号，当有选手将按钮按下时(如按下 S_5)，74LS148 的输出 $\overline{Y}_2\overline{Y}_1\overline{Y}_0=010$，$\overline{Y}_{EX}=0$，经 RS 锁存器后，CTR=1，$\overline{BI}=1$，74LS279 处于工作状态，4Q3Q2Q=101，经 74LS48 译码后，显示器上显示出“5”。此外，CTR=1，使 74LS148 的 $\overline{ST}$ 端为高电平，74LS148 处于禁止工作状态，封锁其他按钮的输入。当按下的按钮松开后，74LS148 的 $\overline{Y}_{EX}$ 为高电平，但由于 CTR 维持高电平不变，所以 74LS148 仍处于禁止工作状态，其他按钮的输入信号不会被接收。这就保证了抢答者的优先性以及抢答电路的准确性。当优先抢答者回答完问题后，由主持人操作控制开关 S，使抢答电路复位，以便进行下一轮抢答。

2. 定时电路设计

节目主持人根据抢答题的难易程度，设定一次抢答的时间，通过预置时间电路对计数器进行预置，选用十进制同步加/减计数器 74LS192 进行设计，计数器的时钟脉冲由秒脉冲电路提供。具体电路如图 7.1.3 所示，电路的工作原理请读者自行分析。

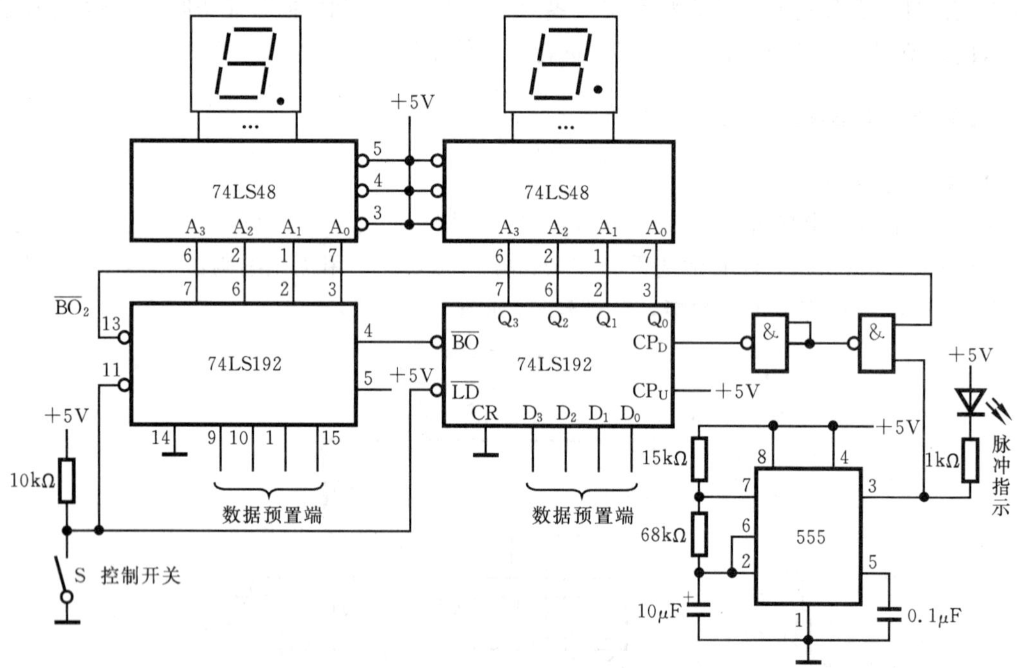

图 7.1.3 可预置时间的定时电路

3. 报警电路设计

由 555 定时器和三极管构成的报警电路如图 7.1.4 所示。其中，555 构成多谐振荡器，振荡频率

$$f_o=\frac{1}{(R_1+2R_2)C\ln 2}\approx\frac{1.43}{(R_1+2R_2)C}$$

其输出信号经三极管推动扬声器。PR 为控制信号，当 PR 为高电平时，多谐振荡器工作；反之，电路停振。

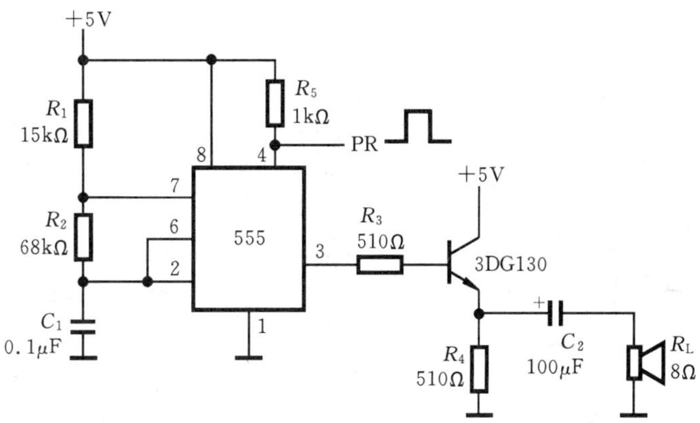

图 7.1.4 报警电路

4. 时序控制电路设计

时序控制电路是抢答器设计的关键,它要完成以下三项功能。

① 主持人将控制开关拨到“开始”位置时,扬声器发声,抢答电路和定时电路进入正常抢答工作状态。

② 当参赛选手按动抢答键时,扬声器发声,抢答电路和定时电路停止工作。

③ 当设定的抢答时间到,无人抢答时,扬声器发声,同时抢答电路和定时电路停止工作。

根据上面的功能要求以及图 7.1.2 和图 7.1.3,设计的时序控制电路如图 7.1.5 所示。图中,门 G_1的作用是控制时钟信号 CP 的放行与禁止,门 G_2的作用是控制 74LS148 的输入使能端$\overline{ST}$。图 7.1.5 (a)所示电路的工作原理是:主持人控制开关从“清除”位置拨到“开始”位置时,来自于图 7.1.2 所示的 74LS279 的输出 CTR=0,经 G_3反相,A=1,则从 555 输出端来的时钟信号 CP 能够加到 74LS192 的 CP_D 时钟输入端,定时电路进行递减计时。同时,在定时时间未到时,来自于图 7.1.3 所示 74LS192 的借位输出端$\overline{BO_2}$=1,门 G_2的输出$\overline{ST}$=0,使 74LS148 处于正常工作状态,从而实现功能①的要求。当选手在定时时间内按动抢答按钮时,CTR=1,经G_3反相,A=0,封锁 CP 信号,定时器处于保持工作状态;同时,门 G_2的输出$\overline{ST}$=1,74LS148 处于禁止工作状态,从而实现功能②的要求。当定时时间到时,来自 74LS192 的$\overline{BO_2}$=0,$\overline{ST}$=1,74LS148 处于禁止工作状态,禁止选手进行抢答。同时,门 G_1处于关门状态,封锁 CP 信号,使定时电路保持 00 状态不变,从而实现功能③的要求。74LS121 用于控制报警电路及发声的时间。

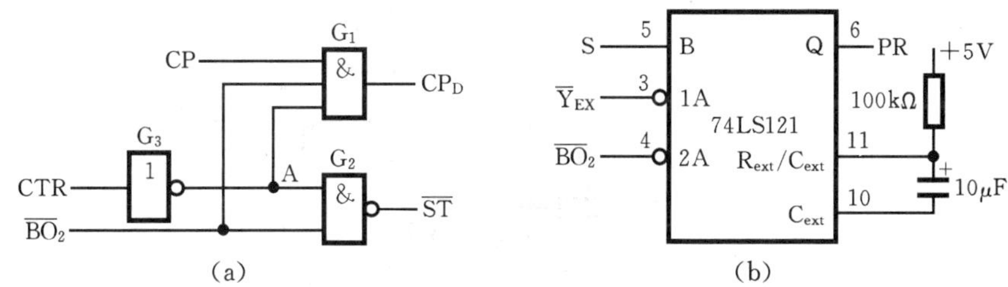

图 7.1.5 时序控制电路

(a) 抢答与定时电路的时序控制电路 (b) 报警电路的时序控制电路

5. 整机电路设计

经过以上各单元电路的设计,可以得到定时抢答器的整机电路,如图 7.1.6 所示。

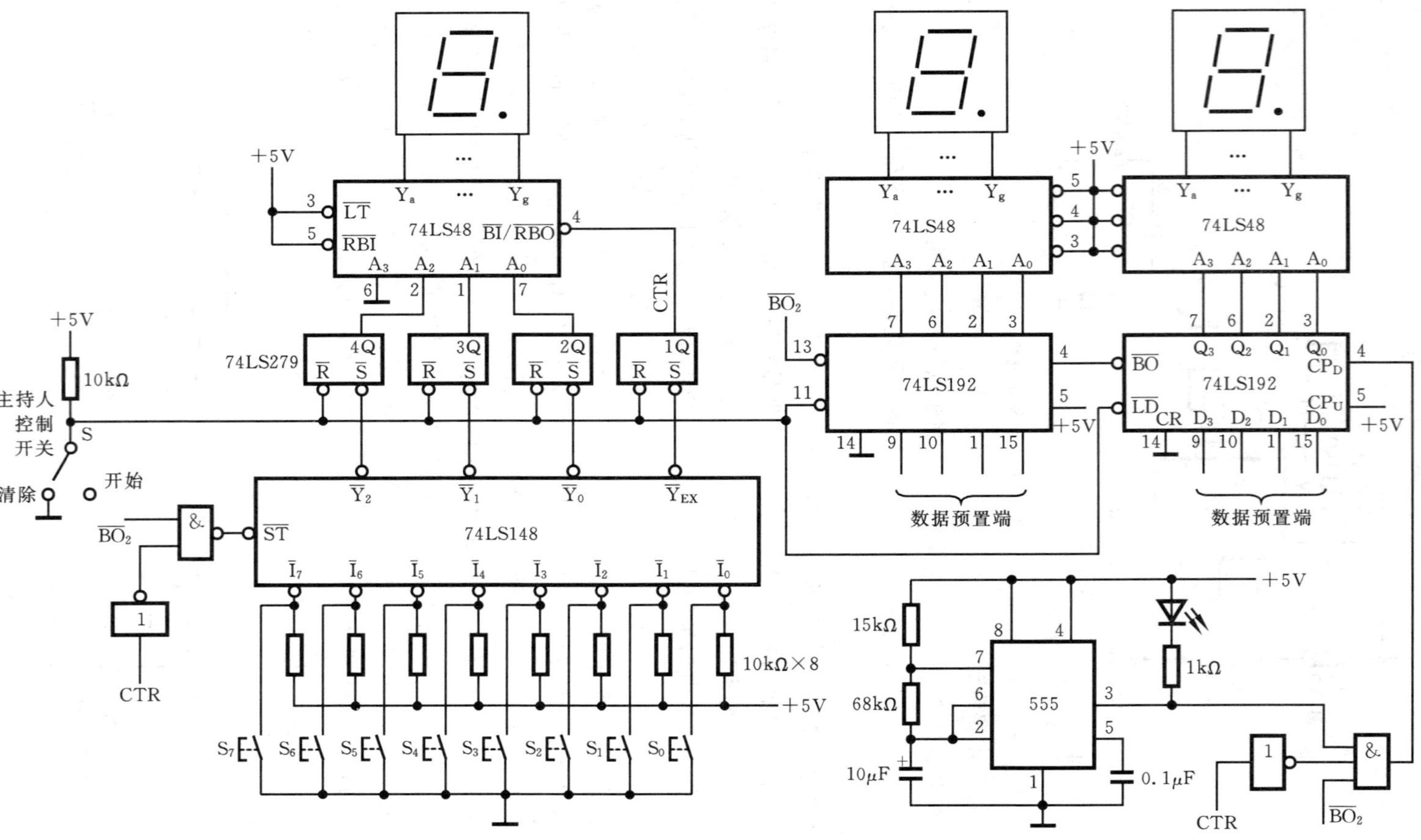

图 7.1.6 定时抢答器的主体逻辑电路图

7.1.4 设计任务

设计课题：设计一多路智力竞赛抢答器

● 给定的主要器件

74LS148	2片	74LS279	2片	74LS48	4片
74LS192	2片	NE555	2片	74LS00	1片
发光二极管	2只	共阴极显示器	4只	74LS121	1片

● 功能要求 设计一个智力竞赛抢答器，可同时供15名选手参加比赛，并具有定时抢答功能。

● 设计步骤与要求

① 拟定定时抢答器的组成框图。

② 设计并安装各单元电路，要求布线整齐、美观，便于级联与调试。

③ 测试定时抢答器的逻辑功能，以满足设计功能要求。

④ 画出定时抢答器的整机逻辑电路图。

⑤ 写出设计性实验报告。

实验与思考题

7.1.1 在数字抢答器中，如何将序号为0的组号，在七段显示器上改为显示8？

7.1.2 在图7.1.2中，74LS148的输入使能信号$\overline{ST}$为何要用CTR进行控制？如果改为主持人控制开关信号S和Y_{EX}相"与"去控制$\overline{ST}$，会出现什么问题？

7.1.3 试分析图7.1.5(b)所示报警电路的时序控制电路的工作原理。

7.1.4 定时抢答器的扩展功能还有哪些？举例说明，并设计电路。

7.1.5 定时抢答器中，有哪些电路会产生脉冲干扰？你是如何消除干扰的？

7.2 多功能数字钟电路设计

学习要求 掌握数字电路系统的设计方法、装调技术及数字钟的功能扩展电路的设计。

7.2.1 数字钟的功能要求

● 基本功能

① 准确计时，以数字形式显示时、分、秒的时间。

② 小时的计时要求为"12翻1"，分和秒的计时要求为60进制进位。

③ 校正时间。

● 扩展功能

① 定时控制。

② 仿广播电台正点报时。

③ 报整点时数。

④ 触摸报整点时数。

7.2.2 数字钟电路系统的组成框图

如图7.2.1所示，数字钟电路系统由主体电路和扩展电路两大部分组成。其中，主体电路完成数字钟的基本功能，扩展电路完成数字钟的扩展功能。

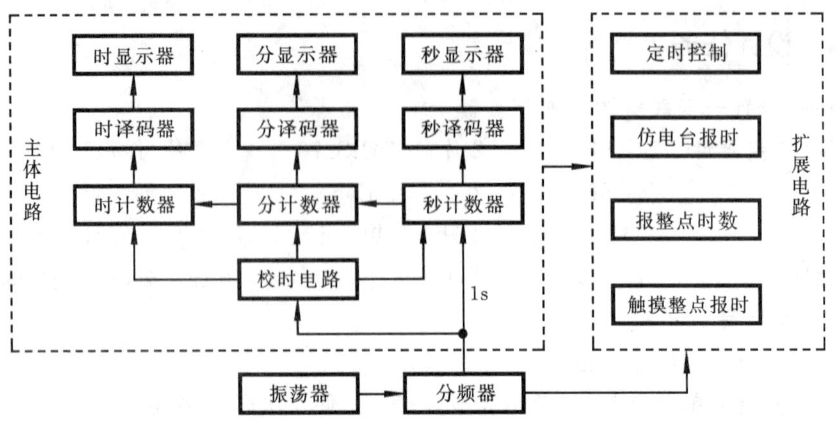

图 7.2.1 多功能数字钟系统组成框图

该系统的工作原理是：振荡器产生的稳定高频脉冲信号，作为数字钟的时间基准，再经分频器输出标准秒脉冲。秒计数器计满 60 后向分计数器进位，分计数器计满 60 后向小时计数器进位，小时计数器按照"12 翻 1"规律计数。计数器的输出经译码器送显示器。计时出现误差时可以用校时电路进行校时、校分、校秒。扩展电路必须在主体电路正常运行的情况下才能进行功能扩展。

7.2.3 主体电路的设计与装调

主体电路是由功能部件或单元电路组成的。在设计这些电路或选择部件时，尽量选用同类型的元器件，如所有功能部件都采用 TTL 集成电路或都采用 CMOS 集成电路。整个系统所用的元器件种类应尽可能少。下面介绍各功能部件与单元电路的设计。

1. 振荡器的设计

振荡器是数字钟的核心。振荡器的稳定度及频率的精确度决定了数字钟计时的准确程度，通常选用石英晶体构成振荡器电路。一般来说，振荡器的频率越高，计时精度越高。图 7.2.2所示的为电子手表集成电路（如 5C702）中的晶体振荡器电路，常取晶振的频率为 32768Hz，因其内部有 15 级 2 分频集成电路，所以输出端正好可得到 1Hz 的标准脉冲。

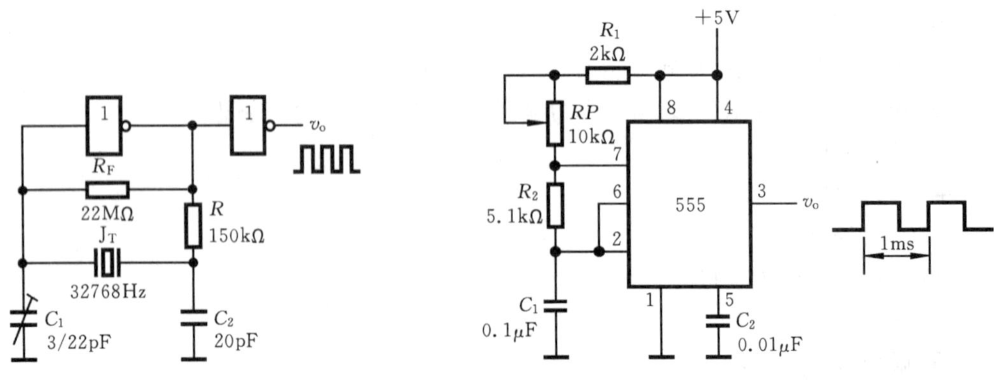

图 7.2.2 晶体振荡器　　　　图 7.2.3 555 振荡器

如果精度要求不高则也可以采用第 2 章介绍的由集成逻辑门与 R、C 组成的时钟源振荡器或由集成电路定时器 555 与 R、C 组成的多谐振荡器。这里选用由 555 构成的多谐振荡器，设振荡频率 $f_o = 1\text{kHz}$，电路参数如图 7.2.3 所示。

2. 分频器的设计

分频器的功能主要有两个：一是产生标准秒脉冲信号；二是提供功能扩展电路所需要的信号，如仿电台报时用的 1kHz 的高音频信号和 500Hz 的低音频信号等。选用 3 片中规模集成电路计数器 74LS90 可以完成上述功能。因每片为 1/10 分频，3 片级联则可获得所需要的频率信号，即第 1 片的 Q_0端输出频率为 500Hz，第 2 片的 Q_3端输出为 10Hz，第 3 片的 Q_3端输出为 1Hz。

3. 时分秒计数器的设计

分和秒计数器都是模数 $M=60$ 的计数器，其计数规律为 00—01—…—58—59—00…选 74LS92 作十位计数器，74LS90 作个位计数器，再将它们级联组成模数 $M=60$ 的计数器。

时计数器是一个“12 翻 1”的特殊进制计数器，即当数字钟运行到 12 时 59 分 59 秒，秒的个位计数器再输入一个秒脉冲时，数字钟应自动显示为 01 时 00 分 00 秒，实现日常生活中习惯用的计时规律。选用 74LS191 和 74LS74，其电路见 7.3 节。

4. 校时电路的设计

当数字钟接通电源或者计时出现误差时，需要校正时间(或称校时)。校时是数字钟应具备的基本功能。一般电子手表都具有时、分、秒等校时功能。为使电路简单，这里只进行分和小时的校时。

对校时电路的要求是，在小时校正时不影响分和秒的正常计数；在分校正时不影响秒和小时的正常计数。校时方式有“快校时”和“慢校时”两种，“快校时”是，通过开关控制，使计数器对 1Hz 的校时脉冲计数。“慢校时”是用手动产生单脉冲作校时脉冲。图 7.2.4 所示的为校“时”、校“分”电路。其中 S_1为校“分”用的控制开关，S_2为校“时”用的控制开关，它们的控制功能如表 7.2.1 所示。校时脉冲采用分频器输出的 1Hz 脉冲，当 S_1或 S_2分别为“0”时可进行“快校时”。如果校时脉冲由单次脉冲产生器(见 2.4 节、2.5 节)提供，则可以进行“慢校时”。

表 7.2.1　校时开关的功能

S_2	S_1	功　能
1	1	计　数
1	0	校　分
0	1	校　时

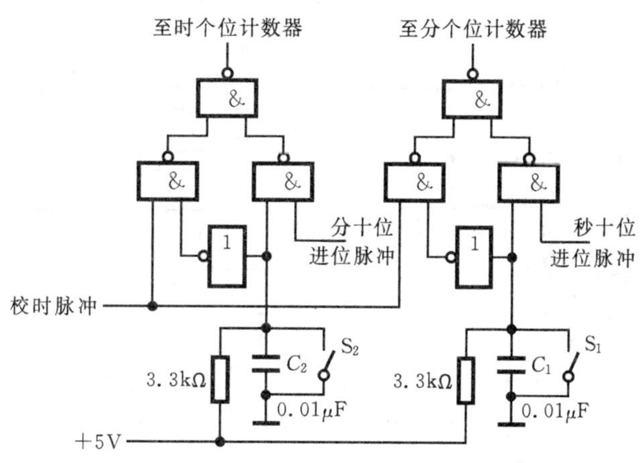

图 7.2.4　校时电路

需要注意的是，校时电路是由与非门构成的组合逻辑电路，开关 S_1或 S_2为“0”或“1”时，可能会产生抖动，接电容 C_1、C_2可以缓解抖动。必要时还应将其改为去抖动开关电路(见 2.3 节)。

5. 主体电路的装调

① 根据图 7.2.1 所示的数字钟系统组成框图，按照信号的流向分级安装，逐级级联，这里的每一级是指组成数字钟的各功能电路。

② 级联时如果出现时序配合不同步，或尖峰脉冲干扰，引起逻辑混乱，则可以增加多级逻

辑门来延时。如果显示字符变化很快，模糊不清，这可能是电源电流的跳变引起的，则可在集成电路器件的电源端 V_{CC} 加退耦滤波电容。通常用几十微法的大电容与 0.01μF 的小电容相并联来作为退耦滤波电容。

③ 画数字钟的主体逻辑电路图。经过联调并纠正设计方案中的错误和不足之处后，再测试电路的逻辑功能是否满足设计要求。最后画出满足设计要求的总体逻辑电路图，如图7.2.5所示。如果因实验器材有限，则其中秒计数器的个位和时计数器的十位可以采用发光二极管指示，因而可以省去 2 片译码器和 2 片数码显示器。

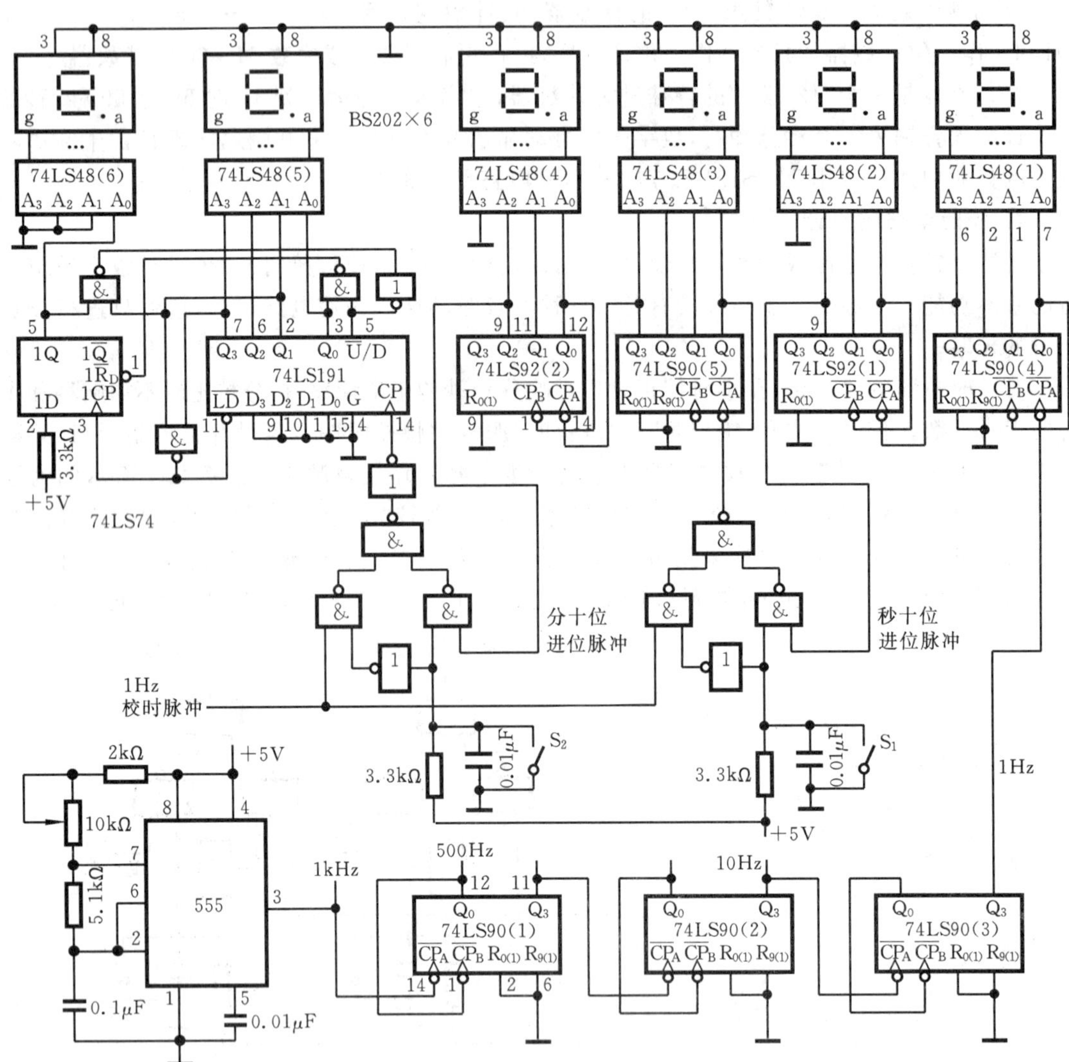

图 7.2.5 数字钟的主体电路逻辑图

7.2.4 功能扩展电路的设计

1. 定时控制电路的设计

数字钟在指定的时刻发出信号，或驱动音响电路“闹时”；或对某装置的电源进行接通或断开“控制”。不管是闹时还是控制，都要求时间准确，即信号的开始时刻与持续时间必须满足规定的要求。

例 要求上午 7 时 59 分发出闹时信号，持续时间为 1 分钟。

解 7 时 59 分对应数字钟的时个位计数器的状态为$(Q_3Q_2Q_1Q_0)_{H1}=0111$，分十位计数器的状态为$(Q_3Q_2Q_1Q_0)_{M2}=0101$，分个位计数器的状态为$(Q_3Q_2Q_1Q_0)_{M1}=1001$。若将上述计数器输出为“1”的所有输出端经过与门电路去控制音响电路，可以使音响电路正好在 7 点 59 分响，持续 1 分钟后(即 8 点时)停响。所以闹时控制信号 Z 的表达式为

$$Z=(Q_2Q_1Q_0)_{H1}\cdot(Q_2Q_0)_{M2}\cdot(Q_3Q_0)_{M1}\cdot M \tag{7-2-1}$$

式中，M 为上午的信号输出，要求 M=1。

如果用与非门实现式(7-2-1)所表示的逻辑功能，则可以将 Z 进行布尔代数变换，即

$$Z=\overline{\overline{(Q_2Q_1Q_0)_{H1}\cdot M}\cdot\overline{(Q_2Q_0)_{M2}\cdot(Q_3Q_0)_{M1}}} \tag{7-2-2}$$

实现上式的逻辑电路如图 7.2.6 所示，其中 74LS20 为 4 输入二与非门，74LS03 为集电极开路(OC 门)的 2 输入四与非门，因 OC 门的输出端可以进行“线与”，使用时在它们的输出端与电源+5V 端之间应接一电阻 R_L，R_L的值可由式(3-1-8)、(3-1-9)计算，取 $R_L=3.3\text{k}\Omega$。如果控制 1kHz 高音和驱动音响电路的两级与非门也采用 OC 门，则 R_L的值应重新计算。

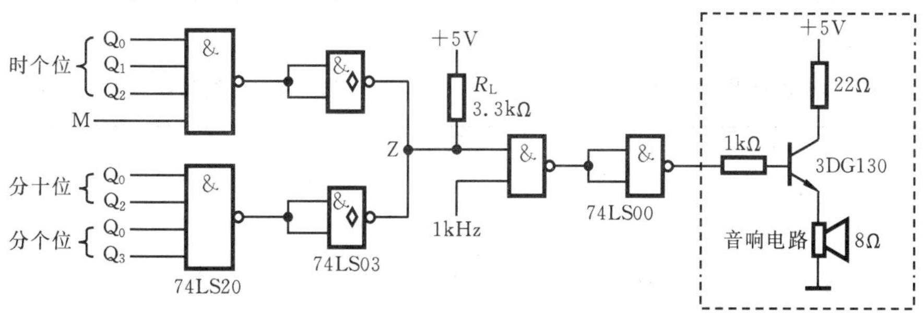

图 7.2.6 闹时电路

由图 7.2.6 可见，在上午 7 点 59 分时，音响电路的晶体管导通，则扬声器发出 1kHz 的声音。持续 1 分钟到 8 点整，晶体管因输入端为“0”而截止，电路停闹。

2. 仿广播电台正点报时电路的设计

仿广播电台正点报时电路的功能要求是：每当数字钟计时快要到正点时发出声响，通常按照 4 低音 1 高音的顺序发出间断声响，以最后一声高音结束的时刻为正点时刻。

仿电台正点报时的电路如图 7.2.7 所示。这里采用的都是 TTL 与非门，如果用其他器件，则报时电路还会简单一些。

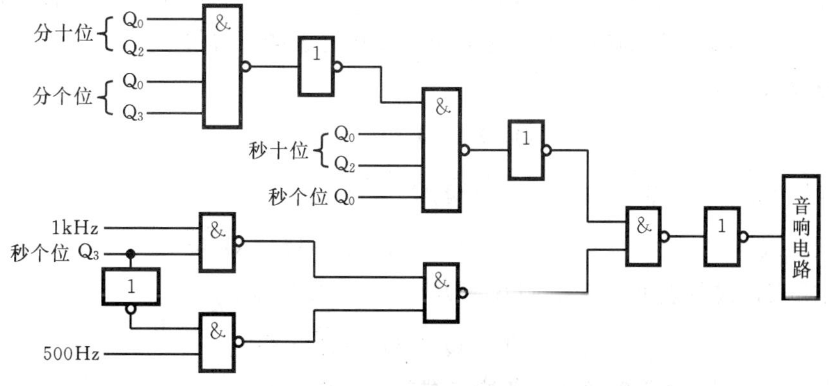

图 7.2.7 仿电台报时电路

设 4 声低音(约 500Hz)分别发生在 59 分 51 秒、53 秒、55 秒及 57 秒,最后一声高音(约 1kHz)发生在 59 分 59 秒,它们的持续时间均为 1 秒。如表 7.2.2 所示。由表可得

$$Q_{3S1}=\begin{cases}\text{“0”时,500Hz 输入音响}\\ \text{“1”时,1kHz 输入音响}\end{cases} \tag{7-2-3}$$

只有当分十位的 $Q_{2M2}Q_{0M2}=11$,分个位的 $Q_{3M1}Q_{0M1}=11$,秒十位的 $Q_{2S2}Q_{0S2}=11$ 及秒个位的 $Q_{0S1}=1$ 时,音响电路才能工作。

3. 报整点时数电路的设计

报整点时数电路的功能是:每当数字钟计时到整点时发出音响,且几点响几声。实现这一功能的电路主要由以下几部分组成。

- 减法计数器　完成几点响几声的功能。即从小时计数器的整点开始进行减法计数,直到零为止。
- 编码器　将小时计数器的 5 个输出端 Q_4、Q_3、Q_2、Q_1、Q_0 按照“12 翻 1”的编码要求转换为减法计数器的 4 个输入端 D_3、D_2、D_1、D_0 所需的 BCD 码。编码器的真值表如表 7.2.3 所示。

表 7.2.2　秒个位计数器的状态

CP/s	Q_{3S1}	Q_{2S1}	Q_{1S1}	Q_{0S1}	功　能
50	0	0	0	0	
51	0	0	0	1	鸣低音
52	0	0	1	0	停
53	0	0	1	1	鸣低音
54	0	1	0	0	停
55	0	1	0	1	鸣低音
56	0	1	1	0	停
57	0	1	1	1	鸣低音
58	1	0	0	0	停
59	1	0	0	1	鸣高音
00	0	0	0	0	停

表 7.2.3　编码器真值表

分进位脉冲	小时计数器输出					减法计数器输入			
CP	Q_4	Q_3	Q_2	Q_1	Q_0	D_3	D_2	D_1	D_0
1	0	0	0	0	1	0	0	0	1
2	0	0	0	1	0	0	0	1	0
3	0	0	0	1	1	0	0	1	1
4	0	0	1	0	0	0	1	0	0
5	0	0	1	0	1	0	1	0	1
6	0	0	1	1	0	0	1	1	0
7	0	0	1	1	1	0	1	1	1
8	0	1	0	0	0	1	0	0	0
9	0	1	0	0	1	1	0	0	1
10	1	0	0	0	0	1	0	1	0
11	1	0	0	0	1	1	0	1	1
12	1	0	0	1	0	1	1	0	0

- 逻辑控制电路　控制减法计数器的清零与置数。控制音响电路的输入信号。

根据以上要求,采用了如图 7.2.8 所示的报整点时数的电路。其中编码器是由与非门实现的组合逻辑电路,其输出端的逻辑表达式由 5 变量的卡诺图可得。

D_1 的逻辑表达式

$$D_1=\overline{Q_4}Q_1+Q_4\overline{Q_1}=Q_4\oplus Q_1 \tag{7-2-4}$$

如果用与非门实现上式,则
$$D_1=\overline{\overline{\overline{Q_4}Q_1}\cdot\overline{\overline{Q_1}Q_4}} \tag{7-2-5}$$

D_2 的逻辑表达式
$$D_2=Q_2+Q_4Q_1=\overline{\overline{Q_2}\cdot\overline{Q_4Q_1}} \tag{7-2-6}$$

D_0、D_3 的逻辑表达式分别为
$$D_0=Q_0 \tag{7-2-7}$$

$$D_3=Q_3+Q_4=\overline{\overline{Q_3}\cdot\overline{Q_4}} \tag{7-2-8}$$

减法计数器选用 74LS191 组成,各控制端的作用如下。

$\overline{LD}$ 为置数端。当 $\overline{LD}=0$ 时将小时计数器的输出经数据输入端 $D_0D_1D_2D_3$ 的数据置入。

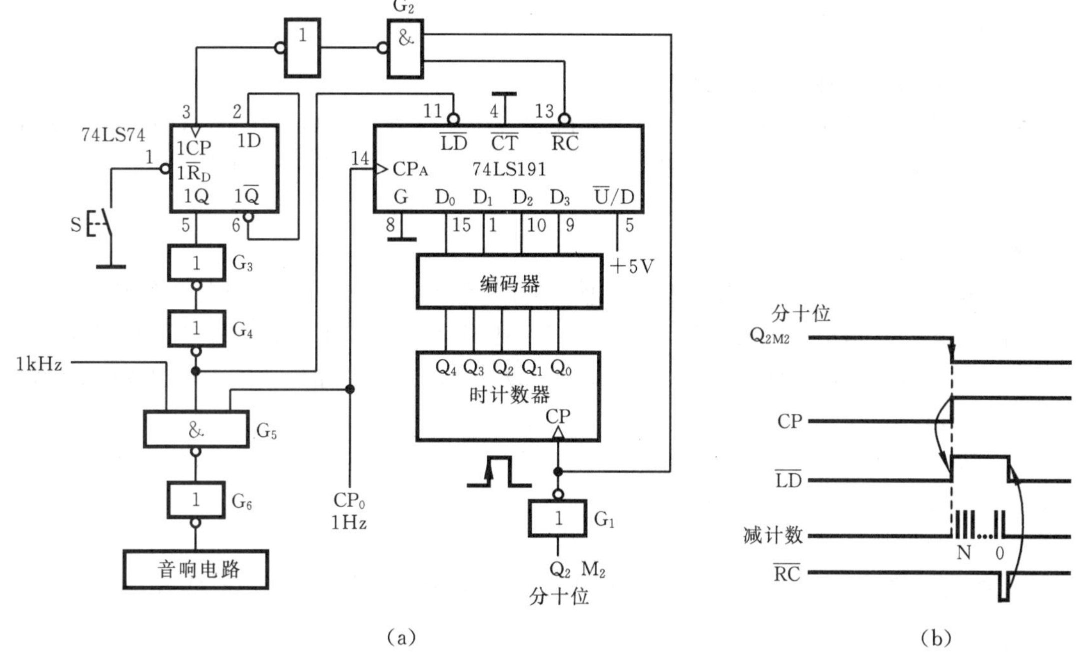

图 7.2.8　自动报整点时数的电路及波形关系

(a) 报整点时数的电路　(b) 各点的波形

$\overline{RC}$为溢出负脉冲输出端。当减计数到"0"时，$\overline{RC}$输出一个负脉冲。$\overline{U}$/D为加/减控制器。$\overline{U}$/D=1 时减法计数。CP_A为减法计数脉冲，兼作音响电路的控制脉冲。

逻辑控制电路由 D 触发器 74LS74 与多级与非门组成，如图 7.2.8 所示。电路的工作原理是：接通电源后按触发开关 S，使 D 触发器清零，即 1Q=0。该清零脉冲有两个作用：其一，使 74LS191 的置数端$\overline{LD}$=0，即将此时对应的小时计数器输出的整点时数置入 74LS191；其二，封锁 1kHz 的音频信号，使音响电路无输入脉冲。当分十位计数器的进位脉冲 Q_{2M2}的下降沿来到时，经 G_1反相，小时计数器加 1。新的小时数置入 74LS191。Q_{2M2}的下降沿同时又使 74LS74 的状态翻转，1Q 经 G_3、G_4延时后使$\overline{LD}$=1，此时 74LS191 进行减法计数，计数脉冲由 CP_0提供。CP_0=1 时音响电路发出 1kHz 声音，CP_0=0 时停响。当减法计数到 0 时，使 D 触发器的 1CP=0，但触发器状态不变。当$\overline{RC}$=1 时，因 O_{2M2}仍为 0，CP=1，使 D 触发器翻转复"0"，74LS191 又回到置数状态，直到下一个 Q_{2M2}的下降沿来到，实现自动报整点时数的功能。如果出现某些整点数不准确，其主要原因是逻辑控制电路中的与非门延时时间不够，产生了竞争冒险现象，可以适当增加与非门的级数或接入小电容进行滤波。

4. 触摸报整点时数电路的设计

在有些场合(如夜间)，不便于直接看显示时间，希望数字钟有触摸报时功能。即触摸数字钟的某端，能够报当时的整点时数。

根据功能要求，不难设想在图 7.2.8 所示电路的基础上，增加一触发脉冲控制电路，或将图 7.2.8 所示的电路的自动报时改为触摸报时电路即可。产生触摸控制脉冲的电路有单次脉冲产生器，555 集成电路定时器，单稳态触发器等，这些电路已在第 2 章中介绍过。请读者自行设计触摸报整点时数电路。

7.2.5 设计任务

设计课题:设计一多功能数字钟电路

● 给定的主要器件 74LS00 4片,74LS90 2片,74LS03(OC) 2片,74LS92 2片,74LS04 2片,74LS93 2片,74LS20 2片,74LS191 2片,74LS48 4片,发光二极管 4只,74LS74 2片,数码显示器BS202 4只,555 2片。

● 功能要求

① 基本功能:以数字形式显示时、分、秒的时间,为节省元器件,其中秒的个位和小时的十位均用发光二极管指示,灯亮为“1”,灯灭为“0”。小时计数器的计时要求为“12翻1”,但不要直接采用图7.2.5所示的电路,应采用其他方案设计“12翻1”电路。要求手动快校时、快校分或慢校时、慢校分。

② 扩展功能(其电路尽可能不与前述电路相同):定时控制,其时间自定;仿广播电台正点报时,自动报整点时数或触摸报整点时数。

● 设计步骤与要求

① 拟定数字钟电路的组成框图,要求电路的基本功能与扩展功能同时实现,使用的元器件少,成本低。

② 设计并安装各单元电路,要求布线整齐、美观,便于级联与调试。

③ 测试数字钟系统的逻辑功能,同时满足基本功能与扩展功能的要求。

④ 画出数字钟系统的整机逻辑电路图。

⑤ 写出设计性实验报告。

实验与思考题

7.2.1 你所设计的数字钟电路:

(1) 标准秒脉冲信号是怎样产生的?振荡器的稳定度为多少?

(2) 校时电路在校时开关合上或断开时,是否出现过干扰脉冲?若出现应如何清除。

(3) 在电路调试中,是否出现过“竞争冒险”现象?如何采取措施消除的?

7.2.2 图7.2.6所示的闹时电路中,为什么采用OC门?驱动音响电路的与非门为什么要用2级?

7.2.3 若用OC门实现图7.2.7所示报时电路功能,应如何设计电路?

7.2.4 在图7.2.8所示报整点时数电路中,两级反相器G_3与G_4有何作用?不接这两级反相器会出现什么现象?为什么?

7.2.5 如果小时计数器为二十四进制计数器,电路应如何设计?画出设计的电路图。

7.2.6 设计一个利用收音机自动校时电路,其要求是:当数字钟计时接近整点时,自动接通收音机电源,校时结束时自动切断电源,假定电台发出的低音是500Hz,高音是1kHz。

7.2.7 为什么数字电路的布线可以平行走线?

7.2.8 数字电路系统中,有哪些因素会产生脉冲干扰?其现象为何?结合数字钟的实验现象举例说明。

7.2.9 数字钟的扩展功能还有哪些?举例说明,并设计电路。

7.2.10 数字钟的应用还有哪些方面?举出几例说明,并画出设计的总体逻辑电路图。

7.3 数字频率计设计

学习要求 了解数字频率计测频与测周的基本原理;熟练掌握数字频率计的设计与调试方法及减小测量误差的方法。

7.3.1　数字频率计测频的基本原理

所谓频率，就是周期性信号在单位时间(1s)内变化的次数。若在一定时间间隔 T 内测得这个周期性信号的重复变化次数为 N，则其频率可表示为

$$f=\frac{N}{T} \tag{7-3-1}$$

图 7.3.1(a)所示的是数字频率计的组成框图。被测信号 v_x 经放大整形电路变成计数器所要求的脉冲信号Ⅰ，其频率与被测信号的频率 f_x 相同。时基电路提供标准时间基准信号Ⅱ，其高电平持续时间 $t_1=1\text{s}$，当 1s 信号来到时，闸门开通，被测脉冲信号通过闸门，计数器开始计数，直到 1s 信号结束时闸门关闭，停止计数。若在闸门时间 1s 内计数器计得的脉冲个数为 N，则被测信号频率 $f_x=N(\text{Hz})$。逻辑控制电路的作用有两个：一是产生锁存脉冲Ⅳ，使显示器上的数字稳定；二是产生清零脉冲Ⅴ，使计数器每次测量从 0 开始计数。各信号之间的时序关系如图 7.3.1(b)所示。

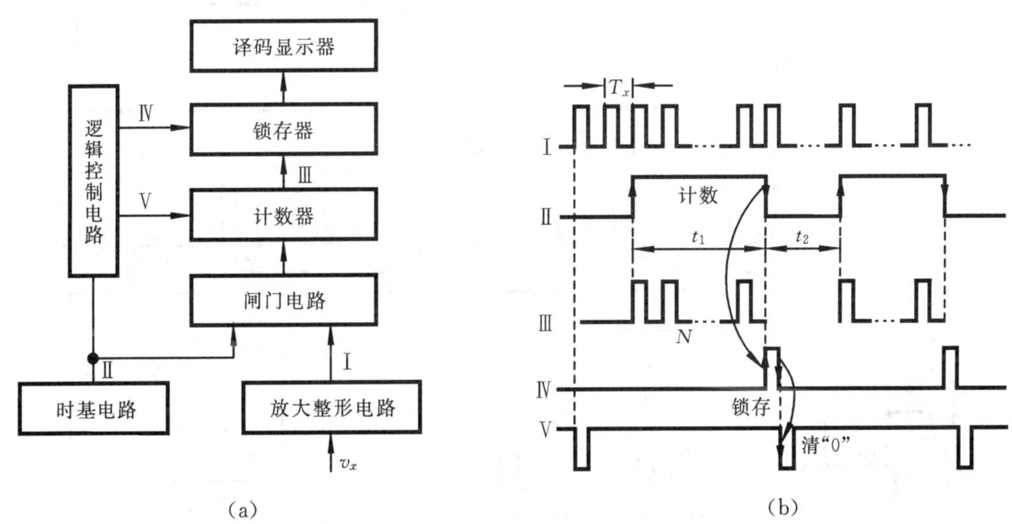

图 7.3.1　数字频率计的组成框图和波形图

(a) 组成框图　(b) 波形关系

7.3.2　数字频率计的主要技术指标

● 频率准确度　一般用相对误差来表示，即

$$\frac{\Delta f_x}{f_x}=\pm\left(\frac{1}{Tf_x}+\left|\frac{\Delta f_c}{f_c}\right|\right) \tag{7-3-2}$$

式中，$\frac{1}{Tf_x}=\frac{\Delta N}{N}=\frac{\pm 1}{N}$ 为量化误差(即±1 个字误差)，是数字仪器所特有的误差。当闸门时间 T 选定后，f_x 越低，量化误差越大；$\frac{\Delta f_c}{f_c}=\frac{\Delta T}{T}$ 为闸门时间相对误差，主要由时基电路标准频率的准确度决定，$\frac{\Delta f_c}{f_c}\ll\frac{1}{Tf_x}$。

● 频率测量范围　在输入电压符合规定要求值时，能够正常进行测量的频率区间称为频率测量范围。频率测量范围主要由放大整形电路的频率响应决定。

● 数字显示位数　频率计的数字显示位数决定频率计的分辨率。位数越多，分辨率越高。

● 测量时间　频率计完成一次测量所需要的时间，包括准备、计数、锁存和复位时间。

7.3.3 数字频率计的电路设计与调试

1. 基本电路设计

数字频率计的基本电路如图 7.3.2 所示，各部分作用如下。

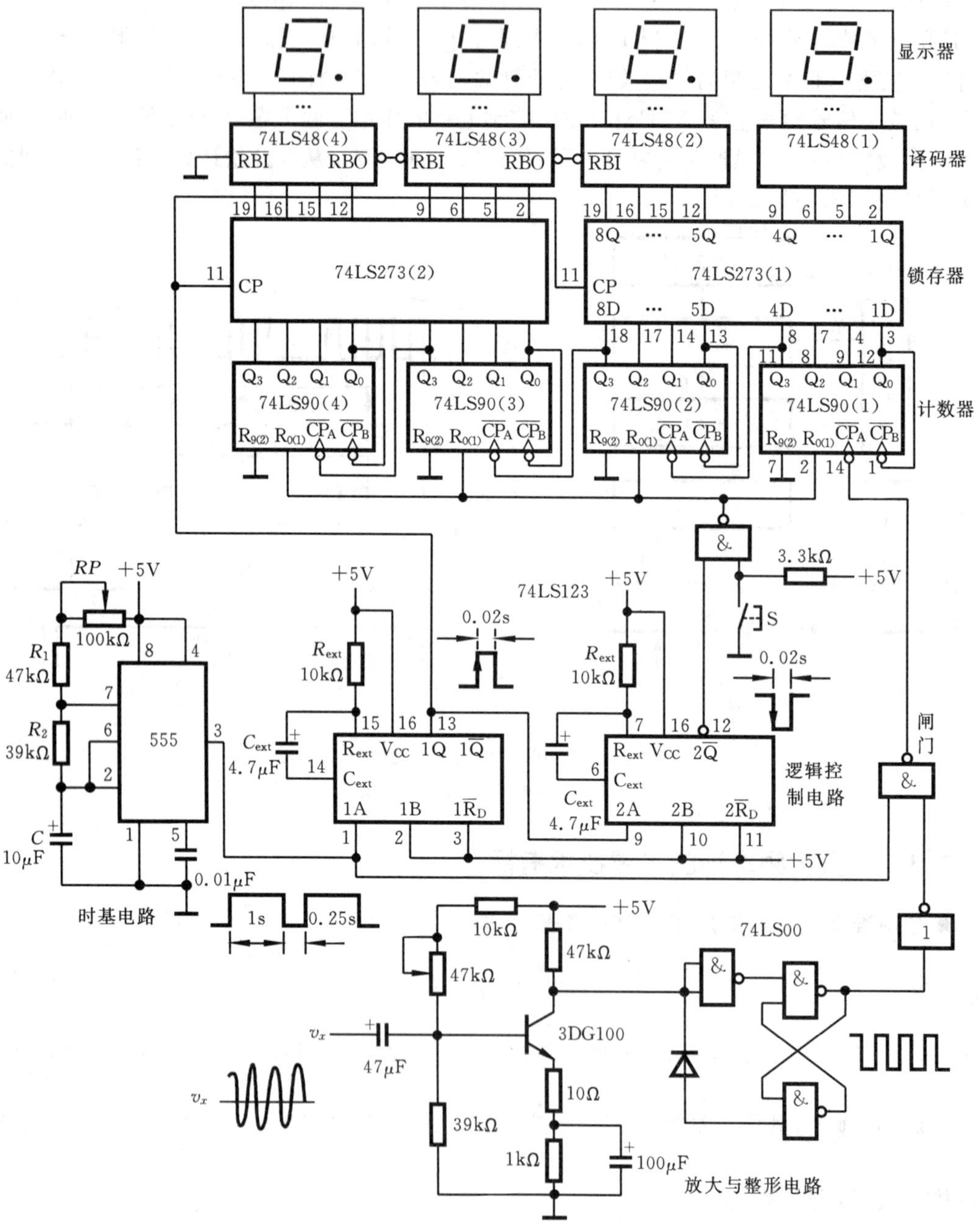

图 7.3.2　数字频率计电路图

(1) 放大整形电路

放大整形电路由晶体管 3DG100 与 74LS00 等组成，其中 3DG100 组成放大器将输入频率为 f_x 的周期信号如正弦波、三角波等进行放大。与非门 74LS00 构成施密特触发器，它对放大器的输出信号进行整形，使之成为矩形脉冲。

(2) 时基电路

时基电路的作用是产生一个标准时间信号(高电平持续时间为 1s)，由定时器 555 构成的多谐振荡器产生(当标准时间的精度要求较高时，应通过晶体振荡器分频获得)。若振荡器的频率 $f_0=1/(t_1+t_2)=0.8\text{Hz}$，则振荡器的输出波形如图 7.3.1(b)的波形Ⅱ所示，其中 $t_1=1\text{s}$，$t_2=0.25\text{s}$。由公式 $t_1=0.7(R_1+R_2)C$ 和 $t_2=0.7R_2C$，可计算出电阻 R_1、R_2 及电容 C 的值。若取电容 $C=10\mu\text{F}$，则

$R_2=t_2/0.7C=35.7\text{k}\Omega$　　　　取标称值 36kΩ

$R_1=(t_1/0.7C)-R_2=107\text{k}\Omega$　　　　取 $R_1=47\text{k}\Omega$，$RP=100\text{k}\Omega$

(3) 逻辑控制电路

根据图 7.3.1(b)所示波形，在时基信号Ⅱ结束时产生的负跳变用来产生锁存信号Ⅳ，锁存信号Ⅳ的负跳变又用来产生清零信号Ⅴ。脉冲信号Ⅳ和Ⅴ可由两个单稳态触发器 74LS123 产生，它们的脉冲宽度由电路的时间常数决定。

设锁存信号Ⅳ和清零信号Ⅴ的脉冲宽度 t_w 相同，如果要求 $t_w=0.02\text{s}$，则由式(3-2-3)得

$$t_w=0.45R_{ext}C_{ext}=0.02\text{s}$$

若取 $R_{ext}=10\text{k}\Omega$，则　　$C_{ext}=t_w/0.45R_{ext}=4.4\mu\text{F}$　　取标称值 4.7μF

由 74LS123 的功能表 3.2.5 可得，当 $1\overline{R_D}=1B=1$、触发脉冲从 1A 端输入时，在触发脉冲的负跳变作用下，输出端 1Q 可获得一正脉冲，$1\overline{Q}$端可获得一负脉冲，其波形关系正好满足图 7.3.1(b)所示波形Ⅳ和Ⅴ的要求。手动复位开关 S 按下时，计数器清零。

(4) 锁存器

锁存器的作用是将计数器在 1s 结束时所计得的数进行锁存，使显示器上能稳定地显示此时计数器的值。如图 7.3.1(b)所示，1s 计数时间结束时，逻辑控制电路发出锁存信号Ⅳ，将此时计数器的值送译码显示器。

选用 8D 锁存器 74LS273 可以完成上述功能。当时钟脉冲 CP 的正跳变来到时，锁存器的输出等于输入，即 Q=D。从而将计数器的输出值送到锁存器的输出端。正脉冲结束后，无论 D 为何值，输出端 Q 的状态仍保持原来的状态 Q_n 不变。所以在计数期间内，计数器的输出不会送到译码显示器。

2. 扩展电路设计

图 7.3.2 所示的是数字频率计电路，其测量的最高频率只能为 9.999kHz，完成一次测量的时间约 1.25s。若被测信号频率增加到数百千赫兹或数兆赫兹，则需要增加频率范围扩展电路。

频率范围扩展电路如图 7.3.3 所示，该电路可实现频率量程的自动转换。其工作原理是：当被测信号频率升高，千位计数器已满，需要升量程时，计数器的最高位产生进位脉冲 Q_3，送到由 74LS92 与两个 D 触发器共同构成的进位脉冲采集电路。第一个 D 触发器的 1D 端接高电平，当 Q_3 的下跳沿来到时，74LS92 的 Q_0 端输出高电平，则第一个 D 触发器的 1Q 端产生进

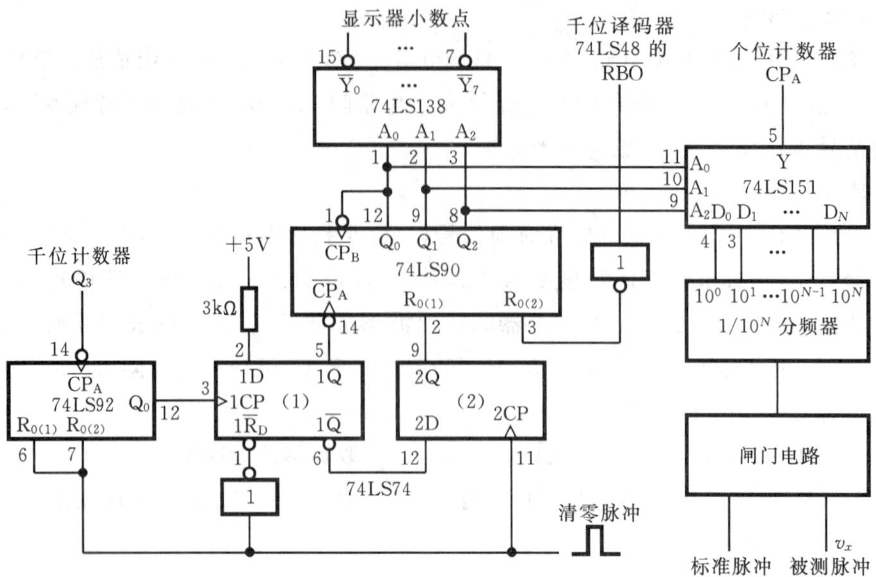

图 7.3.3 频率范围扩展电路

位脉冲并保持到清零脉冲到来。该进位脉冲使多路数据选择器 74LS151 的地址计数器 74LS90 加 1,多路数据选择器将选通下一路输入信号,即上一次频率的 1/10 的分频信号,由于此时个位计数器的输入脉冲的频率是被测频率 f_x的 1/10,故要将显示器的数乘以 10 才能得到被测频率值,这可以通过移动显示器上小数点的位置来实现。如图 7.3.3 所示,若被测信号不经过分频(10^0输出),显示器上的最大值为 9.999kHz,若经过 10^1分频后,显示器上的最大值为 99.99kHz,即小数点每向右移动一位,频率的测量范围扩大 10 倍。

进位脉冲采集电路的作用是使电路工作稳定,避免当千位计数器计到 8 或 9 时,产生小数点的跳动。第二个 D 触发器用来控制清零,即有进位脉冲时电路不清零,而无进位时则清零。

当被测频率降低需要转换到低量程时,可用千位(最高位)是否为 0 来判断。在此利用千位译码器 74LS48 的灭 0 输出端$\overline{\text{RBO}}$,当$\overline{\text{RBO}}$端为 0 时,输出为 0,这时就需要降量程。因此,取其非作为地址计数器 74LS90 的清零脉冲。为了能把高位多余的 0 熄灭,只需把高位的灭 0 输入端$\overline{\text{RBI}}$接地,同时把高位的$\overline{\text{RBO}}$与低位的$\overline{\text{RBI}}$相连即可。由此可见,只有当检测到最高位为“0”,并且在该 1s 内没有进位脉冲时,地址计数器才清零复位,即转换到最低量程,然后再按升量程的原理自动换挡,直至找到合适的量程。若将地址译码器 74LS138 的输出端取非,变成高电平以驱动显示器的小数点 h,则可显示扩展的频率范围。

3. 电路调试

① 接通电源后,用双踪示波器(输入耦合方式置 DC 挡)观察时基电路的输出波形,应如图 7.3.1(b)所示的波形Ⅱ,其中 $t_1=1$s,$t_2=0.25$s,否则重新调节时基电路中的 R_1和 R_2的值,使其满足要求。然后,改变示波器的扫描速率旋钮,观察 74LS123 的⑬脚和⑫脚的波形,应有如图 7.3.1(b)所示的锁存脉冲Ⅳ和清零脉冲Ⅴ的波形。

② 将 4 片计数器 74LS90 的②脚全部接低电平,锁存器 74LS273 的⑪脚都接时钟脉冲,在个位计数器的⑭脚加入计数脉冲,检查 4 位锁存、译码、显示器的工作是否正常。

③ 在放大电路输入端加入 $f=1$kHz,$V_{\text{p-p}}=1$V 的正弦信号,用示波器观察放大电路和整形电路的输出波形,应为与被测信号同频率的脉冲波,显示器上的读数应为 1000Hz。

7.3.4 数字频率计测周期的基本原理

当被测信号的频率较低时，采用直接测频方法测量时，由量化误差引起的测频误差太大，为了提高测低频时的准确度，应先测周期 T_x，然后计算 $f_x=1/T_x$。

数字频率计测周期的原理框图如图 7.3.4 所示。被测信号经放大整形电路变成方波，加到门控电路产生闸门信号，如 $T_x=10\text{ms}$，则闸门打开的时间也为 10ms，在此期间内，周期为 T_s 的标准脉冲通过闸门进入计数器计数。若 $T_s=1\mu\text{s}$，则计数器计得的脉冲数 $N=T_x/T_s=10000$ 个。若以毫秒(ms)为单位，则显示器上的读数为 10.000。

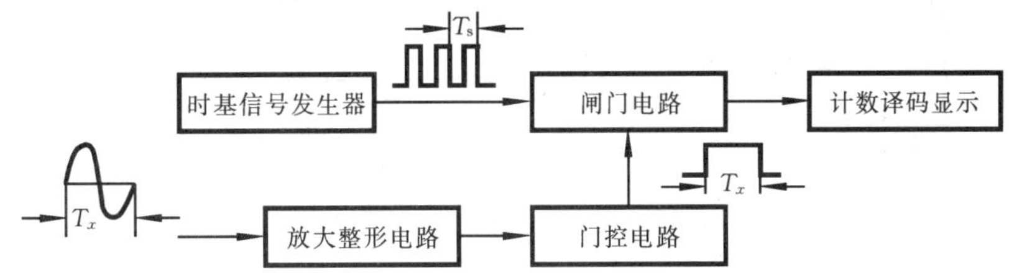

图 7.3.4 数字频率计测周期的基本原理

由以上分析可见，频率计测周期的基本原理正好与测频相反，即被测信号用来控制闸门电路的开通与关闭，标准时基信号作为计数脉冲。

7.3.5 由 ICM7216D 构成的单片数字频率计设计

ICM7216D 为大规模集成电路，它把计数、锁存、译码、位和段驱动、量程及小数点选择等电路集成在一片芯片上，只需外接少量元件就可构成频率范围为 10MHz 的数字频率计。

1. ICM7216D 的引脚功能

ICM7216D 的引脚功能如图 7.3.5 所示。图中控制输入端有五种工作模式，例如，将①脚与③脚(D_1)短接后，为允许外时钟输入模式。工作状态端在采样期内输出低电平。D_1～D_8 为位控制端，ICM7216D 以 500Hz 频率依次对 D_8～D_1(从高位到低位)扫描，当某一位控制端呈低电平时，该位在显示器上才能显示。⑫脚复位端接低电平时，计数器、显示器被清零。⑬脚为外部小数点输入端，当⑬脚悬空时，随着量程的改变，小数点位置能自动移位。a～g 为段输出驱动端，DP 为小数点输出端，均为高电平有效，它与 D_1～D_8 的位扫描信号作同步输出，因此可自动显示小数点的位置。

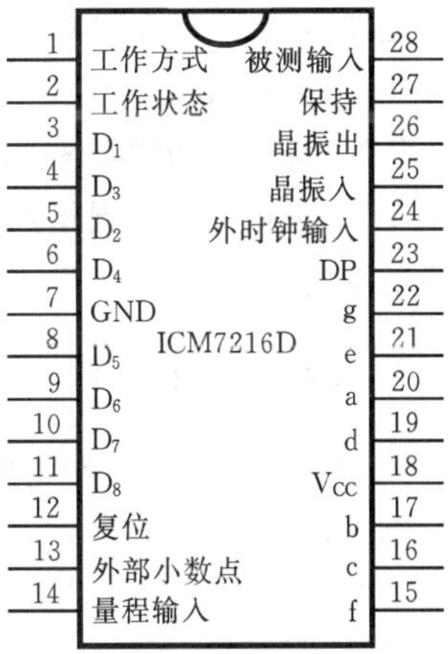

图 7.3.5 ICM7216D 的引脚功能

2. 单片数字频率计电路

由 ICM7216D 构成的 10MHz 频率计电路如图 7.3.6 所示。它采用+5V 单电源供电。高精度晶振体和 C_1、C_2、R_3 构成 10MHz 并联振荡电路，以产生时间基准频率信号，经内部分频后产生闸门时间。被测频率从㉘脚输入。开关 S_1～S_5 选择不同的工作模式，例如，当 S_4 接通时，将①脚与 D_4(⑥脚)连接为数据保持状态，但 LED 消隐。当 S_5 接通时，全部数码管显示 8，小数点也都亮。S_1～S_5 下面分别串接一只隔离二极管，防止开关接通时短路。S_6 为量程选择开关，将⑭脚分别与 D_1(③脚)、D_2(⑤脚)、D_3(④脚)、D_4(⑥脚)连接，可依次获得 0.01s、

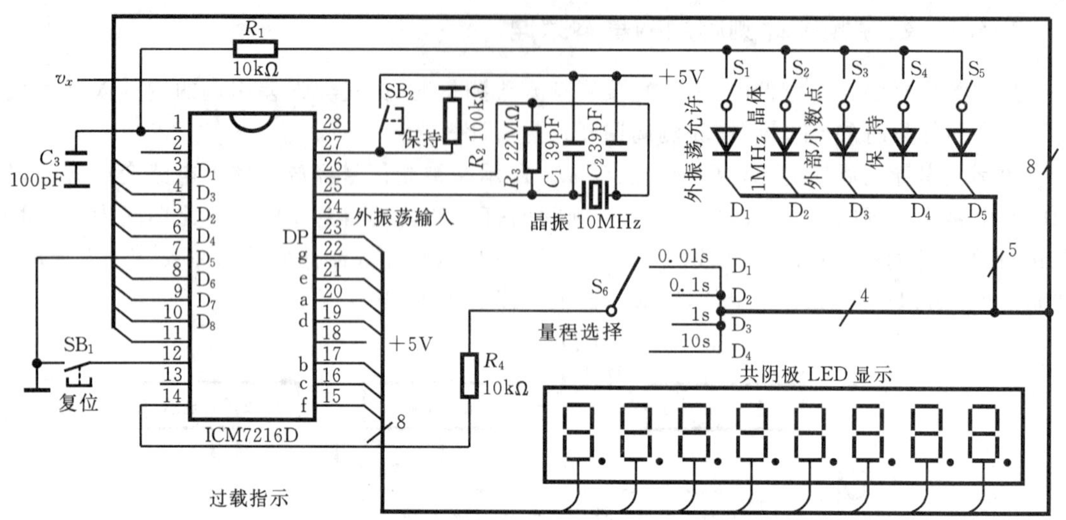

图 7.3.6 由 ICM7216D 构成的 10MHz 数字频率计

0.1s、1s 和 10s 的闸门时间。SB_1是复位清零按钮。SB_2是读数保持按钮，其功能与开关 S_4不同，当 SB_2按下时计数器复零，但锁存器内部原有的数据被保存并显示出来。

如图 7.3.6 所示，位输出用的 8 根输出线，一端分别接到 $D_1 \sim D_8$的引脚上，另一端对应排列接至 LED 的公共阴极。同样 7 段输出 a、b、c、d、e、f、g 与小数点输出 DP 用的 8 根线分别接到 8 个 LED 的相应段上。第 1 位至第 7 位 LED 显示器的小数点均与 DP 端接通，第 8 位显示器的小数点用来表示输入频率过载。亦可在 DP 端与 D_8端之间外接一发光二极管作过载指示。

图 7.3.6 所示电路中，R_1和 C_3用来减小噪声，R_3给内部振荡电路提供直流偏置，C_2用来微调振荡频率，R_2是下拉电阻，使保持端在常态下呈低电平。

ICM7216D 要求输入信号的高电平 $V_{iH} \geqslant 3.5V$，低电平 $V_{iL} \leqslant 1.9V$，脉宽大于 50ns，所以实际应用中，需根据具体情况增加一些辅助电路。如用场效应管源极跟随器作输入缓冲级，后面再加一级宽带电压放大器、整形器、电平转换器，将被测信号变成标准的数字信号再输入㉘脚。

7.3.6 设计任务

设计课题：简易数字频率计设计

给定的主要器件：555 1 片，74LS123 1 片，74LS273 2 片，74LS48 4 片，74LS90 6 片，74LS92 1 片，74LS00 2 片，74LS74 1 片，74LS151 1 片，74LS138 1 片，数码显示器 BS202 4 只，3DG100 1 只。

- 主要技术指标 频率测量范围 1Hz～10kHz，10kHz～100kHz，100kHz～1MHz；频率准确度$\frac{\Delta f_x}{f_x} \leqslant \pm 2 \times 10^{-3}$；被测信号幅度 $V_{xm}=0.2V \sim 5V$（正弦波、三角波、方波）。
- 显示及工作方式 4 位十进制数显示，小数点自动定位，单位指示灯自动显示。
- 设计步骤与要求

① 拟定数字频率计的组成框图，设计安装各单元电路（要求布线整齐美观，便于级联）。

② 按照给定技术指标，检测数字频率计是否满足要求。

③ 画出数字频率计的整机逻辑电路图(**注意**：不要与图 7.3.2 所示的相同)。

④ 写出设计性实验报告。

实验与思考题

7.3.1　数字频率计中，逻辑控制电路有何作用？如果不用集成电路单稳态触发器，是否可用其他器件或电路来完成逻辑控制功能？画出设计的逻辑控制电路。

7.3.2　用定时器 555 或运算放大器设计一施密特整形电路，使满足频率测量的要求。

7.3.3　图 7.3.2 所示电路的开关 S 有何作用？可否用其他电路来代替 S 的功能？请画出电路。

7.3.4　当测频范围要求不宽，例如只要求两挡扩展时，对于图 7.3.3 所示电路图，可否不用数据选择器 74LS151？为什么？请设计电路，并完成频率为 10Hz～100kHz 的测量。

7.3.5　试采用测周期的方法测量频率为 0.1Hz～10Hz 的低频信号，要求测量精度 $\gamma_{fx} < \pm 2\times 10^{-3}$，画出设计的电路并进行频率测量。

7.4　可编程字符显示器设计

学习要求　熟练掌握 EPROM 只读存储器的功能、存储容量的扩充、地址计数器的设计及程序的写入与擦除；学会用计算机汉字库编辑法设计字符显示程序。

7.4.1　可编程字符显示电路的基本组成及工作原理

可编程字符(图案)显示是指，显示的字符或图案可以通过编程的方法进行灵活变换的方法。如列车时刻表显示屏，商品广告显示屏，彩灯图案显示等，都是将显示的内容预先编程，再由控制电路或者计算机将显示的内容按照一定的规律显示出来的。图 7.4.1 所示的是它的基本组成框图。其中，EPROM 只读存储器用于存放字符或图案的代码，它是字符显示器的核心部件；发光二极管点阵显示屏用来显示字符或图案；行选线与列选线产生电路分别为显示屏的行与列提供选通地址线；地址计数器为 EPROM 提供地址线，它的计数脉冲由时钟脉冲源提供。

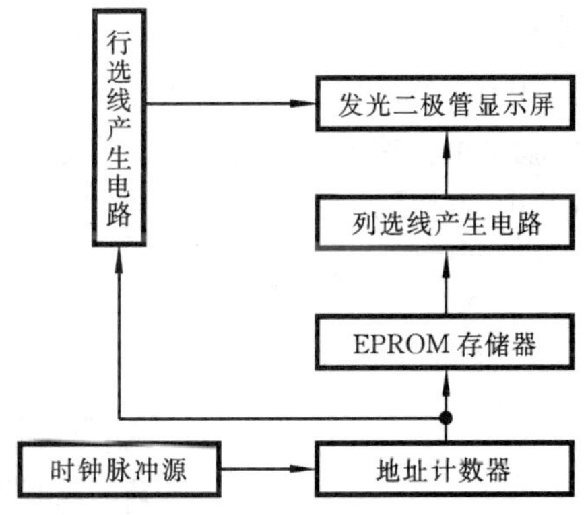

图 7.4.1　可编程字符显示器的组成框图

电路的工作原理是：时钟脉冲输入时，地址计数器进行计数，EPROM 对应的地址单元中的代码输出，以驱动列选线产生电路。地址计数器同时又为行选线产生电路提供地址线，随着地址计数器计数值的变化，发光二极管显示屏逐行扫描，显示屏上显示出字符或图案。

7.4.2　可编程字符(图案)显示器的电路设计

1. EPROM 存储器

EPROM 存储器的内容可以按照用户的需要写入，也可以通过紫外线照射、擦除，再写入新的内容，故称为可擦除可编程只读存储器。

常见 EPROM 的型号有 2716(2K×8 位)、2732(4K×8 位)、2764(8K×8 位)、27128(16K×8 位)等。

图 7.4.2 所示的是 EPROM2716 的引脚功能图。其中，D_0～D_7 为数据端，A_0～A_{10} 为地址端，可寻地址为 $2^{11}=2048$(2K)个存储单元。3个控制信号：V_{PP} 为编程控制端，写入程序

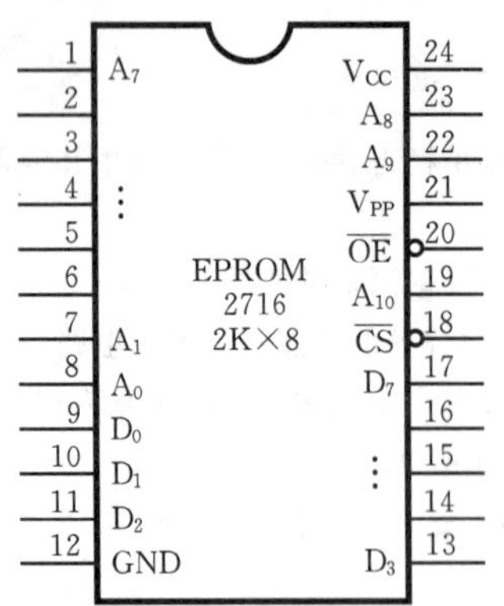

图 7.4.2 EPROM2716 的引脚功能

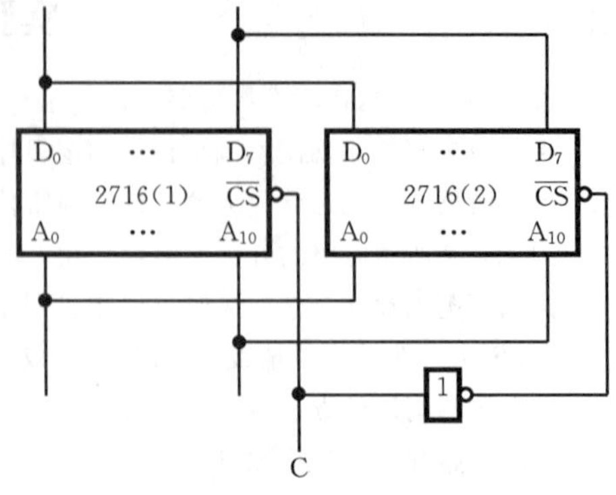

图 7.4.3 2 片 EPROM 并联

时,$V_{PP}=+25$V;片选控制端$\overline{CS}$,$\overline{CS}=0$ 时,EPROM 被选通;输出允许控制端$\overline{OE}$,$\overline{OE}=0$ 时才有输出数据。

一般来说显示的字符越多,EPROM 需要的存储容量越大。当存储容量不够时,除了选用更大容量的芯片外,还可以将同型号的多片 EPROM 芯片并联,扩展存储容量。图 7.4.3 所示的是 2 片 EPROM 并联时的连接电路,其存储容量可以扩充到 4K。当控制端 C=0 时,输出的数据是 2716(1)的内容;当 C=1 时,输出的数据为 2716(2)的内容。

2. 发光二极管矩阵显示屏

发光二极管 8×8 矩阵是最基本的矩阵。但这种简单矩阵显示的字符太小,不便观看。为了增大显示字符,可将多块 8×8 矩阵组合,如组合成 16×16,16×256,256×256 等,图 7.4.4 所示的就是由 4 块 8×8 矩阵组合而成的 16×16 的矩阵显示屏。它有 16 根行选线和 16 根列选线,其中行选线接发光二极管的正极,列选线接发光二极管的负极。若要使某只发光二极管亮,则将与此管对应的行选线接高电平(逻辑"1"),列选线接低电平(逻辑"0")。

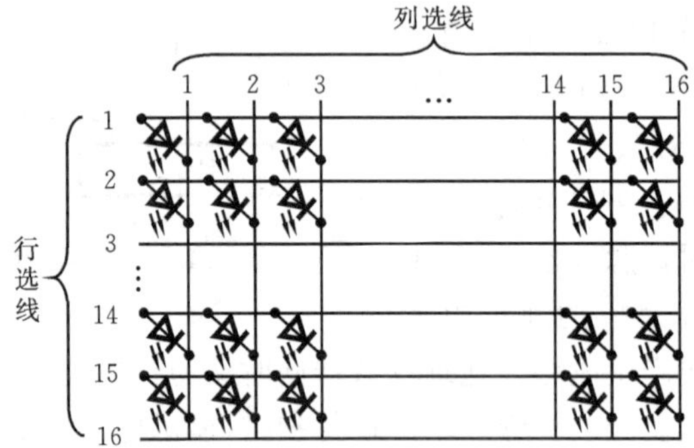

图 7.4.4 发光二极管 16×16 矩阵显示屏电路

3. 列选线/行选线产生电路

对于 16×16 的发光二极管矩阵,有 16 根行选线和 16 根列选线。其中列选线由 EPROM 的数据输出端提供。一片 EPROM2716 有 8 个数据端 D_0~D_7,只能控制 8 根列选线。因此,需要两个地址存储单元才能控制 16 根列选线,如图 7.4.5 所示。其工作原理是:当 D 触发器 FF_0 的 Q=0、$\overline{Q}=1$ 时,与非门 1~8 开通,9~16 关闭,EPROM $A_0=0$ 的地址单元输出的代码输出控制 1~8 列选线。当下一个时钟脉冲来到时,Q=1,$\overline{Q}=0$,与非门 9~16 开通,1~8 关闭。$A_0=1$ 的地址单元输出的代码,控制 9~16 列选线。

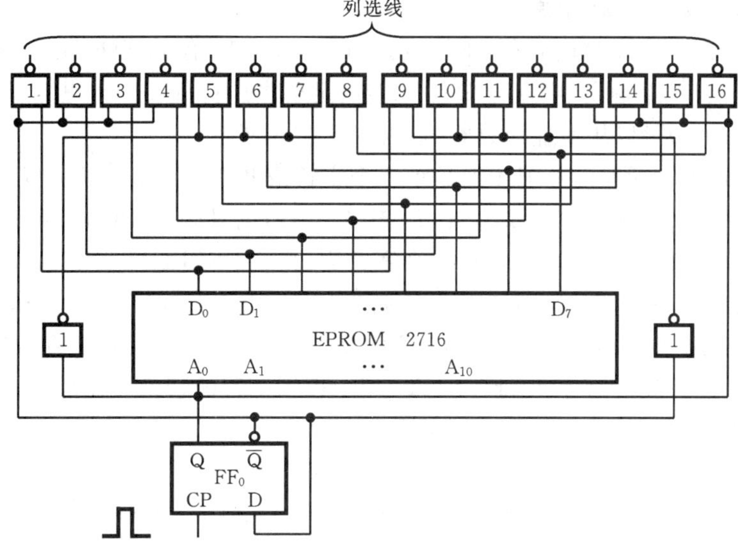

图 7.4.5　列选线产生电路

行选线用来对 16 行发光二极管进行逐行扫描，扫描一行，将此行的发光二极管正极接高电平。因此要求行选线产生电路依次输出 16 个为“1”的正脉冲，且反复循环，输出的每一个正脉冲都具有驱动 16 只发光二极管的能力，如图 7.4.6 所示。

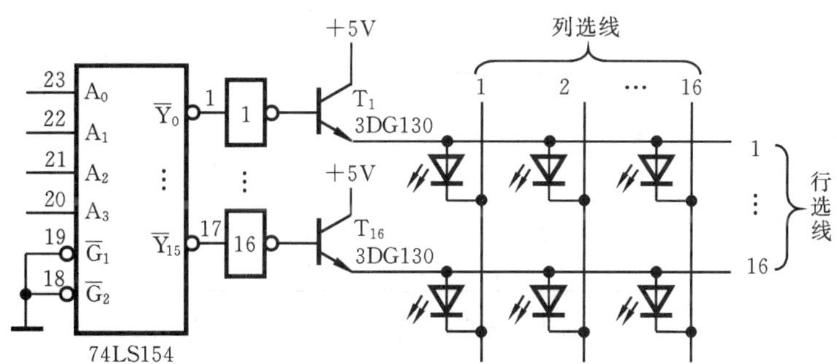

图 7.4.6　行选线产生电路

其中 74LS154 为 4-16 线译码器，在 4 位地址输入码 $A_0 \sim A_3$ 的控制下，其输出端 $\overline{Y}_0 \sim \overline{Y}_{15}$ 依次输出低电平“0”，经外接反相器 1～16 后依次输出高电平“1”。一行的 16 只发光二极管如果全部亮，约需 100mA 的电流。因此，要选用能够提供足够电流的晶体管来驱动 16 只发光二极管，如 3DG130(I_{CM}=300mA)，也可以选用集成电路驱动器如 CC1413(或 ULN2003A)，如图 7.4.7 所示。

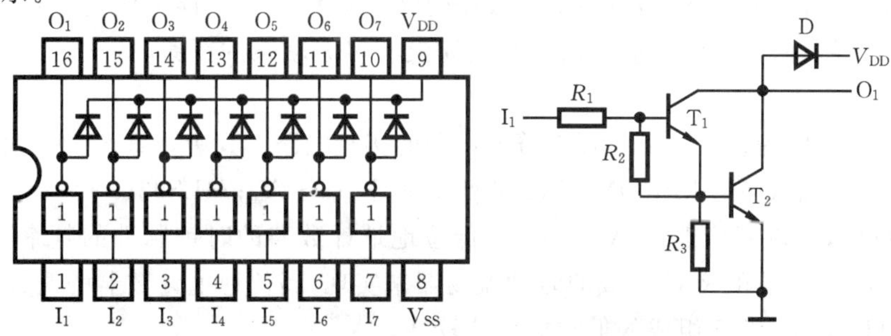

图 7.4.7　EPROM 集成电路 CC1413 反相驱动器

4. 地址计数器和时钟脉冲源

地址计数器提供 EPROM 需要的地址线。EPROM 2716 有 11 根地址线(A_0～A_{10}),那么地址计数器也应有 11 个输出端(Q_0～Q_{10})才能满足要求。行选线产生电路 74LS154 需要的 4 根地址线(A_0～A_3)可以从地址计数器的 Q_0～Q_{10} 中选出。

EPROM 的地址单元如何分配才能显示一个字符或几个字符呢?由图 7.4.5 可见,每扫描 1 行,对应 EPROM 2716 的 2 个地址单元;扫描 16 行,则对应 EPROM 2716 的 32 个地址单元。即是说,在 16×16 的显示屏上显示一个字符需要占用 EPROM 2716 的 32 个地址单元。如果在地址单元 00H～1FH 存放 1 个字符,则在 20H～3FH 存放另 1 个字符,以此类推,不难得出 EPROM 的内存分配规律:低 5 位地址 A_0～A_4 产生的地址单元用于存放字符的代码,每 32 个单元存放 1 个字符,高 6 位地址 A_5～A_{10} 用于控制字符的切换。例如,显示"欢迎光临"4 个字,EPROM 的内存地址分配如表 7.4.1 所示。

表 7.4.1 EPROM 内存分配表

地址								地址单元	字符代码
A_7	A_6	A_5	A_4	A_3	A_2	A_1	A_0	(H)	
0	0	0	0	0	0	0	0	00	欢
⋮	⋮	⋮	⋮	⋮	⋮	⋮	⋮	⋮	
0	0	0	1	1	1	1	1	1F	
0	0	1	0	0	0	0	0	20	迎
⋮	⋮	⋮	⋮	⋮	⋮	⋮	⋮	⋮	
0	0	1	1	1	1	1	1	3F	
0	1	0	0	0	0	0	0	40	光
⋮	⋮	⋮	⋮	⋮	⋮	⋮	⋮	⋮	
0	1	0	1	1	1	1	1	5F	
0	1	1	0	0	0	0	0	60	临
⋮	⋮	⋮	⋮	⋮	⋮	⋮	⋮	⋮	
0	1	1	1	1	1	1	1	7F	

由表可见,每切换 1 个字,高位地址计数器(地址 A_5～A_{10})加 1。EPROM2716 最多只能存放 $2^6=64$(即 A_{10}～A_5=111111)个字符。

时钟脉冲源的作用是提供地址计数器需要的计数脉冲。上述分析表明,低位地址计数器的时钟频率 f_1 控制行扫描的速度,f_1 越高,屏上显示的那个字符越稳定。高位地址计数器的时钟频率 f_2 控制字符的切换速率,因此 $f_2 \ll f_1$。经验表明,要看到屏上显示一个稳定的字符,f_1 应满足 $f_1 \gg 32f_0$,其中 $f_0=50\text{Hz}$,因为人眼的视觉暂留时间一般为 20ms,即如果 1s 内有 50 幅断续画面出现,则看到的将是一幅连续的画面或者是一幅稳定的图案。

在满足 $f_2 \ll f_1$ 的前提下,高位地址计数器的脉冲频率 f_2 也不能太低,否则字符的变换太慢,影响观看效果。但如果要显示多幅相互之间没有多大联系的图案,则 f_2 可以根据需要选择较低的频率。

图 7.4.8 所示的为设计的可编程字符显示器的实验电路。其中,74LS74(1)和74LS93(1)组成低位地址计数器,提供 EPROM 2716 的低位地址 A_0～A_4;74LS93(2)和 74LS74(2)组成高位地址计数器,提供高位地址 A_5～A_{10}。低位地址计数器的时钟脉冲的频率 f_1 一般大于 2kHz,可以选用反相器和 R、C 组成的时钟振荡器来实现;高位地址计数器的时钟脉冲的频率 f_2 一般低于 1Hz,采用 555 组成的低频振荡器较好。

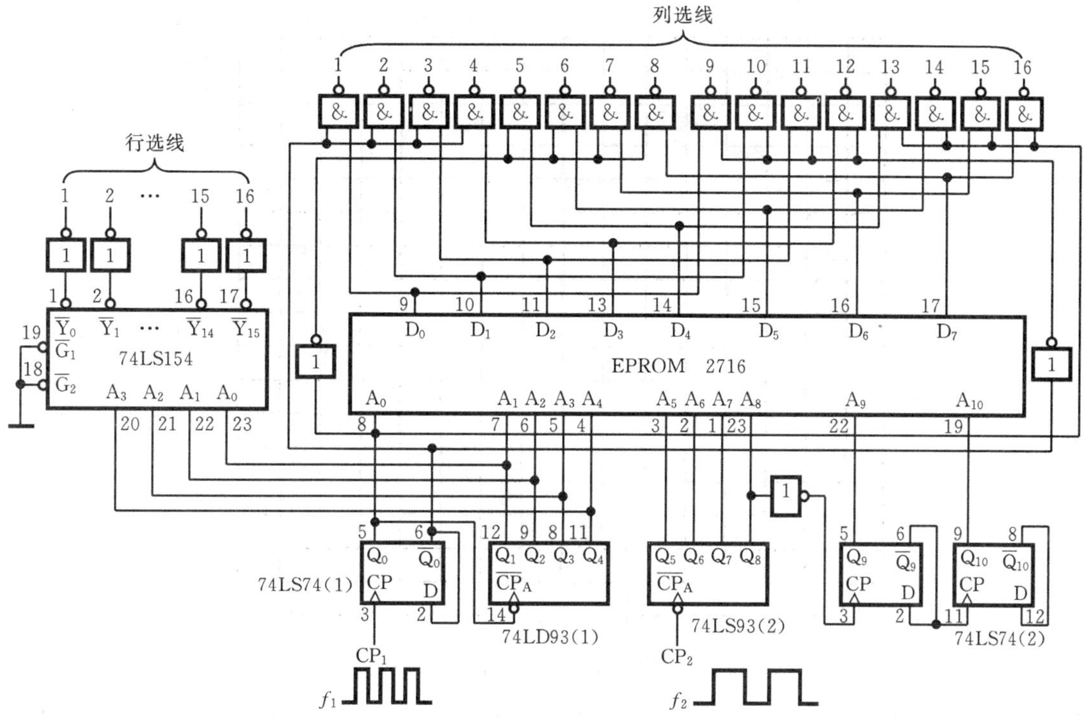

图 7.4.8　可编程字符显示器电路原理图

7.4.3　字符显示程序设计

1. 手工绘制字符

当所需字符不是标准字符时可以用手工绘制法提取点阵数据。此时，可以编写一个编辑及提取的计算机程序。

在显示屏上建立一个可以用鼠标自由绘图的编辑区，如图 7.4.9 所示。并将其分为 16×16 的区域。

在这个 16×16 的区域里，一共有 16 行，每行有两个字节(即是一个字)，每个字节有 8 位。用户手工绘制图案后，判断这个 16×16 区域里的每一位有无用户绘制的像素点，有则视为 1，无则视为 0。再将这些位按每行两个字节的格式存储，然后由两个字节组成一个字，产生 16 个字的代码，也就产生 EEPROM 的信息文件。

2. 计算机汉字库和 ASCII 字库编辑字符

当显示内容经常需要改变时，所需的字库就非常巨大，手工绘制不仅效率低而且得到的不是标准字体。

利用计算机 UCDOS 自带的汉字库和 ASCII 字库可以得到汉字和 ASCII 字符的点阵。UCDOS 带有两个字库 hzk16 和 asc16。hzk16 是汉字字库，里面的汉字为 16×16 点阵的，asc16 是 ASCII 字库，里面的 ASCII 字符是 8×16 点阵的。

hzk16 的文件结构是：每个汉字的 16×16 点阵共有 256 位即 32 字节，每行 16 位按左 8 位右 8 位左高位右低位分为 2 字节，共 16 行按上至下按序得到一个 32 字节固定格式的字库结构。然后，汉字由区位码为序依次存放在文件中。

汉字在 hzk16 中的存储位置计算方法是：得到汉字的机内码，机内码减去 0xA0A0 得到区

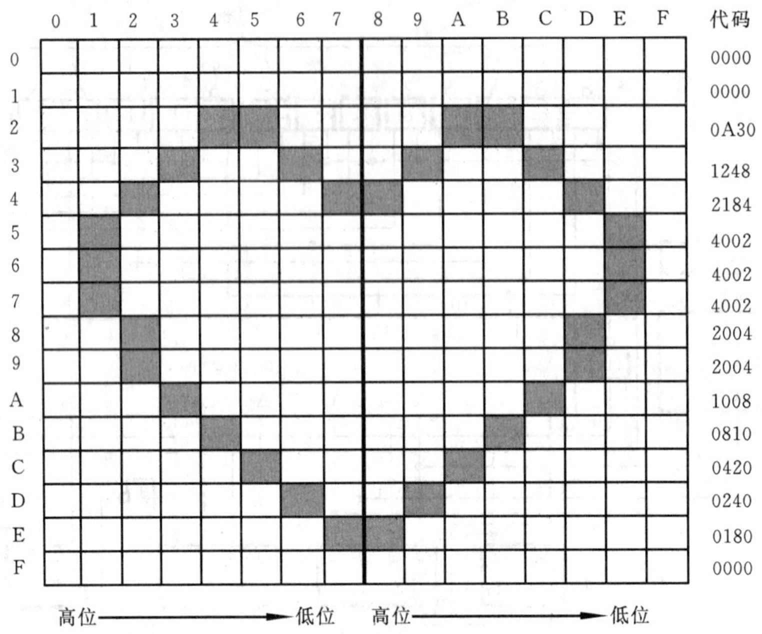

图 7.4.9 绘图编辑区

位码，将区位码分为区码和位码两部分，区码减 1 再乘上 94 加上位码减 1，然后乘上 32，得到的结果即为某一汉字点阵字库在 hzk16 文件中的存储首地址。

asc16 的文件结构是：每个 ASCII 字符的 8×16 点阵共有 128 位即 16 字节，每行 8 位为 1 字节，共 16 行由上至下按序得到一个 16 字节固定格式的字库结构。然后，ASCII 字符由 ASCII 码为序依次存放在文件中。

ASCII 字符在 asc16 中的存储位置计算方法是：得到 ASCII 字符的 ASCII 码，乘上 16，得到的结果即为某一 ASCII 字符点阵字库在 asc16 文件中的存储首地址。

下面是用 Visual Basic 编写的提取字库的例程：

```
Public Sub GetMatrix(curChar As String)
  Dim pixel(0 to 31)As Byte                         '存放提取的字库数据
  Dim i As Integer, offset As Long, Ascii As Long
  Ascii=Asc(curChar)
  If Ascii>=0 And Ascii<=255 Then                   'ASCII 字符
    offset=Ascii * 16
    For i=0 To 15
      pixel(i)=allAsc(offset+i)                     '事先将 asc16 文件读入 allAsc 数组
    Next i
  Else                                              '汉字
    offset=QWtoPos(Hex$(Asc(curChar)-&HA0A0))
    For i=0 To 31
      pixel(i)=allHz(offset+i)                      '事先将 hzk16 文件读入 allHz 数组
    Next i
  End If
End Sub
```

```
Public Function QWtoPos(QW As String)As Long     'qh:区码,wh:位码
  Dim qh As Integer, wh As Integer               'qh:区码,wh:位码
  qh=CInt("&H"+Left(QW, IIF(Len(QW)=3,1,2)))
  wh=CInt("&H"+Right(QW,2))
  QWtoPos=(94*(CLng(qh)-1)+(CLng(wh)-1))*32
End Function
```

根据得到的 pixel 数组,我们可将其写到硬盘中,此文件可作为 EEPROM 的信息文件。

7.4.4 设计任务

设计课题:可编程字符(图案)显示器设计

● 给定的主要元器件　EPROM2764,16×16 发光二极管矩阵显示屏(含驱动电路),74LS154,74LS00,74LS04,74LS90,74LS93 及定时器 555 等。

● 功能要求　能显示 4 个以上字符(如"欢迎光临")或者一幅活动的画面(如鸟飞、花开)。

● 设计步骤与要求

① 写出设计步骤,画出设计的电路图。

② 装调设计的电路。

③ 设计显示字符的程序,列出所设计的程序清单。

④ 写 EPROM。

实验与思考题

7.4.1 为什么说发光二极管矩阵显示屏中 8×8 矩阵是最基本的矩阵? 如果用 8×8 矩阵显示屏,则字符显示器的电路应如何设计?

7.4.2 如何利用图 7.4.8 所示电路,实现 8×8 矩阵显示,其电路应如何连接?

7.4.3 利用你所设计的可编程字符显示器,先用 8×8 矩阵显示一个字符,然后用 16×16 矩阵显示同一字符,并比较它们的显示效果。

7.4.4 如何选择计数脉冲的频率? 你所设计的计数脉冲的频率 f_1 与 f_2 各为多少(调试时最好用电位器调整 f_1 与 f_2,以使显示效果最佳)?

7.4.5 如果发光二极管的矩阵显示屏为 16×256 或 256×16 或 256×256 等,则对于图 7.4.8 所示的电路,应如何改动? 画出所设计的电路图。

7.4.6 在可编程字符显示器的电路设计中,采用行扫描技术有哪些优越性? 扫描频率如果过高会影响显示屏的哪些性能?

7.4.7 如何提高发光二极管显示屏的亮度?

7.4.8 你所设计的字符显示程序采用了哪些编程技术? 字符是如何移动的? 是从左向右移动还是从上向下移动? 或者其他方式移动?

7.4.9 你所编写的一幅活动图案的显示方式如何? 采用了哪些方法设计程序和电路。

7.4.10 了解并学会 EPROM 的擦除与写操作。

7.5 码位交织和反交织电路设计

学习要求　熟练掌握 RAM 随机存储器的读/写功能、RAM 的掉电保护电路及地址计数器的设计方法;学会用时钟脉冲源,M 序列信号发生器及组合逻辑电路设计一个反交织电路的动态模拟小系统实验电路。

7.5.1 码位交织与反交织的基本原理

在数字通信中，发端传送的串行码都是分成码组传送的。为减小误码率，在每个码组中插入一定数量的纠错码元。例如，卫星电视的数字伴音信号的一帧共有 2048 位，分成 32 个码组，每个码组包含 64 个码元，其中，信息位是 56，纠错位是 7，帧同步位或称控制位为 1。如果通信条件变坏或者受强噪声干扰，则有可能出现多个连续码元误码的情况，以致超过纠错码的纠错能力。为减小误码率，在数字通信中常采用码位交织与反交织处理技术。

所谓码位交织与反交织处理是指在发送端将一个码组的码位通过交织电路分开传送，而在接收端再通过反交织电路将码位复原的技术。经过交织与反交织处理后，码组传送过程中的连续误码将分散，每个码组中最多只有一个误码出现，因此误码率大大降低。

交织与反交织处理的过程如图 7.5.1 所示。设待发送的码组为 $a_0b_0c_0d_0\cdots a_3b_3c_3d_3$，如图 7.5.1(a)所示。这是由 4 个码组所组成的周期信号，其中每个码组中包含 4 个码元(或 4 位)。数据传送的过程是：在发送端，先将信号的每一位按照顺序地址 00H～0FH 存入随机存储器 RAM。各存储单元的内容为

$$\begin{array}{cccc}(00H)=a_0 & (01H)=b_0 & (02H)=c_0 & (03H)=d_0\\ \vdots & \vdots & \vdots & \vdots\\ (0CH)=a_3 & (0DH)=b_3 & (0EH)=c_3 & (0FH)=d_3\end{array}$$

发送时，按照交织地址从 RAM 区读出，使每个码组中的相邻码元间隔 4 位，因此交织地址的顺序为 00H—04H—08H—0CH—01H—05H—09H—0DH—02H—06H—0AH—0EH—03H—07H—0BH—0FH，即实际发送的码组顺序为 $a_0a_1a_2a_3\cdots d_0d_1d_2d_3$，如图 7.5.1(b)所示。在接收端，先按顺序地址将所接收的串行码组存入随机存储器 RAM，各存储单元的内容为

$$\begin{array}{cccc}(00H)=a_0 & (01H)=a_1 & (02H)=a_2 & (03H)=a_3\\ \vdots & \vdots & \vdots & \vdots\\ (0CH)=d_0 & (0DH)=d_1 & (0EH)=d_2 & (0FH)=d_3\end{array}$$

输出时再按交织地址的顺序读出，因此实际输出的串行码组的顺序为 $a_0b_0c_0d_0\cdots a_3b_3c_3d_3$，如图 7.5.1(c)所示，从而实现了码组还原：接收端输出的码组与待发送的码组完全相同。

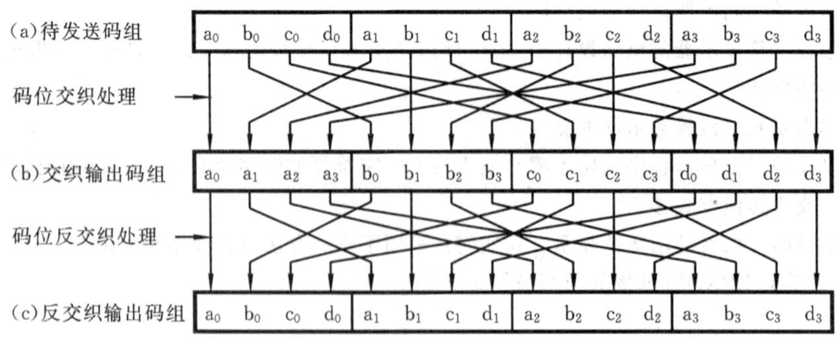

图 7.5.1 码位交织与反交织处理

由以上分析表明：实现码位交织处理与反交织处理的关键是，改变码位发送时的地址顺序和接收端码元输出时的地址顺序，如图 7.5.2 所示。其中，图(a)所示的为交织处理时码元的顺序写入与交织读出矩阵，这时处理的串行码组是原码组；图(b)所示的为反交织处理时码元

的顺序写入与交织读出矩阵，这时处理的串行码组是原码组的交织输出码组。

按顺序地址(H)写入；按交织地址(H)读出

00 a_0	01 b_0	02 c_0	03 d_0
04 a_1	05 b_1	06 c_1	07 d_1
08 a_2	09 b_2	0A c_2	0B d_2
0C a_3	0D b_3	0E c_3	0F d_3

(a)

按交织地址(H)读出；按顺序地址(H)写入

00 a_0	04 b_0	08 c_0	0C d_0
01 a_1	05 b_1	09 c_1	0D d_1
02 a_2	06 b_2	0A c_2	0E d_2
03 a_3	07 b_3	0B c_3	0F d_3

(b)

图 7.5.2　码位交织与反交织矩阵

(a) 交织矩阵　(b) 反交织矩阵

7.5.2　码位反交织电路设计

1. 码位反交织电路的组成框图

发送端的码位交织电路与接收端的码位反交织电路的功能基本相同，它们都具有如图 7.5.3所示的电路结构。其中，随机存储器 RAM 用于存放需要传送的串行码组，可用 2 片 RAM 实现对串行码组的读/写处理。因为 1 片 RAM 在“写”时不能“读”，在“读”时不能“写”。电路的工作过程是：电路处于工作方式 1 时，串行输入码组 D_I经输入控制电路按照顺序地址写入随机存储器 RAM(1)，同时按照交织地址的顺序读出 RAM(2)的内容，经输出控制电路输出串行码组 D_O，此码组与发送端待发送的码组完全相同；当一帧信号的“写入”和上一帧信号的“读出”结束后，由帧同步信号或控制信号使电路自动切换到工作方式 2，新的一帧信号的串行输入码组 D_I按顺序地址写入 RAM(2)，上一帧信号从 RAM(1)按照交织地址读出，如此循环往复，输出端可获得一帧接一帧的连续串行码组。

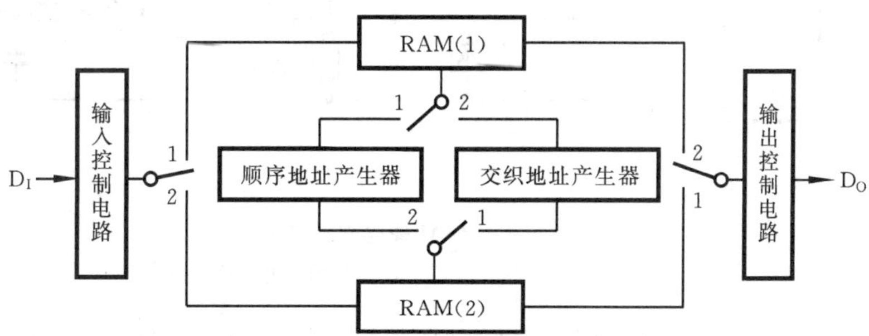

图 7.5.3　码位反交织电路组成框图

2. 随机存储器 RAM 及其掉电保护电路

随机存储器 RAM 的作用是存储数字信号的码组(或称代码)。与 EPROM 只读存储器相比，其最大的优点是读/写方便，内容可以随时修改。常见随机存储器芯片有 RAM2114(1K×4 位)，RAM6116(2K×8 位)，RAM6264(8K×8 位)等。其中，RAM2114 是 NMOS 集成电路的静态随机存储器，与 TTL 电平兼容。它有 10 根地址线，可寻地址为 $2^{10}=1024$ 个存储单元。4 根数据输入/输出线，2 根信号控制线：$\overline{CS}$为片选端，低电平有效；$R/\overline{W}$为读/写控制端，$R/\overline{W}=1$ 时从 RAM 读出数据，$R/\overline{W}=0$ 时向 RAM 写入数据。电源电压 $+V_{DD}=+5V$。

RAM6116 是 CMOS 集成电路静态随机存储器，与 TTL 兼容，它有 11 根地址线，8 根数据线和 3 根控制线。在数字通信中，由于串行码组的每一位要占据 1 个存储单元，如果选用 4 位 RAM2114 或 8 位 RAM6116 显然有些浪费，最好采用 1 位 RAM，如 RAM2102(1K×1 位)。如果存储容量不够，除了选用内存容量更大的集成电路 RAM 芯片外，也可以将多片 RAM 进行并联扩充，其扩充方法与 EPROM 相同。

与 EPROM 相比，RAM 的最大缺点是一旦掉电，所存储的数据便会丢失。因此，在 RAM 的实际应用中，应采取掉电保护措施。当电源掉电时，保护 RAM 中的数据不丢失，重新上电时 RAM 中的数据仍保持完好。

RAM 的掉电保护电路如图 7.5.4 所示。其中，图 7.5.4(a)所示的是一种简单的掉电保护电路。V_B称为后备电源，它可以采用可充电的镍镉干电池，一般选 $V_B \approx +4.5V$。在电源电压正常时，$+V_{CC}=+5V$，二极管 D_1(锗管)导通，D_2(硅管)截止，RAM 的电源电压 $V_{DD}=5V-V_{D1}=5V-0.2V=4.8V$，RAM 可正常工作。这时+5V 电源通过电阻 R 对电池 V_B充电。一旦电源掉电，D_1截止 D_2导通，RAM 的电源电压 $V_{DD}=V_B-V_{D2}=4.5V-0.6V=3.9V$，对于 CMOS RAM，$V_{DD}$一般为+3V 左右就能保持内部的数据不变。为减小二极管 D_2的反向漏电流，选用硅二极管较好。简单掉电保护电路没有考虑掉电时 RAM 的片选端$\overline{CS}$的状态，实际上，只有掉电时$\overline{CS}=1$，才能可靠保护 RAM 中的数据，如果$\overline{CS}=0$，RAM 中的数据仍有可能丢失。

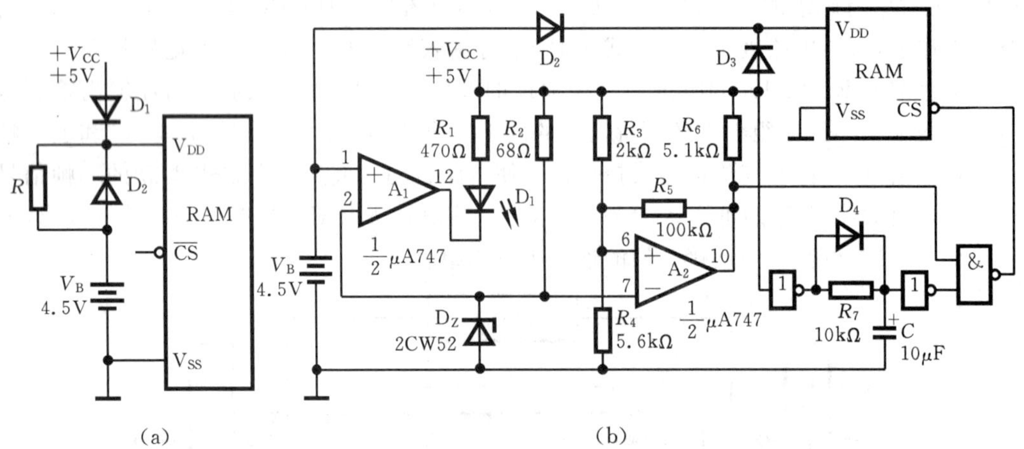

图 7.5.4 RAM 掉电保护电路

(a) 简单的掉电保护电路 (b) 可靠的掉电保护电路

图 7.5.4(b)所示的是一种专门用于 CMOS RAM 的掉电保护电路，它可以使片选端$\overline{CS}$在电源切换过程中始终保持高电平。其中，A_1、A_2为电压比较器，它们的基准电压 V_{REF}由稳压管 D_Z提供(设 $V_{REF}=+3.5V$)。比较器 A_1的作用是监测干电池的电压 V_B，若 $V_B<3.5V$，则发光二极管 D_1亮，表示要更换电池或充电。比较器 A_2的作用是监测电源电压$+V_{CC}$的变化。$+V_{CC}$正常供电时，比较器 A_2的同相端的电压

$$V_+=\frac{R_4}{R_3+R_4}V_{CC}>V_{REF} \tag{7-5-1}$$

这样，A_2输出高电平，使$\overline{CS}=0$，即 RAM 处于选通状态，可对 RAM 进行读/写操作。当电源掉电时，由于$+V_{CC}$有一下降过程，当 $V_+<V_{REF}$时，比较器 A_2输出低电平，使$\overline{CS}=1$，RAM 处

于封锁状态，其内部数据得到保护。

当$+V_{CC}$继续下降，使二极管D_3截止D_2导通时，后备电池V_B供电。如果$+V_{CC}$又重新供电，由于R、C元件的积分延时，不会使$\overline{CS}$受供电脉冲的干扰而立即下降为0，从而减小了干扰脉冲的影响。R、C延时结束后，由于$+V_{CC}$已经稳定在+5V，比较器A_2又满足了式(7-5-1)的关系，$\overline{CS}=0$，RAM又恢复到选通状态。

3. 顺序地址与交织地址产生电路

设串行码组只有16位，在接收端所形成的反交织矩阵如图7.5.2(b)所示。由此可以列出地址计数器与RAM地址线的状态表，如表7.5.1所示。当随机存储器RAM进行"写"操作时，要求其地址线提供顺序地址单元，因此地址线$A_3A_2A_1A_0$的状态与地址计数器的输出$Q_3Q_2Q_1Q_0$的状态完全相同，即

$$\left.\begin{aligned}A_3&=Q_3\\A_2&=Q_2\\A_1&=Q_1\\A_0&=Q_0\end{aligned}\right\}\qquad(7\text{-}5\text{-}2)$$

表7.5.1 地址计数器与地址线的状态表

地址计数器				顺序写入						交织读出					
				地 址 线				地址	写入	地 址 线				地址	读出
Q_3	Q_2	Q_1	Q_0	A_3	A_2	A_1	A_0	单元(H)	代码	A_3	A_2	A_1	A_0	单元(H)	代码
0	0	0	0	0	0	0	0	00	a_0	0	0	0	0	00	a_0
0	0	0	1	0	0	0	1	01	a_1	0	1	0	0	04	b_0
0	0	1	0	0	0	1	0	02	a_2	1	0	0	0	08	c_0
0	0	1	1	0	0	1	1	03	a_3	1	1	0	0	0C	d_0
0	1	0	0	0	1	0	0	04	b_0	0	0	0	1	01	a_1
0	1	0	1	0	1	0	1	05	b_1	0	1	0	1	05	b_1
0	1	1	0	0	1	1	0	06	b_2	1	0	0	1	09	c_1
0	1	1	1	0	1	1	1	07	b_3	1	1	0	1	0D	d_1
1	0	0	0	1	0	0	0	08	c_0	0	0	1	0	02	a_2
1	0	0	1	1	0	0	1	09	c_1	0	1	1	0	06	b_2
1	0	1	0	1	0	1	0	0A	c_2	1	0	1	0	0A	c_2
1	0	1	1	1	0	1	1	0B	c_3	1	1	1	0	0E	d_2
1	1	0	0	1	1	0	0	0C	d_0	0	0	1	1	03	a_3
1	1	0	1	1	1	0	1	0D	d_1	0	1	1	1	07	b_3
1	1	1	0	1	1	1	0	0E	d_2	1	0	1	1	0B	c_3
1	1	1	1	1	1	1	1	0F	d_3	1	1	1	1	0F	d_3

这时只要将RAM的地址线$A_3A_2A_1A_0$分别与地址计数器的输出端$Q_3Q_2Q_1Q_0$相连接即可。当RAM进行"读"操作时，要求地址线提供交织地址单元，由表7.5.1可见，RAM交织读出时的地址线$A_3A_2A_1A_0$与地址计数器的输出端的关系为

$$\left.\begin{aligned}A_3&=Q_1\\A_2&=Q_0\\A_1&=Q_3\\A_0&=Q_2\end{aligned}\right\}\qquad(7\text{-}5\text{-}3)$$

采用图7.5.5所示的顺序地址与交织地址产生电路实现式(7-5-2)和式(7-5-3)所示的关系。其中，74LS191构成地址计数器，可以输出16种状态，以提供16个地址单元。

74LS157是四2选1数据选择器，其内部有4个独立的2选1开关。当选择端A=0时，输出Y=D_0，这时RAM2114按顺序地址进行“写”操作，因此要求R/$\overline{W}$=0。当A=1时，输出Y=D_1，这时RAM2114按交织地址进行“读”操作，因此要求R/$\overline{W}$=1。

4. 输入/输出控制电路

输入/输出控制电路如图7.5.6所示。其中，74LS125是一个三态4总线缓冲器，内部有4个完全相同的三态门，当控制端C=0时，门的输出等于输入，即Y=A；当C=1时(称为禁止状态)，门的输出端呈高阻状态。电路的工作原理是：当同步控制信号C来到时，74LS125的门1和门4选通，RAM(1)进行“写”操作，74LS157(1)提供顺序地址，74LS157(2)提供交织地址，RAM(2)进行“读”操作，74LS125的门3和门2的输出呈现高阻状态，不会影响RAM(2)的数据输出；当C为高电平时，RAM(1)进行“读”操作，将接收的码组经三态门2输出，RAM(2)进行下一帧信号的写入操作。从而实现了输入/输出的控制功能。

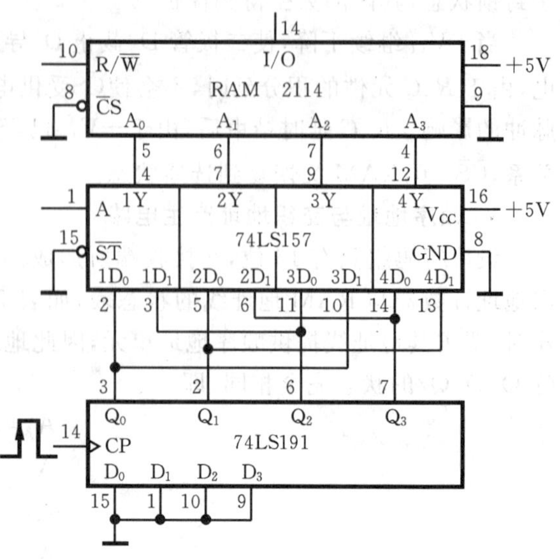

图7.5.5 顺序地址和交织地址产生器

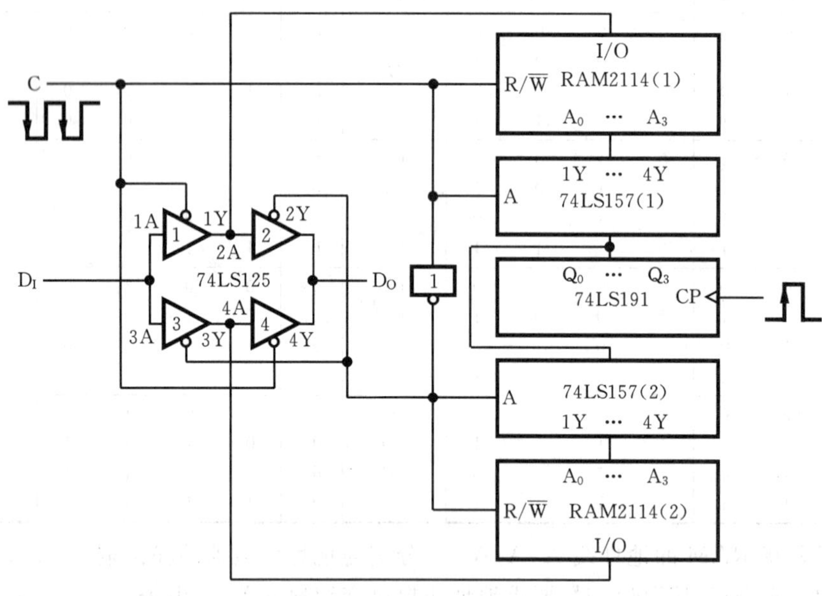

图7.5.6 输入/输出控制电路

7.5.3 反交织电路的模拟实验

1. 静态逻辑功能测试

静态逻辑功能测试用以检验组成码位反交织电路的各功能电路是否能正常工作，主要测试RAM是否按照顺序地址或交织地址寻址，输入/输出逻辑控制电路的功能是否正常。

如图7.5.6所示，C=0，74LS191时的输出端与RAM(1)的地址线的波形应完全相同，满足式(7-5-2)的关系，可以用示波器分别观测 Q_0 与 A_0，Q_1 与 A_1，Q_2 与 A_2 及 Q_3 与 A_3 的波形，证明 RAM(1)按照顺序地址寻址。这时，RAM(2)的地址线与 74LS191 的输出应满足式(7-5-3)的关系，说明 RAM(2)按照交织地址寻址。再使 C＝1，则 RAM(1)应按照交织地址寻址，RAM(2)应按照顺序地址寻址。

2. 动态模拟实验电路

静态逻辑功能测试如能满足要求，说明各组成部分电路工作正常，即可进行整体电路的动态模拟实验。图 7.5.7 所示的为动态模拟实验的连接电路。其中，*M* 序列信号发生器(又称伪随机信号发生器)产生 16 位串行码组；时钟脉冲源提供 *M* 序列信号发生器和地址计数器所需要的时钟脉冲；逻辑控制电路产生串行码组的帧同步信号及 *M* 序列发生器和地址计数器的复位信号。设 *M* 序列信号发生器的输出，即码位交织电路的输入信号为

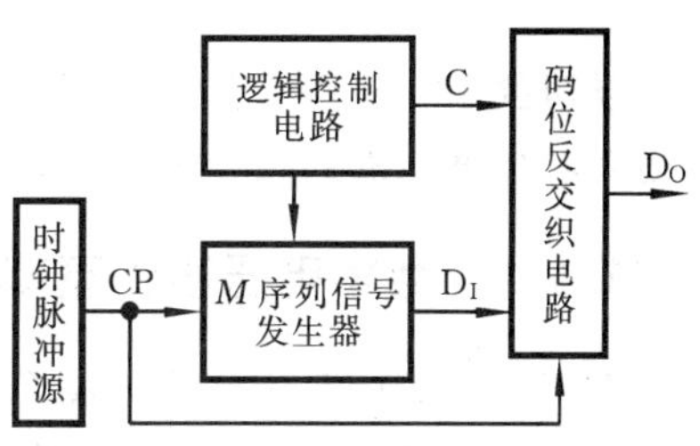

图 7.5.7　动态模拟实验电路的连接

$$D_I = 1000\quad 1001\quad 1010\quad 1111$$

则输出信号为

$$D_O = 1111\quad 0001\quad 0011\quad 0101$$

用双踪示波器可以对 D_I 与 D_O 的波形进行观测与比较。

7.5.4　设计任务

设计课题：码位反交织电路设计

- 给定的主要元器件　74LS191、74LS125、74LS157、RAM2114。
- 功能要求　将一个由 16 位码元组成的串行码组进行反交织处理，其中 RAM 具有掉电保护功能。
- 设计要求

① 设计反交织处理电路。

② 设计反交织电路的动态模拟实验电路。

③ 测试电路的静态逻辑功能，观测动态模拟实验时的输入、输出波形。

④ 检验 RAM 的掉电保护功能。

实验与思考题

7.5.1　数字通信中的码位交织与反交织电路有何作用？

7.5.2　RAM 随机存储器与 EPROM 只读存储器相比有何异同点？RAM 的掉电保护措施有哪些？

7.5.3　图 7.5.4(a)所示的掉电保护电路的实验结果如何？怎样才能使该电路可靠？

7.5.4　图 7.5.4(b)所示的可靠掉电保护电路的实验结果如何？图中电阻 R_5、R_6 有何作用？应如何选择它们的阻值？二极管 D_4 及 R、C 组成的电路又有何作用？如何选择 RC 的值？

7.5.5　如果串行码组的位数增加到 32 位或更多的位，RAM 的交织地址应如何提供，写出按交织地址寻址时，地址线 $A_0 \sim A_9$(RAM2114 的全部地址线)的控制方程式。

7.5.6　为什么要用 74LS157 和 74LS191 来设计顺序地址和交织地址产生器？可否用其他芯片代替？画出设计的电路图？

7.5.7　图 7.5.6 所示的输入/输出控制电路中，三态 4 总线缓冲器 74LS125 有何作用？

7.5.8　图 7.5.7 所示的动态模拟实验电路中，时钟脉冲源、*M* 序列信号发生器及逻辑控制电路应如何设计，画出实验电路。

7.5.9 设计一个用发光二极管显示的可编程字符(图案)显示器,要求能对部分字符随时进行修改。

7.5.10 画出用2片RAM2114扩充为1K×8位的内存容量的连接电路。

7.6 数字电压表设计

学习要求 了解三位半数字电压表的基本构成;掌握双积分型A/D转换器的工作原理以及通用数字电压表的设计方法与调试技术。

7.6.1 数字电压表的基本组成

数字电压表的基本组成如图7.6.1所示。它由模拟电路与数字电路两大部分组成,模拟部分包括输入放大器A、A/D转换器和基准电压源;数字部分包括计数器、译码器、逻辑控制器、振荡器和显示器。其中,A/D转换器是数字电压表的核心部件,它将输入的模拟量转换成数字量。由图可见,模拟电路与数字电路是互相联系的,由逻辑控制电路产生控制信号,按规定的时序将A/D转换器中各组模拟开关接通或断开,保证A/D转换正常进行。A/D转换结果通过计数译码电路变换成笔段码,最后驱动显示器显示出相应的数值。

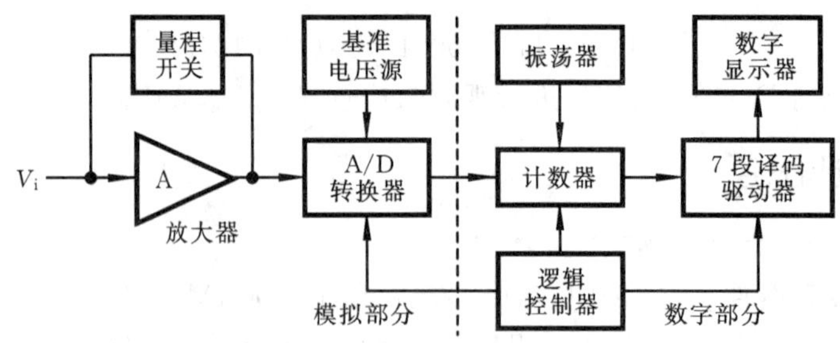

图7.6.1 数字电压表的组成框图

7.6.2 数字电压表的主要技术指标

● 测量范围 数字电压表的测量范围通常以基本量程为基础,借助于衰减器扩展量程。

● 输入阻抗 数字电压表的输入阻抗主要由衰减器的阻抗决定。

● 显示位数 数字电压表的位数是指完整显示位,即能够显示0~9十个数字的那些位。例如,$3\frac{1}{2}$位(读作三位半)的数字电压表,只有3位完整显示位;因其最高位只能显示0或1,故称为半位。

● 测量速度 测量速度是指每秒钟对被测电压的测量次数,或一次测量全过程所需的时间,它主要取决于A/D转换器的转换速率。

● 分辨率 分辨率是数字电压表能够显示被测电压的最小变化值,即显示器末位跳一个字所需的最小输入电压值。例如,最小量程为199.9mV,末位变为0.1mV,则这只表的分辨率为0.1mV。

7.6.3 CC7106构成的$3\frac{1}{2}$位数字电压表设计

1. 双积分式A/D转换器CC7106

(1) 双积分A/D转换的基本原理

所谓双积分就是在一个测量周期内要进行两次积分:首先,对被测电压V_x进行定时积分,

然后对基准电压 V_{REF} 进行定值积分。通过两次积分比较，将 V_x 变换成与之成正比的时间间隔；然后，在这个时间间隔内对固定频率的时钟脉冲计数，计数的结果正比于被测电压的数字量。双积分式 A/D 转换器的组成框图和积分电路的波形，如图 7.6.2 所示。两次积分的工作过程如下。

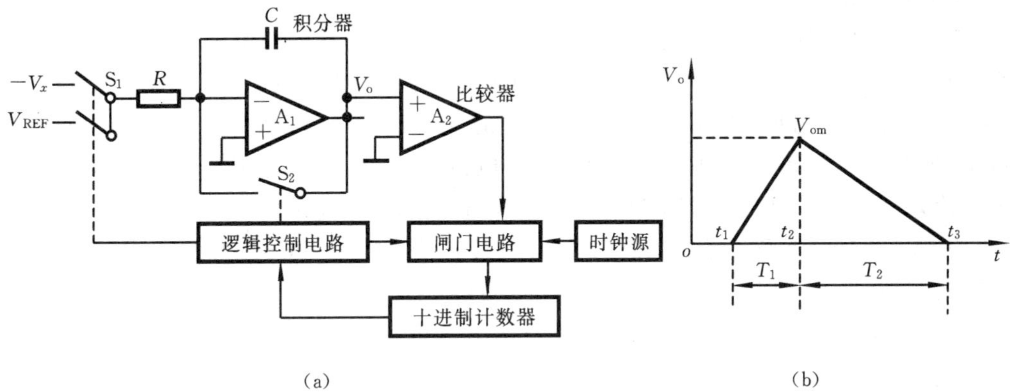

图 7.6.2　双积分式 A/D 转换

(a) 电路组成框图　(b) 双积分波形

1) 对被测电压定时积分

设 $t = t_1$ 时，开关 S_1 接通被测电压 $-V_x$，积分器 A_1 对 $-V_x$ 进行正向积分，其输出电压 V_o 线性上升，一旦 $V_o \geqslant 0$，则过零比较器 A_2 翻转，输出从低电平跳到高电平，打开闸门，时钟脉冲进入计数器计数，经过预定时间 T_1 或计数器预置的数 N_1 后，在计数器溢出(即 $t=t_2$)时，产生溢出脉冲，该溢出脉冲通过逻辑控制电路使开关 S_1 接通基准电压 V_{REF}，则定时积分阶段结束。定时积分结束时积分器的输出电压

$$V_{om} = \frac{-1}{RC}\int_{t_1}^{t_2} -V_x \mathrm{d}t = \frac{V_x}{RC}T_1 = \frac{V_x}{RC} \cdot \frac{N_1}{f_o} \tag{7-6-1}$$

式中，f_o 为计数脉冲的频率；N_1 为计数器的预置数。

2) 对基准电压定值积分

设 $t=t_2$ 时，开关 S_1 接通基准电压 V_{REF}。积分器 A_1 对 V_{REF} 作反向积分，其输出电压 V_o 线性下降。当 V_o 下降到 $V_o \leqslant 0$(即 $t = t_3$)时，过零比较器 A_2 再次翻转，输出从高电平跳到低电平，闸门关闭，停止计数，逻辑控制电路使开关 S_2 闭合，积分电容 C 快速放电，积分器恢复到零状态，则定值积分阶段结束。定值积分结束时积分器的输出电压为

$$V_o = V_{om} + \left[-\frac{1}{RC}\int_{t_2}^{t_3} V_{REF}\mathrm{d}t\right] = V_{om} - \frac{V_{REF}}{RC}T_2 \tag{7-6-2}$$

式中，T_2 为定值积分的时间，可以通过计数器累计的时钟脉冲 N_2 来计算，即

$$T_2 = N_2 / f_o \tag{7-6-3}$$

将其代入式(7-6-2)得

$$V_{om} = \frac{V_{REF}}{RC}T_2 = \frac{V_{REF}}{RC} \cdot \frac{N_2}{f_o} \tag{7-6-4}$$

由式(7-6-1)和式(7-6-4)得

$$V_x = V_{REF} \cdot \frac{T_2}{T_1} = \frac{V_{REF}}{N_1} \cdot N_2 \tag{7-6-5}$$

可见，只要适当选择 V_{REF}/ N_1 的比值，被测电压 V_x 的值就可直接以计数值 N_2 来显示。

(2) CC7106芯片内部结构及引脚功能

CC7106是CMOS大规模集成电路芯片，它将模拟电路与数字电路集成在一个有40个功能端的电路内，所以只需外接少量元器件就可组成一个$3\frac{1}{2}$位数字电压表。若接上各种转换器就可构成各种数字式测量仪表。

CC7106的原理图及引脚功能如图7.6.3所示。图中，驱动电路由多个异或门构成，可直接驱动液晶显示器；$a_1\sim g_1$、$a_2\sim g_2$、$a_3\sim g_3$分别为个位、十位和百位的笔段驱动端；bc_4接千位"1"字的b、c段；PM为负极性指示输出，接千位的g段，当PM为负值时，显示负号；BP端输出50Hz方波信号，驱动液晶显示器的背面公共电极；V_{REF+}、V_{REF-}为基准电压端；C_{REF}为基准电容端；COM为模拟信号公共端；INT为积分输出端，接积分电容；BUF为缓冲器输出端，接积分电阻；AZ为积分器和比较器的反向输入端，接自校零电容；TEST为数字逻辑地端，此外，还用来测试显示器的笔段。V_{DD}、V_{EE}为电源正、负极，单电源供电，通常接+9V。IN_+、IN_-为模拟信号输入端。$OSC_1\sim OSC_3$为时钟振荡器的引出端，主振频率f_{OSC}由外接R_1C_1的值决定，即

$$f_{OSC}=0.45/R_1C_1 \tag{7-6-6}$$

CC7106计数器的时钟脉冲f_{CP}是主振频率f_{OSC}经÷4分频后得到的，由式(7-6-6)可得

$$f_{CP}=\frac{1}{4}f_{OSC}=\frac{1}{4}\cdot\frac{0.45}{R_1C_1} \tag{7-6-7}$$

设CC7106一次A/D转换所需时钟脉冲的总数为N，则一次转换所需时间

$$T=N/f_{CP}=4N/f_{OSC} \tag{7-6-8}$$

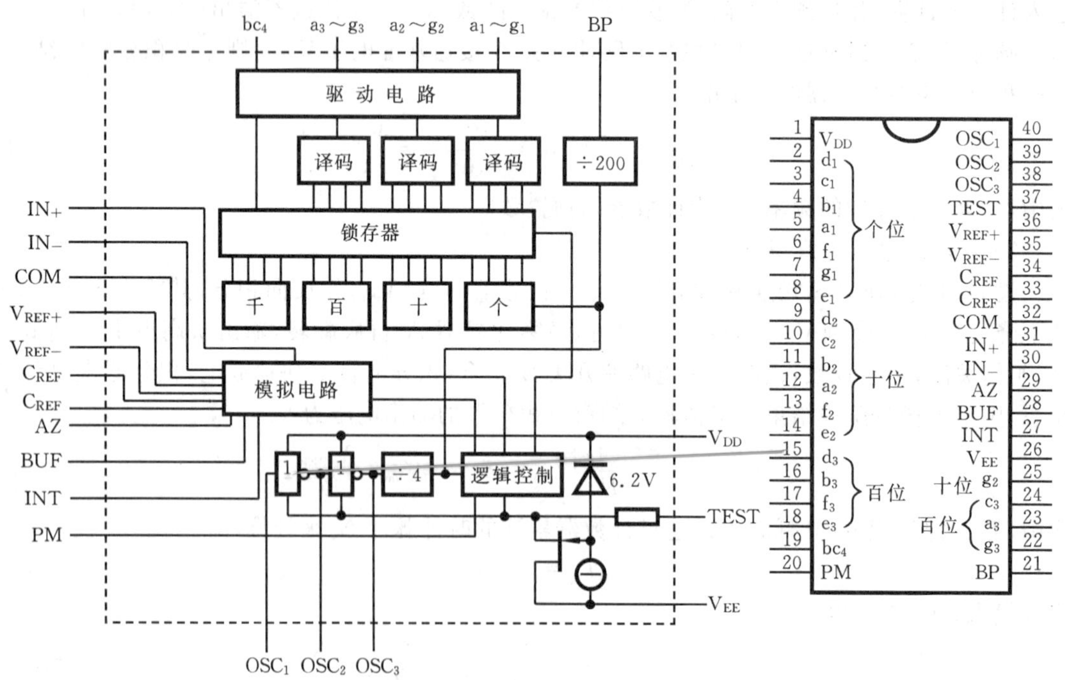

图7.6.3 CC7106的原理图及引脚功能图

2. 设计举例

例1 液晶显示的电压表设计。

● 主要技术指标要求　测量范围分 5 挡 200mV、2V、20V、200V、1000V。其中，基本量程为 200mV；测量速率 2.5 次/s；输入阻抗 $R_i=10M\Omega$；显示位数 $3\frac{1}{2}$位。

解　液晶显示 $3\frac{1}{2}$位数字电压表电路如图 7.6.4 所示。其中，R_{10}、R_{11}、R_{12}与异或门、开关 S_2等组成的电路用来驱动和控制小数点；R_5～R_9组成的电阻衰减网络及开关 S_1实现量程的手动转换，各挡量程分别为 200mV、2V、20V、200V 和 1000V，其中 200mV 为基本量程，该表的输入阻抗 $R_i=R_5+R_6+R_7+R_8+R_9=10M\Omega$，各挡衰减后的电压 V_x与输入电压 V_i的关系式为 $V_x=V_i(R_x/R_i)$，式中，R_x为开关 S_1的动端对地电阻；R_3为限流电阻。熔断丝起过载保护作用。两只二极管与电容 C_3起过压保护作用。

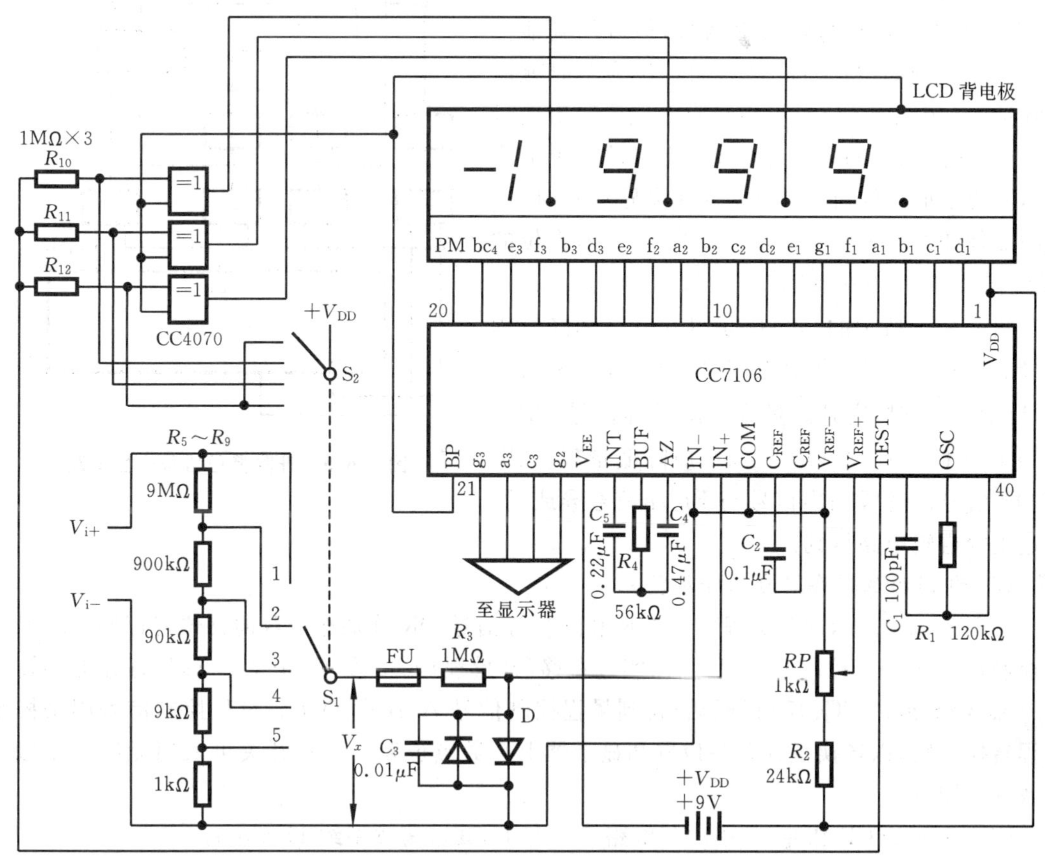

图 7.6.4　液晶显示 $3\frac{1}{2}$位数字电压表电路

设 CC7106 一次 A/D 转换所需时钟脉冲总数 N 为 4000，而一次转换所需时间 $T=1/2.5$ 次$=0.4$s，则时钟脉冲频率 f_{CP}由式(7-6-8)可得

$$f_{CP}=N/T\approx 10\text{kHz}$$

由式(7-6-7)得主振频率

$$f_{OSC}=4f_{CP}=40\text{kHz}$$

再由式(7-6-6)可计算出 R_1、C_1的值。若取 $C_1=100$pF，则

$$R_1=(0.45/C_1)f_{OSC}\approx 112.5\text{k}\Omega \qquad \text{取标称值 } 120\text{k}\Omega$$

积分元器件 R_4、C_5及自动调零电容 C_4的取值分别为 $R_4=56k\Omega$，$C_5=0.22\mu F$，$C_4=0.47\mu F$。R_2和 RP 组成基准电压的分压电路。其中，RP 一般采用精密多圈电位器。改变 RP

的值可以调节基准电压 V_{REF} 的值。R_3、C_3 为输入滤波电路。电源电压取+9V、C_2 取 0.1μF。

例 2 自动量程转换电路设计。

解 自动量程转换就是根据被测电压大小，自动选择合适的量程，以得到最佳测量精度。

(1) 量程转换信号产生电路

① 升量程信号的获取。$3\frac{1}{2}$ 位数字电压表的最大显示值为 1999，再增加一个字就产生溢出，只在千位上显示“1”，其余位全部消隐。此溢出信号可作为升量程信号。

② 降量程信号的获取。CC7106 A/D 转换器是以静态方式驱动 LCD 显示器，无 BCD 码输出端，因此不能直接获得降量程信号，但可用其他信号来获得。例如，当千位消隐，而百位为 0 时就需要降量程。由于 LCD 显示器只有在笔段输出信号为高电平时，相应的笔段才发光，故通过分析 7 段显示器的字形结构可以发现，当百位显示 0 时，一定满足条件 $b_3=f_3=1$，且 $\overline{g_3}=1$（即 $g_3=0$，百位的 g 段消隐），千位为 0 时，$\overline{bc_4}=1$（即 $bc_4=0$）。

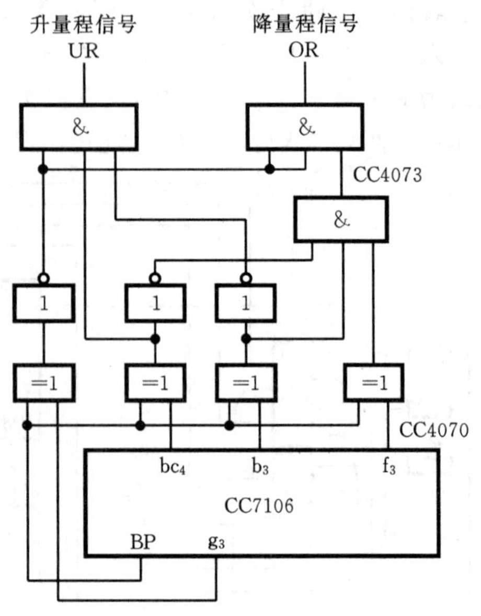

图 7.6.5 升降量程信号产生电路

图 7.6.5 所示的是一种获得升量程和降量程信号的电路。图中，升量程信号 $UR=bc_4\cdot\overline{b_3}\cdot\overline{g_3}$，当 UR=1 时，应升高量程。降量程信号 $OR=\overline{bc_4}\cdot b_3\cdot f_3\cdot\overline{g_3}$，当 OR=1 时，应降低量程。UR 和 OR 信号由各段输出信号与 BP 端信号异或后，通过组合逻辑电路得到。

(2) 利用移位寄存器自动转换量程

如图 7.6.5 所示的升量程信号 UR 和降量程信号 OR 分别送至双向移位寄存器 CC40194 的控制端 S_0 和 S_1，控制 CC40194，以实现右移（升量程）或左移（降量程）。移位寄存器的输出 $Q_0\sim Q_3$ 经异或门 CC4070 译码后，得到量程控制信号 A、B、C、D、E。量程控制信号用来控制量程转换电路，以转换量程开关位置和显示器上小数点位置。量程开关可采用无触点模拟开关或继电器等。

CC40194 的 CP 脉冲，可用时基电路 555 产生，其振荡频率约 1Hz 左右。

3. 电路调试

按照图 7.6.4 所示电路安装好以后，接入正、负电源，先调节电位器 RP 使基本量程为 200mV 时的基准电压 $V_{REF}=100$mV，然后在电压表输入端 V_x 接入被测直流电压 199.9mV 或 1.999V，这时在显示器上应分别显示 199.9 或 1.999。调试时应注意小数点的定位开关 S_2 与量程开关 S_1 要分别对应。电路调试完成后，还应检查电压表的其他功能，其检查步骤如下。

① 零电压测量。将正输入端 V_{i+} 与负输入端 V_{i-} 短接，仪表读数应显示“0000”。

② 基准电压测量。将 V_{i+} 与 V_{REF+} 短接，读数应为 100.0±1。

③ 显示器笔段全亮的测试。将 TEST 端（㊲脚）与 V_{DD} 短接，读数应为“1888”。

④ 负号与溢出功能检查。将 V_{i+} 与 V_{EE} 短接，应显示“－”号（千位 g 段亮）。当 V_i 超过仪表量程后即溢出，千位应显示“1”（千位的 b、c 段亮），而百位、十位、个位均不亮。

7.6.4 MC14433 构成的 $3\frac{1}{2}$ 位数字电压表设计

1. 双积分 A/D 转换器 MC14433

与 CC7106 相比，MC14433 采用动态扫描显示，有多路调制的 BCD 码输出端和超量程信号输出端，便于实现自动控制。MC14433 有 24 个引脚，其原理框图与引脚功能如图 7.6.6 所示。图中，V_{DD} 和 V_{EE} 分别接 +5V 和 −5V；V_{AG} 为输入模拟电压和基准电压的接地端；V_{SS} 为各输出信号的接地端；V_i 为被测电压输入端；V_{REF} 端外接基准电压；C_{01}、C_{02} 外接自动调零电容 C_0，以补偿输入失调电压的影响。EOC 为 A/D 转换结束信号输出端，每次 A/D 转换结束时，此端输出一个正脉冲；DU 为转换结果的输出控制端，若 DU 与 EOC 相连，则每次 A/D 转换结果都被送入锁存器，再经多路选择输出，若将 DU 端接 V_{SS}，即可实现读数保持；$Q_3 \sim Q_0$ 为转换结果 BCD 码输出端，而输出的数据属于哪一位则由 $DS_1 \sim DS_4$ 输出的位选通信号来选通，当某一位选通信号为高电平时，相应的位即被选通，此时该位的数据从 $Q_3 \sim Q_0$ 输出，其中，DS_1 选通千位，DS_4 选通个位；$\overline{OR}$ 为超量程信号输出端，$\overline{OR}=0$ 表示被测电压超出当前量程；CP_0、CP_1 为时钟脉冲输入、输出端；R_1、R_1/C_1、C_1 为外接积分元器件端。

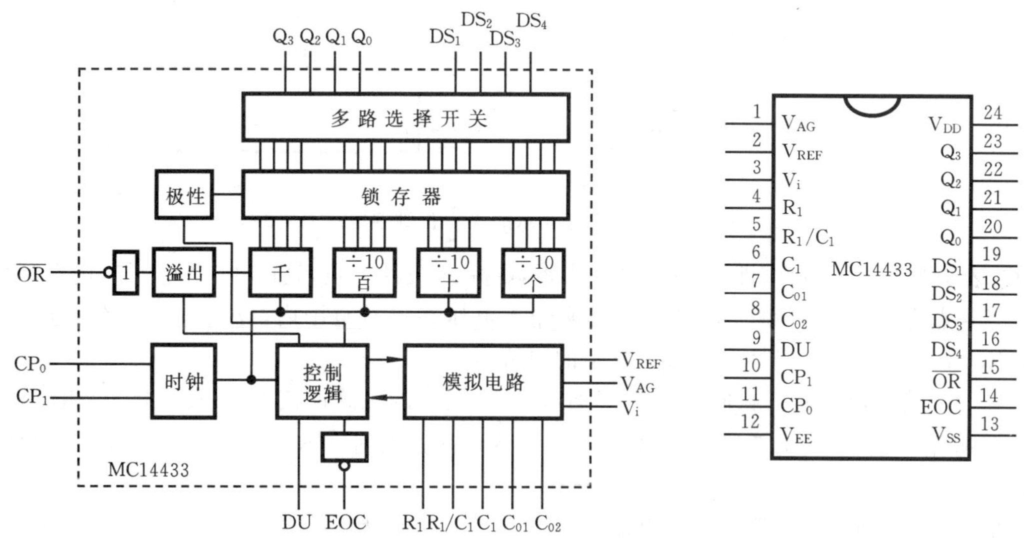

图 7.6.6 MC14433 原理框图及引脚功能

2. 设计举例

例 1 发光二极管显示的电压表设计。

解 发光二极管显示的 $3\frac{1}{2}$ 位数字电压表电路如图 7.6.7 所示。其中，MC1413 为集成电路驱动器，它含有 7 个反向驱动单元，各单元采用达林顿晶体管电路。因为 MC14433 的 $DS_1 \sim DS_4$ 为高电平有效，经 MC1413 反相后，正好与 4 只共阴极 LED 的千位、百位、十位及个位的阴极相连。

当 MC14433 在每次 A/D 转换结束时，EOC 端输出一个脉宽为 $T_{CP}/2$ 的正脉冲，该正脉冲过后，就在 $DS_1 \sim DS_4$ 端依次输出脉宽为 $18T_{CP}$ 的位选通正脉冲，其中，T_{CP} 为时钟脉冲周期。当 DS_1 输出正脉冲时，Q_3、Q_2 和 Q_0 输出的最高位(半位)数据 0 或 1 用来表示超量程、欠量程和极性标志等等。当 $Q_3=1$ 时，最高位显示 0 表示欠量程，$Q_3=0$ 时最高位显示 1 表示超量

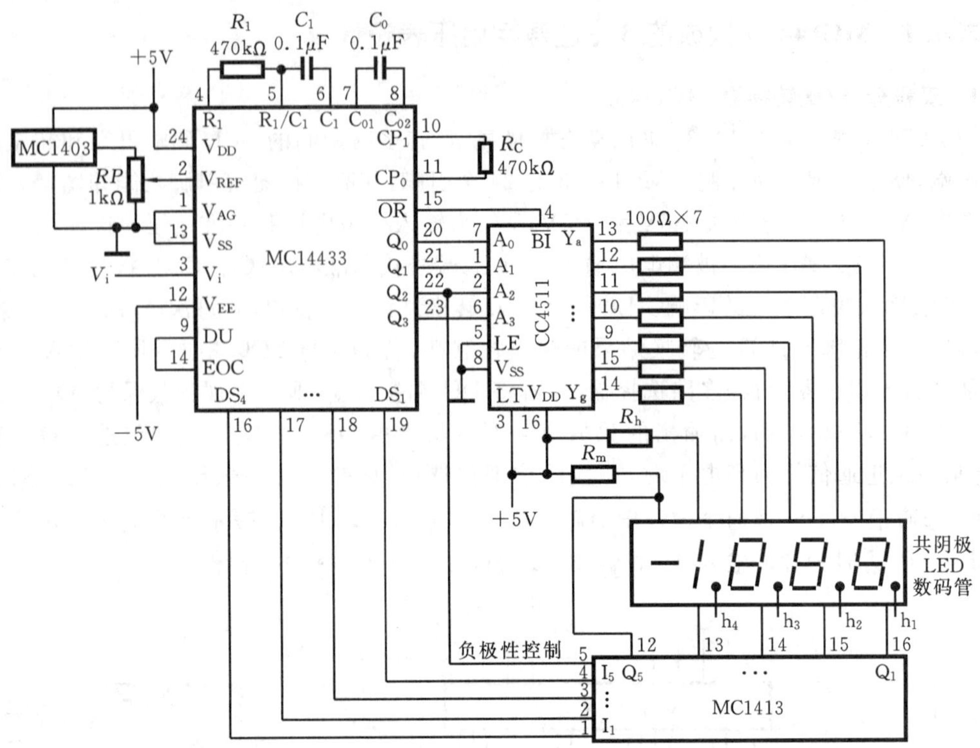

图 7.6.7 发光二极管显示的 $3\frac{1}{2}$ 位数字电压表电路

程；Q_2 表示被测电压极性，即 $Q_2=1$ 极性为正，$Q_2=0$ 极性为负，这时 +5V 电压通过电阻 R_m 使"−"号点亮；Q_0 表示量程，即 $Q_0=0$ 说明输入电压在正常范围内，$Q_0=1$ 表示在正常范围外。R_m 和 R_h 分别是负极性和小数点显示的限流电阻。

在 DS_1 输出位选通正脉冲后，DS_2、DS_3 和 DS_4 输出的正脉冲使 $Q_3\sim Q_0$ 端输出相应位的 BCD 码数据。CC4511 为 7 段译码驱动器，当输入电压过载时，$\overline{OR}=0$，控制 CC4511 的灭灯端 $\overline{BI}$，使显示灯熄灭。

MC1403 提供输出可调的基准电压 V_{REF}。当基准电压为 2V 或 200mV 时，满量程分别为 1.999V 或 199.9mV。

MC14433 的时钟频率 f_{CP} 与 CP_0、CP_1 两端所接电阻 R_C 值有关。当 $R_C=470\ k\Omega$ 时，$f_{CP}=66kHz$；当 $R_C=750k\Omega$ 时，$f_{CP}=50kHz$。每个 A/D 转换周期约需 16400 个时钟脉冲，若时钟频率 $f_{CP}=66kHz$，则由式(7-6-8)可得一次 A/D 转换所需时间为 $T=N/f_{CP}=0.25s$，测量速度为 4 次/s。

积分元件 R_1C_1 的取值可由下式估算：

$$R_1C_1=\frac{V_{i\max}}{\Delta V_{C1}}\cdot T_1 \tag{7-6-9}$$

式中，$\Delta V_{C1}=V_{DD}-V_{i\max}-0.5V$，$T_1=4000/f_{CP}$，4000 为信号积分阶段所需时钟脉冲数。例如，当 $C_1=0.1\mu F$，$V_{DD}=5V$，$f_{CP}=66kHz$，$V_{i\max}=2V$ 时，算得 $R_1=480k\Omega$，取标称值 470kΩ。当量程 $V_{i\max}$ 为 200mV 时，可取 $R_1=27k\Omega$。自动调零电容 C_0 取 0.1μF。

例 2 自动量程转换电路设计。

解 与 CC7106 不同的是 MC14433 有超量程信号 $\overline{OR}$ 输出端，可直接用来控制双向移位寄存器 CC40194 的移位方向。其移位脉冲 CP 则由 CC14433 的 EOC、DS_1、DS_2、Q_0组合而成。自动量程转换电路如图 7.6.8 所示。由图可见，当被测信号超过当前量程时，超量程信号 $\overline{OR}=0$，并且 MC14433 在位选通信号 DS_1的选通期内输出端 $Q_0=1$，形成一个移位脉冲送到移位寄存器(移位脉冲的形成见图 7.6.9)，使之产生一次移位。由于此时控制端 $S_1=0$，$S_0=1$，使 CC40194 向右移位(升量程)。欠量程时，MC14433 的$\overline{OR}=1$，$Q_0=1$，而此时 $S_1=1$，$S_0=0$，使 CC40194 向左移位(降量程)。移位寄存器的输出经异或门 CC4070 译码后得到量程控制信号 A、B、C、D、E，用以控制量程切换电路，同时切换显示器上小数点的位置。若被测信号在当前量程，则 MC14433 的 $Q_0=0$，电路不产生移位。

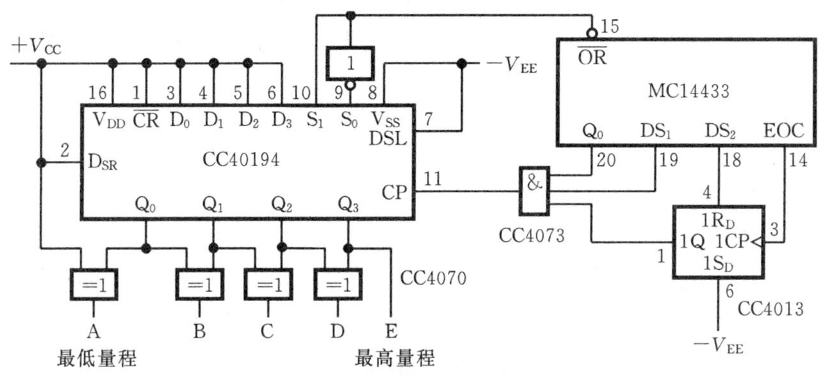

图 7.6.8 自动量程转换电路

图 7.6.8 所示 D 触发器 CC4013 是在每次 A/D 转换结束时，利用从 EOC 端发出的正脉冲将触发器的 1Q 端置 1，进行量程切换的。当选通信号 DS_2来到时，其上升沿又将触发器置 0，关闭量程切换开关，直到下一个 EOC 脉冲来到为止。这样可保证每个测量周期内，只产生一次切换。时序波形如图 7.6.9 所示。

小数点位置由量程和量程切换电路的输出信号 A～E 决定。设显示器的最低位小数点用 h_1表示，最高位小数点用 h_4表示，小数点 h_1～h_4的逻辑表达式为

$$h_1=E,\quad h_2=A+D,\quad h_3=C,\quad h_4=B$$

当表达式的值为“1”时，相应的小数点亮，否则为灭。

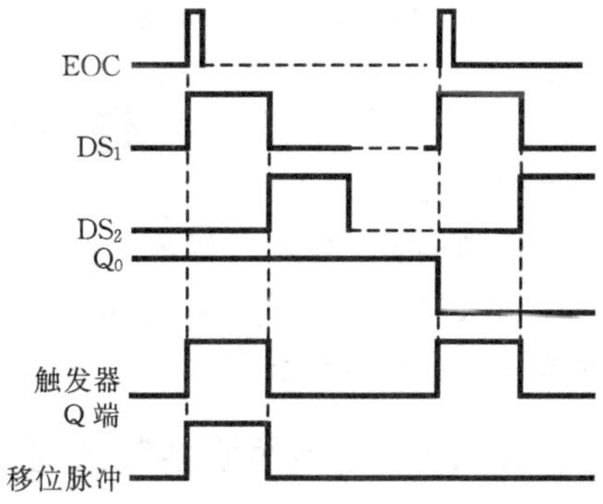

图 7.6.9 产生移位脉冲的时序波形

3. 电路调试

参见图 7.6.7 所示电路。

① 接通电源，$V_{DD}=+5V$，$V_{EE}=-5V$，V_{SS}接地。

② 测量零电压。使输入电压 V_i与 V_{AG}短接，仪表读数应为“0000”。

③ 测量基准电压。调整精密电位器 RP 使 V_{REF}(②脚)对 V_{AG}(①脚)的电压为$V_{REF}=2.000V$。

④ 用示波器观测 MC14433⑪脚的时钟脉冲 CP_0的波形，并根据频率计算出测量速度。

⑤ 稳压电源的输入，$V_i=1.990V$，电压表应显示 1.990V。并用示波器观察⑥脚的输出，应为具有最大摆幅且不失真的锯齿波形，否则应调整积分电阻 R_1的值。

⑥ 交换输入电压 V_i的极性($V_i=-1.990V$)，重复步骤⑤，电压表应显示－1.990V。将 V_i调至稍大于 2V 时，仪表显示超量程。

⑦ 用示波器观测 MC14433 的位选通信号 $DS_1 \sim DS_4$ 的波形，再观测 EOC 端的正脉冲(应为图 7.6.9 所示的波形)。

7.6.5 设计任务

设计课题：液晶(或发光二极管)显示的 $3\frac{1}{2}$ 位数字电压表设计

● 已知条件　A/D 转换器为 CC7106(或 MC14433)。

● 主要技术指标　直流电压测量范围为 0V～200V，共分 4 挡　200mV、2V、20V 和 200V；测量速度(2～5)次/s 任选；分辨率 0.1mV；测量误差 $\gamma < \pm 0.1\%$。

● 主要功能要求　具有正、负电压极性显示，小数点显示，超量程显示，量程自动转换等功能。

● 设计步骤

① 画出 $3\frac{1}{2}$ 位数字电压表的电路原理图。

② 计算各元器件参数值。

③ 安装所设计的电路，按照数字电压表的调试步骤，逐步进行测试与功能检查。

④ 测试数字电压表的主要技术指标，在满足要求后，记录测试结果，并进行误差分析。

实验与思考题

7.6.1　采用双积分式 A/D 转换器的数字电压表，其测量精度与哪些因素有关？怎样才能提高其测量精度？

7.6.2　由 CC7106 和 MC14433 构成的数字电压表各有哪些优缺点？试分别说明。

7.6.3　双积分式 A/D 转换器转换时间 T 的长短(例如 $T>3s$ 或 $T<3s$)，对电压表测量电压的性能是否有影响？如何调节 CC7106 或 MC14433 的转换速度？

7.7 通用示波器字符显示电路设计

学习要求　掌握了解集成电路 DAC0832 的内部结构和工作原理，掌握 D/A 转换器的基本应用及滤除毛刺的措施；学会通用示波器上显示字符的电路设计方法；了解数字存储示波器的基本组成及其特点。

7.7.1 通用示波器的波形显示原理

阴极射线示波管是示波器的核心部件，它的内部有两对相互垂直的偏转板，称为 X 偏转板和 Y 偏转板。当 X 偏转板之间加电压 v_x 时，电子束在荧光屏上作水平方向移动，移动的距离 x 与 v_x 成正比。当 Y 偏转板之间加电压 v_y 时，电子束在荧光屏上作垂直方向移动，移动的距离与 v_y 成正比。如果在 X 偏转板与 Y 偏转板上同时加电压，其中 v_x 为与时间 t 成正比的线性电压(通常采用锯齿波电压)，v_y 为被观测的信号电压，则荧光屏上将显示出以 X-Y 为坐标的波形即被测信号 v_y 的波形。当锯齿波电压 v_x(又称扫描电压)的周期 T_x 是被测信号 v_y 的周期 T_y 的整数倍 N 时，显示屏上将显示 N 个完整的波形，即满足 $T_x = NT_y$ 的关系。示波管的这一显示原理是示波器显示波形或字符的基础。

7.7.2 数字存储示波器的波形显示原理

数字存储示波器波形显示的基本原理是：先用 A/D 转换器将被测信号数字化，并写入数字存储器，在需要显示时，再从存储器中读出，经过 D/A 转换器还原成模拟信号，送到示波管的 Y 偏转板。一种采用单片机构成的数字存储示波器的电路模块如图 7.7.1 所示。其中，8031 单片机是模块的逻辑控制单元，其控制软件固化在 EPROM2716 只读存储器中，经 A/D 转换后的数字量存入 RAM6116 随机存储器。需要显示时，8031 单片机发出指令，从 RAM6116 中取出数字量，通过 D/A(1)转换器 0832 将数字量转换成模拟量，送至示波器的 Y 偏转板。为在荧光屏上显示被测信号 v_y的波形，X 偏转板应加与时间成正比的扫描电压 v_x。显示时 v_x的数字量通过 D/A(2)转换器 0832 后输出模拟电压 v_x加到 X 偏转板。v_x的数字量可以通过程序产生而且与 v_y同步，所以显示的波形才比较稳定。

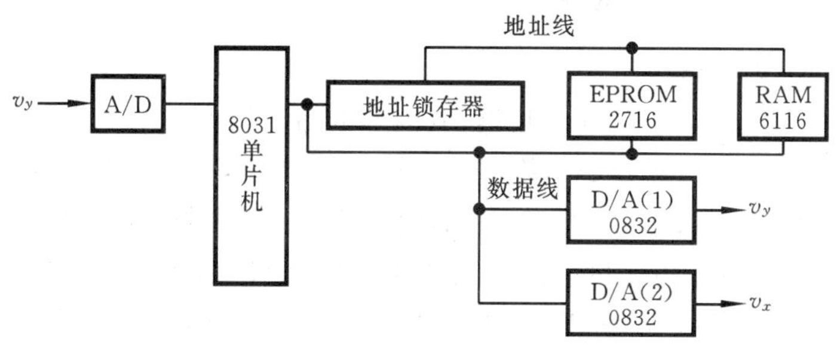

图 7.7.1 数字存储示波器电路模块

由此可见，数字存储示波器与通用示波器相比，具有以下特点：

① 信号可以存储，便于观测和比较不同时间、不同条件下的多个信号。

② 存储的数字信号可以利用计算机进行数字运算或数字信号处理。

③ 被测参数(如幅度、频率等)可以字符的形式在荧光屏上显示。

④ 可以观测频率极低的周期信号、非周期性信号及单次瞬变过程的信号。

7.7.3 D/A 转换器的主要性能参数

● 分辨率　通常将输入数字量的最低有效位 LSB 变化 1 所引起的输出电压的变化 ΔV 称为分辨率，即

$$\Delta V = V_m / 2^n \tag{7-7-1}$$

式中，V_m为输出电压的满度值；n 为 D/A 转换器(简称 DAC)的二进制数的位数。

例如，当 8 位 DA 转换器的输出电压的满度值 $V_m=5V$ 时，该 DA 转换器的分辨率 $\Delta V = V_m/2^n = 19.5mV$。有时也用相对误差 γ 来表示分辨率，即 n 位 DA 转换器的分辨率为

$$\gamma = \frac{\Delta V}{V_m} \times 100\% = \frac{1}{2^n} \times 100\% \tag{7-7-2}$$

上式表明，输入数字量的位数 n 越多，分辨率越高。有时就用 n 来表示分辨率，如 10 位，12 位分辨率等。

● 建立时间　当 DA 转换器输入数字量发生变化时，输出模拟电压也随之改变。但输出电压变化到稳定值时相对于输入数字量的变化有一段延迟时间，这段延迟时间称为建立时间，用t_s表示。建立时间越短，DA 转换器的转换速度越快。通常用转换速度来反映建立时间，如 DAC 0800 的转换速度为 100ns，DAC 0832 的转换速度为 1μs。

● 线性度　通常将 DA 转换器输出的模拟量与输入的数字量之间的线性偏差称为线性度，用ε/Δ来表示。其中，ε 为 DA 转换器实际输出的模拟电压值与理想的输出电压值间的差；Δ 为输

入数字量的最低有效位LSB变化1所引起的输出模拟量的理想的变化值。产品目录中线性度常以小于±1/2LSB给出，例如，DAC 0800的线性度为±1/2LSB，即是说 $|\varepsilon/\Delta|<1/2$LSB。

● 转换误差　转换误差可以用绝对误差Δ或相对误差γ来表示。绝对误差Δ是指DAC的输入端加有固定的数字代码时，实际测得的模拟输出值与理论值之间的差。相对误差γ是指绝对误差Δ与满度值之比，常用百分数表示。

● 电源抑制比　DA转换器的输出电压的变化量与相对应的电源电压变化量之比定义为电源抑制比。要求电源电压发生变化时，对输出电压的影响越小越好。

7.7.4 DAC 0832及其应用

1. DAC 0832的内部结构

DAC 0832是一个8位的D/A转换器，其内部电路结构如图7.7.2所示。它由8位输入寄存器、8位DAC寄存器、8位D/A转换器及逻辑控制单元等功能部件所组成，其中，8位D/A转换器是核心部件，它的内部采用了256级的倒T形 R-$2R$ 电阻译码网络，由电流开关电路控制基准电压 V_{REF}，由此提供电阻网络的电流来进行D/A转换，因此转换速度较快。两级寄存器可以进一步提高D/A转换器的速度，这是因为在DAC寄存器输出的同时，8位输入寄存器可以接收新的数据。

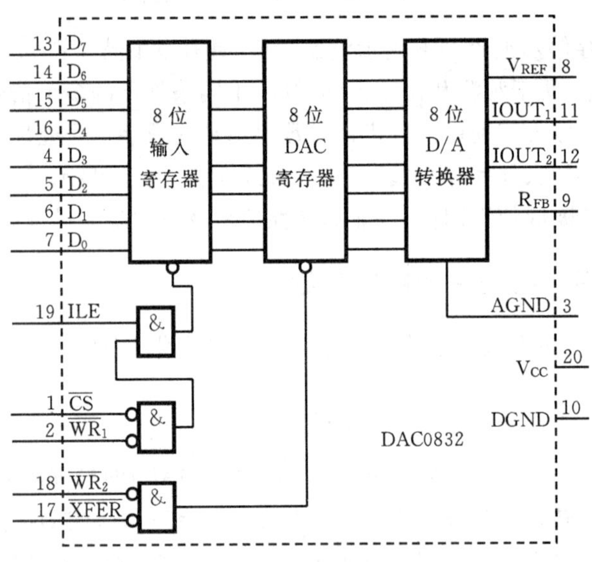

图7.7.2　DAC 0832的内部电路结构

2. DAC 0832的基本工作方式

DAC 0832可以有3种工作方式，即双缓冲方式、单缓冲方式和完全直通方式。其中，双缓冲方式是指内部的两级寄存器均工作在输入锁存状态；单缓冲方式是指一级寄存器锁存，另一级寄存器直通；完全直通方式是指两级寄存器都工作在直通状态，即它们的输出数据都跟随输入数据的变化而变化。

(1) 单缓冲方式

图7.7.3所示的为DAC 0832工作在单缓冲方式的连接电路。写输入端 $\overline{WR_2}$ 与信号传送控制端 $\overline{XFER}$ 固定接地，所以内部第二级寄存器工作在直通状态。这是一个由Z80-CPU与

DAC 0832 组成的 D/A 转换输出电路。其中 Z80-CPU 对 0832 的片选端 $\overline{CS}$ 和写输入端 $\overline{WR_1}$ 进行控制，当 $\overline{CS}=0$，$\overline{WR_1}=0$ 时，因为输入寄存器允许信号 ILE 接 +5V，高电平有效，所以将 Z80-CPU 输出的数字量送到 0832 的第一级 8 位输入寄存器；由于第二级 8 位 DAC 寄存器工作在直通状态，则输入的数字量可直接进入 8 位 D/A 转换器转换成模拟电流，然后通过外部运算放大器 A 对总电流求和变成电压输出。如果 Z80-CPU 不断输出数据，则可在示波器上看到与数字量成比例的模拟电压信号的波形。

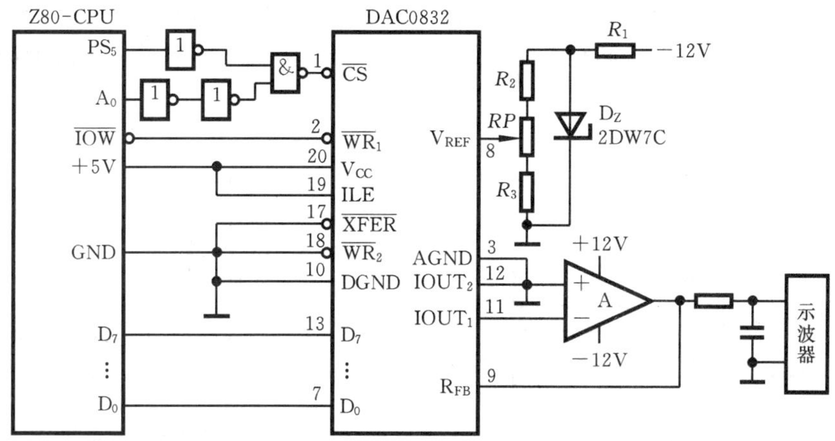

图 7.7.3　DAC 0832 单缓冲方式的连接图

(2) 完全直通方式

图 7.7.4 所示的为 DAC 0832 工作在完全直通方式的连接电路。其电路特点是片选端 $\overline{CS}$，写输入端 $\overline{WR_1}$ 和 $\overline{WR_2}$、$\overline{XFER}$ 都固定接地，因此，内部的两级寄存器的输出都随输入数据的变化而变化，工作速度较快，所以在控制系统中较多采用这种方式。图 7.7.4 所示的电路是由 MCS-51 系列单片机与 DAC 0832 组成的控制系统，其中 DAC 0832 的作用是将单片机输出的数字信号转换成模拟电压控制信号 v_o。

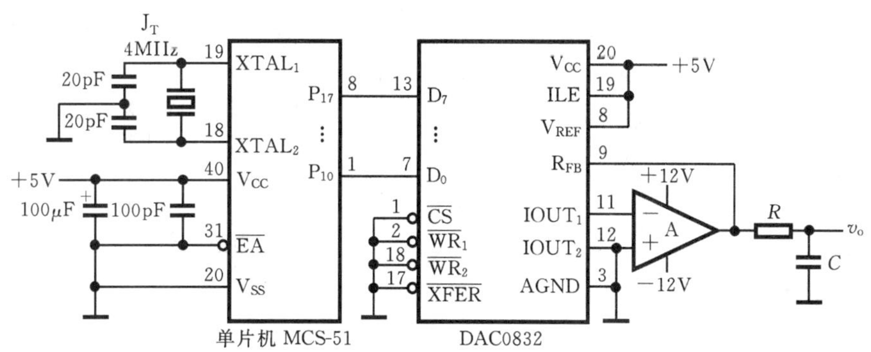

图 7.7.4　DAC 0832 完全直通方式的连接图

7.7.5　通用示波器字符显示电路设计

1. 字符显示电路的组成框图

分析表明，对通用示波器字符显示电路的要求是：既要具有发光二极管阵列显示屏存储字符的功能，又要具有数字存储示波器的 D/A 转换功能。由此得到通用示波器字符显示电路的组成框图如图 7.7.5 所示。其中,字符存储器的作用是存储需要显示的字符的代码,可以采用 EPROM 存储器。例如,要在荧光屏左上角显示数字“2”,字符代码的形成过程如图 7.7.6 所示。存储单元中的代码如表 7.7.1 所示,其中字符控制器提供字符储存器的地址线,$A_0=0$ 时的所有地址单元存放 Y 方向的数字量 Y(H),$A_0=1$ 时的所有地址单元存放 X 方向的数字量 X(H)。D/A 转换电路(1)将 Y(H)代码转换成模拟电压送至示波器的 Y 放大器,D/A 转换电路(2)将 X(H)代码转换成模拟电压送至示波器的 X 放大器。这种将字符的代码转换成 X、Y 电压信号显示字符的方法称为李沙育图形法。还可以采用增辉的方法显示字符。其方法是,在 X、Y 偏转上板分别加上不同频率的锯齿波,使屏上出现点阵。利用 Z 轴的增辉脉冲,使其在显示字符的对应点上增辉。

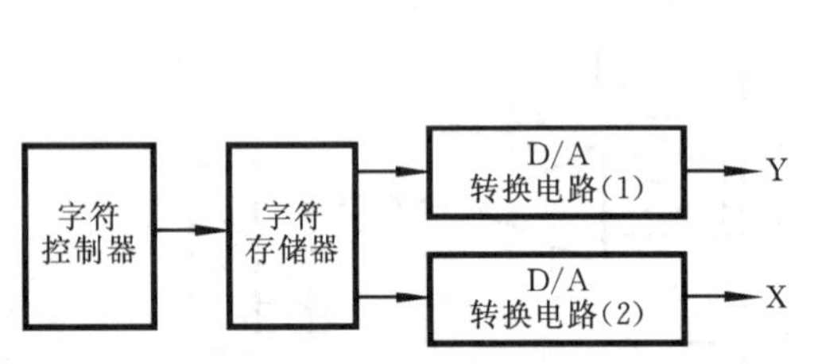

图 7.7.5 字符显示电路组成框图

图 7.7.6 显示“2”字

表 7.7.1 “2”字存储代码(二个笔段)

A_6	A_5	A_4	A_3	A_2	A_1	A_0	代码(H)	Y(H) / X(H)	笔 段
0	0	0	0	0	0	0	FF	Y(H)	笔段“一”的代码
0	0	0	0	0	0	1	1F	X(H)	
0	0	0	0	0	1	0	FF	Y(H)	
0	0	0	0	0	1	1	20	X(H)	
		⋮		⋮		⋮	⋮	⋮	
0	1	0	0	0	0	0	FF	Y(H)	
0	1	0	0	0	0	1	2F	X(H)	
0	1	0	0	0	1	0	FE	Y(H)	笔段“1”的代码
0	1	0	0	0	1	1	2F	X(H)	
0	1	0	0	1	0	0	FD	Y(H)	
0	1	0	0	1	0	1	2F	X(H)	
		⋮		⋮		⋮	⋮	⋮	
1	0	0	0	0	0	0	EF	Y(H)	
1	0	0	0	0	0	1	2F	X(H)	

2. 字符显示电路设计

(1) 字符存储控制电路

字符存储控制电路如图 7.7.7 所示。其中,EPROM 2716 存放要显示的字符代码,其存储容量应根据显示的字符和字符数来决定。低位地址计数器 N_1 提供字符地址线,高位地址计数器 N_2 提供字符转换控制线。例如,显示 2 个字符若需要占满 EPROM 2176 的全部内存(2KB),则第一个字符的代码应放在地址为 000H～3FFH 的存储单元,第二个字符放在 400H～7FF 单元中。当高位地址线 $A_{10}=0$ 时显示第一个字符,$A_{10}=1$ 时显示第二个字符。因此,低位地址计数器 N_1 的模为 $2^{10}=1024$,高位地址计数器 N_2 的模为 $2^1=2$。为使字符在荧光屏上停留的时间较长,计数器 N_2 的时钟脉冲的频率 f_2 应远低于 N_1 的时钟脉冲的频率 f_1,即 f_2

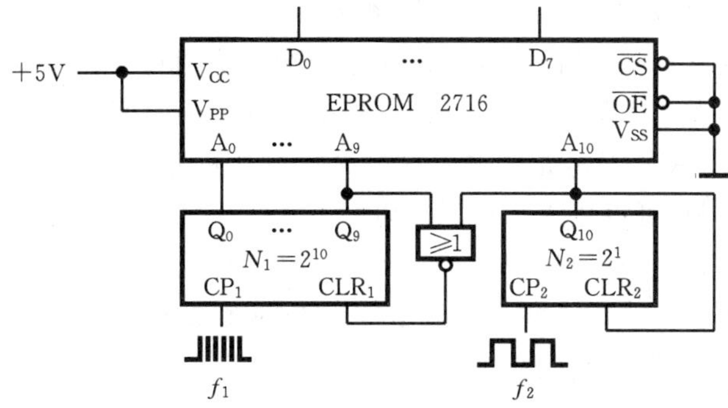

图 7.7.7　字符存储控制电路

$\ll f_1$，计数器 N_1 与 N_2 必须同步工作才能使两个字符之间互不干扰（不重叠），因此 N_1 的复位（清零）信号 CLR_1 应由 A_9、A_{10} 产生，即

$$CLR_1=\overline{A_9+A_{10}}$$

(2) D/A 转换电路

D/A 转换电路的作用是将存储器输出的代码转换成示波器的 X、Y 放大器所需要的模拟电压，如图 7.7.8 所示。由 2 片 DAC 0832 构成，它们均工作在单缓冲方式，由低位地址线 A_0 控制它们的片选端 $\overline{CS}$，$A_0=1$ 时 DAC(1) 选通，Y(H) 代码经 DAC(1) 转换输出送 Y 放大器；$A_0=0$ 时 DAC(2) 选通，X(H) 代码经 DAC(2) 转换输出送 X 放大器。每片 DAC 的输出都接有电压运放和 π 型滤波器，其作用是消除 DAC 0832 转换产生的直流失调和毛刺，并提供 X、Y 放大器所需要的模拟电压。其电阻、电容元器件参数的选择视输出波形而定。为使屏上得到

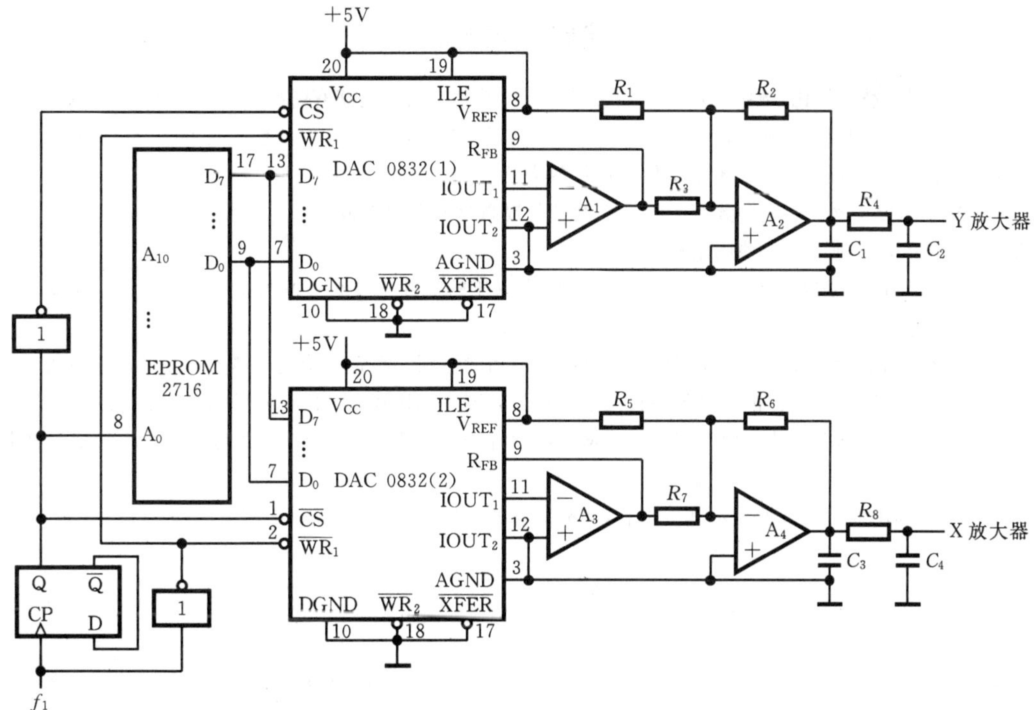

图 7.7.8　D/A 转换电路

稳定的波形，低位地址计数器的输入脉冲的频率 f_1 不能很高，因为受到 DAC 0832 转换速度的限制。但也不能太低，否则显示的字符或图案不连续。应通过实验反复调整 f_1 的频率。

受到 DAC 0832 分辨率的限制，以及内部模拟电子开关的时间不一致和开关接通、断开时产生的干扰脉冲影响，D/A 转换电路的输出存在尖峰干扰和毛刺现象比较严重。如果经上述滤波网络后仍然还有毛刺，可以接入采样保持电路。采样保持电路的输出只响应每次 D/A 转换输出的最终值，从而滤除了转换过程中产生的干扰和毛刺。

示波器显示字符的增辉法比李沙育法显示的字符的图形要稳定、清晰，干扰毛刺少，所以增辉法的应用较多，但其电路要复杂得多。

7.7.6 设计任务

设计课题：通用示波器的字符显示电路设计

● 已知条件　主要元器件有 EPROM2764、DAC 0832、74LS93、74LS90、74LS04、74LS74、集成定时器 555 及运放 μA747 等。

● 功能要求　能够显示 2 个以上的字符或图案，显示 0～9 十个数字及电压单位“V”，时间单位“s”、频率单位“kHz”等字符。

● 设计要求

① 写出设计步骤，画出设计的电路图。

② 装调设计的电路。

③ 设计显示字符的程序，列出程序清单。

④ 写 EPROM。

⑤ 运行 EPROM 程序，观察显示的字符是否稳定清晰，若毛刺现象严重应采取措施消除。

实验与思考题

7.7.1　与通用示波器相比，数字存储示波器有何特点？其基本组成电路有哪些？

7.7.2　D/A 转换器由哪些基本电路组成？常见 D/A 转换方式有几种，它们如何实现 D/A 转换的？

7.7.3　为什么 D/A 转换器的输出端都要接运算放大器？

7.7.4　DAC 的分辨率与哪些参数有关？试举例说明提高分辨率的措施。

7.7.5　DAC 的转换速度与哪些因素有关？

7.7.6　DAC 0832 的基准电压 $-V_{REF}=-5V$ 时，输出电压的极性是什么？画出 DAC 0832 工作在双缓冲方式的连接电路，并举例说明这种方式的应用场合。

7.7.7　你设计的显示字符或图案如何？采取哪些措施消除毛刺？字符的稳定和清晰与哪些因素有关？

7.7.8　通用示波器与发光二极管显示字符的原理有何异同？试比较二者的显示效果(用同一字符或图案)。

7.7.9　用增辉法显示字符的原理为何？采用增辉法设计一个字符的显示电路，并与李沙育图形显示法相比较。

7.7.10　可否利用通用示波器显示其他内容，如晶体管的特性曲线、游戏程序的图案等，并实现手动控制游戏程序。

第 8 章

硬件描述语言及其应用

内容提要　本章介绍了硬件描述语言 Verilog HDL 的基础知识及其程序的基本结构，重点讨论了 Verilog HDL 的结构级（包括门级）建模、数据流建模和行为建模方式，并给出了一些设计实例。要求读者通过自学和实践，掌握用 Verilog HDL 对电路进行建模的方法；结合下一章的学习，学会用 EDA 技术和可编程逻辑器件（CPLD 和 FPGA）实现数字系统。

8.1　Verilog HDL 概述

学习要求　了解基于 HDL 开发 PLD 的过程，掌握 Verilog HDL 程序的基本结构。

8.1.1　硬件描述语言 HDL 概述

HDL 类似于高级程序设计语言，是一种以文本形式来描述数字系统硬件电路的结构和行为的语言，用它可以表示逻辑电路、逻辑表达式，还可以表示更复杂的数字逻辑系统所完成的逻辑功能（即行为）。硬件描述语言早期较为流行的是 ABEL[1] 语言。目前，广泛流行的有两种硬件描述语言：VHDL[2] 和 Verilog HDL（简称 Verilog）。VHDL 是在 20 世纪 80 年代中期由美国国防部支持开发出来的；约在同一时期，Gateway Design Automation[3] 公司开发出了 Verilog HDL。两种 HDL 均为 IEEE 标准。

由于这两种语言的功能都很强大，所以在一般的应用设计中，设计者使用任何一种语言都可以完成自己的任务，但 Verilog HDL 的句法出自通用的 C 语言，较 VHDL 易学易用。因此，本书以 Verilog HDL 为例，介绍数字电路系统计算机辅助设计的一般概念。

HDL 主要用于对数字逻辑电路建模及其对模型进行模拟（仿真）分析，设计者可以使用 HDL 描述自己的设计，然后利用 EDA 工具进行逻辑综合和仿真，最后变为某种目标文件，用 ASIC 或 FPGA 具体实现。基于 HDL 开发 PLD 的流程如图 8.1.1 所示。

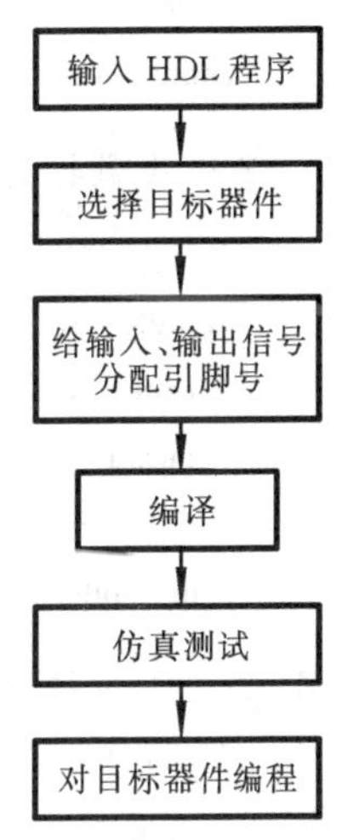

图 8.1.1　基于 HDL 开发 PLD 的步骤

逻辑仿真是指用计算机仿真软件对数字逻辑电路的结构和行为进行预测。在电路被实现之前，根据仿真结果可以初步判断电路的逻辑功能是否正确。在仿真期间，如果发现设计中存在的错误，可以对 HDL 描述进行修改，直至满足设计要求为止。

所谓"逻辑综合"是指从 HDL 描述的数字逻辑电路模型中导出电路基本元器件列表以及

---

〔1〕 系 Advanced Bolean Equation Language 的缩写。

〔2〕 字母 V 系 Very High Speed Integrated Circuit 的缩写。

〔3〕 该公司于 1989 年被 Cadence 公司收购。

元器件之间的连接关系(常称为门级网表)的过程。在 HDL 语言中,有一部分语句描述的电路通过逻辑综合,可以得到具体的硬件电路,将这样的语句称为可综合的语句;另一部分语句则专门用于仿真分析,不能进行逻辑综合。下面只介绍可综合的 HDL 语句。

8.1.2 Verilog HDL 程序的基本结构

1. 简单 Verilog HDL 程序实例

图 8.1.2 所示的为 2 选 1 数据选择器的逻辑图。在 Verilog HDL 中,可以用几种不同的方法描述其逻辑功能。将这种描述电路逻辑功能的 Verilog HDL 程序称为 Verilog HDL 模型(简称为 Verilog 模型)。下面来介绍 2 选 1 数据选择器的几种 Verilog 模型。

(1) 2 选 1 数据选择器的门级模型

```
//Gate-level description of 2-to-1-line multiplexer

module mux2to1_GL (a, b, sel, out);
  input a, b, sel;
  output out;
  wire selnot, a1, b1; //定义中间变量
  not U1(selnot, sel);
  and U2(a1, a, selnot);
  and U3(b1, b, sel);
  or U4(out, a1, b1);
endmodule
```

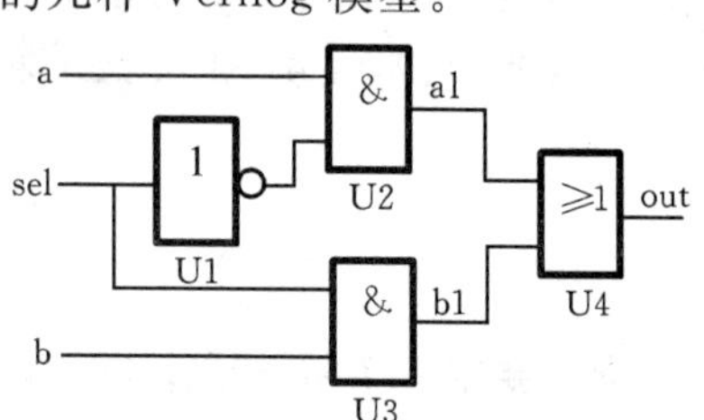

图 8.1.2 2 选 1 选择器的逻辑图

(2) 2 选 1 数据选择器的数据流模型

```
//Dataflow description of 2-to-1-line multiplexer

module mux2x1_DF (a,b,sel,out);
  input a,b,select;
  output out;
  assign out=sel ? a: b;   //或写成:assign out=(sel & a) | (~sel & b) ;
endmodule
```

(3) 2 选 1 数据选择器的行为级模型

```
//Behavioral description of 2-to-1-line multiplexer

module mux2to1_Bh(a, b, sel, out);
  input a, b, sel;
  output out;
  reg out;  //define register variable
  always @(sel or a  or b)
    if (sel==1) out=b;  //也可以写成 if (sel) out=b;
    else out=a;
endmodule
```

从上面的几个例子可以得出如下结论。

① Verilog HDL 程序是由模块构成的。每个模块以关键词 module 开始,以 endmodule 结尾(注意后面没有分号),这两个关键词之间的程序用来描述电路的逻辑功能。

② 描述同一功能的逻辑电路，Verilog HDL 提供了几种不同的方法，有的描述和电路原理图一样，能直接推出逻辑门之间的连接关系；有的描述比较抽象，看不出逻辑门之间的连接关系。

③ 每个模块在关键词 module 后面跟有模块名（如 mux2to1_GL）和端口名（如 a、b、sel、out）列表。端口名列表给出了该模块的输入、输出端口，端口用圆括号括起来，多个端口之间以逗号进行分隔。以关键词 input 和 output 定义模块的输入端口、输出端口。

④ 除了 endmodule 语句外，每一条语句必须以分号结尾。

⑤ 可以用/ * …… * /或 //…对程序进行注释，以增强程序的可读性和可维护性。

2. Verilog HDL 程序的基本结构

在 Verilog HDL 中使用了大约 100 个预定义的关键词定义该语言的结构。Verilog HDL 使用一个或多个模块对数字电路建模，一个模块可以包括整个设计模型或者设计模型的一部分。模块的定义总是以关键词 module 开始，以关键词 endmodule 来结尾。模块定义的一般语法结构如下：

```
module  模块名(端口名 1,  端口名 2,  端口名 3,…);
        端口类型说明(input, outout, inout);  ┐
        参数定义(可选);                       ├ 说明部分
        数据类型定义(wire, reg 等);           ┘
        实例化低层模块和基本门级元件;          ┐
        连续赋值语句(assign);                 │
        过程块结构(initial 和 always)         ├ 逻辑功能描述部分,其顺序是任意的
              行为描述语句;                    ┘
endmodule
```

其中，“模块名”是模块唯一的标识符，圆括号中以逗号分隔列出的端口名是该模块的输入、输出端口；在 Verilog HDL 中，“端口类型说明”为 input（输入）、output（输出）、inout（双向端口）三者之一，凡是在模块名后面圆括号中出现的端口名，都必须明确地说明其端口类型；“参数定义”将常量用符号常量代替，以增加程序的可读性和可修改性，它是一个可选择的语句；“数据类型定义”部分用来指定模块内所用的数据对象为寄存器类型还是连线类型。

接着，要对该模块完成的逻辑功能进行描述，通常可以使用三种不同方法来描述电路的功能：一是使用实例化低层次模块的方法，即调用其他已定义好的低层次模块对整个电路的功能进行描述，或者直接调用 Verilog HDL 内部基本门级元器件描述电路的结构（也称为门级描述），通常将这种方法称为结构描述方式；二是使用连续赋值语句（assign）对电路的逻辑功能进行描述，通常称为数据流描述方式，如例 8.2.2 所示，对组合逻辑电路建模使用该方式特别方便；三是使用过程块语句结构（包括 initial 语句结构和 always 语句结构两种）和比较抽象的高级程序语句对电路的逻辑功能进行描述，通常称为行为描述方式，如图 8.2.3 所示。行为描述侧重于描述模块的逻辑行为（功能），不涉及实现该模块逻辑功能的详细硬件电路结构。行为描述方式是学习的重点，设计人员可以选用这三种方式中的任意一种或混合使用几种方式描述电路的逻辑功能，并且在程序中排列的先后顺序是任意的。除此之外，还有一种开关级描述方式，专门对 MOS 管构成的逻辑电路进行建模（限于篇幅，不作介绍）。

实验与思考题

8.1.1　什么是硬件描述语言？它有何用途？

8.1.2 什么是逻辑仿真？什么是逻辑综合？

8.1.3 Verilog HDL 程序是由哪几部分构成的？

8.1.4 用 Verilog HDL 对电路的逻辑功能建模，有哪几种不同的描述风格？

8.2 Verilog HDL 语言的基本语法规则

学习要求 掌握 Verilog HDL 的基本语法规则。

8.2.1 词法规定

1. 间隔符

Verilog HDL 的间隔符包括空格符(\b)、TAB 键(\t)、换行符(\n)及换页符。如果间隔符并非出现在字符串中，则该间隔符被忽略。所以，在编写程序时可以跨越多行书写，也可以在一行内书写。

间隔符主要起分隔文本的作用，在必要的地方插入适当的空格或换行符，可以使文本错落有致，便于阅读与修改。

2. 标识符和关键词

给对象(如模块名、电路的输入端口与输出端口、变量等)取名所用的字符串称为**标识符**，标识符通常由英文字母、数字、$ 符和下画线组成，并且规定标识符必须以英文字母或下画线开始，不能以数字或 $ 符开头。标识符是区分大小写的。例如，clk、counter8、_net、bus_A 等都是合法的标识符，2cp、$ latch、a * b 则是非法的标识符；A 和 a 是两个不同的标识符。

关键词是 Verilog HDL 本身规定的特殊字符串，用来定义语言的结构，通常为小写的英文字符串。例如，module、endmodule、input、output、wire、reg、and 等都是关键词。关键词不能作为标识符使用。本书为清晰起见，在程序中将关键词以黑体字印刷，但这不是语言本身所要求的。

3. 注释符

Verilog HDL 支持两种形式的注释符："/ * … * /"和"//…"。其中，/ * … * /为多行注释符，用于书写多行注释；//…为单行注释符，以双斜线//开始到行尾结束为注释文字。注释只是为了改善程序的可读性，在编译时不起作用。注意，多行注释不能嵌套。

8.2.2 逻辑值集合

为了表示数字逻辑电路的逻辑状态，Verilog HDL 规定了四种基本的逻辑值，如表 8.2.1 所示。

表 8.2.1 4 种逻辑状态的表示

0	逻辑 0、逻辑假
1	逻辑 1、逻辑真
x 或 X	不确定的值(未知状态)
z 或 Z	高阻态

8.2.3 常量及其表示

在程序运行过程中，其值不能被改变的量称为常量。Verilog HDL 中有两种类型的常量：整数型常量和实数型常量。

整数型常量有两种不同的表示方法：一是使用简单的十进制数的形式表示常量，如 30、−2都是用十进制数表示的常量，用这种方法表示的常量被认为是有符号的常量；二是使用带基数的形式表示常量，其格式为

<+/−> **<size>' <base format> <number>**

其中，<+/->表示常量是正整数还是负整数，当常量为正整数时，前面的正号可以省略；<size>用十进制数定义常量对应的二进制数的宽度；基数符号<base format>定义后面数值<number>的表示形式，在数值表示中，最左边是最高有效位，最右边为最低有效位。整数型常量可以用二进制数(基数符号为 b 或 B)的形式表示，还可以用十进制数(基数符号为 d 或 D)、十六进制数(基数符号为 h 或 H)和八进制数(基数符号为 o 或 O)的形式表示。

下面是整数型常量实例。

```
3'b101        //位宽为 3 位的二进制数 101
-4'd10        //位宽为 4 位的十进制数-10
4'b1x0x       //位宽为 4 位的二进制数 1x0x
12'h13x       //位宽为 12 位的十六进制数，其中最低 4 位为未知数 x
23456         //位宽为 32 位的十进制数 23456，十进制数的基数符号可以省略
'hc3          //位宽为 32 位的十六进制数 c3
```

在整数的表示中，要注意以下几点。

① 为了增加数值的可读性，可以在数字之间增加下画线。例如，8'b1001_0011 是位宽为 8 位的二进制数 10010011。

② 在二进制表示中，x、z 只代表相应位的逻辑状态；在八进制表示中，一位 x 或 z 代表 3 个二进制位都处于 x 或 z 状态；在十六进制表示中，一位 x 或 z 代表 4 个二进制位都处于 x 或 z 状态。

③ 当位宽<size>没有被说明时，整数的位宽为机器的字长(至少为 32 位)。当位宽比数值的实际二进制位数少时，高位部分被舍去；当位宽比数值的实际二进制位数多，且最高位为 0 或 1 时，高位由 0 填充；当位宽比数值的实际二进制位数多，但最高位为 x 或 z 时，则高位相应由 x 或 z 填充。

实数型常量也有两种表示方法：一是使用简单的十进制记数法，例如 0.1、2.0、5.67 等都是十进制记数法表示的实数型常量；二是使用科学记数法，23_5.1e2、3.6E2、5E-4 等都是使用科学记数法表示的实数型常量，它们以十进制记数法表示分别为 23510.0、360.0 和0.0005。

为了将来方便修改程序和改善可读性，Verilog HDL 允许用参数定义语句定义一个标识符来代表一个常量，称为符号常量。定义的格式为

```
parameter param1=const_expr1,param2=const_expr2,……;
```

下面是符号常量的定义实例：

```
parameter BIT=1, BYTE=8, PI=3.14;
parameter DELAY=(BYTE+BIT)/2;
```

8.2.4 变量的数据类型

在程序运行过程中其值可以改变的量称为变量。在 Verilog HDL 中，变量有两大类数据类型：一类是线网类型[1]，另一类是寄存器类型[2]。

1. 线网类型

线网类型是硬件电路中元器件之间实际连线的抽象。线网类型变量的值由驱动元器件的

---

〔1〕 "线网类型"是英文 net type 的译称。

〔2〕 "寄存器类型"是英文 register type 的译称。

值决定。例如,图 8.2.1 所示线网 L 跟与门 G1 的输出相连,线网 L 的值由与门的驱动信号 a 和 b 所决定,即 L=a&b。a、b 的值发生变化,线网 L 的值会立即跟着变化。当线网类型变量被定义后,没有被驱动元器件驱动时,线网的默认值为高阻态 z(线网 trireg 除外,它的默认值为 x)。

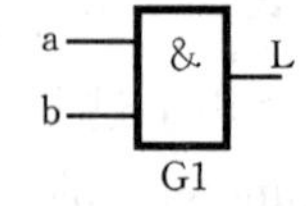

图 8.2.1 线网示意图

常用的线网类型由关键词 wire(连线)定义。如果没有明确地说明线网型变量是多位宽的矢量,则线网类型变量的位宽为 1 位。在 Verilog HDL 模块中如果没有明确地定义输入、输出变量的数据类型,则默认为是位宽为 1 位宽的 wire 型变量。wire 型变量的定义格式如下:

```
wire [m-1:0]  变量名 1,变量名 2,…,变量名 n;
```

其中,方括号内以冒号分隔的两个数字定义了变量的位宽,位宽的定义也可以用[m:1]的形式定义。下面是 wire 型变量定义的一些例子:

```
wire a, b;      //为上面的电路定义了两个 wire(连线)类型的变量
wire L;         //为上面的电路定义了 1 个 wire(连线)类型的变量
wire [7:0] databus;  //定义了 1 组 8 位总线
wire [32:1] busA, busB, busC; //定义了 3 组 32 位总线
```

线网类型除了常用的 wire 类型之外,还有一些其他的线网类型,如表 8.2.2 所示。这些类型变量的定义格式与 wire HDL 型变量的定义相似。

表 8.2.2 线网类型变量及其说明

线网类型	功能说明
wire, tri	用于行为描述中对寄存器型变量的说明
wor, trior	多重驱动时,具有线或特性的线网类型
wand, triand	多重驱动时,具有线与特性的线网类型
trireg	具有电荷保持特性的线网类型,用于开关级建模
tri1	上拉电阻,用于开关级建模
tri0	下拉电阻,用于开关级建模
supply1	电源线,逻辑 1,用于开关级建模
supply0	电源地线,逻辑 0,用于开关级建模

表 8.2.3 寄存器类型变量及其说明

寄存器类型	功能说明
reg	用于行为描述中对寄存器型变量的说明
integer	32 位带符号的整数型变量
real	64 位带符号的实数型变量,默认值为 0
time	64 位无符号的时间型变量

2. 寄存器类型

寄存器类型表示一个抽象的数据存储单元,它具有状态保持作用。寄存器类型变量只能在 initial 或 always 内部被赋值。寄存器型变量在没有被赋值前,它的默认值是 x。

Verilog HDL 中,有四种寄存器类型变量,如表 8.2.3 所示。

常用的寄存器类型由关键词 reg 定义。如果没有明确地说明寄存器类型变量是多位宽的矢量,则寄存器类型变量的位宽为 1 位。reg HDL 型变量的定义格式如下:

```
reg [m-1:0]  变量名 1,变量名 2,……,变量名 n;
```

下面是 reg HDL 型变量定义的一些例子:

```
reg clock;  //定义 1 个 reg 类型的变量 clock
reg [3:0] counter;  //定义 1 个 4 位 reg 类型的矢量
```

integer、real 和 time 等三种寄存器类型变量都是纯数学的抽象描述,不对应任何具体的硬件电路。integer 类型变量通常用于对整数类型常量进行存储和运算,在算术运算中 integer

型数据被视为有符号的数，用二进制补码的形式存储。而 reg 型数据通常被当作无符号数来处理。每个 integer 类型变量存储一个至少 32 位的整数值。注意：integer 类型变量不能使用位矢量，例如“integer [3:0] num;”的定义是错误的。

integer 类型变量的应用举例如下：

```
integer counter;//用作计数器的通用整数型变量的定义
initial
    counter=-1;//－1 被存储在整数型变量 counter 中
```

real 类型变量由关键词 real 定义，通常用于对实数型常量进行存储和运算，实数不能定义范围，其默认值为 0。当实数值被赋给一个 integer 类型变量时，只保留整数部分的值，小数点后面的值被截掉。

time 类型变量由关键词 time 定义，主要用于存储仿真的时间，只存储无符号数。每个 time 类型变量存储一个至少 64 位的时间值。为了得到当前的仿真时间，常调用系统函数 $time。仿真时间和实际时间之间的关系由用户使用编译指令`timescale 进行定义。

3. 存储器的表示

在数字电路的仿真中，人们经常需要对存储器（如 RAM、ROM）进行建模。在 Verilog HDL 中，将存储器看作是由一组寄存器阵列构成的。阵列中的每个元素被称为一个字，每个字可以是一位或多位。存储器定义的格式如下：

```
reg [msb:lsb]  memory1[upper1:lower1],
               memory2[upper2:lower2],…;
```

其中，memory1、memory2 等为存储器的名称；[upper1:lower1]定义了存储器 memory1 的地址空间的大小，高位地址写在方括号的左边，低位地址写在方括号的右边；[msb:lsb]定义了存储器中每个单元(字)的位宽。

下面是存储器定义的一个例子：

```
reg mem1-bit[1023:0];  //定义 1024 个 1 位的存储单元
reg [7:0]  membyte[1023:0];  //定义 1024 个 8 位的存储单元
```

图 8.2.2 所示的是定义示意图。注意，Verilog HDL 中定义的存储器只有字寻址的能力，即对存储器赋值时，只能对存储器中的每个单元(字)进行赋值，不能将存储器作为一个整体在一条语句中对它赋值，也不能对存储器一个单元中的某几位进行操作。如果要判断存储器一个单元中某几位的状态，则可以先将该单元的内容赋给 reg 类型变量，然后再对 reg 类型变量中相应位进行判断。

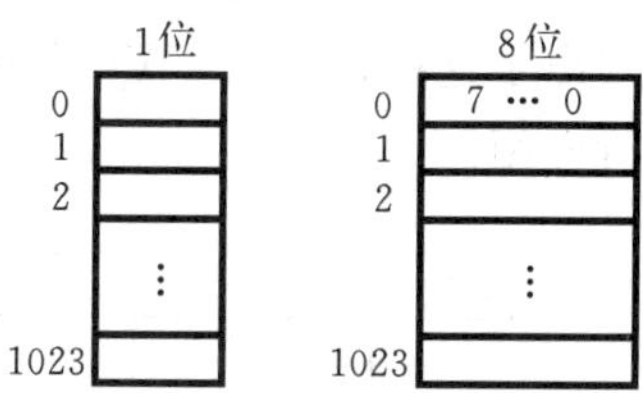

图 8.2.2　存储器定义示意图

下面是对存储器赋值错误的一个例子：

```
reg datamem [5:1]; //定义 5 个 1 位存储器 datamem
initial
    datamem=5'b11001;      //非法，不能将存储器作为一个整体对所有单元同时赋值
```

下面是对存储器中每个单元(字)进行赋值的正确实例：

```
reg [3:0] reg_A;     //定义 1 个 4 位的寄存器变量 reg_A
```

```
reg [3:0] romA [4:1]; //定义 4 个 4 位存储器 romA
initial
  begin
    romA[4]=4'hA;  //正确,对存储器中的 1 个单元赋值
    romA[3]=4'h8;
    romA[2]=4'hF;
    romA[1]=4'h2;
    reg_A= romA[2];//正确,允许将存储器中某单元的内容赋给寄存器型变量
  end
```

另外需要说明的是,Verilog HDL 定义的存储器只是对存储器行为的抽象描述,并不涉及存储器的物理实现。如果用 Verilog HDL 的定义去综合一个存储器,则它将全部由触发器实现。考虑到 RAM、ROM 的特殊性,在实际设计存储器时,总是通过直接调用厂家提供的存储器宏单元库的方式实现存储器。这里的定义仅用于行为描述与仿真。

实验与思考题

8.2.1 在 Verilog HDL 中,下列标识符是否正确?

(1) system1 (2) 2reg (3) FourBit_Adder (4) exec $ (5) _2to1mux

8.2.2 请说明数据类型 wire 与 reg 的不同点。

8.2.3 Verilog HDL 规定的四种基本逻辑值是什么?

8.2.4 在 Verilog HDL 程序中,如果没有说明输入、输出变量的数据类型,试问它们的数据类型是什么?

8.3 Verilog HDL 运算符

学习要求 掌握 Verilog HDL 的运算符及其应用。

8.3.1 Verilog HDL 运算符的类型

Verilog HDL 定义了许多运算符,可对一个、两个或三个操作数进行运算。表 8.3.1 按类别列出了这些运算符。Verilog HDL 中的运算符有些与 C 语言中的相似,下面对部分运算符进行介绍。

表 8.3.1 Verilog HDL 运算符的类型及符号

运算符类型	运算符	功能说明	操作数的个数
算术运算符	+,-,*,/	算术运算	2
	%	求模	2
关系运算符	<,>,<=,>=	关系运算	2
相等运算符	==	逻辑相等	2
	!=	逻辑不等	2
	===	全等	2
	!==	不全等	2
逻辑运算符	!	逻辑非	1
	&&	逻辑与	2
	||	逻辑或	2

续表

运算符类型	运算符	功能说明	操作数的个数
按位运算符	～	按位“非”	1
	&	按位“与”	2
	|	按位“或”	2
	^	按位“异或”	2
	^～ or ～^	按位“异或非(同或)”	2
缩位运算符	&	“与”缩位	1
	～&	“与非”缩位	1
	|	“或”缩位	1
	～|	“异或”缩位	1
	^～ or ～^	“异或非(同或)”缩位	1
移位运算符	<<	向左移位	2
	>>	向右移位	2
条件运算符	?:	条件运算	3
位拼接运算符	{}	拼接(或合并)	大于等于 2 个

8.3.2　算术运算符

算术运算符又称为二进制运算符。在进行算术运算时，如果某个操作数的某一位为 x(不确定值)或 z(高阻值)，则整个表达式运算结果也为 x。例如，4’b101x＋4’b0111，结果为 4’bxxxx。

两个整数进行除法运算时，结果为整数，小数部分被截去。例如，6/4 结果为 1。

两个整数取模运算得到的结果为两数相除后的余数，余数的符号与第一个操作数的符号相同。例如，－7%2 结果为－1，7%－2 结果为＋1。

8.3.3　相等与全等运算符

“＝＝(相等)”和“！＝(不等)”又称为逻辑等式运算符，其运算结果可能是逻辑值 0、1 或 x(不定态)。相等运算符(＝＝)逐位比较两个操作数相应位的值是否相等，如果相应位的值都相等，则相等关系成立，返回逻辑值 1，否则，返回逻辑值 0。但若任何一个操作数中的某一位为未知数 x 或高阻值 z，则结果为 x。当两个参与比较的操作数不相等时，不等关系成立。“＝＝”与“！＝”运算规则如表 8.3.2 所示。

表 8.3.2　“＝＝”与“！＝”运算规则

＝＝		操作数 1			
		0	1	x	z
操作数 2	0	1	0	x	x
	1	0	1	x	x
	x	x	x	x	x
	z	x	x	x	x

！＝		操作数 1			
		0	1	x	z
操作数 2	0	0	1	x	x
	1	1	0	x	x
	x	x	x	x	x
	z	x	x	x	x

“＝＝＝(全等)”和“！＝＝(不全等)”常用于 case 表达式的判别，所以又称为“case 等式运算符”，其运算结果是逻辑值 0 和 1。全等运算符允许操作数的某些位为 x 或 z，只要参与比

较的两个操作数对应位的值完全相同，则全等关系成立，返回逻辑值 1，否则，返回逻辑值 0。不全等就是两个操作数的对应位不完全一致，则不全等关系成立。“===”与“!==”运算规则如表 8.3.3 所示。

表 8.3.3 “===”与“!==”运算规则

===		操作数1			
		0	1	x	z
操作数2	0	1	0	0	0
	1	0	1	0	0
	x	0	0	1	0
	z	0	0	0	1

!==		操作数1			
		0	1	x	z
操作数2	0	0	1	1	1
	1	1	0	1	1
	x	1	1	0	1
	z	1	1	1	0

下面是相等与全等运算符的一些运算实例：假设 A=4'b1010，B=4'b1101，M=4'b1xxz，N=4'b1xxz，Z=4'b1xxx，则

A==B	A!=B	A==M	A===M	M===N	M===Z	M!==Z
0	1	x	0	1	0	1

8.3.4 逻辑运算符

进行逻辑运算时，其操作数可以是寄存器变量，也可以是表达式。逻辑运算的结果为 1 位：1 代表逻辑真，0 代表逻辑假，x 表示不定态。

如果操作数是 1 位数，则 1 表示逻辑真，0 表示逻辑假。

如果操作数由多位组成，则将操作数作为一个整体看待，对非零的数作为逻辑真处理，对每位均为 0 的数作为逻辑假处理。

如果任一个操作数中含有 x(不定态)，则逻辑运算的结果也为 x。

8.3.5 按位运算符

按位运算符完成的功能是将操作数的对应位按位进行指定的运算操作，原来的操作数有几位，则运算的结果仍为几位。如果两个操作数的位宽不一样，则仿真软件会自动将短操作数的左端高位部分以 0 补足(注意，如果短的操作数最高位是 x，则扩展得到的高位也是 x)。表 8.3.4 是位运算符的运算规则。

表 8.3.4 位运算符的运算规则

&(与)		操作数1			
		0	1	x	z
操作数2	0	0	0	0	0
	1	0	1	x	x
	x	0	x	x	x
	z	0	x	x	x

|(或)		操作数1			
		0	1	x	z
操作数2	0	1	1	1	1
	1	1	0	x	x
	x	1	x	x	x
	z	1	x	x	x

~(非)	操作数			
	0	1	x	z
结果	0	1	x	x

^(异或)		操作数1			
		0	1	x	z
操作数2	0	0	1	x	x
	1	1	1	1	1
	x	x	1	x	x
	z	x	1	x	x

^~(同或)		操作数1			
		0	1	x	z
操作数2	0	1	0	x	x
	1	0	0	0	0
	x	x	0	x	x
	z	x	0	x	x

下面是位运算的一些实例：假设 A＝4'b1010，B＝4'b1101，C＝4'b10x1，则

A & B	A | B	A ^ B	A ^～ B	A & C	～A	～C
4'1000	4'1111	4'0111	4'1000	4'10x0	4'b0101	4'b01x0

8.3.6　缩位运算符

缩位运算仅对一个操作数进行运算，并产生一位逻辑值。缩位运算的运算规则与表8.3.4所示的位运算相似，所不同的是缩位运算符的操作数只有一个，运算时，按照从右到左的顺序依次对所有位进行运算。假设 A 是 1 个 4 位的寄存器，它的 4 位从左到右分别是 A[3]、A[2]、A[1]、A[0]，则在对 A 进行缩位运算时，先对 A[1]和 A[0]进行运算，得到 1 位的结果，再将这个结果与 A[2]进行运算，其结果再接着与 A[3]进行运算，最终得到的结果为 1 位，因此被形象地称为缩位运算。

如果操作数的某一位为 x，则缩位运算的结果为 1 位的不定态 x。

下面是缩位运算的一些实例：假设 A＝4'b1010，则

&A	|A	^A	～&A	～|A	～^A
1'b0	1'b1	1'b0	1'b1	1'b0	1'b0

8.3.7　位拼接运算符

位拼接运算符是 Verilog HDL 中一种比较特殊的运算符，其作用是把两个或多个信号中的某些位拼接在一起进行运算。其用法如下：

{信号 1 的某几位，信号 2 的某几位，…，信号 n 的某几位}

即把几个信号的某些位详细地列出来，中间用逗号隔开，最后用大括号括起来表示一个整体信号。

对于一些信号的重复连接，可以使用简化的表示方式{n{A}}。这里 A 是被连接的对象，n 是重复的次数，它表示将信号 A 重复连接 n 次。下面是连接运算符的运算实例：

```
reg A; reg [1:0]B, C;
A=1'b1; B=2'b00; C=2'b10;
Y={B,C}                    //结果 Y=4'b0010
Y={A,B[0],C[1],1'b1}       //结果 Y=4'b1011。注意，常数的位宽不能缺省
Y={4{A}}                   //结果 Y=4'b1111
Y={2{A}, 2{B}, C}          //结果 Y=8'b1100_0010
Z={A,B,5}                  //非法，因为常数 5 的位宽不确定
```

实验与思考题

8.3.1　填空题：

(1) reg [3:0] m;

　m＝4'b1010;　//{2{m}}的二进制值是________；

(2) 假设 m＝4'b0101，按要求填写下列运算的结果：

　&m　＝______，　|m　＝______，

　^m　＝______，～^m　＝______。

8.3.2　假设 A＝4'b1010，B＝4'b1xxz，问 A&B 运算的二进制值是多少？

8.3.3　试比较 Verilog HDL 的逻辑运算符、按位运算符和缩位运算符有哪些相同点和不同点？

8.3.4　Verilog HDL 的相等运算符和全等运算符有何区别？

8.4 Verilog HDL 门级建模

学习要求 掌握 Verilog HDL 的门级建模方法。

8.4.1 Verilog HDL 内置的基本门级元件

门级建模就是将逻辑电路图用 Verilog HDL 规定的文本语言表示出来，即调用 Verilog HDL 中内置的基本门级元件描述逻辑图中的元件以及元件之间的连接关系。Verilog HDL 中内置了 12 个基本门级元件模型，如表 8.4.1 所示。门级元件的输出、输入必须为线网类型的变量。当使用这些元件进行逻辑仿真时，仿真软件会根据程序的描述给每个元件中的变量分配逻辑 0、逻辑 1、不确定态 x 和高阻态 z 这 4 个值之一。下面介绍这些元件的用法。

表 8.4.1 Verilog HDL 内置的 12 个基本门级元件

元件符号	功能说明	元件符号	功能说明
and	多输入端的与门	nand	多输入端的与非门
or	多输入端的或门	nor	多输入端的或非门
xor	多输入端的异或门	xnor	多输入端的异或非门
buf	多输出端的缓冲器	not	多输出端的反相器
bufif1	控制信号高电平有效的三态缓冲器	notif1	控制信号高电平有效的三态反相器
bufif0	控制信号低电平有效的三态缓冲器	notif0	控制信号低电平有效的三态反相器

8.4.2 多输入门

and、nand、or、nor、xor 和 xnor 是具有多个输入的逻辑门，它们的共同特点是：只允许有一个输出，但可以有多个输入。图 8.4.1 所示的是 and 元件模型示意图，一般的调用形式为

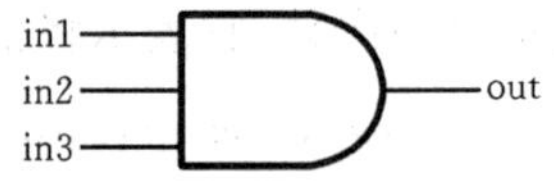

图 8.4.1 3 输入与门元件模型

```
and  A1(out,in1,in2,in3);
```

其中，调用名 A1 可以省略。nand、or、nor、xor 和 xnor 的调用形式与之类似，不再赘述。注意，调用门级元件时，在圆括号中需要列出输入变量、输出变量，括号中左边的第一个变量必须是输出变量，即与原理图中的输出端对应。

表 8.4.2～表 8.4.4 所示的是这些元件的逻辑真值表，表中第一行对应于门的一个输入端，表中的第一列对应于门的另一个输入端，行、列输入的运算结果列在表的中间部位。由表可知，只要输入中有一个为 x 或 z，则输出必是 x。注意，多输入门的输出不可能为高阻态 z。

表 8.4.2 and、nand 真值表

and		输入1: 0	1	x	z
输入2	0	0	0	0	0
	1	0	1	x	x
	x	0	x	x	x
	z	0	x	x	x

nand		输入1: 0	1	x	z
输入2	0	1	1	1	1
	1	1	0	x	x
	x	1	x	x	x
	z	1	x	x	x

表 8.4.3 or、nor 真值表

or		输入1			
		0	1	x	z
输入2	0	0	1	x	x
	1	1	1	1	1
	x	x	1	x	x
	z	x	1	x	x

nor		输入1			
		0	1	x	z
输入2	0	1	0	x	x
	1	0	0	0	0
	x	x	0	x	x
	z	x	0	x	x

表 8.4.4 xor、xnor 真值表

xor		输入1			
		0	1	x	z
输入2	0	0	1	x	x
	1	1	0	x	x
	x	x	x	x	x
	z	x	x	x	x

xnor		输入1			
		0	1	x	z
输入2	0	1	0	x	x
	1	0	1	x	x
	x	x	x	x	x
	z	x	x	x	x

8.4.3 多输出门

buf、not 是具有多个输出端的逻辑门，如图 8.4.2 所示。它们的共同特点是：允许有多个输出，但只有一个输入。一般的调用形式为

```
buf  B1(out1,out2,…,in);
not  N1(out1,out2,…,in);
```

其中，调用名 B1、N1 可以省略。

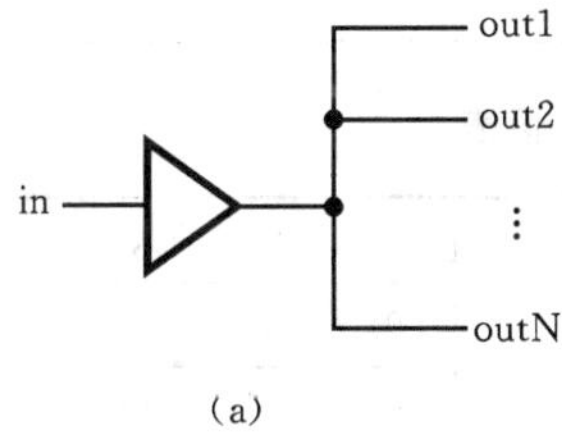

(a)

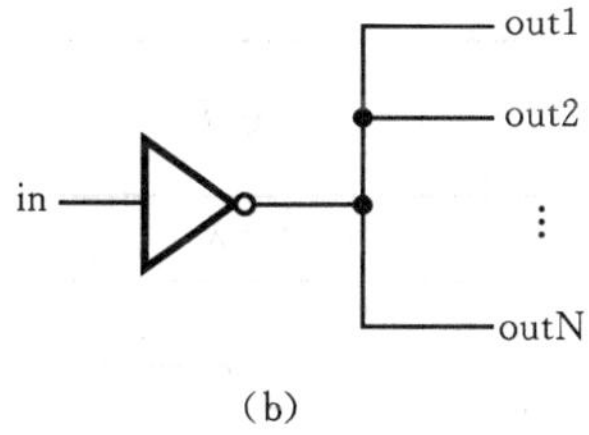

(b)

图 8.4.2 有多个输出端的门级元件模型

(a) buf (b) not

buf、not 的逻辑真值表如表 8.4.5 所示。

表 8.4.5 buf、not 真值表

buf	输入			
	0	1	x	z
输出	0	1	x	x

not	输入			
	1	0	x	z
输出	0	1	x	x

8.4.4 三态门

bufif1[1]、bufif0、notif1 和 notif0 是三态门元件模型，如图 8.4.3 所示。这些门有一个输

[1] 该关键词可分两部分理解，buf 是 buffer 的缩写，表示该元件完成缓冲器的功能；后面的 if1 表示完成该功能所需的条件，即控制信号为逻辑 1。其他 3 个关键词的理解类同。

出、一个数据输入和一个控制输入。根据控制输入信号是否有效，三态门输出可能为高阻态 z。一般调用形式为

bufif1 B1(out,in,ctrl); **bufif0** B0(out,in,ctrl);

notif1 N1(out,in,ctrl); **notif0** N0(out,in,ctrl);

其中，调用名 B1、B0、N1、N0 可以省略。

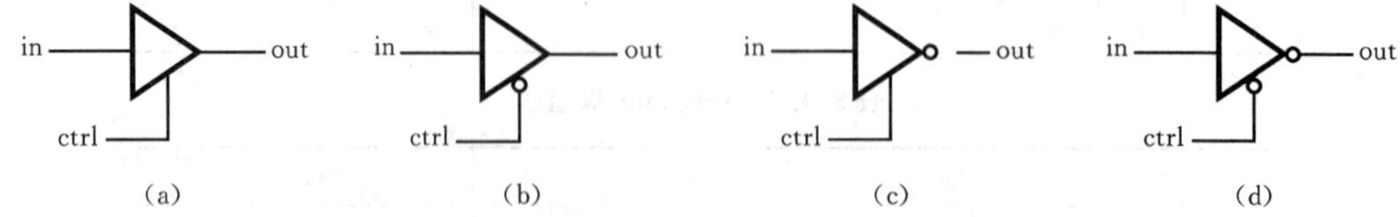

图 8.4.3 三态门元件模型

(a)bufif1 (b)bufif0 (c)notif1 (d)notif0

表 8.4.6 和表 8.4.7 所示的是这些元件的逻辑真值表，表中，0/z 表明三态门的输出可能是 0，也可能是高阻态 z，主要由输入的数据信号和控制信号的强度决定。有关信号强度的讨论请参考相关文献。

表 8.4.6 bufif1、bufif0 真值表

bufif1		控制输入			
		0	1	x	z
数据输入	0	z	0	0/z	0/z
	1	z	1	1/z	1/z
	z	z	z	x/z	x/z
	x	z	x	x	x

bufif0		控制输入			
		0	1	x	z
数据输入	0	0	z	0/z	0/z
	1	1	z	1/z	1/z
	x	x	z	x	x
	x	z	x	x	x

表 8.4.7 notif1、notif0 真值表

notif1		控制输入			
		0	1	x	z
数据输入	0	z	1	1/z	1/z
	1	z	0	0/z	0/z
	x	z	x	x	x
	z	z	x	x	x

notif0		控制输入			
		0	1	x	z
数据输入	0	1	z	1/z	1/z
	1	0	z	0/z	0/z
	x	x	z	x	x
	z	x	z	x	x

8.4.5 设计举例

例 图 8.4.4 所示的是由三态门构成的 2 选 1 数据选择器，请用 Verilog HDL 的门级元件进行描述(门级建模)。

解 2 选 1 选择器的门级描述如图 8.4.4 所示，它有两个数据输入(a 和 b)和一个控制输入(sel)，1 个输出 out。两个三态门的输出都与 out 相连，即输出线 out 被两个三态门驱动，为了说明这种情况，Verilog HDL 建议将输出变量 out 定义成 tri 数据类型。其程序如下：

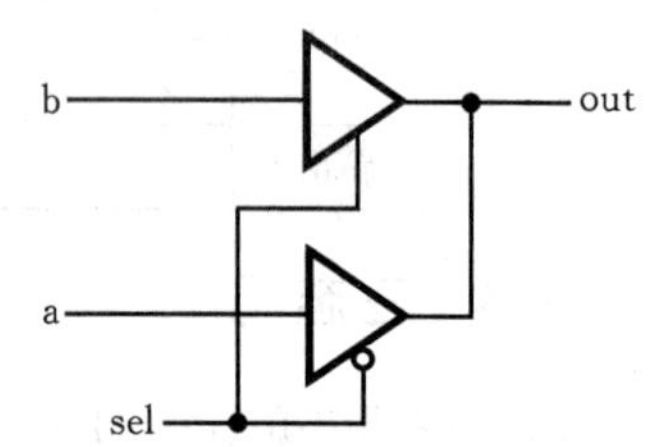

图 8.4.4 由三态门构成的选择器

```
//Gate-level description of a 2-to-1-line multiplexer
module_2to1muxtri  (a,b,sel,out);
```

```
    input a,b,sel;
    output out;
    tri out;
    bufif1 (out,b,sel);
    bufif0 (out,a,sel);
endmodule
```

实验与思考题

根据下面的 Verilog HDL 描述，画出数字电路的逻辑图，说明它所完成的功能。

```
module circuit(A,B,L);
    input A,B;
    output L;
    wire a1,a2,Anot,Bnot;
    and G1(a1,A,B);
    and G2(a2,Anot,Bnot);
    not (Anot, A);
    not (Bnot, B);
    or (L, a1, a2);
endmodule
```

8.5　Verilog HDL 行为级建模

学习要求　学习行为建模的各种语句，熟练掌握逻辑电路的行为建模方式。

对于基本单元逻辑电路，使用 Verilog HDL 提供的门级元件模型描述电路非常方便，但随着电路复杂性的增加，当使用的逻辑门较多时，使用 Verilog HDL 门级描述的工作效率就很低。本节将介绍能够在较高的抽象级别描述电路逻辑功能的建模方式——数据流建模和行为级建模。实际上，数据流建模的抽象级别介于门级和行为级之间，它是行为级建模的一种形式，组合电路的逻辑行为最好使用数据流建模方式。

8.5.1　数据流建模

1. 连续赋值语句

在 Verilog HDL 中，数据流建模使用的基本语句是连续赋值语句，连续赋值语句用于对 wire 型变量进行赋值，它由关键词 assign 开始，后面跟着由操作数和运算符组成的逻辑表达式。一般用法如下：

```
wire [位宽说明]  变量名 1,变量名 2,……,变量名 n;
assign  变量名=表达式;
```

例如，2 选 1 数据选择器的连续赋值描述是

```
wire a,b,sel,out;                          //declare four wires variables
assign out=(a & ~sel)|(b & sel);   //a continuous assignment
```

连续赋值语句的执行过程是：只要逻辑表达式右边变量的逻辑值发生变化，等式右边表达

式的值就会立即被计算出来并赋给左边的变量。

注意 在assign语句中,左边变量的数据类型必须是wire型。

2. 数据流建模举例

例1 请用数据流描述方式对一个4位比较器建模。要求比较器有两个4位的数据输入(A、B)和3个输出(ALTB、AGTB、AEQB)。其逻辑功能是:若A<B,则ALTB输出逻辑1,其他的输出为0;若A>B,则AGTB=1;若A、B相等,则AEQB=1。

解 4位比较器的Verilog HDL程序如下:

```
//Dataflow description of a 4-bit comparator.
module magcomp (A,B,ALTB,AGTB,AEQB);
  input [3:0] A,B;
  output ALTB,AGTB,AEQB;
  assign ALTB=(A < B),
         AGTB=(A > B),
         AEQB=(A==B);
endmodule
```

从上面的例子来看,数据流建模时只需根据电路的逻辑功能进行描述,不必考虑电路的组成以及元件之间的连接,是描述组合逻辑电路常用的一种方法。下面再举一例说明这种建模方法。

例2 请用数据流描述方式对一个4位加法器建模。

解 4位加法器的Verilog HDL程序如下:

```
//Dataflow description of 4-bit adder
module binary_adder (A,B,Cin,SUM,Cout);
  input [3:0] A,B;
  input Cin;
  output [3:0] SUM;
  output Cout;
  assign {Cout,SUM}=A+B+Cin;
endmodule
```

加法器的逻辑功能由一条连续赋值语句描述,由于被加数和加数都是4位的,而低位来的进位为1位,所以运算的结果可能为5位,用{Cout,Sum}拼接起来表示。

8.5.2 行为级建模基础

行为级建模就是描述数字逻辑电路的功能和算法,在Verilog HDL中,行为级建模主要使用由关键词initial或always定义的两种结构类型的描述语句。一个模块的内部可以包含多个initial或always语句,仿真时这些语句同时并行执行,即与它们在模块内部排列的顺序无关,都从仿真的0时刻开始执行。initial语句主要是一条面向仿真的过程语句,不能用来描述硬件逻辑电路的功能,这里不介绍它的用法。

在always结构型语句内部有一系列过程性赋值语句,用来描述电路的行为(功能)。过程性赋值语句包括在结构型语句内部使用的逻辑表达式、条件语句(if—else)、多路分支语句(case—endcase)和循环语句等。下面对一些能够综合出硬件电路的常用语句的用法进行简单介绍。

1. always 结构型说明语句

always 本身是一个无限循环语句，即不停地循环执行其内部的过程赋值语句，直到仿真过程结束为止。always 语句主要用于对硬件电路的行为功能进行描述，也可以在测试模块中对时钟信号进行描述，但用它来描述硬件电路的逻辑功能时，通常在 always 后面要紧跟着循环的控制条件，所以 always 语句的一般用法如下：

```
always @(事件控制表达式)
  begin:块名
    块内局部变量的定义;
    一条或多条过程赋值语句;
end
```

这里，"事件控制表达式"也称为敏感事件表，即等待确定的事件发生或某一特定的条件变为"真"，它是执行后面过程赋值语句的条件。"过程赋值语句"左边的变量必须被定义成寄存器数据类型，右边变量可以是任意数据类型。如果 always 语句后面没有"事件控制表达式"，则认为循环条件总为"真"。begin 和 end 将多条过程赋值语句包围起来，组成一个顺序语句块，块内的语句按照排列顺序依次执行，最后一条语句执行完后，执行挂起，然后 always 语句处于等待状态，等待下一个事件的发生。这里，"块名"是给顺序块取的名字，可以使用任何合法的标识符。

注意　当 begin 和 end 之间只有一条语句，且没有定义局部变量时，关键词 begin 和 end 可以被省略。

2. 顺序语句块

顺序语句块就是由块标识符 begin... end 包围界定的一组行为描述语句，其作用是相当于给块中这组行为描述语句进行打包处理，使之在形式上与一条语句相一致。

begin…end 是顺序语句块的标识符，位于这个块内部的各条语句按照书写的先后顺序依次执行，块中每条语句给出的延时都是相对于前一条语句执行结束时的相对时间。因而，由 begin…end 界定的语句块被称为顺序语句块(简称顺序块或串行块)。

顺序块的起始执行时间就是块中第一条语句开始被执行的时间，执行结束的时间就是块中最后一条语句执行完成的时间，即最后一条语句执行完后，程序流程控制就跳出该语句块。

在 Verilog HDL 中，可以给每个语句块取一个名字，方法是：在关键词 begin 后面加上一个冒号，之后给出名字即可。取了名字的块被称为有名块。

3. 条件语句

条件语句根据判断条件是否成立，确定下一步的运算。Verilog HDL 中有 3 种形式的 if 语句，一般用法如下：

```
if (condition_expr) true_statement;
```

或

```
if (condition_expr) true_statement;
else fale_ statement;
```

或

```
if (condition_expr1) true_statement1;
else if (condition_expr2) true_statement2;
else if (condition_expr3) true_statement3;
```

```
……
else default_statement;
```

if后面的条件表达式一般为逻辑表达式或关系表达式。执行if语句时，首先计算表达式的值，若结果为0、x或z，则按“假”处理；若结果为1，则按“真”处理，执行相应的语句。

注意 在第三种形式中，从第一个条件表达式condition_expr1开始依次进行判断，直到最后一个条件表达式被判断完毕，如果所有的表达式都不成立，才会执行else后面的语句。这种判断上的先后次序，本身隐含着一种优先级关系，在使用时应予注意。

4. 多路分支语句

case语句是一种多分支条件选择语句，一般形式如下：

```
case (case_expr)
  item_expr1: statement1;
  item_expr2: statement2;
    ……
  default: default_statement;  //default语句可以省略
endcase
```

执行时，首先计算case_expr的值，然后依次与各分支项中表达式的值进行比较，如果case_expr的值与item_expr1的值相等，就执行语句statement1；如果case_expr的值与item_expr2的值相等，就执行语句statement2；…如果case_expr的值与所有列出来的分支项的值都不相等，就执行语句default_statement。

注意 ① 每个分支项中的语句可以是单条语句，也可以是多条语句。如果是多条语句，则必须在多条语句的最前面写上关键词begin，并在这些语句的最后写上关键词end，这样多条语句就成了一个整体，称之为顺序语句块。

② 每个分支项表达式的值必须各不相同，一旦判断到与某分支项的值相同并执行相应语句后，case语句的执行便结束了。

③ 如果某几个连续排列的分支执行同一条语句，则这几个分支项表达式之间可以用逗号分隔，将语句写在这几个分支项表达式的最后一个中。

例1 请用行为描述方式对4选1数据选择器进行建模。

解

```
//Behavioral description of 4-to-1-line multiplexer
module mux4to1_bh(out,in,s1,s0,en);
input [3:0] in;
input  s1, s0;
output out;
reg out;
always @(in or s1 or s0 or en)
begin
  if (en==1)  out=0;  //也可以写成 if (en) out=0;
  else
    case ({s1,s0})
      2'd0: out=in[0];
      2'd1: out=in[1];
      2'd2: out=in[2];
```

```
    2'd3: out=in[3];
    default: $display("Invalid control signals");
  endcase
 end
endmodule
```

行为级描述的标识是 always 结构，always 后面跟着循环执行的条件@(in or s1 or s0 or en)(注意后面没有分号)，它表示圆括号内的任一个变量发生变化时，后面的过程赋值语句就会被执行一次，执行完最后一条语句后，执行挂起，always 语句等待变量再次发生变化，因此将圆括号内列出的变量称为敏感变量。对组合逻辑电路来说，所有的输入信号都是敏感变量，应该被写在圆括号内。

注意　① 敏感变量之间使用关键词 or 代替了逻辑或运算符(|)。② 过程赋值语句只能给寄存器型变量赋值，因此，输出变量 out 被定义成 reg 数据类型。③ 在对 4 选 1 数据选择器的行为模型仿真时，如果输入{s1,s0}出现未知状态 x，则程序会执行 default 后面的语句。但在实际的硬件电路中，输入信号 s1、s0 一般不会出现 x 的情况，所以在写可综合的代码时，default 语句可以省略不写。

case 语句还有两种变体，即 casez 和 casex。在 casez 语句中，将 z 视为无关值，如果比较的双方(case_expr 的值与 item_expr 的值)有一方的某一位的值是 z，那么该位的比较就不予考虑，即认为这一位的比较结果永远为“真”，因此只需关注其他位的比较结果。在 casex 语句中，将 z 和 x 都视为无关值，对比较双方(case_expr 的值与 item_expr 的值)出现 z 或 x 的相应位均不予考虑。注意，对无关值可以用“?”表示。除了用关键词 casez 或 casex 来代替 case 以外，casez 和 casex 的用法与 case 语句的用法相同。

例 2　用行为描述方式对 4-2 线优先级编码器进行建模。

解　4-2 线优先级编码器的 Verilog HDL 程序如下：

```
//Behavioral description of 4-to-2-line Priority Encoder
module Priority_encoder(In, out_coding);
  input [3:0] In;
  output [1:0] out_coding;
  wire [3:0] In;
  reg [1:0] out_coding;
  always @(In)
  begin
    casez(In)   //Logic value z represents a don't care bit.
      4'b1???: out_coding=2'b11;
      4'b01??: out_coding=2'b10;
      4'b001?: out_coding=2'b01;
      4'b0001: out_coding=2'b00;
      default: out_coding=2'b00;
    endcase
  end
endmodule
```

5. 循环语句

Verilog HDL 提供了四种类型的循环语句：forever、repeat、while 和 for。所有循环语句都只能在 initial 或 always 内部使用，循环语句内部可以包含延时控制。

(1) forever 循环语句

forever 是一种无限循环语句，其用法如下：

```
forever  语句块
```

该语句不停地循环执行后面的过程语句块。一般在语句块内部要使用某种形式的时序控制结构，否则，Verilog HDL 仿真器将会无限循环下去，后面的语句将永远不会被执行。

(2) repeat 循环语句

repeat 是一种预先指定循环次数的循环语句。其用法如下：

```
repeat(循环次数表达式)语句块
```

其中，"循环次数表达式"用于指定循环次数，它可以是一个整数、变量或一个数值表达式。如果是变量或数值表达式，则其取值只在第一次进入循环时得到计算，即事先确定循环次数。如果循环次数表达式的值不确定，即 x 或 z，则循环次数按 0 处理。

(3) while 循环语句

while 是一种有条件的循环语句，其用法如下：

```
while(条件表达式)语句块
```

该语句只有在指定的条件表达式取值为"真"时，才会重复执行后面的过程语句，否则，就不执行循环体。如果表达式在开始时为假，则过程语句永远不会被执行。如果条件表达式的值为 x 或 z，则按 0(假)处理。

(4) for 循环语句

for 语句是一种条件循环语句，只有在指定的条件表达式成立时才循环。其用法如下：

```
for(表达式 1;条件表达式 2;表达式 3)  语句块
```

其中，"表达式 1"用来对循环计数变量赋初值，只在第一次循环开始前计算一次。"条件表达式 2"是循环执行时必须满足的条件，在循环开始后，先判断这个条件表达式的值，若为"真"，则执行后面的语句块，接着计算"表达式 3"，修改循环计数变量的值，即增加或减少循环次数。然后，再次对"条件表达式 2"进行计算和判断，若"条件表达式 2"的值仍为"真"，则继续执行上述的循环过程；若"条件表达式 2"的值为"假"，则结束循环，退出 for 循环语句的执行。

例 用 for 语句、移位操作及加法运算实现的 8 位乘法器。

解

```
module _8-bit_mutiplier(Result, opA, opB);
  parameter SIZE=8, LONGSIZE=16;
  input [SIZE-1:0] opA, opB;
  output [LONGSIZE-1:0] Result;
  wire [SIZE-1:0] opA, opB;
    reg [LONGSIZE-1:0] Result;
    always @(opA or opB)
    begin:mult
      integer index;
      Result=0;
```

```
    for (index=0; index<=SIZE-1; index=index+1)
      if (opB[index]==1)
        Result=Result+(opA<<index);
    end
endmodule
```

8.5.3　行为级建模

上面介绍了行为级建模用到的各种语句，并给出了组合逻辑电路的行为级建模实例，本节重点讨论时序电路的行为级建模。

1. 事件控制语句

在 Verilog HDL 中，行为级建模主要使用两种结构类型的语句：initial 或 always。用 always 语句描述硬件电路的逻辑功能时，always 后面紧跟着“事件控制表达式”。

逻辑电路中的敏感事件通常有两种类型：电平敏感事件和边沿触发事件。在组合逻辑电路和锁存器中，输入信号的变化通常会导致输出信号变化，在 Verilog HDL 中，将这种输入信号的电平变化称为电平敏感事件。例如，语句

```
always @(sel or a  or b)
```

说明了当变量 sel、a 或 b 中任一个的电平发生变化(即有电平敏感事件发生)时，其后面的过程赋值语句将会执行一次。

在同步时序逻辑电路中，触发器状态的变化仅仅发生在时钟脉冲的上升沿或下降沿，Verilog HDL 中用关键词 posedge(上升沿)和 negedge(下降沿)进行说明，这就是边沿触发事件。例如，语句

```
always @(posedge clk or negedge clr)
```

说明在时钟信号 clk 的上升沿到来或在清零信号 clr 跳变为低电平时，后面的过程语句就会执行。

在 always 语句内部的过程赋值语句有两种类型：阻塞型赋值语句[1]和非阻塞型赋值语句[2]。所使用的赋值符分别为“=”和“<=”，通常称“=”为阻塞赋值符，称“<=”为非阻塞赋值符。在串行语句块中，阻塞赋值语句按照它们在块中排列的顺序依次执行，即前一条语句没有完成赋值之前，后面的语句不可能被执行，换言之，后面语句的执行被前面语句阻塞了。例如，下面两条阻塞赋值语句的执行过程是：首先第一条语句执行，将 A 的值赋给 B，接着执行第二条语句，将 B 的值(即 A)增加 1，并赋给 C，执行完后，C 的值等于 A+1。

```
begin
    B=A;
    C=B+1;
end
```

为了改变这种阻塞的状况，Verilog HDL 提供了由“<=”符号构成的非阻塞赋值语句。非阻塞语句的执行过程是：首先计算语句块内部所有右边表达式的值，然后完成对左边寄存器

---

[1] 系 Blocking Assignment Statement 的译称。

[2] 系 Non-Blocking Assignment Statement 的译称。

变量的赋值操作。例如,下面两条非阻塞赋值语句的执行过程是:首先计算右边表达式的值并存储在一个暂存器中,即 A 的值被保存在一个寄存器中,而 B+1 的值被保存在另一个寄存器中,在 begin 和 end 之间所有语句的右边表达式都被计算并存储完后,对左边寄存器变量的赋值操作才会进行。这样,C 得到的值等于 B 的原始值(不是现在的 A)增加 1。

```
begin
    B <=A;
    C <=B+1;
end
```

综上所述,阻塞型赋值语句和非阻塞型赋值语句的主要区别是完成赋值操作的时间不同,阻塞型语句的赋值操作是立即执行的,即执行后一句时,前一句的赋值已经完成;而非阻塞型语句要到结束顺序语句块时才完成赋值操作,即赋值操作完成后,语句块的执行就结束了,所以顺序块内部的多条非阻塞型赋值语句的执行是同时并行执行的。注意,在可综合的电路设计中,一个语句块的内部不允许同时出现阻塞型赋值语句和非阻塞型赋值语句。在时序电路的设计中,建议采用非阻塞型赋值语句。

2. 行为级建模举例

下面通过一些实例说明逻辑电路的行为级建模。

例 1 请用行为级描述方式对 JK 触发器进行建模。

解 JK 触发器的行为级程序如下:

```
// Functional description of JK flip-flop
module JK_FF (J,K,CLK,Q,Qnot);
  output Q,Qnot;
  input  J,K,CLK;
  reg   Q;
  assign Qnot=~ Q ;
  always @(posedge clk)
    case ({J,K}) //Switch based on concatenation of J,K signals
      2'b00: Q <=Q;
      2'b01: Q <=1'b0;
      2'b10: Q <=1'b1;
      2'b11: Q <=~ Q;
    endcase
endmodule
```

在 always 语句中@符号之后的“事件控制表达式”中使用了边沿触发事件,在边沿触发事件中,有一个事件必须是时钟事件,还可以有多个异步触发事件,多个触发事件之间用关键词 or 进行连接。例 1 中的触发事件表示在 CLK 的上升沿到来时,后面 case 和 endcase 之间的语句就会被执行一次。该程序根据 JK 触发器的功能表进行描述,将输入变量 J、K 拼接起来成为一个两位数({J,K}),它的值可能是二进制数 00、01、10、11,case 语句后面的 4 条分支语句正好说明了在时钟信号 CLK 上升沿作用后,触发器的次态。注意,case 语句是描述功能表时常用的方法。

例 2 请用行为级描述方式对一个 4 位的双向移位寄存器建模,其框图如图 8.5.1 所示。

该寄存器有两个控制输入端(S1、S0)、两个串行数据输入端(Dsl、Dsr)、4 个并行数据输入端和 4 个并行输出端,要求有五种功能:异步置零、同步置数、左移、右移和保持原状态不变。其功能与集成电路 74LS194 类似。

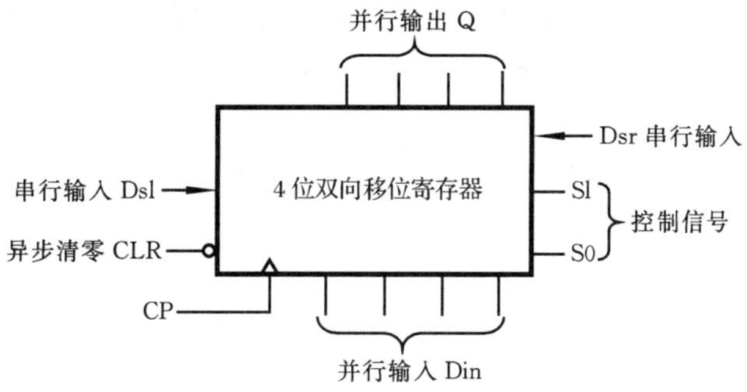

图 8.5.1 双向移位寄存器框图

解 4 位的双向移位寄存器程序如下:

```
//Behavioral description of Universal shift register
module shift74x194 (S1,S0,Din,Dsl,Dsr,Q,CP,CLR);
  input S1, S0;            //Select inputs
  input Dsl, Dsr;          //Serial Data inputs
  input CP, CLR;           //Clock and Reset
  input [3:0] Din;         //Parallel Data input
  output [3:0] Q;          //Register output
  reg [3:0] Q;
  always @ (posedge CP or negedge CLR)
    if (~CLR) Q <=4'b0000;  //异步置 0
    else
      case ({S1,S0})
        2'b00: Q <=Q;  //No change
        2'b01: Q <={Dsr,Q[3:1]}; //Shift right
        2'b10: Q <={Q[2:0],Dsl}; //Shift left
        2'b11: Q <=Din;          //Parallel load input
    endcase
endmodule
```

程序中跟时钟信号有关的四种功能由 case 语句中的两个控制输入信号 S1、S0 决定(在 case 后面 S1、S0 被拼接成两位矢量),移位功能由串行输入和 3 个触发器的输出拼接起来进行描述,语句

Q <={Dsr,Q[3:1]} ;

说明了右移操作,即在时钟信号 CP 上升沿作用下,将右移输入端 Dsr 的数据直接传给输出 Q[3],现在触发器输出端的数据右移 1 位,Q[3:1]传给 Q[2:0](即 Q[3]->Q[2],Q[2]->Q[1],Q[1]->Q[0]),这样,完成了将数据右移 1 位的操作。

8.5.4 计数器的行为级建模

下面通过两个实例介绍二进制同步计数器和非二进制计数器的 Verilog HDL 建模方法。

1. 二进制同步计数器

例 请用行为级描述方式对一个 4 位二进制同步递增计数器建模。其功能与 74LS161 类似，要求具有异步置零、同步置数、保持输出数据不变和递增计数的功能，并具有进位输出信号 RCO，即计数器计到最大值 15 时，RCO=1。其功能表如表 8.5.1 所示。

表 8.5.1 计数器的功能表

CR	Load	EP	ET	功 能
0	×	×	×	复位(Q=0)
1	0	×	×	预置数据(Q=Din)
1	1	0	×	输出保持不变
		×	0	
1	1	1	1	递增计数

解 与 74LS161 功能类似的计数器程序如下：

```
//Binary counter with parallel load and enable
module counter74x161 (EP,ET,Load,Din,CP,CR,Q,RCO);
  input EP,ET,Load,CP,CR;
  input [3:0] Din;  //Data input
  output RCO;  //Output carry
  output [3:0] Q;  //Data output
  reg [3:0] Q;
  wire EN;
  assign EN=EP & ET;
  assign RCO=ET &(Q==4'b1111);
  always @(posedge CP or negedge CR)
    if (~CR) Q <=4'b0000;
    else if (~Load)  Q <=Din;  //Load=0,synchronous load input
    else if (~EN) Q <=Q;  //the output no change
    else Q <=Q+1'b1;
endmodule
```

在该模块中混合使用了 assign 语句和 always 语句。assign 语句描述了由组合逻辑电路产生的中间结点 EN 和进位输出信号 RCO。使能控制信号 EN 是由与门电路产生的中间结点，RCO 是由与门电路产生的进位输出信号，当计数器计数到最大值 15 时，RCO=1。always 语句描述了计数器所能完成的逻辑功能，当 CR 信号跳变到低电平(由 negedge CR 描述)时，计数器的输出被置 0；否则，当 CR=1 时，在 CP 的上升沿作用下，完成其他三种功能：同步置数、增 1 计数和保持原有状态不变。注意，if-else 语句隐含的优先级别。

2. 非二进制计数器

例 设计一个变模计数器，在 S 和 T 的控制下，实现同步模 5、模 8、模 10 和模 12 计数，其模数控制表如表 8.5.2 所示，并要求具有异步清零和暂停计数的功能。

表 8.5.2 计数器的模数控制表

控制信号 S	控制信号 T	模 数
0	0	模 5 计数
0	1	模 8 计数
1	0	模 10 计数
1	1	模 12 计数

解 变模计数器的程序如下：

```
module Var_Counter(CP, CR, EN, S, T, Q);
  input CP, CR, EN, S, T;
  output [3:0] Q;
  reg [3:0] Q;
  always @(posedge CP or negedge CR)
  begin
  if (~CR)   Ql <=4'd0;   //异步清零
    else if (EN)
      begin
        case ({S,T})   //由{S,T}控制模数切换
          2'b00:  if(Ql >=4'd4)   Q <=4'd0;
                  else Q <=Q+1'd1;
          2'b01:  if(Ql >=4'd7)   Q <=4'd0;
                  else Q <=Q+1'd1;
          2'b10:  if(Ql >=4'd9)   Q <=4'd0;
                  else Q <=Q+1'd1;
          2'b11:  if(Ql >=4'd11)   Q <=4'd0;
                  else Q <=Q+1'd1;
        endcase
      end
    else   Q <=Q;   //EN=0 时,暂停计数
  end
endmodule
```

该模块混合使用了 if-else、case 语句,这是非常有用的一种描述风格。本例中,当清零信号 CR 跳变到低电平(由 negedge CR 描述)时,计数器的输出被置 0;否则,当 CR=1,且使能信号 EN=1 时,在 CP 的上升沿作用下,计数器按照{S,T}设定的模数进行计数。当 CR=1,但 EN=0 时,计数器保持原来的状态不变。

8.5.5　状态图的行为级建模

有限状态机(FSM: Finite State Machine)是一类很重要的时序逻辑电路,是许多数字电路的核心部件。有限状态机的标准模型如图 8.5.2 所示,主要由三部分组成:一是次态组合逻辑电路,二是由状态触发器构成的现态时序逻辑电路,三是输出组合逻辑电路。根据电路的输

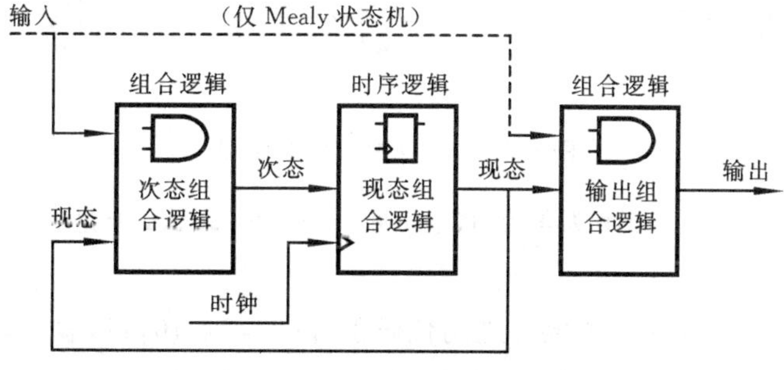

图 8.5.2　有限状态机的标准模型

出信号是否与电路的输入有关，有限状态机可以分为两种类型：一类是 Mealy 状态机，其输出信号不仅与电路当前的状态有关，还与电路的输入有关(如图中虚线所示)；另一类是 Moore 状态机，其输出仅与电路的当前状态有关，与电路的输入无关。

在 Verilog HDL 中有许多方法来描述有限状态机，最常用的是利用 always 语句和 case 语句。下面通过一个序列检测器的设计来说明有限状态机的设计方法。

例 设计一个序列检测器电路。功能是检测出串行输入数据 sin 中的 4 位二进制序列 0101(自左至右输入)，当检测到该序列时，输出 out=1；没有检测到该序列时，输出 out=0。要求：

① 给出电路的状态编码，画出状态图(**注意**：考虑序列重叠的可能性，如 010101，相当于出现两个 0101 序列)。

② 用 Verilog HDL 的行为描述方式描述该电路。

解 ① 由设计要求可知，该电路有一个输入信号 sin 和一个输出信号 out，电路功能是对输入信号进行检测。

因为该电路在连续收到信号 0101 时，输出为 1，其他情况下输出为 0，因此要求该电路能记忆收到的输入数据 0、连续收到前两个数据 01、连续收到前 3 个数据 010、连续收到 0101 后的状态，可见该电路至少应有 4 个状态，分别用 S1、S2、S3、S4 表示。假设电路的初始状态用 S0表示，则可用 5 个状态来描述该电路。

开始时，假设电路处于初始状态 S0，当收到第一个数据为 1 时，电路仍处于 S0 状态；当收到第一个有效数据 0 时，电路进入 S1 状态。接着，若电路收到第二个有效数据 1(即连续收到 01)，则电路进入 S2 状态；若电路收到的第二个数据仍为 0，则电路仍处于 S1 状态。现在，若电路处于状态 S2，在此状态下，电路收到输入数据可能为 sin=0 和 sin=1 两种情况。若 sin=0，则电路已连续收到 010 三个有效数据，电路应转向 S3 状态；若 sin=1，则电路应返回到初始状态 S0，重新开始检测。现在以 S3 为现态，若 sin=1，则电路已连续收到 4 个有效数据 0101，电路应给出输出信号 out=1，同时电路应转向 S4 状态；若 sin=0，则输出 out=0，且应进入S1。现在以 S4 为现态，若 sin=1，则电路应进入 S1 状态；若 sin=0，则电路应进入 S3 状态。根据上述分析，可以画出该题的原始状态图，如图 8.5.3(a)所示。

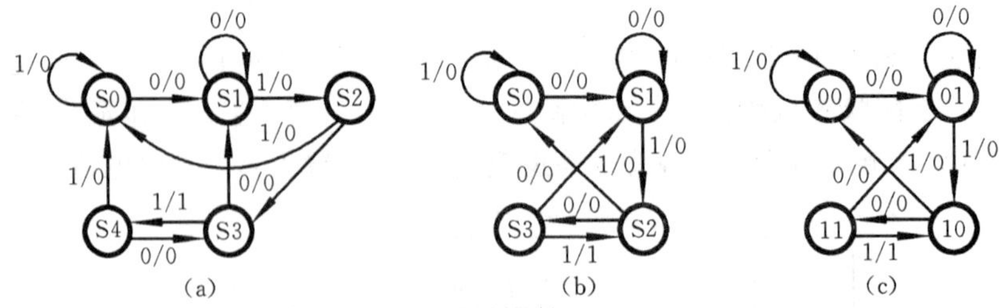

图 8.5.3 序列检测器状态图

观察该图可知，图中 S2、S4 为等价状态，可用 S2 代替 S4，于是得到简化状态图，如图 8.5.3(b)所示。

该电路有 4 个状态，可以用 2 位二进制代码组合(00,01,10,11)表示，即令 S0=00,S1=01,S2=10,S3=11。于是得到编码形式的状态图，如图 8.5.3(c)所示。

② 行为描述方式的 Verilog HDL 程序如下：

```
module  Detector ( sin, CP, CR, out);
  input sin, CP, CR;
  output out;
  reg out;
  reg [1 : 0] current_state, next_state;
  //The state labels and their assignments
  parameter  S0=2'b00, S1=2'b01, S2=2'b10, S3=2'b11;
always @(posedge CP)   //The state register
  begin
  if (~CR)
    current_state <=S0;   //同步清零
  else
    current_state <=next_state; //在 CP 上升沿触发器状态翻转
  end
//The combinational logic, assign the next state
always @(current_state or sin)
  begin
  case(current_state)
    S0: begin out=0; next_state=(sin==1)? S0 : S1; end
    S1: begin out=0; next_state=(sin==1)? S2 : S1; end
    S2: begin out=0; next_state=(sin==1)? S0 : S3; end
    S3: if (sin==1)
      begin out=1; next_state=S2; end
        else
          begin out=0; next_state=S1; end
    endcase
  end
endmodule
```

例中用通常的方法定义了电路的输入、输出、时钟以及清零信号，保存着电路状态值的触发器用标识符 current_state、next_state 进行定义，并使用参数定义语句 parameter 定义了电路的三种状态，即 S0=2'b00、S1=2'b01、S2=2'b01 和 S3=2'b11。注意，使用 S3=3 这种形式定义状态也是可行的，但存储 3 这个整数至少要使用 32 位的存储器，而存储 2'b11 只需要 2 位存储器，所以例题中使用的定义方式更好一些。

电路的功能描述使用了两个并行执行的 always 结构型语句，通过公用变量相互进行通信。第一个时序型 always 块使用边沿触发事件描述状态机的触发器部分，第二个组合型 always 块使用电平敏感事件描述组合逻辑部分。

第一个 always 语句说明了异步复位到初始状态 S0 和同步时钟完成的操作，语句

```
current_state <=next_state;
```

仅在时钟 CP 的上升沿被执行，这意味着第二个 always 语句内部 next_state 的值变化会在时钟 CP 上升沿到来时被传送给 current_state。第二个 always 语句把现态 current_state 和输入数据 sin 作为敏感变量，只要其中的任何一个变量发生变化，就会执行顺序语句块内部的 case 语句，跟在 case 语句后面的各分支项说明了图 8.5.3 所示状态的转换以及输出信号。

注意 在 Mealy 型状态机中，当电路处于任何给定的状态时，如果输入信号 sin 发生变化，则输出信号 out 也会跟着变化，所以输出信号要写在组合的 always 块内。

8.5.6 数字钟电路的分层次设计

在电路设计中，可以将两个或多个模块组合起来描述电路逻辑功能，通常称之为分层次的电路设计，自顶向下[1]和自底向上[2]是两种常用的设计方法。在自顶向下设计中，先定义顶层模块，然后再定义顶层模块中用到的子模块。而在自底向上设计中，底层的各个子模块首先被确定下来，然后将这些子模块组合起来构成顶层模块。

以简易数字钟电路为例，图 8.5.4 所示的是其层次结构图，能完成数字钟功能的电路整体可以被认为是一个顶层模块，它由 3 个子模块构成，即小时计数器模块、分计数器模块和秒计数器模块，而分、秒计数器模块又由十进制计数器和六进制计数器构成，整个电路形成 3 个层次。如果用自顶向下的设计方法，首先定义数字钟顶层模块，然后定义下层的各个模块。如果用自底向上的设计方法，首先定义下层的各计数器模块，再调用这些模块组合成顶层的数字钟模块。

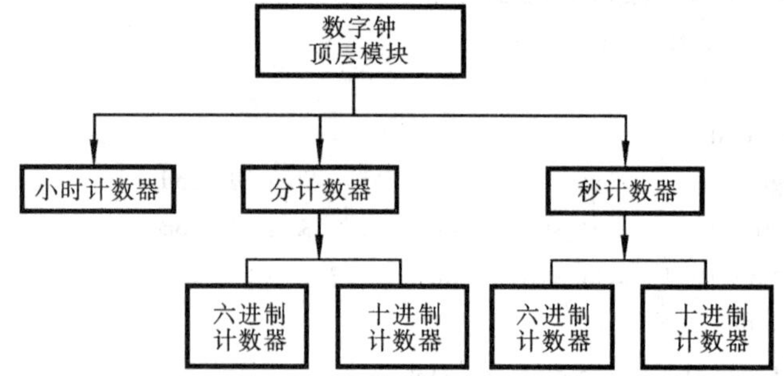

图 8.5.4 数字钟的层次结构图

例 设计一个具有时、分、秒计时的数字钟电路，按 24 小时制计时，其组成框图如图 8.5.5所示，图中虚线框内的译码显示电路使用外接电路。要求：

(1)输出时、分、秒的 8421BCD 码，计时输入脉冲频率为 1Hz；

(2)具有分、时校正功能，校正输入脉冲频率为 1Hz；

(3)采用分层次分模块的方法，用 Verilog HDL 进行设计。

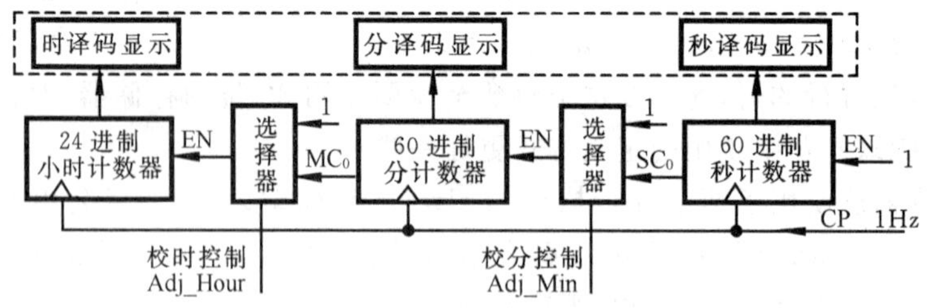

图 8.5.5 数字钟组成框图

解 (1)设计分析

数字钟由两个六十进制计数器、1 个二十四进制计数器和两个 2 选 1 选择器共 5 个模块

[1] 系英文 top-down 的译称。

[2] 系英文 bottom-up 的译称。

构成，3个计数器公用一个时钟信号CP，为同步8421BCD码输出的计数器。

如图8.5.5所示，两个选择器分别用于选择分计数器和时计数器的使能控制信号。对时间进行校正时，在控制端（Adj_Hour、Adj_Min）的作用下，使能信号接高电平，此时每来1个时钟信号，计数器加1计数，从而实现对小时和分钟的校正。正常计时时，使能信号来自于低位计数器的输出，即秒计数器计到59秒时，产生输出信号（SCo=1）使分计数器加1，分、秒计数器同时计到最大值（59分59秒）时，产生输出信号（MCo=1）使小时计数器加1。

（2）逻辑设计

实现上述功能的Verilog HDL程序如下面例子所示。整个程序分为两个层次4个模块，底层由3个模块组成，六进制计数器模块（counter6.v）、十进制计数器模块（counter10.v）和二十四进制计数器模块（counter24.v），顶层有1个模块（top_clock.v），它调用底层的3个模块完成数字钟的计时功能。其中，底层的六进制计数器模块和十进制计数器模块分别被调用两次，构成六十进制的秒计数器和分计数器。

```
* * * * * * * * * * timeclock top block (top_clock.v) * * * * * * * * *

module top_clock (Hour, Minute, Second, CP, nCR, EN, Adj_Min, Adj_Hour);
  input  CP, nCR, EN, Adj_Min, Adj_Hour; //定义输入端口变量
  output [7:0] Hour, Minute, Second;  //定义输出端口变量
  wire [7:0] Hour, Minute, Second;  //说明变量的类型
  supply1 Vdd;
  wire MinL_EN, MinH_EN, Hour_EN;  //定义中间变量
  //============ Hour:Minute:Second counter============
  //六十进制秒计数器:调用十进制和六进制底层模块构成
  counter10 U1(Second[3:0], nCR, EN, CP);  //秒计数器个位
  counter6  U2(Second[7:4], nCR, (Second[3:0]==4'h9), CP); //秒计数器十位
  //产生分钟计数器使能信号。Adj_Min=1,校正分钟;Adj_Min=0,分钟正常计时
  assign MinL_EN=Adj_Min ? Vdd : (Second==8'h59);
  assign MinH_EN=(Adj_Min && (Minute[3:0]==4'h9))
                 || (Minute[3:0]==4'h9)&&(Second==8'h59);
  //六十进制分钟计数器:调用十进制和六进制底层模块构成
  counter10 U3 (Minute[3:0], nCR, MinL_EN, CP);  //分计数器个位
  counter6  U4 (Minute[7:4], nCR, MinH_EN, CP);  //分计数器十位
  //产生小时计数器使能信号。Adj_ Hour=1,校正小时;Adj_ Hour=0,小时正常计时
  assign Hour_EN=Adj_Hour ? Vdd: ((Minute==8'h59) && (Second==8'h59));
  //二十四进制小时计数器:调用二十四进制底层模块构成
  counter24 U5(Hour[7:4], Hour[3:0], nCR, Hour_EN, CP); //小时计数器
endmodule
  //* * * * * * * * * * * * * * * counter10.v ( BCD: 0~5 ) * * * * * * * * * * * * *
  module counter10(Q,nCR,EN,CP);
    input CP,nCR,EN;
    output [3:0]    Q;
    reg    [3:0]    Q;
    always @(posedge CP or negedge nCR)
    begin
```

```
      if(~nCR)  Q <=4'b0000;  // nCR=0,计数器被异步清零
      else if(~EN) Q <=Q;  //EN=0,暂停计数
      else if(Q==4'b1001) Q <=4'b0000;
      else     Q <=Q+1'b1;//计数器增 1 计数
    end
  endmodule
  //* * * * * * * * * * * * * * counter6.v (BCD: 0~5) * * * * * * * * * * * * * *
  module counter6(Q, nCR, EN, CP);
    input CP, nCR, EN;
    output [3:0] Q;
    reg    [3:0] Q;
    always @(posedge CP or negedge nCR)
    begin
      if(~nCR)  Q <=4'b0000;  // nCR=0,计数器被异步清零
      else if(~EN)  Q <=Q;//EN=0,暂停计数
      else if(Q==4'b0101) Q <=4'b0000;
      else     Q <=Q+1'b1;  //计数器增 1 计数
    end
  endmodule
  //* * * * * * * * * * * * * * counter24.v (BCD: 0~23) * * * * * * * * * * * * * *
  module counter24 (CntH, CntL, nCR, EN, CP);
  input CP, nCR, EN;
    output [3:0] CntH, CntL;
  reg    [3:0] CntH, CntL;
  reg   CO;
  always @(posedge CP or negedge nCR)
    begin
      if(~nCR){CntH, CntL} <=8'h00;
      else if(~EN) {CntH, CntL} <={CntH, CntL};
  else if ((CntH>2)||(CntL>9)||((CntH==2)&&(CntL>=3)))
                  {CntH, CntL} <=8'h00;
  else if ((CntH==2)&&(CntL<3))
      begin  CntH <=CntH;  CntL <=CntL+1'b1; end
    else if (CntL==9)
      begin  CntH <=CntH+1'b1;  CntL <=4'b0000; end
  else
      begin  CntH <=CntH;  CntL <=CntL+1'b1; end
end
endmodule
```

8.5.7 设计任务

已知条件:586 计算机,MAX+plusII 10.2 软件。

设计课题1:汽车尾灯控制电路设计

● 设计内容 假设汽车尾部左、右两侧各有3个指示灯(用发光二极管模拟),控制功能包括:①正常行驶时指示灯全灭;②汽车临时刹车时,左、右两侧3个指示灯全亮;③右转弯时,右侧3个指示灯按循环顺序点亮;④左转弯时,左侧3个指示灯按循环顺序点亮;⑤汽车倒车时,所有指示灯按CP信号同步闪烁。

● 设计要求

① 写出设计步骤,画出电路的方框图。设计原理可以参考5.3节。

② 要求使用Verilog HDL对电路进行描述,并采用分模块、分层次的方法进行设计。

③ 对设计项目进行编译、逻辑简化和适配,然后进行仿真。

④ 写出设计性实验总结报告,并打印各层次的源文件和仿真波形,然后作简要说明。

设计课题2:数字秒表电路的设计

● 设计内容 设计一个数字秒表,其结构框图如图8.5.6所示。要求:

(1) 秒表的计时范围为0.01~58.99s,计时精度为1 ms。

(2) 具有异步清零、启动、计时、暂停功能,其控制信号的关系如表8.5.3所示。

(3) 输入时钟信号的频率为1kHz,为便于显示计时结果,要求输出8421BCD码。

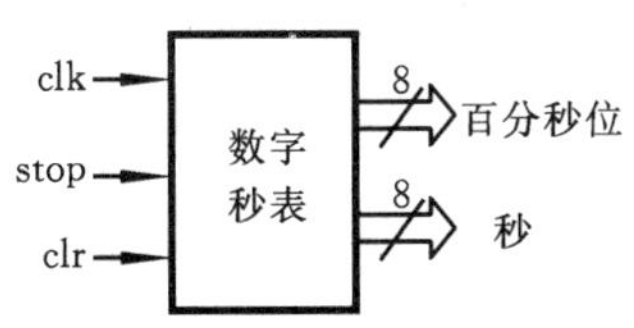

图8.5.6 数字秒表框图

表8.5.3 数字秒表的功能表

clr	Stop	电路的功能
0	×	异步清零
1	0	计数
1	1	暂停

● 设计要求 (与设计课题1相同)

设计课题3:洗衣机控制电路的设计

● 设计内容 控制功能包括:①洗衣机待机5s→正转60s→待机5s→反转60s,并用3个LED灯和7段显示器分别表示其工作状态和显示相应工作状态下的时间;②可自行设定洗衣机的循环次数,这里设最大的循环次数为设置15次;③具有紧急情况的处理功能,当发生紧急情况时,立即转入到待机状态,紧急情况解除后继续执行后续步骤;④洗衣机设定循环次数递减到零时,立即报警,以表示洗衣机设定的循环次数已经结束。

● 设计要求 (与设计课题1相同)

实验与思考题

8.5.1 阅读下列程序,说明它所完成的功能。

```
// Dataflow description of  a 4-bit Full Adder with Carry Lookhead
module FA4(A,B,Cin,SUM,Cout);
  output [3:0] SUM;
  output Cout;
  input [3:0] A, B;
  input Cin;
//Internal wires
    wire p0,g0, p1,g1, p2,g2, p3,g3;
    wire c4, c3, c2, c1;
```

```
//compute the p for each stage
  assign p0=A[0] ^ B[0],
         p1=A[1] ^ B[1],
         p2=A[2] ^ B[2],
         p3=A[3] ^ B[3];
//compute the g for each stage
  assign g0=A[0] & B[0],
         g1=A[1] & B[1],
         g2=A[2] & B[2],
         g3=A[3] & B[3];
//compute the carry for each stage
  assign c1=g0 | (p0 & Cin),
         c2=g1 | (p1 & g0) | (p1 & p0 & Cin),
         c3=g2 | (p2 & g1) | (p2 & p1 & g0) | (p2 & p1 & p0 & Cin),
         c4=g3 | (p3 & g2) | (p3 & p2 & g1) | (p3 & p2 & p1 & g0) | (p3 & p2 & p1 & p0 &
            Cin);
//Compute Sum
  assign SUM[0]=p0 ^  Cin,
         SUM[1]=p1 ^ c1,
         SUM[2]=p2 ^ c2,
         SUM[3]=p3 ^ c3;
//Assign carry output
  assign Cout=c4;
endmodule
```

8.5.2 在 Verilog HDL 中，阻塞型赋值和非阻塞型赋值有何区别？

8.5.3 阅读下列程序，说明它所能完成的功能。

```
module basketball30 (TimerH, TimerL, alarm, clk, nclr, nload, nstop);
  input  clk, nclr, nload, nstop;
  wire   clk, nclr, nload, nstop;
  output [3:0] TimerH, TimerL;
  reg [3:0]  TimerH, TimerL;
  output alarm;
  always @(posedge clk or negedge nclr or negedge nstop or negedge nload)
begin
    if (! nclr)
      {TimerH, TimerL} <=8'h00;   //clear
    else if (! nload)
      {TimerH, TimerL} <=8'h30;   //Load number
    else if (! nstop)
      {TimerH, TimerL} <={TimerH, TimerL};  //stop counter
    else if ({TimerH, TimerL}==8'h00)  //if Timer=0, hold digital 0 no_change
      begin {TimerH, TimerL} <={TimerH, TimerL}; end
    else if (TimerL==0)
      begin TimerH <=TimerH - 1; TimerL <=9;  end
```

```
        else
          begin TimerH <= TimerH; TimerL <= TimerL - 1; end
        end
    assign alarm = ({TimerH, TimerL} == 8'h00) & (nclr == 1'b1) & (nload == 1'b1);
    endmodule
```

8.5.4　请说明下列程序所完成的逻辑功能，并画出它的逻辑图。

```
module d_latch (RST, control, D, Q);
  input RST, control, D;
  output Q;
  reg Q;
  always @ (RST or control or D)
    if (~RST) Q = 1'b0;
    else if (control)
      Q = D;
endmodule
```

8.5.5　下面是用分层次方法设计的 4 位串行全加器程序。设计者首先完成了 1 位全加器(模块名为_1-bitAdder)的建模和仿真，结果是正确的；然后在顶层调用 4 个 1 位全加器模块组合成为 4 位全加器(模块名为_4-bitAdder)，结果编译未能通过，试分析下列程序中存在的错误，并进行改正。

```
module _4-bitAdder( A, B, Cin, Sum, Cout );
  input [3:0] A, B;
  input Cin;
  output [3:0] Sum;
  output Cout;
  reg Cout;
  reg [4:0] temp;
  always @(A or B or Cin)
  begin
    temp [0] = Cin;
    _1-bitAdder u0(A[0], B[0], temp[0], Sum[0], temp[1]);
    _1-bitAdder u1(A[1], B[1], temp[1], Sum[1], temp[2]);
    _1-bitAdder u2(A[2], B[2], temp[2], Sum[2], temp[3]);
    _1-bitAdder u3(A[3], B[3], temp[3], Sum[3], temp[4]);
    Cout = temp[4];
  end
  endmodule

module _1-bitAdder ( A, B, Cin, Sum, Cout );
  input A, B, Cin;
  output Sum, Cout;
  assign Sum = A ^ B ^ C;
  assign Cout = (A & B) | (B & C) | (A & C);
endmodule
```

第 9 章

可编程逻辑器件的开发与应用

内容提要 本章首先对可编程逻辑器件 PLD 的概念、分类及发展过程进行了简单介绍，接着介绍通用阵列逻辑器件 GAL16V8 的内部结构，然后以 Altera 公司的 MAX7000S 和 FLEX10K 系列器件为例，介绍复杂可编程逻辑器件 CPLD 和现场可编程门阵列 FPGA 的结构，对这两种器件的编程方法也进行了详细的介绍，最后介绍了开发环境 MAX+plusII 的使用方法。

9.1 概　　述

学习要求 了解可编程逻辑器件的概念及其分类。

9.1.1 PLD 的概念

可编程逻辑器件 PLD(Programmable Logic Device)又称为可编程专用集成电路(ASIC)，它是 IC 制造厂家生产的一种半成品芯片，在这些芯片上只是集成了一些逻辑门、触发器、连接线等电路资源，在出厂时它们不具备任何逻辑功能。应用 PLD 设计逻辑电路时，必须使用相应的软件、硬件开发工具才能完成。用户先使用开发软件将设计电路转化成某个信息文件，然后再通过专用的编程器(或下载电缆)将这些信息“编程”到芯片上去，从而使芯片具有相应的逻辑功能。PLD 具有以下优点。

(1) 功能集成度高

所谓功能集成度是指在给定的体积内可集成逻辑功能的数目。一般来说，一片 PLD 可替代 4～20 个中小规模集成电路芯片，因而能减少芯片数量，提高印制电路板的利用率，自然也提高了电路的可靠性，降低了费用。

(2) 系统设计时间缩短

PLD 引脚的逻辑功能是由用户根据需要来设定的。一般都有强有力的设计工具的支持，不管是在构思阶段，还是实现阶段，都能快速地进行一种功能或多种功能的设计。而一般中小规模集成电路的逻辑设计，则需要将多个固定功能的芯片按照逻辑功能要求进行搭接，这是很繁琐的。因为它牵涉到芯片之间的连线问题、芯片的布局问题及相互之间的影响等，往往是经过多次实验和反复修改才能制出一块较为可靠的功能电路。

(3) 设计灵活

PLD 具有可编程可擦除的特点，为设计带来了许多灵活性。倘若设计出错，则可以对该器件重新编程，从而大大降低了设计者所承担的风险。设计过程中还可以多次反复地修改设计方案，增添新的逻辑功能，但不需要增加器件。这可充分发挥设计者的创造性，设计出更精良的产品。

9.1.2 PLD发展及分类

1. PLD的发展

可编程逻辑器件最早出现于20世纪70年代，发展至今，在结构、工艺、集成度、速度、灵活性和编程技术等方面都有了很大的改进和提高。纵观其发展历程，大致可分为以下几个阶段。

20世纪70年代，先后出现了熔丝编程的PROM（Programmable Read Only Memory）、PLA（Programmable Logic Array）和PAL（Programmable Array Logic）器件，在当时曾得到广泛应用的器件是PAL。

20世纪80年代初，Lattice公司生产出GAL（Generic Array Logic）器件，由于GAL器件可电擦写、可多次编程，于是逐渐取代了PAL器件。

20世纪80年代中期，Xilinx公司提出了现场可编程的概念，同时生产出了世界上第一片FPGA（Field Programrnable Gate Array）器件。同一时期，Altera公司推出了EPLD（Erasable PLD），它比GAL具有更高的集成度，可以用紫外线或电擦除。

20世纪80年代末，Lattice公司提出"在系统可编程"（ISP，In-Systern Programmability）的概念，并推出了一系列具有在系统可编程能力的CPLD（Complex PLD）器件。此后，其他PLD生产厂家都相继采用了ISP技术。所谓"在系统可编程"是指未编程的ISP器件可以直接焊接在印制电路板上，然后通过计算机的数据传输端口和专用的编程电缆对焊接在电路板上的ISP器件直接多次编程，从而使器件具有所需要的逻辑功能。这种编程不需要使用专用的编程器，因为已将原来属于编程器的编程电路和升压电路集成在ISP器件内部。ISP技术使得调试过程不需要反复拔插芯片，从而不会产生引脚弯曲变形现象，提高了可靠性，而且可以随时对焊接在电路板上的ISP器件的逻辑功能进行修改，加快了数字系统的调试过程。

进入20世纪90年代后，可编程逻辑器件的发展十分迅速。主要表现为三个方面：一是规模越来越大；二是速度越来越高；三是电路结构越来越灵活，电路资源更加丰富。目前，有些可编程逻辑器件还集成了微处理器、数字信号处理单元和存储器等，这样，整个数字系统都可（包括软、硬件系统）在单个芯片上运行，即所谓的SOPC（System on Programmable Chip，简称为可编程片上系统）技术。

2. PLD器件的分类

可编程逻辑器件没有统一的分类标准，可以从不同的角度对其进行划分。下面主要介绍几种比较通行的分类方法。

① 按集成度分类：可将PLD分为低密度和高密度PLD两大类。以1000门为界，1000门以下的为低密度，1000门以上的为高密度。早期生产的PLD，如PROM、PLA、PAL、GAL（PALCE）等，都属于低密度器件；现今流行的CPLD、FPGA等则属于高密度器件。

② 按基本结构分类：将基本结构为与-或阵列的器件称为PLD器件，将基本结构为门阵列的器件称为FPGA器件。低密度PLD（PROM、PLA、PAL、GAL）、EPLD、CPLD的基本结构都是与-或阵列。

根据PLD中与阵列、或阵列是否可编程，PLD分为三种基本类型：一是与阵列固定，或阵列可编程，如PROM（见图9.1.1（a））；二是与阵列、或阵列均可编程，如PLA（见图9.1.1（b））；三是与阵列可编程，或阵列固定，如PAL、GAL、CPLD等（见图9.1.1（c））。

③ 根据PLD的结构复杂度，可将其分为简单PLD（如PAL、GAL）、复杂PLD（CPLD）和现场可编程门阵列（FPGA）三大类。一般来说，CPLD是在一块芯片上集成多个PAL块，其

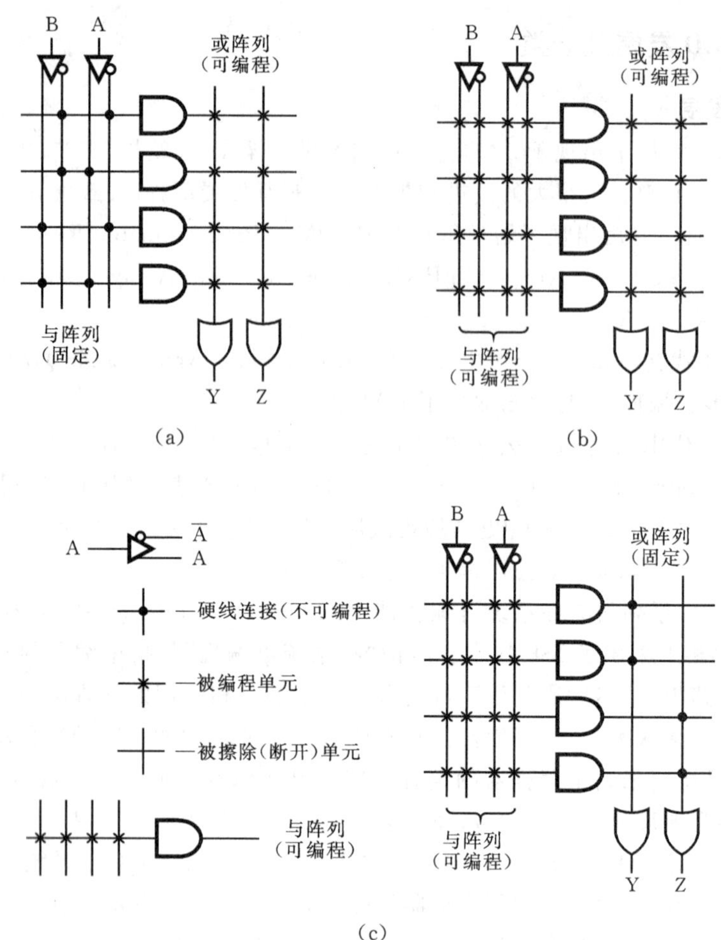

图 9.1.1 PLD 的分类

(a) PROM 的内部结构 (b) PLA 的基本结构 (c) PAL 的基本结构

基本逻辑单元是乘积项,即 CPLD 是乘积项阵列的集合,各个 PAL 块可以通过共享的可编程连线资源交换信息,以实现 PAL 块之间的相互连接,可编程连线资源也可以与周围的 I/O 模块相连,实现与芯片外部交换信息。因此,CPLD 通常又被称为分段式阵列结构器件。与简单 PLD 相比,CPLD 不但提高了集成度,大幅增加了 I/O 端口和内部连线,而且对可编程逻辑宏单元、可编程 I/O 以及它们的互连线策略作了重大改进。部分 CPLD 内部还集成了 E^2ROM、FIFO 或双口 RAM、锁相环等,以适应不同功能的数字系统设计。CPLD 的主要特点是速度可预测性较好,但集成度不如 FPGA 高。

现场可编程门阵列(FPGA)与传统的掩膜编程门阵列相似,即由纵横交错的分布式可编程互连线将按行、列排列的逻辑单元阵列 LCA(Logic Cell Array)连接起来构成芯片,因此,FPGA 通常又称为通道式阵列结构器件。目前,超大规模的 FPGA 容量已达到百万个逻辑门以上,FPGA 适合于实现多级逻辑功能的场合,并且具有更高的集成密度和应用灵活性。

应用中,应根据实际的需求选择使用 GAL、CPLD 或 FPGA 等不同类型的 PLD。对于各种具体器件,一般都开发了计算机辅助设计工具,用户通过逻辑电路图或硬件描述语言对设计进行描述,经过处理后,将目标码下载到芯片上便可实现硬件的编程。

9.1.3 PLD 器件的编程

用户要想使 PLD 器件完成某一特定的逻辑功能，必须使用相应的 EDA（Electronic Design Automatic）软件将设计电路转化成某个信息文件，然后再通过专用的编程器（或下载电缆）将这些信息"编程"到芯片上去，使芯片具有相应的逻辑功能。不同公司生产的 PLD 器件，其开发工具一般是不同的。

图 9.1.2 所示的是开发 PLD 器件的一般工作流程图。首先，用户可以用原理图或硬件描述语言将自己的逻辑设计表示出来，并输入到相应的软件中。使用原理图设计时，用户可以调用软件工具提供的逻辑器件（如逻辑门、触发器、各种逻辑宏元件等）和连线工具来输入逻辑电路图。使用硬件描述语言设计时，用户可以使用 Verilog HDL 和 VHDL 来描述自己的逻辑设计。有时也混合使用这两种输入方式来进行设计。

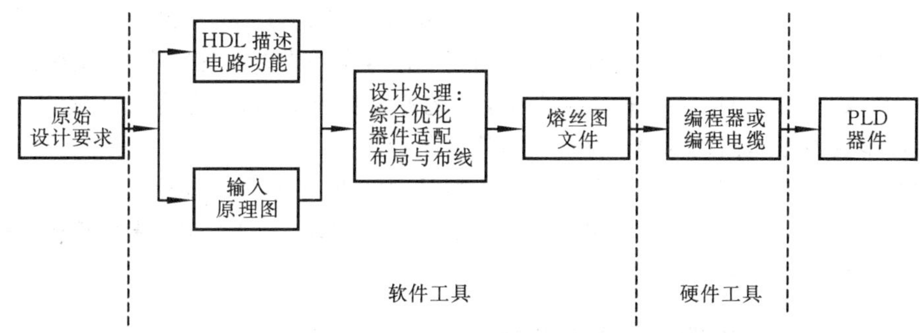

图 9.1.2 应用 PLD 设计逻辑电路的过程

接着，对设计进行处理，完成下面几个任务。

① 综合和优化。优化就是进行逻辑化简，把逻辑描述中的冗余项去除，以减少设计所耗用的资源；综合是将设计过程中用到的多个模块文件合并成为一个门级的电路网表文件，使整个设计变成为一个平面化的设计。

② 器件适配，也称为映射。利用目标器件内部的逻辑资源把设计表示出来，也就是将一个一般的电路网表文件转化为用器件内部提供的逻辑资源表示的特定网表文件，该网表文件一般由许多小块的逻辑网表组合而成。

③ 布局和布线。布局就是将许多小的逻辑块放到器件内部具体位置，并使它们易于连线；布线是指利用器件内部的布线资源完成各逻辑块之间、反馈信号之间的连接。

然后，生成熔丝图文件〔1〕。最后一步的工作是熔丝图的下载。

实验与思考题

9.1.1 什么是可编程逻辑器件？

9.1.2 可编程逻辑器件有哪些种类？它们的共同特点是什么？

9.1.3 什么是在系统可编程技术？

〔1〕 虽然早已不使用熔丝作为可编程的连接材料，但描述编程接点的"熔丝图"的名称仍在沿用。

9.2 通用阵列逻辑器件 GAL

学习要求 了解 GAL 器件的基本结构及其开发过程。

9.2.1 GAL 的分类

根据门阵列的结构，可以把现有的 GAL 器件分为两大类。其中，一类 GAL 的组合逻辑部分与 PAL 器件基本相似，即与门阵列可编程，或门阵列固定连接，这类器件有 GAL16V8，ispGAL16Z8[1]、GAL20V8 和 ispGAL 22V10 等，称为通用型 GAL；另一类 GAL 器件的与门阵列和或门阵列都可编程，GAL39V18 属于这一类。

通用型 GAL 器件的每个输出引脚都接有一个输出逻辑宏单元（OLMC），这些宏单元可由设计者通过编程进行不同模式的组合，因而为设计提供了高度的灵活性。与 PAL 器件相比，GAL 器件采用 E^2PROM 技术的 CMOS 工艺制造，数秒内即可完成芯片的擦除和编程过程，并可反复改写（而 PAL 器件采用的是熔丝工艺的编程技术，每块芯片只能编程一次，一旦编程后就不能再改写），因此，GAL 器件得到广泛的应用。

通用型 GAL 中，GAL16V8 有 20 个引脚，型号中的 16 表示最多能有 16 个引脚作为输入端，8 表示器件内含 8 个 OLMC，最多可有 8 个输出端。同理，GAL20V8 最大可能的输入端个数是 20，最多可有 8 个输出端。

9.2.2 GAL16V8 器件的基本结构

下面以 GAL16V8 为例，说明 GAL 的电路结构和工作原理。图 9.2.1 所示的为 GAL16V8 内部结构的逻辑图，它主要由以下 4 个部分组成。

① 8 个输入缓冲器（②脚～⑨脚）与 8 个反馈/输入缓冲器（居中），每个缓冲器都有一个原变量和一个反变量，这样可为与阵列提供 32（0～31）个输入变量。

② 8×8 个与门（居中）可形成与阵列的 64 个乘积项。这样，与阵列中的 32 个输入变量与这 64 个乘积项就可以产生 32×64＝2048 个可编程逻辑单元。

③ 8 个输出逻辑宏单元 OLMC，每个宏单元接 8 个与门和一个三态输出缓冲器。引脚⑲、⑱、⑰和⑭、⑬、⑫对应的三态输出缓冲器都有反馈线接到邻近的 OLMC，以便将输出信息通过邻近 OLMC 反馈到与阵列，可以实现时序逻辑电路编程。

④ 系统时钟 CLK（①脚）输入缓冲器，三态输出缓冲器的公用使能信号 $\overline{OE}$（⑪脚）的输入缓冲器。

9.2.3 输出逻辑宏单元 OLMC

输出逻辑宏单元 OLMC(n)（属引脚号 n 的 OLMC）的逻辑图，如图 9.2.2 所示。OLMC(n) 由 4 个多路开关 MUX、1 个 D 触发器及 4 个门 G_1～G_4 组成。下面说明各部分的作用。

● 或门 G_1 和与项多路开关 PTMUX　或门 G_1 有 8 个输入端，分别来自与阵列的 8 个乘积项。其中，7 个乘积项直接与或门相连，而第一个乘积项（PT_1）接与项多路开关 PTMUX 的“1”输入端及三态多路开关 TSMUX 的“11”输入端，PTMUX 的输出 PX 接或门 G_1 的第一个

---

〔1〕 isp 系 in system programmability 的缩写，该系列产品具有在系统可编程功能。

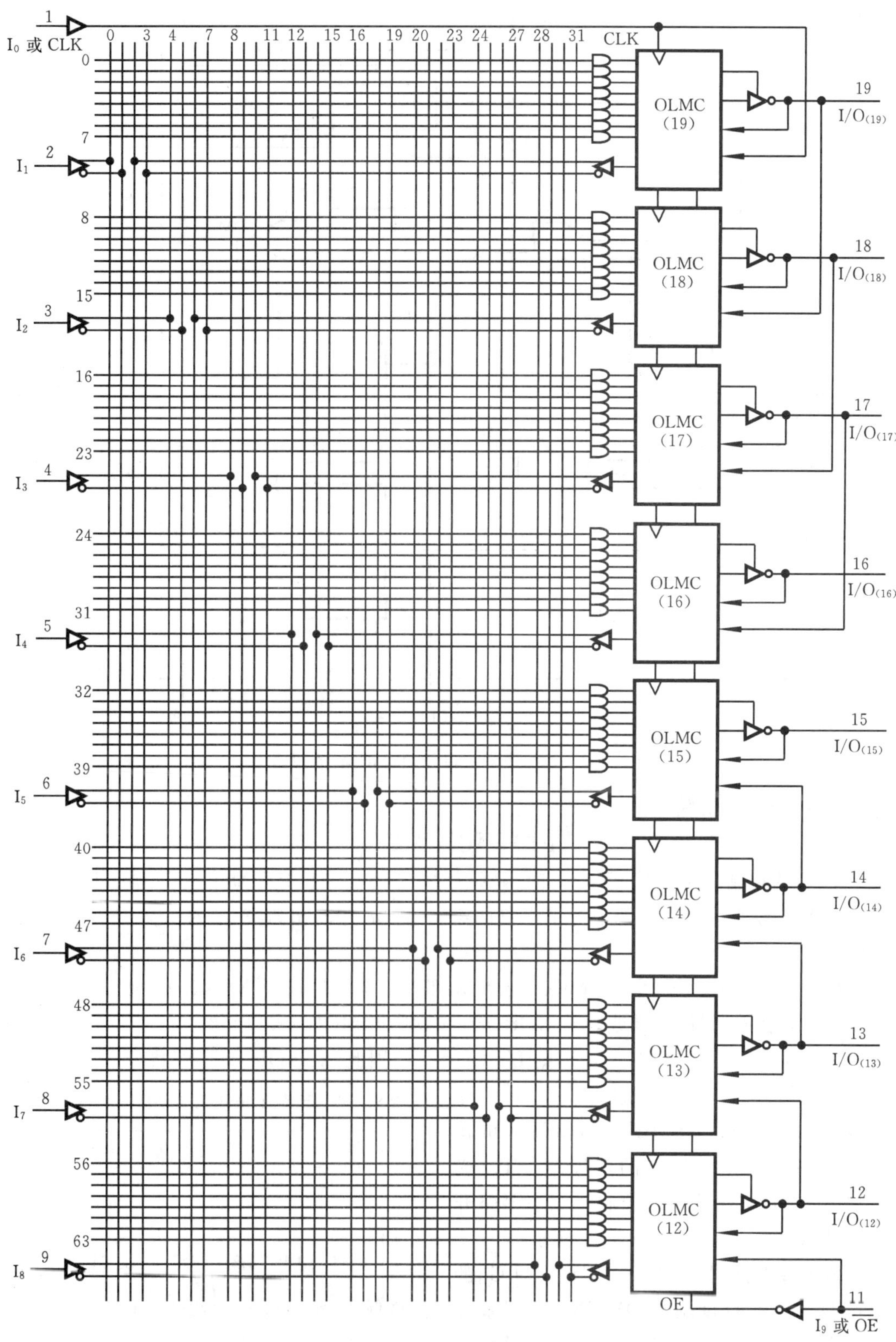

图 9.2.1　GAL16V8 逻辑框图

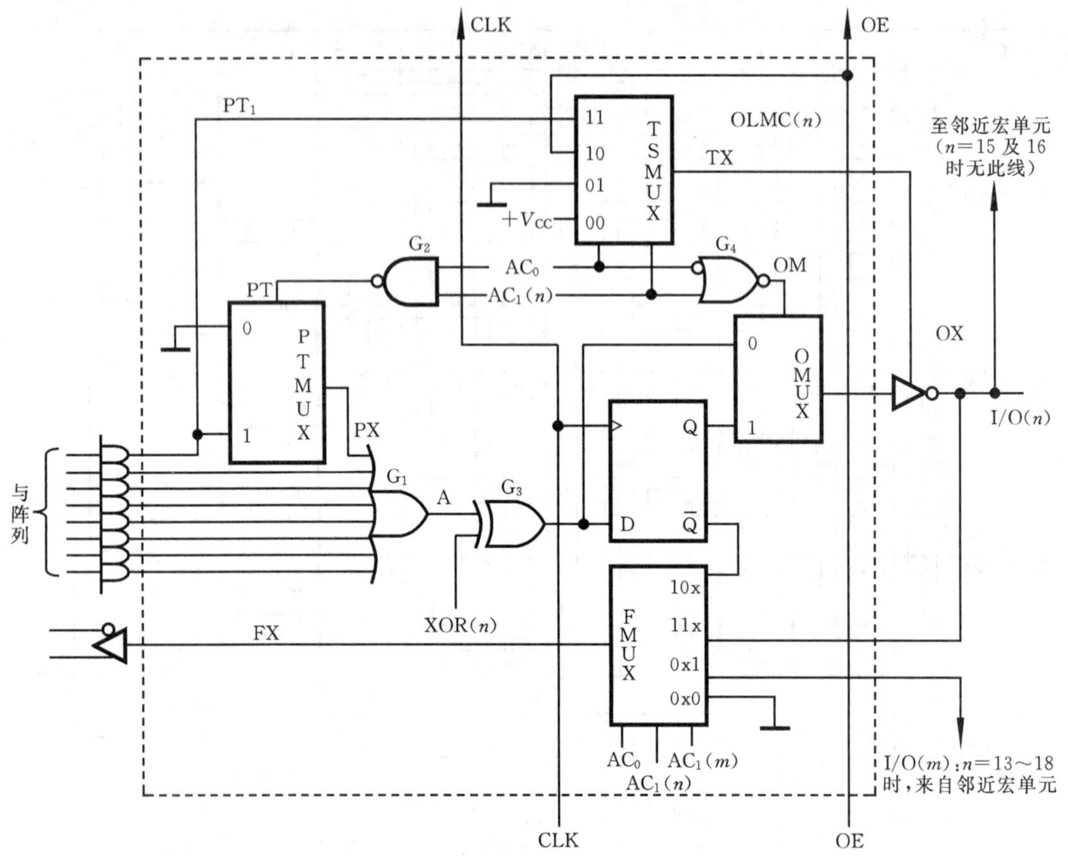

图 9.2.2 输出逻辑宏单元 OLMC(n)的逻辑图

输入端。与非门 G_2的输出

$$PT = \overline{AC_0 \cdot AC_1(n)}$$

是 PTMUX 的控制信号,当 PT=0 时,PX 为 0;PT=1 时,PX 为第一与项 PT_1。式中,$AC_1(n)$、AC_0分别是"结构控制字段"中的某一位,n 为输出宏单元的引脚号。AC_0为各 OLMC 共用。

● 极性控制门 G_3　每个 OLMC(n)宏单元都有一个极性熔丝 XOR(n)。或门 G_1的输出 A 和 XOR(n)在 G_3门进行异或。若 XOR(n)=0,则 OLMC(n)宏单元经过三态反相缓冲器输出信号 I/O(n)=A;若 XOR(n)=1,则 I/O(n)=$\overline{A}$。因此,对 XOR(n)熔丝状态进行编程,就能控制输出信号 I/O(n)的极性。

● 三态多路开关 TSMUX　TSMUX 的输出 TX 接三态输出缓冲器的使能端。TX 受 AC_0和 $AC_1(n)$熔丝状态的控制。三态多路开关 TSMUX 的真值表,如表 9.2.1 所示。

表 9.2.1 三态多路开关 TSMUX 的真值表

AC_0	$AC_1(n)$	TX	三态输出缓冲器
0	0	1(V_{CC}=+5V)	永远处于工作态
0	1	0(地)	输出为高阻态
1	0	OE	受 OE 值控制
1	1	PT_1(第一与项)	受 PT_1控制

● 输出多路开关(OMUX)　异或门 G_3的输出接 D 触发器的 D 端及 OMUX 的"0"输入端。D 触发器的 Q 输出接 OMUX 的"1"输入端。OMUX 的输出受或非门 G_4的控制,即

$$\overline{OM} = \overline{\overline{AC_0} + AC_1(n)} = AC_0 \cdot \overline{AC_1(n)}$$

若 OM=0,则 G_3门的输出不经过 D 触发器,直通 OX,使得此 OLMC(n)宏单元成为组合输出

宏单元；若 OM＝1，则 G_3 门的输出要经过 D 触发器，D 触发器的输出 Q 经过 OMUX 到达 OX，使得 OLMC(n)成为寄存器输出宏单元。

● 反馈多路开关 FMUX　FMUX 有 3 个控制信号：AC_0，$AC_1(n)$及 $AC_1(m)$。它们和不同引脚号 n 的关系由表 9.2.2 定义。反馈多路开关 FMUX 的真值表如表 9.2.3 所示。

表 9.2.2　AC_0，$AC_1(n)$及 $AC_1(m)$和不同引脚号 n 的关系表

引脚号 n	AC_0	$AC_1(n)$	$AC_1(m)$
19	$\overline{SYN}$	$AC_1(19)$	SYN
18	AC_0	$AC_1(18)$	$AC_1(19)$
17	AC_0	$AC_1(17)$	$AC_1(18)$
16	AC_0	$AC_1(16)$	$AC_1(17)$
15	AC_0	$AC_1(15)$	$AC_1(14)$
14	AC_0	$AC_1(14)$	$AC_1(13)$
13	AC_0	$AC_1(13)$	$AC_1(12)$
12	$\overline{SYN}$	$AC_1(12)$	SYN

表 9.2.3　反馈多路开关 FMUX 的真值表

AC_0^*	$AC_1(n)$	$AC_1^*(m)$	FX
1	0	×	$\overline{Q}$
1	1	×	I/O(n)
0	×	1	I/O(m)，对于 n＝13～18 引脚①，对于 n＝19 引脚⑪，对于 n＝12
0	X	0	0(地)

9.2.4　GAL16V8 行地址分布与结构控制字

GAL16V8 中有一个由 E^2CMOS 单元组成的熔丝阵列，阵列中的各个熔丝可以单独编程，它们控制 GAL16V8 处于不同的工作模式。此阵列有 64 行，各行的位数可以不相等，其行地址分布如图 9.2.3 所示。GAL16V8 行地址分布图共包括以下几个部分。

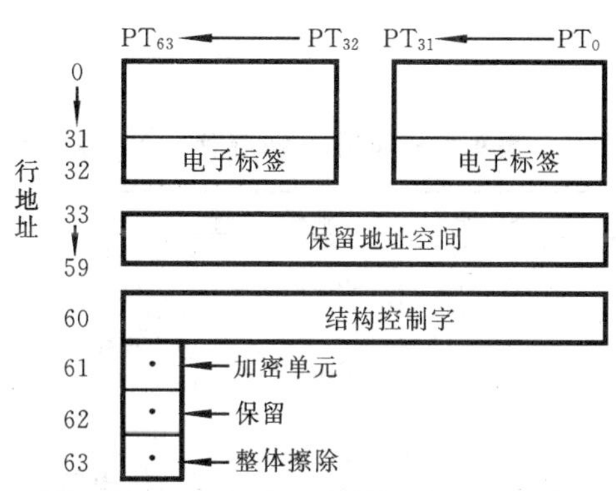

图 9.2.3　GAL16V8 行地址分布图

● 与阵列　行地址的 0～31 行对应于与阵列的 32 个输入变量(包括原变量和反变量)。每行 64 位，所以与阵列有 32×64＝2048 个“熔丝”供用户编程。

● 电子标签字　第 32 行设置 64 位组成“电子标签字”。它是一个能保存用户定义的数据。其中包括：器件用途、器件名、编程者、编程日期及编程次数等。

● 厂家保留地址　行地址的 33～59 的“熔丝”是厂家保留地址空间，用户不能编程。

● 结构控制字　行地址的第 60 行，设置 82 位，组成“结构控制字”。其安排如表 9.2.4 所示。它可被编程，用来控制 OLMC(n)的组态。其中，乘积项禁止位有 64 位，8 位 XOR(n)，8 位 $AC_1(n)$，1 位 SYN 和 1 位 AC_0。

表 9.2.4　GAL16V8 结构控制字

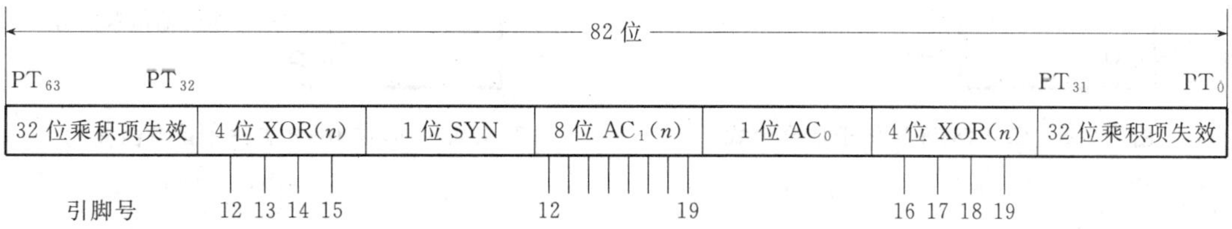

82 位结构控制字的编程是由编译软件及 GAL 编程器根据编程器装载文件 *.jed 自动完成的，用户不必操心。

● 加密单元　第 61 行是加密单元，只占 1 位，该位被编程后，就禁止对门阵列(0～31 行)作进一步的编程或验证，以防未获允许而抄袭电路设计。

● 厂家备用单元　第 62 行设置 1 位，是厂家备用单元，和用户无关。

● 整体擦除单元　第 63 行设置 1 位，为整体擦除单元。在编程期间对该行寻址并执行清除功能(对此位写"0"，则整体擦除与阵列、电子标签、结构控制字及加密单元等)。

9.2.5　GAL16V8 的三种工作模式

GAL16V8 器件有三种不同的工作模式：一是简单模式，用来实现简单与-或式且不需要三态输出的组合逻辑；二是复杂模式，用来实现与-或式、需要三态输出的组合逻辑，三态输出由与门输出的乘积项控制；三是寄存器模式，用来实现以时钟脉冲 CLK 控制 D 触发器的同步时序电路，并能使个别的 OLMC 工作在具有三态输出的组合逻辑形式下(类似于复杂模式)。与这三种工作模式相对应，GAL16V8 器件有三个工业标号，如表 9.2.5 所示。

当 GAL16V8 处于不同工作模式时，输出宏单元对应引脚的功能也有所不同，如图 9.2.4～图 9.2.6 所示。

在实际应用中，开发软件将用户输入的逻辑描述进行编译和综合，并自动地将 GAL16V8 设置成不同工作模式。

表 9.2.5　GAL16V8 器件三个工业标号

器　件	工业标号	意　义
GAL16V8	P16V8S	简单模式 SYN=1，AC_0=0
	P16V8C	复合模式 SYN=1，AC_0=1
	P16V8R	寄存器模式 SYN=0，AC_0=1

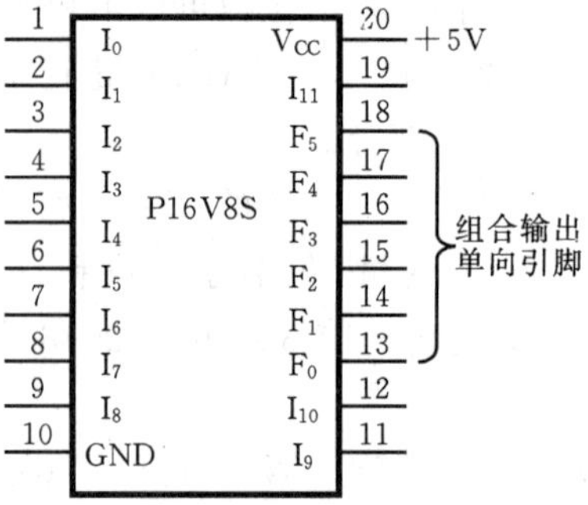

图 9.2.4　GAL16V8 工作于简单模式图

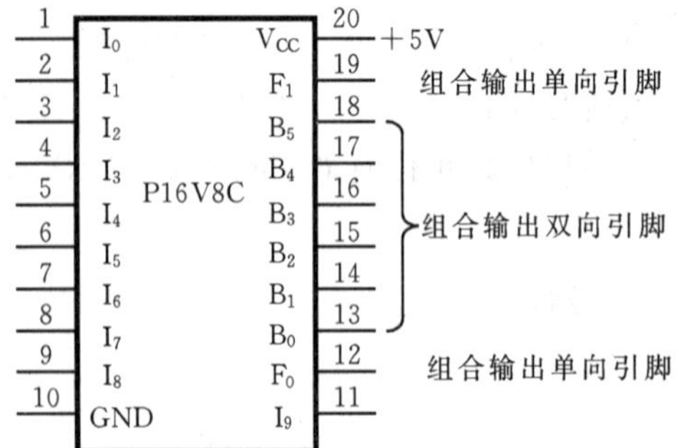

图 9.2.5　GAL16V8 工作于复合模式

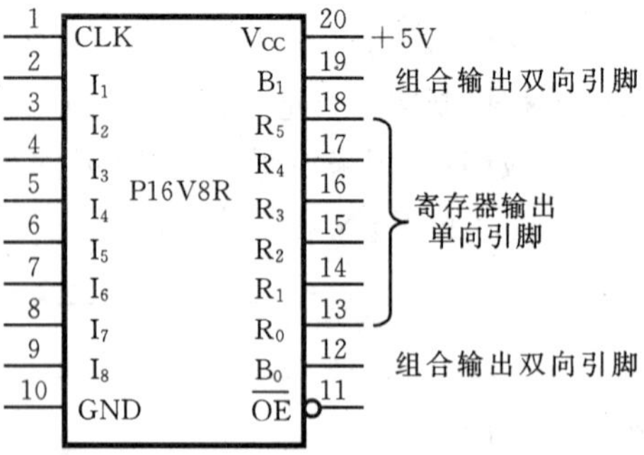

图 9.2.6　GAL16V8 工作于寄存器模式

实验与思考题

9.2.1 GAL16V8由哪几部分电路组成？

9.2.2 GAL16V8有哪三种工作模式？

9.2.3 GAL16V8的结构控制字起什么作用？总共有多少位？

9.3 复杂可编程逻辑器件CPLD

学习要求 了解CPLD器件的基本结构。

9.3.1 Altera公司可编程逻辑器件简介

Altera是全球著名的PLD生产厂商。Altera的产品包括CPLD和FPGA两大系列。属于CPLD器件的有Classic系列、MAX(Multiple Array Matrix，多重阵列矩阵)系列和MAXⅡ系列，属于FPGA器件的有FLEX(Flexible logic Element matrix，灵活逻辑单元矩阵)系列、APEX(Advanced logic Element Matrix，先进的逻辑单元矩阵)系列、ACEX系列、Cyclone系列、Stratix系列等。图9.3.1所示是Altera的PLD器件系列。其中FLEX和MAX属于20世纪90年代末的产品，目前有被APEX、Stratix、Cyclone和MAXⅡ取代的趋势。

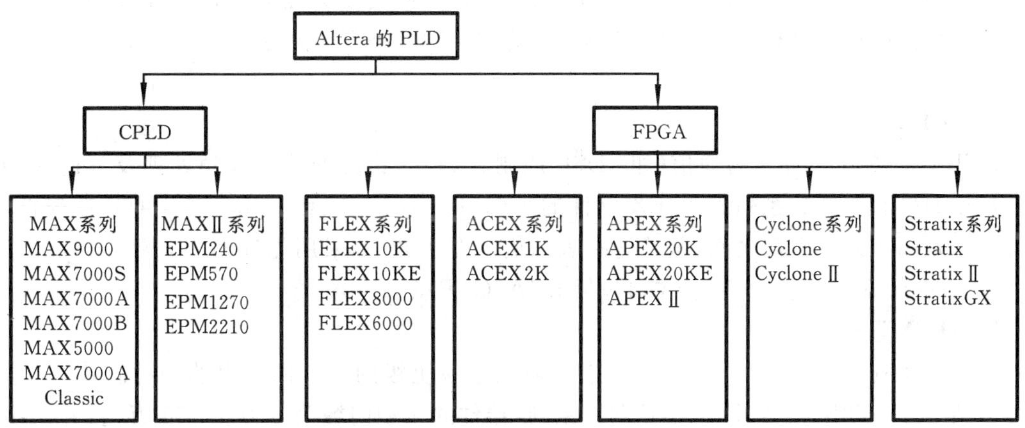

图9.3.1 Altera的PLD系列

1. MAX系列

MAX系列包括MAX9000，MAX7000A，MAX7000B，MAX7000S，MAX7000，MAX5000，MAX3000A和Classic等器件。这些器件的基本结构单元是乘积项，采用E^2PROM和EPROM工艺，器件的编程数据可以永久保存，直到把它擦除为止。MAX系列的集成度在数百门到2万门之间。

2. MAXⅡ系列

MAXⅡ系列是Altera公司近年来推出的新型CPLD器件，它采用0.18μm、6层金属连线的Flash工艺制造，将FPGA的高集成度和CPLD的非易失性的特点结合起来，所以它是一种比较特殊的基于查找表(LUT)架构的CPLD器件。

MAXⅡ器件不再使用与-或阵列结构实现组合逻辑，而是采用SRAM查找表实现组合逻辑。在MAXⅡ器件中还集成了非易失性的Flash存储器块，该存储器块的大部分用来存储

SRAM 查找表的配置数据，称为配置存储器(CFM，Configuration Flash Memory)，有 8 K 位 Flash 留给用户使用，称为用户存储器(UFM，User Flash Memory)。在系统上电时，CFM 能自动地将配置数据写到 SRAM 和 I/O 单元。和 MAX 产品相比，逻辑容量翻了两番，成本降低了一半，功耗只有 MAX 的 1/10，同时保持了 MAX 系列原有的瞬态启动、非易失性和易用性。表 9.3.1 所示的是 MAXⅡ器件的特性，表中，t_{PD1} 表示芯片的引脚到引脚之间在最坏布线情况下的最大延时，f_{CNT} 表示芯片运行的最高时钟频率。

表 9.3.1 MAX II 器件的特性

特性	EMP240	EMP570	EMP1270	EMP2210
逻辑单元(LEs)	240	570	1270	2210
典型的等效宏单元	192	440	980	1700
等效宏单元的范围	128～240	240～570	570～1270	1270～2210
UFM 的大小/位	8192	8192	8192	8192
最多用户 I/O 引脚	80	160	212	272
t_{PD1}/ns	4.4	5.2	6.1	6.9
f_{CNT}/MHz	304	304	304	304

3. FLEX 系列

FLEX 系列包括 FLEX10K，FLEX10E，FLEX8000 和 FLEX6000 等器件。这些器件基于查找表结构，采用连续式互连线和 SRAM 工艺，可用门数为 1 万至 25 万门。FLEX10K 器件由于具有灵活的逻辑结构和嵌入式存储器块，能够实现各种复杂的逻辑功能，是应用广泛的一个系列。

4. ACEX 系列

ACEX 是 Altera 专门为通信(如 xDSL 调制解调器、路由器等)、音频处理及其他一些场合的应用而推出的芯片系列。ACEX 器件的工作电压为 2.5V 和 1.8V，芯片的功耗较低，集成度在 3 万门到几十万门之间，基于查找表结构。在工艺上，采用先进的 1.8V/0.18μm、6 层金属连线的 SRAM 工艺，封装形式则包括 BGA，QFP 等。

5. APEX 系列

APEX 系列采用多核(MultiCore)结构，着眼于系统级的设计而推出的一种芯片。APEX 器件包括 APEX20K 和 APEX20KE 两个系列，器件的典型门数为 3 万至 150 万门，并采用先进的制作工艺，其制作工艺如表 9.3.2 所示。

表 9.3.2 APEX 采用的工艺

器 件	最小线宽/μm	工作电压/V	金属连线层数/层
APEX20K	0.22	2.5	6
APEX20KE	0.18/0.15	1.8	6/7

2001 年，Altera 又推出了最新的 APEXⅡ系列器件，该器件采用先进的 0.15μm 全铜互连线工艺制造，与传统的采用铝互连线工艺的器件相比，其总体性能可提高 30%～40%。另外，该器件不仅继承了非常成功的 APEX 架构，而且其 I/O 功能也有了很大的提高，可用于高速数据通信等场合，能够真正地实现在一个芯片上完成一个系统的功能。

6. Cyclone 系列

Cyclone 是第一代低成本的 FPGA 系列器件，它基于 1.5V、0.13μm 全铜互连线的 SRAM 工艺制造，它的内部有专用外部存储器接口电路、4KB 嵌入式存储器块、锁相环和高速差分 I/O等，支持 Nios 嵌入式处理器。表 9.3.3 所示的是 Cyclone 器件的特性。

表 9.3.3 Cyclone 器件的特性

特性	EP1C3	EP1C4	EP1C6	EP1C12	EP1C20
逻辑单元(LEs)	2910	4000	5980	12060	20060
M4KRAM 块	13	17	20	52	64
RAM 的总比特数	59904	78336	92160	239616	294912
锁相环(PLLs)	1	2	2	2	2
最多用户 I/O 引脚	104	301	185	249	301

CycloneⅡ是第二代低成本的 FPGA 系列器件，它采用 1.2V、90 nm 的 SRAM 工艺制造，它除了具有 Cyclone 器件的优点外，还在器件的内部嵌入了 18×18 位乘法器，逻辑单元的数目更多。表 9.3.4 所示的是 CycloneⅡ器件的特性。

表 9.3.4 CycloneⅡ器件的特性

特性	EP2C5	EP2C8	EP2C20	EP2C35	EP2C50	EP2C70
逻辑单元(LEs)	4608	8256	18752	33216	50528	68416
M4KRAM 块	26	36	52	105	129	250
RAM 的总比特数	119808	165888	239616	483840	594432	1152000
嵌入式 18×18 位乘法器	13	18	26	35	86	150
锁相环(PLLs)	2	2	4	4	4	4
最多用户 I/O 引脚	142	182	315	475	450	622

7. Stratix 系列

Stratix 系列包括 Stratix、StratixⅡ和 Stratix GX 三个系列，是 Altera 公司于 2002 年后新推出的高性能 FPGA，用于通信、计算机网络、图像处理、多媒体娱乐等场合。器件的集成度越来越高，性能越来越好，并且支持嵌入式的 NIOS CPU，可使整个数字系统(包括软、硬件系统)在单个芯片上运行。这三类器件的特性参数请参考 Altera 公司相应的数据手册。

9.3.2 MAX7000S 系列器件结构

MAX7000 系列是在 PAL、GAL 的基础上发展起来的阵列型 PLD，它采用 CMOS E^2PROM 技术制造，具有较高的集成度。它主要包括 3 个子系列，即 MAX7000S、MAX7000A 和MAX7000B。这 3 个子系列的结构大致相同，但芯片的工作电压不一样，如表 9.3.5 所示。

表 9.3.5 MAX 7000 器件工作电压

器件系列	工作电压/V
MAX7000S	5
MAX7000A	3.3
MAX7000B	2.5

下面以 Altera 公司 MAX7000S 系列器件为例，介绍 CPLD 器件的内部结构。表 9.3.6 所示的是 MAX7000S 系列器件的典型特性参数。

表 9.3.6 MAX7000S 系列器件典型参数

特　　性	EPM7032S	EPM7064S	EPM7128S	EPM7160	EPM7192S	EPM7256S
可使用的门数	600	1250	2500	3200	3750	5000
宏单元数	32	64	128	160	192	256
逻辑阵列块	2	4	8	10	12	16
最大 I/O 数目	36	68	100	104	124	164

MAX7000S 系列的结构如图 9.3.2 所示。从结构上看，它包括下面 3 个组成部分。

① 逻辑阵列块 LAB(logic Array Blcks)。

② 可编程连线阵列 PIA(programmable Interconnect Array)。

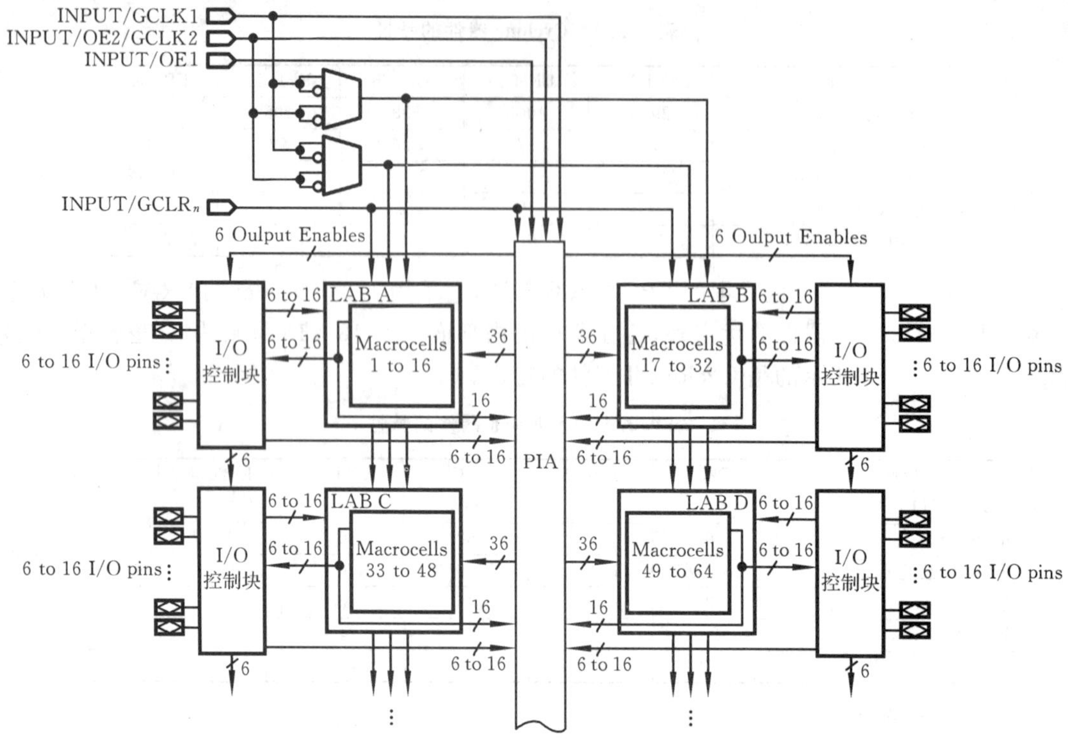

图 9.3.2 MAX 7000 器件系列的结构

③ I/O 控制块(I/O Control Blocks)。

由图可知,在一个器件内部有多个逻辑阵列块 LAB,这些 LAB 之间通过可编程内部连线阵列 PIA 实现相互连接,每个逻辑块对应着一个 I/O 控制块,每个 I/O 控制块中有若干个 I/O 单元,这些 I/O 单元与芯片的引脚直接相连。

此外,每个芯片包含 4 个多功能输入引脚,可用作通用输入,也可作为每个宏单元和 I/O 引脚的高速、全局控制信号。GCLK1 是器件上所有宏单元主要的全局时钟输入端,用来使设计中所有触发器进行同步操作;GCLK2 是备用的第 2 个全局时钟输入端,它也可以作为任一宏单元三态输出缓冲器的第 2 个全局输出使能信号(OE2),OE1 是三态输出缓冲器的主要使能信号,$GCLR_n$ 是一个低电平有效的全局控制信号,能控制任一宏单元中触发器的异步清零。

1. 逻辑阵列块 LAB

MAX7000S 系列逻辑块的构成如图 9.3.3 所示。它主要由可编程乘积项阵列(即与阵列)、乘积项选择矩阵、宏单元 3 部分组成,其结构类似于 GAL。它有 36 个乘积项输入变量,每个逻辑块包含 16 个宏单元,宏单元的输出信号一方面送给内部可编程连线区 PIA,另一方面要送给 I/O 块,根据芯片的封装不同,送到 I/O 块的输出信号线的根数不同。例如,EPM7128SLC84 采用 84 脚的 PLCC 封装,每个 LAB 输出 8 个信号给 I/O 控制块,8 个 LAB 对应着 64 个 I/O 引脚。LAB 中没有 I/O引脚对应的那些宏单元作为内部逻辑使用,隐藏在器件的内部,称为隐埋宏单元。EPM7128SQC160 采用 160 脚的 PQFP 封

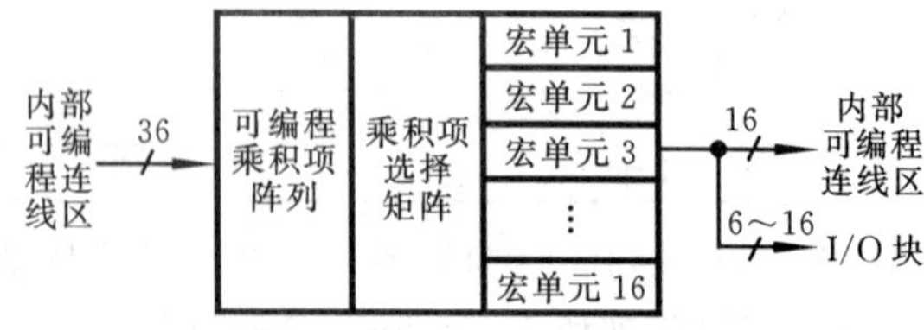

图 9.3.3 逻辑块的构成

装，每个 LAB 输出 12 个信号给 I/O 控制块，8 个 LAB 对应着 96 个 I/O 引脚，再加上 4 个多功能的输入引脚，用户可使用的最大 I/O 数目为 100 个。

2. 宏单元(Macrocells)

单个宏单元的结构如图 9.3.4 所示。它由 3 个功能块组成：逻辑阵列、乘积项选择矩阵和可编程触发器。每个宏单元可产生组合输出或寄存器型输出，当宏单元中所包含的触发器被旁路时，产生组合输出。

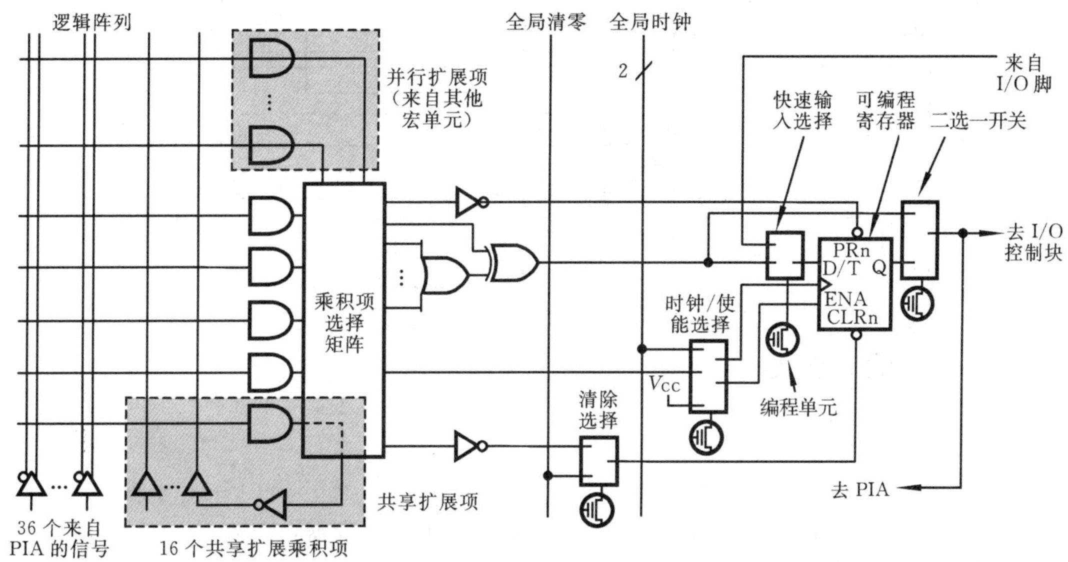

图 9.3.4 MAX7000S 宏单元结构

图 9.3.4 中每个宏单元有 5 个乘积项，乘积项选择矩阵用来分配这些乘积项，并将这些乘积项送到后面的或门和异或门输入端，以实现组合逻辑函数。

尽管大多数逻辑函数都能用 5 个乘积项实现，但实现某些复杂的逻辑函数时，可能需要更多的乘积项。这时每个宏单元提供了两种机制扩展乘积项的数目，一是采用并行逻辑扩展(Parallel Logic Expanders)的方法，如图 9.3.5 所示，即开发软件的编译器能自动地从同一个 LAB 中相邻的 3 个宏单元中借来乘积项，每个宏单元借来 5 个乘积项，所以这种方法能实现总数达 20 个乘积项的逻辑函数，借出乘积项的那个宏单元不能再被使用；二是采用共享逻辑扩展(Shared Logic Expanders)的方法，即乘积项选择矩阵将每个宏单元的一个乘积项反相后回送到逻辑阵列，这个共享乘积项供同一个 LAB 中的其他宏单元使用，每个宏单元有一个共享乘积项，每个 LAB 有 16 个宏单元，因此，总共有 16 个共享乘积项可以使用。根据设计的逻辑需要，编译器能自动地优化 LAB 内部乘积项的配置。注意，使用这两种逻辑扩展的方法都会增加少量的附加传输延时。

每个宏单元的触发器都可以单独地编程为具有可编程时钟控制的 D、T、JK 或 SR 触发器工作方式。每个触发器具有 3 种不同的触发方式：① 用全局时钟信号；② 当触发器使能信号有效时，使用全局时钟信号；③ 使用隐埋宏单元产生的乘积项时钟信号或某个外部引脚输入(非全局性)的时钟脉冲信号。在 MAX7000S 系列中，使用两个全局时钟信号(GCLK1 或 GCLK2)之一作为触发信号，可以实现最快的触发操作。每个触发器都有异步清零端(CLRn)和异步置位端(PRn)，都是低电平有效，清零可以使用全局清零引脚来的信号，也可以使用内部乘积项送来的信号。而异步置位则只能使用内部乘积项送来的信号。另外，从I/O引脚到

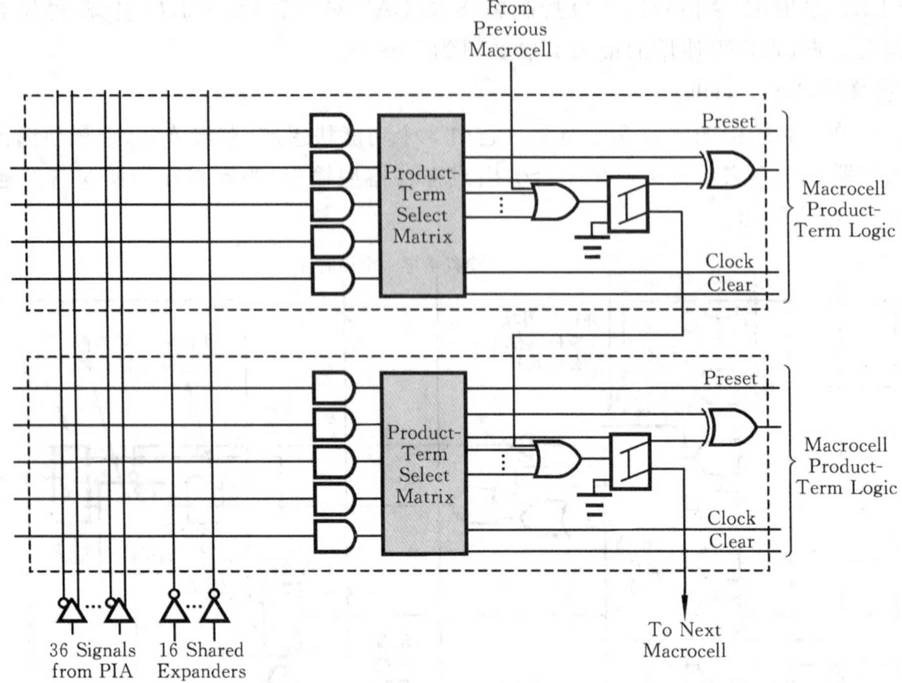

图 9.3.5 并行扩展乘积项示意图

触发器还提供了快速数据输入通路。上电时，器件内部所有触发器自动清零。

3. 可编程连线阵列

可编程连线阵列(PIA)的作用是实现 LAB 与 LAB 之间、LAB 与 I/O 块之间以及全局信号到 LAB 和 I/O 块之间的连接。PIA 能够把器件中任何信号源连到其目的地。所有 MAX 7000S 的专用输入、I/O 引脚和宏单元输出均馈送到 PIA，PIA 可把这些信号送到器件内的各个地方。

可编程连接一般由 E^2PROM 管实现，其原理如图 9.3.6 所示。当 E^2PROM 管被编程为导通时，纵线和横线连通；被编程为截止时，则不连通。

图 9.3.7 所示的为 PIA 中的一路信号到 LAB 的布线示意图。通过 E^2PROM 单元控制与门的一个输入端，以选择驱动 LAB 的 PIA 信号。由于 MAX7000S 的 PIA 有固定延时。因此器件的延时性能容易预测。

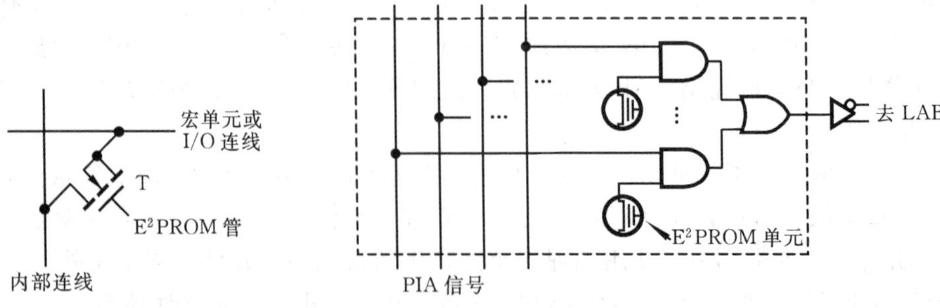

图 9.3.6 可编程连接原理　　图 9.3.7 MAX7000S 器件的 PIA 结构

4. I/O 控制块

I/O 控制块是器件外部封装引脚和内部逻辑间的接口。每个 I/O 块对应一个封装引脚，通过对 I/O 块中可编程单元的编程，可将引脚定义为输入、输出和双向功能。图 9.3.8 所示的为 I/O 控制块的结构示意图。

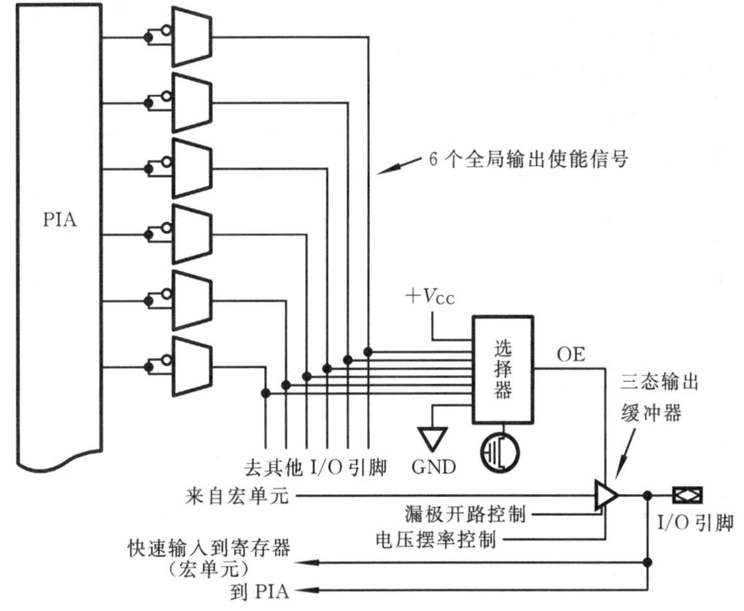

图 9.3.8 MAX 7000S 器件的 I/O 控制块结构

I/O 块中有输入和输出两条信号通路。当 I/O 引脚作输出时，三态输出缓冲器的输入信号来自宏单元，其使能控制信号 OE 由可编程数据选择器选择其来源。其中，全局输出使能控制信号有 6 个(OE_1、OE_2、1 组 I/O 引脚或一组宏单元)。当 OE 端接高电平(V_{CC})时，输出一直被使能(即有效)，此时引脚为普通输出引脚。

当 OE 为低电平时，三态缓冲器的输出处于高阻态，此时 I/O 引脚可用作输入，引脚上的输入信号可以直接送至内部可编程连线区 PIA，也可以送到与该引脚相连的宏单元的触发器输入端，将输入信号寄存后再送到 PIA，此时该宏单元不能输出信号，只能作为隐埋逻辑使用。

另外，通过编程可以控制 I/O 引脚输出摆率(Slew Rate，转换速率 SR)，选择高速方式可适应频率较高的信号输出，选择低速方式则可减小功耗和降低噪声。在大多数应用中，通常让影响电路速度的关键部分工作在高速模式下，而其余部分则工作在低速模式下，这样可以显著降低系统的功耗。

5. MAX7000S 系列器件的在系统编程

所有 MAX7000S 器件都具有在系统编程的功能，支持 JTAG 边界扫描测试。只需通过一根下载电缆连接到目标板上，就可以非常方便地实现在系统编程，大大方便了电路的调试。

9.3.3 EPM7128S 器件的主要特性参数及引脚图

EPM7128S 器件有 8 个 LAB，128 个宏单元，2500 个可用的逻辑门。表 9.3.3 和图 9.3.9 所示的分别是该器件的主要电气参数和输出驱动特性。

该器件有 PLCC、PQFP、TQFP 三种封装形式，图 9.3.10 所示的是其 PLCC 封装 84 脚的引脚图，该封装有 4 个专用输入引脚和 64 个 I/O 引脚。

表 9.3.3 EPM7128S 的主要电气参数(参考 Altera 公司器件数据手册)

参 数	含 义	测试条件	最小值	最大值
V_{CCINT}/V	内部电路和输入缓冲器的电源电压		4.75	5.25
V_{CCIO}/V	I/O 输出驱动的电源电压,5V		4.75	5.25
	I/O 输出驱动的电源电压,3.3V		3.00	3.60
V_{CCISP}/V	在系统编程电路的电压		4.75	5.25
V_I/V	输入电压		0	V_{CCINT}
V_O/V	输出电压		0	V_{CCIO}
t_R/ns	上升时间			40
t_F/ns	下降时间			40
I_I/μA	专用输入引脚的漏电流	V_I接电源或地	−10	10
I_{OZ}/μA	I/O 引脚为三态时的关断电流	V_I接电源或地	−40	40
C_{IN}/pF	专用输入引脚电容	$V_{IN}=0, f=1.0$MHz		10
$C_{I/O}$/pF	I/O 引脚电容	$V_{IN}=0, f=1.0$MHz		10

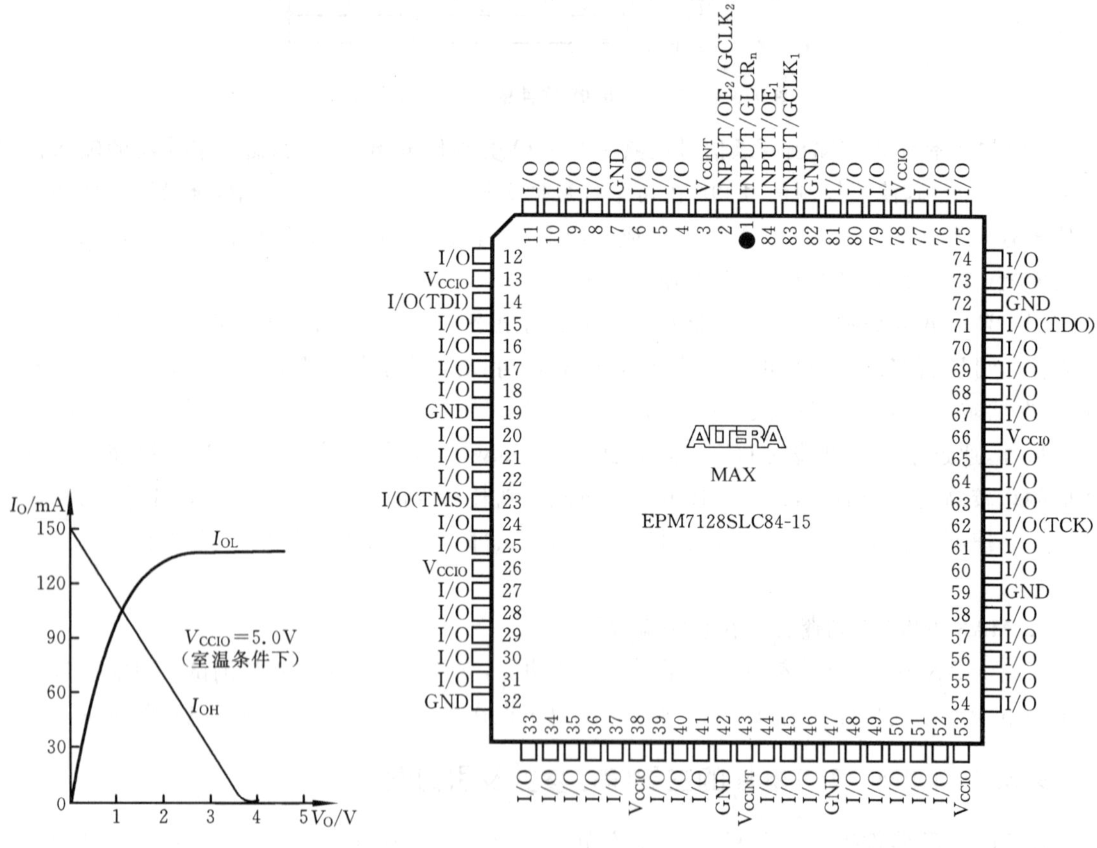

图 9.3.9 EPM7128S 器件的输出驱动特性

图 9.3.10 EPM7128S84 脚 PLCC 封装的引脚图

实验与思考题

9.3.1 列表说明 CPLD 器件与 GAL 器件的区别。

9.3.2 简述 CPLD 的基本组成，说明它有哪些特点。

9.3.3 请问 MAX7000S 系列器件的 4 个仅能作输入使用的引脚提供了怎样的控制功能？

9.3.4 请问 EPM7128S 器件内部有多少宏单元？其 84 脚 PLCC 封装的器件有多少个可供用户使用的 I/O 引脚？

9.3.5 MAX7000S 系列器件选择其宏单元工作在低速模式下，整个系统可以获得什么优点？

9.4 现场可编程门阵列 FPGA

学习要求 了解 FPGA 器件的基本结构。

FPGA 是另一类可编程逻辑器件。目前，主要有基于 CMOS SRAM 工艺制造的 FPGA 和基于反熔丝工艺制造的 FPGA 两种类型。由于 SRAM 中的数据理论上可以进行无限次写入，所以基于 SRAM 技术的 FPGA 可以无限次编程。而基于反熔丝技术的 FPGA 则只能编程一次，此类 FPGA 比较适合定型产品和大批量应用。限于篇幅，本书仅介绍前者。

与 CPLD 相比，FPGA 具有更高的集成度、更强的逻辑功能和更大的灵活性，目前已成为设计数字电路或系统的首选器件之一。

下面首先介绍 FPGA 实现逻辑函数的基本原理，然后以 Altera 公司的 FLEX10K 系列器件为例，介绍 FPGA 的内部结构。

9.4.1 FPGA 实现逻辑函数的基本原理

在 FPGA 中，最通用的逻辑块是含有存储单元的 LUT，这些存储单元用来实现较小的逻辑函数，每个存储单元能够存储二值逻辑的一个值(0 或 1)，根据这些存储值产生存储单元的输出。根据输入变量的数目，可以将 LUT 分成各种不同大小。图 9.4.1(a)所示的是一个两输入 LUT 的电路结构示意图，它有两个输入端(A、B)和一个输出端(L)，它能够实现两变量的任意逻辑函数。由于两个变量的真值表有 4 行，所以该 LUT 有 4 个存储单元，每个存储单元对应着真值表中每一行的输出。输入变量 A 和 B 作为三个选择器的控制端，根据 A、B 的值，选择一个存储单元的内容作为 LUT 的输出。

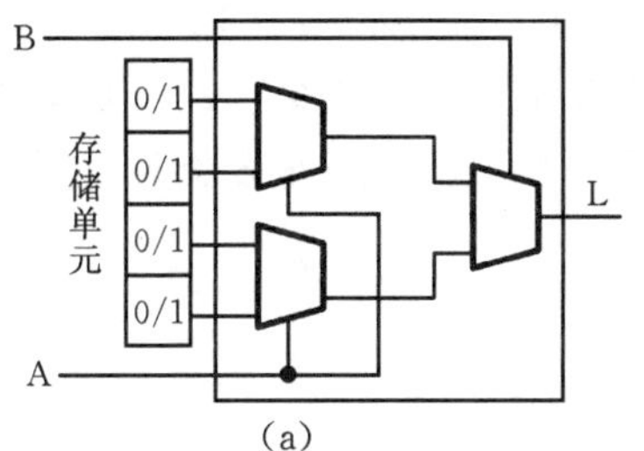

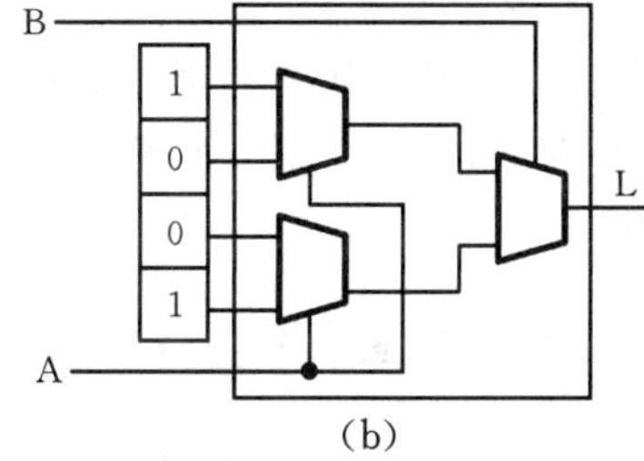

图 9.4.1 两输入查找表

(a) 两输入 LUT 的电路结构示意图 (b) 实现同或逻辑时 LUT 存储单元的内容

例如，要用两输入 LUT 实现一个具有异或逻辑功能的函数，即 $L=\overline{A}B+A\overline{B}$，具真值表如表 9.4.1 所示，根据真值表，函数 L 的值被保存在 LUT 的存储单元中，如图 9.4.1(b)所示。当 A=B=0 时，LUT 的输出值就是最上面的那个存储单元的内容；当 A=B=1 时，LUT 的输出值就是最下面的那个存储单元的内容。同理，可得到 A、B 为其他两种情况的输出。

图 9.4.2 所示的是一个 3 输入 LUT 的结构示意图。由于 3 输入变量的真值表有 8 行，所以 LUT 中有 8 个存储单元。目前商用 FPGA 芯片中多使用 4 个输入、1 个输出的 LUT，每一个 LUT 中有 16 个存储单元，所以每一个 LUT 可以看成是一个有 4 根地址线的 16×1 位的 SRAM，如图 9.4.3 所示。

表 9.4.1 异或逻辑真值表

B	A	L
0	0	1
0	1	0
1	0	0
1	1	1

当用户通过原理图或 Verilog HDL 语言描述了一个逻辑电路以后，FPGA 开发软件会自动计算逻辑电路的所有可能的结果（真值表），并把结果写入 SRAM，这一过程就是所谓的配置（或称为编程）。此后，SRAM 中的内容始终保持不变，LUT 就具有了确定的逻辑功能。由于 SRAM 具有数据易失性，即一旦断电，其原有的逻辑功能将消失。所以，使用 FPGA 时需要一个外部的 PROM 保存编程数据。上电后，FPGA 首先从 PROM 中读入编程数据进行初始化，然后才开始正常工作。

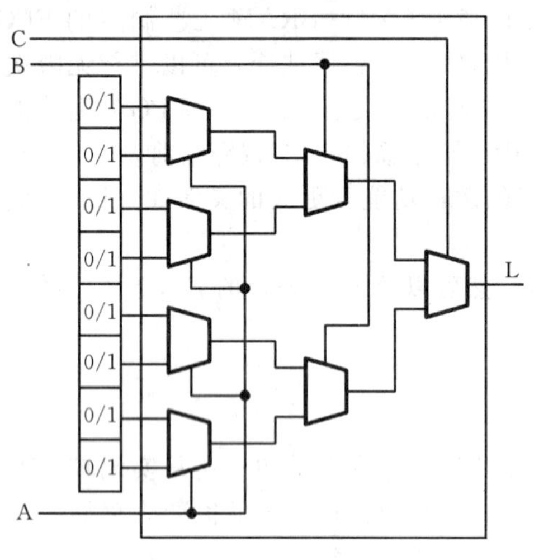

图 9.4.2 3 输入查找表

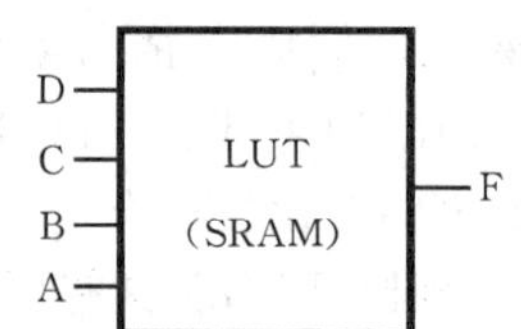

图 9.4.3 4 输入 LUT

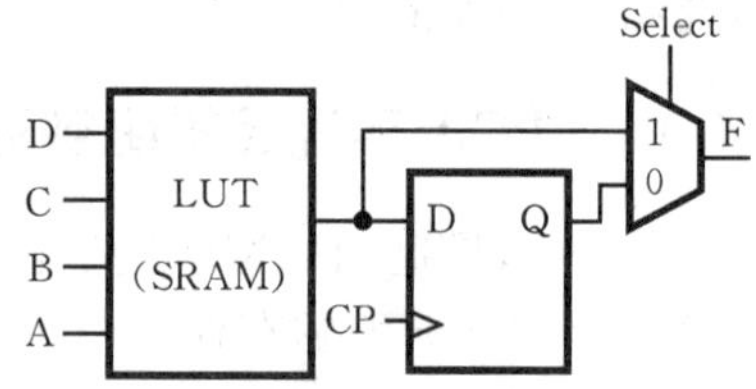

图 9.4.4 FPGA 中的基本逻辑块

由于一般的 LUT 为 4 输入结构，所以当要实现多于 4 变量的逻辑函数时，就需要用多个 LUT 级联来实现。

综上所述，要用 FPGA 实现一个逻辑电路，必须将该电路划分成一个个的逻辑小块，以便用单个逻辑块实现。实际上，EDA 软件可以将用户逻辑自动地转换成 FPGA 所需要的形式。在 LUT 和数据选择器的基础上再增加触发器，便可构成既可实现组合逻辑功能又可实现时序逻辑功能的基本逻辑电路块，如图 9.4.4 所示。FPGA 中就是由很多类似这样的基本逻辑块[1]构成的。

9.4.2 FLEX10K 系列器件结构

FPGA 的内部结构在形式上与掩膜门阵列类似，但实际上它不是一种门阵列，而是将逻辑块按行、列排列成阵列的形式，因此，FPGA 又称为逻辑单元阵列 LCA(Logic Cell Array)。

图 9.4.5 所示的是 FLEX10K 系列器件的结构框图。由图中可知，它由 4 个主要部分构成。

---

〔1〕 各公司 FPGA 中的逻辑块在此基础上都有所改进，且名称不一。如 Logic Array Block，LAB(Altera)，Configurable LogicBlock，CLB(Xilinx)，Logic Module，LM(Actel)。

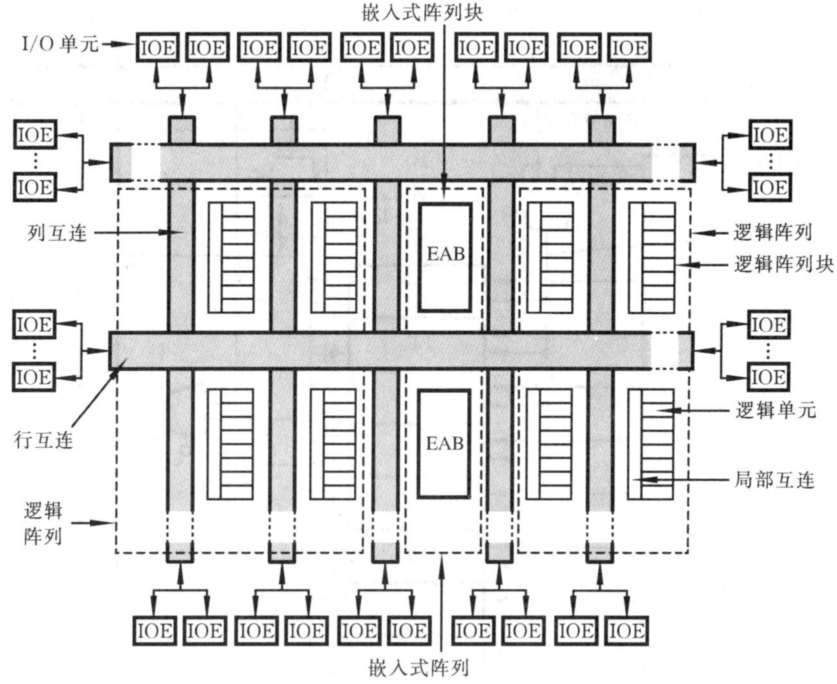

图 9.4.5　FLEX10K 结构框图

① 可配置的逻辑阵列块。

② 位于 LAB 之间的行、列布线区（Altera 称之为“快速通道（Fast Track）互连”）。

③ 四周为可编程的 I/O 单元（IOE，I/O Element）。

④ 嵌在芯片内部的嵌入式阵列块（EAB，Embedded Array Block）。

可配置的逻辑阵列块 LAB 按行、列规则地分布于整个芯片中，是实现各种逻辑功能的基本单元，包括组合逻辑、时序逻辑、加法器等运算功能；LAB 之间存在着许多可编程的行、列内部连线，通过对布线资源的编程实现的逻辑块与逻辑块、逻辑块和 I/O 单元之间的相互连接。IOE 是芯片外部引脚与内部电路进行数据交换的接口电路，在每行（或每列）Fast Track 互连线的两端连接着若干个 I/O 单元（IOE），通过编程可将 I/O 引脚设置成输入、输出和双向等不同的功能。

1. 逻辑阵列块 LAB

LAB(Logic Array Block)构成 FLEX10K 的主体部分，它主要由 8 个 LE、LAB 局部互连线、LAB 控制信号和进位链/级联链等组成，如图 9.4.6 所示。

每个 LAB 提供 4 个控制信号（2 个可作时钟用、另外 2 个可作清除/置位逻辑控制用），它们来自于专用输入引脚、I/O 引脚或借助 LAB 局部互连的任何内部信号，专用输入一般用作公共的时钟、清除或置位信号。FLEX10K 的逻辑阵列块（LAB）。

2. 逻辑单元 LE

单个 LE 的结构如图 9.4.7 所示。由图可知，每个 LE 包含 1 个 4 输入查找表，1 个可编程触发器、1 个进位链和 1 个级联链，每个 LE 有 2 个输出。可见，它对图 9.4.4 所示 FPGA 的基本逻辑块进行了一些改进。

在 LE 中，触发器的数据输入端能被 LUT 的输出驱动，也可由 $DATA_4$ 信号直接驱动。LUT 和寄存器的输出可分别由 2 个 LE 的输出端同时输出。

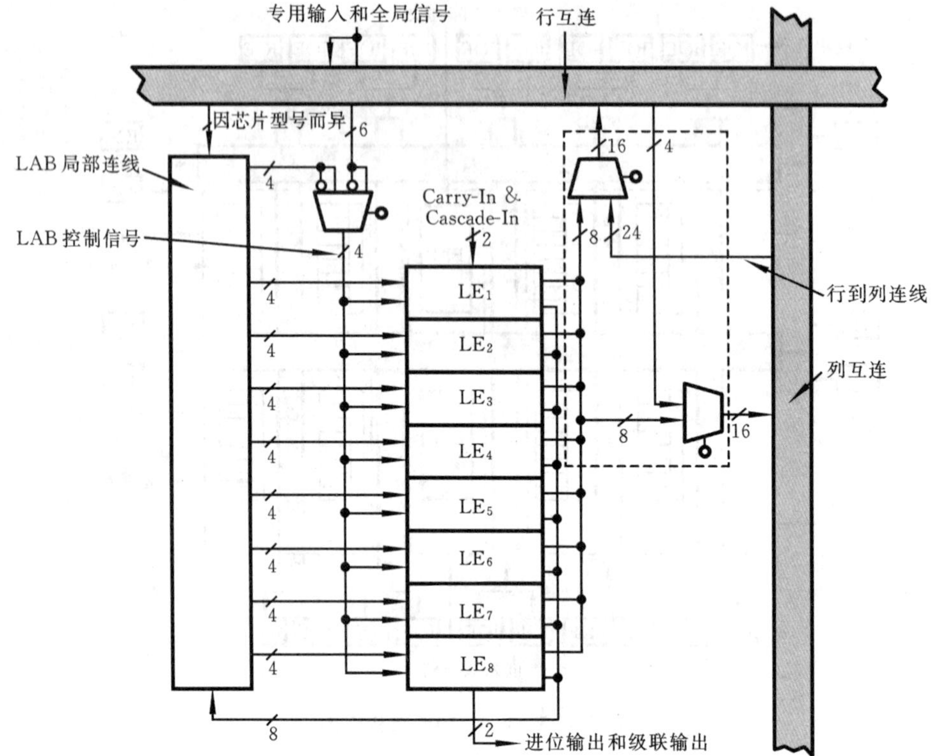

图 9.4.6 FLEX10K 的逻辑阵列块(LAB)

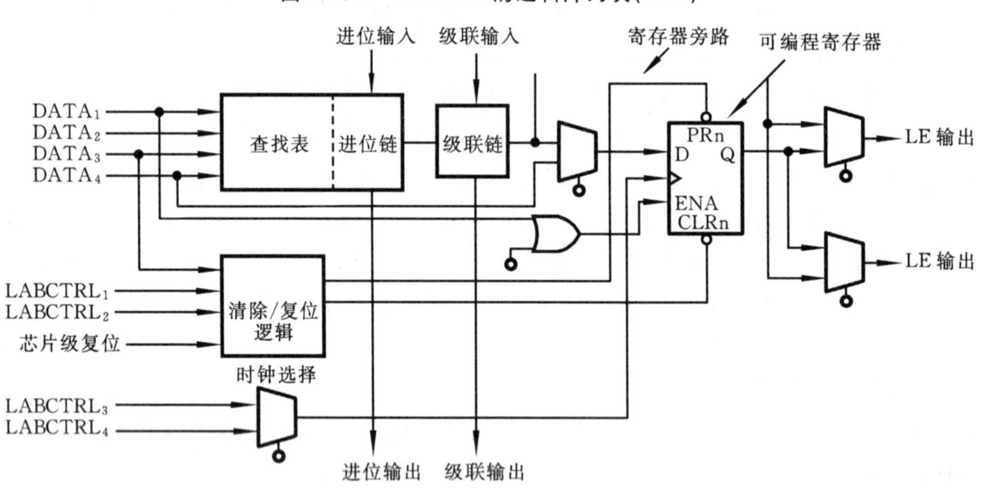

图 9.4.7 FLEX10K 的逻辑单元(LE)

LUT 是一种函数发生器，能实现 4 输入变量的任意函数。LE 中可编程触发器可设置成 D、T、JK 或 RS 触发器。该触发器的时钟、清除(CLRN)和置位(PRN)控制信号可由专用输入引脚、通用 I/O 引脚或任何内部逻辑驱动。对于组合逻辑，可将 LE 中的触发器旁路，将 LUT 的输出直接连到 LE 的输出端。

为了提高 FPGA 算术运算的速度，每个 LE 中还设计了两条专用快速通路，即进位链和级联链。进位链支持高速计数器和加法器，而级联链可以在最小延时的情况下实现多输入逻辑函数。进位链和级联链与同一个 LAB 中的 8 个 LE 相连时，不占用通用的互连线通路，它们还可以与同一行中的所有 LAB 相连。

3. 快速布线通道

FPGA 中有多种布线资源，包括局部布线资源、通用布线资源、I/O 布线资源、专用布线资源和全局布线资源等，它们分别承担了不同的连线任务。

FLEX10K 芯片的内部结构分为三个层次：最小单元为 LE，每 8 个 LE 构成一个 LAB，LAB 按行、列排成矩阵。在每个 LAB 内部采用局部连线就近连接，不同 LAB 中的 LE 之间、LE 与器件 I/O 引脚之间的连接则采用行互连线和列互连线进行连接，Altera 公司将这些贯穿整个器件的一系列水平连线（或称行连线、行通道）和垂直连线（或称列连线、列通道）称为快速布线通道(Fast Track)。每行 LAB 有一个专用的行连线通道，它们承载进、出这一行中 LAB 的信号。行连线可以驱动 I/O 引脚或把信号馈送到器件中的其他 LAB。不同行中的 LAB 借助局部多路选择器和列连线进行连接。采用这种布线结构，可以预测设计的性能。修改部分设计，一般不会影响设计性能的变化，因为使用的连线方法差不多是一样的。

图 9.4.8 所示的为 FLEX10K 器件的互连资源，说明了由行、列、局部互连、进位链和级联链实现的相邻的 LAB、EAB 之间的互连关系。每个 LAB 的标识由它们在器件中的位置确定：字母表示行，数字表示列。

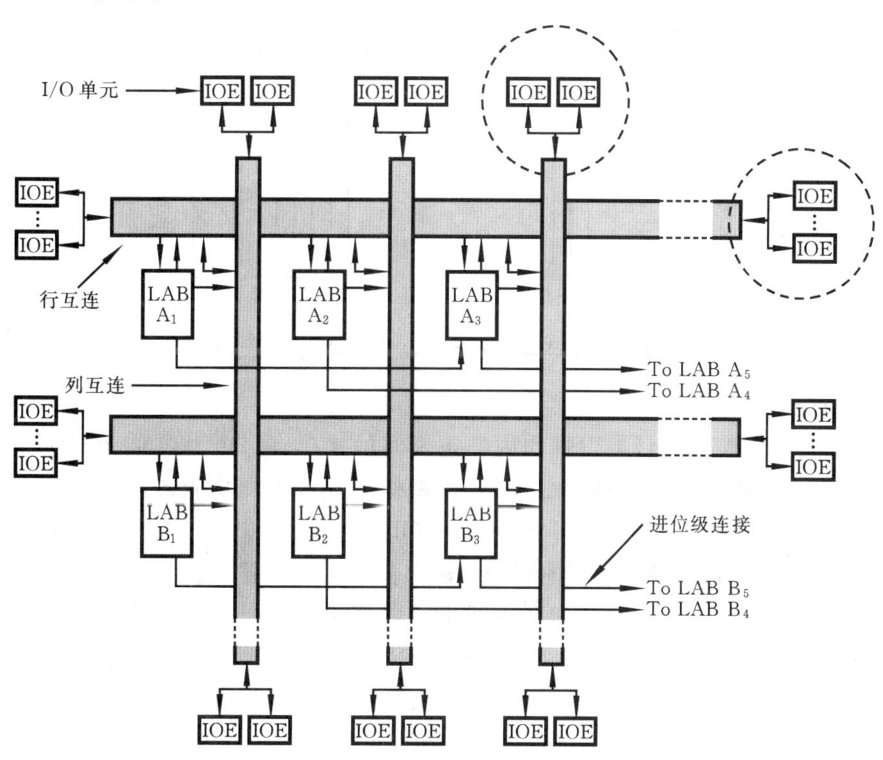

图 9.4.8 FLEX10K 器件的互连资源

图 9.4.9 所示的为 FLEX10K 器件内部每个 LE 与行连线、列连线的关系示意图。FLEX10K 器件内部有若干组行连线和列连线，视器件大小不同，每一组行连线由 144 根、216 根或 312 根组成，每一组列连线均为 24 根。一个 LE 最多可驱动两根行线和两根列线。列通道上的信号可以借助与 LE 相连的选择器送到行通道上，被一个 I/O 单元(IOE)驱动的每个行通道能驱动一个指定的列通道。此外，每个 LE 的输出还可以被送到相邻的 LAB 并通过与之相连是选择器驱动行通道和列通道。

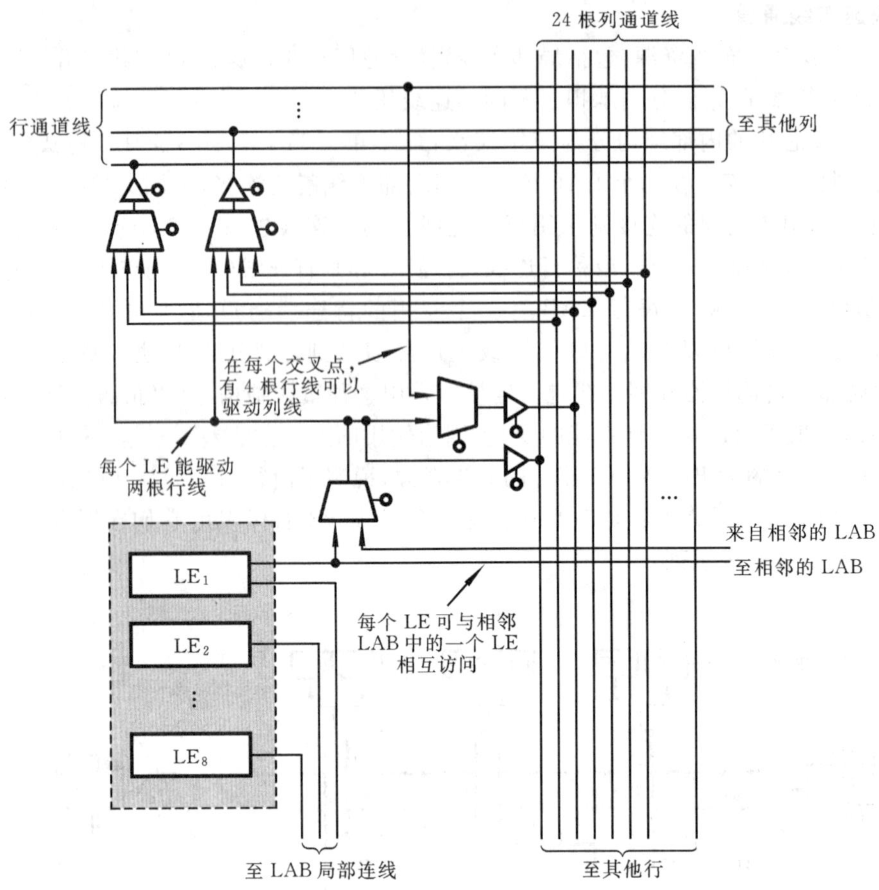

图 9.4.9 FLEX10K 器件 LAB 与行或列连线示意图

4. I/O 单元 IOE

I/O 单元是 FPGA 外部封装引脚和内部逻辑间的接口。每个 I/O 单元对应一个封装引脚，通过对 I/O 单元编程，可将引脚分别定义为输入、输出和双向功能。

FLEX10K 中简化 IOE 如图 9.4.10 所示。IOE 中有输入和输出两条信号通路，图中虚线框内为输入信号通路的主要部分，其他部分为输出信号通路和输出三态缓冲器的控制信号部分。当 I/O 引脚用作输出时，从行、列互连线来的内部逻辑信号由输出端经过选择器和输出触发器（或称为寄存器）等送到三态缓冲器，再到 I/O 引脚。通过该通路中的两个选择器可以控制输出信号是否反相、是否寄存。另外，对输出缓冲器还可进行摆率（电平跳变的速率）控制，可以选择快速和慢速两种方式，选择快速方式可适应频率较高的信号输出；而选择慢速方式则可减小功耗和降低噪声。

当 I/O 引脚用作输入时，引脚上的输入信号经过输入选择器，可以直接行、列互连线，也可以经 D 触发器寄存后输入到行、列互连线。

IOE 中的时钟、清除、时钟使能和输出使能由被称做全局控制总线的 I/O 控制信号网络提供。全局控制总线提供多达 12 个周边控制信号并采用高速驱动器，以使信号失真最小。这些信号是可配置的，能提供最多 8 个输出使能信号、6 个时钟使能信号、2 个时钟信号和 2 个清零信号。每个全局控制信号由一专用输入引脚驱动，或被特定行中每个 LAB 的第一个 LE 驱动。IOE 中的芯片级输出使能(Device-Wide Output Disable)引脚是低电平有效的，可使器件

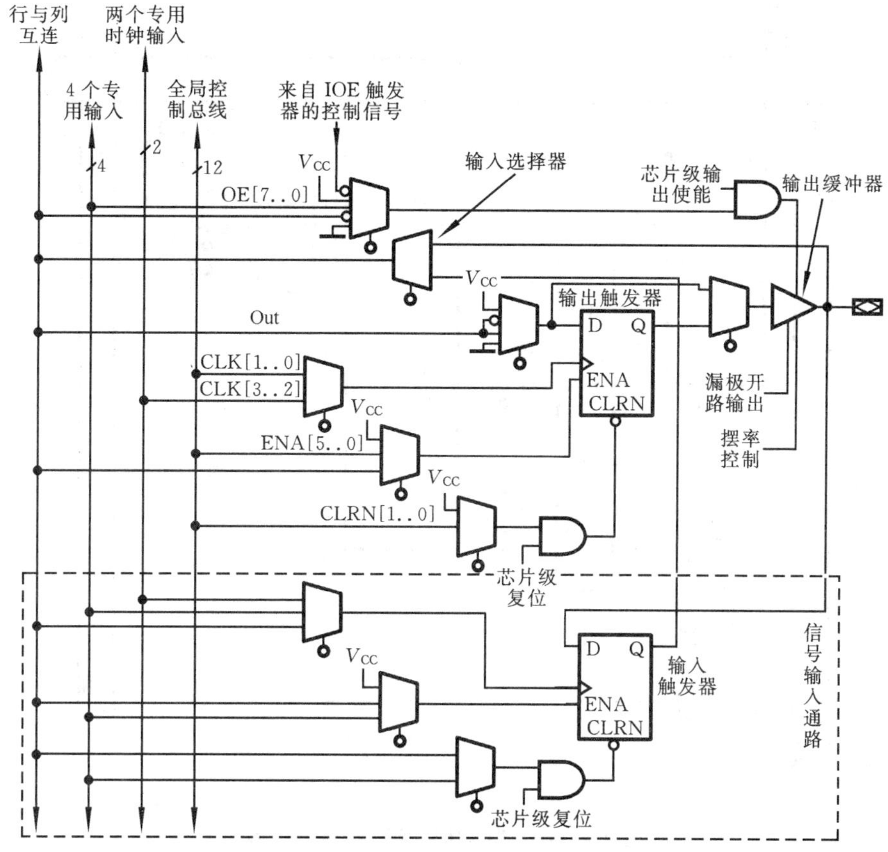

图 9.4.10 简化的 IOE 原理框图

上的所有引脚变成三态，这一选项可在开发软件中进行设置。

5. 嵌入式阵列块 EAB

FLEX10K 系列器件，除了具有上面讨论的 LAB、快速通道互连线和 IOE 外，器件内部还含有嵌入式阵列块 EAB，每个 EAB 能提供 2048 位的 RAM 存储单元，作为内部存储器使用。把一个芯片上的多个 EAB 合并，可形成较大的 RAM 块。EAB 还可以用来产生大的组合逻辑函数，实现方法与 LUT 类似。

EAB 的内部结构如图 9.4.11 所示。EAB 内部触发器的时钟信号可以来自于全局信号、专用时钟和 EAB 局部互连信号，且输入、输出触发器可使用不同的时钟信号；EAB 内部存储器的写允许信号可以来自于全局信号、EAB 局部互连信号。由于 LE 可驱动 EAB 局部互连，因此，LE 能够控制写信号或 EAB 时钟信号。

每个 EAB 由行互连馈入信号，其输出可传输至行和列互连。每位 EAB 输出可驱动两个行通道的任意一个和两个列通道中的任意一个。未利用的行通道可被另一个列通道驱动。该特性为 EAB 输出增加了可用的连线资源。

当作为存储器使用时，每个 EAB 可提供 2048 位，可用来构成 RAM、ROM、FIFO 或双端口 RAM。每个 EAB 单独使用时，可配置成以下几种结构：256×8 位、512×4 位、1024×2 位或 2048×1 位，如图 9.4.12 所示。将多个 EAB 组合在一起，可构成一个规模更大的 RAM 或 ROM。例如，2 个 256×8 位的 RAM 可组合成为 1 个 256×16 位的 RAM，2 个 512×4 位的 RAM 可组合成为 1 个 512×16 位的 RAM。

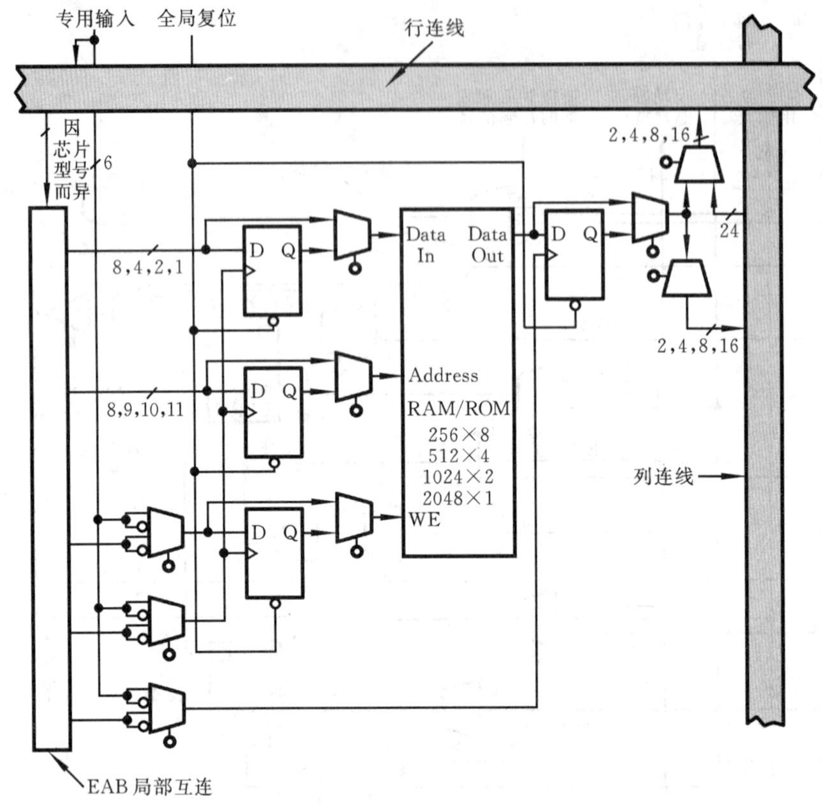

图 9.4.11 FLEX10K 器件 EAB 的结构

嵌入式阵列块也可用于实现逻辑功能，此时每个 EAB 相当于 100～300 个等效门，能方便地构成乘法器、加法器和纠错电路等模块，由这些功能模块可进一步构成诸如数字滤波器和微控制器等系统。逻辑功能可在配置时将 EAB 编程为只读模型，生成一个大的 LUT(查找表)来实现。在这个 LUT 中，逻辑功能是通过查找表而不是通过计算来完成的，其速度较常规逻辑运算实现时更快，且这一优势因 EAB 的快速访问而得到进一步加强。EAB 的大容量使设计者能够在一个逻辑级上完成复杂的功能，避免了多个 LE 连接带来的连线延时。例如，在一个 EAB 中，可以组织一个 4 位×4 位的乘法器，并工作于 73MHz。

EAB 也可用来实现同步 RAM。EAB 的同步 RAM 由全局时钟定时产生它自己的写信号。

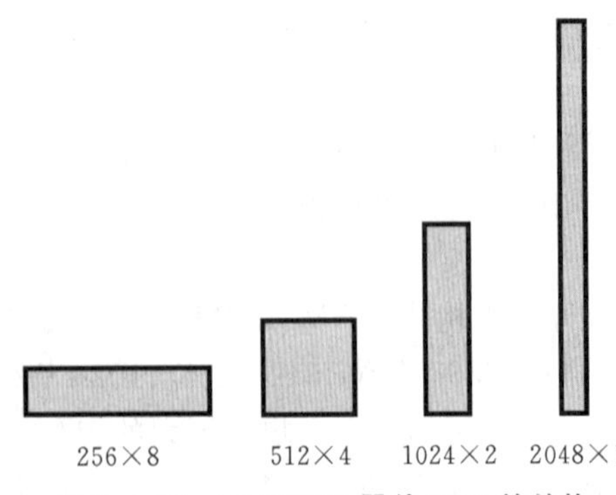

图 9.4.12 FLEX10K 器件 EAB 的结构

表 9.4.2 FLEX10K 器件配置方式

方　式	典型应用
主动串行(AS)	利用 EPC 器件配置
被动串行(PS)	串行同步 CPU 接口
被动并行同步(PPS)	并行同步 CPU 接口
被动并行异步(PPA)	并行异步 CPU 接口

6. 数据配置与下载

Altera 的 FPGA 器件分为两类配置方式：主动配置方式和被动配置方式。主动配置方式由 FPGA 器件主动引导配置操作过程，并控制外部存储器和初始化过程；而被动配置方式则由外部计算机或控制器控制配置过程。根据传送数据的方式，FLEX10K 又可分为 4 种配置方式，如表 9.4.2 所示。

在 FPGA 器件正常工作时，它的配置数据存储在 SRAM 中，其内部逻辑功能和连线由芯片内 SRAM 所存储的数据决定。由于 SRAM 的易失性，每次系统加电时，配置数据都必须重新构造。在实验系统中，常用计算机或控制器进行调试，因此可以使用被动配置方式。而在实际应用系统中，FPGA 器件外部一般需接专用的配置存储器（如 EPC1441、EPC1 和 EPC2 等），用来存储 FPGA 中 SRAM 的配置数据，在系统上电时，FPGA 器件将主动地从外围存储芯片中获得配置数据，配置存储器串行输出数据所需要的时钟信号由其内部的晶振产生。

9.4.3 EPF10K 系列器件的主要特性参数

FLEX10K 系列器件的典型特性如表 9.4.3 所示，其主要电气参数如表 9.4.4 所示。图 9.4.13 所示的是该系列器件的输出驱动特性。

表 9.4.3 FLEX10K 器件典型参数

特　性	EPF10K10	EPF10K20	EPF10K30	EPF10K40	EPF10K50	EPF10K70	EPF10K100
典型门数	10000	20000	30000	40000	50000	70000	100000
逻辑单元	576	1152	1728	2304	2880	3744	4992
逻辑阵列块	72	144	216	288	360	468	624
嵌入式阵列块	3	6	6	8	10	9	12
RAM/位	6144	12288	12288	16384	20480	18432	24576
寄存器数	720	1344	1968	2576	3184	4096	5392
最大 I/O 数目	134	189	246	189	310	358	406

表 9.4.4 FLEX10K 的主要电气参数

参　数	含　义	测试条件	最小值	最大值
V_{CCINT}/V	内部电路和输入缓冲器的电源电压		4.75	5.25
V_{CCIO}/V	I/O 输出驱动的电源电压，5V		4.75	5.25
	I/O 输出驱动的电源电压，3.3V		3.00	3.60
V_I/V	输入电压		0	$V_{CCINT}+0.5$V
V_O/V	输出电压		0	V_{CCIO}
t_R/ns	上升时间			40
t_F/ns	下降时间			40
I_I/μA	专用输入引脚的漏电流	V_I接电源或地	−10	10
I_{OZ}/μA	I/O 引脚为三态时的漏电流	V_I接电源或地	−40	40
C_{IN}/pF	专用输入引脚电容	$V_{IN}=0$，$f=1.0$MHz		10
C_{INCLK}/pF	专用时钟引脚的输入电容	$V_{IN}=0$，$f=1.0$MHz		12
C_{OUT}/pF	输出电容	$V_{OUT}=0$V，$f=1.0$MHz		8

该系列器件有 PLCC、TQFP、PQFP 三种封装形式，EPF10K10 是很常见的一种器件，其典型门数为 1 万门，为使用方便，在此特地给出 84 个引脚 PLCC 封装的引脚图，如图 9.4.14 所示。

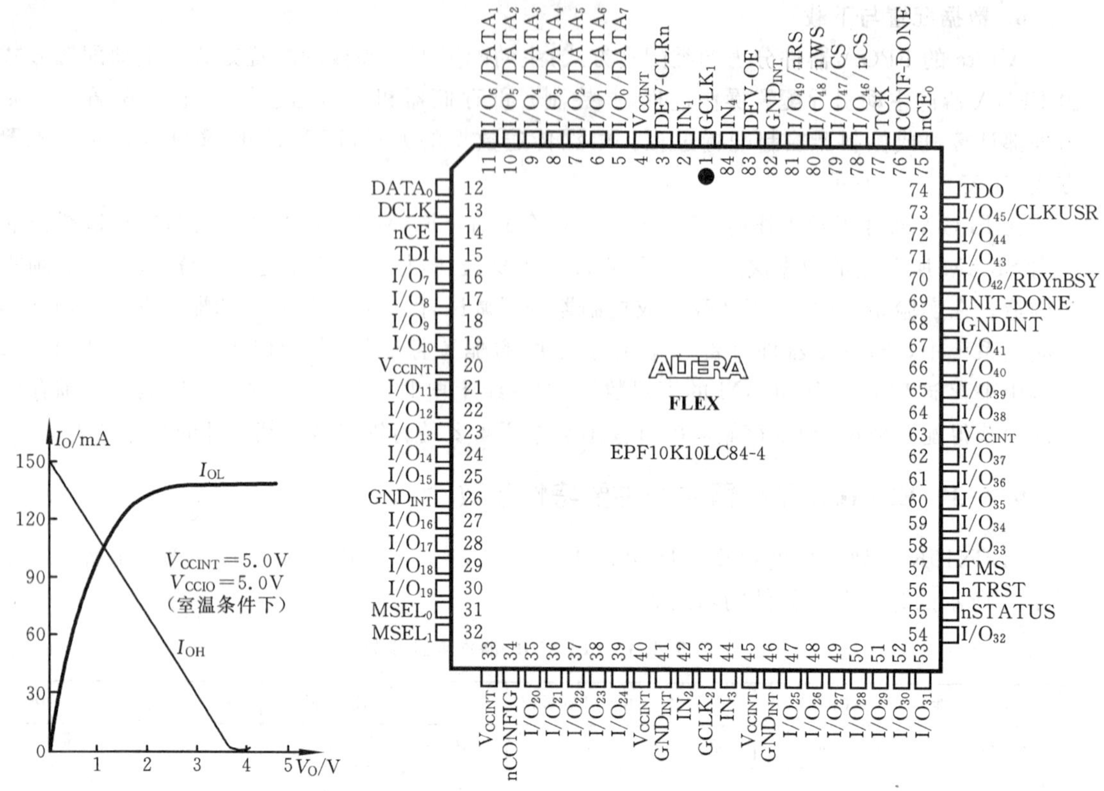

图 9.4.13　FLEX10K 器件的输出特性　　　**图 9.4.14　EPF10K10LC84-4 器件的引脚图**

实验与思考题

9.4.1　简述 FLEX10K 器件的基本组成,说明它有哪些特点。

9.4.2　在实际应用系统中, 为什么 FPGA 器件外部一般需接专用的配置存储器?

9.4.3　请问 84 脚 PLCC 封装的 EPF10K10 器件有多少个可供用户使用的 I/O 引脚?

9.5　Altera 公司的器件编程与实验电路板的结构

学习要求　了解 ByteBlaster 下载电缆的电路原理,掌握 ISP 器件的在系统编程方法。

9.5.1　并口下载电缆 ByteBlaster 的原理电路及其接口电路设计

并口下载电缆 ByteBlaster 是在 FLEX、MAX 等器件进行系统编程下载时常用的连接线。

1. ByteBlaster 的结构

ByteBlaster 下载电缆通过标准并口与 PC 机相连,实现在系统编程。它的构成为:与 PC 机并口相连的 25 针插座、与目标 PCB 板插座相连的 10 针插头和 25 针到 10 针的变换电路。ByteBlaster 编程电缆外形如图 9.5.1 所示。

2. ByteBlaster 内部电路与信号定义

ByteBlaster 编程电缆的内部实际上只有一个 74LS244 和一些电阻。其原理如图 9.5.2 所示。其中,25 针插座信号定义以及 10 针插座信号定义分别如表 9.5.1 和表 9.5.2 所示。

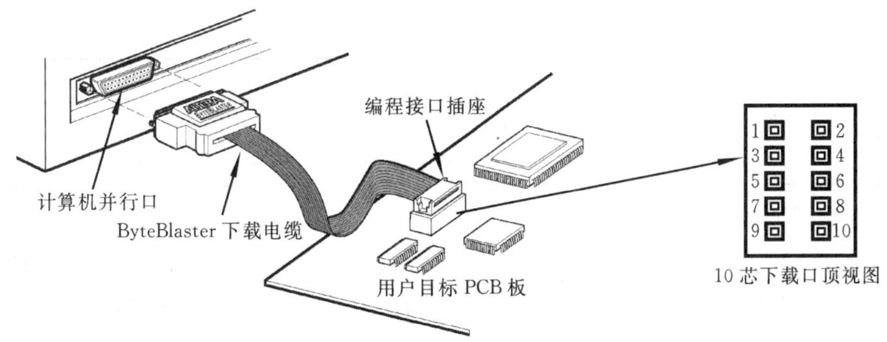

图 9.5.1　ByteBlaster 下载电缆外形及连接示意图

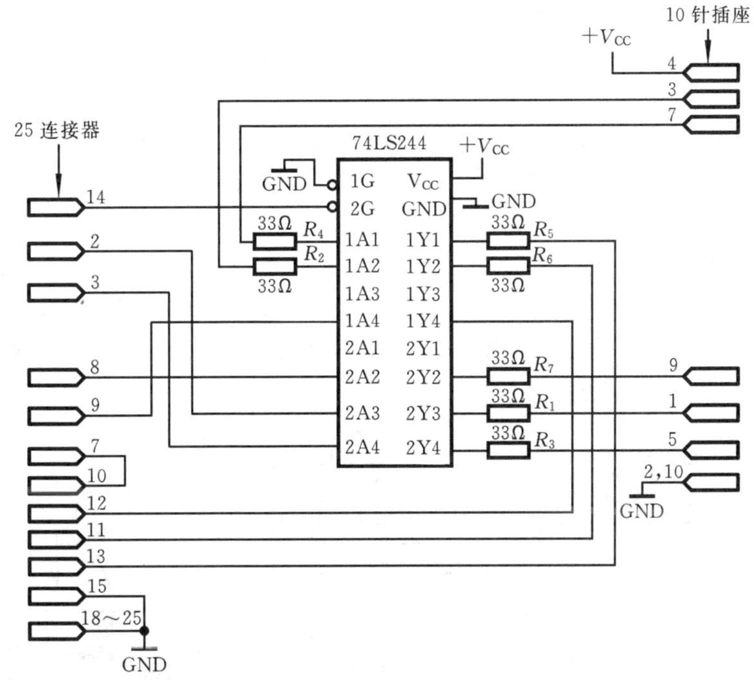

图 9.5.2　ByteBlaster 编程电缆的内部原理电路

表 9.5.1　下载电缆 25 针插座引脚定义

引脚	JTAG 方式		PS 方式	
	信号名	功能	信号名	功能
2	TCK	时钟	DCLK	时钟
3	TMS	编程使能	nCONFIG	配置控制
8	TDI	数据(到器件)	$DATA_0$	数据(到器件)
11	TDO	数据(来自器件)	CONF_DONE	配置控制
13	NC	悬空	nSTATUS	配置状态指示
15	GND	地	GND	地
18～25	GND	地	GND	地

表 9.5.2 下载电缆 10 针插座引脚定义

引 脚	1	2	3	4	5	6	7	8	9	10
JTAG 方式	TCK	GND	TDO	V_{CC}	TMS	NC	NC	NC	TDI	GND
PS 方式	DCLK	GND	CONFIG_DONE	V_{CC}	nCONFIG	NC	nSTATUS	NC	$DATA_0$	GND

3. 编程配置方式接口电路设计

ByteBlaster 可用来对 MAX7000S、MAX7000A、MAX9000、FLEX10K、FLEX8000 和 FLEX6000 等器件进行编程下载。对于 MAX 器件，只有边界扫描(JTAG)一种数据配置方式，用于 MAX 器件的下载文件为 POF 文件(. pof)。而对 FLEX 10K 等器件有两种配置方式：被动串行(PS)方式和边界扫描(JTAG)方式，使用的配置文件为 SOF 文件(. sof)。

对用户 PCB 板上的可编程器件配置数据时，不同的配置方式下，器件接口电路不同，一般要根据器件数据手册上提供的方案设计好接口电路。下面分别说明不同的配置方式下器件接口电路的设计。

在系统编程时，将 ByteBlaster 电缆的一端与微机并口相连(LPT1)，另一端 10 针插座连接到配有 PLD 器件的 PCB 板上的插座上，图 9.5.1 所示的是电缆连接示意图。

(1) JTAG 方式对单个 MAX 器件的编程

MAX+PLUSⅡ软件可以通过 ByteBlaster 电缆，将编译过程中产生的编程目标文件(. pof)直接下载到目标器件中。器件的配置经过器件上的 JTAG 引脚 TCK、TMS、TDI 和 TDO 完成。单个 MAX 器件与 ByteBlaster 电缆的连接如图 9.5.3 所示，在系统编程的过程中，所有其他 I/O 引脚均为高阻状态。

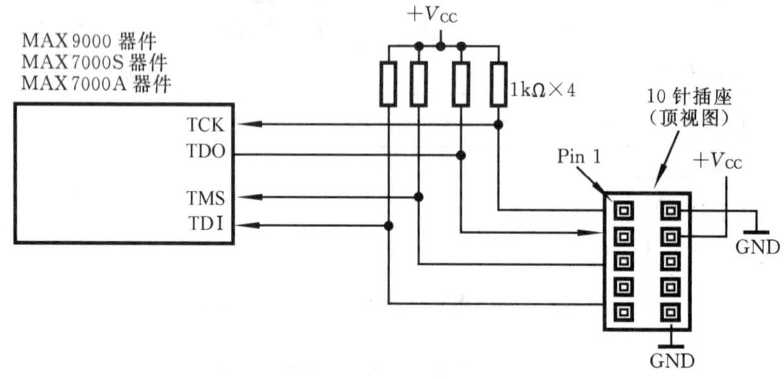

图 9.5.3 单个 MAX 器件的 JTAG 编程接口连接示意图

(2) JTAG 方式对单个 FLEX 器件的配置

单个器件 FLEX 与 ByteBlaster 电缆的连接如图 9.5.4 所示，在系统编程的过程中，所有其他 I/O 引脚均为高阻状态。

(3) JTAG 方式对多个 MAX/FLEX 器件的编程/配置

当 PCB 板上包含多个目标器件时，采用 JTAG 器件链进行编程是最理想的，图 9.5.5 所示的是 PCB 板上多个器件的编程接口连接示意图。由于 ByteBlaster 电缆的驱动能力有限，所以当 JTAG 链中的器件多于 5 个时，建议对 TCK、TMS 和 TDI 信号进行缓冲处理。

如果在 JTAG 器件链中有 FLEX10K 器件，其 nCONFIG、$MSEL_0$、$MSEL_1$、CONF_DONE 和 nSTATUS 引脚的连接方法与图 9.5.4 所示的一样。

为了在 JTAG 器件链中对单个器件编程，编程软件可以将 JTAG 器件链中所有其他器件

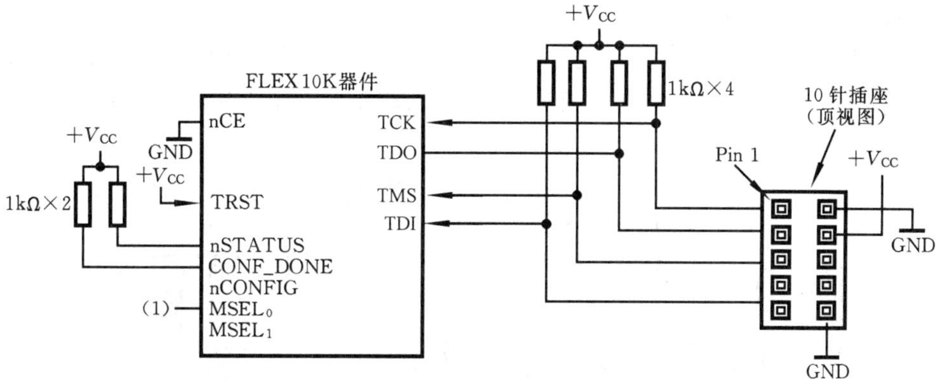

图 9.5.4　单个 FLEX 器件的 JTAG 编程接口连接示意图

(1) 当只用 JTAG 方式下载配置数据时，nCONFIG 接 + Vcc，$MSEL_0$ 和 $MSEL_1$ 接地

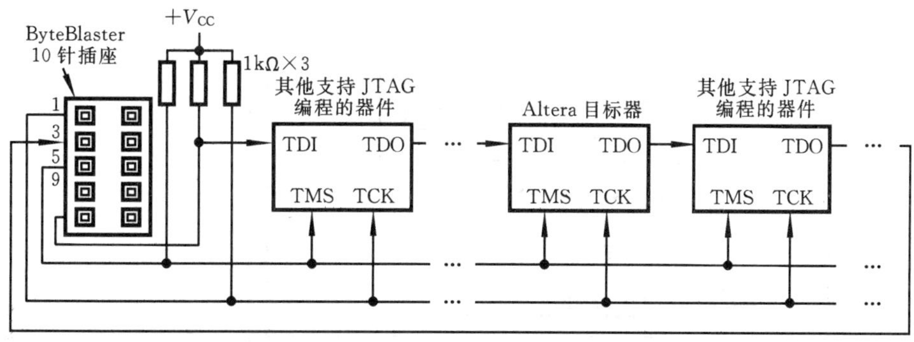

图 9.5.5　多个 MAX/FLEX 器件的 JTAG 编程接口连接示意图

(包括非 Altera 器件)处于 Bypass(旁路)模式。在 Bypass 模式下，器件通过旁路(Bypass)寄存器，将编程数据从 TDI 引脚传送到 TDO 引脚，而对内部没有影响。因此，编程软件仅对目标器件进行编程与校验。

(4) 被动串行(PS)方式对单个 FLEX 器件的配置

FLEX 系列器件除了可以使用 JTAG 方式配置数据外，还可以使用被动串行方式配置数据。图 9.5.6 所示的是 PS 方式配置数据时，单个器件 FLEX10K 器件的编程信号连接图。

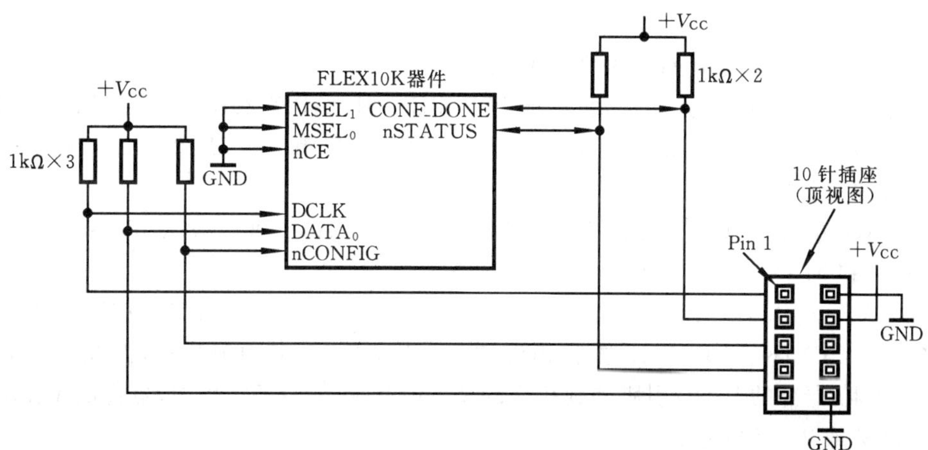

图 9.5.6　单个 FLEX 器件的 PS 编程接口连接示意图

(5) 被动串行(PS)方式对多个 FLEX 器件的配置

多个 FLEX 器件可以同时进行配置。图 9.5.7 所示的为多个 FLEX10K 器件的 PS 配置连接图。在多个 FLEX 器件 PS 配置链中,不同系列的器件不能混合连接配置。

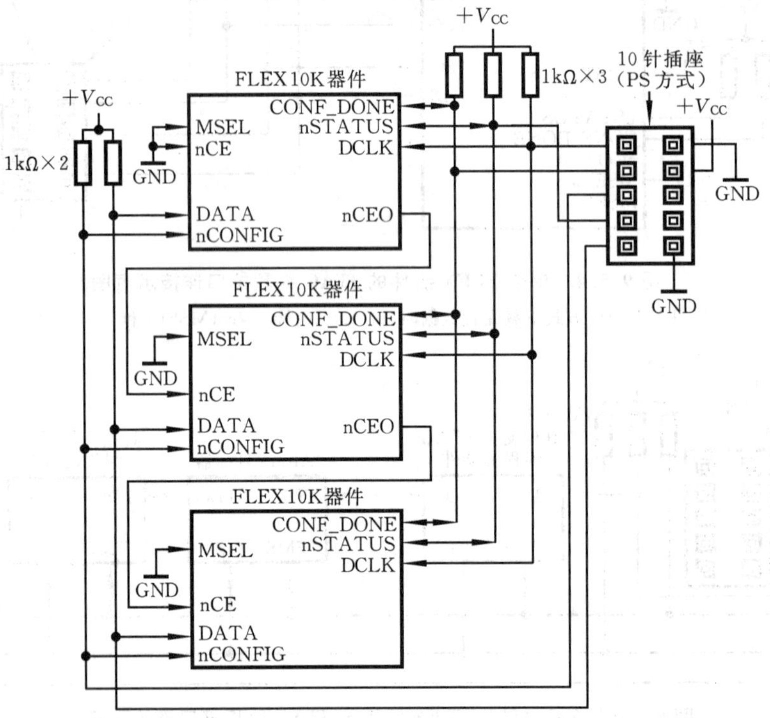

图 9.5.7 多个 FLEX 器件的 PS 编程接口连接示意图

9.5.2 并口下载电缆 ByteBlasterMV 的原理电路

1. ByteBlasterMV 电缆的特点

ByteBlasterMV 电缆的外形与 ByteBlaster 相同,对器件配置数据时,一端与 PC 机 25 针标准并行口相连,另一端 10 针插座连接到配有 PLD 器件的 PCB 板上的插座,数据从 PC 机并行口通过 ByteBlasterMV 电缆下载到可编程器件中。该电缆的工作电压 V_{CC}支持 3.3V 或 5.0V。

ByteBlasterMV 电缆有如下两种下载方式。

① 被动串行(PS)方式:用于配置 APEX II、APEX20K(包括 APEX20KE 和 APEX20KC)、ACEX1K、FLEX10K(包括 FLEX10KA 和 FLEX10KE)、FLEX8000 和 FLEX6000 系列等器件。

② JTAG 方式:具有标准的 JTAG 接口,用于对 MAX9000、MAX7000S、MAX7000A、MAX7000B 和 MAX3000A 系列器件的在系统编程。

注意:为了利用 ByteBlasterMV 电缆配置 1.5V APEX II、1.8V APEX 20KE、2.5V APEX20K、ACEX1K、FLEX10K 器件,电缆的 V_{CC}引脚与 3.3V 电源连接,而 3.3V 电源应该连接上拉电阻;器件的 V_{CCINT}引脚连到相应的 2.5V、1.8V 或 1.5V 电源,器件的 V_{CCIO}引脚必须连到 2.5V 或 3.3V 电源上。

2. ByteBlasterMV 内部电路与信号定义

图 9.5.8 所示的是 ByteBlasterMV 编程电缆的原理图。其中,25 针插座信号定义如表

9.5.3所示，与 ByteBlaster 电缆的区别仅是 15 脚不同，ByteBlaster 的连到 GND 上，而 ByteBlasterMV 的连到$+V_{CC}$上。

ByteBlasterMV 的 10 针插座与 ByteBlaster 的 10 针插座完全相同。

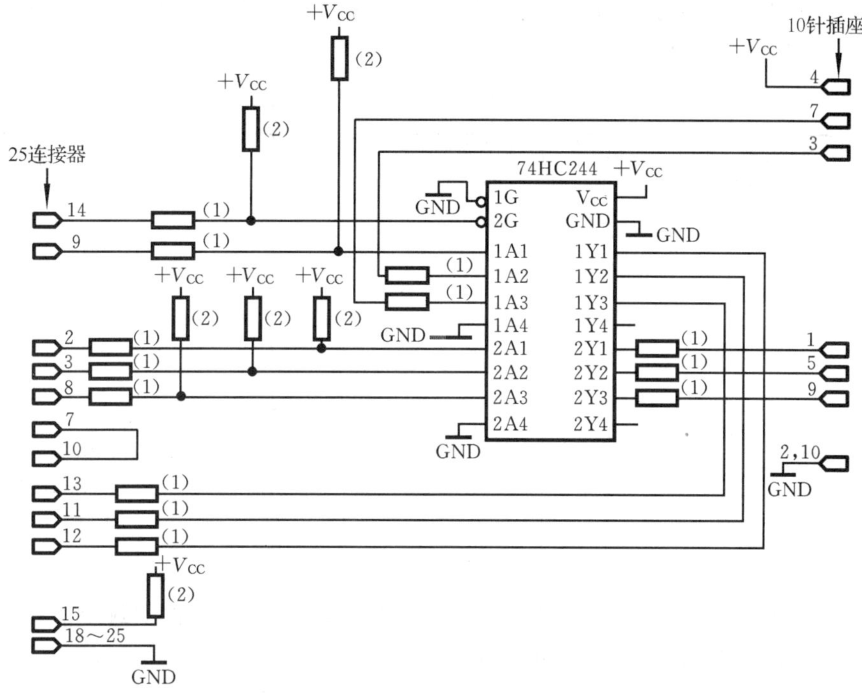

图 9.5.8　ByteBlasterMV 编程电缆的原理图

(1) 所有串联电阻的阻值均为 100 Ω　(2)所有与$+V_{CC}$相连的上拉电阻的阻值均为 2.2 kΩ

表 9.5.3　下载电缆 25 针插座引脚定义

引脚	JTAG 方式		PS 方式	
	信号名	功能	信号名	功能
2	TCK	时钟	DCLK	时钟
3	TMS	编程使能	nCONFIG	配置控制
8	TDI	数据(到器件)	$DATA_0$	数据(到器件)
11	TDO	数据(来自器件)	CONF_DONE	配置控制
13	NC	悬空	nSTATUS	配置状态指示
15	V_{CC}	电源	V_{CC}	电源
18～25	GND	地	GND	地

9.5.3　Altera 公司的 FPGA 配置芯片

1. 配置芯片的型号及特点

FPGA 器件一般采用 SRAM 工艺制造，当 FPGA 器件处于工作状态时，配置数据存储在 SRAM 单元中。掉电后，SRAM 存储器中的数据会丢失，为了在每次上电时能将配置数据自动地装入到 FPGA 器件，常常在 FPGA 器件的外部接有非易失性的配置存储器。表 9.5.4 所示的是 Altera 公司提供的部分专用配置芯片，其中，EPC1、EPC1441 配置芯片基于 EPROM 结构，只能一次写入，不能多次擦写；其他配置器件属于 Flash Memory（快闪存储器）器件，具有可多次擦写功能。EPC1、EPC1441、EPCS1 和 EPCS4 配置芯片不支持 ISP 编程，需要使用编程器（如 SuperPRO 等）才能写入数据，对于其他支持 ISP 编程的芯片，可以直接将配置芯片焊接在用户的 PCB 板上，使用在系统编程的方式写入数据。

表 9.5.4 Altera 公司的专用配置芯片

<table>
<tr><th>芯片型号</th><th>存储器的大小/位</th><th>是否支持 ISP 编程</th><th>是否支持菊花链编程</th><th>是否可重复编程</th><th>芯片电源/V</th><th>说 明</th></tr>
<tr><td>EPC1441</td><td>440800</td><td>否</td><td>否</td><td>否</td><td>3.3 或 5.0</td><td>用于配置所有 FLEX 和 ACEX 器件</td></tr>
<tr><td>EPC1</td><td>1046496</td><td>否</td><td>是</td><td>否</td><td>3.3 或 5.0</td><td>用于配置 APEX、FLEX 和 ACEX 器件</td></tr>
<tr><td>EPC2</td><td>1695680</td><td>是</td><td>是</td><td>是</td><td>3.3 或 5.0</td><td rowspan="6">用于配置 Stratix II、Stratix、Stratix GX、Cyclone II、Cyclone、APEX II、APEX、FLEX 和 ACEX 等器件</td></tr>
<tr><td>EPC4</td><td>4194304</td><td>是</td><td>否</td><td>是</td><td>3.3</td></tr>
<tr><td>EPC8</td><td>8388608</td><td>是</td><td>否</td><td>是</td><td>3.3</td></tr>
<tr><td>EPC16</td><td>16777216</td><td>是</td><td>否</td><td>是</td><td>3.3</td></tr>
<tr><td>EPCS1</td><td>1048576</td><td>否</td><td>否</td><td>是</td><td>3.3</td></tr>
<tr><td>EPCS4</td><td>4194304</td><td>否</td><td>否</td><td>是</td><td>3.3</td></tr>
</table>

图 9.5.9 所示的是 EPC1、EPC1441 和 EPC2 的引脚图，其他器件的封装信息及引脚图可参考“Altera Device Package Information Data Sheet”。

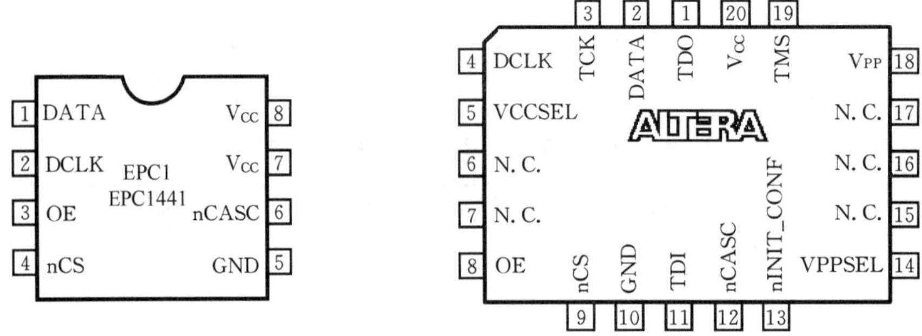

图 9.5.9 EPC1、EPC1441 和 EPC2 的引脚图

注：对 EPC1 来说，图中引脚 nCASC 用于多个器件的级联，对 EPC1441 来说，nCASC 是一个保留的引脚，应悬空不连接

2. FPGA 器件与专用配置芯片的连接

图 9.5.10 所示的是单个 APEX II、APEX20K、APEX20KC、ACEX1K、Mercury 或 FLEX10K 器件与配置芯片的连接图。配置芯片的控制信号（如 nCS、OE 和 DCLK 等）直接与 FPGA 器件的控制信号相连，系统上电时，不需要任何外部智能控制器，配置芯片中的数据就由 FPGA 器件主动地读取。

在实际应用中，常常希望能随时对配置芯片内部的数据进行更新，但又不希望将芯片从 PCB 板上取下来编程。Altera 公司的可重复编程配置芯片，如 EPC2 具有在系统编程的功能，图 9.5.11 所示的是 FPGA 器件与 EPC2 的连接图。图中，FPGA 的配置既可由 ByteBlaster（MV）配置，也可以由 EPC2 配置。而 EPC2 的编程可由 JTAG 接口完成，也可由 ByteBlaster 接口完成。

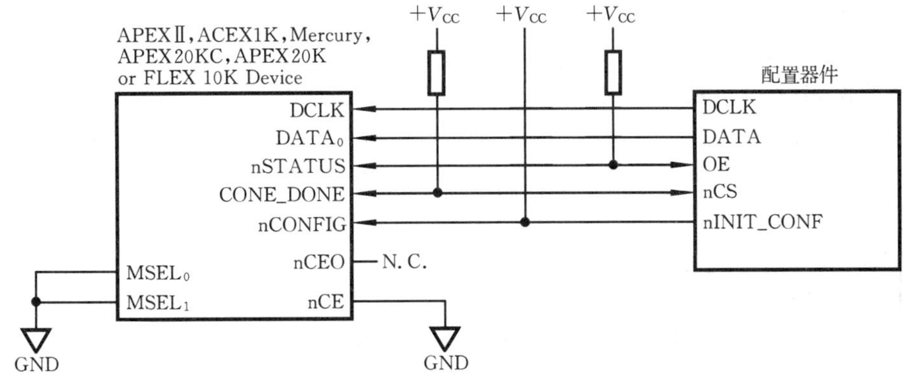

图 9.5.10　FPGA 器件与配置芯片的连接图

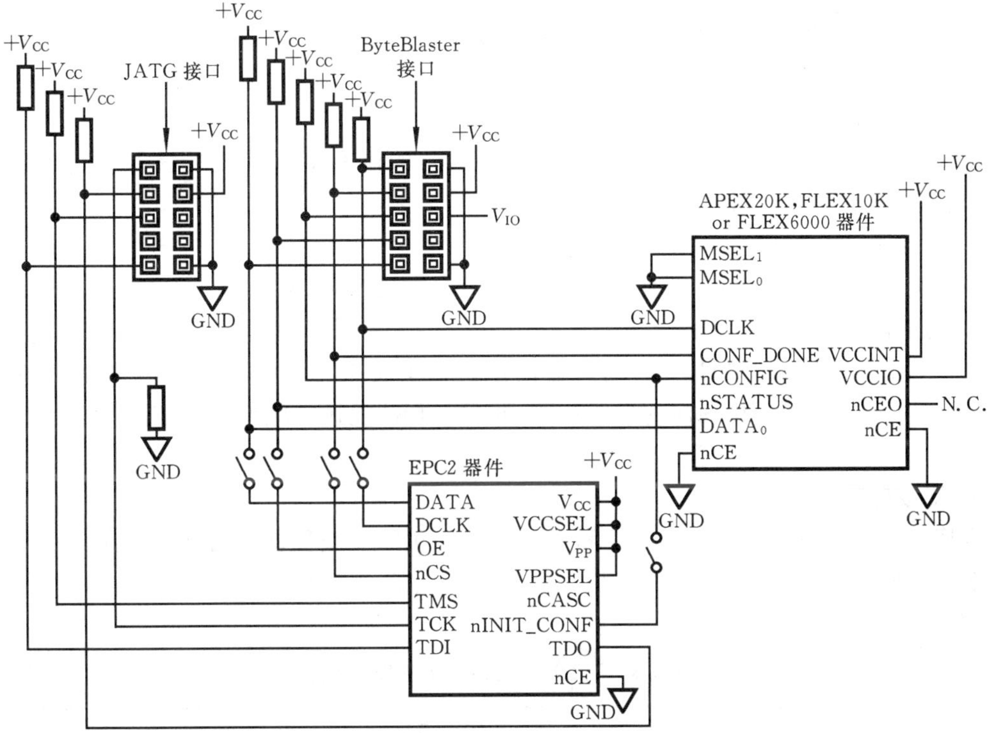

图 9.5.11　FPGA 器件与配置芯片 EPC2 的连接图

9.5.4　EDA Pro2K 数字系统实验装置使用说明

EDA Pro2K 实验装置由底板和顶板两部分构成，顶板可以为 ALTERA、Lattice 和 Xilinx 等公司的器件的转接板，在底板上面装上不同的顶板，就可以学习各公司开发的软件的使用方法及其相应器件的结构原理。在底板上配备了丰富的实验资源作为实验目标芯片的 I/O。实验资源分为两种类型，一种为可配置资源，一种为固定连接资源。可配置资源不但自身的属性与功能可被改变，而且可配置资源与实验目标芯片的连接电路结构也能被改变，这些都由大规模监控集成电路来完成。下面对各种实验资源作详细介绍。

1. 按键(可配置资源)

底板上共有 8 个按键供用户使用，可被配置成四种状态：乒乓电平模式、脉冲模式、琴键模式、二进制编码模式。

① 乒乓电平模式:若按键被配置成该模式,则每按一次键,键的输出电平就翻转一次。

② 脉冲模式:若按键被配置成该模式,则每按一次键,就输出一个 2ms 宽度的正脉冲。

③ 琴键模式:若按键被配置成该模式,则按下键时输出高电平,放开键时输出低电平。

④ 二进制编码模式:当按键被配置成该模式时,每一个按键将对应一组 4 位二进制编码输出。连续按下按键,4 位二进制编码将在 0000 至 1111 之间循环递增,同时该按键正上方对应的数码管将显示该编码的十六进制值 0⇒F。

2. 数码管(可配置资源)

底板上共有 18 个用户实验数码管,可被配置成以下四种状态。

① A 模式:每个数码管对应 4 个引脚作为 8421 码输入端,经内部七段译码后显示值为0⇒F。

② B 模式:该模式 8 个数码管并联组成动态扫描显示管。

③ C 模式:该模式 8 个数码管并联组成动态扫描显示器,原理同 B 模式,所不同的是扫描控制引脚为 16 个,其中 8 个输入端为每个数码管的选择端,另 8 个输入端不进行译码而直接作为数码每一段的公用数据输入端。

④ D 模式:该模式数码管不是用于实验目标芯片的输出显示,而是当按键被配置为二进制编码模式时,作为二进制编码输出值的显示。

3. 时钟源

主板上共提供了 4 组可同时使用的时钟,其信号定义为 CLK_0、CLK_1、CLK_2、CLK_3。

4. 扬声器

扬声器的信号定义为“SPK”。扬声器的额定输出功率为 50mW,频率响应为 100Hz~8kHz,使用时必须将 JP_2 中相应的插针短路,并向“SPK”发送在频率响应范围内的方波或脉冲波。

5. 下载电路

在底板上集成 ALTERA、Lattice 和 Xilinx 等公司的可编程器件的下载电路。下载电路通过芯片板插座“CON1”与实验目标芯片相连,下载电路与各种实验目标芯片的接口信号定义如表 9.5.5 所示。

表 9.5.5 下载电路与芯片的接口信号定义

<table>
<tr><td rowspan="4">CON_1 的引脚号</td><td rowspan="4">下载电路信号名称</td><td colspan="3" rowspan="2">Lattice</td><td colspan="6">Xilinx</td><td colspan="6">ALTERA</td></tr>
<tr><td colspan="3">CPLD</td><td colspan="3">FPGA</td><td colspan="3">CPLD</td><td colspan="3">FPGA</td></tr>
<tr><td>S_2</td><td>S_1</td><td>S_0</td><td colspan="2">S_2</td><td colspan="2">S_1</td><td colspan="2">S_0</td><td colspan="2">S_2</td><td colspan="2">S_1</td><td colspan="2">S_0</td></tr>
<tr><td>1</td><td>0</td><td>0</td><td colspan="2">1</td><td colspan="2">1</td><td colspan="2">0</td><td colspan="2">0</td><td colspan="2">1</td><td colspan="2">1</td></tr>
<tr><td>1</td><td>P_1</td><td colspan="3">SCLK</td><td colspan="3">TCK</td><td colspan="3">CCLK</td><td colspan="3">TCK</td><td colspan="3">DCLK</td></tr>
<tr><td>3</td><td>P_2</td><td colspan="3">SDO</td><td colspan="3">TDO</td><td colspan="3">D/P</td><td colspan="3">TDO</td><td colspan="3">CONFIG_DONE</td></tr>
<tr><td>5</td><td>P_3</td><td colspan="3">MODE</td><td colspan="3">TMS</td><td colspan="3">PROG</td><td colspan="3">TMS</td><td colspan="3">nCONFIG</td></tr>
<tr><td>7</td><td>P_4</td><td colspan="3">IspEN</td><td colspan="3">—</td><td colspan="3">—</td><td colspan="3">—</td><td colspan="3">—</td></tr>
<tr><td>9</td><td>P_5</td><td colspan="3">SDI</td><td colspan="3">TDI</td><td colspan="3">DIN</td><td colspan="3">TDI</td><td colspan="3">$DATA_0$</td></tr>
</table>

6. 实验电路结构图、资源与典型实验目标芯片引脚对照表

下面表格所列典型实验目标芯片有,ALTERA 公司的 EPF10K10, Lattice 公司的 ispLS11032E,Xilinx 公司的 XCS05/10。限于篇幅,实验板的其他工作模式请参考说明书。

模式一、二、三电路结构基本相同，唯按键的模式不同，如表9.5.6所示。

表9.5.6　模式一、二、三资源⇔典型实验目标芯片引脚对照表

资源名称	资源信号	ALTERA	Lattice	Xilinx	CON_1、CON_2	说　明
时钟	CLK_0	3	7	3	13	用跳线帽短路相应插针来选择，每组只可插一个跳线帽。
	CLK_1	5	8	4	14	
	CLK_2	6	9	5	15	
	CLK_3	7	10	6	16	
按键	K_1	8	11	7	17	模式一、乒乓电平输出 模式二、乒乓电平输出 模式三、琴键输出
	K_2	9	12	8	18	
	K_3	10	13	9	19	
	K_4	11	14	10	20	
	K_5	16	15	13	21	
	K_6	17	16	14	22	
	K_7	18	17	15	23	
	K_8	19	18	16	24	
数码管1	SM1_B0	21	26	17	25	模式一、乒乓电平输出 模式二、2ms脉冲输出 模式三、琴键输出
	SM1_B1	22	27	18	26	
	SM1_B2	23	28	19	27	
	SM1_B3	24	29	20	28	
数码管2	SM2_B0	25	30	23	29	A模式 8421码输入 7段译码十六进制显示
	SM2_B1	27	31	24	30	
	SM2_B2	28	32	25	31	
	SM2_B3	29	33	26	32	
数码管3	SM3_B0	30	34	27	33	A模式 8421码输入 7段译码十六进制显示
	SM3_B1	35	35	28	34	
	SM3_B2	36	36	29	35	
	SM3_B4	37	37	35	36	
数码管4	SM4_B0	38	38	36	37	A模式 8421码输入 7段译码十六进制显示
	SM4_B1	39	39	37	38	
	SM4_B2	47	40	38	39	
	SM4_B3	48	41	39	40	
数码管5	SM5_B0	49	45	40	43	A模式 8421码输入 7段译码十六进制显示
	SM5_B1	50	46	41	44	
	SM5_B2	51	47	44	45	
	SM5_B3	52	48	45	46	
数码管6	SM6_B0	53	49	46	47	A模式 8421码输入 7段译码十六进制显示
	SM6_B1	54	50	47	48	
	SM6_B2	58	51	48	49	
	SM6_B3	59	52	49	50	

续表

资源名称	资源信号	ALTERA	Lattice	Xilinx	CON_1、CON_2	说　明
数码管 7	SM7_B0	60	53	50	51	A 模块 8421 码输入 7 段译码十六进制显示
	SM7_B1	61	54	51	52	
	SM7_B2	62	55	56	53	
	SM7_B3	64	56	57	54	
数码管 8	SM8_B0	65	57	58	55	A 模式 8421 码输入 7 段译码十六进制显示
	SM8_B1	66	58	59	56	
	SM8_B2	67	59	60	57	
	SM8_B3	69	60	61	58	
LED 发光管	D_1	70	68	62	59	
	D_2	71	69	65	60	
	D_3	72	70	66	61	
	D_4	73	71	67	62	
	D_5	78	72	68	63	
	D_6	79	73	69	64	
	D_7	80	74	70	65	
	D_8	81	75	72	66	
DAC	DAC-CLK	80 * D_7	76	77	67	DAC 串行移位时钟
	DA-DAT	81 * D_8	77	78	68	DAC 串行移位数据
	DA-LD	78 * D_5	78	79	69	DAC 串行移位装载控制
	DA-SLD	79 * D_6	79	80	70	DAC 串行移位同步更新
ADC	AD-CS	72 * D_3	80	81	71	ADC 片选
	AD-DAT	84	81	82	72	ADC 串行移位数据
	AD-CLK	70 * D_1	82	83	73	ADC 串行移位时钟
扬声器	SPK	83	83	84	74	用跳线帽短路相应插针来选择
RS-232 串行接口	RXD	2	3	62 * D1	75	
	TXD	79 * D6	4	65 * D2	76	
说明：标“ * ”号为多个资源复用的引脚，“ * ”号后为所对应的复用资源。						

实验与思考题

9.5.1　使用 ByteBlasterMV 电缆对 FPGA 进行在系统配置数据时，有哪两种下载方式？

9.5.2　简述配置芯片的功能。

9.6　MAX+PLUSⅡ开发软件

学习要求　熟悉 MAX+PLUSⅡ软件的使用，掌握可编程逻辑器件的开发过程以及在系统编程技术。

9.6.1 MAX＋PLUSⅡ软件的使用简介

1. MAX＋PLUSⅡ软件的开发流程

使用MAX＋PLUSⅡ软件进行设计和开发的过程分为设计输入、编译处理、设计校验(包括仿真与定时分析)和编程下载4个阶段，如图9.6.1所示。

① 设计输入：可以采用原理图输入、HDL(包括AHDL、Verilog HDL和VHDL)描述、EDIF网表输入及波形输入等几种方式。原理图输入方式直观，便于进行接口设计和管脚锁定，容易实现仿真，便于信号的观察以及电路的调整。采用图形方式设计出的电路，具有效率高和运行速度快等优点。采用HDL的文本输入方式，适合描述逻辑功能复杂的系统，而且便于设计的保存、移植和复用。

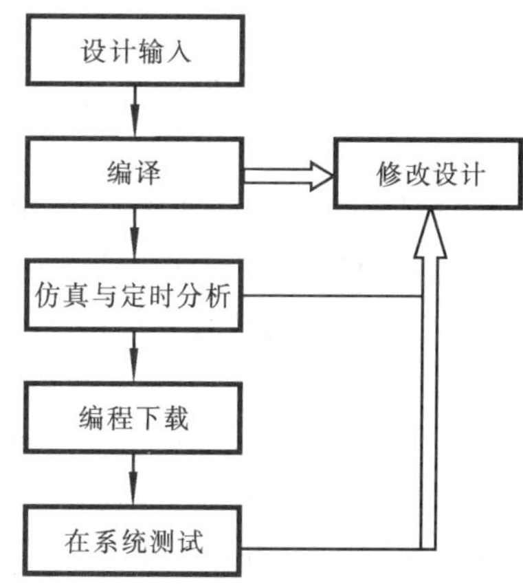

图9.6.1 MAX＋PLUSⅡ开发流程

② 编译：先根据设计要求设定编译参数和编译策略，如器件的选择、逻辑综合方式的选择等；然后根据设定的参数和策略对设计项目进行网表提取、逻辑综合和器件适配，并产生报告文件、延时信息文件及编程文件，供分析、仿真和编程使用。

③ 仿真：仿真包括功能仿真、时序仿真和定时分析，可以利用软件的仿真功能来验证设计项目的逻辑功能是否正确。

④ 编程与验证：用经过仿真确认后的编程文件，通过编程电缆对PLD器件进行配置，然后加入实际的激励信号，检查是否完成预定功能。

在设计过程中，如果出现错误，则需重新回到设计输入阶段，改正错误或调整电路后重复上述过程。

2. MAX＋PLUSⅡ管理器窗口

在Windows系统的桌面上，单击“开始/程序/Altera/Max＋plusⅡ10.2”命令，即可进入MAX＋PLUSⅡ的主界面，如图9.6.2所示。单击主界面左上角的Max＋plusⅡ主菜单，其下拉菜单有MAX＋PLUSⅡ的管理器菜单，该菜单集成了MAX＋PLUSⅡ软件的所有处理操作。

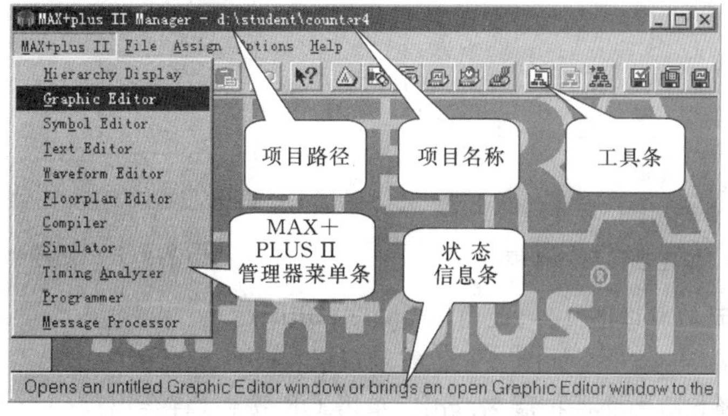

图9.6.2 MAX＋PLUSⅡ管理器窗口

9.6.2 MAX+PLUSⅡ软件设计实践

下面用原理图的输入方式设计一个十进制计数器电路，设计项目的名字为 counter，设计文件的名字为 counter. gdf。目的在于让读者尽快熟悉 MAX+PLUSⅡ软件的使用过程。使用 HDL 语言进行设计的过程与此类似。

MAX+PLUSⅡ软件的操作顺序如下。

① 建立一个新的设计项目。

② 生成一个新的原理图文件(使用 Graphic Editor)。

③ 编译设计项目(使用 Compiler)。

④ 仿真验证设计的正确性(使用 Waveform Editor、Simulator)。

⑤ 进行芯片的延时分析(使用 Timing Analyzer)。

⑥ 分配芯片的管脚(使用 Floorplan Editor)。

⑦ 下载程序到芯片(使用 Programmer)。

1. 建立一个新的设计项目

MAX+PLUSⅡ编译器的工作对象是项目。因此，编译项目前必须确定一个设计文件作为当前的项目。对于每个新建的项目，最好建立一个单独的子目录，并且保证设计项目中的所有文件均在这个项目的层次结构中。当指定设计项目名称时，也可以指定存放该项目的子目录名。需要注意的是项目名必须与顶层设计文件名一致。

若要建立一个新项目，则可选择菜单 File/Project/Name，出现 Project Name 对话框，如图9.6.3所示。

然后在 Project Name 对话框中键入设计项目名。若要改变项目所属子目录，则可在 Directories 窗口中修改。单击 OK 按钮，MAX+PLUSⅡ标题条中就会变成新的项目名字。

也可以在设计文件输入后，再选择菜单 File/Project/Set Project to Current File 项，将刚刚输入的设计文件设置成当前工程项目。

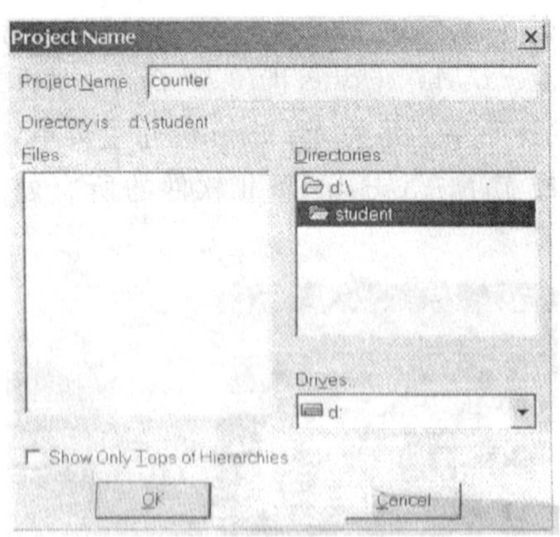

图 9.6.3 指定项目名对话框

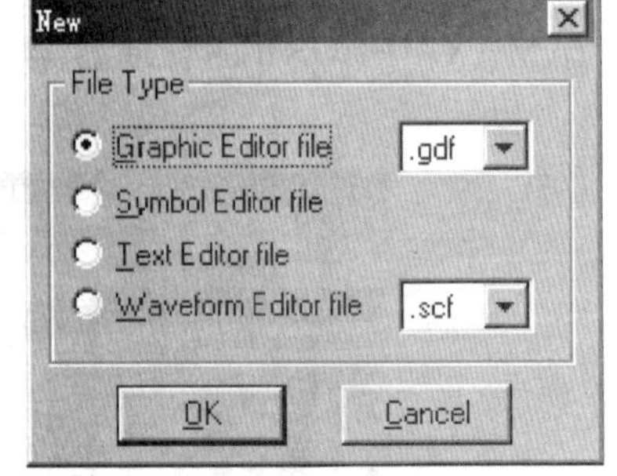

图 9.6.4 File/New 对话框

2. 生成一个新的原理图文件(使用 Graphic Editor)

选择菜单 File/New，出现如图 9.6.4 所示对话框。在对话框中选择 Graphic Editor file，在下拉菜单中选择相应的文件扩展名. gdf。单击 OK 按钮，将会出现一个无标题的图形编辑窗口，如图 9.6.5 所示。在图形编辑窗口下，选择 File/Save 或 Save as，出现 Save As 对话框，这时可以输入文件名(例如 counter),.gdf 为默认文件扩展名。单击 OK 按钮,即将 counter.gdf 存入当前项目文件夹中。

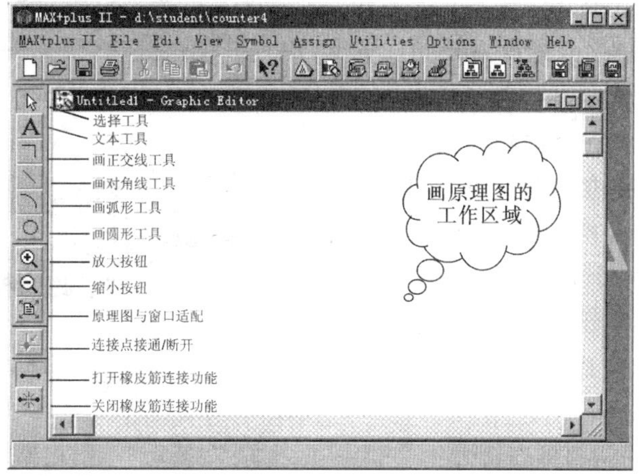

图 9.6.5 图形编辑器窗口及快捷工具按钮

如果用 HDL 语言进行设计,则在图 9.6.4 所示对话框中选择 Text Editor file,再输入 HDL 程序,然后存盘。注意:系统默认的文件扩展名为.tdf。若用 AHDL (Altera HDL)进行设计,则要将文件的扩展名选为.tdf;若用 Verilog HDL 进行设计,则要将文件的扩展名选为.v;若用 VHDL 进行设计,则要将文件的扩展名选为.vhd。

MAX+PLUSⅡ软件平台提供了大量的绘制原理图用的元件(简称图元)和宏功能符号,供设计者在输入电路原理图时直接使用。它们分类放在 Max2work\maxlib\子目录中,一共有 4 类库,其内容如表 9.6.1 中所示。

表 9.6.1 MAX+PLUSⅡ的图元和宏模块库

库名字	内 容
Prim	Altera 图元(基本的逻辑电路元件 V_{CC}、GND、input、output 等元件)
mf	74 系列逻辑等效宏库(如 7400、74285 等)
mega_lpm	参数化模块库,包括参数化模块、宏功能模块(如 busmux, csdram 等)和 IP 核功能模块 Megacores (如 FFT、FIR 等)
edif	edif 接口库

LPM(Library Parameterized Megafunction)是参数化的宏功能模块库。它是 MAX+PLUSⅡ软件提供的可供调用的一些功能模块,应用这些功能模块可以大大提高设计的效率。

生成一个新的原理图文件过程为:调用库元件和电路的 I/O 端口、画连线、为 I/O 端口(引脚)和连线命名、保存文件。

(1) 调用库元件和 I/O 端口

选中“选择工具”时,在图形编辑器窗口的空白处单击以确定输入位置,然后选择主菜单 Symbol/Enter Symbol 命令,或在空白处双击。将出现一个 Enter Symbol 对话框,如图 9.6.6 所示。在 Symbol Libraries 框中,双击需要的元件库(例如,mf 库),所有的元件以列表方式显示出来,对想输入的元件(例如,74163、nand2、V_{CC}、gnd 输入端口 INPUT、输出端口 OUTPUT),可以直接在 Symbol Name 对话框中输入元件名称或在 Symbol Files 列出的元件中单击。然后单击 OK 按钮。

(2) 画连线

选择菜单 Options/Rubberbanding 可以打开或关闭橡皮筋功能(也可以直接单击打开或关闭橡皮筋的工具按钮)。这时,如果使两个元件符号的引线端直接接触或通过引线相连,则这两个符号便在逻辑上连接起来。在橡皮筋连接功能打开时,移动其中任一元件符号,都会自动在两个元件符号的引线端之间形成新的连线结点或总线,或者是延伸原有的连线。若不选橡皮筋功能,则仅仅是激活的元件移动。

如果需要移动图元,则可在图元上单击,激活目标,然后按住左键移动鼠标至合适位置时松开即可。

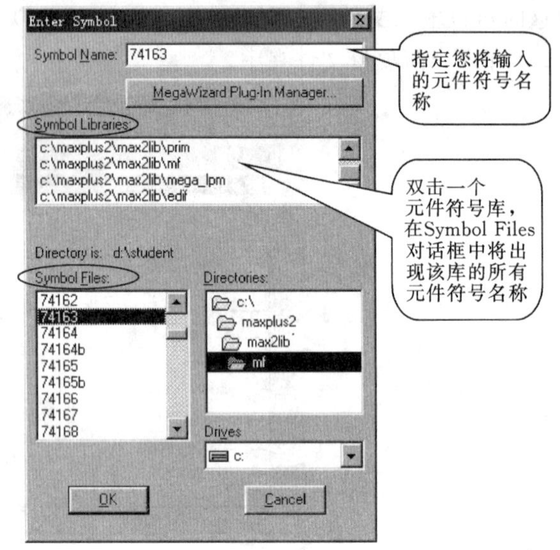

图 9.6.6 输入图元对话框

如果需要连接两个端口,则将鼠标移到其中一个端口上,这时鼠标光标自动变成"+"形状,然后可以按以下步骤操作。

① 一直按住鼠标左键并将鼠标光标拖到第二个端口。

② 释放左键,则一条连接线被画好了。

如果要删除一条连接线,可单击这根连接线,使其成为高亮线,然后按 Del 键即可。

当一条连线端点落在另一条线上时,会自动产生连接结点,也可以利用"连接点接通/断开"工具钮将两条交叉线连接起来或者断开两根线的连接。

如果需要连接两个端口,则可将鼠标光标移到其中的一个端口,则鼠标光标自动变为形状。

如果需要画粗线,则选择主菜单中 Options/Line Style 命令,将细线改为粗线。

(3) 为 I/O 端口(引脚)和引线命名

为引脚命名的方法是:在引脚的 PIN_NAME 处双击,然后输入指定的名字,按回车键。

为引线命名的方法是:在需要命名的引线上单击,然后输入名字。对于 n 位宽的总线 A,可以采用 A[n-1..0]表示,其中单个信号可用 A[0],A[1],…,A[n]形式表示,也可以用 A_0,A_1,A_2,…,A_n 形式表示。

用名字也可以连接单个信号和总线。当一个总线中的某个成员名与一个引线名相同(不区分大、小写)时,它们的逻辑连接就存在了。

图 9.6.7 所示的是采用十进制计数器 counter.gdf 的最后形式。

(4) 保存文件

选择菜单 File 的 Save 项,将出现 Save As 对话框,在 File Name 对话框内输入设计文件名,然后单击 OK 按钮即可保存文件。

(5) 形成一个默认(Default)的元件符号

选择菜单 File/Save & Check 项,检查设计是否有错误。如果没有,则选择菜单 File/Create Define symbol,即可将所选中的设计创建成一个默认的逻辑符号(如 counter.sym),它可以和已有库元件符号一样在本设计项目的更高层次图形设计文件中被调用。

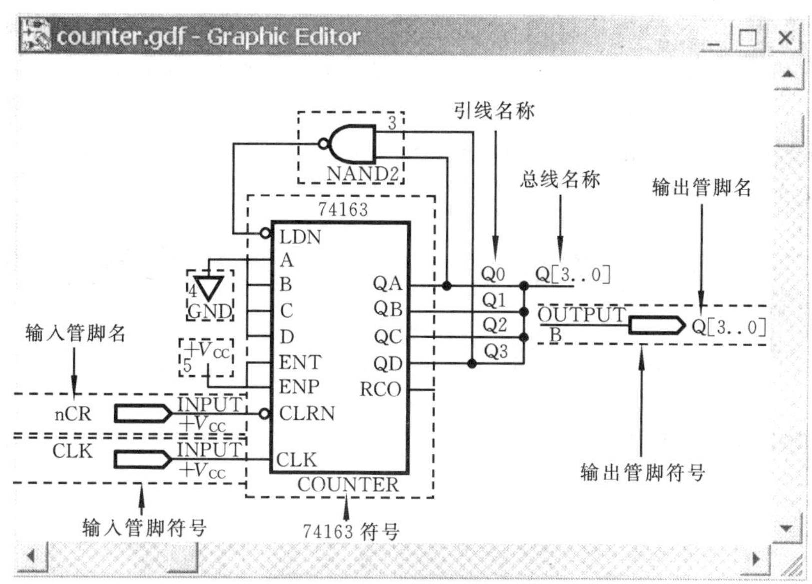

图 9.6.7 十进制计数器的原理图

3. 编译设计项目(使用 Compiler)

(1) 打开编译器窗口

选择菜单 MAX+PLUSⅡ/Compiler 命令,打开编译器窗口,如图 9.6.8 所示。单击图中的 Start 按钮,即可开始编译。MAX+PLUS II 编译器将检查项目是否有错,并对项目进行逻辑综合,然后配置到一个 Altera 器件中,同时将产生报告文件、编程文件和用于时序仿真的输出文件。但为了有效地编译设计文件,一般在开始编译前,还必须进行一系列设置。

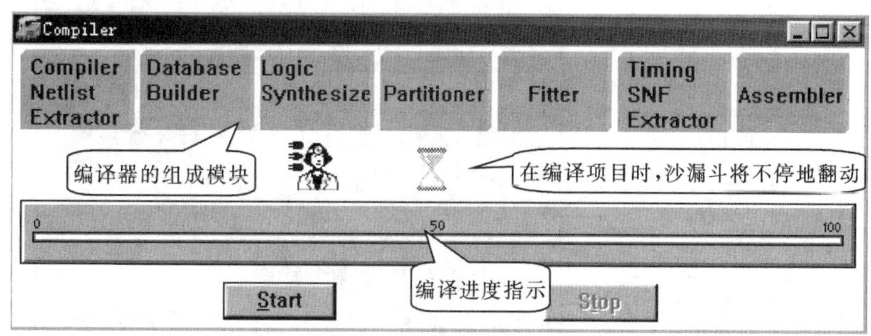

图 9.6.8 编译器窗口

(2) 设置下载芯片的型号

说明 若只是仿真而不作电路管脚分配与下载实现,可以忽略此步骤,让 MAX+PLUSⅡ自动为您选择一个器件。

① 选择菜单 Assign/Device,出现如图 9.6.9 所示 Device 对话框。

② 从 Device Family 下拉列表框中选择 FLEX10K 系列,在 Device 列表框中选择 EPF10K10LC84-4,最后单击 OK 按钮。

(3) 启用设计规则检查工具

编译时,使用设计规则检查(Design Doctor)工具,可检查项目中所有的设计文件,以发现设计中可能存在的不可靠的逻辑。具体步骤如下。

① 选择菜单 Processing/Deign Doctor,将会在 Design Doctor 菜单的左侧出现一个确认标记,并在 Compiler 窗口中 logic Synthesizer 模块的下方显示 Design Doctor 图标(见图9.6.8中的人头像)。不选择 Design Doctor 时,该图标不出现。

② 选择菜单 Processing/Design Doctor Settings,出现如图 9.6.10 所示对话框。选择 FLEX Rules,然后单击 OK 按钮。

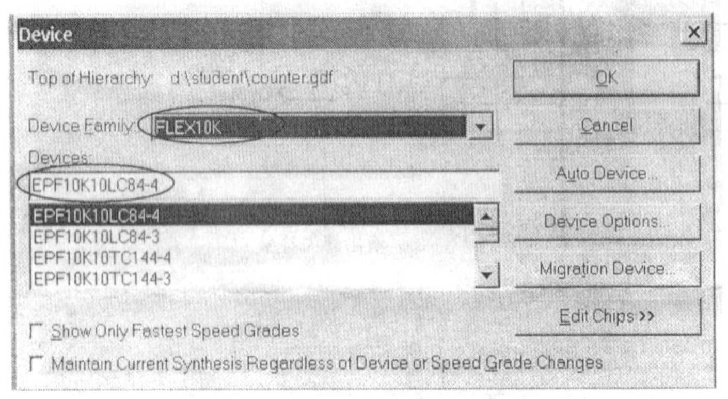

图 9.6.9 选择芯片型号对话框

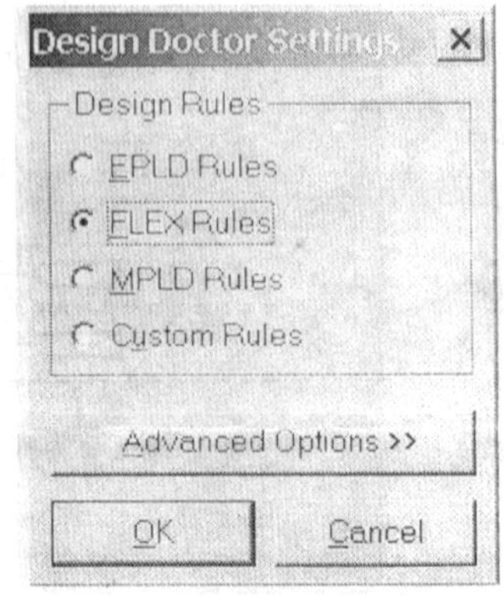

图 9.6.10 设计规则选项

(4) 选择一种全局逻辑综合方式

设计人员可以为项目选择一种逻辑综合方式,以便在编译的过程中指导编译器的逻辑综合模块工作。默认的逻辑综合方式是 Normal(常规)。具体步骤如下。

① 选择菜单 Assign/Global Project Logic Synthesis,出现如图 9.6.11 所示对话框。

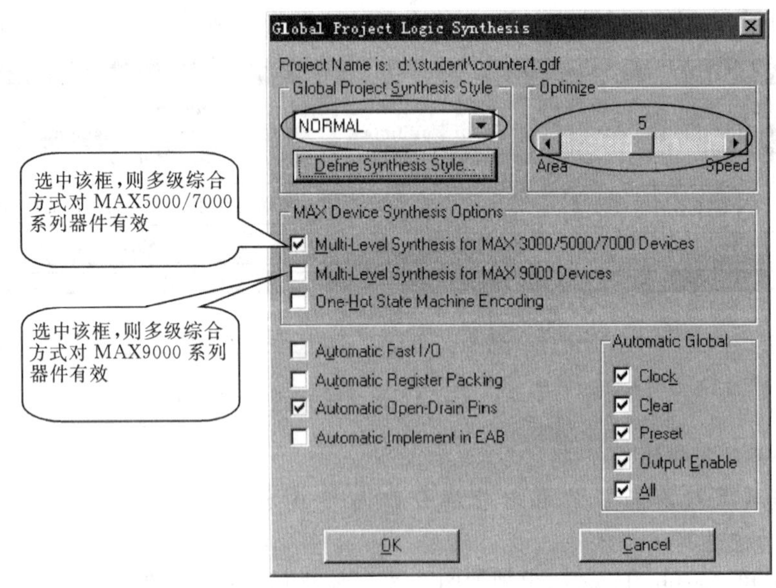

图 9.6.11 全局综合方式对话框

② 在 Global Project Logic Synthesis 下拉列表框中选择 NORMAL、FAST(快速)或 WYS / WYG(任意)等逻辑综合方式。综合优化类型 NORMAL 的目标是使逻辑单元的使用数量最少。综合类型 FAST 可以改善项目的性能,但通常使项目配置比较困难。综合类型

WYS/WYG 可进行最小量逻辑综合。

③ 移动 Optimize(优化)栏中的滑动块。若移动至0,则逻辑综合时优先考虑减少器件的资源占用率;若移动至10,则优先考虑系统的执行速度;若在二者之间,则在资源和速度上综合考虑。

④ 对于 MAX 器件,设计者可以选择多级逻辑综合方式选项。该方式可以充分利用所有可使用的逻辑选项,适用于处理含有复杂逻辑的设计项目,而且不需要用户干预。对于 FLEX 系列器件,该选项自动有效。

对于 FLEX 器件,当选择了 FAST 综合方式后,进位链/级联链设置自动有效。

(5) 设置全局定时要求

设置定时要求可对整个项目设定全局定时要求(对 MAX 器件,此项无效),如传输延时(t_{pd})、时钟到输出的延时(t_{co})建立时间(t_{su})和时钟频率(f_{max})等。设置定时要求的步骤如下。

① 选择菜单 Assign/Global Project Time Requirements,出现一个对话框,按要求填写即可。

② 在相应的编辑框内输入所要求的定时时间,若将双向引脚的反馈通路、清除/预置路径选项设置为关断,则不计这些延时。单击 OK 按钮即可。

注意:全局定时要求仅对 FLEX 6000、FLEX 8000 和 FLEX 10K 等器件有效。

(6) 指定报告文件中报告的内容

编译器中的适配(Fitter)模块会产生报告文件(.rpt),它报告器件内部资源的耗用情况。在编译之前,可以指定报告文件中所包含的内容。操作步骤如下。

① 选择菜单 Processing/Report File Settings,出现图 9.6.12 所示对话框,设置需要产生的报告文件内容项。

② 在默认情况下,所有选项都被选中。如果某些项未选中,打开 All 选项即可实现全选。

(7) 运行编译器

每个设计项目,都有一个配置文件(.acf),所有的配置参数都存在该文件中。主要的参数包括器件的型号、引脚的分配情况、速度与芯片面积的比值、时间参数的要求和布线时的设置等。设置越多,对布局布线的限制越多,连线布通的概率就越低。所以,为保证布通率,配置上应只对较重要的设置进行指定。设置完各种配置选项后,即可以开始编译设计项目。

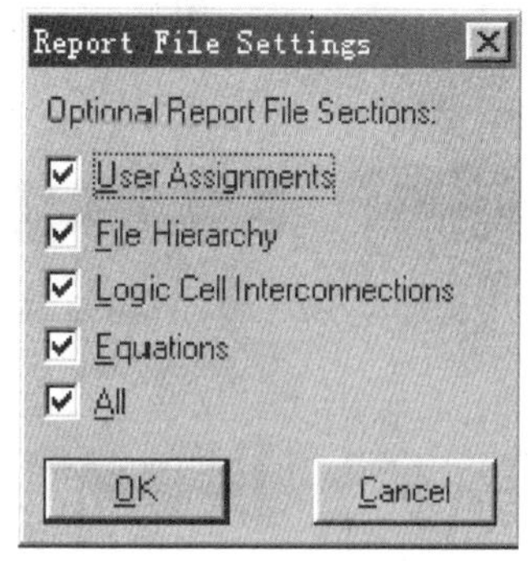

图 9.6.12 报告文件内容选项

在已打开的编译器窗口(见图 9.6.8)中,单击 Start 按钮,就可以开始对设计项目进行处理了。在编译过程中,所有信息错误和告警都会在自动打开的信息处理窗口中显示出来。如果有错误发生,选中该错误信息,然后单击 Locate 按钮就可找到该错误的出处。

编译结束后,那些由编译器产生的代表输出文件的图标将会出现在各模块框的下面,双击适当的文件图标可打开这些文件。

如有必要,可以选择 MAX+PLUSⅡ/Message Processor 转到消息处理窗口,也可直接单击消息框中的一条消息或单击 Message 按钮左侧和右侧的标记来选择消息。

单击 Locate 按钮或双击该条消息,消息处理器会自动打开包含该条消息来源的设计文件,并高亮显示设计文件中产生该消息的位置。

4. 仿真验证设计项目的正确性

仿真包括功能仿真和时序仿真。功能仿真又称为前仿真，是在不考虑器件延时的理想情况下进行的逻辑验证。通过功能仿真可以验证一个项目的逻辑功能是否正确。时序仿真又称后仿真，是在考虑了具体适配器件的各种延时的情况下进行的仿真。时序仿真不仅能测试逻辑功能，还能测试目标器件在最差情况下的时间关系。

功能仿真和时序仿真在操作上的区别在于编译过程的设置不同。若要进行功能仿真，则在编译时需选择菜单 Processing/Functional SNF Extractor，打开功能仿真网表文件提取器；若要进行时序仿真，则需选择菜单 Processing/Timing SNF Extractor，打开时序仿真网表文件提取器。

仿真时，首先需要建立仿真通道文件(.scf)，即给设计的电路加上输入激励信号，然后选择主菜单 MAX+PLUSⅡ/Simulator 项即可。操作步骤如下。

(1) 选择欲仿真的引脚结点信号

选择主菜单 File/New 项，选择 Waveform Editor File，并从下拉的列表框中选择 .scf 扩展名，单击 OK 按钮，就会打开波形编辑器窗口。然后选择菜单 Node/Enter Nodes From SNF(见图 9.6.13)，出现如图 9.6.14 所示对话框，单击 List 按钮，Available Nodes & Groups 栏中就会列出所有的 input 和 output 端口。按住 Ctrl 键，单击欲仿真的引脚结点，再单击向右的箭头，选中的结点或组信号就会被拷贝到 Selected Nodes & Groups 栏中了，单击 OK 按钮，则所选的信号出现在波形编辑器中。所有未编辑的输入结点的波形都默认为低电平，而所有输出结点的波形都默认为未知电平(X)。

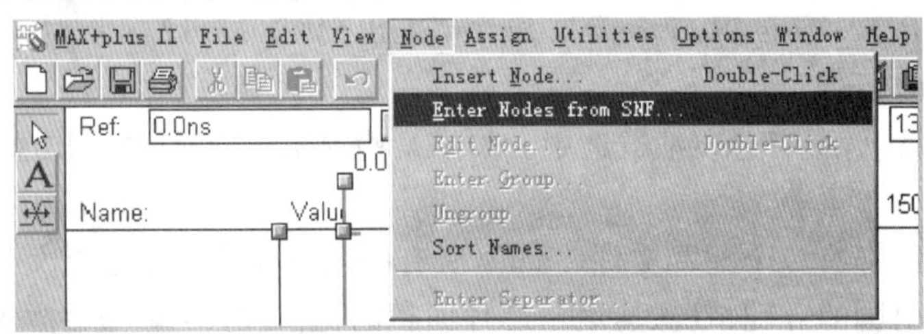

图 9.6.13 打开引脚结点对话框

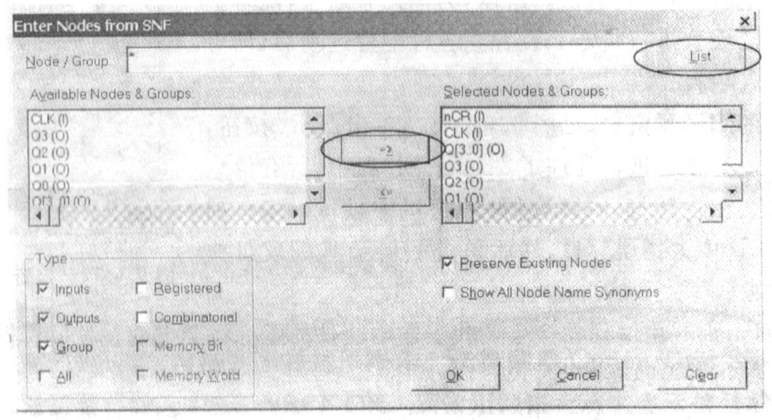

图 9.6.14 选择欲仿真的结点信号

(2) 编辑输入信号的波形图

在波形编辑窗口中，设定时间轴长度、网格大小并显示网格。选择 File/End Time 可以调整时间轴的长度，它决定了仿真器何时终止输入向量，本例可设置为 30μs。选择菜单 Option/Grid Size 项，可以修改网格大小。本例对话框中键入 1μs，并单击 OK 按钮。通常用网格大小来表示信号状态的持续时间。如有必要，选择 Option/Show Grid 来显示网格。

单击 Name 栏中的一个结点，然后单击左侧图形工具按钮，则可以根据要求编辑信号波形。也可以选定信号的某个时间段，方法是：按住鼠标左键不放并拖动一个时间段，使之变黑（选定），然后单击图形工具按钮编辑该段波形，如图 9.6.15 所示。

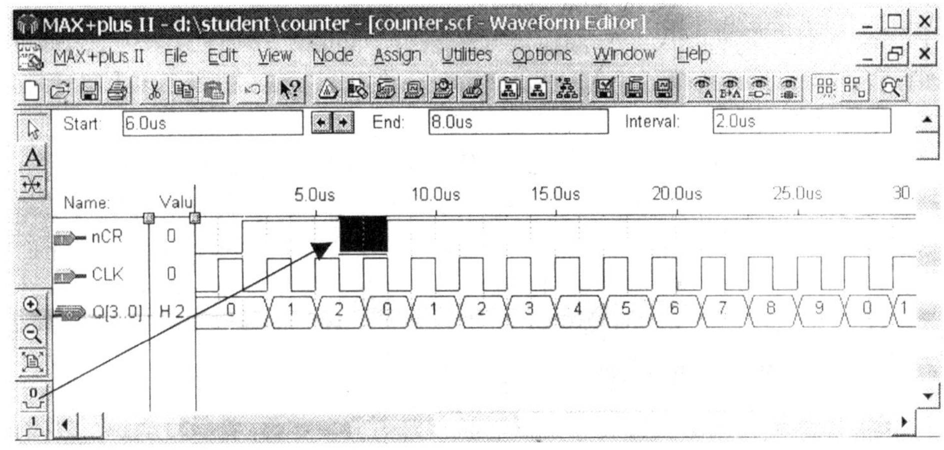

图 9.6.15 编辑输入信号并进行仿真

如果不使用图形工具按钮，则可使用菜单 Edit/Overwrite 来编辑波形。输入波形编辑完成后，保存文件。

（3）进行仿真

选择菜单 MAX＋PLUSⅡ/Simulator 项，打开仿真器，并自动装载当前项目的仿真器网表文件和前面创建的与当前项目同名的仿真通道文件，如图 9.6.16 所示。

单击仿真器的 Start 按钮，即开始对当前设计项目进行仿真，结果如图 9.6.15 所示。图中的波形是时序仿真得到的结果。仿真过程是在后台进行的，设计者可在开始仿真之后切换到其他应用程序中做其他工作。

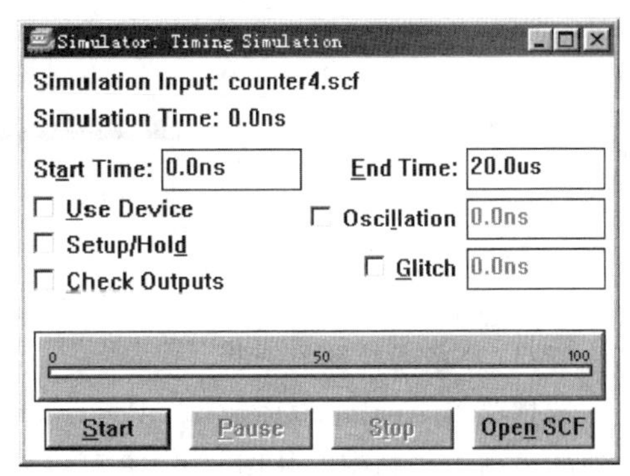

图 9.6.16 仿真器对话框

即使是有经验的数字电路设计者，通常也要多次仿真才能得到比较全面的仿真结果。因此可以按照上述过程改变输入激励信号，进行多次仿真。如果要进行功能仿真，则需对设计项目重新进行编译。

5. 进行芯片的延时分析

编译完成后，可以利用定时分析器来分析所设计项目的时域性能。MAX＋PLUSⅡ的定时分析器提供了三种分析模式，如表 9.6.2 所示。在 MAX＋PLUSⅡ菜单中选择 Timing Analyzer，即可打开定时分析器窗口。

表 9.6.2 定时分析器的 3 种分析模式及其说明

分析模式	说　明
延时矩阵	分析多个源节点和目标节点之间的传播延时
时序逻辑性能	分析时序逻辑电路的性能，包括带限定值的延迟、最小时钟周期和最高电路工作频率
建立/保持矩阵	计算从输入引脚到触发器、锁存器和异步 RAM 的信号输入所需的最小建立和保持时间

(1) 传输延时矩阵分析

使用菜单 Node/Timing Analysis Source 和 Node/Timing Analysis Destination 可以标记要分析的结点。在延时矩阵模式下，定时分析器会自动把所有输入引脚标记为源，而把所有输出引脚标记为目标结点。

选择菜单 Analysis/Delay Matrix，会出现延时矩阵分析窗口。选择 Start，定时分析器立即开始对项目进行分析并计算任意两个结点之间的传输延时。分析器的选项可以在 Option 中进行选定。图 9.6.17 所示的是前面 counter. v 设计文件对应的延时矩阵。对于时序逻辑电路，延时分析只考虑它们与时钟信号间的延时。对于组合逻辑电路，Delay Matrix 将以矩阵的形式列出任意两点之间的点到点的延时。

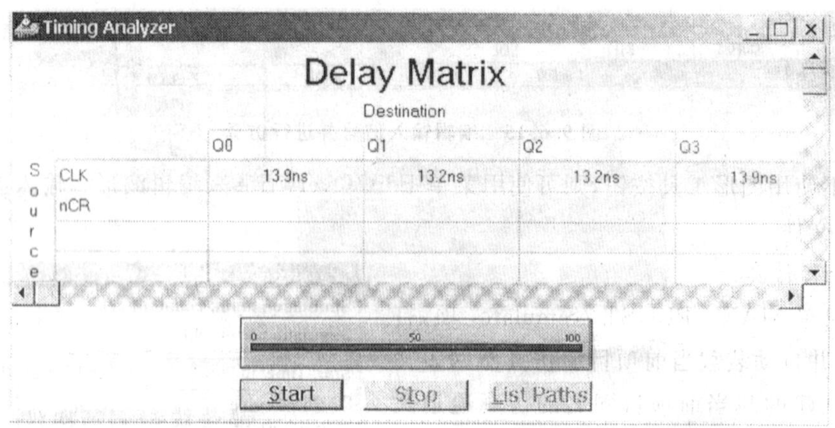

图 9.6.17 传输延时矩阵分析

(2) 时序逻辑性能分析

选择菜单 Analysis/Register Performance，可对时序逻辑电路性能进行分析，测出电路能达到的最高工作频率。从图 9.6.18 可以看出，将 counter. gdf 综合到 EPF10K10LC84-4 器件中，其最高工作频率可达到 113.63MHz。

(3) 建立和保持时间分析

选择菜单 Analysis/Set/Hold Matrix，然后单击 Start 按钮，即可开始建立和保持时间分析，图 9.6.19 所示的是其分析的结果。

6. 分配芯片的管脚

分配芯片的管脚有多种方法，下面使用平面布局编辑器(Floorplan Editor)对芯片的管脚进行设置。平面布局编辑器提供两种显示方式：器件视图(Device View)和逻辑阵列块视图(LAB View)。器件视图显示器件引脚及其功能定义，逻辑阵列块视图显示器件内部结构，包括所有 LAB 和每个 LAB 中的逻辑单元的使用情况。

图 9.6.18　时序逻辑性能分析

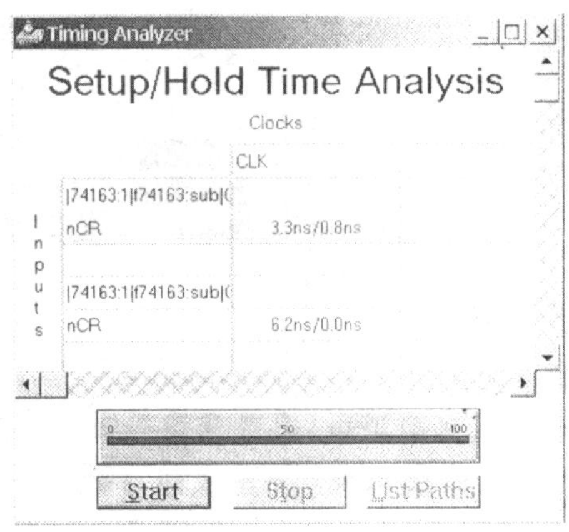

图 9.6.19　建立和保持时间的分析

选择菜单 MAX+PLUSⅡ/Floorplan Editor，打开平面布局编辑器窗口，并显示出当前项目中选定的器件。可以通过选择菜单 Layout/Device 来选择器件视图，也可通过选择菜单 Layout/LAB View 来选择 LAB 视图，还可以通过双击视图区的方法在这两种显示方式间切换。器件视图的结果如图 9.6.20 所示。若此时看不到图 9.6.20 所示右上方的管脚名称，如 CLK 等，可先选择图 9.6.20 所示主菜单中的 Layout / Current Assignment Floorplan 命令。然后根据表 9.4.8 提供的实验目标板引脚对照表进行引脚分配。

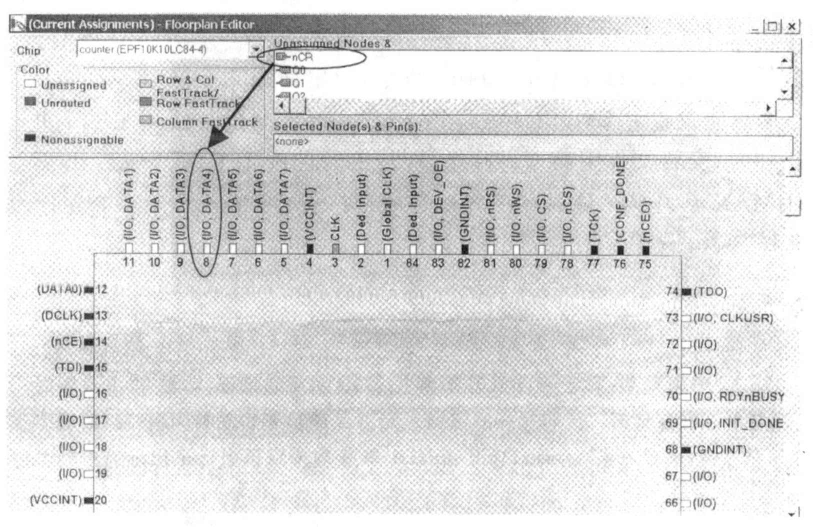

图 9.6.20　平面布局编辑器器件视图(Device View)

如图 9.6.20 所示，单击 CLK 并按住左键不放拖至芯片的③脚，继续选中 nCR 并拖至芯片的⑧脚，然后，用同样的方法将 Q_0、Q_1、Q_2、Q_3 分别分配到㉑、㉒、㉓、㉔脚上。被设置的芯片管脚会以不同于黑白的颜色表示出来。也可以选择菜单 Assing-Pin/Locate/Chip 命令，对芯片的管脚进行分配。

最后，再次选择 MAX+plus II /Compiler 命令，并如图 9.6.21 所示选择 Processing/Total Recompiler 命令，单击 Start 按钮。这时系统将产生可以下载配置器件的文件(counter.sof)。

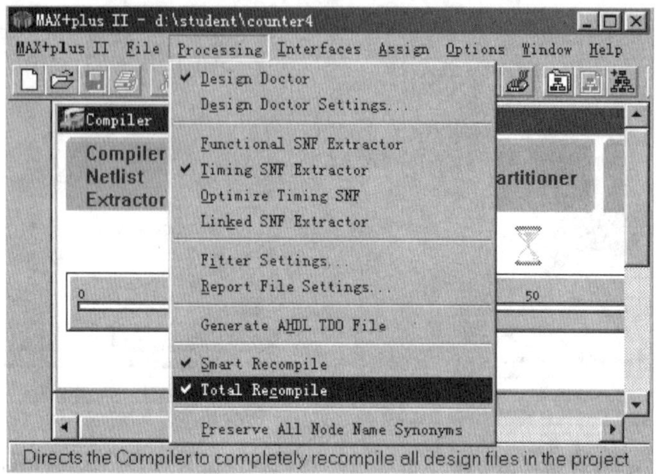

图 9.6.21 产生芯片下载文件(counter.sof)的设置窗口

7. 下载配置文件到芯片

Altera公司的多数器件都支持JTAG在系统编程方式，这种方式简单易行，不需要专门的编程器。先将ByteBlaster电缆的一端与微机的并行口(LPT1)相连，另一端10针插头与装有目标器件的PCB板上的插座相连，接通目标PCB板的电源。

接着选择菜单MAX+PLUSⅡ/Programmer命令，或在编译器窗口中单击编程文件(.pof)图标，打开编程器窗口，如图9.6.22所示。选择菜单File/Select Programming File命令，选择欲下载的文件(counter.sof)。

然后选择菜单Option/Hardware Setup命令，弹出如图9.6.23所示的对话框，选择正确的编程硬件。这里应设置为ByteBlaster(MV)方式，指定配置时使用LPT1并行口。最后单击Program按钮，就会将文件下载至芯片上，完成芯片的配置工作。

注意 对MAX系列CPLD器件进行配置时，应该使用.pof文件。下载时，在图9.6.22所示的窗口中选择Security Bit设置保密位，以防止芯片的内部逻辑被探测。

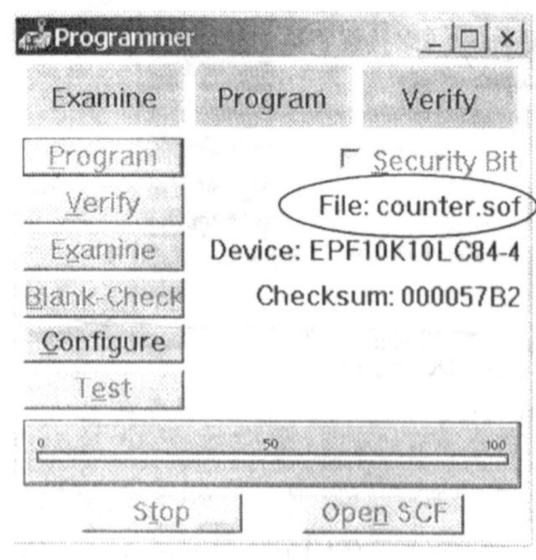

图 9.6.22 对芯片进行编程的窗口

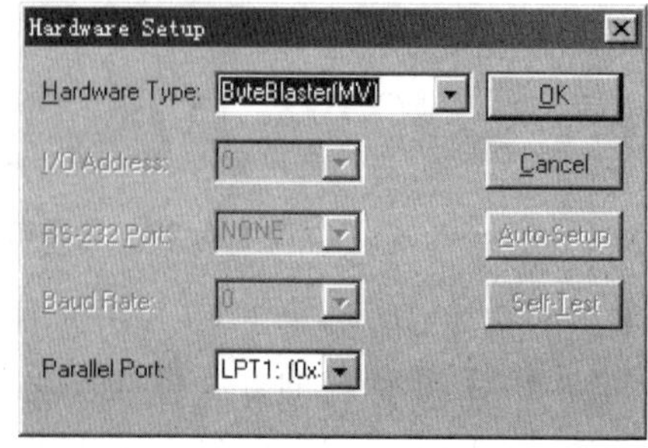

图 9.6.23 设置编程电缆的对话框

9.6.3　分层次的设计输入方法举例

分层次设计方法是数字系统中常采用的方法：首先将设计目标划分为不同层次的级别，然后对不同的层次分开进行设计，从而简化设计问题。MAX+PLUSⅡ支持分层次的电路设计。其特点如下。

① 当前设计项目文件为顶层设计文件，通常使用图形编辑器创建顶层设计文件。

② 顶层设计文件中调用的符号所代表的文件为底层设计文件。

③ 顶层设计文件可以通过打包的方法降为底层设计文件，供其他顶层文件调用。

④ 在同一设计项目中，允许顶层及底层设计单向调用底层设计符号，不允许出现顶层文件与符号文件之间或符号文件之间的直接相互调用或间接相互调用的现象。也不允许出现顶层文件或任一符号文件自身的递归调用情况。

⑤ 同一设计项目中，顶层设计文件和底层设计文件名称不能重复。

⑥ 同一设计项目中的各个设计文件都可以重新编译、修改、保存或打包。打包后，要及时在调用该符号的上层文件中更新该符号并保存。

在设计时可以综合运用各种输入方式，提高设计的效率。如果所设计的电路具有多个层次，最好采用图形和文本混合输入的设计方式。一般用文本方式（也可以采用图形方式）描述各个底层模块，再将这些模块生成相应的符号。顶层一般采用图形方式输入，这样，在顶层文件中就可以任意调用底层模块的符号了。

下面以一个简易数字频率计的设计为例，说明分层次的设计输入方法。要求频率计能够测量 1000～9999Hz 的方波信号，测量精度为 1Hz，方波输入信号的幅度为 TTL 电平。

所谓“频率”，就是周期信号在单位时间（1s）内的变化次数。若在一定时间间隔 T 内测得这个周期信号的重复变化次数为 N，则其频率可以表示为 $f=N/T$，当 $T=1$s 时，$f=N$Hz。基于这个原理，整个频率计的顶层电路如图 9.6.27 所示，该顶层电路主要由产生闸门信号的分频模块 SECOND2、十进制计数器模块 COUNT_10 和锁存器模块 REG_4 组成。电路的工作原理是：分频模块将 1Hz 的方波信号变成 0.5Hz 的方波信号，使该信号的高电平持续时间为 1s，作为计数器模块的闸门控制信号，即闸门信号为高电平时计数器计数，为低电平时计数器停止计数，则计数器的值即为所测信号的频率，然后，将计数值经锁存模块锁存输出，译码显示即可。

在 MAX+PLUSⅡ中操作步骤如下（下面以图 9.6.24 所示的电路为例，说明生成模块符号的过程）。

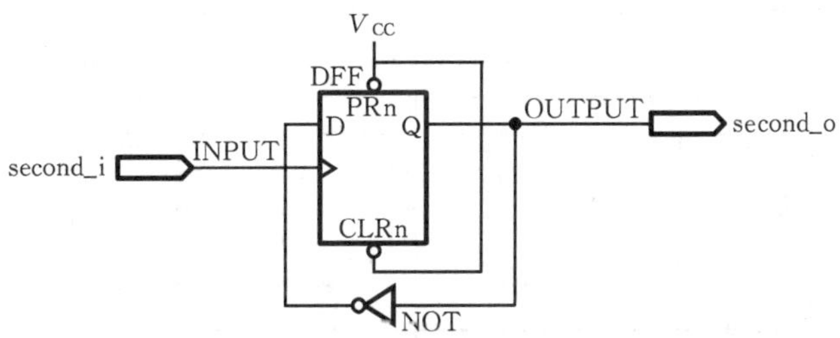

图 9.6.24　时钟分频模块的电路原理图

(1) 输入各模块文件

选择菜单 File/New 项，打开原理图编辑器，输入图 9.6.24 所示的电路，用 SECOND2

.gdf文件名存盘。

(2) 将设计文件设置成当前工程

选择菜单 File/Project/Set Project to current File 项，将刚刚输入的设计文件设置成当前工程项目。

(3) 对设计项目进行编译

选择主菜单 MAX+PLUSⅡ/Compiler 项，单击 Start 按钮，对该项目进行编译。

(4) 对设计项目进行仿真

选择菜单 File/New 项，打开波形图编辑器，创建仿真用的通道文件；然后选择主菜单 MAX+PLUSⅡ/Simulator 项，对设计项目进行仿真(对简单电路也可以不进行仿真)。

(5) 生成模块符号，供顶层模块调用

选择菜单 File/Create Default Symbol 项，即可生成模块符号 SECOND2(或称为器件符号)，存在当前工作目录中，供顶层模块调用。重新打开原理图编辑器，分别输入图 9.6.25、图 9.6.26 所示的电路，然后仿照以上方法，生成模块符号 count_10、reg_4。最后，输入图 9.6.27所示的顶层电路，对其进行编译和仿真。

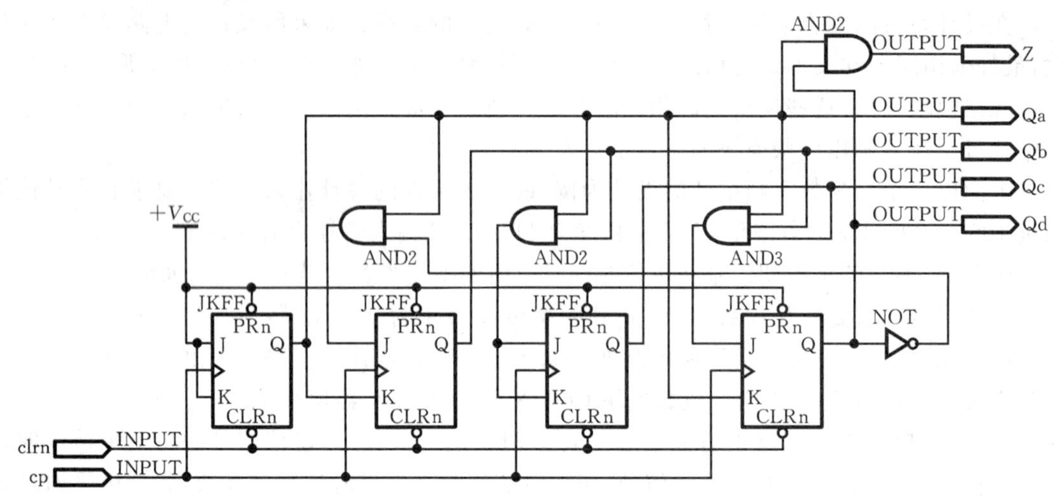

图 9.6.25　计数器模块的电路原理图

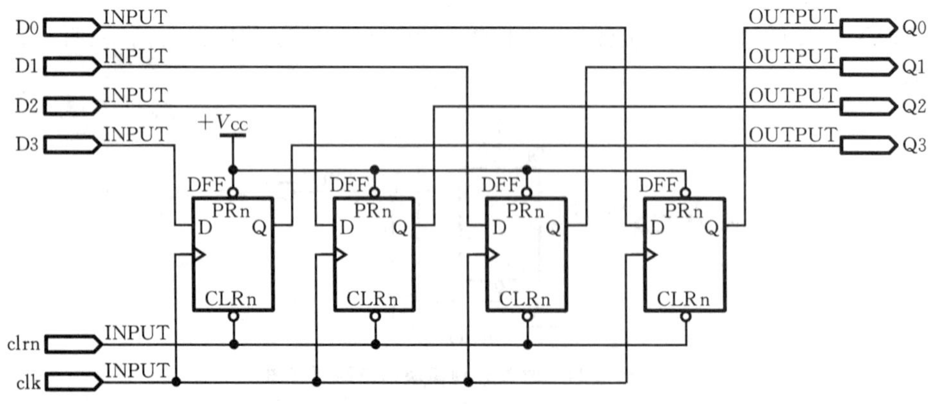

图 9.6.26　锁存器模块电路原理图

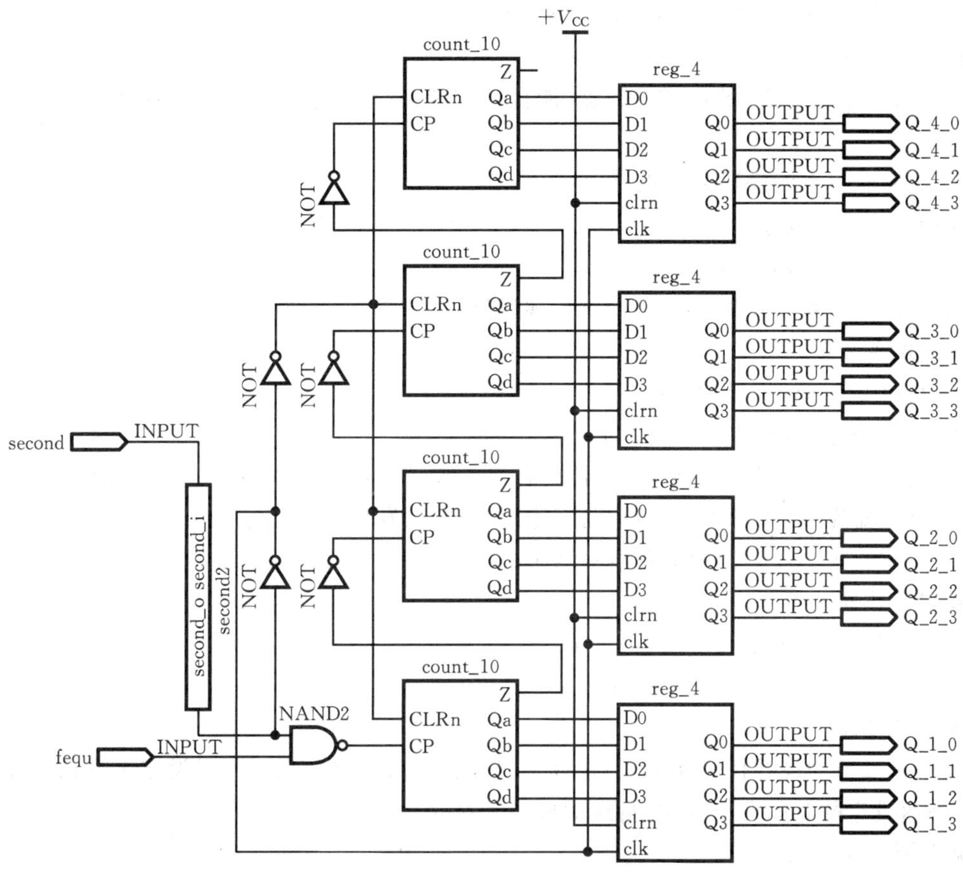

图 9.6.27 频率计的顶层电路图

9.6.4 设计任务

已知条件:586计算机,MAX+plusII 10.2软件,专用编程电缆,EDA Pro2K数字系统实验装置。

设计课题1:4线-2线优先编码器设计

● 功能要求

① 请用门电路设计一个4-2线优先编码器,其功能如表9.6.3所示。

② 用实验板上的发光二极管或译码显示电路,显示结果。

表 9.6.3 4-2线优先编码器功能表

I_3	I_2	I_1	I_0	A_1	A_0
0	0	0	1	0	0
0	0	1	×	0	1
0	1	×	×	1	0
1	×	×	×	1	1

● 设计步骤与要求

① 在MAX+plusⅡ 10.2软件中,分别使用原理图和Verilog HDL两种输入方式设计电路。

② 对电路进行仿真分析。

③ 选择器件,分配引脚,重新对设计项目进行编译和逻辑综合。

④ 对EDA Pro2K数字系统实验装置中的FPGA器件进行在系统编程,并实际测试电路的逻辑功能。

设计课题 2:十进制加/减可逆计数器设计

● 功能要求

①设计一个模为 10 的可逆计数器,能自动实现加/减可逆计数,也能手动分别实现加、减计数。

② 用实验板上的译码显示电路,显示结果。

● 设计步骤与要求

与设计课题 1 相同。

设计课题 3:篮球竞赛 24 s 可控计时器设计

● 功能要求

① 具有 24 s 计时、显示功能。

② 24 s 倒计时,其计时间隔为 1 s。

③ 设置外部操作开关,控制计时器的直接清零、置数、启动和暂停/连续功能。

④ 计时器递减计时到零时显示器不能灭灯,同时发出报警信号。

⑤ 用实验板上译码显示电路显示结果。

● 设计步骤与要求

与设计课题 1 相同。

设计课题 4:多功能数字钟的设计

● 功能要求

与第 7.2 节的设计任务相同,但作如下修改:具有任意设定闹钟(只设定小时和分钟)的功能,即到达设定的时间发出音响,持续时间为 1 min。

● 设计步骤与要求

① 拟定数字钟电路的组成框图。在 MAX+plusⅡ 10.2 软件中,使用原理图或 Verilog HDL 输入方式,采用分层次分模块的方法设计电路。

② 设计各单元电路并进行仿真分析。

③ 输入数字钟系统的整机逻辑电路图,并选择器件,分配引脚,进行逻辑综合。

④ 对 EDA Pro2K 数字系统实验装置中的 FPGA 器件进行在系统编程,并实际测试数字钟系统的逻辑功能(用实验板上译码显示电路显示结果)。

⑤ 写出设计性实验报告。

设计课题 5:交通灯控制器的设计

● 设计内容与要求

① 设计一个十字路口交通管理信号灯控制电路,其示意图及控制器框图如图 9.6.28 所示。

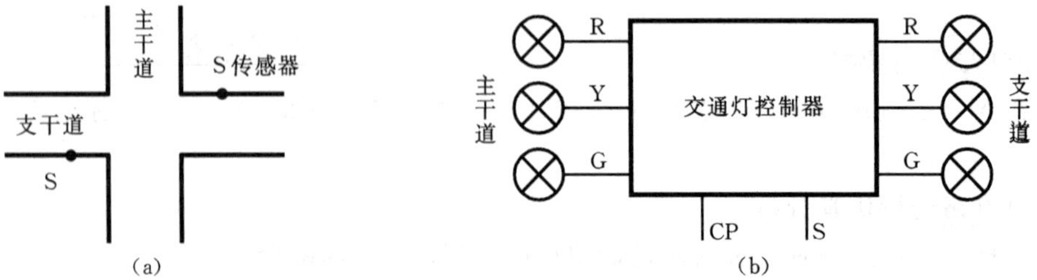

图 9.6.28 交通灯示意图及框图

(a) 交通灯示意图 (b) 交通灯简单框图

其中，S 为支干道传感器发出的请求信号，平时处于“主干道绿灯、支干道红灯”的状态。

② 要求主干道每次通行时间不少于 60s，支干道每次通行时间不超过 20s，主干道红灯、支干道黄灯，主干道黄灯、支干道红灯的持续时间为 4 s。

实验与思考题

9.6.1　叙述用可编程逻辑器件进行电路设计与开发的基本步骤。

9.6.2　什么是分层次的电路设计方法？叙述分层次设计电路的基本过程。

9.6.3　已知输入信号的频率为 32768Hz，要求输出信号的频率为 1Hz，试设计此电路。

第 10 章

综合性电子线路系统设计

内容提要 本章介绍了由模拟与数字混合、硬件与软件结合的 7 个综合性电子线路系统设计课题，如集成电路锁相环应用系统、数字相位差测量仪、红外多路遥控发射/接收系统、无线多路遥控发射/接收系统、电子琴音乐的产生与演奏电路系统、步进电机驱动控制系统、多路数据采集系统等。这些课题的要求与难度较前面几章要高，这里仅提出了电路系统的功能与技术指标的要求，给出了系统的组成框图，对部分难度较大的电路设计方法加以说明，要求读者通过自学完成整机电路的设计与装调。

10.1 集成电路锁相环及其应用电路设计

学习要求 了解数字锁相环 CC4046、高频模拟锁相环 NE564、低频锁相环 NE567 等集成电路锁相环的基本原理；学会锁相环的捕捉带、同步带及压控振荡器的控制特性等主要参数的测试方法；掌握用集成电路锁相环构成的锁相倍频、频率合成、FM 调制解调、FSK 调制解调及双音多频译码等现代通信中广泛应用的电路的设计与调试。

10.1.1 锁相环的基本工作原理

锁相环 PLL(Phase Lock Loop)的基本组成如图 10.1.1 所示。设输入信号 v_i的相位为 0，相位比较器的输出 $V_e(t)$亦为 0，则低通滤波器的输出信号 $V_d(t)=0$，压控振荡器 VCO 处于自由振荡状态，输出一个振荡频率为 f_V，相位为 θ_V的信号。当输入信号 v_i的相位为 θ_i时，θ_i与θ_V通过相位比较器进行比较，输出一个与相位差 $\Delta\theta=\theta_i-\theta_V$的大小成比例的误差电压$V_e(t)$，经低通滤波器滤除 $V_e(t)$中的高频成分，输出一个变化缓慢的控制电压 $V_d(t)$。此电压控制压控振荡器的输出相位，使 θ_V向 θ_i靠近，直到 $\Delta\theta\to0$ 或 $\Delta\theta=$常数时，环路才稳定下来，即进入锁定状态。环路锁定时，压控振荡器的输出频率 f_V与输入信号的频率 f_i相等，如果 f_i是一个高稳定的基准信号，则 f_V也具有 f_i的稳定。

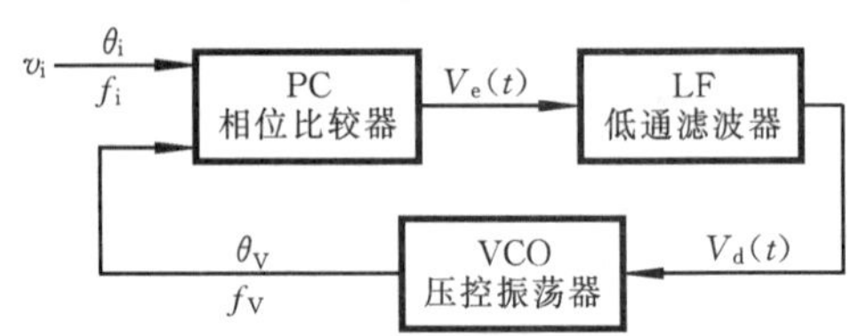

图 10.1.1 锁相环的基本组成框图

10.1.2 锁相环的主要参数与测试方法

1. 捕捉带 Δf_V

锁相环处于一定的固有振荡频率 f_V，并当输入信号的频率 f_i偏离 f_V上限值 $f_{i\max}$或下限值 $f_{i\min}$时，环路还能进入锁定，则称 $f_{i\max}-f_{i\min}=\Delta f_V$为捕捉带。

2. 同步带 Δf_L

从 PLL 锁定开始，改变输入信号的频率 f_i(向高或向低两个方向变化)，直到 PLL 失锁(由锁定到失锁)，这段频率范围称为同步带。捕捉带 Δf_V与同步带 Δf_L的测量示意图如图 10.1.2 所示。

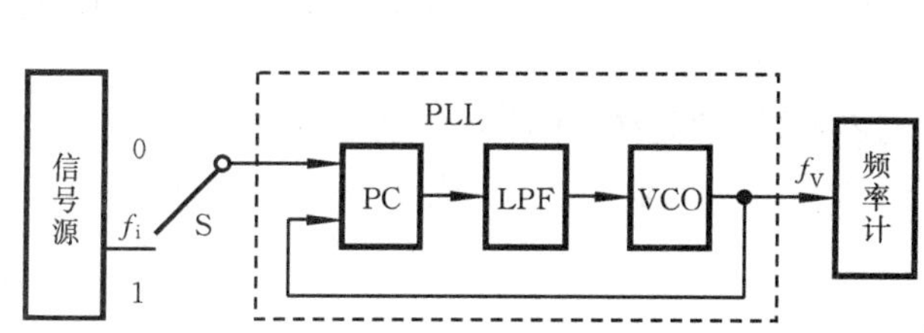

图 10.1.2 捕捉带与同步带的测量示意图

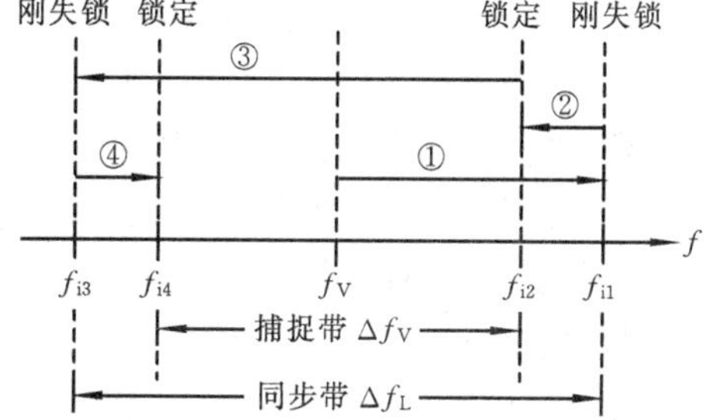

图 10.1.3 捕捉带 Δf_V 与同步带 Δf_L

测试步骤如下。

① 将开关 S 置于 0 处，这时频率计应显示 VCO 的固有振荡频率 f_V 的值。

② 将开关 S 置于 1 处，设信号源的输出电压 $V_i=200\text{mV}$，选择合适的频率 $f_i(f_i>f_V)$ 值，观察 VCO 的输出 f_V 是否变为 f_i，如果 $f_V=f_i$，则说明环路进入锁定状态。再继续增高 f_i，直到环路刚刚失锁为止，记下此时的频率 f_{i1} 的值，如图 10.1.3 的①所示。

③ 再减小 f_i 直到环路刚刚锁定为止，记下此时的频率 f_{i2} 的值（$f_V=f_{i2}$），如图 10.1.3 的②所示。

④ 继续减小 f_i 直到环路再一次刚刚失锁为止，记下此时的频率 f_{i3} 的值，如图 10.1.3 的③所示。

⑤ 再增高 f_i 直到环路刚刚进入锁定状态为止，记下此时的频率 f_{i4} 的值，如图 10.1.3 的④所示。

由捕捉带 Δf_V 与同步带 Δf_L 的定义可得：

捕捉带 $$\Delta f_V=f_{i2}-f_{i4}$$

同步带 $$\Delta f_L=f_{i1}-f_{i3}$$

分析表明[1]，捕捉带 $\Delta\omega_V$（或 Δf_V）与同步带 $\Delta\omega_L$（或 Δf_L）的表达式分别为

$$\Delta\omega_V=K_VK_P|F(S)| \tag{10-1-1}$$

$$\Delta\omega_L=K_VK_P \tag{10-1-2}$$

式中，K_V 为压控振荡器的电压频率转换增益，或控制灵敏度，

$$K_V=\omega_V(t)/V_d(t) \tag{10-1-3}$$

K_P 为相位比较器的相位电压转换增益， $$K_P=V_e(t)/\Delta\theta \tag{10-1-4}$$

$F(S)$ 为低通滤波器的传递函数， $$F(S)=V_d(t)/V_e(t) \tag{10-1-5}$$

通常低通滤波器的 $|F(S)|\leqslant 1$，故捕捉带 $\Delta\omega_V$ 通常小于同步带 $\Delta\omega_L$，即 $\Delta\omega_V\leqslant\Delta\omega_L$。

3. 压控振荡器的控制特性曲线

这是指压控振荡器的瞬时振荡频率 $\omega_V(t)$ 与控制电压 $V_d(t)$ 的关系曲线，如图 10.1.4 所示。在一定范围内，$\omega_V(t)$ 与 $V_d(t)$ 呈线性关系，可表示为

$$\omega_V(t)=\omega_V+K_VV_d(t) \tag{10-1-6}$$

由图可见，式(10-1-6)中的电压频率转换增益 K_V 就是特性曲线的斜率。当 $V_d(t)=0$ 时，压控振荡器的固有振荡频率为 ω_V。压控振荡器特性曲线的测试原理如图 10.1.1 所示。其测量步骤如下。

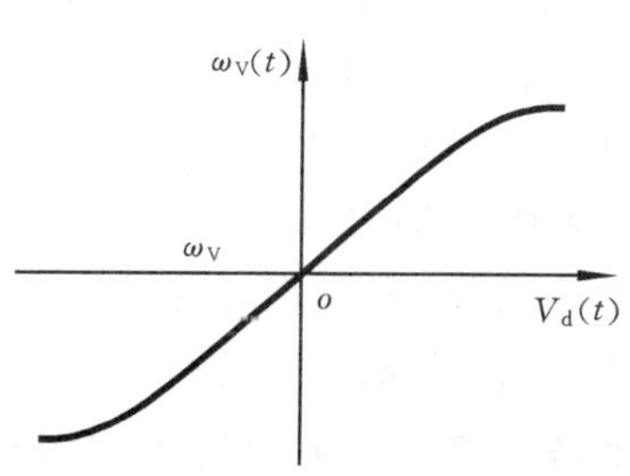

图 10.1.4 VCO 的控制特性曲线

① 将 VCO 的输入、输出与环路断开。

② 使直流控制电压 $V_d=0$,测量压控振荡器的固有振荡频率 ω_V 或 f_V,这时 ω_V 或 f_V 的值由 VCO 的外接定时电阻与电容决定。

③ 使 V_d 由 0 逐渐增大,直到线性区的临界值(注意更换 VCO 的外接定时电阻与电容)为止,测量与 VCO 对应的输出频率 ω_V 或 f_V(以表格形式记录 V_d 与 ω_V 或 f_V 的对应值,临界值附近应增加测试点)。

④ 接入负直流控制电压 V_d 重复步骤③。

⑤ 根据记录的实验数据,绘制 VCO 的控制特性曲线,确定 V_d 与 ω_V 或 f_V 的线性范围并求斜率 K_V。

注意 VCO 的固有振荡频率 ω_V 不同,所对应的控制特性曲线的斜率 K_V 也不同;VCO 的控制电压 V_d 不宜超过 PLL 的电源电压。

10.1.3 数字锁相环 CC4046 及其应用电路设计

数字锁相环 CC4046 采用 CMOS 工艺制造,其内部结构如图 10.1.5(a)所示。

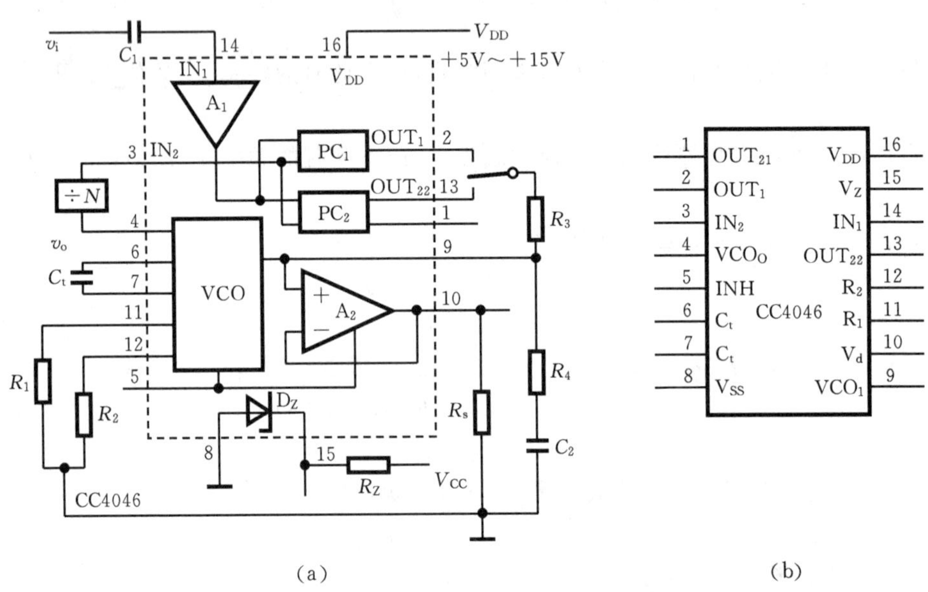

图 10.1.5 CC4046 的内部结构和引脚图

其中,放大器 A_1 对输入信号 v_i 进行放大和整形。相位比较器(鉴相器)PC_1 仅由异或门构成,它要求两个相比较的输入信号必须各自是占空比为 50%的方波;PC_2 是由边沿触发器构成的数字相位比较器,仅在两个相比较的输入信号的上升沿起作用,与输入信号的占空比无关。PC_1 具有鉴频/鉴相功能,相位锁定时,②脚输出高电平。压控振荡器 VCO 是由一系列门电路和镜像恒流源电路构成的 RC 振荡器,输出占空比为 50%的方波,固有振荡频率 f_V 由外接定时电阻 R_1、R_2 及定时电容 C_t 决定。通常情况下,$R_2=\infty$(开路),当电源电压 V_{DD} 一定时,f_V 与 R_1、C_t 的关系曲线如图 10.1.6 所示。R_3、R_4(通常 R_4 的值大于 R_3 的值)与 C_2 组成一阶低通滤波器(比例型),滤除相位比较器输出的杂波。滤波器的截止角频率为

$$\omega=\frac{1}{(R_3+R_4)C_2} \tag{10-1-7}$$

ω的高低对环路的入锁时间、系统的稳定性与频率响应等都有一定影响。通常情况下，ω越低，环路入锁的时间越快，环路带宽越窄，环路总增益越低，消除相位抖动的能力越差。因此，要根据应用时的具体要求选择ω。滤波后产生的直流误差电压V_d控制对电容C_t的充电速率，即控制VCO的振荡频率f_V。VCO的最高工作频率与电源电压V_{DD}有关，当电源电压V_{DD}为+5V时，CC4046的最高工作频率小于0.6MHz。当电源电压V_{DD}为+12V时，CC4046的最高工作频率可达到1MHz。A_2为输出缓冲器，只有当使能端INH=0时，VCO和A_2才有输出，通常情况下，⑤脚接地。稳压管D_Z提供5V的稳定电压，可作为TTL电路的辅助电源。数字锁相环CC4046的基本应用电路设计如下。

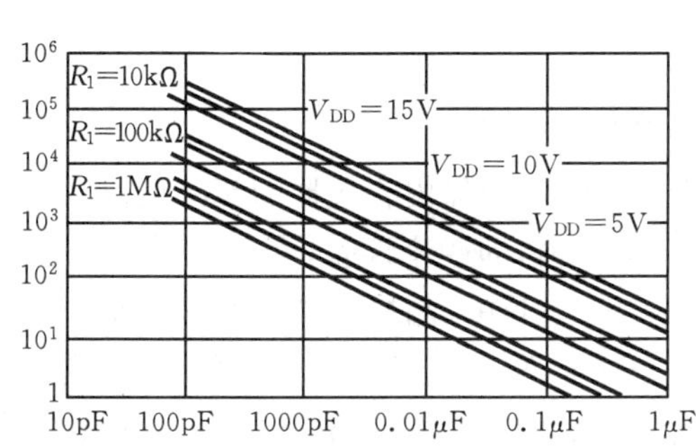

图10.1.6　$R_2=\infty$，f_V与R_1、C_t的关系曲线

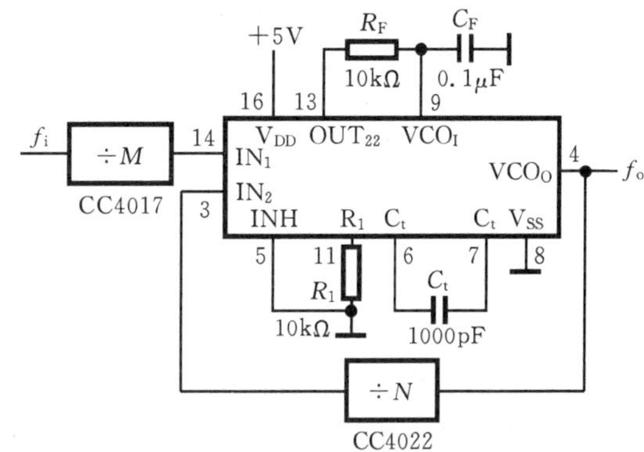

图10.1.7　锁相倍(分)频电路

1. 锁相倍(分)频

锁相倍(分)频是将一种频率变换为另一种频率，例如，将35kHz的频率变换为28kHz，或者相反。显然，用前面所学的分频或倍频电路，是无法实现的，但用锁相环则很容易实现。图10.1.7所示的为用CC4046实现任意数字的倍频或分频电路。其中，÷M和÷N是两个分频比分别为M和N的分频器。当CC4046工作在锁定状态时，则有

$$\frac{f_i}{M}=\frac{f_o}{N} \tag{10-1-8}$$

故

$$f_o=\frac{N}{M}f_i \tag{10-1-9}$$

例　实现35kHz到28kHz的频率变换的电路设计。

解　令f_i=35kHz，f_o=28kHz，由式(10-1-9)可得N/M=0.8。若选N=8，M=10，则可分别采用八进制计数/分配器CC4022和十进制计数/分配器CC4017。VCO压控振荡器的定时电阻R_1和定时电容C_t可由图10.1.6所示的曲线得到，即V_{DD}为+5V时，f_o=28kHz对应的电阻R_1=10kΩ，电容C_t约为1000pF。若f_o不为28kHz，则可进一步调整C_t的值，使输出频率f_o=28kHz。锁定时，测得CC4046各引脚的直流电压如下：

引脚	①	②	③	④	⑤	⑥	⑦	⑧	⑨	⑩	⑪	⑫	⑬	⑭	⑮	⑯
电压/V	4.9	0	1.2	3.6	0	0.8	0.8	0	1.8	0.1	0.6	2.5	1.8	0.1	4.7	5

此锁相环的工作频率不高，对环路的入锁时间的要求也不高，可选用最简单的一阶RC低通滤波器，滤波器的截止角频率

$$\omega_c=\frac{1}{R_FC_F} \tag{10-1-10}$$

取R_F=10kΩ，C_F=0.1μF时，系统比较稳定，⑨脚的杂波较小。

2. 频率合成

晶体振荡器能产生稳定度很高的固定频率。若要改变频率,则需要更换晶振。LC振荡器改换频率虽很方便,但频率稳定度又较低。用锁相环实现的频率合成器,既有频率稳定度高又有改换频率方便的优点。即用一个高稳定的晶振,可产生许多稳定度与晶振相同的频率,在现代通信中获得广泛应用。频率合成器的主要性能指标如下。

- 频率范围　频率合成器的工作频率范围,该工作频率范围可分为若干个频段,一般视用途而定。在规定的频率范围内,任何指定的频率点上,频率合成器都能工作,且满足性能指标要求。
- 频率间隔　频率合成器的输出频谱是不连续的。两个相邻频率之间的最小间隔称为频率间隔。
- 波道数　频率合成器所能提供的频率点数。
- 频率转换时间　频率转换后达到稳定工作所需要的时间。
- 频率稳定度与准确度　频率稳定度是指在规定的时间间隔内合成器的频率偏离规定值的数值;频率准确度则是指实际工作频率偏离规定值的数值,即频率误差。

图10.1.8所示的为CC4046组成的频率合成器电路。其中,晶振J_T与74LS04组成晶体振荡器,提供32kHz的基准频率;74LS90组成$\div M$分频电路,改变开关S的位置,即改变分频比M,同时也改变了频率间隔f_R/M;74LS191组成可置数的$\div N$分频电路,改变数据输入端$D_0D_1D_2D_3$的状态,即改变分频比N或波道数。

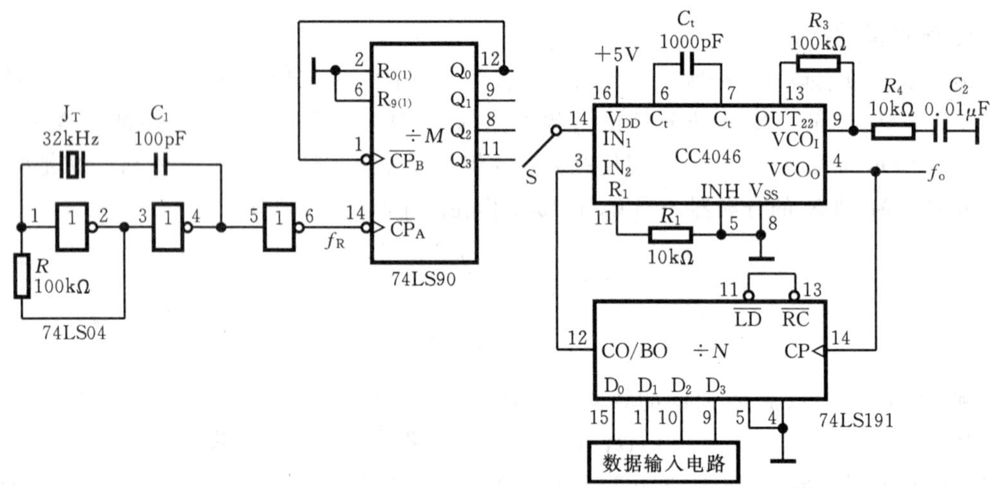

图10.1.8　CC4046组成的频率合成器

例如:设$M=2$,则频率间隔为$f_R/M=16$kHz。当

$D_3D_2D_1D_0=0000$时,$N=16$,$f_o=256$kHz;

$D_3D_2D_1D_0=0001$时,$N=15$,$f_o=240$kHz;

⋮　　⋮　　⋮　　⋮

$D_3D_2D_1D_0=1111$时,$N=1$,$f_o=16$kHz。

由此可见,此时合成器输出的频率范围为16kHz～256kHz,共有16种频率,两相邻频率间的间隔为16kHz。若$M=4$,则频率间隔为8kHz,频率范围为8kHz～128kHz。如图10.1.8所示,合成器能提供4×16=64种不同的频率值。如果采用逻辑电路控制开关S及数据输入电路，则合成器可以自动输出各种频率。合成器的频率转换时间主要由÷M和÷N这两个分频器的速度所决定。合成器的频率范围受锁相环器件的最高工作频率的限制，在实际应用中需要考虑在此频率范围内，任何指定的频率点上合成器都能工作，且满足性能指标要求。显然，在不同频段可能还要改变定时电阻R_1、定时电容C_t及低通滤波器中R_3、R_4、C_2的值，以使压控振荡器能够入锁和同步。

3. 电压/频率变换

用锁相环实现电压/频率变换（又称FM调频）或频率/电压变换（又称FM解调）的方法在信号检测、现代通信中获得广泛应用。根据压控振荡器的原理，在锁相环的输入端或VCO的电压控制端加一直流电压，则VCO的输出频率会随着输入信号瞬时电压值变化而变化，从而实现了电压/频率变换，反之亦然。图10.1.9所示的为一温度检测电路。电路工作原理如下。

温度传感器AD590（−50℃～125℃）输出线性直流电压V_T，经精密运放OP-07线性放大，从CC4046的⑨脚输入，作为压控振荡器VCO的控制电压，则④脚输出与该控制电压的大小相对应的频率值。因此，VCO的输出频率f_o与温度传感器的直流电压V_t成线性关系。若④脚接单片机接口电路，编写相应的数据采集和控制程序，即可实现温度的自动检测与控制。

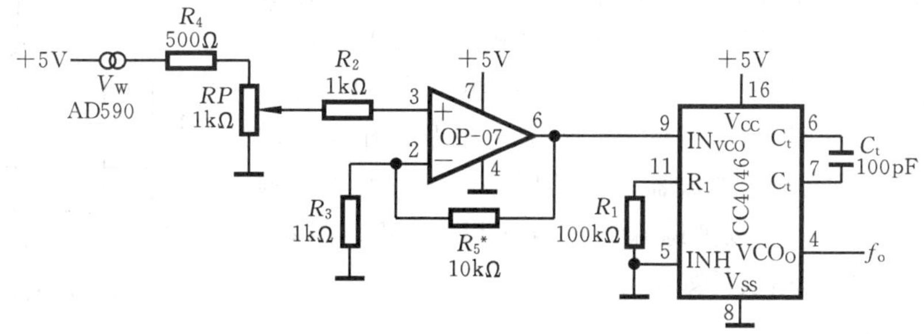

图10.1.9 电压/频率变换（温度检测）电路

电路参数设计与调试步骤如下。设电源电压V_{CC}=+5V，VCO的固有振荡频率f_V=10kHz。由图10.1.6可得，定时电阻R_1=100kΩ，定时电容C_t=100pF。电阻R_4和RP用于调整运放OP-07输入电压，R_5改变放大器的增益。调试过程是，安装如图10.1.9所示电路，调整R_1、C_t，使VCO的固有振荡频率f_V=10kHz。采用逐点法测量CC4046压控振荡器的电压控制曲线V_d～f_V，测量方法如前所述。测试温度传感器AD590输出直流电压V_T与温度（如30℃～100℃）的关系曲线（或AD590厂商提供）。调整运放OP-07的电压放大倍数以满足CC4046控制电压的要求。

注意 温度传感器AD590输出的直流电压V_T与温度的变化有可能在某一应用范围内不呈线性关系，这时可通过程序设计进行修正。

CC4046在FM调制/解调及FSK调制/解调中获得广泛应用。

10.1.4 高频模拟锁相环NE564及其应用电路设计

高频模拟锁相环NE564的最高工作频率可达到50MHz，采用+5V单电源供电，特别适用于高速数字通信中FM调频信号及FSK移频键控信号的调制、解调，无需外接复杂的滤波器。NE564采用双极性工艺，其内部组成框图如图10.1.10所示。其中，A_1为限幅器，可抑制FM调频信号的寄生调幅；相位比较器（鉴相器）PC的内部含有限幅放大器，以提高对AM调幅信号的抗干扰能力；外接电容C_3、C_4组成低通滤波器，用来滤除比较器输出的直流误差电压

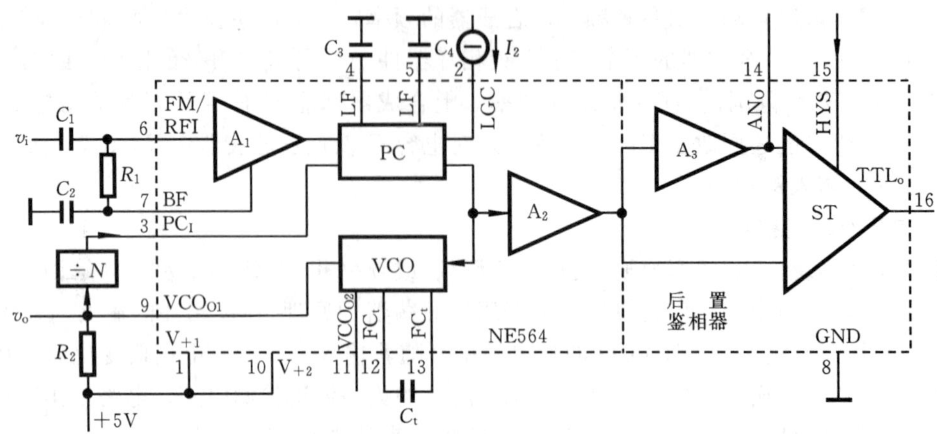

图 10.1.10 NE564 的内部组成框图

中的纹波;改变②脚的输入电流可改变环路增益;压控振荡器 VCO 的内部接有固定电阻 R($R=100\Omega$),只需外接一个定时电容 C_t就可产生振荡,振荡频率 f_V与 C_t的关系曲线如图10.1.11所示。VCO 有两个电压输出端,其中,VCO_{O1}输出 TTL 电平;VCO_{O2}输出 ECL 电平。后置鉴相器由单位增益跨导放大器 A_3和施密特触发器 ST 组成。其中,A_3提供解调 FSK 信号时的补偿直流电平及用作线性解调 FM 信号时的后置鉴相滤波器;ST 的回差电压可通过⑮脚外接直流电压进行调整,以消除输出信号 TTL_o的相位抖动。NE564 的主要应用电路设计如下。

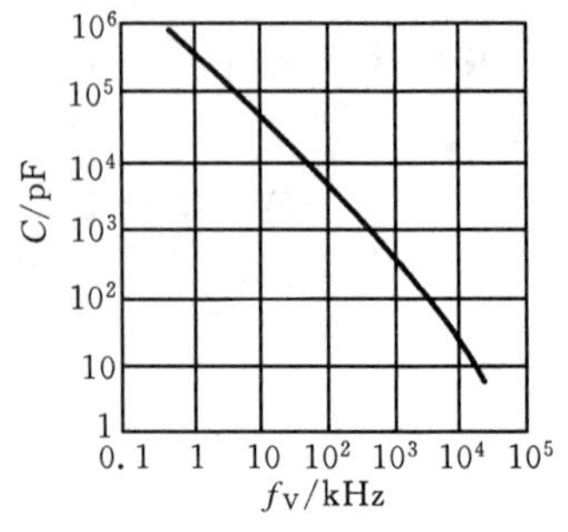

图 10.1.11 f_V与 C_t的关系曲线

1. FM 解调

NE564 组成的 FM 解调电路如图 10.1.12 所示。已知输入 FM 调频信号的电压 $V_i\geq 200\text{mV}$,中心频率 $f_o=5\text{MHz}$,调制信号的频率 $f_\Omega=1\text{kHz}$,频率偏移 Δf 大于中心频率f_o的 1%。要求 NE564 解调后,⑨脚输出 $f_o=5\text{MHz}$ 的载波信号,⑭脚输出 $f_\Omega=1\text{kHz}$ 的调制信号。元器件参数设计如下。

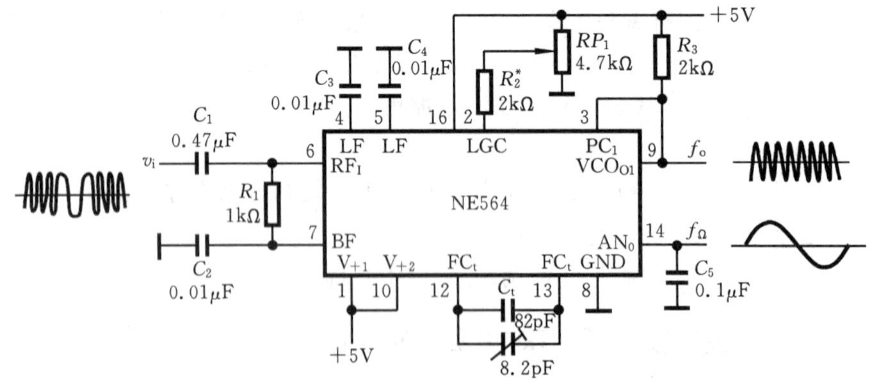

图 10.1.12 采用 NE564 组成的 FM 解调电路

C_1是输入耦合电容,R_1、C_2组成差分放大器 A_1的输入偏置电路滤波器,可滤除 FM 信号中的杂波,其值与中心频率 f_o及杂波的幅度有关。R_2(包含电位器 RP_1)对②脚提供输入电流 I_2,可控制环路增益和压控振荡器的锁定范围,R_2与电流 I_2的关系可表示为

$$R_2 = \frac{V_{CC} - 1.3\text{V}}{I_2} \tag{10-1-11}$$

I_2一般为几百微安。调整时，可先设 I_2的初值为 100μA，待环路锁定后再调节电位器 RP_1使环路增益和压控振荡器的锁定范围达到最佳值。R_3是压控振荡器输出端必须接的上拉电阻，一般为几千欧姆。C_3、C_4与内部两个对应电阻（阻值 $R=1.3\text{k}\Omega$）分别组成一阶 RC 低通滤波器，其截止角频率

$$\omega_C = \frac{1}{RC_3} \tag{10-1-12}$$

滤波器的性能对环路入锁时间的快慢有一定影响，可根据要求改变 C_3、C_4的值。压控振荡器的固有振荡频率 f_V与定时电容 C_t的关系可表示为

$$C_t \approx \frac{1}{2200 f_V} \tag{10-1-13}$$

已知 $f_V=5\text{MHz}$，则 $C_t=90\text{pF}$（可取标称值 82pF 与 8.2pF 并联获得）。C_5用来滤除解调输出信号 1kHz 中的谐波成分。如果谐波的幅度较大，还可采用 R、C 组成的 π 型滤波网络，通过调整 R 值，来达到较好的滤波效果。如果⑨脚输出的载波上叠加有寄生调幅，则可在电源端接入 LC 滤波网络。

2. FM 调制

NE564 组成的 FM 调频电路如图 10.1.13 所示。1kHz 的调制信号（电压 $V_i \geq 200\text{mV}$）从⑥脚输入，经缓冲放大器 A_1及相位比较器 PC 中的放大器放大后，直接控制压控振荡器的输出频率，因此，⑨脚输出 FM 调频信号。需要注意的是，这时相位比较器的输出端不再接滤波电容，而是接电位器 RP_2，用于调整环路增益并可细调压控振荡器的固有频率 f_V。若 $f_V=5\text{MHz}$，其电路参数与图 10.1.12 所示的基本相同。不加调制信号（$V_i=0$），NE564 锁定时，各引脚步的电压如下：

引脚	①	②	③	④	⑤	⑥	⑦	⑧	⑨	⑩	⑪	⑫	⑬	⑭	⑮	⑯
电压/V	5	1.4	0	3.6	3.8	0.8	0.8	0	0.14	5	3.2	1.8	1.8	2.8	2.3	5

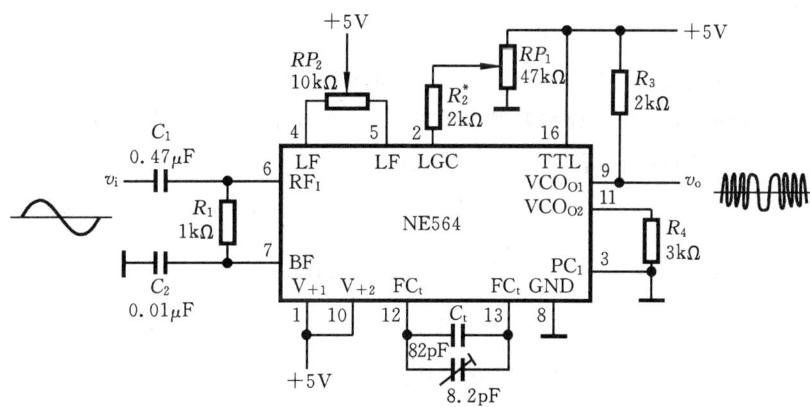

图 10.1.13　NE564 FM 调制电路

3. FSK 信号解调

NE564 特别适用于高速 FSK 移频键控信号的调制与解调，波特率可达到 1Mb/s。NE564 组成的 FSK 解调电路如图 10.1.14 所示。已知输入信号 v_i的频率 $f_i=10.8\text{MHz}\pm1.0\text{MHz}$，调制方波（或由"0"、"1"组成的矩形波）的频率 $f_\Omega=500\text{kHz}$。此时电路内部的工作原理与 FM 解调基本相同，主要区别是解调后的方波 v_o从⑯脚输出，可提供 TTL 电平。用电

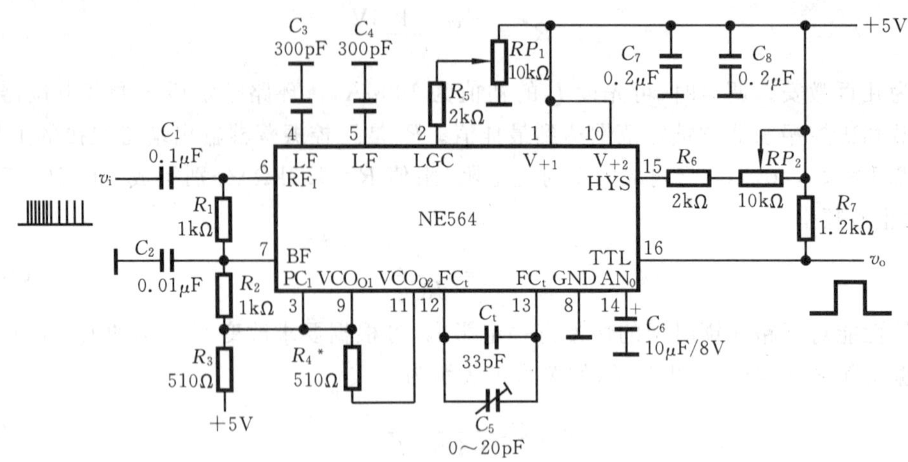

图 10.1.14 FSK 解调电路

阻 R_6 和电位器 RP_2 调整施密特触发器的回差电压,可改善输出方波的波形。R_7 是⑯脚接的上拉电阻,其值增加,也有利于改善输出波形。

该电路设计的关键是:必须使压控振荡器的频率为 9.8MHz～11.8MHz 时,NE564 锁定,这时⑯脚输出才为高电平"1";超出此范围失锁,则⑯脚输出为低电平"0"。因此,压控振荡器的固有振荡频率 f_V 和捕捉带 Δf_V 必须十分准确。由已知条件可得:压控振荡器的固有振荡频率 $f_V = 10.8$MHz,捕捉带 $\Delta f_V = f_{i\max} - f_{i\min} = 2.0$MHz。由式(10-1-13)得 $C_t \approx 43$pF,取 33pF 的固定电容与一可变电容(5pF～20pF)相并联,以便精确调整固有振荡频率,使 $f_V =$ 10.8MHz。由于调制方波的频率较高,因此,低通滤波器的截止角频率 ω_c 也要相应提高,选 $C_3 = C_4 = 300$pF。实验中还可通过观测④、⑤脚的输出波形(近似为两个反相的叠加有高频杂波的三角波),调整 C_3、C_4 的值,使波形更为清晰。电容 C_6 的作用是,滤除内部单位增益跨导放大器 A_3 输出的补偿直流电压中的交流成分,因此,对 C_6 的耐压有一定要求,通常取耐压大于电源电压的电解电容,如 C_6 选 10μF/8V 电容。

在 FSK 调制与解调电路的安装与测试中,因电路工作频率较高,需要注意以下几点。

① 布线要合理,地线尽可能形成环路以屏蔽高频干扰,加强电源滤波。

② 压控振荡器的固有振荡频率必须与载波的中心频率相等,力求测量准确。

③ 精细调节②脚的输入电流 I_2,以满足捕捉带 Δf_V 要求。

④ 如果解调输出的波形较差,可增加整型电路,如多级非门,或电压比较器等。

10.1.5 低频锁相环 NE567 及其应用电路设计

NE567 是一个高稳定的低频模拟锁相环,工作频率范围为 0.01Hz～500kHz。特别适合做低频振荡器和音频译码器。其内部组成如图 10.1.15 所示。其中,电流控制振荡器(CCO)的工作原理与压控振荡器(VCO)没有本质区别,都是受控元件。因 CCO 的集成工艺较 VCO 简单得多,目前在音响设备等专用锁相环集成电路中获得广泛应用。放大器 A_1 的输出电流控制 CCO 的振荡频率。输入信号为零时,CCO 的固有振荡频率 f_V 与定时电阻 R_t、定时电容 C_t 的关系为

$$f_V \approx \frac{1}{1.1 R_t C_t} \tag{10-1-14}$$

通常,R_t 的取值在 2～20kΩ 范围内较为合适。正交相位检测器用来检测输入信号与

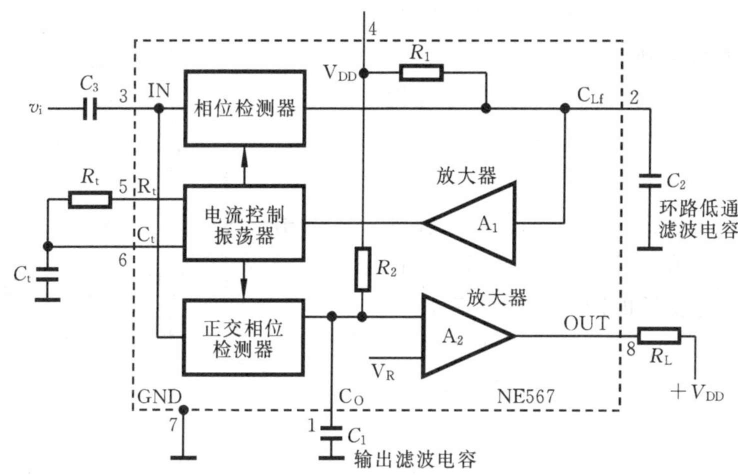

图 10.1.15 NE567 内部组成框图

CCO 的输出信号的相位差是否等于 90°，如果是，放大器 A_2 输出为低电平"0"，则说明锁相环已进入锁定状态；否则 A_2 输出为高电平"1"。放大器 A_2 具有功率输出，可通过负载电阻 R_L 提供 100mA 的输出电流。NE567 的电源电压 V_{DD} 范围为 4.75～9V，输出端电压可达 15V。NE567 的典型应用如下。

1. 精密低频振荡器

精密低频振荡器的电路如图 10.1.16 所示。电路的工作原理是：因③脚不加输入信号，NE564 内部的相位检测器就没有误差电压输出，对于电流控制振荡器 CCO，则由电源电压 V_{DD} 提供恒定电流对定时电容 C_t 充、放电，从而控制 CCO 内部的电路导通与截止，于是 CCO 工作在自由振荡状态；⑤、⑥脚分别输出方波和三角波，其波形关系如图 10.1.16 所示。振荡频率 f_V 由 R_t、C_t 决定。

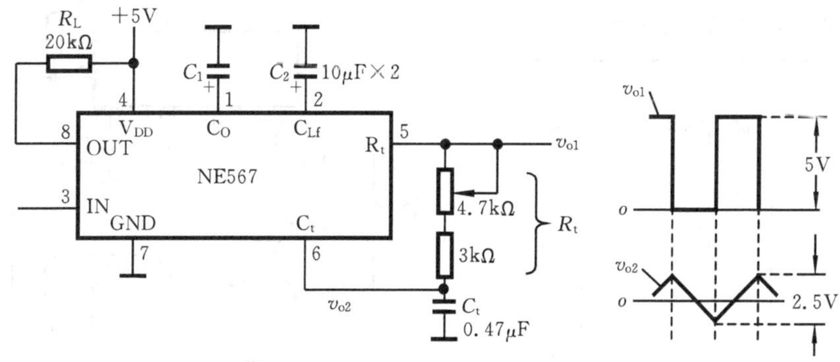

图 10.1.16 精密低频振荡器

例如，要求振荡器的输出频率 $f_V=400\text{Hz}$，由式(10-1-13)可得 $R_t\times C_t=1/(1.1f_V)$，若取 $R_t=5\ \text{k}\Omega$，则 $C_t=0.47\mu\text{F}$。在电路调试过程中，将 R_t 用 3kΩ 电阻与 4.7kΩ 的精密可调电位器相串联，可精确调整输出频率 f_V。此时环路低通滤波器电容 C_2 的作用是对电源进行滤波，一般取电解电容，如 $C_2=10\mu\text{F}$。

如果将③脚接地，⑧脚经电阻 R_L 接电源电压 V_{DD}，则⑧脚输出的方波与⑤脚相同，但相位差为 90°。因为 CCO 的输出又经过内部的正交相检测器产生了 90°的相移。此时，①脚应接输出滤波电容 C_1，取 $C_1=2C_2=10\mu\text{F}$ 以改善⑧脚的输出波形。R_L 的作用是为⑧脚提供输出电平，若 R_L 接 +15V，则⑧脚输出高电平约 15V。

2. 频率监视和控制

在通信系统中，采用 NE567 进行频率监视和控制，具有电路简单、频率准确的优点。图 10.1.17所示的就是对电话线路中 400Hz 的摘机信号进行频率监视和控制的电路。设输入信号 v_i 来自电话线，在电话摘机时，400Hz 的信号从③脚输入，若振荡器的固有振荡频率 f_V = 400Hz，则⑧脚的输出电平由"1"变为"0"。⑧脚的电平变化可以用来监视电话是否摘机或对电话的使用情况进行检测。

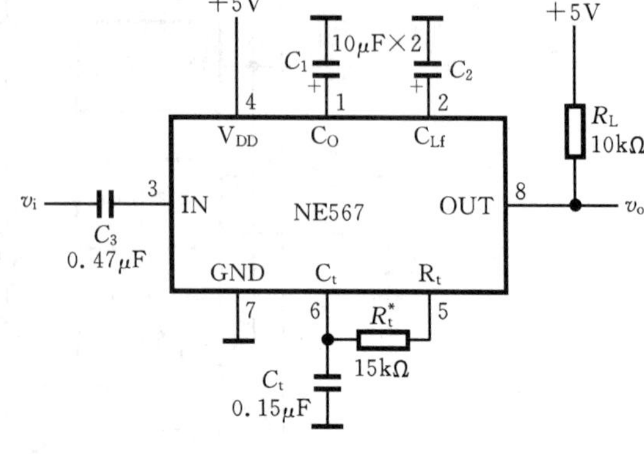

图 10.1.17 频率监视和控制

说明 输入电压 V_i 的有效值大于 20mV 时，环路才能稳定入锁，锁定范围与 V_i、f_V 及滤波电容 C_2 有关。

3. 双音多频译码

目前在通信系统中，双音多频(DTMF)技术获得广泛应用。例如，电话机的音频拨号方式是，当每一个按键按下时，对应着两个不同频率的信号在电话线上传送，如表 10.1.1 所示。反之，如果要求根据某两个频率确定对应的按键，则需要音频译码电路。图 10.1.18 所示的电路可对两个频率进行译码，例如，f_1=770Hz，f_2=1336Hz。电路的基本工作原理如下。

NE567(1)锁定在 f_1 上，NE567(2)锁定在 f_2 上。只有当输入信号中这两个频率同时来到(按键 5 起作用)时，两个 NE567 的输出均为"0"，经或非门输出为"1"，否则或非门输出为"0"。定时电阻 R_{t1}、R_{t2} 与定时电容 C_{t1}、C_{t2} 的值由式(10-1-13)求出，通常要求输入信号 v_i 的有效值为 100mV～200mV。目前已经有用于电话的双音多频音调译码器专用集成电路，如 8870 等。

表 10.1.1 双音多频拨号

高音频/Hz 按键 低音频/Hz	1029	1336	1447	1633
697	1	2	4	A
770	4	5	6	B
852	7	8	9	C
941	0	※	#	D

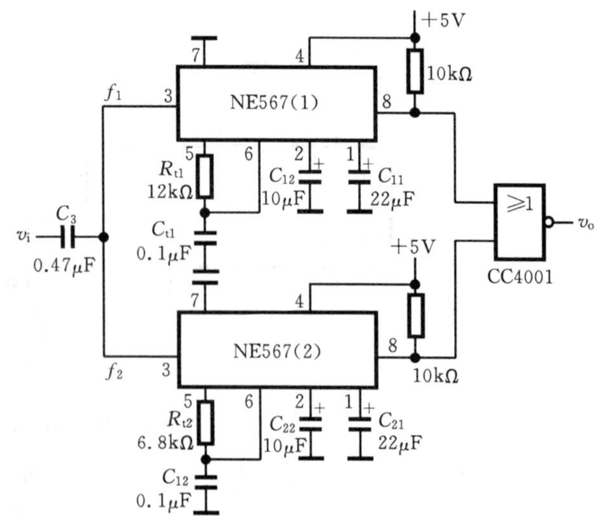

图 10.1.18 双音频译码电路

10.1.6 设计任务

设计条件 以下 4 个课题可以不受 CC4046、NE564、NE567 的限制。

设计课题 1：频率合成器设计

已知电源电压 $V_{DD}=+5V$，晶振频率为 1MHz，用 CC4046 设计一频率合成器。

● 主要技术指标　工作频率范围为 100Hz～100kHz，分为 3 个频段，即 100Hz～1kHz 频率间隔为 100Hz；1kHz～10kHz 频率间隔为 1kHz；10kHz～100kHz 频率间隔为 10kHz。

● 测试要求

① 测量 CC4046 锁定时各引脚的直流电压及压控振荡器 VCO 的控制特性曲线（注明固有振荡频率 f_V 的值），并求特性曲线的斜率 K_V。

② 测量 CC4046 锁相环的捕捉带 Δf_V、同步带 Δf_L。

③ 测量频率合成器的基准频率、工作频率范围、频率间隔及波道数。

● 频率合成器的功能扩展　实现频率显示，采用逻辑控制电路改变分频系数 M 和 N。

设计课题 2：FM 调频与解调电路设计

已知调制信号的频率 $f_\Omega=1kHz$，用 2 块 NE564 设计一 FM 调制与解调电路。

● 主要技术指标　载波频率 $f_c=6MHz$，最大频率偏移 $\Delta f_m=1MHz$，调制电路输出的 FM 调频信号的电压 $V_o \geq 200mV$；解调电路输出的 FM 解调信号的电压 $V_\Omega \geq 1V$，载波信号的电压 $V_c \geq 100mV$。

● 设计要求

① 先设计 FM 调频电路，再用调频电路的输出信号作为 FM 解调电路的输入。

② 测量 NE564 锁相环的捕捉带 Δf_V 和同步带 Δf_L，用频率计和双踪示波器监测环路的锁定与失锁。

③ 测量并观测 NE564 的静态工作点和各引脚的波形。

设计课题 3：FSK 调制与解调电路设计

在 FSK 移频数据传输中，常用多个频率来传送信息，例如，用 $f_1=10kHz \pm 0.5kHz$ 表示信息“1”，$f_2=20kHz$ 表示信息“0”。试用 CC4046 设计一 FSK 移频数据传输调制与解调电路，设传送的数字信息码为 0110（**提示**：解调电路要用到 CC4046 中的相位比较器 1）。

设计课题 4：电话机双音多频拨号与译码电路设计

已知电源电压 $V_{DD}=5V$，主要器件有：32kHz 晶振、集成电路锁相环（CC4046、NE564、NE567 任选）、3×4 键盘等。设计一个具有 0～9 十个数字按键的电话机双音多频拨号电路和双音多频译码电路。

● 设计要求

① 设计产生如表 10.1.1 所示的 8 个音频频率的振荡电路。

② 每个数字键按下时，双音多频拨号电路应输出对应的两个频率的叠加信号，用示波器进行观测。

③ 对双音多频译码电路的输出信号经译码显示电路，显示对应按键的数字。

④ 模拟电话机拨号通信。

实验与思考题

10.1.1　锁相环的捕捉带 Δf_V 与同步带 Δf_L 有何区别？实验结果如何？在实验中如何判定锁相环处于锁定和失锁状态。举例说明之。

10.1.2　VCO 的固有振荡频率 f_V 由哪些参数决定？当 f_V 改变时，锁相环的捕捉带 Δf_V 与同步带 Δf_L 是否也改变？为什么？

10.1.3 电源电压 V_{CC}对 VCO 的固有振荡频率 f_V有何影响？实验证明之。

10.1.4 数字锁相环 CC4046 的输入信号可否为模拟信号，为什么？在环路锁定时，CC4046 的①脚输出为高电平还是低电平？

10.1.5 CC4046 的定时电阻、定时电容不同时，VCO 的控制灵敏度 K_V是否相同？

10.1.6 如何判断与测量 NE564 的锁定与失锁？用实验说明之。

10.1.7 NE564 用于 FM 调频电路如图 10.1.13 所示，用实验说明 RP_2的作用。可以将 RP_2换为图 10.1.12 所示的 C_3、C_4吗？为什么？

10.1.8 观测图 10.1.14 所示的 FSK 解调电路中，④、⑤脚及⑯脚的输出波形，改变哪些参数对输出波形有影响？

10.1.9 为什么图 10.1.16 所示 NE567 的⑤、⑥脚输出的方波和三角波的幅度和电平不同？

10.1.10 将图 10.1.16 所示 NE567 的③脚接地，用示波器观测⑤、⑧脚的波形，有何不同？如果将③脚与⑤脚相连，⑤、⑧脚的波形又有何不同？为什么？

10.2 数字相位差测量仪设计

学习要求 掌握数字相位差测量仪的工作原理、设计方法和调试技术。

在实际工作中，常常需要测量两列频率相同的信号之间的相位差。例如，电力系统中电网并网合闸时，要求两电网的电信号之间的相位相同，这时需要精确测量两列工频信号之间的相位差。相位差测量仪的设计方案很多，本节将以 CMOS 低频锁相环电路和中规模数字集成电路为主，介绍一种数字显示的相位差测量仪的设计方法。

10.2.1 主要技术指标

① 被测信号的波形为正弦波、方波、三角波信号。

② 被测信号的振幅为 0.5V，频率范围为 0Hz～250Hz。

③ 相位的测量精度为 0.1°。

④ 以数字形式显示测量结果。

10.2.2 基本工作原理与组成框图

假设有两个正弦信号，其电压分别为

$$v_1 = V_{m1}\sin(\omega_1 t + \varphi_{01}) = V_{m1}\sin\varphi_1(t) \tag{10-2-1}$$

$$v_2 = V_{m2}\sin(\omega_2 t + \varphi_{02}) = V_{m2}\sin\varphi_2(t) \tag{10-2-2}$$

式中，v_1、v_2为电压瞬时值；V_{m1}，V_{m2}为电压振幅；ω_1，ω_2为角频率；φ_{01}，φ_{02}为初相角；$\varphi_1(t)$，$\varphi_2(t)$为瞬时相角。v_1与 v_2之间的相位差应等于两瞬时相角之差，即

$$\varphi_d(t) = \varphi_1(t) - \varphi_2(t) = (\omega_1 - \omega_2)t + (\varphi_{01} - \varphi_{02}) \tag{10-2-3}$$

由(10-2-3)式可知，如果两信号的角频率不相等，$\omega_1 \neq \omega_2$，则二者之间的相位差 $\varphi_d(t)$不是一个恒定值，而是随时间变化呈线性变化的。如果两信号的角频率相等，$\omega_1 = \omega_2 = \omega$，则相位差 $\varphi_d(t) = \varphi_{01} - \varphi_{02}$是一个恒定值，与时间无关，可用 φ_d表示。下面讨论两列同频率信号之间相位差φ_d的测量方法。

图 10.2.1 所示的是利用锁相环技术组成的一种相位差测量仪的框图。其工作原理是：两列同频率的信号中 f_R为基准信号，f_S为被测信号，经放大整形电路后，变成正方波信号，再经二分频电路送入由异或门组成的相位比较电路，其输出脉冲 A 的脉宽 t_p可反映两列信号的相

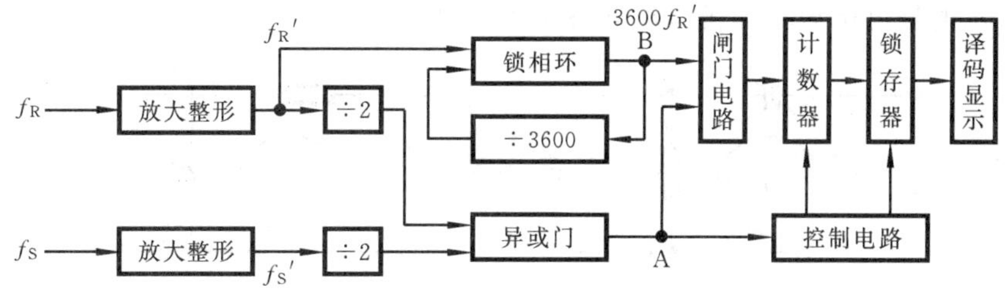

图 10.2.1　相位差测量仪组成框图

位差，其波形图如图 10.2.2 所示。

如何将相位差以数字的形式显示出来，并使测量精度达到 0.1°呢？由于两列频率相同的信号在一个周期内的相位差小于 360°，所以可将基准信号 f_R'的一个周期分成 3600 等份，即一等份对应 0.1°，用此信号作为计数器的时钟信号。如果计数器仅在 f_R和 f_S的相位差期间计数，则计数器计得的数，即为 f_R和 f_S的相位差，且测量精度为 0.1°；然后，用译码显示电路将计数结果显示出来。

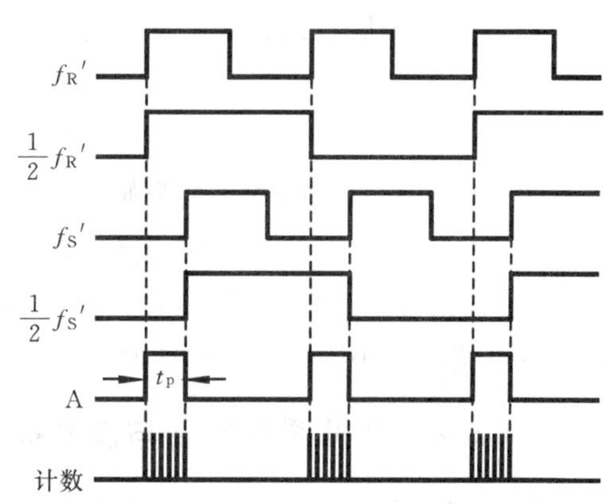

图 10.2.2　相位差测量仪的波形图

放大整形电路将输入信号进行放大，并整形成同频率的正方波 f_R'，且 f_R'的相位要和 f_R的相位一致。锁相环倍频电路将信号 f_R'进行 3600 倍频，并保持输出信号的相位与 f_R'的相位相同，所以在锁相环的反馈环路中要设置一个 $N=3600$ 的分频器，3600 的分频器可以由 3 片 CC40161(4 位二进制计数器)组成。

闸门电路的作用是控制计数器的输入脉冲，使计数器仅在两信号的相位差期间计数。

控制电路的输入信号是异或门的输出信号 A，由图 10.2.2 可知，控制电路在信号 A 的下跳沿时，要先将计数器的计数结果送入锁存器进行锁存，然后对计数器进行清零，以便计数器下一次能正常工作。控制电路可由集成双单稳态触发器 74LS221 构成。

计数器的设计应考虑以下两点。

① 确定计数器的计数方式。选用十进制计数器才能满足仪器的技术指标的要求。

② 确定计数器的模。由于两列频率相同的信号之间的相位差小于 360°，仪器的测量精度为 0.1°，所以计数器的最大计数值为 3600。

根据以上要求，选用 4 片 74LS90(二～五进制计数器)进行级联设计。

锁存器的作用是隔离计数器对译码显示电路的直接作用，如果不加锁存器，则显示器上的数字会随计数器的状态不停地变化，只有当计数器停止计数时，显示器上的数字才会稳定，所以要稳定地显示测量结果，计数器的计数结果必须经锁存器，才能送译码显示电路。根据计数器的位数，选用 2 片 74LS273(8D 触发器)进行设计，可以满足要求。

10.2.3　相位差产生电路的设计

相位差测量仪要求测量两列同频率信号之间的相位差，为了实验的方便和检测测量仪器的工作性能，可以自己设计一个相位差产生电路。电子电路中能实现移相功能的电路很多，

图 10.2.3所示的是可调的阻容式移相电路及其矢量图。

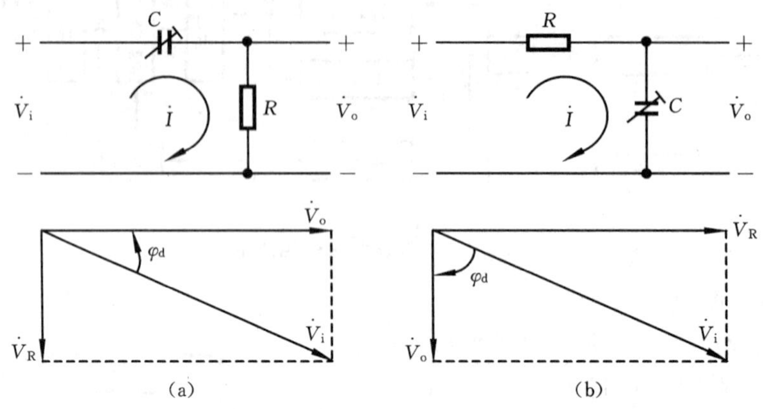

图 10.2.3 阻容式移相电路

图 10.2.3(a)所示的表明输出电压 $\dot{V}_o$超前输入电压 $\dot{V}_i$一个相位角 φ_d，且 $\varphi_d = \text{arccot}(\omega CR)$；图 10.2.3(b)所示的表明输出电压 $\dot{V}_o$滞后于输入电压 $\dot{V}_i$一个相位角 φ_d，且$\varphi_d = \text{arccot}(\omega CR)$。改变电容 C 的电容量，可以改变 φ_d的值。这种电路有简单可靠的特点，缺点是相角可调范围小于±90°，并且相角与工作频率有关。

10.2.4 整机调试步骤与技术指标测量

① 组装调试放大整形电路，检查电路的输出波形是否为正方波，其相位是否与输入信号相同。

② 用示波器检查异或门的输出是否反映了 f_R和 f_S间的相位差。

③ 组装调试锁相环倍频电路，检查锁相环外接电阻和电容所确定的压控振荡器最低振荡频率和最高振荡频率。输入信号 f_R的频率取值不同，则对应选取不同值的电阻和电容，如果输出信号的频率 $f_o \neq N f_R$或锁相环失锁，就应该调整电阻和电容参数。

④ 组装调试计数、锁存、译码显示和控制电路。用示波器检查控制电路是否在异或门输出的正矩形波的下跳沿先进行锁存，然后再对计数器清零，为下一次计数作准备。

⑤ 组装调试相位差产生电路，并用示波器测出输入信号与输出信号之间的相位差。

⑥ 整机联调。将各单元电路连接起来，从输入级到输出级，逐级检查各关键点的波形，排除故障，使电路正常工作。然后测出相位差产生电路产生的相位差，并与示波器测量的结果进行比较。

10.2.5 设计任务

设计课题：数字相位差测量仪电路设计

● 主要技术指标要求　见 10.2.1 小节。

● 主要元器件　μA741　2 片，LM393　2 片，CC4046　1 片，CC40161　3 片，74LS221　1 片，74LS386　1 片，74LS90　4 片，74LS273　2 片，74LS48　4 片，74LS76　1 片，7 段共阴极显示器　4 片。

实验与思考题

10.2.1　控制电路中产生的锁存信号与清零信号的暂稳态持续时间应如何确定？锁存信号的最长持续时间

为多少？

10.2.2 如何确定锁相环倍频电路中电阻和电容的参数值？

10.2.3 根据CC4046的工作频率等参数，你认为该相位差测量仪能测量的输入信号的最高频率是多少？如果用该仪器测量输入信号频率为500Hz的两列正弦信号之间的相位差，测量结果准确吗？

10.2.4 设计放大与整形电路应该注意哪些问题？

10.3 电子琴音乐的产生与演奏电路设计

学习要求 熟练地运用前面所学的各种基本电路组成电子琴的音乐产生与演奏电路系统。设计满足音乐功能要求的各种电子电路。

电子琴之所以受听众喜爱，是因为它能模拟各种传统乐器的音色，如笛、号、琴、颤音、和弦音等以及打击乐鼓乐、板音、沙锤等。本节介绍一种不需要按琴键就能模拟电子琴自动演奏乐曲的电子琴音乐的产生与演奏电路。若将其与5.7节介绍的音响放大器相结合，则乐曲的音响效果会更好。

10.3.1 系统基本功能

● **音乐源产生电路的功能** ①产生各个音符的频率信号；②产生低、中、高3个音区的音符；③产生多种打击乐器的音色。

● **乐曲演奏电路的功能** ①能模拟演奏多首乐曲；②自动与人工选曲；③演奏的节奏可调节。

10.3.2 系统组成框图

根据上述功能要求，设计系统基本组成框图，如图10.3.1所示。

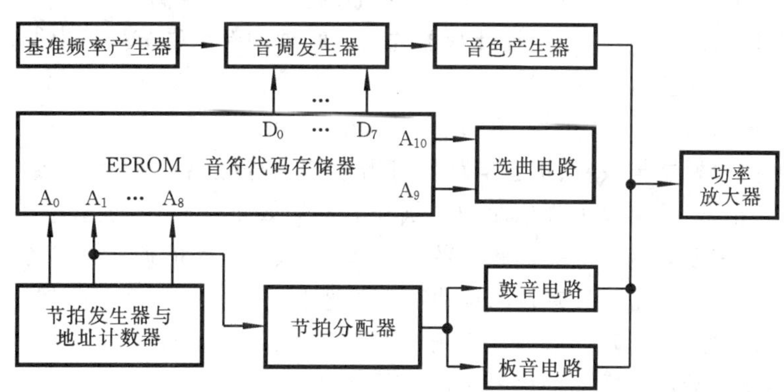

图10.3.1 电子琴音乐的产生与演奏电路系统组成框图

● **基准频率产生器** 产生基准频率 f_R。其值应根据音调发生器的频率要求决定。电路可由晶振(或RC)与反相器CC4069(或74LS04)构成时钟脉冲振荡器。振荡器输出频率的准确度主要由器件的稳定性所决定。

● **音调发生器** 音调指频率的高低。音调发生器产生各个音区与音符所对应的频率。电子琴的音区和音符与频率的对应关系如表10.3.1所示。

表 10.3.1 电子琴的音区、音符与频率(Hz)的对应关系

音符	唱名	1	1*	2	2*	3	4	4*	5	5*	6	6*	7
	音调	C	C*	D	D*	E	F	F*	G	G*	A	A*	B
音区	一	16.352	17.324	18.354	19.445	20.602	21.827	23.125	24.500	25.957	27.500	29.135	30.868
	二	32.703	34.648	36.708	38.891	41.203	43.654	46.249	48.999	51.913	55.000	58.270	61.735
	三	65.406	69.296	73.416	77.782	82.407	87.307	92.499	97.999	103.83	110.00	116.54	123.47
	四	130.81	138.59	146.83	155.56	164.81	174.61	185.00	196.00	207.65	220.00	233.08	246.94
	五	261.63	277.18	293.66	311.13	329.63	349.23	369.99	392.00	415.30	440.00	466.16	493.88
	六	523.25	554.37	587.33	622.25	659.26	698.46	739.99	783.99	830.61	880.00	932.33	987.77
	七	1046.5	1108.7	1174.7	1244.5	1318.5	1396.9	1480.0	1568.0	1661.2	1760.0	1864.7	1975.5
	八	2093.0	2217.5	2349.3	2489.0	2637.0	2793.8	2960.0	3136.0	3322.4	3520.0	3729.3	3951.1
	九	4186.0	4434.9	4698.6	4978.0	5274.0	5587.7	5919.9	6271.9	6644.9	7040.0	7458.6	7902.1

它有 9 个音区,每个音区有 12 个半音。其中,调 C、D、E、F、G、A、B 等对应 7 个白色琴键,C*、D*、F*、G*、A* 等对应 5 个黑色琴键。表中,从下至上相邻两个音区间的频率比约为 2∶1(或称 8 度音差),从右至左相邻两个音调间的频率比约 1.05946∶1。从上至下相邻 3 个音区依次称为低音区、中音区和高音区。例如,将第五区频率是 261.63Hz 的 C 调 1 音定为中音,那么低音 C 调 1 音的频率是130.81Hz,高音 C 调 1 音的频率则是 523.25Hz。规定国际标准音中音 A 调 6 音的频率为 440Hz,由此可以确定其他音符的频率值。

● 音符代码存储器　用来存储与乐曲的音符对应的数字代码及乐曲的数量。通常先将乐曲进行编码,再将其代码存储在 EPROM 存储器中。

● 节拍发生器与地址计数器　节拍发生器的振荡频率由乐曲演奏的速度所决定。演奏的速度越快,即每分钟演奏的节拍数越多,节拍发生器的振荡频率越高。反之亦然。地址计数器提供音符代码存储器的地址线,但地址计数器的输入时钟的频率受节拍发生器控制。

● 音色产生器　音色指乐音的音域范围、频谱成分及其包络特性等。音色产生器的功能是能模拟各种传统乐器如笛子、小号、双簧、风琴等的乐音。

● 打击乐节拍分配器与鼓音、板音电路　打击乐节拍分配器的作用是产生驱动打击乐器的节拍信号,如一拍击一下,以加强乐曲的气氛和节奏的效果。鼓音、板音电路能产生模拟鼓音、板音的信号,其中鼓音电路的振荡频率约几千赫兹,板音电路的振荡频率约几十赫兹。

● 选曲电路　选曲电路应具有自动选曲和人工选曲的功能。自动选曲是指系统接通电源后,自动从第一首歌曲开始演奏,然后演奏第二、第三、第四首,如此循环往复。人工选曲是指通过按键来选择某首歌曲。歌曲的序号可由数码管显示。

● 功率放大器　将音乐信号与打击乐信号相加并进行放大,再驱动功率放大器。

10.3.3 单元电路设计

1. 音调发生器设计

音调发生器产生各个音区与音符对应的频率。如果演奏一般简单乐曲,只需要产生与 3 个音区的音符对应的频率。下面以第五区(或其他音区)C 调对应的音符与频率为例,介绍如何设计音调发生器电路。表 10.3.2 所示的为第五区的音符对应的频率与代码,其中各音符的频率 f 可由基准频率 f_R 经过分频而获得,即 $f=f_R/N$。设基准频率 $f_R=33$kHz(或其他频

表 10.3.2 与第五音区的音符对应的频率与代码

音调	唱名	频率 f/Hz	分频系数 N	预置数 D	置数 H	$D_5\cdots D_0$
C	1	261.63	126	2	2	00 0010
C*	1*	277.18	119	9	9	00 1001
D	2	293.66	112	16	10	01 0000
D*	2*	311.13	106	22	16	01 0110
E	3	329.63	100	28	1C	01 1100
F	4	349.23	94	34	22	10 0010
F*	4*	369.99	89	39	27	10 0111
G	5	392.00	84	44	2C	10 1100
G*	5*	415.30	79	49	31	11 0001
A	6	440.00	75	53	35	11 0101
A*	6*	466.16	71	57	39	11 1001
B	7	493.88	67	61	3D	11 1101

率)，各音符对应的分频系数 N 与数字代码 H 由电路决定。

如图 10.3.2 所示，2 片 74LS191 构成的分频器具有 8 个置数端，输入数据 D_0～D_7来自 EPROM 存储器的数据输出端。当 74LS191(2)的 Q_3产生负跳变脉冲时，分频器的分频系数 $N=128-D$(预置数)，或预置数 $D=128-N$。将十进制数 D 转换成十六进制数 H。则置数端 D_5～D_0的二进制代码如表 10.3.2 所示。将Q_3产生的负跳变脉冲使分频器重新置数，只要置数端的代码不变，Q_3输出脉冲的频率就等于代码对应的音符的频率 f。

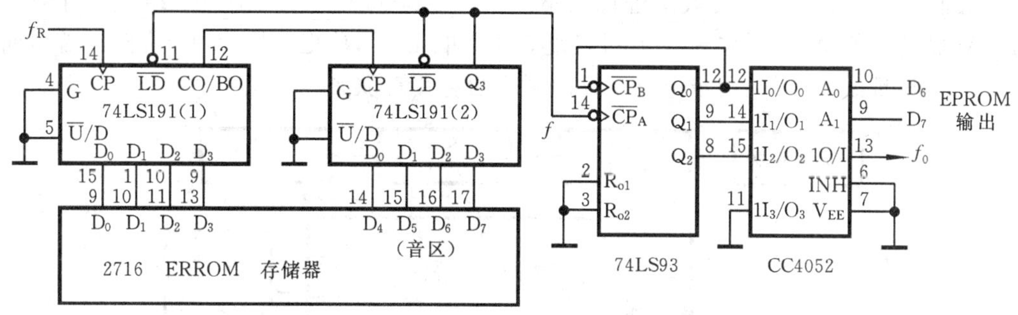

图 10.3.2 音符频率的产生与音区控制电路

音区控制电路由 74LS93 和双四路模拟开关 CC4052 组成。其中 74LS93 对输入的音符频率 f 分频，其输出端 Q_0、Q_1与 Q_2的频率分别是 $f/2$、$f/4$ 及 $f/8$ 的高、中、低 3 个音区的不同频率。EPROM 的数据输出端的高位 D_7、D_6的状态用来控制低、中、高 3 个音区及休止符 0 的选择。若设 $D_7D_6=01$ 为低音区，D7$D_6=10$ 为中音区，$D_7D_6=11$ 为高音区，$D_7D_6=00$ 为休止符 0，则 CC4052 的输出频率 f_{D1}与 Q_0、Q_1、Q_2的频率完全相同。将表 10.3.1 音符的代码 D_5～D_0与上述 3 个音区的代码 D_7D_6同时考虑，用 D_7～D_0表示。对于一般乐曲，1～7 及休止符 0 等 8 个唱名的低、中、高 3 个音区的代码如表 10.3.3 所示。根据此表就可以将简单乐曲的代码存储到 EPROM 中。

表 10.3.3 简谱唱名对应的代码

唱名	1	2	3	4	5	6	7	休止符 0
低音区	42	50	5C	62	6C	75	7D	00
中音区	82	90	9C	A2	AC	B5	BD	00
高音区	C2	D0	DC	E2	EC	F5	FD	00

例如,2/4 拍名歌“茉莉花”乐曲的第一段 3235 65$\dot{1}$6 | 53 5 6 | $\dot{1}\dot{2}\dot{3}$ $\dot{2}\dot{1}\dot{6}\dot{1}$ | 5 – | 的代码可以由表 10.3.3 产生,即

9C 90 9C AC B5 AC C2 B5 | AC 9C AC AC AC AC B5 B5 |
C2 C2 D0 DC D0 C2 B5 C2 | AC AC AC AC AC AC AC AC |

说明 因 74LS93 对输入的音符频率 f 分频,所以 CC4052 输出的 3 个音区不包括音符频率 f,比它的音要低 8 度。如果要产生包括音符频率 f 在内的 3 个音区,则图 10.3.2 所示的电路要作相应改动。

2. 节拍发生器与地址计数器设计

如上所述,可先将乐曲的代码按照乐曲演奏的顺序存放在 EPROM 存储器中,再按照地址顺序从存储器取出代码。一般乐曲的一个音符的最短音长是 1/4 拍,一个存储单元只能存放一个 1/4 拍长的音符代码。对于 1 拍的某个音符,则应将 1/4 拍长的音符的代码存放在 4 个连续的地址单元中,如上述歌曲“茉莉花”的 5 音有 2 拍,其代码 AC 占了 8 个连续的地址单元。所设计的节拍发生器与地址计数器电路如图 10.3.3 所示。其中,节拍发生器可由时基电路 555 组成振荡器,振荡频率由乐曲的演奏速度所决定。如某乐曲演奏速度为 150 拍/min,即 2.5 拍/s,1/4 拍需要 0.1s 时间,即地址线 A_0 的频率为 10Hz。因此节拍发生器的频率为 20Hz,其值应根据试听的演奏效果进行调整。2 片 74LS93 与 1 片 74LS74 组成的计数器为 EPROM 提供 9 条地址线(A_0~A_8),可寻址 512 个单元。这些地址单元用于存放一首乐曲的代码。高位地址线 A_9、A_{10} 用于选曲。2716 最多可存 4 首歌曲。

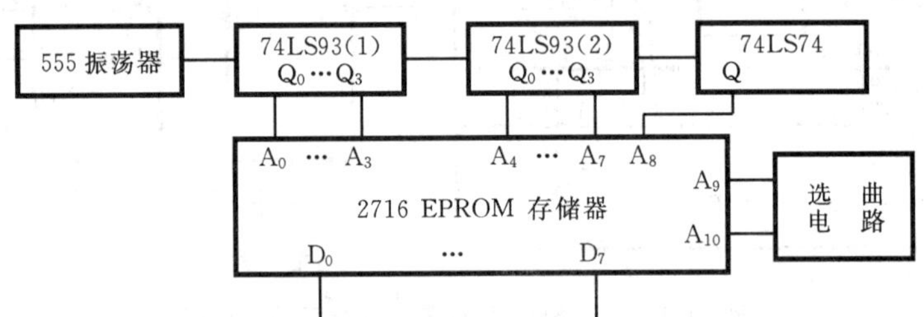

图 10.3.3 节拍发生器与地址计数器

3. 音色产生器电路设计

音色产生器产生模拟各种传统乐器如笛子、小号、双簧、风琴等的音乐。这些音乐的区别表现在发同一音符时,波形的频谱与包络特性不同。由此设计的一种简单音色产生电路如图 10.3.4 所示。其中,74LS93 的输入脉冲 CP_A 来自图 10.3.2 所示电路输出的音符的频率 f_o。其输出端 Q_0~Q_3 为 f_9 的 2、4、8 及 16 分频信号。电阻 R_1~R_{10} 组成权电阻相加网络,可产生由不同频率成分与不同幅度组成的各种波形。乐音的频谱特性有关资料表明,适当选择 R_1~R_{10} 的阻值或一定比值(与乐器标准音比较后定),可获得如图 10.3.4 所示的笛子、小号、双簧、风琴等的基本乐音。再经 R、C 滤波输出,以改善音色。

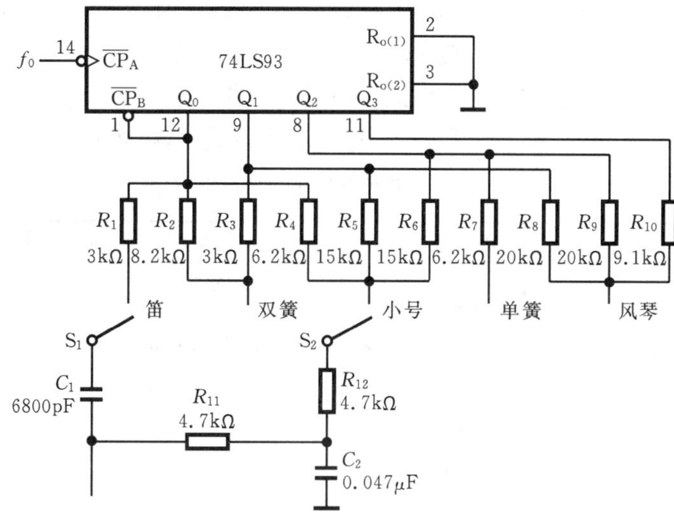

图 10.3.4　音色产生器电路

4. 节拍分配器电路设计

节拍分配器产生驱动打击乐的节拍信号，如一拍击一下，以加强乐曲的气氛和节奏的效果。如果驱动鼓音、板音电路，就能产生打击鼓音、板音的节拍。节拍分配器的电路如图10.3.5所示。其中，CC4017在节拍脉冲CP（节拍发生器或地址计数器的输出）输入作用下，可产生节拍分配脉冲 $Q_0 \sim Q_9$。二极管 D_1、D_2 及电阻 R_2 组成或门电路，该或门电路的输入为 Q_0、Q_4，再经 R_1、C_1 微分电路后产生2个节拍的正向尖脉冲，驱动板音电路。$Q_1 \sim Q_3$、Q_6 与其对应的二极管 $D_3 \sim D_5$、D_6 及电阻组成另一或门电路，产生4个节拍的正向尖脉冲，驱动鼓音电路。双4选1开关CC4052的作用是根据歌曲不同，选择不同的节拍脉冲。如 $A_1A_0=00$

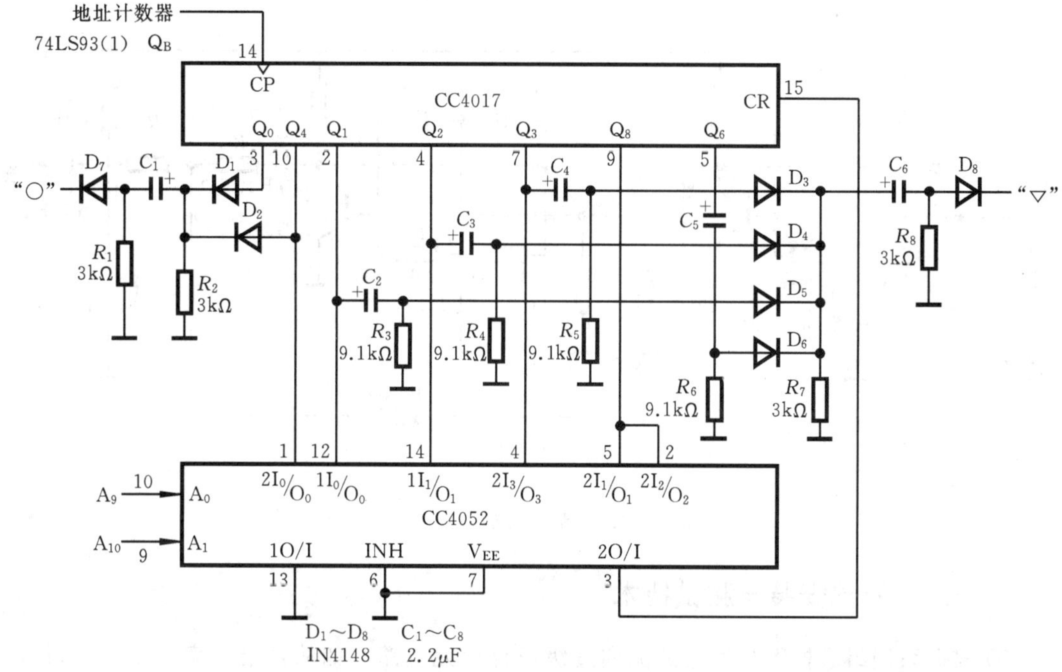

图 10.3.5　节拍分配器电路

为第一首歌曲,则输出端 2O/I、$2I_0/O_0$ 和 Q_4 端的电平一致,这时 2O/I 端的输出作为 CC4017 的清零脉冲,因此第一首歌曲将有 Q_0~Q_4 这 5 个节拍的脉冲。若 $A_1A_0=11$ 为第四首歌曲,则输出端 2O/I、$2I_3/O_3$ 和 Q_3 端的电平一致,因此第四首歌曲将只有 Q_0~Q_3 这 4 个节拍的脉冲。几种常见乐曲的演奏节拍如表 10.3.4 所示。其中,○表示弱拍(板音),▽表示强拍(鼓音)。

表 10.3.4 几种常见乐曲的演奏节拍

乐曲名	进行曲 1	华乐兹	进行曲 2	摇滚舞曲	迪斯科	探戈
Q_0	▽	▽	▽	▽	▽	▽
Q_1	○	○	○			○
Q_2		○	○	○	○	
Q_3			○	○	○	○
Q_4					▽	▽
Q_5						
Q_6					○	○

5. 鼓音与板音产生电路设计

鼓音与板音产生电路是一种振幅按照指数规律衰减的谐波振荡器,仅在受节拍脉冲的触发时才产生振荡,并随着脉冲的消失而停止振荡。这种谐波的频谱成分恰好与鼓音、板音的频谱类似。振荡电路为由晶体管组成的双 T 型 RC 振荡器,如图 10.3.6 所示。振荡频率 $f=1/(2\pi RC)$。其中,晶体管 T_1 构成板音振荡器,振荡频率 $f=1/(2\pi R_3C_1)\approx 3\text{kHz}$。

晶体管 T_2 构成鼓音振荡器,振荡频率 $f_2=1/(2\pi R_8C_4)\approx 70\text{kHz}$。适当调整电阻 R_2 与 R_7 的值,可改变振荡器的振荡频率和振荡持续时间。鼓音与板音的逼真程度还与其他元器件的取值有关系。晶体管 T_3 构成输出放大器,放大板音与鼓音信号。

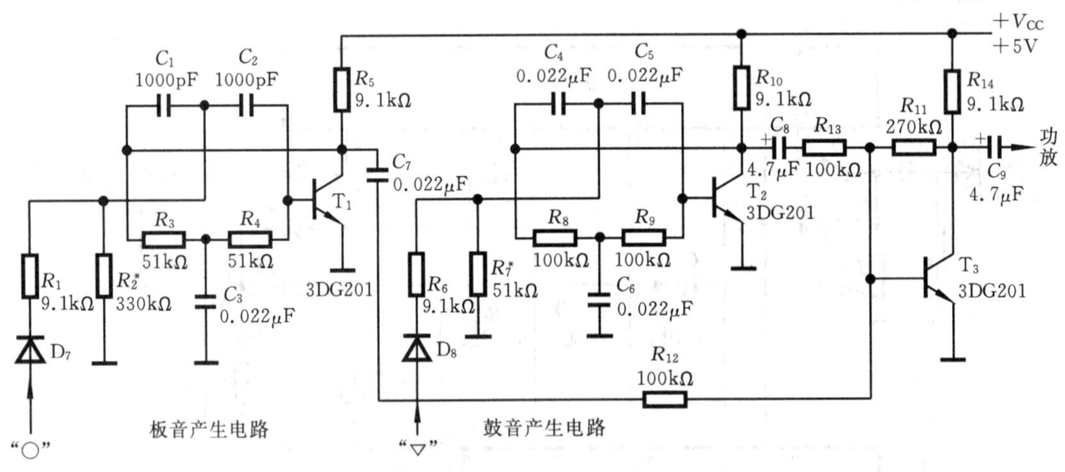

图 10.3.6 鼓音与板音产生电路

10.3.4 系统安装与测试技术

① 根据系统组成框图与信号的流向逐级设计单元电路。如从基准频率产生器的设计开始,再设计音调发生器、音色发生器等;或从节拍发生器开始,再设计地址计数器,EPROM 存

储器等。电路的设计、安装与调试同时进行。必要时可增加辅助电路。如在 EPROM 存储器的数据输出端 $D_0 \sim D_7$ 接各种颜色的发光二极管，用来指示 EPROM 的乐曲输出。既美观又可以判断节拍发生器与地址计数器以及 EPROM 是否在正常工作。

② 应注意各单元电路之间的时序配合与驱动负载的能力，必要时应增加中间级。如 EPROM 存储器的数据输出端 $D_0 \sim D_7$ 接发光二极管之后，可能出现驱动负载的能力不够，这时可增加一级由晶体管或反相器构成的驱动电路。

③ 驱动鼓音与板音电路的节拍脉冲是由 CC4017 的输出端提供的。为获得正向窄脉冲，它经过了多级 RC 微分电路与二极管限幅，其幅度变得越来越小。如果希望接发光二极管提示鼓音与板音的节奏，这时发光二极管应采用驱动电路。

④ 音色信号输出端与鼓音、板音信号的输出端各自应接音量控制电位器，以便分别调节不同乐曲的打击乐的强弱。

⑤ 乐曲的视听效果与音响设备及空间环境有关，必要时可以适当调节基准频率。

⑥ 电路逐级安装测试完成后，还必须经过系统调试，反复修改，测试系统的功能及各单元电路的性能指标。最后绘制系统的整机电路图。

10.3.5　设计任务

设计课题：电子琴音乐的产生与演奏电路设计

● **功能要求**　与图 10.3.1 所示的系统的基本功能相同。此外打击乐中还可增加其他乐音，如沙锤音(噪音)。这是一种类似于白噪声的噪音，其声音细碎，谐波非常丰富，频带很宽，一般为 3～20kHz。利用晶体管的 PN 结受反向电压击穿时产生雪崩过程，随即产生噪音。

实验与思考题

10.3.1　如果要产生包括音符频率 f_i 在内的 3 个音区，图 10.3.2 所示的电路要作哪些改动？

10.3.2　EPROM 2716 能存几首歌曲？如果采用 2764 能存几首歌曲？

10.3.3　如何设计自动选曲电路，其功能有哪些？

10.3.4　如果音调发生器不采用图 10.3.2 所示的电路，而用其他电路。试对表 10.3.2 所示的音符进行编码，并进行实验。

10.3.5　如果将图 10.3.2、图 10.3.3 及图 10.3.4 所示的 74 系列集成电路改为 CMOS 系列集成电路，这些电路应如何设计？画出电路图并进行实验，说明电路的性能有哪些改进？

10.4　多路数据采集系统设计

学习要求　掌握用单片机构成的数据采集系统的设计方法及其基本的应用程序设计技术；了解单片机应用系统的开发过程。

数据采集系统是一种通用测试系统，它可以对各种物理量(如温度、压力、转速、位移等)进行测量、存储、处理和结果输出。

10.4.1　单片机数据采集系统组成框图

图 10.4.1 所示的为单片机数据采集系统组成框图，它由传感放大器(测非电量时应采用传感器)、A/D 转换器、单片机、地址锁存器、程序存储器、数据存储器、译码显示器、D/A 转换

器及输出控制器等部分所组成。其中,单片机及其扩展部分地址锁存器、程序存储器、数据存储器、A/D转换器是数据采集系统中不可或缺的重要组成部分,其他部分则可以视系统的需要而配置。如被测量的已经是电信号,则可以不要传感放大器电路;若测量结果不作为控制信号,则可以不接D/A转换和输出控制器。

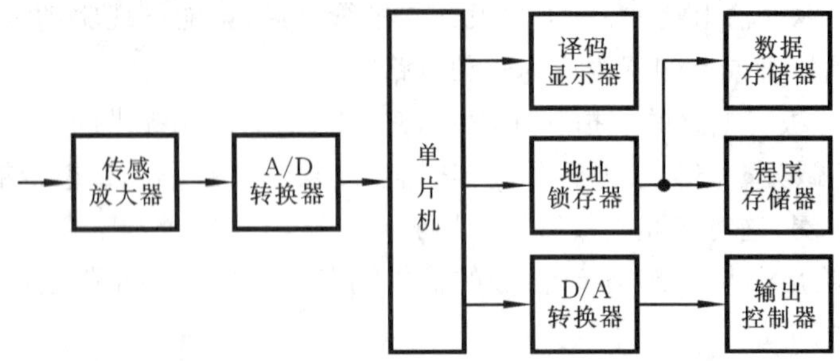

图 10.4.1 单片机数据采集系统组成框图

10.4.2 数据采集系统的电路和程序设计

图10.4.2所示电路是由8031单片机构成的一种数据采集系统。它可以完成对被测信号的采样,数据存储、计算、处理,以及信号的放大输出等功能。下面分别介绍各组成部分的工作原理及其程序设计。

1. 单片机的时钟源和复位电路设计

电容C_1、C_2和晶振(6MHz)组成8031的外部时钟源电路,将C_1、C_2和晶振组成的回路称为LC并联谐振回路,晶振起电感的作用,谐振频率由晶振的频率所决定,8031单片机的晶振可以选1.2MHz～12MHz。电容C_1、C_2的取值一般在20pF～100pF之间(在60pF～70pF时,频率比较稳定)。

复位电路由R_1C_3组成,在上电瞬间,由于电容C_3两端的电压不能突变,REST端出现高电平,只要保持10ms的高电平时间,就能可靠地使单片机复位,当晶振为6MHz时,取$C_3=22\mu F$,$R_1=1k\Omega$。

2. 程序存储器和数据存储器电路设计

EPROM2716是8031单片机的程序存储器,用于存放指令,常数及表格。其地址范围为0000H～07FFH。片选端$\overline{CS}$接地,表示2716总是处于选通状态。开机后,由8031的$\overline{PSEN}$控制$\overline{OE}$端(低电平有效),自动执行从0000H开始的程序。如果从EPROM中取常数或查表,则需要执行MOVC A,@A+DPTR指令。

RAM6116是8031单片机的数据存储器,用于存放采集的数据及数据的计算与处理结果等。它的地址范围也是0000H～07FFH,但不会与EPROM2716的地址发生冲突。因为它的片选端$\overline{CS}$是通过8031的地址线控制的。当地址线$P_{2.6}=0$时,RAM6116才选通。8031执行MOVX @DPTR,A指令可以产生$\overline{WR}$信号,将累加器A的内容送片外数据存储器。执行MOVX A,@DPTR指令可以产生$\overline{RD}$信号,将片外数据存储器由DPTR指定的地址单元中的内容送至累加器A。DPTR表示16位的地址计数器的内容,它可以通过执行MOV DPTA,#addr16指令被赋值。

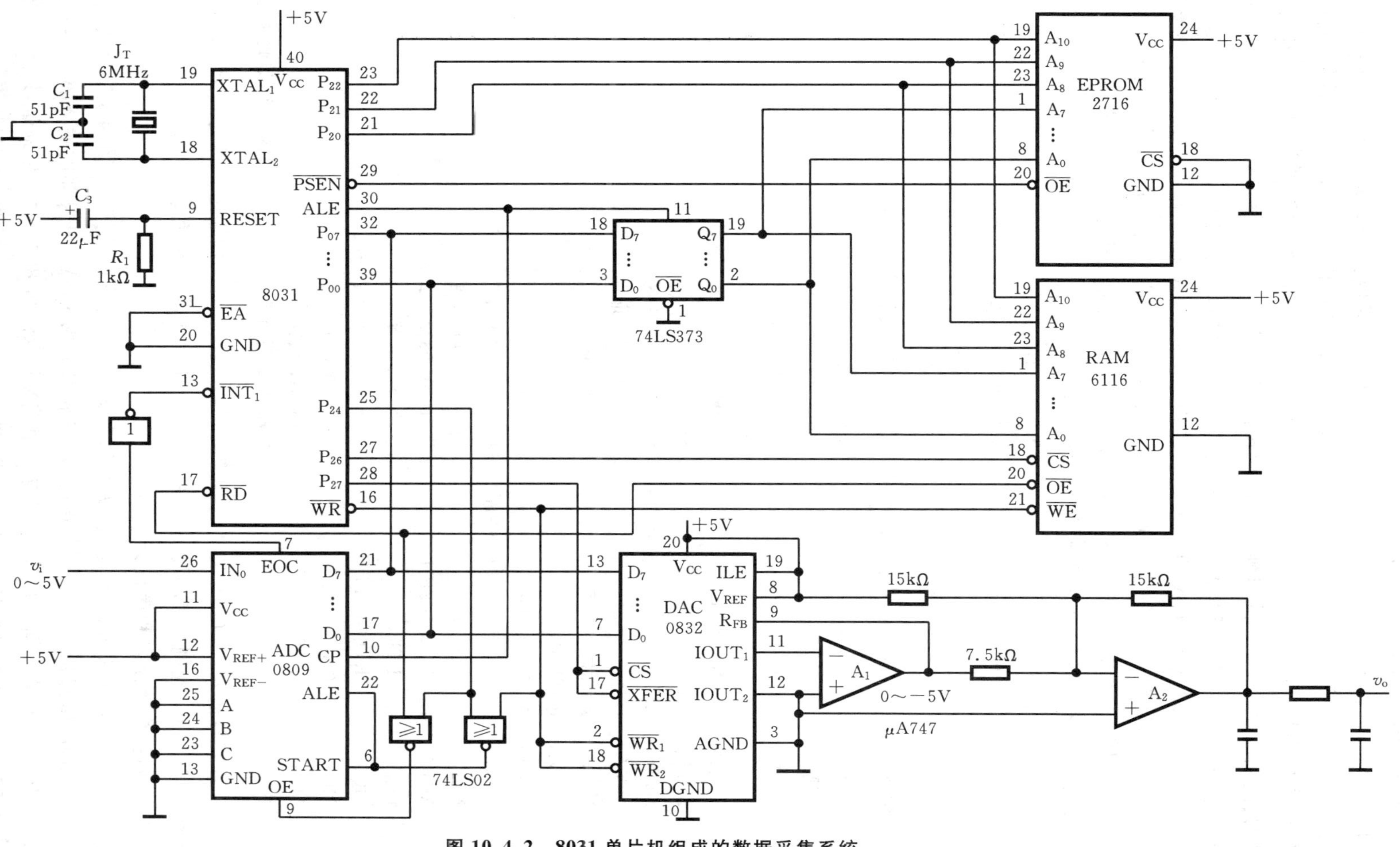

图 10.4.2 8031 单片机组成的数据采集系统

3. A/D 转换电路及其程序设计

单片机 8031、ADC0809 及或非门 74LS02 等共同组成数据采集系统的 A/D 转换电路。设有一路信号 v_i(0～5V)从 ADC0809 的 IN_0 通道输入，地址输入端 A、B、C 均接地，这时IN_0的通道地址为 00H。0809 是 8 位 ADC，对于 0～5V 的信号，其转换精度为 20mV/级。P_{24}和$\overline{WR}$、$\overline{RD}$共同组成 ADC0809 的口地址和启动转换控制信号。当 $P_{24}=0$ 时，指定 ADC0809 的端口地址为 0EFFFH；当 8031 的$\overline{WR}$来到时，0809 的 ALE 在脉冲的上升沿锁存地址信号，START 在脉冲的高电平启动 A/D 转换。在转换结束后 EOC 输出高电平，转换后的数字量锁存在 0809 内部的三态输出锁存器中。当输出允许信号 OE 为高电平时，转换结果经数据线 D_7～D_0输出。图 10.4.2 所示电路中，8031 采用了中断方式读取转换结果，也可以采用延时等待的方式读取转换结果。A/D 转换的程序如下：

```
      MOV     A,00H                 ；指定 IN0的通道号
      MOV     DPTR,#OEFFFH          ；指向 0809 的口地址
      MOVX    @ DPTR,A              ；启动 0809 转换
      LOOP:   AJMP   LOOP           ；等待转换结束
```

采用中断方式等待转换结束的 A/D 转换和 D/A 转换程序如下：

```
      ORG     0000H                 ；复位
      AJMP    START
      ORG     0013H                 ；INT1中断向量地址
      Ajmp    INT1SV                ；转中断服务子程序
      START：SETB   INT1            ；测中断响应信号是否来到
      SETB    EA                    ；开中断
      SETB    EXI                   ；允许INT1产生中断
      MOV     DPTR,#0EFFFH          ；指向 0809 口地址
      MOV     A,00H                 ；0809IN0的通道号
      MOVX    @DPTR,A               ；启动 0809 转换
      LOOP;   AJMP   LOOP           ；等待转换
      INT1SV：MOV DPTR,#0EFFFH      ；指向 0809 口地址
      MOVX    A,@ DPTR              ；读 A/D 转换的结果
      MOV     DPTR, #7FFFH          ；指向 DAC0832 口地址
      MOVX    @ DPTR,A              ；启动 0832 转换
      MOV     DPTR,#0EFFFH          ；指向 0809 以进行下一次
      MOV     A,00H                 ；A/D 转换(IN0)
      MOVX    @ DPTR,A              ；启动 A/D 转换
      RETI                          ；中断返回，进行下一次 A/D、D/A 的转换，如此周而复始
```

若有 8 路信号输入，则 0809 的通道号应为 IN_0～IN_7，对应的通道地址为 00H～07H。由低位地址线 P_{00}～P_{02}控制 A、B、C。相应的 A/D 转换程序改为 8 通道循环检测。

4. D/A 转换电路及其程序设计

单片机 8031 与 DAC0832 及运放 μA747(双运放)组成数据采集系统的 D/A 转换输出电路。其中，DAC0832 接成双缓冲工作方式，允许端 ILE 接+5V，则内部的输入寄存器可以锁存 8031 的 P_0口送来的数据。片选端$\overline{CS}$与控制端$\overline{XFER}$都与 8031 的高位地址线 P_{27}相连接，由此指定了 DAC0832 的口地址为 07FFFH。当 $P_{27}=0$ 时，由于 0832 内部的两级寄存器的$\overline{WR_1}$、$\overline{WR_2}$都与 8031 的$\overline{WR}$信号直接相连，当$\overline{WR}$来到时，DAC0832 完成一次 D/A 转换，其转

换程序如下：

```
MOV DPTR,#7FFFH          ；地址指针指向0832的口地址
MOVA,#dara               ；A/D转换的结果data送累加器A
MOVX @ DPTR,A            ；累加器A的数字量送DAC0832
```

执行 MOVX @ DPTR,A 这条指令时，可以生成$\overline{WR}$信号，DAC 0832 的输出经运放后可以得到与输入数字量成比例的模拟电压信号。

10.4.3　单片机应用系统的开发

单片机虽然是一个五脏俱全的微型计算机，但其自身并无开发能力，必须借助开发工具来开发应用软件以及对硬件系统进行诊断。

单片机应用系统的开发过程可以分为系统硬件设计、系统软件设计、系统仿真调试及系统脱机运行等4个阶段。如前所述，系统的硬件设计与软件设计工作是同时进行的，可以在设计硬件电路时编制相应电路的软件模块或子程序。系统的仿真调试工作是指修改软件模块，将软件模块链接成一个完整的满足系统功能要求的软件，并对硬件系统进行诊断。系统的仿真调试工作必须借助开发工具才能进行，目前较常见的开发工具有在线仿真开发装置，它可在计算机上调试单片机的应用程序，既能输入程序、设置断点运行、单步运行、修改程序，也能方便地查询各寄存器，I/O端口、存储器的状态和内容，还能判断硬件系统的故障。

系统应用软件调试通过后，应固化在EPROM中，然后脱机运行，即脱离开发装置，独立运行。

10.4.4　设计任务

设计课题：多路数据采集系统设计

● 主要元器件　8031单片机，EPROM2716，ADC 0809，DAC 0832，74LS373等。

● 主要功能　设有二路输入信号，第一路是0～5V的直流电压；第二路是0～1V的正弦波信号，其频率为1kHz。采用开关控制输出通道号，第一路的输出采用数字电压表测量；第二路的输出采用示波器观察。

● 设计要求

① 写出设计步骤，画出设计的整机电路图并进行安装。

② 编制系统的应用程序并在计算机上进行在线仿真调试。

③ 写EPROM。

④ 脱机运行，观察2路信号的输出结果。

实验与思考题

10.4.1　EPROM和RAM的地址单元完全重叠，为什么寻址时不会冲突？

10.4.2　设计一个能对输入电压$V_i=0\sim10$mV，最高频率$f_{max}=100$kHz的信号进行数据采集的系统，要求用数码管显示被测信号的频率、幅度，并在示波器上显示被测波形。

10.4.3　设计一个由8031单片机构成的数字频率计，要求用数码管显示被测信号的频率、周期并有自动量程转换等功能。

10.4.4　设计一个由8031单片机构成的多种波形信号的发生器，如三角波、正弦波、方波、阶梯波等。

10.4.5　设计一个由8031单片机构成的温度自动控制电路。

第 11 章

通用电子仪器及其应用

内容提要 本章主要介绍双踪示波器 COS5020 与数字实时示波器 TektronkTDS210、晶体管特性图示仪 XJ4810、失真度测量仪 BS2、频率特性测试仪 BT-3G 等通用电子仪器的原理与应用。

11.1 双踪示波器

11.1.1 双踪示波器 COS5020

1. 主要技术指标

(1) 垂直系统

● 频带宽度 DC 耦合 0Hz～20MHz;扩展×5 挡为 0Hz～15MHz。AC 耦合 10Hz～20MHz。

● 灵敏度 5mV/div～5V/div,分 10 挡,误差不超过±3%。扩展×5 挡 1mV/div～1V/div,误差不超过±5%。微调范围 2.5 倍以上,最低灵敏度可达 12.5V/div。

● 输入阻抗 电阻 1MΩ±2%,电容 25pF±2pF。

● 上升时间 17.5ns;扩展×5 挡 23ns。

● 最大允许输入电压 400V(DC+AC)峰值。

(2) 水平系统

● 扫描时间 0.2μs/div～0.5s/div,分 20 挡,误差为±3%。扩展×10 挡 20ns/div～50μs/div,误差为±10%。微调范围 2.5 倍以上,最慢扫描速度为 1.25s/div。

● 频带宽度 0Hz～1MHz。

(3) 标准信号输出(CAL)

f=1kHz,$V_{p\text{-}p}$=2V 方波。

2. 组成框图

COS5020 型双踪示波器的组成框图如图 11.1.1 所示。

3. 使用方法与应用举例

(1) 主要旋钮的作用

● CH1(X) 通道 1 垂直输入端。在 X-Y 方式时选 CH1 作 X 轴输入端。

● CH2(Y) 通道 2 垂直输入端。在 X-Y 方式时选 CH2 作 Y 轴输入端。

● VOLTS/DIV 输入衰减器。顺时针旋至 CAL'D(校正)位置时,V/div 校准到面板上的指示值。拉出时(扩展×5 挡)V/div 增大 5 倍。

● VERT MODE 垂直方式选择开关。置 CH1 或 CH2 时,单踪显示。置 DUAL 时,交替显示。置 ADD 时,显示 CH1+CH2 信号,拉出 CH2 位移旋钮时,显示 CH1－CH2 信号。拉出 CH1 位移旋钮时,为 CHOP(断续)方式。

● SOURCE 触发源选择开关。置 CH1 时,选 CH1 信号作内触发信号。置 CH2 时,选

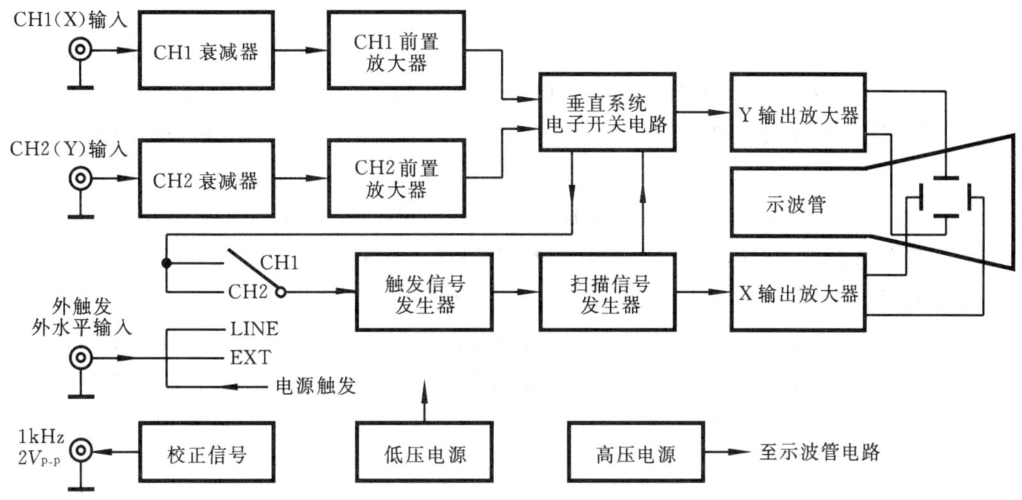

图 11.1.1　COS5020 型示波器的组成方框图

CH2 信号作内触发信号。置 LINE 时，选市电作触发信号。置 EXT 时，选 EXT TRIG 信号作外触发信号。

● COUPLING　触发信号耦合方式开关。置 AC 时，交流耦合。置 DC 时，直流耦合。置 HF REJ 时，交流耦合并抑制 50kHz 以上的高频信号。置 TV 时，触发电路连接电视同步分离电路，由 t/div 的开关选择 TV 的行或场同步信号。

TV V：0.5s/div～0.1ms/div。TV H：50μs/div～0.2μs/div。

● TIME/DIV　扫描时间选择开关。将该开关旋钮旋至 CAL′D(校正)位置时，扫描时间为面板上的指示值；拉出时，将扫描时间扩大 10 倍。

● SWEEP MODE　扫描方式选择开关。置“AUTO”时，自动扫描，无触发信号时，扫描电路处于自激状态，形成连续扫描。置“NORM”时，触发扫描，当无触发信号时，扫描电路处于等待状态，无扫描线。置“SINGLE”时，单次扫描。上述 3 个键均未被按下时，为单次扫描，按下“SINGLE”键时，复位，此时准备灯亮。

● EXT TRIG 和 EXT HOR　外触发和外水平共用输入端。当 T/DIV 旋钮置扫描挡时，作外触发信号输入端；置 EXT HOR 时，作 X 外接信号输入端，此时触发源开关应置 EXT 挡。

● LEVEL HOLD OFF　触发电平和释抑时间双重控制旋钮。在 LOCK(锁定)位置时，触发电平自动保持在最佳值。当波形复杂调“电平”旋钮不能稳定时，还要调节“释抑”旋钮。

● X-Y　当时基开关置 EXT、垂直方式开关置 CH2、触发源开关置 CH1 时，为 X-Y 工作方式。

(2) 操作步骤

① 开机前，将示波器面板上有关旋钮作如下预置。

调节“INTEN”，使辉度适当，垂直位移↕和水平位移↔旋钮居中，扫描方式置“AUTO”(自动)，电平旋钮置“LOCK”(锁定)，触发源选择置“CH1”或“CH2”，输入耦合 AC-GND-DC 置“GND”(接地)。

② 开启电源，指示灯亮，待半分钟后，荧光屏上应出现一条水平扫描线，调节辉度旋钮使扫描线亮度适中，调节聚焦旋钮使扫描线清晰可见。

③ 将 AC-GND-DC 开关置“AC”，垂直方式开关置“DUAL”，触发耦合方式开关置“AC”，

就可在 CH1 或 CH2 端输入信号进行观察和测量。

(3) 应用举例

① 测量电压。将 Y 轴衰减器微调旋钮(红色)置 CAL'D(校正)位置,这时被测电压峰-峰值等于 V/div 旋钮所指刻度值乘以波形高度(格数)。若采用 10∶1 衰减探棒时,电压峰-峰值为上述确定值再乘以 10。

② 测量时间。将 X 轴扫描时间微调旋钮置 CAL'D 位置,这时被测信号所占时间等于屏幕上显示波形的水平距离(格数)乘以时基旋钮 T/div 所指的刻度值。如果扩展×10,则所得的时间还要再除以 10。若要求测频率,则只需求出被测信号的周期 T,即 $f=1/T$。

③ 测量相位。将同频率的两信号 v_1、v_2 如图 11.1.2(a)所示,分别从 CH1 和 CH2 输入,屏幕上同时显示两路信号波形,如图 11.1.2(b)所示。调节"V/div"开关和"微调"旋钮使两波形高度相等,则两信号的相位差

$$\varphi=\frac{x_1}{x_2}\times 360^\circ$$

注意 测相位差时,垂直方式开关应工作在断续(CHOP)方式。

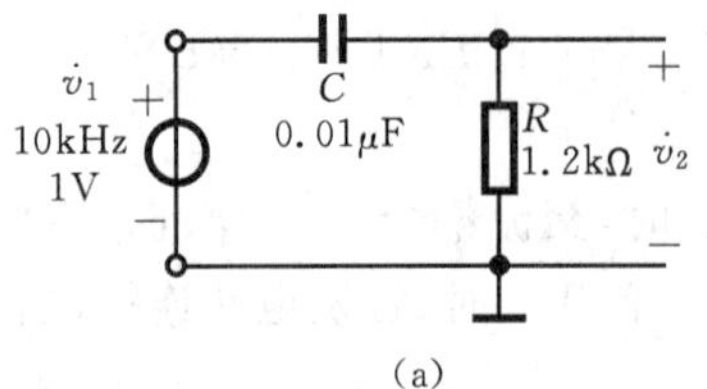

(a)

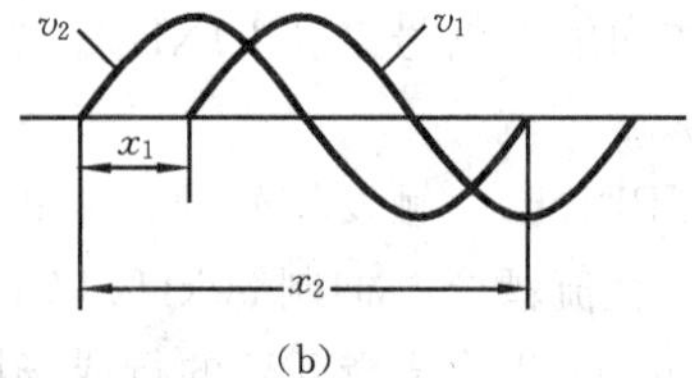

(b)

图 11.1.2 用双踪示波器测相位差

11.1.2 数字实时示波器 Tektronix TDS210

1. 主要技术指标

(1) 垂直系统

- 频带宽度 DC 耦合 0Hz～60MHz;AC 耦合 10Hz～60MHz。
- 垂直灵敏度(V/格) 2mV/格～5V/格,直流增益误差为±3%。
- 输入阻抗 电阻 1MΩ,电容 2pF。
- 上升时间 小于 5.8ns。
- 最大允许输入电压 300V。

(2) 水平系统

- 取样速率(次/秒,即 Sample/Second,S/s) 50S/s～1GS/s。
- 记录长度 每个通道获取 2500 个取样点。
- 扫描时间 5ns/格～5s/格。

(3) 标准信号输出

$f=1\text{kHz}, V_{\text{p-p}}=5\text{V}$ 方波。

2. 组成框图

TDS210 型数字实时示波器采用实时取样方式,它的基本组成框图如图 11.1.3 所示。

3. 使用方法与应用举例

(1) 屏幕显示区

屏幕显示如图 11.1.4 所示。图中的标号①"⎍"表示获取状态。②"˥"表示是否具有触

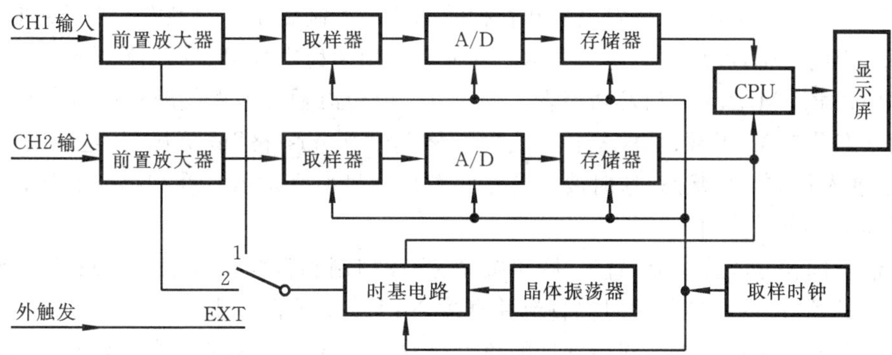

图 11.1.3　数字实时示波器基本组成框图

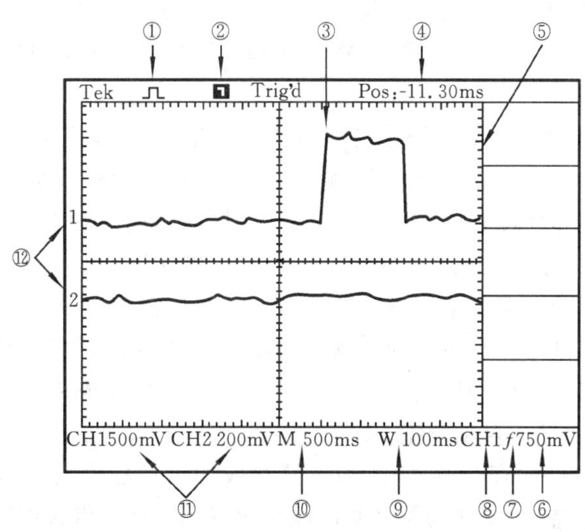

图 11.1.4　屏幕上显示的信息

发信源或获取是否停止。③ 指针表示水平触发位置。④“Pos”表示方格中心与触发位置之间的(时间)偏差。⑤ 指针表示触发电平。⑥ 读数表示触发电平的数值。⑦ 图标表明边沿触发斜率。⑧ CH1 表示用来进行触发的信源。⑨“W”读数表示视窗时基设定值。⑩“M”读数表示主时基设定值。⑪读数表示通道 1 和通道 2 的垂直灵敏度“V/格”。⑫指针表示波形的接地基准点。

(2) 面板上主要控制钮的名称和作用

● CH1 和 CH2　通道 1 和通道 2 的垂直输入端,EXT TRIG 为外触发输入端。

● VOLTS/DIV(V/格)　输入衰减器。定量测量时,需选择校正后的标尺系数。

● MATH MENU　数学值功能表。用来选择波形的数学值操作,并控制波形显示的通断。

● CH1(或 CH2)MENU　CH1 或 CH2 功能表。用来显示两通道波形的输入耦合方式、带宽及衰减系数等,并控制波形的接通与关闭。

● HORIZONTAL MENU　水平功能表。用来改变时基和水平位置并在水平方向放大波形。视窗区域由两个光标确定,通过水平控制旋钮调节。视窗用来放大一段波形,但视窗时基不能慢于主时基。当波形稳定后,可用“秒/格”旋钮来扩展或压缩波形,使波形显示清晰。

● LEVEL HOLDOFF 触发电平和释抑时间双重控制旋钮。作触发电平控制时，它设定的信号必须指向振幅，波形才能稳定显示。释抑功能用来稳定显示非周期性波形。

● TRIGGER MENU 触发功能表。触发方式分边沿触发和视频触发两种。

触发状态分自动、正常、单次三种。当"秒/格"置"100ms/格"或更慢，并且触发方式为自动时，仪器进入扫描获取状态，这时波形自左向右显示最新平均值。在扫描状态下，没有波形水平位置和触发电平控制。

触发信号耦合方式分交流、直流、噪声抑制、高频抑制和低频抑制五种。高频抑制时衰减80kHz以上的信号，低频抑制时阻挡直流并衰减30kHz以下的信号。

视频触发是在视频行或场同步脉冲的负沿触发，若出现正向脉冲，则选择反向奇偶位。

● ACQUIRE 获取方式键，分取样、峰值检测、平均值检测三种。"取样"为预设状态，它提供最快获取。"峰值检测"能捕捉快速变化的毛刺信号，并将其显示在屏幕上。"平均值"检测用来减少显示信号中的杂音，提高测量分辨率和准确度。平均值的次数可根据需要在4、16、64和128之间选择。

● AUTO SET 自动设定键。用于自动调节各种控制值，以显示可使用的输入信号。

● CURSOR 光标键。用来显示光标和光标功能表，光标位置由垂直位移旋钮调节，增量为两光标间的距离。光标位置的电压以接地点为基准，时间以触发位置为基准。

● DISPLAY 显示键。用来选择波形的显示方式和改变显示屏的对比度。YT格式显示垂直电压与时间的关系，XY格式在水平轴线上显示CH1，在垂直轴线上显示CH2。

● MEASURE 测量键。具有5项自动测量功能。选"信源"以后再确定要测量的通道，选"类型"可测量一个完整波形的周期均方根值、算术平均值、峰-峰值、周期和频率。但在XY状态或扫描状态时，不能进行自动测量。

● SAVE/RECALL 储存/调出键。用来储存或调出仪器当前控制钮的设定值或波形，设置区有1～5个内存位置。储存的两个基准波形分别用RefA和RefB表示。调出的波形不能调整。

● UTILITY 功能键。用来显示辅助功能表。通过斜面钮可选择各系统所处的状态，如水平、波形、触发等状态。可进行自校正和选择操作语言。

● 斜面钮 位于显示屏旁边的一排按钮，它与屏幕内出现的一组功能表对应，用来选择功能表项目。

(3) 操作步骤

① 开启电源，显示屏发光，并显示"启动自检"合格等字样。按任一键后，即可进行自校正和测量。

② 自校正。将所有探头从输入端断开后，按UTILITY键，选择"自校正"，以确认准备就绪。

(4) 应用举例

测量某交流电压的频率、周期均方根值、峰-峰值和平均值，其步骤如下。

① 将被测信号从CH1输入端加入，按下CH1 MENU键，通过斜面钮设定耦合为"交流"，衰减系数为"1×"，使屏幕上出现扫描线。

② 按下AUTOSET键，使屏上显示的波形清晰，高度适中。否则还要调节"V/格"和"秒/格"旋钮。

③ 若波形不稳定，则再按下HORIZONTAL MENU键，设定"主时基"，触发钮为"电平"

或“释抑”。调节 TRIGGER 旋钮，使波形稳定显示。

④ 按下 ACQUIRE 键，设定获取状态为“平均值”。

⑤ 按下 MEASURE 键，在选取“信源”确定 CH1 通道后，再选取测量“类型”，如均方根值、峰-峰值、平均值和频率。这时就可以从屏幕上直接读出被测电压的均方根值、峰-峰值、平均值和频率值。

11.1.3 实验任务

1. 测量两信号的相位差

按图 11.1.2(a)所示电路安装一 RC 相移网络，用 COS5020 或 TDS210 型双踪示波器测量 v_1 与 v_2 的相位差 φ。

2. 测量方波信号的幅度、脉宽及周期

要求如下。

① 在坐标纸上画出相移网络的输入/输出信号波形，并标上参数。

② 计算理论值 $\varphi_0=\mathrm{arctg}(1/\omega RC)$，并与实测值 φ 进行比较，求出测量误差 γ_φ，分析误差产生的原因。

③ 列表记录被测方波信号的幅度 V_m、脉冲宽度 t_p 及周期 T 的值。并在坐标纸上画出观察到的波形，标上参数。

④ 上述任务完成后，写出合格的实验报告。

实验与思考题

11.1.1 用示波器测量交流电压的大小及周期时，如何才能保证其测量精度？为什么不能用普通万用表来测量较高频率的信号电压？

11.1.2 在使用 Tektronix TDS210 型数字示波器时，如何利用光标功能和光标位移（垂直位移）旋钮来测量波形的峰-峰值电压、频率和周期？

11.1.3 用双踪示波器测量两个有相位差的电信号时，荧光屏上显示的是两个同相位的信号（即相位差为零），试分析是哪些方面使用不当造成的？

11.1.4 应该如何测试带有直流成分的交流电压信号？

11.2 半导体管特性图示仪 XJ4810

11.2.1 主要技术指标

1. Y 轴偏转因数

- 集电极电流 I_C 10μA/度～0.5A/度，分 15 挡，误差小于±3%。
- 二极管反向漏电流 I_R 0.2μA/度～5μA/度，分 5 挡，误差小于±3%。
- 基极电流或基极源电压 “⎍”1 挡。

2. X 轴偏转因数

- 集电极电压 V_{CE} 0.05V/度～50V/度，分 10 挡，误差小于±3%。
- 基极电压 V_{BE} 0.05V/度～1V/度，分 5 挡，误差小于±3%。
- 基极电流或基极源电压 “⎍”1 挡。

3. 基极阶梯信号

- 阶梯电流 0.2μA/级～50mA/级，分 17 挡，误差小于±7%。

● 阶梯电压 0.05V/级～1V/级，分5挡，误差小于±5%。

● 每族级数 1级～10级连续可调。

4. 集电极扫描信号

● 峰值电压 分0V～10V(5A)，0V～50V(1A)，0V～100V(0.5A)，0V～500V(0.1A)4挡及AC挡。

● 功耗限制电阻 0Ω～0.5MΩ，分11挡，误差小于±10%。

11.2.2 组成框图

XJ4810型图示仪的组成，如图11.2.1所示。

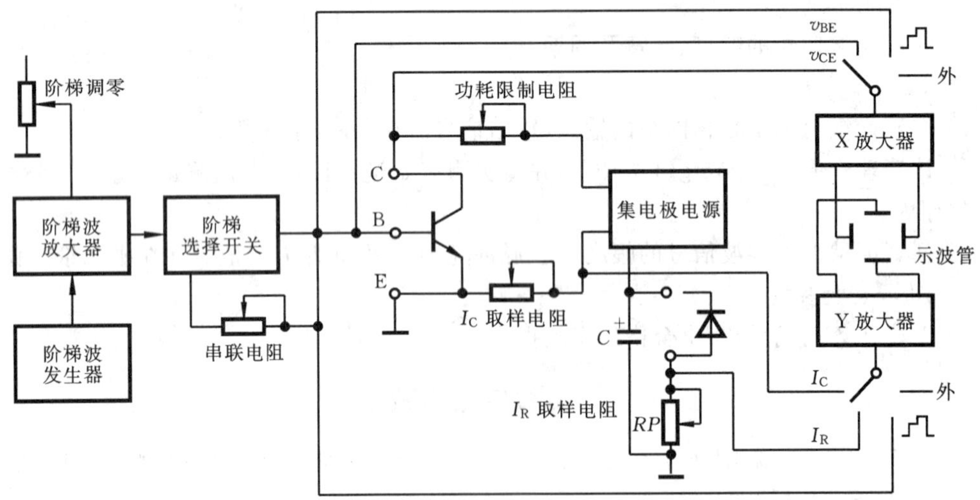

图11.2.1 XJ4810图示仪基本组成方框图

11.2.3 使用方法与应用举例

1. 使用说明

① “峰值电压”旋钮必须先旋至0值，然后由0逐渐增大，每次测试完毕，应回旋到0。

② 峰值电压范围中的“AC”按键，用来显示器件(如二极管)的正反向特性曲线。

③ 电容平衡和辅助电容平衡调节旋钮，用来减小容性电流，提高测量精度。

④ “显示”开关分四种方式。3个按键都弹出时，根据X轴、Y轴作用开关的量程进行显示；按下“转换”时，图像在屏幕坐标Ⅰ、Ⅲ象限内互换；按下“⊥”时，X、Y放大器输入端均接地，作输入为0的基准点；按下“校准”时，对X、Y轴增益作10度偏转校正。

⑤ “零电压”、“零电流”按键。按下“零电压”时，被测管基极与发射极短路，可测晶体管的V_{CES}、I_{CBS}等特性参数。按下“零电流”时，被测管的基极处于开路状态，可测量V_{CEO}、I_{CEO}等特性参数。

2. 应用举例

例1 测量晶体管3DG100的共发射极输出特性曲线及其参数。

解 根据被测管的类型和需要测量的特性参数，将面板上各旋钮按表11.2.1所示放置，插上被测管，屏幕上即可显示被测特性曲线，如图11.2.2所示。从输出特性曲线上可以测出晶体管的下列参数：

表 11.2.1　XJ4810 图示仪测量 3DG100、3AX31、3DJ6 及 BT33 特性参数时旋钮位置参考表

型　号		3DG100		3AX31		3DJ6		单结晶体管(BT33F)	
被测特性		输出特性	输入特性	输出特性	输入特性	输出特性	转移特性	基极特性	发射极特性
集电极电源	峰值电压范围/V	0～10	0～10	0～10	0～10	0～10	0～10	0～50	0～50
	峰值电压	从 0V 逐渐增大到 10V		从 0V 逐渐增大到 10V		从 0V 逐渐增大到 10V		从 0V 逐渐增大到 20V	
	极　性	+	+	−	−	+	+	+	+
	功耗电阻/Ω	250	250	250	250	1000	1000	0	100
Y	电流/度	集电极电流 I_C 1mA/度	基极电流或基极源电压⎍	I_C 1mA/度	⎍	I_C 0.5mA/度	I_C 0.5mA/度	I_C 5mA/度	I_C 5mA/度
X	电压/度	集电极电压 V_{CE} 1V/度	基极电压 V_{BE} 0.1V/度	V_{CE} 1V/度	V_{BE} 0.1V/度	V_{CE} 1V/度	⎍	V_{CE} 2V/度	V_{CE} 2V/度
阶梯信号	电压—电流	20μA/级	0.1mA/级	20μA/级	0.1mA/级	0.2V/级	0.2V/级	5mA/级	不起作用
	极　性	+	+	−	−	−	−	+	不起作用
	重复/关	重复	重复	重复	重复	重复	重复	重复	不起作用
	串联电阻	不起作用	不起作用	不起作用	不起作用	10kΩ	10kΩ	不起作用	不起作用
	级/族	10	10	10	10	10	10	10	不起作用

① 测试点 Q 处的直流电流放大倍数($V_{CEQ}=5V$ 时)

$$\bar{\beta}=h_{FE}=\frac{I_{CQ}}{I_{BQ}}=\frac{1mA/度\times 5度}{20\mu A/级\times 5级}=50$$

② 测试点 Q 处的交流电流放大倍数

$$\beta=\frac{\Delta I_C}{\Delta I_B}=\frac{1mA/度\times 1度}{20\mu A/级\times 1级}=50$$

一般情况下，晶体管的直流放大倍数$\bar{\beta}$和交流放大倍数 β 并不完全相等，由于测$\bar{\beta}$比测 β 容易些，所以在不太严格的情况下，可用$\bar{\beta}$代替 β。

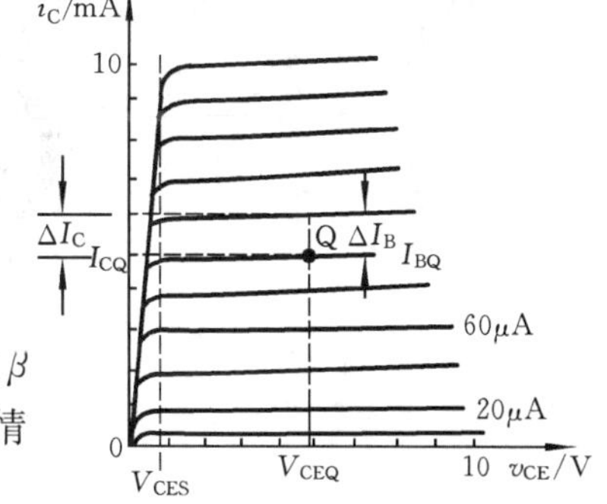

图 11.2.2　晶体管输出特性曲线

③ 饱和压降。由图 11.2.2 可见，该晶体管的饱和压降 $V_{CE(sat)}=0.8V$。

例 2　测量 3A×31 的穿透电流。

解　在测量输出特性参数的基础上，除 Y 轴“电流/度”开关置 I_C 10μA/度外，其他旋钮按表 11.2.1 放置，按下“零电流”按键，这时增大峰值电压至规定值(如−6V)，即可显示出如图 11.2.3 所示的穿透特性曲线。由图可见，该管的穿透电流 $I_{CEO}=25\mu A$。当曲线中出现回线时，可通过调节辅助电容平衡旋钮来消除。

例 3　测量 3DG100 的共发射极输入特性参数。

解　图示仪面板上各旋钮按表 11.2.1 所示放置，插上被测管，即可显示出如图 11.2.4 所示的输入特性曲线。在输入特性曲线上求 Q 点处的输入阻抗 r_{be}就是求 Q 点处切线的斜率。由图 11.2.4 所示曲线可得 Q 点处的交流输入阻抗($V_{CE}=V_{CEQ}$时)

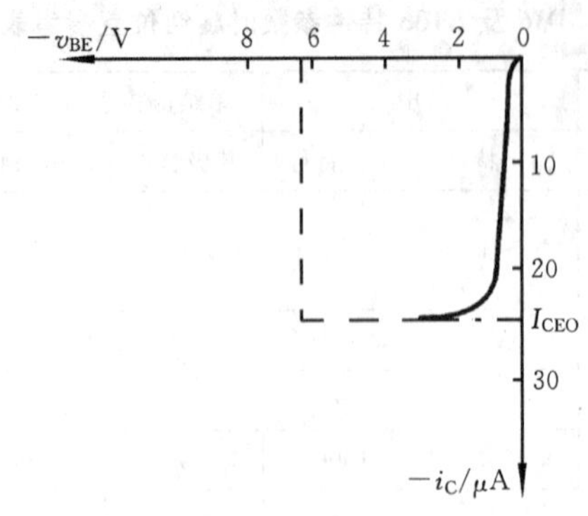

图 11.2.3 穿透电流 I_{CEO} 的测量

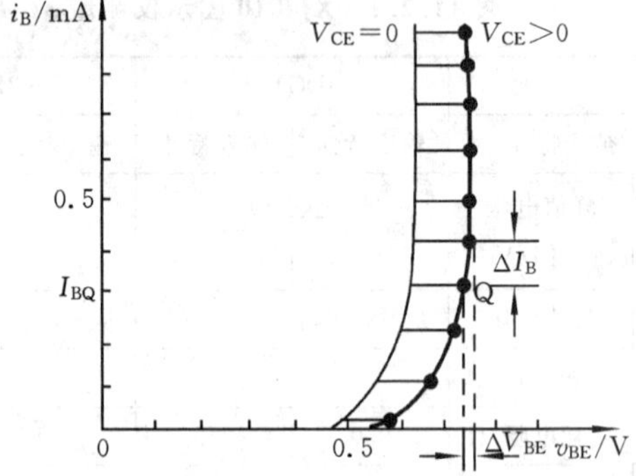

图 11.2.4 输入特性曲线

$$r_{be}=h_{ie}=\frac{\Delta V_{BE}}{\Delta I_B}=\frac{0.03\text{V}}{0.1\text{mA/级}\times 1\text{级}}=300\Omega$$

例 4 测量场效应管 3DJ6 的输出特性及转移特性参数。

解 首先将图示仪面板上各旋钮按表 11.2.1 所示放置,被测管引脚 S、G、D 按图 11.2.5(a)所示方法接入,然后逐渐增大峰值电压,即可得到如图 11.2.5(b)和(c)所示特性曲线。从该曲线上可测出场效应管的主要参数。

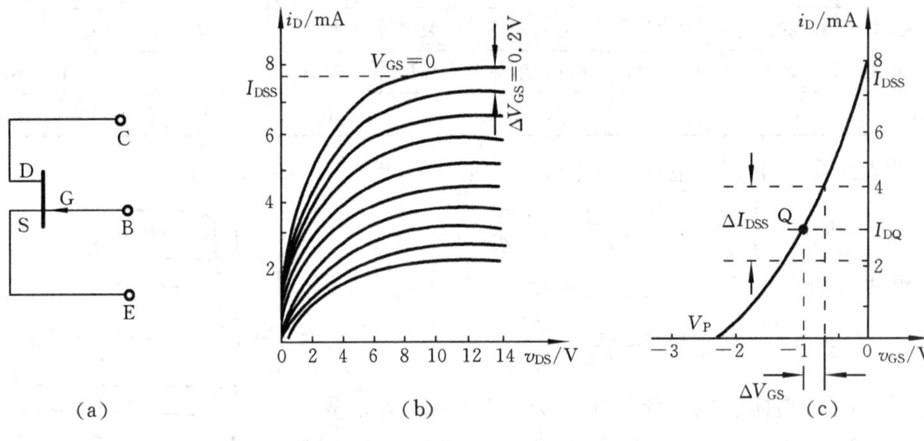

图 11.2.5 场效应管的测试

(a) 接入图 (b) 输出特性曲线 (c) 转换特性曲线

① 饱和漏电流 I_{DSS}。它是在 $V_{DS}=10$V,$V_{GS}=0$ 时对应的漏极电流 I_D值。从图 11.2.5(b)的输出特性曲线读得 $I_{DSS}=7.8$ 度×0.5mA/度=3.9mA。

② 夹断电压 V_P。它是在 $V_{DS}=10$V,I_D等于一个微小电流(50μA)时的 V_{GS}值。从图 11.2.5(c)所示的转移特性曲线读得 $V_P=-2.2$V。

③ 低频跨导 g_m。根据定义由图 11.2.5(c)可得

$$g_m=\left.\frac{\Delta I_{DS}}{\Delta I_{GS}}\right|_{V_{DS}=10\text{V}}=\frac{(4.3-2.2)\times 0.5\text{mA}}{0.6\text{V}}=1750\mu\text{S}$$

例 5 测量单结晶体管 BT33F 的基极特性和发射极特性参数。

解 单结晶体管(也称双基极二极管)有发射极 e,第一基极 b_1和第二基极 b_2。

① 基极特性参数的测量。图示仪面板上各旋钮按表 11.2.1 所示放置,被测管按图 11.2.6(a)所示方法接入。逐渐增大峰值电压,即可显示出如图 11.2.6(b)所示的基极特性曲

线。从曲线上可测得基极电阻 $R_{bb}=V_{BB}/I_{B2}\approx 20V/4mA=5k\Omega$，基极电流 $I_{B2}=28mA$。

② 发射极特性参数的测量。面板上各旋钮仍按表 11.2.1 所示放置，被测管按图 11.2.7(a)所示接入，V_{BB} 为外接电源(20V)，逐渐增大峰值电压至显示出如图 11.2.7(b)所示的发射极特性曲线。从曲线上可测得在发射极电流 $I_E=50mA$ 时，谷点电流 $I_V=3mA$，谷点电压 $V_V=2V$，峰点电压 $V_p=13V$，分压比 $\eta=(V_p-V_D)/V_{BB}=0.62$(硅管的 V_D 取 0.7V)。

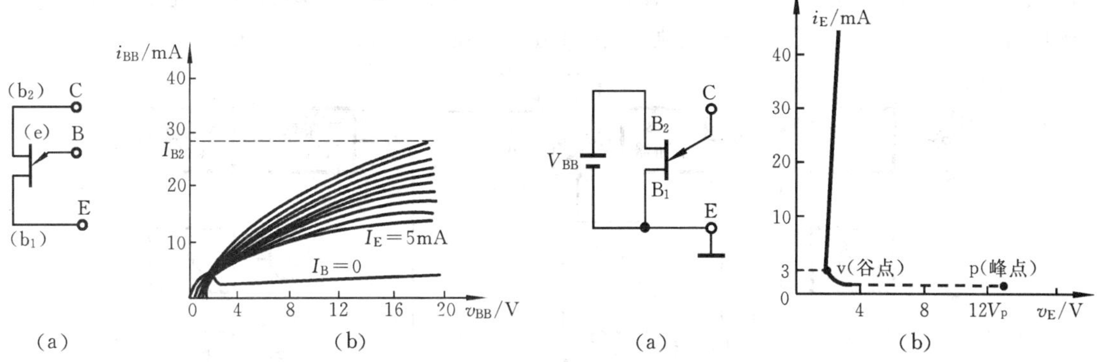

图 11.2.6　单结晶体管的基极特性　　　　图 11.2.7　单结晶体管的发射极特性

11.2.4　实验任务

实验课题　测量晶体管 3DG100 的 I/O 特性曲线及参数

● 实验要求

① 在坐标纸上画出 3DG100 的共发射极 I/O 特性曲线，标注坐标刻度及单位。

② 测出 3DG100 的 h_{FE}、β 和 $V_{CE(sat)}$ 值。

③ 测出 3DG100 的 r_{be} 值。

④ 列表整理测得的各参数值，写出合格的实验报告。

实验与思考题

11.2.1　在使用半导体管特性图示仪时，“功耗限制电阻”在测试中起什么作用？改变其阻值大小，对显示的图形会产生什么影响？应怎样选择？

11.2.2　用晶体管特性图示仪测量晶体三极管之前，为什么要进行阶梯信号零电位调整？怎样进行调整？

11.3　失真度测量仪 BS2

11.3.1　主要技术指标

1. 失真度测量

● 基波频率范围　不平衡输入时 2Hz～200kHz，分 5 挡；平衡输入时 20Hz～200kHz，分 4 挡。

● 输入信号范围　不平衡时 300mV～300V；平衡时 300mV～30V。

● 失真度范围　0.1%～100%(满刻度)。

● 失真度准确度　±10%(满刻度)±0.01%。

2. 电压测量

● 电压范围　不平衡时 1mV～300V(满刻度)；平衡时 1mV～10V(满刻度)。

● 频率范围　不平衡时 2Hz～1MHz;平衡时 20Hz～600kHz。

● 输入阻抗　不平衡时 1MΩ±5%;平衡时分两挡,600Ω±3%和 10kΩ±10%。

11.3.2 组成框图

BS2 型失真度测量仪的原理方框图如图 11.3.1 所示,它适用于不平衡(单极性)信号输入和平衡(双极性)信号输入两种情况。图中,电桥滤波电路用来滤除基波分量,电表指示的即为被测信号中高次谐波分量的总有效值,并按百分数刻度。

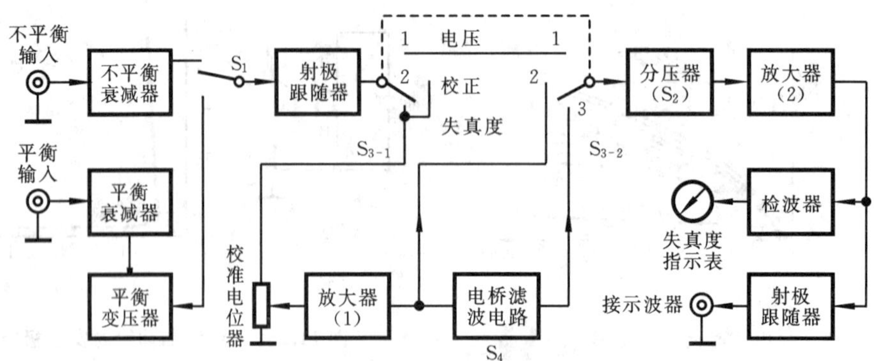

图 11.3.1　BS2 型失真度测量仪方框图

11.3.3 使用方法与应用举例

接通电源,指示灯亮。将仪器预热 15 分钟后,根据被测信号是平衡电压或不平衡电压,由不同的插口输入。

1. 失真度测量

① 将分压器开关 S_2 放在 1V(100%)挡,工作选择开关 S_3 放在“电压”挡。加入被测信号后,根据其大小改变衰减器开关的位置,使被测信号在表头上有较大幅度的指示值。

② 将工作选择开关 S_3 放在“校准”挡,分压器开关 S_2 仍在 1V 挡,调节“校准控制”旋钮,使电压表指示到满度值 1V(校准值)。

③ 将工作开关 S_3 放在“失真度”挡,频率(段)开关 S_4 放在被测信号频率的相应频段内,反复调节“调谐”、“相位”和“微调”旋钮,使电压表指示值最小。同时,分压器开关 S_2 的量程应逐渐减小,直到电表指示值最小为止,说明基波分量已被完全滤除。此时,就可根据分压器开关 S_2 所在的挡位刻度,从电压表上直接读出失真度的百分数。

④ 测试完毕,将分压器开关放回 1V 挡,工作开关放回“校准”挡,电表指示仍应在 1V 位置,否则,要重新按步骤②、③复测。

⑤ BS2 专门设有烘烤装置,当环境相对湿度大于 80%时,为减小指针晃动,应将电源开关拨到“烘”位置,预热半小时后再使用。

2. 电压测量

按照上述失真度测量中的步骤①,即可从表头上直接读出被测电压有效值,这时的失真度测量仪就当作一个电压表使用。当被测电压频率为 2～10Hz 时,阻尼开关置于“慢”挡,以减小指针晃动,一般情况下置于“快”挡。

3. 应用举例

测量音频功率放大器的谐波失真,测试步骤如下。

① 工作开关放在“电压”挡，分压器开关放在“1V”挡，衰减器开关先放在较大量程(50dB)挡位。信号发生器输出频率为 1kHz，幅度调到使被测放大器输出达到额定功率输出时的电压值。

② 将被测放大器输出端经失真度测量仪所配备的不平衡电缆线接到失真度仪的不平衡输入端，逐步减小衰减器开关的挡位，使电压表指示明显。然后再根据衰减器和分压器开关位置，从表头上读出被测电压有效值。

例如，当分压器开关置于 1V 挡，应根据表盘上第一条刻度线(0～1)读数，若此时表盘指针在 0.56 处，则应读作 0.56V(满刻度为 1V)；若此时衰减开关置于 10dB 挡，则被测电压的有效值为 $0.56\times\sqrt{10}\approx1.77$V；若分压器置于 3V 挡时，则应根据第二条刻度线(0～3)读数。

③ 将衰减器开关和频段开关仍放在与被测电压相当的位置，分压器开关放在 1V 挡。然后按照上述失真度测量中的步骤②、③、④进行测试，即可从电压表盘上直接读出失真度的百分数。

例如，当分压器开关在 1%挡，应根据第一条刻度线(0～1)读数，若此时指针在 0.82 处，则应读作 0.82%。若分压器开关在 3%挡时，应根据第二条刻度线(0～3)读数。

11.3.4　实验任务

实验课题 1　测量不平衡电压

从低频信号发生器的输出端分别输出频率为 20Hz、50Hz、1kHz、10kHz、20kHz，电压峰-峰值为 15V、10V、5V、0.5V、0.05V 的不平衡输出信号电压(同时以信号发生器的幅度显示或外接示波器监测比对)，用失真度测量仪的电压挡进行测试。

实验课题 2　测量正弦波的失真度

从低频信号发生器的输出端分别输出频率为 400Hz、1kHz、5kHz、10kHz，电压峰-峰值为 10V 的不平衡输出信号电压(同时用信号发生器的幅度显示或外接示波器监测比对)，用失真度测量仪的校准、失真度挡进行测试。

● 实验要求　分别记录失真度测量仪在测量电压和失真度时，仪器面板上主要控制开关的位置，列表整理测试数据。

实验与思考题

11.3.1　当失真度测量仪的工作选择开关置于“校准”挡时，失真度测量仪测得的是什么电压值？当选择开关置于“失真度”挡时，失真度测量仪测得的又是什么电压值？

11.3.2　为什么失真度测量仪在进行失真度测量前和测量后都必须进行校准？

11.4　频率特性测试仪 BT-3G

11.4.1　主要技术指标

● 扫频范围　2Hz～300MHz，中心频率 2Hz～250MHz。

● 输出电压　在 0dB 衰减时，75Ω 终端为 0.3V±10%。

● 输出阻抗　75Ω。

● 频率标记　50MHz、10MHz 复合，10MHz、1MHz 复合及外接 3 种。

11.4.2 组成框图

BT-3G 型扫频仪的组成框图如图 11.4.1 所示。

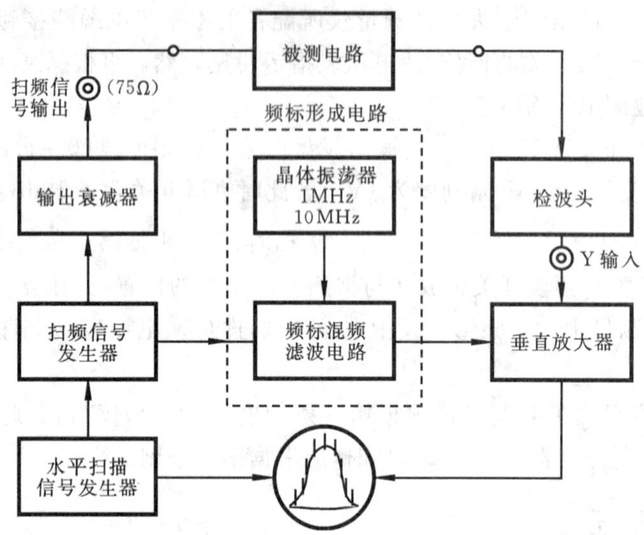

图 11.4.1 BT-3G 扫频仪原理方框图

11.4.3 使用方法与应用举例

1. 使用方法

(1) 使用前的检查

① 接通电源,调好辉度和聚焦,扫描线应明亮平滑。

② 极性开关“+”、“−”和 AC、DC 视输入信号而定。

③ 检查工作频率和扫频宽度。置衰减器于 0dB,机箱底部通断开关置“通”,频标选择置 50MHz、10MHz 挡。将与 Y 输入相接的检波头直接与扫频输出(75Ω)相连,调整 Y 增益,使屏幕上显示一定高度的方框。再将中心频率旋钮按顺时针方向转动到底,屏幕上应出现零拍,如图 11.4.2 所示。调节扫频宽度为最大(扫宽旋钮按顺时针方向转到底),再将中心频率旋钮按逆时针方向转动到底,以 50MHz、10MHz 频标依次读数,最高处频率应高于 300MHz,屏幕中央左侧为 250MHz。

④ 检查频标。将频标选择置 50MHz、10MHz 挡,扫频宽度最大,基线上应呈现 50MHz、10MHz 菱形频标,调节“中心频率”旋钮,自零拍起至 300MHz 范围内,频标应分得清。将频标选择置 10MHz、1MHz 挡,扫频宽度为 20MHz,调节中心频率旋钮,全频段内频标也应分得清。

⑤ 检查扫频线性。将频标选择置 50MHz、10MHz 挡,扫频宽度为 100MHz,调节中心频率旋钮,使频标如图 11.4.3 所示,则扫频非线性系数 $\gamma=\frac{A-B}{A+B}\times100\%$应小于±10%,扫频宽度为 20MHz 时,$r$ 也应小于±10%。

⑥ 检查输出电平平坦度。将检波头与扫频输出相连,调节扫频宽度为 100MHz,输出衰减置 0dB,调“↕”和“Y 增益”旋钮,使方框高约 6 格,调中心频率旋钮,自零拍至 300MHz 内找

出最大幅度 A，增加 1dB 衰减时，记下幅度 A 跌落至 B 的位置。恢复衰减器 0dB 时，全频段内，扫频电压波动应落在 A 和 B 之间，如图 11.4.4 所示。

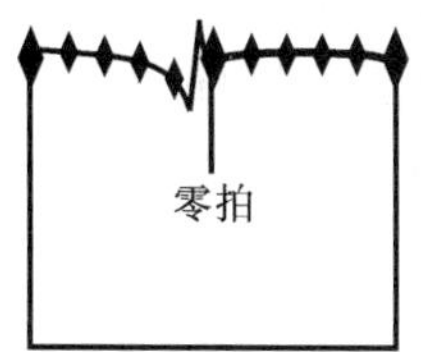

图 11.4.2　检查中心频率

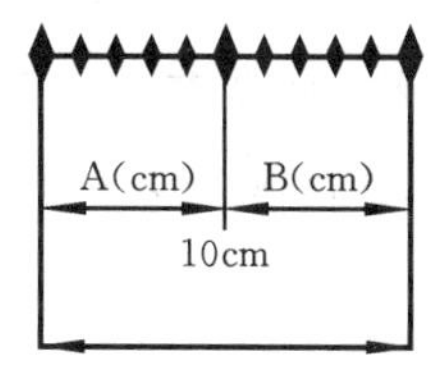

图 11.4.3　检查扫频线性

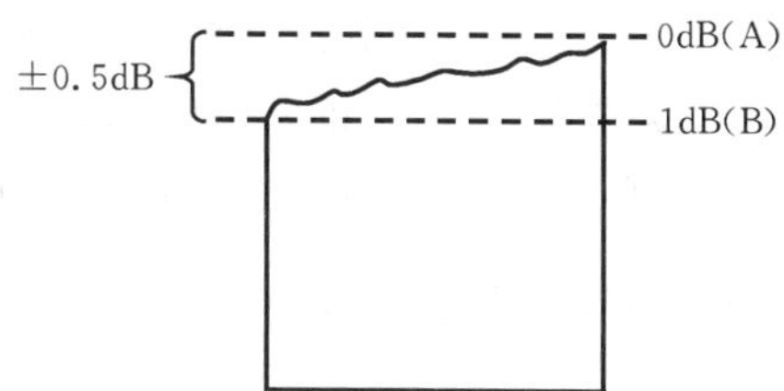

图 11.4.4　检查输出电平平坦度

(2) 使用注意事项

① 扫频仪与被测电路连接时，必须考虑阻抗匹配问题。如被测电路的输入阻抗为 75Ω，则应采用终端开路的输出电缆线；如被测电路的输入阻抗很大，则应采用终端接有 75Ω 的输出电缆线，否则应在扫频输出与被测电路输入之间加入阻抗变换器。

② 在显示幅频特性曲线时，如发现图形有异常曲折，则表明被测电路有寄生振荡，这时应先采取措施来消除自激，如降低放大器增益，改善接地线，在扫频仪输入输出探头上接一只 1kΩ 电阻再串一只 0.01μF 电容后，再接入测试点，或加强电源退耦滤波等。

③ 测试时，输出电缆和检波头的地线要尽量短，切忌在检波头上加长导线。

2. 测量电路的幅频特性

① 若被测电路不含检波器，则将被测电路与扫频仪按图 11.4.5 连接。若“输出衰减”和“Y 增益”位置合适，调节“中心频率”旋钮，就能在屏幕上显示被测电路的幅频特性曲线。根据频标，可直接读出幅频特性曲线的频率值。

② 若被测电路本身带有检波器，则可直接用电缆将被测电路输出与“Y 输入”相连。

③ 定量测读被测电路增益时，必须首先进行 0dB 校正，即将扫频输出直接与检波头相连，“输出衰减”置 0dB 挡，调节“Y 增益”，使屏幕上显示一定高度(一般为 5 格)的方框，作为 0dB 校正线。然后按图 11.4.5 所示接入被测电路，保持 Y 衰减和 Y 增益旋钮不变，调节两输出衰减旋钮，使被测幅频特性曲线高度等于 0dB 校正线高度，则输出衰减旋钮所指分贝数就是被测电路的增益。

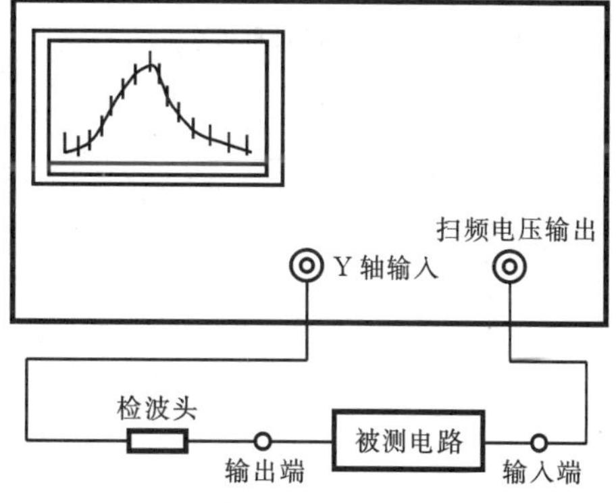

图 11.4.5　扫频仪与被测电路连接示意图

3. 测试鉴频特性曲线

测试由 ULN2204 构成的单片调频接收机的鉴频特性曲线。曲线的调整包含如下两个内容：一是使 S 曲线中心过零的频率调整在规定频率 f_0 上，二是将 S 曲线调整到左右奇对称。调试步骤如下。

① 将扫频仪频标放在 10MHz、1MHz 挡，扫频仪的射频输出探头直接与 Y 输入检波头相连，调节扫频仪的“中心频率”到 $f_0=10.7$MHz 处。

② 将检波头电缆线换成开路电缆线，接一 R(100kΩ)C(0.047μF) 串联网络后，再接到鉴频器输出端(即 2204 的⑧脚)，而将扫频仪输出探头接一只 15pF 电容后再接到中频信号的输

入端(2204 的②脚),即可观察到鉴频 S 曲线。

③ 调整 2204⑭、⑮脚之间的外接相移网络中的 10.7MHz 谐振回路电感量,可以较大地改变 S 曲线的中心频率。调整⑭、⑮脚之间的耦合电容大小,可改变 S 曲线的对称性。

④ 调试时,接收机的音量应调至最小。经反复微调有关回路电感量后,扫频仪上显示的 S 曲线中心过零频率 f_0=10.7MHz,S 曲线的线性范围大于等于 250kHz。

11.4.4 实验任务

实验课题　测量由 ULN2204 集成电路构成的调频接收机的鉴频 S 曲线

● 实验步骤与要求

① 用 BT-3G 频率特性测试仪观测 2204⑧脚或⑫脚的鉴频 S 曲线,调整相移网络参数,改变 S 曲线的中心频率和线性范围。

② 要求中心频率 $f_0=(10.7\pm0.1)$MHz,最大频偏 $\Delta f_{max}\geqslant$200kHz。

③ 在坐标纸上画出实测的 S 曲线,标注坐标刻度、单位及中心频率 f_0 与频偏 $\pm\Delta f_{max}$。

④ 根据上述内容,写出实验报告,要求写出测试中所遇到的问题,并说明是如何解决这些问题使之满足要求的。

实验与思考题

11.4.1　如何用频率特性测试仪测量调频接收机的中放谐振曲线?在测试过程中,如果存在工作不稳定或产生自激振荡现象时,应采取哪些措施来消除?

11.4.2　在用频率特性测试仪测试由 ULN2204 构成的单片调频接收机的鉴频特性曲线时,如何调节 S 曲线的中心频率 f_0 和对称性?

附　录

附录一　电子线路的安装与调试技术

一、实验底板结构

实验底板由几块有许多小方孔的塑料板(面包板)组合而成,如附图 1.1 所示。

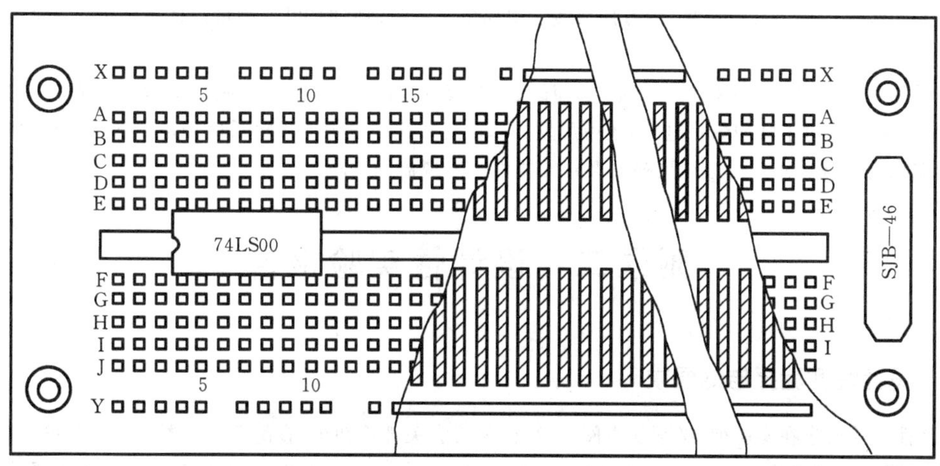

附图 1.1　面包板正面结构图

每块插板中央有一凹槽,凹槽两边各有 65×5 个插孔。每 5 个插孔为一组(ABCDE 或 FGHIJ),5 个孔中有金属簧片连通。面包板的上、下各有一条 11×5 的小插孔(图中的 X 和 Y),每 5 个孔为一组,它们是相通的。X、Y 这两条插孔可用作电源线和地线的插孔。

二、集成电路的安装

集成电路引脚必须插在面包板中央凹槽两边的孔中,插入时所有引脚应稍向外偏,使引脚与插孔中的簧片接触良好,所有集成块的方向要一致,缺口朝左(见附图 1.1),便于正确布线和查线。集成块在插入与拔出时要受力均匀,以免引脚弯曲或断裂。

三、正确合理布线

一般选直径为 0.6mm 的单股导线,长度适当。先将两头绝缘皮剥去 7mm～8mm,然后把导线两头弯成直角,用镊子夹住导线,垂直插入相应的孔中。

为避免或减少故障,面包板上的电路布局与布线,必须合理而且美观。

① 集成块和晶体管的布局,一般按主电路信号流向的顺序在一小块面包板上直线排列。各级元器件围绕各级的集成块或晶体管布置,各元器件之间的距离应视周围元件多少而定。

② 第一级的输入线与末级的输出线、高频线与低频线要远离,以免形成空间交叉耦合,尤其在高频电路中,元器件插脚和连线应尽量短而直,以免分布参数影响电路性能。

③ 为使布线整洁和便于检查,尽可能采用不同颜色的导线,一般正电源线用红色,负电源线用蓝色,地线

用黑色。要求连线紧贴面包板,注意尽量在器件周围走线,一个孔只准插一根线,并且不允许导线在集成块上方跨过。

④ 合理布置地线。为避免各级电流通过地线时互相产生干扰,特别要避免末级电流通过地线对某一级形成正反馈而产生自激,故应将各级单独接地,然后再分别接公共地线。

四、电路故障的检查

1. 检查电路的连接

在接好连线后,首先必须对照电路图认真仔细检查电路连线,如各晶体管或集成块的引脚是否插对了,是否有漏线和错线,特别要检查电源与地线是否有短路现象。

2. 通电检查

① 直接观察。在上述检查无误后,要先调好所需要的电源电压,然后才能给电路通电。观察电路是否有发热、冒烟等异常现象。如果有,应立即关断电源,待排除故障后,才可重新通电。

② 静态测试。先不加入信号,用万用表测量电路的 V_{CC} 与地间的电压,测量晶体管的静态工作点是否符合要求。

③ 采用动态逐级跟踪法检查。在输入端加入一个有规律的信号,按信号流程用示波器依次观测各级波形是否符合要求。对于脉冲数字电路,还可用发光二极管来逐级显示低频阶跃信号是否符合动态逻辑关系。

④ 采用替换法检查。可通过更换同型号元器件来发现器件故障。

附录二 设计性实验报告

一、设计性实验报告的要求

设计性实验要求在实验前,必须认真阅读教材;复习有关理论知识;查阅有关元器件手册及仪器的性能与使用方法;明确本次实验的目的、任务及要求,认真写出预习报告。预习报告的内容包括:实验步骤,原理电路图,并算出电路图中各元件的数值,主要参数的测量电路图,然后,将理论计算值和待测参数列成表格,以便实验时填写。实践证明,凡是预习做得好的同学,做起实验来得心应手,能收到事半功倍的效果。

设计性实验报告应包括以下内容:① 课题名称;② 已知条件;③ 主要技术指标;④ 实验用仪器;⑤ 电路工作原理,电路设计与调试;⑥ 技术指标测试,实验数据整理;⑦ 整机电原理图,并标明调试测试完成后的各元件参数;⑧ 故障分析及解决的办法;⑨ 实验结果讨论与误差分析;⑩ 思考题解答与实验研究等。

最后,还要对本次实验进行总结,写出本次实验中的收获体会,如创新设计思想、对电路的改进方案、成功的经验、失败的教训等。报告应文理通顺,字迹端正,图形美观,页面整洁。

二、设计性实验报告范例

专业 ____________ 班级 __________ 日期 ____________ 第______ 次实验

姓名 ____________ 组别 ______ 指导教师 ____________ 成绩________

实验课题 单级晶体管阻容耦合放大器的设计

1. 已知条件

$+V_{CC}=+9V$,$R_L=2k\Omega$,晶体管 3DG100,$V_i=10mV$(有效值),$R_S=600\Omega$。

2. 主要技术指标

$A_V\geqslant40$,$R_i>1k\Omega$,$R_o<2k\Omega$,$BW=30Hz\sim600kHz$,电路工作稳定。

3. 实验用仪器

COS5020 示波器 1 台,EE1641B 信号源 1 台,DF1731SD 直流电源 1 台,万用表 1 只。

4. 电路工作原理

附图 2.1 所示电路为一典型的工作点稳定阻容耦合放大器。RP、R_{B1}、R_{B2}、R_E组成电流负反馈偏置电路,R_C为晶体管直流负载,R_C与R_L构成交流负载R'_L。C_B、C_C用来隔直和交流耦合。

5. 电路的设计与调试

(1) 电路设计

根据 3DG100 的输出特性曲线,测得$\beta=60$。

要求$R_i \approx r_{be}=300+(1+\beta)\dfrac{26\text{mV}}{I_{EQ}\cdot\text{mA}}>1\text{k}\Omega$,所以

$$I_{CQ}<\frac{26\beta}{1000-300}\text{mA}=2.2\text{mA}$$

取$I_{CQ}=1.5\text{mA}$ 则 $I_{BQ}=I_{CQ}/\beta=25\mu\text{A}$　$I_1=(5-10)I_{BQ}=200\mu\text{A}$

若取　$V_{EQ}=0.2V_{CC}=1.8\text{V}$　则　$R_E=V_{EQ}/I_{CQ}=1.2\text{k}\Omega$

$R_{B2}=V_{BQ}/I_1=(V_{EQ}+V_{BE})/I_1=12.5\text{k}\Omega$　取 12kΩ

$R_{B1}=(V_{CC}-V_{BQ})/I_1=32.5\text{k}\Omega$　用 10kΩ 电阻与 47kΩ 电位器串联(实验结束时,应测量电位器的具体阻值)

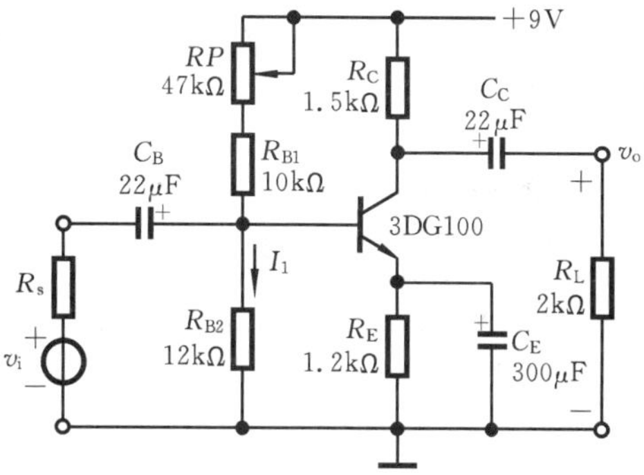

附图 2.1　晶体管放大器

要求$A_V>40$　根据$A_V=-\beta R'_L/r_{be}$可求得

$R'_L=0.9\text{k}\Omega$ 则 $R_C=1.6\text{k}\Omega$　　取 1.5kΩ

$$C_B=C_C\geqslant\frac{10}{2\pi f_L(R_C+R_L)}=22\mu\text{F}$$

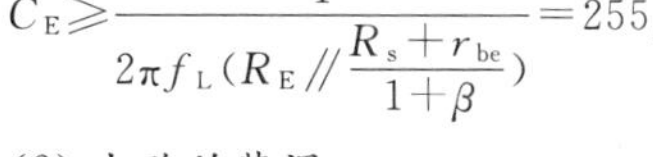

$$C_E\geqslant\frac{1}{2\pi f_L\left(R_E /\!/ \dfrac{R_s+r_{be}}{1+\beta}\right)}=255\mu\text{F}\qquad \text{取 }300\mu\text{F}$$

(2) 电路的装调

按照设计参数安装电路,接通电源,调整电路,用万用表测得静态工作点参数如下:

V_{BQ}	V_{EQ}	V_{CEQ}	V_{BEQ}	I_{CQ}
2.5V	1.81V	5.0V	0.69V	1.5mA

6. 主要技术指标的测量

(1) 测量电压增益A_V

在放大器输入端加上$f=1\text{kHz}$,$V_{i\,p\text{-}p}=28\text{mV}$正弦波,在输出波形不失真时,测得$v_i$和$v_o$的波形如附图 2.2 所示。

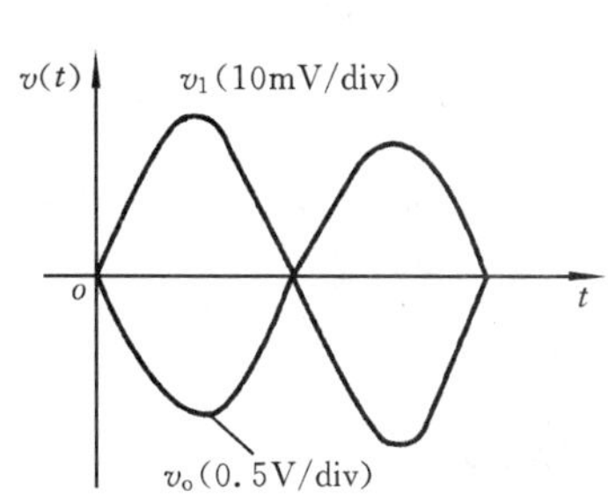

附图 2.2　输入输出波形

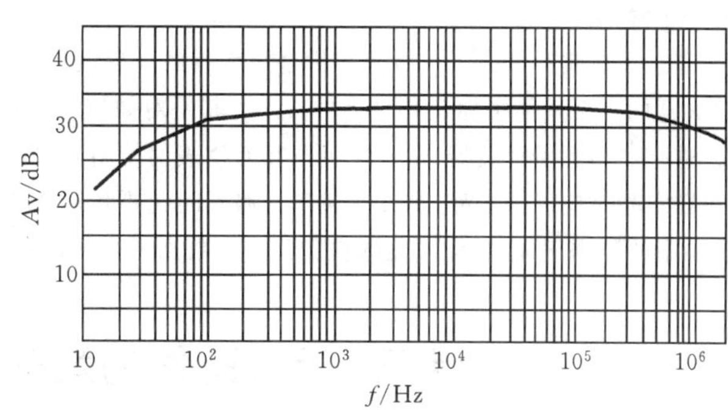

附图 2.3　幅频特性曲线

由图可知

$$A_V=V_{o\,p\text{-}p}/V_{i\,p\text{-}p}=1.12\text{V}/28\text{mV}=40$$

(2) 测量通频带BW

测量方法参见 5.1 节。将测量结果画在半对数坐标纸上,并连接成曲线,如附图 2.3 所示。由图可得,当

放大器增益下降到中频增益的 0.707 倍时所对应的 f_L 和 f_H，故得通频带 BW 为 30Hz～900kHz。

(3) 测量输入电阻 R_i

测量电路见 5.1 节。取 $R=1.15\text{k}\Omega$，分别测得 R 两端对地电压 $V_{s\,p\text{-}p}=35\text{mV}$，$V_{i\,p\text{-}p}=17\text{mV}$，则

$$R_i = R\,V_i/\,(V_s - V_i) = 1.09\text{k}\Omega$$

(4) 测量输出电阻 R_o

测量电路见 5.1 节。输入一固定信号电压，分别测得 R_L 断开和接上时的输出电压 $V_o=2\text{V}$，$V_{oL}=1.12\text{V}$，则

$$R_o = (V_o/V_{oL} - 1)R_L = 1.57\text{k}\Omega$$

7. 误差分析

(1) 电压增益 A_V

理论计算值 A_V 取 40，实测值 $A_V=40$，相对误差 $\gamma_{AV}=(40-40)\,/\,40\times100\%=0\%$

(2) 输入电阻 R_i

理论值 $R_i\approx r_{be}=1.35\text{k}\Omega$　　实测值 $R_i=1.09\text{k}\Omega$

相对误差 $\gamma_{Ri}=(1.09-1.35)\,/\,1.35=-19\%$

(3) 输出电阻 R_o

理论值 $R_o\approx R_c=1.5\text{k}\Omega$　　实测值 $R_o=1.57\text{k}\Omega$

相对误差 $\gamma_{Ro}=(1.57-1.5)\,/\,1.5=4.6\%$

误差产生的原因：① 各计算公式为近似公式；② 元器件的实际值与标称值不尽相同；③ 在频率不太高时，C_E、C_B 的容抗不能忽视；④ 测量仪器仪表的读数误差。

8. 实验分析与研究

(1) 影响放大器电阻增益的因素

从求 A_V 的公式可知：

① 晶体管的 $\beta\uparrow$—$A_V\uparrow$；$R_C\uparrow$—$A_V\uparrow$，而 $R_o\approx R_c$，故 R_c 不可太大。

② $r_{be}=300+(1+\beta)\dfrac{26\text{mV}}{I_{EQ}\cdot\text{mA}}$，则 $I_{EQ}\uparrow$—$A_V\uparrow$—$r_{be}\downarrow$，$r_{be}\downarrow$ 会使 $R_i\downarrow$。

(2) 影响放大器通频带的因素

从求 f_L 的公式可知：

① $C_E\uparrow$— $f_L\downarrow$，但 C_E 增大后，电容的体积和价格也增大，设计时应综合考虑。

② 在晶体管发射极增加负反馈电阻 R_F(约几十欧姆)，可使 $f_L\downarrow$，但 $A_V\downarrow$。

(3) 波形失真的研究

当静态工作点过低时，会产生截止失真；过高时会产生饱和失真。改进办法：调整偏置电阻。截止失真时减小 R_{B1}，提高 V_{BQ} 增大 I_{EQ}，饱和失真时增大 R_{B1}，以减小 I_{EQ}。

9. 实验总结

① 通过本次实验掌握了单级阻容耦合放大器的工程设计估算方法和如何调整放大器的静态工作点，掌握了放大器的主要性能指标及其测量方法。尤其是对如何提高放大器的电压增益和扩展通频带的体会较深。

② 进一步熟悉了示波器、信号发生器和万用表的使用方法，以及如何来检查晶体管的好坏。

③ 在实验时应保持冷静，测试有条理。遇到问题要联系书本知识积极思考，同时一定要做好实验前的预习和实验中的数据记录，这样才能够在实验后有数据进行分析和总结，写出合格的实验报告。

附录三　元、器件的型号与性能简介

一、电阻器

1. 额定功率

共分 10 个等级，其中常用的有 0.05，0.125，0.25，0.5，1，2W，…

2. 标称阻值系列

标称阻值系列如下表所示。

容许误差	系列代号	标称系列值
±20%	E6	10 15 22 33 47 68
±10%	E12	10 12 15 18 22 27 33 39 47 56 68 82
±5%	E24	10 11 12 13 15 16 18 20 22 24 27 30 33 36 39 43 47 51 56 62 68 75 82 91

一般固定式电阻的标称值应符合上表所列数值或上表所列数值乘以 10^n，其中，n 为正整数或负整数。

体积很小的电阻器的阻值和误差常用色环表示，如附图 3.1 所示。靠近电阻器的一端有 4 道或 5 道(精密电阻)色环，其中第 1、第 2 及精密电阻的第 3 道色环，分别表示其相应位数的数字。倒数第 2 道色环表示“0”的个数，最后一道色环表示误差，色环代表的数字如下：

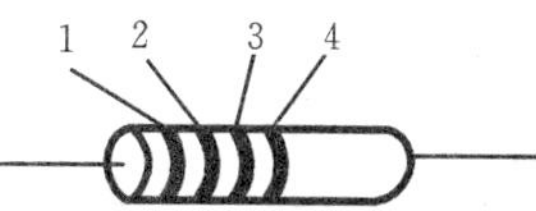

附图 3.1 色环表示法

色　别	黑	棕	红	橙	黄	绿	蓝	紫	灰	白
对应数字	0	1	2	3	4	5	6	7	8	9

二、电容器

1. 电容器的耐压

常用固定式电容器的直流工作电压为

6.3,10,16,25,40,63,100,160,250,400V,…

2. 固定电容器的标称容量

电容器容量常按下列规则标印在电容器上。

① 小于 10 000pF 的电容，一般只标明数值而省略单位。例如：330 表示 330pF。

② 10 000～1 000 000pF 之间的电容，采用 μF 为单位(往往也省略)，它以小数标印，或以 10 乘以 10^n 标印。例如：0.01 表示 0.01μF，104 表示 10×10^4 pF=0.1μF，3n9 表示 3.9×10^{-9}F 即 3900pF。

③ 电解电容器以 μF 为单位标印。

电容器的标称容量如下表所示。

名　称	容许误差	容量范围	标称容量
纸膜复合介质电容器 低频(有极性)有机薄膜 介质电容器	±5% ±10% ±20%	100pF～1μF	1.0,1.5,2.2,3.3 4.7,6.8
		1μF～100μF	1,2,4,6,8,10 15,20,30,50,60 80,100
高频(无极性)有机薄膜 介质电容器 瓷介电容器	±5% ±10%	E24 E12	
铝、钽、铌电解电容器	±10% ±20%	1.0,1.5,2.2 3.3,4.7,6.8 (容量单位为 μF)	

标称电容量为表中数值或表中数据再乘以 10^n，其中 n 为正整数或负整数。

三、中频变压器

型　号	频率/MHz	线圈匝数			线径/mm	电感量/μH±10%	Q值	谐振电容/pF	接线图
		6−4	3−2	2−1					
TP304	10.7	7	14	14	ϕ0.1	11.8	≥30	15	
TP306		2	4	4	ϕ0.1	4	≥35	51	
TS22−9	6.5	1	6	7	ϕ0.08	11	≥50	51	
TS22−16		3	5	5	ϕ0.08	11.5	≥50	47	

磁性材料：NXO-40，螺纹磁芯调节式，具有金属屏蔽罩。先绕次级，后绕初级。

四、半导体器件

1. 变容二极管

型　号	最高反向电压 V_{RM}/V	反向电流 I_B/μA		结电容 C_g/pF	电容变化范围/pF	零偏压品质因数 Q	电容温度系数 α/C^{-1}
2CC1C	25	≤1	≤20	70～110	240～42	≥250	5×10^{-4}
2CC1D	25	≤1	≤20	30～70	125～20	≥300	5×10^{-4}
测试条件	T=20℃ I_R=1μA	在相应的 V_{RM} 下		反向电压	V_R=0	V_R=4V	V_R=10V
	T=125℃ I_R=20μA	20±5℃	125±5℃	V_R=4V	$V_R=V_{RM}$	f=5MHz	f=3.5MHz

2. 三极管

型　号	直流参数			交流参数	极限参数		
	I_{CBO}/μA	I_{CEO}/μA	h_{FE}		I_{CM}/mA	P_{CM}/mW	$V_{(BR)CEO}$/V
3AX31A	≤20	≤800	40～180	f_α=500kHz	125	125	12
3AX81A	≤30	≤1000	40～270		200	200	10
3DD51A	≤0.4	≤2	≥10		1A	1W	≥30
3DD01	≤0.5mA	≤0.5mA	≥20	≥5MHz	1A	15W	≥100
3DA1	≤1mA	≤1mA	≥10	≥50MHz	1A	7.5W	≥40
3CG131	≤0.5	≤1	>40	≥80	300	700	≥15
3CG9012	−0.1		>40	150	−500	625	−20
3CG9015	−0.5		>60	100	−100	450	−45
3DG100	≤0.01	≤0.1	>30	≥150	20	100	20
3DG101							
3DG130	≤0.5	≤1	>30	≥150	300	700	30
3DG9011	0.05	0.1	>40	150	30	250	50
3DG9013	0.5	1	>40		500	500	25
3DG9014	0.05	0.1	>40	150	100	400	18
3DG9016	0.05	0.2	>40	400	50	250	20
3DG9018	0.1	1	>40	700	30	250	30

续表

型号	直流参数			交流参数	极限参数		
	$I_{CBO}/\mu A$	$I_{CEO}/\mu A$	h_{FE}		I_{CM}/mA	P_{CM}/mW	$V_{(BR)CEO}/V$
2SB647(PNP)	−10		>60	140	1×10³	900	80
MJ2955(PNP)			5	4	15×10³	150×10³	60
2SC1959(NPN)	≤0.1	≤0.1	>70	300	500	500	30
JE8050(NPN)	≤0.1	≤0.1	>85	100	1.5×10³	800	25
2SD667(NPN)	10		>60	140	1×10³	900	80
2N3055(NPN)			20～70	0.8	15×10³	115×10³	60

3. 场效应管

型号	直流参数			交流参数		极限参数			
	I_{DSS}/mA	V_p/V	R_{GS}/Ω	$g_m/\mu s$	f_M/MHz	$V_{(BR)DS}$ /V	$V_{(BR)GS}$ /V	P_{DM} /mW	I_{DM} /mA
3DJ2D～2H 3DJ4D～4H 3DJ6D～6H	≤0.35	<|−9|	≥10⁷	>2000 >1000	≥300	≥20	≥20	100	15

五、集成电路

1. 模拟集成电路

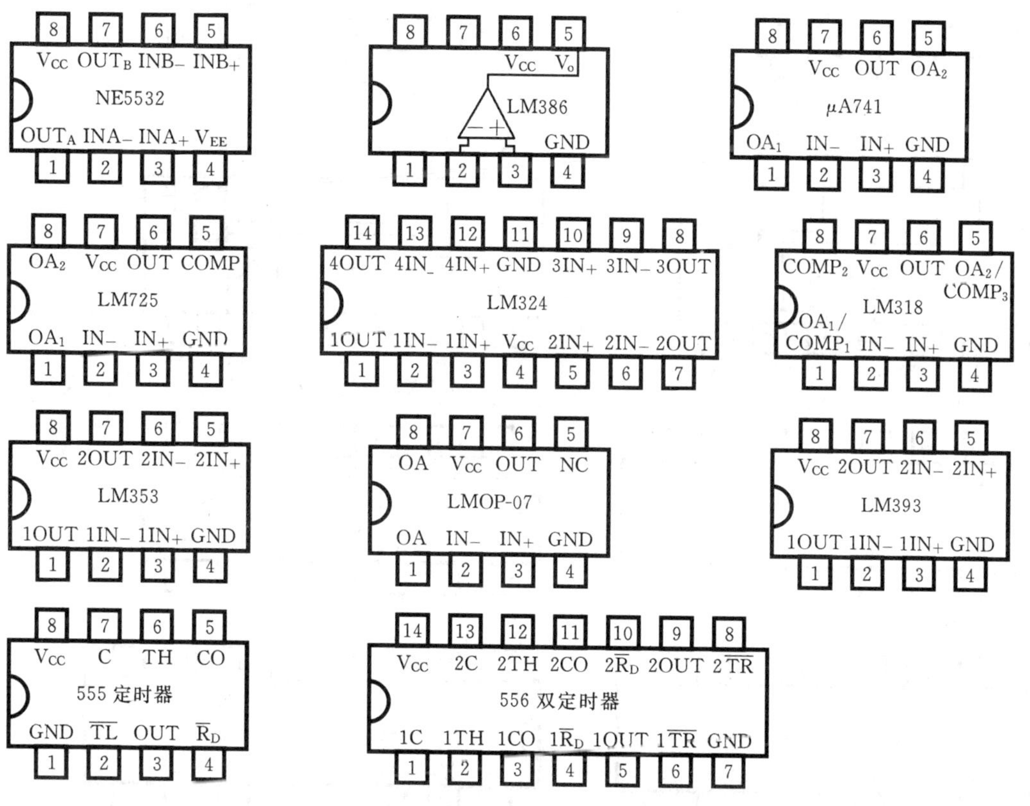

2. TTL 数字集成电路

Vcc 4B 4A 4Y 3B 3A 3Y
14 13 12 11 10 9 8
&
1 2 3 4 5 6 7
1A 1B 1Y 2A 2B 2Y GND
74LS00 四 2 输入与非门
Vcc 4Y 4B 4A 3Y 3B 3A
14 13 12 11 10 9 8
≥1
1 2 3 4 5 6 7
1Y 1A 1B 2Y 2A 2B GND
74LS02 四 2 输入或非门
Vcc 4B 4A 4Y 3B 3A 3Y
14 13 12 11 10 9 8
&
1 2 3 4 5 6 7
1A 1B 1Y 2A 2B 2Y GND
74LS03 四 2 输入与非门(OC)
Vcc 6A 6Y 5A 5Y 4A 4Y
14 13 12 11 10 9 8
1
1 2 3 4 5 6 7
1A 1Y 2A 2Y 3A 3Y GND
74LS04 六反相器
Vcc 4B 4A 4Y 3B 3A 3Y
14 13 12 11 10 9 8
&
1 2 3 4 5 6 7
1A 1B 1Y 2A 2B 2Y GND
74LS08 四 2 输入与门
Vcc 1C 1Y 3C 3B 3A 3Y
14 13 12 11 10 9 8
&
1 2 3 4 5 6 7
1A 1B 2A 2B 2C 2Y GND
74LS10 三 3 输入与非门
Vcc 2D 2C NC 2B 2A 2Y
14 13 12 11 10 9 8
&
1 2 3 4 5 6 7
1A 1B NC 1C 1D 1Y GND
74LS20 双 4 输入与非门
Vcc 2D 2C 2ST 2B 2A 2Y
14 13 12 11 10 9 8
≥1
1 2 3 4 5 6 7
1A 1B 1ST 1C 1D 1Y GND
74LS25 双 4 输入或非门
16 15 14 13 12 11 10 9
Vcc Yf Yg Ya Yb Yc Yd Ye
A1 A2 LT BI/RBO RBI A3 A0 GND
1 2 3 4 5 6 7 8
74LS48 4-7 译码器/驱动器
14 13 12 11 10 9 8
Vcc 2RD 2D 2CP 2SD 2Q 2Q
74LS74 双上升沿 D 触发器
1RD 1D 1CP 1SD 1Q 1Q GND
1 2 3 4 5 6 7
16 15 14 13 12 11 10 9
1K 1Q 1Q GND 2K 2Q 2Q 2J
74LS76/74LS106 双 JK 触发器
1CP 1SD 1RD 1J Vcc 2CP 2SD 2RD
1 2 3 4 5 6 7 8
16 15 14 13 12 11 10 9
B4 Σ4 C4 C0 GND B1 A1 Σ1
74LS83 4 位二进制全加器
A4 Σ3 A3 B3 Vcc Σ2 B2 A2
1 2 3 4 5 6 7 8

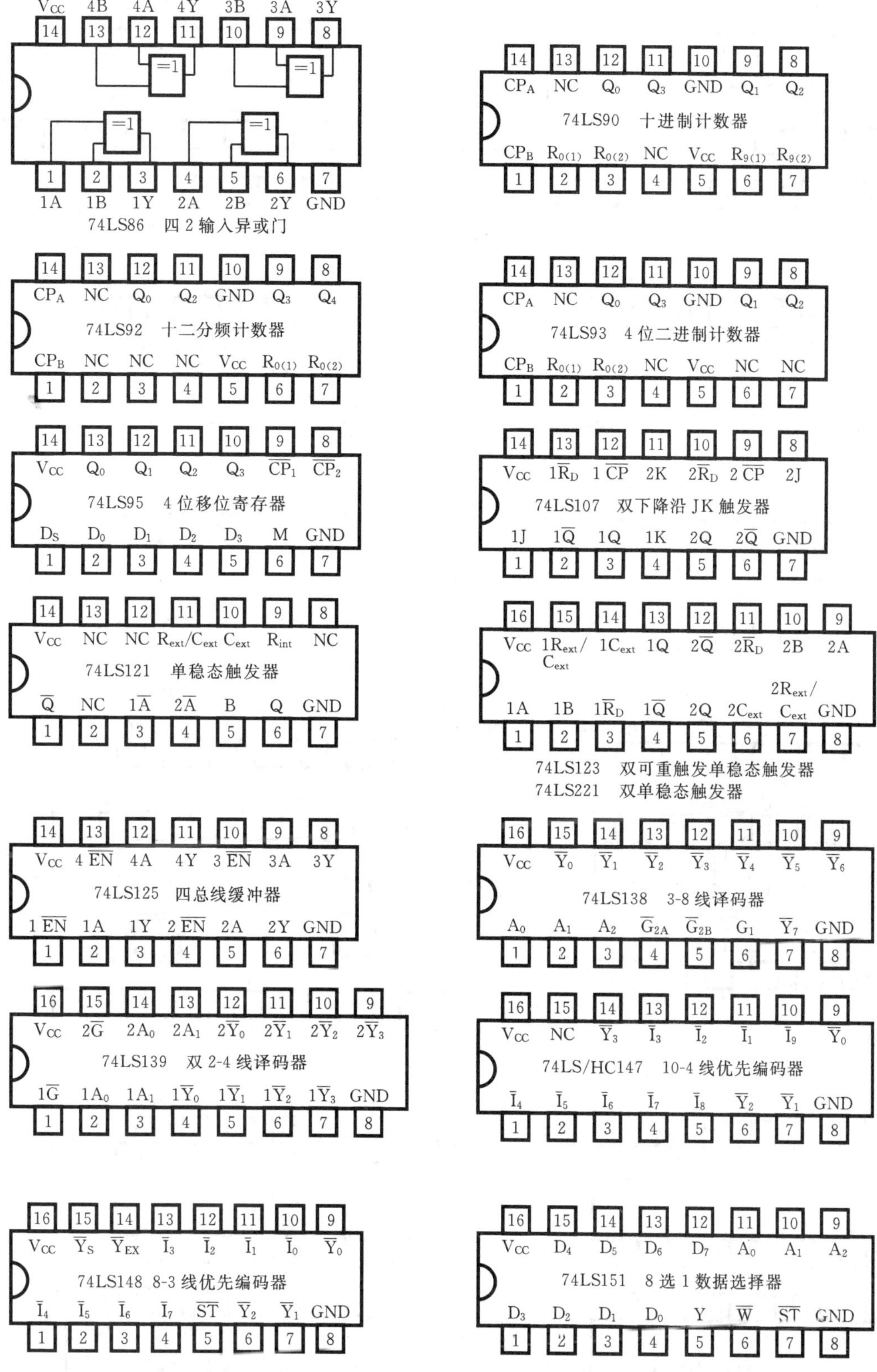
VCC 4B 4A 4Y 3B 3A 3Y
14 13 12 11 10 9 8
=1 =1 =1 =1
1 2 3 4 5 6 7
1A 1B 1Y 2A 2B 2Y GND
74LS86 四2输入异或门
14 13 12 11 10 9 8
CPA NC Q0 Q3 GND Q1 Q2
74LS90 十进制计数器
CPB R0(1) R0(2) NC VCC R9(1) R9(2)
1 2 3 4 5 6 7
14 13 12 11 10 9 8
CPA NC Q0 Q2 GND Q3 Q4
74LS92 十二分频计数器
CPB NC NC NC VCC R0(1) R0(2)
1 2 3 4 5 6 7
14 13 12 11 10 9 8
CPA NC Q0 Q3 GND Q1 Q2
74LS93 4位二进制计数器
CPB R0(1) R0(2) NC VCC NC NC
1 2 3 4 5 6 7
14 13 12 11 10 9 8
VCC Q0 Q1 Q2 Q3 CP1 CP2
74LS95 4位移位寄存器
DS D0 D1 D2 D3 M GND
1 2 3 4 5 6 7
14 13 12 11 10 9 8
VCC 1RD 1CP 2K 2RD 2CP 2J
74LS107 双下降沿JK触发器
1J 1Q 1Q 1K 2Q 2Q GND
1 2 3 4 5 6 7
14 13 12 11 10 9 8
VCC NC NC Rext/Cext Cext Rint NC
74LS121 单稳态触发器
Q NC 1A 2A B Q GND
1 2 3 4 5 6 7
16 15 14 13 12 11 10 9
VCC 1Rext/Cext 1Cext 1Q 2Q 2RD 2B 2A
1A 1B 1RD 1Q 2Q 2Cext 2Rext/Cext GND
1 2 3 4 5 6 7 8
74LS123 双可重触发单稳态触发器
74LS221 双单稳态触发器
14 13 12 11 10 9 8
VCC 4EN 4A 4Y 3EN 3A 3Y
74LS125 四总线缓冲器
1EN 1A 1Y 2EN 2A 2Y GND
1 2 3 4 5 6 7
16 15 14 13 12 11 10 9
VCC Y0 Y1 Y2 Y3 Y4 Y5 Y6
74LS138 3-8线译码器
A0 A1 A2 G2A G2B G1 Y7 GND
1 2 3 4 5 6 7 8
16 15 14 13 12 11 10 9
VCC 2G 2A0 2A1 2Y0 2Y1 2Y2 2Y3
74LS139 双2-4线译码器
1G 1A0 1A1 1Y0 1Y1 1Y2 1Y3 GND
1 2 3 4 5 6 7 8
16 15 14 13 12 11 10 9
VCC NC Y3 I3 I2 I1 I9 Y0
74LS/HC147 10-4线优先编码器
I4 I5 I6 I7 I8 Y2 Y1 GND
1 2 3 4 5 6 7 8
16 15 14 13 12 11 10 9
VCC YS YEX I3 I2 I1 I0 Y0
74LS148 8-3线优先编码器
I4 I5 I6 I7 ST Y2 Y1 GND
1 2 3 4 5 6 7 8
16 15 14 13 12 11 10 9
VCC D4 D5 D6 D7 A0 A1 A2
74LS151 8选1数据选择器
D3 D2 D1 D0 Y W ST GND
1 2 3 4 5 6 7 8

74LS153 双 4 选 1 数据选择器
74LS154 4-16 线译码器
74LS160 十进制
74LS161 4 位二进制
同步加法计数器
74LS190 十进制
74LS191 4 位二进制
同步加/减计数器
74LS192 十进制
74LS193 4 位二进制
同步加/减计数器
74LS194 4 位双向移位寄存器
74LS273 八 D 锁存器
74LS279 四 RS 锁存器
74LS386 四 2 输入异或门
双数码显示器
CC4001 四 2 输入或非门
CC4011 四 2 输入与非门
CC4013 双上升沿 D 触发器
CC4017 十进制计数器/分配器

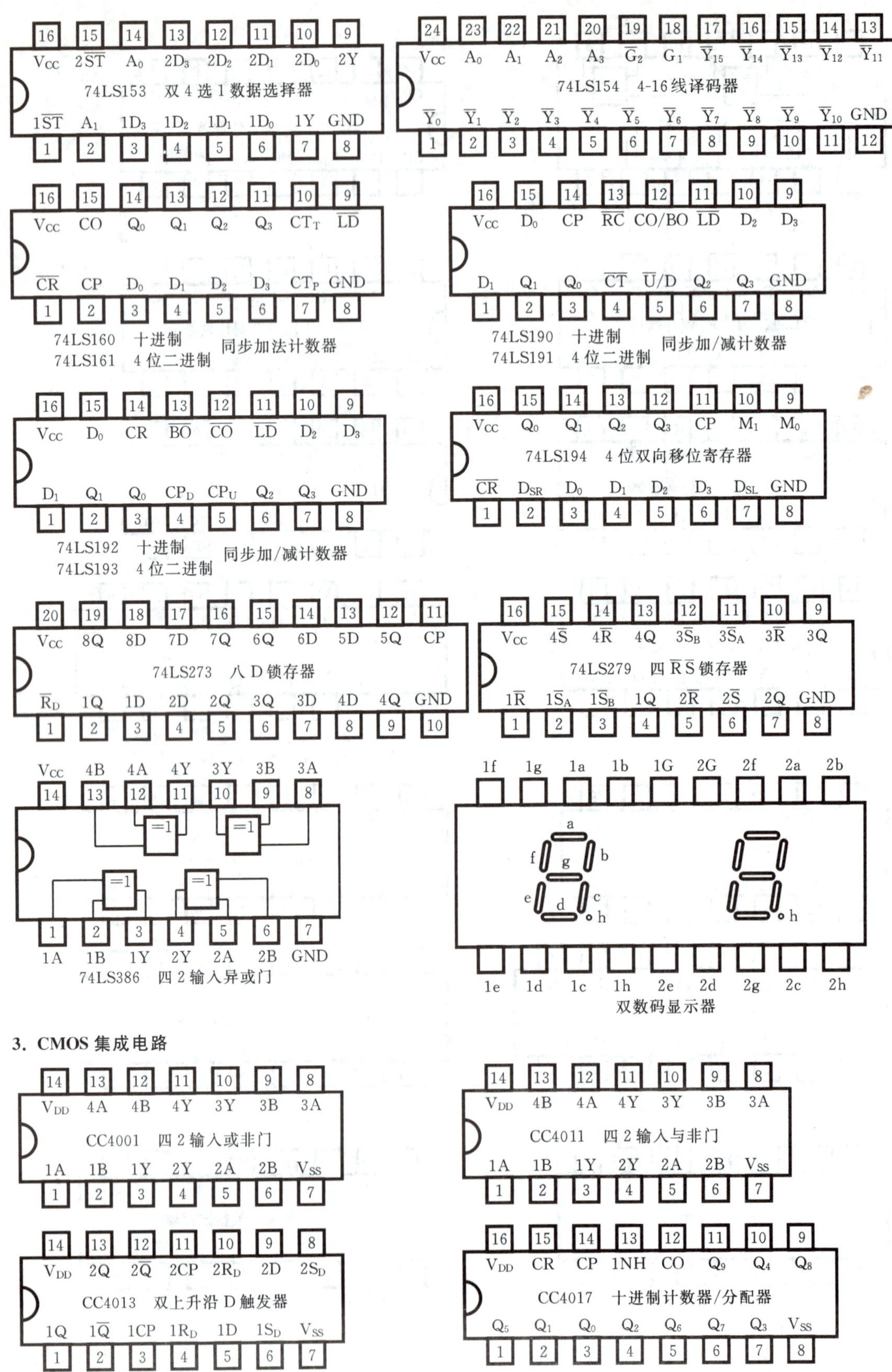

3. CMOS 集成电路

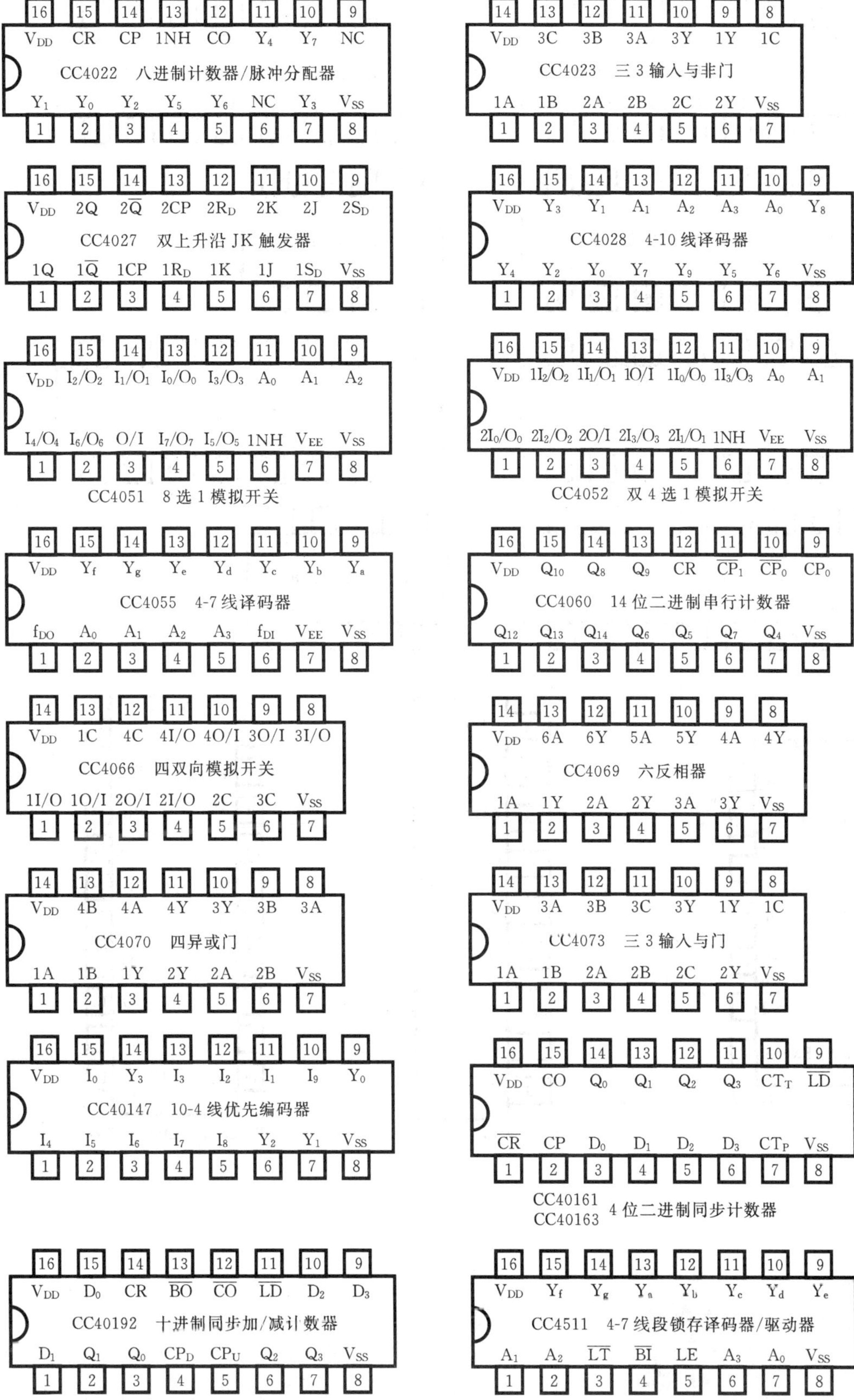
16 15 14 13 12 11 10 9
VDD CR CP 1NH CO Y4 Y7 NC
CC4022 八进制计数器/脉冲分配器
Y1 Y0 Y2 Y5 Y6 NC Y3 VSS
1 2 3 4 5 6 7 8
14 13 12 11 10 9 8
VDD 3C 3B 3A 3Y 1Y 1C
CC4023 三 3 输入与非门
1A 1B 2A 2B 2C 2Y VSS
1 2 3 4 5 6 7
VDD 2Q 2Q̄ 2CP 2RD 2K 2J 2SD
CC4027 双上升沿 JK 触发器
1Q 1Q̄ 1CP 1RD 1K 1J 1SD VSS
VDD Y3 Y1 A1 A2 A3 A0 Y8
CC4028 4-10 线译码器
Y4 Y2 Y0 Y7 Y9 Y5 Y6 VSS
VDD I2/O2 I1/O1 I0/O0 I3/O3 A0 A1 A2
I4/O4 I6/O6 O/I I7/O7 I5/O5 1NH VEE VSS
CC4051 8 选 1 模拟开关
VDD 1I2/O2 1I1/O1 1O/I 1I0/O0 1I3/O3 A0 A1
2I0/O0 2I2/O2 2O/I 2I3/O3 2I1/O1 1NH VEE VSS
CC4052 双 4 选 1 模拟开关
VDD Yf Yg Ye Yd Yc Yb Ya
CC4055 4-7 线译码器
fDO A0 A1 A2 A3 fDI VEE VSS
VDD Q10 Q8 Q9 CR CP̄1 CP̄0 CP0
CC4060 14 位二进制串行计数器
Q12 Q13 Q14 Q6 Q5 Q7 Q4 VSS
VDD 1C 4C 4I/O 4O/I 3O/I 3I/O
CC4066 四双向模拟开关
1I/O 1O/I 2O/I 2I/O 2C 3C VSS
VDD 6A 6Y 5A 5Y 4A 4Y
CC4069 六反相器
1A 1Y 2A 2Y 3A 3Y VSS
VDD 4B 4A 4Y 3Y 3B 3A
CC4070 四异或门
1A 1B 1Y 2Y 2A 2B VSS
VDD 3A 3B 3C 3Y 1Y 1C
CC4073 三 3 输入与门
1A 1B 2A 2B 2C 2Y VSS
VDD I0 Y3 I3 I2 I1 I9 Y0
CC40147 10-4 线优先编码器
I4 I5 I6 I7 I8 Y2 Y1 VSS
VDD CO Q0 Q1 Q2 Q3 CTT LD̄
CR̄ CP D0 D1 D2 D3 CTP VSS
CC40161
CC40163 4 位二进制同步计数器
VDD D0 CR BŌ CŌ LD̄ D2 D3
CC40192 十进制同步加/减计数器
D1 Q1 Q0 CPD CPU Q2 Q3 VSS
VDD Yf Yg Ya Yb Yc Yd Ye
CC4511 4-7 线段锁存译码器/驱动器
A1 A2 LT̄ BĪ LE A3 A0 VSS

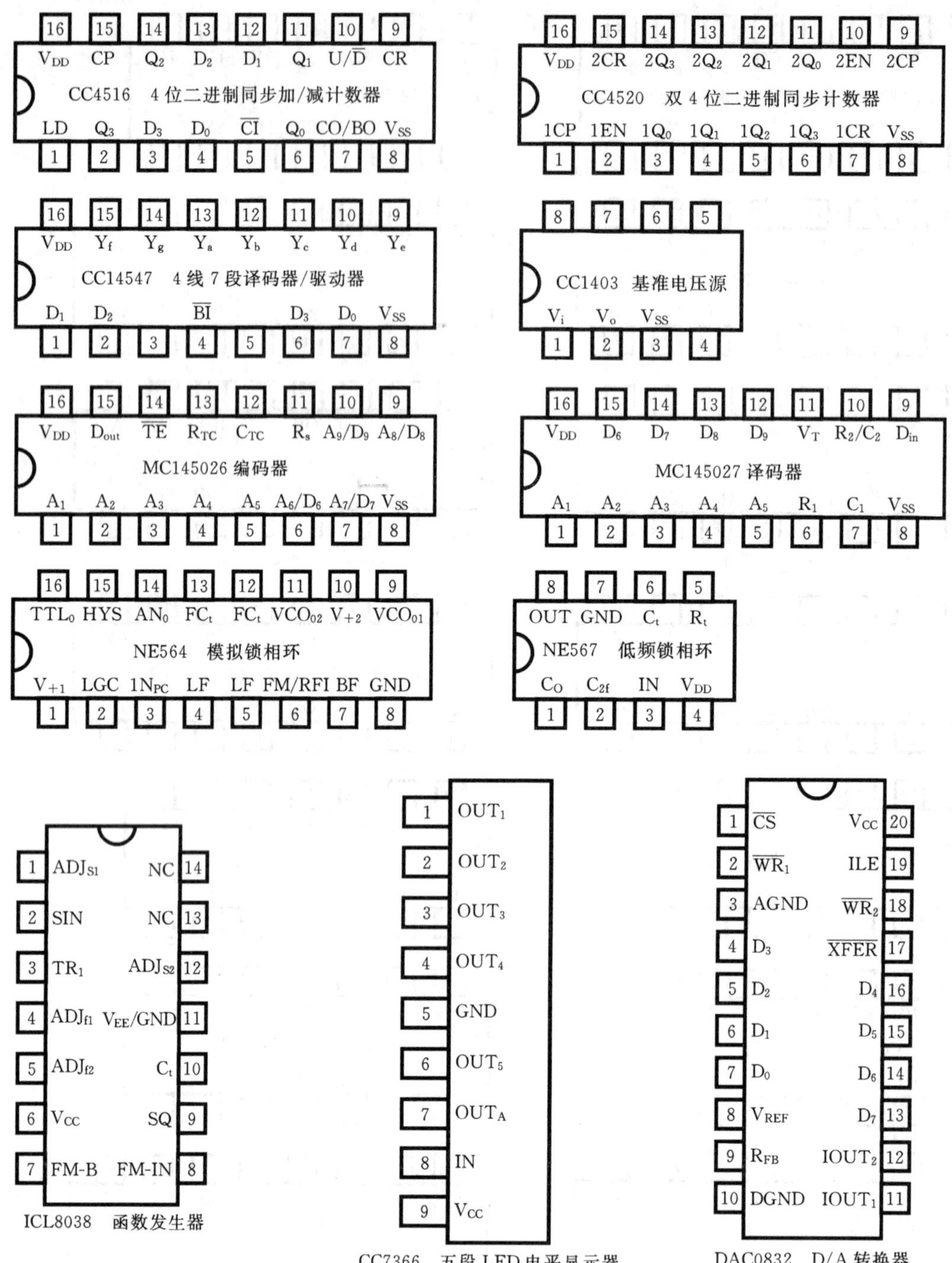

ICL8038 函数发生器

CC7366 五段LED电平显示器

DAC0832 D/A转换器

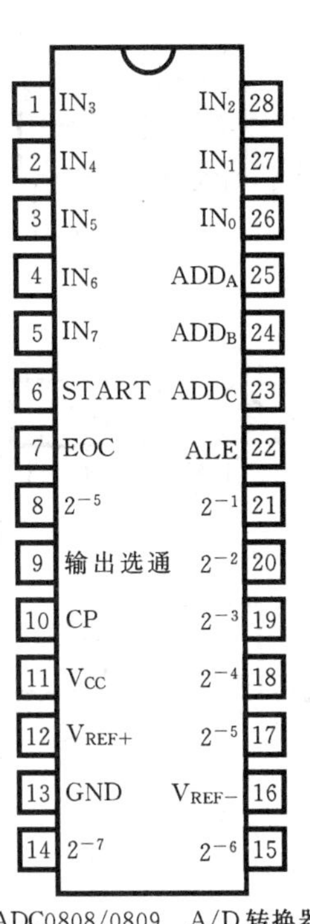

ADC0808/0809 A/D 转换器

89C51 单片机（也适用于 8031、8051、8751）

引脚名	引脚	引脚	引脚名
$P_{1.0}$	1	40	V_{CC}
$P_{1.1}$	2	39	$P_{0.0}(AD_0)$
$P_{1.2}$	3	38	$P_{0.1}(AD_1)$
$P_{1.3}$	4	37	$P_{0.2}(AD_2)$
$P_{1.4}$	5	36	$P_{0.3}(AD_3)$
$P_{1.5}$	6	35	$P_{0.4}(AD_4)$
$P_{1.6}$	7	34	$P_{0.5}(AD_5)$
$P_{1.7}$	8	33	$P_{0.6}(AD_6)$
RST/VPD	9	32	$P_{0.7}(AD_7)$
RXD $P_{3.0}$	10	31	$\overline{EA}/V_{PP}$
TXD $P_{3.1}$	11	30	ALE/$\overline{PROG}$
$\overline{INT_0}$ $P_{3.2}$	12	29	$\overline{RSEN}$
$\overline{INT_1}$ $P_{3.3}$	13	28	$P_{2.7}(A_{15})$
T_0 $P_{3.4}$	14	27	$P_{2.6}(A_{14})$
T_1 $P_{3.5}$	15	26	$P_{2.5}(A_{13})$
$\overline{WR}$ $P_{3.6}$	16	25	$P_{2.4}(A_{12})$
$\overline{RD}$ $P_{3.7}$	17	24	$P_{2.3}(A_{11})$
$XTAL_2$	18	23	$P_{2.2}(A_{10})$
$XTAL_1$	19	22	$P_{2.1}(A_9)$
V_{SS}	20	21	$P_{2.0}(A_8)$

4. 常用逻辑符号对照表

名　称	国标符号	曾用符号	国外流行符号	名　称	国标符号	曾用符号	国外流行符号
与门	&			传输门	TG	TG	
或门	≥1	+		双向模拟开关	SW	SW	
非门	1			半加器	Σ CO	HA	HA
与非门	&			全加器	Σ CI CO	FA	FA
或非门	≥1	+		基本 RS 触发器	S Q R $\overline{Q}$	S Q R $\overline{Q}$	S Q R $\overline{Q}$
与或非门	& ≥1	+		同步 RS 触发器	1S Q C1 1R $\overline{Q}$	1S Q CP 1R $\overline{Q}$	1S Q CK 1R $\overline{Q}$
异或门	=1	⊕		(上升沿) D 触发器	$\overline{S}$ Q 1D C1 $\overline{R}$ $\overline{Q}$	D Q CP $\overline{Q}$	D $\overline{S}_D$ Q CK $\overline{R}_D$ $\overline{Q}$
同或门	=	⊙		(下降沿) JK 触发器	$\overline{S}$ Q 1J $\overline{C1}$ 1K $\overline{R}$ $\overline{Q}$	J Q $\overline{CP}$ K $\overline{Q}$	J $\overline{S}_D$ Q $\overline{CK}$ K $\overline{R}_D$ $\overline{Q}$
集电极开路的与非门	&			脉冲触发(主从) JK 触发器	$\overline{S}$ Q 1J $\overline{C1}$ 1K $\overline{R}$ $\overline{Q}$	J Q $\overline{CP}$ K $\overline{Q}$	J $\overline{S}_D$ Q $\overline{CK}$ K $\overline{R}_D$ $\overline{Q}$
三态输出的非门	1 EN			带施密特触发特性的与门	&		

附录四 本书所用集成电路逻辑功能与引脚速查表

名称	型号	逻辑功能	引脚排列
通用运算放大器	μA741	22	411
通用双运算放大器	μA747	154	154
精密运算放大器	OP-07	369	411
差分对管	BG319	129	129
电子混响	MN3207	156	156
	MN3102	156	156
	M65831	158	158
音频功率放大器	LA4102	164	164
	LM386	166	411
模拟乘法器	MC1496	210	210
调频接收芯片	MC3361	205	205
单片 FM/AM 电路	FS2204	204	204
单片函数发生器	ICL8038	135	135
三端固定稳压器	CW78××	141	141
	CW79××	141	141
三端可调式稳压器	CW317	141	141
	CM337	141	141
时基电路	LM555	53	411
	LM556	53	411
中频变压器(10.7MHz)	TP304	410	410
	TP306	411	410
TTL 集成电路			
2 输入四与非门	74LS00	40	412
2 输入四或非门	74LS02	44	412
2 输入四与非门(oc)	74LS03	41	412
六反相器	74LS04	39	412
2 输入四与门	74LS08	81	412
3 输入三与非门	74LS10	81	412
4 输入二与非门	74LS20	239	412
BCD-7 段译码/驱动器	74LS48	59	412
双 D 触发器	74LS74	43	412
双 JK 触发器(边沿)	74LS76	45	412
4 位二进制全加器	74LS83	62	412
2 输入四异或门	74LS86	81	413
二、五、十进制计数器	74LS90	71	413
12 分频计数器	74LS92	72	413
4 位二进制计数器	74LS93	72	413
4 位并行存取移位寄存器	74LS95	77	413
双 JK 触发器(主从)	74LS107	45	413
单稳态触发器	74LS121	48	413
可重触发单稳态触发器	74LS123	48	413
四总线缓冲器	74LS125	41	413

名称	型号	逻辑功能	引脚排列
3-8 线译码器	74LS138	57	413
8-3 线编程器	74LS148	56	413
8 选 1 数据选择器	74LS151	60	414
同步可逆计数器	74LS190/191	74	414
同步可逆双时钟计数器	74LS192/193	75	414
数码显示器	BS202	58	414
CMOS 集成电路			
7 路达林顿晶体管驱动器	CC1413 (ULN2003A)	251	251
十进制计数器/分配器	CC4017	76	415
双 JK 主从触发器	CC4027	46	415
数字锁相环	CC4046	366	366
模拟锁相环	NE564	370	416
低频锁相环	NE567	373	416
8 通道模拟开关	CC4051	61	415
双 4 选 1 模拟开关	CC4052	382	415
BCD-7 段译码/驱动器	CC4055	60	415
4 双向模拟开关	CC4066	61	415
六反相器	CC4069	46	415
3 $\frac{1}{2}$ 位 A/D 转换器	CC7106/ CC7107	264	264
3 $\frac{1}{2}$ 位 A/D 转换器	CC14433	267	267
可编程 4 位二进制同步计数器	CC40161	73	415
单片数字频率计	ICM7216D	248	247
A/D 转换器	ADC0808/0809	387	504
D/A 转换器	DAC0832	387	416
自动量程转换电路	CC40194	269	269
EPROM	2716(2K×8)	250	250
通用门阵列逻辑器件	GAL16V8	315	315
复杂可编程逻辑器件	EPM7128	326	326
FPGA	EPF10K10	336	336
MCS-51 系列单片机	8031，8051	273	419

附录五 本书中的文字符号

低频电路

A 运算放大器

A_F 反馈放大器的放大倍数

A_V 电压放大倍数

A_{VC} 共模电压放大倍数

A_{VD} 差模电压放大倍数

A_{VO} 开环电压放大倍数

A_{VF} 闭环电压放大倍数

BW 带宽

C_B 基极耦合电容

C_C 集电极耦合电容

C_E 发射极旁路电容

C_j 结电容

C_o 输出电容

C_L 负载电容

D 二极管

D_C 变容二极管

D_Z 稳压二极管

f_o 振荡器频率

f_R 基准频率

f_L 放大器的下限频率

f_H 放大器的上限频率

g_m 跨导

I_0 恒定电流

I_{CM} 集电极最大允许电流

I_D 漏极电流

I_{DSS} 场效应管饱和电流

I_{IO} 输入失调电流

I_{OS} 输出短路电流

I_{REF} 基准电流

J_T 石英晶体

K_{CMR} 共模抑制比

m 调制系数

N 线圈绕组匝数

P 功率

P_0 额定功率

P_C 耗散功率

P_{CM} 集电极最大允许功耗

P_D 静态功耗

P_o 输出功率

Q 品质因数

R_B、R_C、R_E 半导体三极管的基极、集电极、发射极电阻

r_{be} 半导体三极管的输入电阻

R_F 反馈电阻

R_G、R_D、R_S 场效应管的栅极、漏极、源极电阻

R_i 交流输入电阻

R_{id} 差模输入电阻

R_o 交流输出电阻

R_{od} 差模输出电阻

RP 电位器(可变电阻)

R_S 信号源内阻

S_R 转换速率

T 三极管

T 周期

Tr 变压器

t 时间

v 交流电压

v_{id} 差模输入电压

V 交流电压有效值

V_{CC} 正电源电压

V_{DD} 正电源电压

V_{EE} 负电源电压

V_{IO} 输入失调电压

V_m 幅度

V_p 场效应管夹断电压

$V_{p\text{-}p}$ 交流电压峰-峰值

V_T 温度的电压当量

ω_c 截止角频率

ω_0 中心角频率

$\Delta\omega$ 带通、带阻滤波器的带宽

高频电路

A 天线
A_{VO} 放大器在谐振点的电压增益
A_P 功率增益
$C_{b'c}$ 集电结电容
$C_{b'e}$ 发射结电容
C_{ie} 晶体管共发射极电路输入电容
f_0 中心频率
f_c 载频
f_o 本振频率、谐振频率
f_P 并联谐振频率
f_S 信号源频率
f_V 压控振荡器频率
f_Ω 调制信号频率
Δf 频偏
Δf_m 最大频偏
$g_{b'e}$ 发射结电导
g_{ce} 集电极输出电导
g_L 负载电导
h_{fe} 晶体管共发射极电流放大系数
h_{ie} 晶体管共发射极输入阻抗
I_{c0} 集电极电流直流分量
I_{cm} 集电极交流电流的振幅
I_{cm1} 集电极基波分量
i_b 基极电流瞬时值
i_c 集电极电流瞬时值
K_M 乘法器传输系数
$K_{r0.1}$ 矩形系数
K_V 压控振荡器增益(灵敏度)
m_a 调幅系数
m_f 调频指数
P_A 发射功率
P_D 电源供给直流功率
P 接入系数
R_A 天线辐射电阻
S 接收机灵敏度
S_d 鉴频灵敏度
S_f 调制灵敏度
S_{IF} 中频灵敏度
S_{IM} 镜频灵敏度
V_{cm} 集电极交流电压振幅；集电极回路谐振电压振幅
$V_{\Omega m}$ 调制电压振幅
v_Ω 调制电压瞬时值
y_{fe} 共发射极电路正向传输导纳
y_i 输入导纳
y_{ie} 共发射极电路输入导纳
y_o 输出导纳
y_{oe} 共发射极电路输出导纳
y_{re} 共发射极电路反向传输导纳
Z_i 输入阻抗
Z_o 输出阻抗
γ 变容二极管电容变化系数
ω_c 滤波器截止角频率；载波角载率
$\omega(t)$ 瞬时角频率
Ω 调制信号角频率

数字电路

CP 时钟脉冲
EN 允许(使能)
FF 触发器
G 门
I_{IH} 高电平输入电流
I_{IL} 低电平输入电流
I_{IS} 门电路输入短路电流
N_o 扇出系数
OE 输出允许(使能)
q 占空比
R_D 复位端
R_{OFF} 器件截止时内阻
R_{ON} 器件导通时内阻
R_U 上拉电阻
S_D 置位端
t_f 下降时间
t_{pd} 平均传输延迟时间
t_{PHL} 输出由高电平变为低电平时的传输延迟时间
t_{PLH} 输出由低电平变为高电平时的传输延迟时间
t_r 上升时间
t_p 脉冲宽度
V_{IH} 输入高电平
V_{IL} 输入低电平
V_m 脉冲幅度
V_{NH} 输入高电平噪声容限
V_{NL} 输入低电平噪声容限
V_{OH} 输出高电平
V_{OL} 输出低电平
V_{TH} 门电路的阈值电压
V_{T+} 施密特触发特性的正向阈值电压
V_{T-} 施密特触发特性的负向阈值电压

主要参考文献

1 蒋焕文,孙续.电子测量.北京:计量出版社,1988

2 谢自美.电子线路设计·实验·测试(第二版).武汉:华中科技大学出版社,2000

3 [美]R. F. 格拉夫.电子电路百科全书(第五卷).张殿阁等译.北京:科学出版社,1999

4 康华光.电子技术基础(第五版).北京:高等教育出版社,2006

5 阎石.数字电子技术基础(第四版).北京:高等教育出版社,1998

6 Muhammad H. Rashid.微电子电路分析与设计(英文影印版).Microelectronic Circuits Analysis and Design.北京:科学出版社,2002

7 Jhomas L. Floyd.数字基础(英文影印版).Digital Fundamental.北京:科学出版社,2002

8 John F. Wakerly. Digital Design Principles and Practices,2001

9 陈有卿.集成电路妙用巧用300例.北京:人民邮电出版社,1999

10 陈安凯.最新集成电路数据手册.北京:人民邮电出版社,1996

11 王辅春.电子电路CAD与OrCAD教程.北京:机械工业出版社,2005

12 贾新章.电子电路CAD技术——基于OrCAD9.2.西安:西安电子科技大学,2002

13 李国洪.电子CAD实用教程——基于OrCAD9.2.北京:机械工业出版社,2005

14 张肃文,陆兆熊.高频电子线路(第三版).北京:高等教育出版社,1993

15 方建邦.通信电子电路基础.北京:人民邮电出版社,2001

16 Reinhold Ludwig Pavel Bretchko.射频电路设计理论及应用(英文影印版).RF Circuits Design Theory and Applications.北京:科学出版社,2002

17 郑继禹.同步理论与技术.北京:电子工业出版社,2003

18 朱定华,刘玉.单片机原理与接口技术学习辅导.北京:电子工业出版社,2003

19 张明.Verilog HDL实用教程.成都:电子科技大学出版社,1999

20 王金明,杨吉斌,张雄伟审校.数字系统设计与Verilog HDL.北京:电子工业出版社,2002

21 Palnitkar,S. Verilog HDL:A Guide to Digital Design and Synthesis. SunSoft Press(A Prentice Hall Title),1996

22 M. Morris Mano, Digital Design, 3rd Ed., Prentice Hall USA, 2002

23 [美]Michael D. Ciletti著.Verilog HDL高级数字设计.张雅绮,李锵等译,北京:电子工业出版社,2005

24 Phillps Semiconductors RF Communication Products Specification. Printed from CAPSXpert, 1996